U0815765

房屋建筑工程专业技术管理人员培训系列教材

房屋建筑工程专业基础知识

（第三版）

本书编委会组织编写
周戒　等编

中国环境出版社·北京

图书在版编目（CIP）数据

房屋建筑工程专业基础知识 / 周戒等编著. —3 版.
—北京：中国环境出版社，2012.4（2014.1 重印）
房屋建筑工程专业技术管理人员培训系列教材
ISBN 978-7-5111-0959-0

Ⅰ. ①房… Ⅱ. ①周… Ⅲ. ①建筑工程—技术培训—教材 Ⅳ. ①TU71

中国版本图书馆 CIP 数据核字（2013）第 069343 号

出 版 人 王新程
责任编辑 高 峰
责任校对 尹 芳
装帧设计 康巴朗斯

出版发行 中国环境出版社
（100062 北京市东城区广渠门内大街 16 号）
网 址：http://www.cesp.com.cn
电子邮箱：bjgl@cesp.com.cn
联系电话：010-67112765（编辑管理部）
010-67112739（建筑图书出版中心）
发行热线：010-67125803，010-67113405（传真）
印 刷 北京市联华印刷厂
经 销 各地新华书店
版 次 2007 年 6 月第 1 版
2010 年 6 月第 2 版
2012 年 6 月第 3 版
印 次 2014 年 1 月第 14 次印刷
开 本 787×1092 1/16
印 张 22.75
字 数 540 千字
定 价 60.00 元

房屋建筑工程专业技术管理人员培训系列教材
编审委员会

出版说明

为进一步贯彻落实全国职业教育工作会议精神，促进建筑业发展，全面提升施工企业专业技术管理人员素质，在原建筑企业“十一大员”岗位培训的基础上，根据行业发展需要并结合我国研究建立职业水平认证制度的思路，受四川省建设厅委托，四川省建设系统岗位培训与建设执业资格注册中心和四川建筑职业技术学院组织编写了《房屋建筑工程专业技术管理人员培训系列教材》。

本套系列教材首批推出包括《房屋建筑工程专业基础知识》（属于各岗位公共教材）、《施工员专业知识与实务》、《材料员专业知识与实务》、《质量员专业知识与实务》、《安全员专业知识与实务》、《预算员专业知识与实务》、《资料员专业知识与实务》、《试验员专业知识与实务》共8本，主要用于房屋建筑工程专业技术管理人员培训使用。

本套教材以现行国家规范、标准为依据，从专业人员职业需要出发，力求体现行业特点，既重视专业基础理论，更注重职业能力培养，内容强调科学性、先进性和实用性。该系列教材主要作为房屋建筑工程施工、质检、安全、材料、预算、试验、资料管理等相关人员岗位培训及职业水平认证的培训用书，也可供高、中等职业院校实践教学使用和建筑行业专业技术管理人员自学。

由于时间紧，水平有限，本套教材还需在教学和实践中不断完善，敬请广大施工管理人员和教师提出宝贵意见。

本套教材经房屋建筑工程专业技术管理人员培训教材编审委员会审定，由中国环境科学出版社出版。

四川省建设系统岗位培训与建设执业资格注册中心

四川建筑职业技术学院

2007年3月

房屋建筑工程专业技术管理人员培训系列教材

第三版说明

《房屋建筑工程专业技术管理人员培训系列教材》第一版于2007年由四川省建设系统岗位培训与建设执业资格注册中心及四川建设职业技术学院组织编写的。该套教材出版以来，受到广大读者、特别是建筑施工一线的专业技术管理人员以及高、中职院校师生的欢迎和好评。并在房屋建筑工程专业技术管理人员培训中发挥了重要作用，为提高建筑企业管理人员技术素质和管理水平作出了很大的贡献。

随着建设行业快速发展，书中涉及的标准规范已不能适应新的培训要求，在四川省建设系统岗位培训与建设执业资格注册中心的倡导下，该系列教材于2010年进行了第一次修订。但由于近几年涉及建设行业的一些法律、法规，行政规章，国家及行业标准规范的相继颁布和实施，2010年修订版的部分内容已不能适应现代的培训要求。

鉴此，编委会组织原书作者对本系列教材进行第二次修订，本次修订是在总结了培训机构及广大读者的建议和意见的基础上进行的。修订内容充分体现了我国新的法律法规、部门规章以及标准规范。

本书编委会

2012年2月

前　言

本教材根据房屋建筑施工行业对所需基础知识的要求，结合行业岗位准入标准进行编写，主要作为房屋建筑工程专业技术管理人员岗位培训教材，也可供建设行业专业技术人员自学使用。

全书分为建筑力学、建筑材料、建筑识图、建筑构造、房屋建筑工程施工图、建筑结构基础知识、建筑施工共七章内容。第一章建筑力学由云小平副教授编写，主要介绍了静力学基本知识，静定结构约束反力的计算，单根杆件内力及应力计算等；第二章建筑材料由王蓉副教授编写，主要介绍了常用建筑材料的品种、规格、相关标准以及应用、储存等；第三章、第四章、第五章由杨露江副教授编写，主要介绍识图的基础知识，民用建筑构造的原理和一般做法等；第六章（第一节、第二节、第五节由薛本蓉副教授编写；第三节、第四节由周戒副教授编写），主要介绍了建筑基础、混凝土结构常用构件、砌体结构构造的基本知识等；第七章由曾虹讲师编写，主要介绍了房屋建筑工程施工中各主要分部分项工程的施工工艺以及建筑工程的常用施工组织方法和原理等。刘胜副教授对全书进行了总纂。

本书由胡兴福、赵朝前、秦永高、孟晓鸣、张莉同志主审。他们对本书提出了许多宝贵意见，使本书更具可读性，在此，本书作者向他们表示衷心的谢意。

本书在编写过程中，虽经充分的讨论、审查与修改，但由于编写时间仓促，加之编者能力有限，错误之处在所难免，恳请读者提出宝贵意见。

2007 年 3 月

目　　录

第一章　建筑力学……………………………………………………………………… 1
第一节　静力学的基本概念 ……………………………………………………… 1
一、力的概念 …………………………………………………………………… 1
二、静力学公理 ………………………………………………………………… 2
三、约束与约束反力 …………………………………………………………… 3
四、受力分析和受力图 ………………………………………………………… 6
第二节　平面汇交力系 …………………………………………………………… 7
一、力在坐标轴上的投影、合力投影定理 …………………………………… 7
二、平面汇交力系合成与平衡的解析法 ……………………………………… 9
第三节　力矩与力偶 ……………………………………………………………… 10
一、力对点的矩 ………………………………………………………………… 10
二、力偶………………………………………………………………………… 11
第四节　平面一般力系的平衡方程 ……………………………………………… 13
一、平面一般力系平衡方程的基本形式 ……………………………………… 13
二、平面一般力系平衡方程的其他形式 ……………………………………… 14
第五节　材料力学的基本概念……………………………………………………… 17
一、材料力学的任务 …………………………………………………………… 17
二、变形固体及其基本假设……………………………………………………… 17
三、内力、截面法、应力………………………………………………………… 18
四、杆件变形的基本形式………………………………………………………… 18
第六节　拉伸与压缩 ……………………………………………………………… 19
一、轴向拉伸和压缩时的内力与应力 ………………………………………… 19
二、轴向拉压杆的变形 ………………………………………………………… 21
第七节　梁的内力 ………………………………………………………………… 22
一、弯曲变形 …………………………………………………………………… 22
二、梁的内力计算 ……………………………………………………………… 22
三、梁的内力图 ………………………………………………………………… 25
四、梁弯曲时的应力 …………………………………………………………… 32
复习思考题…………………………………………………………………………… 35
第二章　建筑材料 ………………………………………………………………… 42
第一节　建筑材料的分类…………………………………………………………… 42
第二节　建筑材料的基本性质 …………………………………………………… 43
一、材料的物理性质 …………………………………………………………… 43
二、材料的力学性质 …………………………………………………………… 49

三、材料的耐久性 …… 50
第三节 胶凝材料 …… 50
一、气硬性胶凝材料 …… 51
二、水泥 …… 56
第四节 混凝土 …… 72
一、概述 …… 72
二、普通混凝土的组成材料 …… 73
三、混凝土的技术性质 …… 85
四、普通混凝土的配合比设计 …… 97
第五节 建筑砂浆 …… 97
一、砌筑砂浆 …… 97
二、抹面砂浆 …… 102
第六节 墙体材料 …… 103
一、砌墙砖 …… 103
二、墙用砌块 …… 105
三、墙用板材 …… 107
第七节 建筑钢材 …… 107
一、钢的分类 …… 107
二、建筑钢材的主要技术性能 …… 108
三、化学成分对钢材性能的影响 …… 111
四、建筑钢材的标准及选用 …… 112
第八节 防水材料 …… 122
一、沥青 …… 122
二、防水卷材 …… 126
三、防水涂料 …… 128
四、防水油膏 …… 129
复习思考题 …… 129
第三章 建筑识图 …… 133
第一节 建筑制图的基本知识 …… 133
一、基本制图标准 …… 133
二、计算机制图和辅助设计简介 …… 139
第二节 基本几何体的投影 …… 140
一、平面体的投影 …… 140
二、曲面体的投影 …… 143
第三节 组合体的投影 …… 147
一、组合体的类型 …… 147
二、组合体投影图的尺寸标注 …… 147
三、组合体投影图的识读 …… 148
四、组合体投影图的补图与补线 …… 149

第四节　剖面图和断面图 …… 150
一、剖面图的种类和画法 …… 150
二、断面图的种类及画法 …… 154
复习思考题 …… 155
第四章　建筑构造 …… 157
第一节　概述 …… 157
一、民用建筑的构造组成和分类 …… 157
二、建筑的结构类型 …… 158
三、建筑变形缝 …… 158
四、建筑工业化和建筑模数协调 …… 159
第二节　基础和地下室 …… 160
一、基础的类型和构造 …… 160
二、地下室的构造 …… 163
第三节　墙体 …… 165
一、墙体的类型及要求 …… 165
二、砖墙的基本构造 …… 165
三、砖墙的细部构造 …… 166
四、墙面的装修构造 …… 168
第四节　楼板与楼地面 …… 170
一、钢筋混凝土楼板 …… 170
二、地坪层与楼地面的构造 …… 172
三、阳台、雨篷的构造 …… 175
第五节　楼梯 …… 177
一、楼梯的组成及类型 …… 177
二、钢筋混凝土楼梯的构造 …… 180
第六节　屋顶 …… 184
一、概述 …… 184
二、平屋顶的排水 …… 184
三、平屋顶柔性防水屋面 …… 186
四、平屋顶刚性防水屋面 …… 189
五、屋顶的保温与隔热 …… 191
六、顶棚的构造 …… 193
复习思考题 …… 194
第五章　房屋建筑工程施工图 …… 196
第一节　房屋建筑工程图的基本知识 …… 196
一、房屋建筑工程图的组成 …… 196
二、房屋建筑工程图的有关规定 …… 196
第二节　建筑施工图 …… 198
一、首页和总平面图 …… 198

二、建筑平面图……201
三、建筑立面图……203
四、建筑剖面图……204
五、建筑详图……205
第三节　结构施工图……210
一、概述……210
二、钢筋混凝土构件图……211
三、基础施工图……215
四、楼层结构平面布置图……218
五、钢筋混凝土结构施工图平面整体表示法……219
复习思考题……225
第六章　建筑结构基础知识……227
第一节　建筑基础……227
一、无筋扩展基础……227
二、扩展基础……230
三、柱下条形基础……233
四、筏形基础……233
五、箱形基础……233
六、桩基础……234
第二节　钢筋混凝土梁板的配筋构造……236
一、梁和板的一般构造规定……236
二、常用预制构件……240
第三节　钢筋混凝土梁板结构……243
一、概述……243
二、单向板肋形楼盖……244
三、双向板肋形楼盖……247
四、现浇钢筋混凝土楼梯……248
第四节　钢筋混凝土框架结构……250
一、概述……250
二、钢筋混凝土框架结构的构造要求……251
三、钢筋混凝土框架结构的抗震构造措施……255
第五节　多层砌体房屋的构造要求……258
一、砌体结构的一般构造要求……258
二、防止或减轻墙体开裂的主要措施……262
三、圈梁、过梁……263
四、砖、砌块砌体结构构件抗震的一般构造要求……264
复习思考题……267
第七章　建筑施工……269
第一节　地基与基础工程……269

一、土石方工程…………………………………………………………………… 269
二、地基处理工程 …………………………………………………………………… 282
三、浅基础工程…………………………………………………………………… 285
四、桩基础工程…………………………………………………………………… 286
第二节　主体结构工程 ………………………………………………………… 291
一、砌筑工程　………………………………………………………………… 291
二、钢筋混凝土工程 ………………………………………………………… 299
三、预应力混凝土工程 ……………………………………………………… 313
四、结构安装工程…………………………………………………………… 316
第三节　防水工程……………………………………………………………… 322
一、屋面防水工程…………………………………………………………… 322
二、地下防水工程…………………………………………………………… 325
第四节　装饰工程……………………………………………………………… 328
一、抹灰工程　……………………………………………………………… 328
二、饰面工程　……………………………………………………………… 331
三、涂饰与裱糊工程 ………………………………………………………… 333
第五节　建筑施工组织 ………………………………………………………… 335
一、施工组织概论…………………………………………………………… 335
二、流水施工方法…………………………………………………………… 337
三、网络计划技术…………………………………………………………… 340
四、单位工程施工组织设计 ………………………………………………… 344
五、施工项目进度控制 ……………………………………………………… 347
复习思考题　………………………………………………………………… 348

第一章　建　筑　力　学

建筑物在施工和使用过程中要承受各种力的作用，如各构件的自重、风力、人群和设备的自重等。这些力，工程上称之为荷载。

一座建筑物是由各构件组成的，这些构件有些起着维护和分隔空间的作用，如门、窗、隔断墙等；有些则起承受荷载和传递荷载的作用，如屋架、楼板、梁、柱、基础等。建筑物中由承受荷载和传递荷载的构件组成的体系称为结构。图 1-0-1 是一个单层厂房的结构示意图。

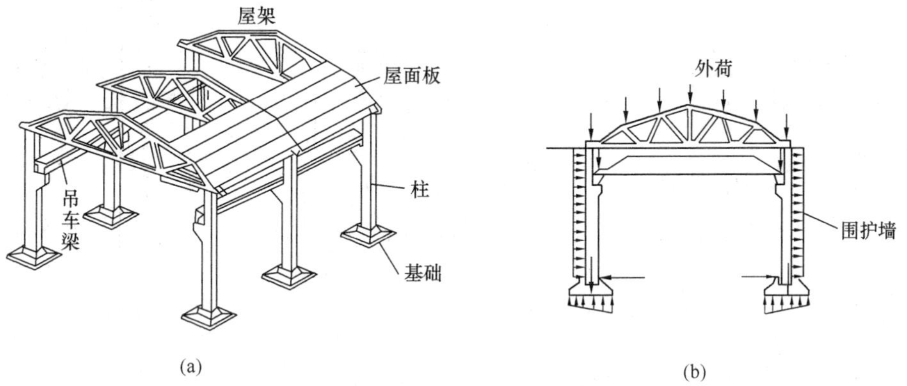

图 1-0-1　单层厂房的结构示意图

首先，结构要安全正常的承受荷载，必须具有足够的承载能力，即受力后不能破坏。其次，制造结构的构件必须价格低廉，用量节省并以合理的工艺制造，这是经济方面的要求。安全和经济显然是一对矛盾，力学可使它们达到和谐统一。

本章第一节至第四节是静力学。静力学讨论力系的平衡规律，其中心问题是建立各种力系的平衡条件。静力学的研究对象是刚体。

第五节至第七节是材料力学内容。材料力学讨论杆件的内力和变形，从而建立承载能力的计算方法，其研究对象是变形固体。

第一节　静力学的基本概念

一、力的概念

（一）力的概念

（1）定义

力是物体间的一种相互机械作用，这种相互作用的效果使物体的运动状态发生变化或使物体产生变形。力使物体的运动状态发生变化，叫做力对物体的运动效应（又叫外效应），使物体产生变形，叫做力的变形效应（又叫内效应）。

（2）力对物体的作用效果

力对物体的作用取决于力的三要素：

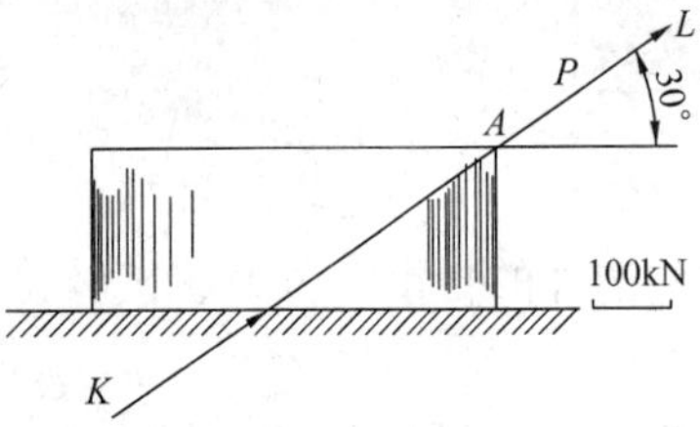

图 1-1-1

1）力的大小；

2）力的方向；

3）力的作用点。

（3）力的图示法

由力的三要素可知，力是矢量，可以用一有方向的线段来表示，称为力的图示法，如图 1-1-1 所示。有向线段的长度可以按比例表示力的大小；有方向线段的方位（与水平线所夹的角）和指向表示力的方向，线段的起点和终点都可以表示力的作用点。

（二）几个基本概念

（1）刚体：在任何外力作用下，大小和形状始终保持不变的物体，称为刚体。

（2）力的作用线：通过力的作用点沿力的方向的直线称为力的作用线。如图 1-1-1 中 K、L 直线。

（3）力系：作用在物体上的一群力或一组力称为力系。

（4）平衡状态：物体相对于地球处于静止或做匀速直线运动时，称物体处于平衡状态。

（5）平衡力系：如果物体在某一力系作用下处于平衡状态，则该力系称为平衡力系。

（6）平衡条件：力系平衡必须满足的条件。

（7）等效力系：作用在物体上的一个力系，如果可以用另一个力系来代替，而不改变力系对物体的作用效果，则这两个力系互称为等效力系。

二、静力学公理

（一）二力平衡条件（公理 1）

作用在同一刚体上的两个力。使刚体平衡的必要条件是，这两个力大小相等，方向相反，作用在同一条直线上，如图 1-1-2、图 1-1-3 所示。

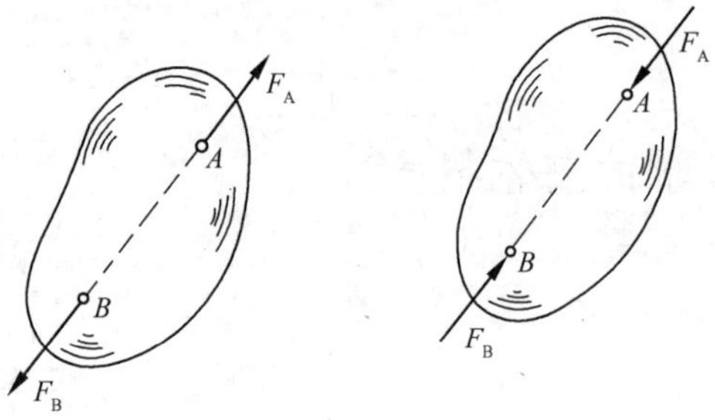

图 1-1-2

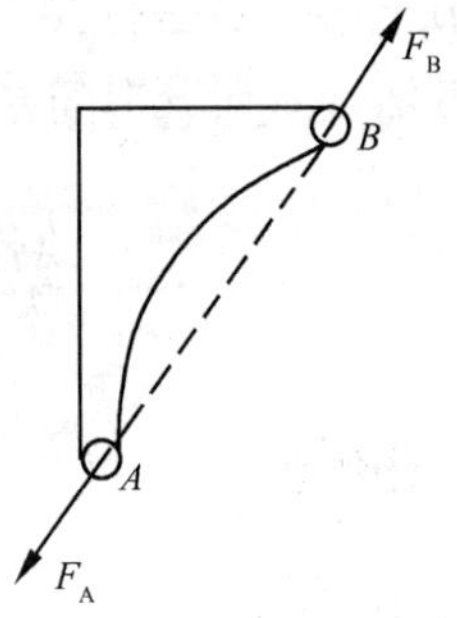

图 1-1-3

（二）加减平衡力系公理（公理 2）

在作用于刚体的任意力系中，加上或去掉任意一个平衡力系，并不改变原力系对刚体的作用效应。

推论：力的可传性。

作用于刚体上的力，可沿其作用线移动到刚体上任意一点，而不会改变该力对刚体的运动效应。

（三）力的平行四边形法则（公理3）

作用于物体上同一点的两个力可合成为一个合力，合力也作用于该点，其大小和方向由这两个力为邻边所构成的平行四边形的对角线来确定，如图1-1-4所示，这一法则称为力的平行四边形法则。表示为：

$$R = F_1 + F_2$$

两个力合成为一个力，叫力的合成。反之，一个力也可以分解为两个力。如图1-1-5所示。

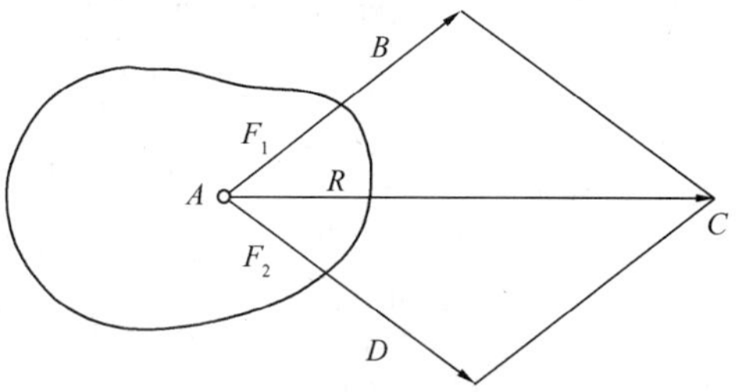

图1-1-4

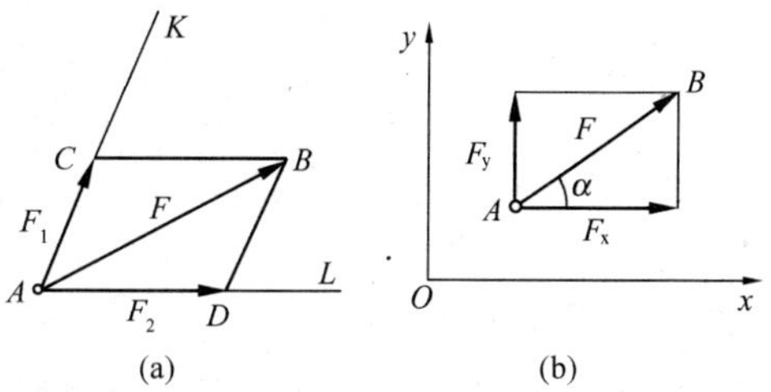

图1-1-5

工程上常将力沿一对垂直的方向分解，这样可以用简单的三角函数求得分力的大小。

$$F_x = F\cos\alpha$$

$$F_y = F\sin\alpha$$

（四）作用与反作用定律（公理4）

作用力与反作用力大小相等，方向相反，沿同一直线且分别作用在相互作用的两个物体上（图1-1-6）。

三、约束与约束反力

（一）约束与约束反力的概念

运动不受限制的物体叫自由体，运动受到限制的物体叫非自由体。

限制物体运动的条件称为约束。在静力学中所遇到的约束，往往是由研究对象周围与其直接接触的物体所构成的。

例如，桌面就是桌面上物体的约束。

既然约束能够限制物体沿某些方向的位移，因而当物体沿着约束所限制的方向有运动趋势时，约束就与物体之间互相存在着作用力。约束作用于物体以限制物体沿某些方向发生位移的力称为约束反力，简称反力。约束反力以外的其他力统称为主动力。工程上习惯称主动力为荷载。

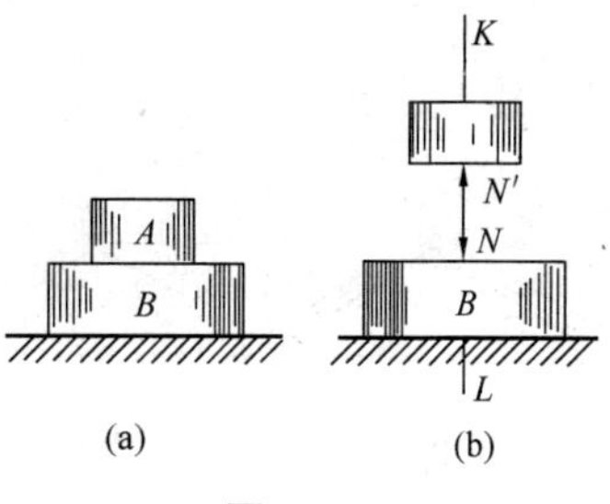

图1-1-6

主动力是给定的或可测定的，例如，构件的自重荷载、风荷载、水压力、土压力等。而约束反力往往是未知的，需要应用静力学的力系平衡条件求得。

（二）几种基本类型的约束及其约束反力

（1）柔索约束

工程中的钢丝绳、皮带、链条都可以简化为柔索约束。柔索只能承受拉力，不能受压，因此约束反力作用在接触点，沿着柔索中心线背离物体的方向（即只能是拉力）。如图 1-1-7 所示的 T 力。

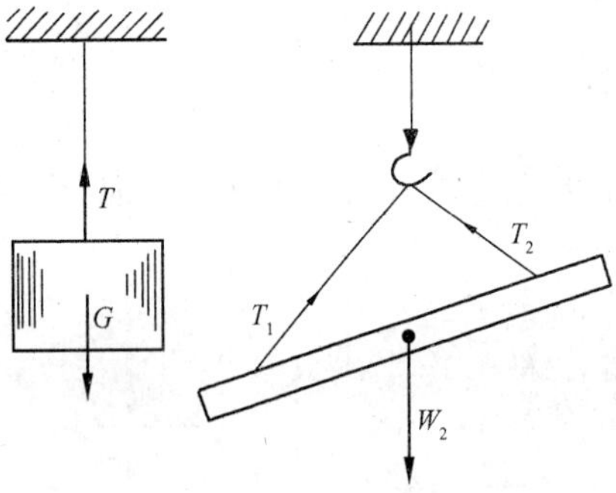

图 1-1-7

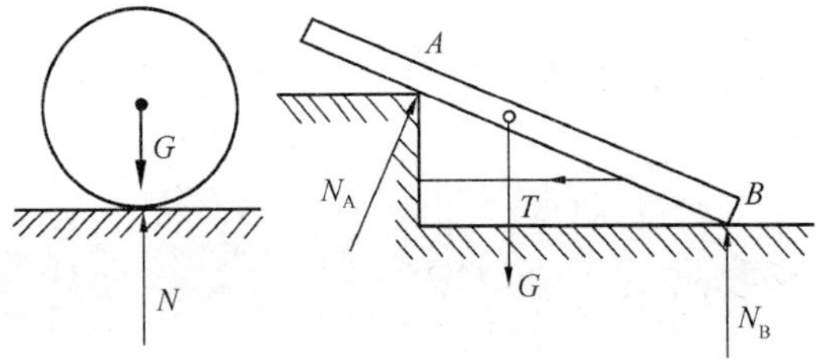

图 1-1-8

（2）光滑接触面约束

当物体在接触处的摩擦力很小可以略去不计时，就是光滑接触面约束。光滑接触面约束只能限制被约束物体沿接触面公法线方向的运动，因此，光滑接触面对被约束物体的约束反力，作用在接触点，沿着接触面的公法线指向被约束的物体（即物体受压力），如图 1-1-8 所示。

（3）光滑圆柱铰链约束

光滑圆柱铰链约束是由两个带有圆孔的构件并由圆柱销钉连接构成。它在工程中有多种具体形式。

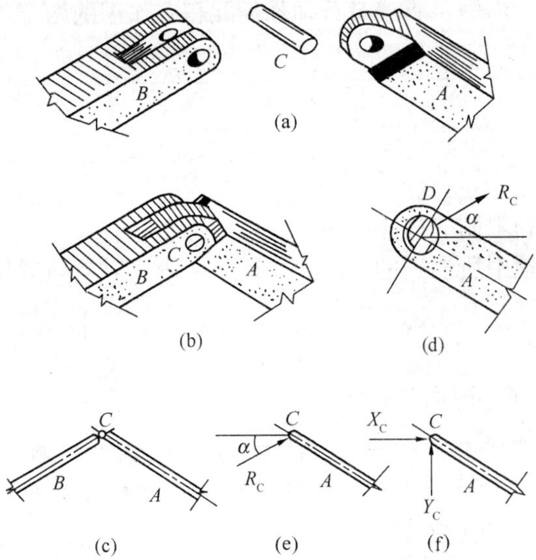

图 1-1-9

1）光滑圆柱销钉连接：常见的门窗合页就是这种约束。它是由一个圆柱形销钉插入两个物体的圆孔中构成的，且认为销钉与圆孔的表面光滑。销钉不能限制物体绕销钉转动，只能限制物体在垂直于销钉轴线的平面内沿任意方向的运动，如图 1-1-9 所示。当物体有运动趋势时，销钉与圆孔壁必然在某处接触，约束反力一定通过这个接触点，接触点的位置往往不能预先确定，因此约束反力的方向也不能预先确定。受力分析时，可以将其反力用一对正交分力表示，如图 1-1-9 所示。

光滑圆柱销钉的约束反力，通过销钉中心，方向不定，可用其一对正交分力表示。

2）链杆约束：链杆就是两端用光滑销钉与物体相连而中间不受力的刚性直杆，如图1-1-10（a）所示的 *BC* 杆。链杆可以受拉或者是受压，但不能限制物体沿其他方向的运动，因此，链杆的约束反力沿着链杆的轴线，其指向不定，如图 1-1-10（b）所示。

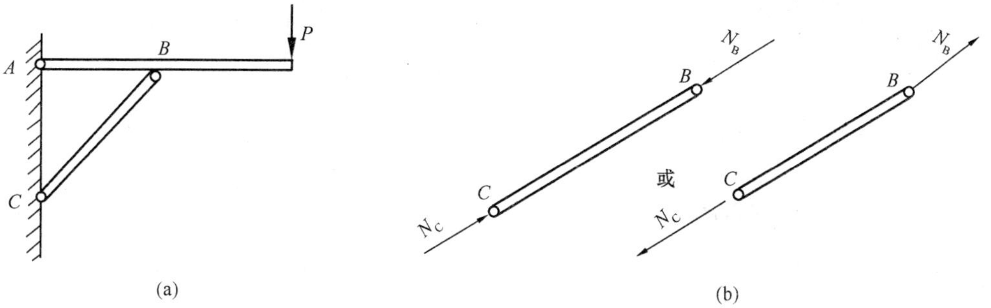

图 1-1-10

3）固定铰链支座（或称铰链支座）：固定铰链支座的约束反力通过铰链中心，方向不定，可用其一对正交分力表示，如图 1-1-11 所示。

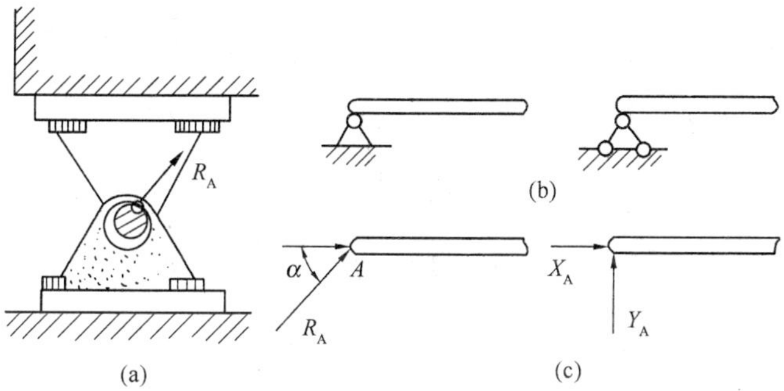

图 1-1-11

4）可动铰链支座：可动铰链支座的约束反力通过铰链中心，垂直于支承面，如图1-1-12所示。

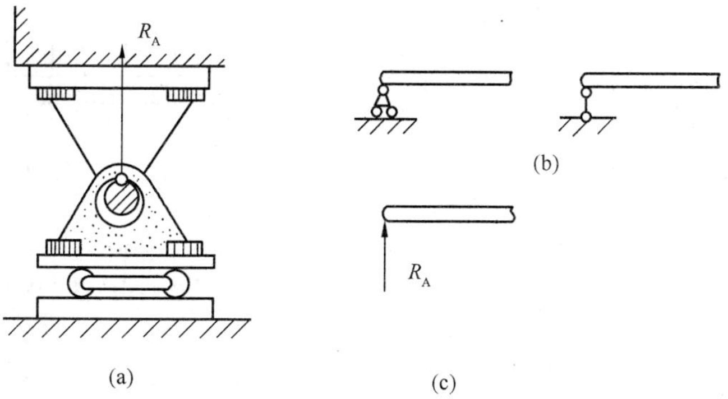

图 1-1-12

5）固定（端）支座：固定支座除产生水平和竖直方向的约束反力外，还有一约束反力偶，如图 1-1-13 所示。

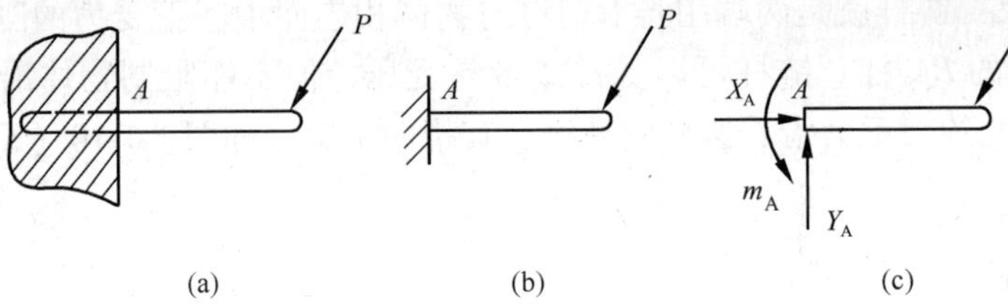

图 1-1-13

四、受力分析和受力图

(一）物体的受力图

画受力图的步骤：

(1）解除研究对象的约束，取自由体；

(2）画出研究对象受到的所有荷载（主动力)；

(3）严格按照约束的性质画出约束反力（被动力)。

(二）实例

【例题 1-1-1】 重量为 G 的小球如图 1-1-14（a）所示，试画出小球的受力图。

【解】 (1）取小球为研究对象。

(2）小球受到的主动力为通过球心的重力 G。

(3）约束反力为绳索的拉力 T 及光滑面的约束反力 N_B。T 通过接触点，沿绳索的中心线，只能是拉力（背离小球)；N_B通过接触点，沿接触面的公法线，只能是压力（指向小球)。

将 G、T、N_B全画在小球上，就得到小球的受力图。如图 1-1-14（b）所示。

【例题 1-1-2】 试画出图 1-1-15（a）所示搁置在墙上的梁的示意图。

【解】 图 1-1-15 所示的梁，可按一端为固定铰支座，另一端为可动铰支座考虑，称之为简支梁。

(1）取 AB 梁为研究对象。

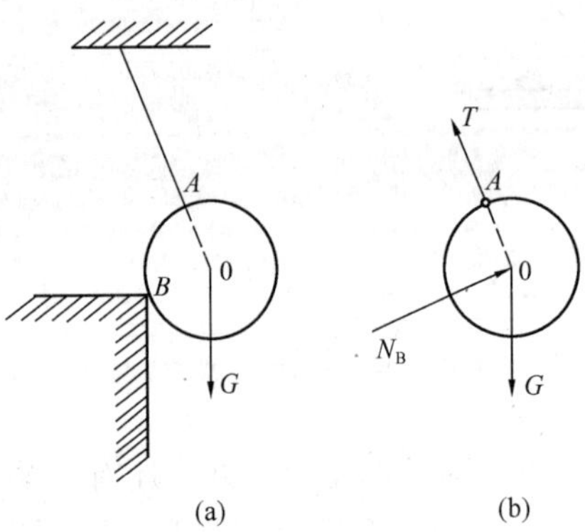

图 1-1-14

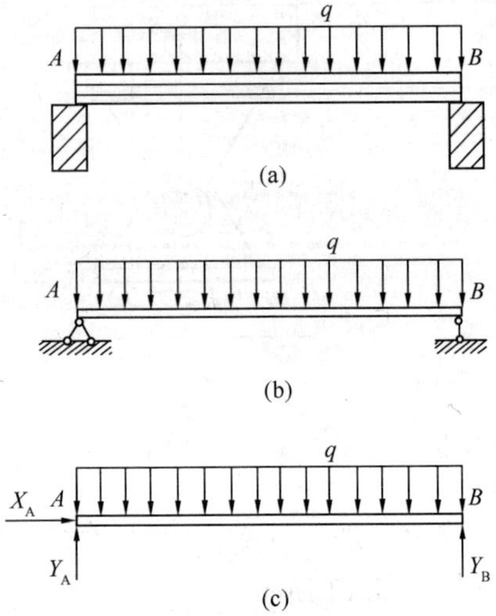

图 1-1-15

（2）画梁受到的主动力均布荷载 q。

（3）固定铰支座的约束反力为通过铰链中心，方向不定，通常用它的一对正交分力 X_A、Y_A 表示；可动铰支座的约束反力 Y_B 通过铰链中心，垂直于支持面。

【例题 1-1-3】 图 1-1-16（a）所示三角形托架中，节点 A、B 处为固定铰支座，C 处为铰链连接。不计各杆的自重以及各处的摩擦。试画出杆件 AD 和 BC 及整体的受力图。

【解】

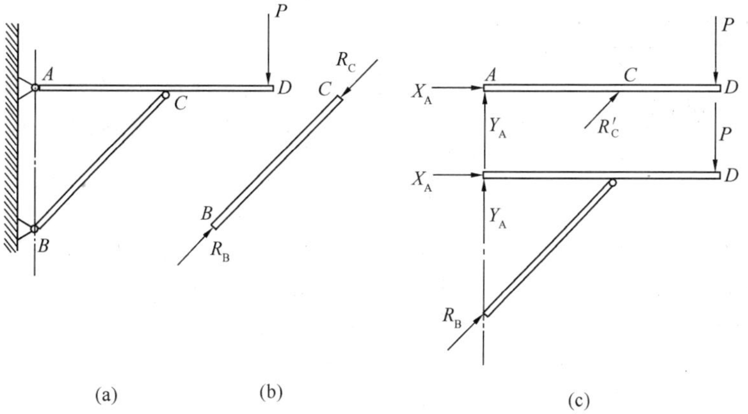

图 1-1-16

（1）取斜杆 BC 为研究对象。BC 杆两端是铰链，其约束反力应通过铰链中心，方向不定。但 BC 杆只受 R_B、R_C 作用，且处于平衡状态，由二力平衡条件可知 R_B、R_C 必大小相等，方向相反，沿两铰链中心的连线，方向可先任意假定。本题由主动力 P 分析，BC 应是压杆。所以画出 BC 杆受力如图 1-1-16（b）所示。

只受二力作用而平衡的杆件叫二力杆，链杆也是二力杆。二力杆的受力特点为：二力作用点的连线，就是此二力的公共作用线。

（2）取 AD 杆为研究对象。其上作用有主动力 P、约束反力 R'_C、X_A、Y_A，其中 R'_C、R_C 是作用和反作用的关系。画出 AD 杆受力如图 1-1-16（c）所示。

（3）取系统整体为研究对象。只考虑系统外部对系统整体的作用。整体受到的外力有：主动力 P、约束反力 R_B、X_A、Y_A，画出受力图，如图 1-1-16 所示。

注意：

（1）物体系统内部各构件之间的作用力，称为系统的内力，取物体系统整体为研究对象时，内力对系统整体的运动效应相互抵消了，所以，不画内力。

（2）作用力的方向一经确定，反作用力的方向必定与之相反，不可再随意假设。

第二节　平 面 汇 交 力 系

一、力在坐标轴上的投影、合力投影定理

（一）力在坐标轴上的投影

从图 1-2-1 中得出投影的计算公式为：

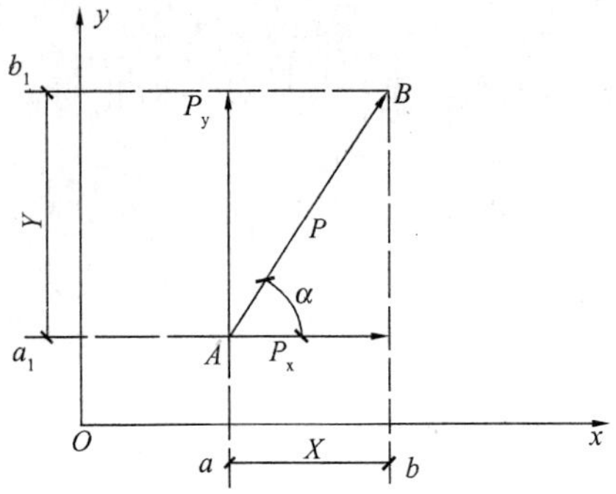

图 1-2-1

$$X = \pm P\cos\alpha$$

$$Y = \pm P\sin\alpha \qquad (1\text{-}2\text{-}1)$$

如果 P 在 x 轴和 y 轴上的投影 X 和 Y 已知，则根据图 1-2-1 中的几何关系可以用下式确定力 P 的大小和方向：

$$P = \sqrt{X^2 + Y^2}$$

$$\tan\alpha = \frac{|Y|}{|X|} \qquad (1\text{-}2\text{-}2)$$

【例题 1-2-1】 试求图 1-2-2 中各力在 x 轴与 y 轴上的投影，$F = 100\text{N}$，投影的正负号按规定观察判定。

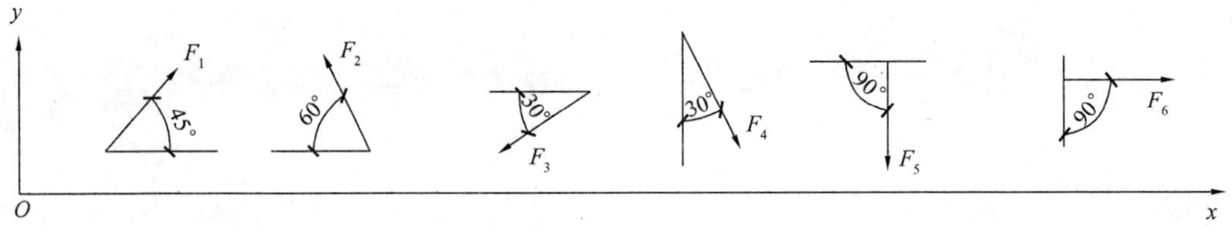

图 1-2-2

【解】 F_1 的投影：

$$X_1 = F_1\cos45° = 100 \times 0.707 = 70.7\text{N}$$

$$Y_1 = F_1\sin45° = 100 \times 0.707 = 70.7\text{N}$$

F_2 的投影：

$$X_2 = -F_2\cos60° = -100 \times 0.5 = -50\text{N}$$

$$Y_2 = F_2\sin60° = 100 \times 0.866 = 86.6\text{N}$$

F_3 的投影：

$$X_3 = -F_3\cos30° = -100 \times 0.866 = -86.6\text{N}$$

$$Y_3 = -F_3\sin30° = -100 \times 0.5 = -50\text{N}$$

F_4 的投影：

$$X_4 = F_4\sin30° = 100 \times 0.5 = 50\text{N}$$

$$Y_4 = -F_4\cos30° = -100 \times 0.866 = -86.6\text{N}$$

F_5 的投影：

$$X_5 = -F_5\cos90° = 100 \times 0 = 0\text{N}$$

$$Y_5 = -F_5\sin90° = -100 \times 1 = -100\text{N}$$

F_6 的投影：

$$X_6 = F_6\cos90° = 100 \times 1 = 100\text{N}$$

$$Y_6 = F_6\sin90° = 100 \times 0 = 0\text{N}$$

（二）合力投影定理

合力在任意轴上的投影，等于力系中各分力在同一轴上投影的代数和。

即若 $R = \sum F$，则

$$R_x = \sum X$$
$$R_y = \sum Y \tag{1-2-3}$$

二、平面汇交力系合成与平衡的解析法

（一）平面汇交力系的合成

平面汇交力系合成的结果是一个合力，合力的作用线通过力系的汇交点，合力的大小与方向等于力系中各分力的矢量和。

$$R = \sum F \tag{1-2-4}$$

【例题 1-2-2】 已知某平面交汇力系如图 1-2-3 所示。$F_1 = 20\text{kN}$，$F_2 = 30\text{kN}$，$F_3 = 10\text{kN}$，$F_4 = 25\text{kN}$，求该力系的合力。

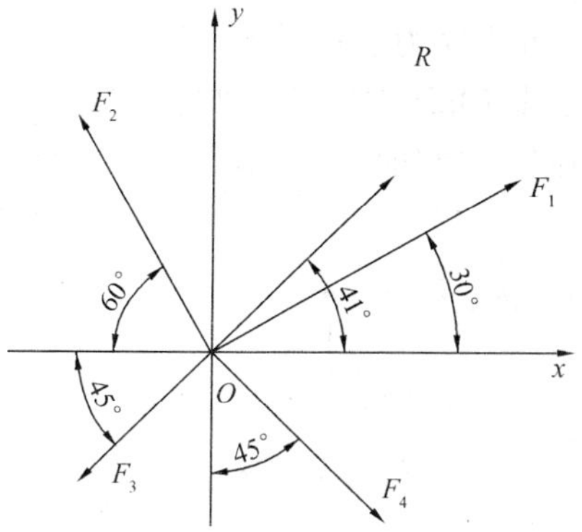

图 1-2-3

【解】 （1）建立坐标轴 xOy 如图 1-2-3 所示。计算合力在 x 轴和 y 轴上的投影。

$$\begin{aligned}R_X = \sum X = \\ &F_1\cos30° - F_2\cos60° - F_3\cos45° + F_4\cos45° = \\ &20 \times 0.866 - 30 \times 0.5 - 10 \times 0.707 + 25 \times 0.707 = \\ &12.92\text{kN}\end{aligned}$$

$$\begin{aligned}R_Y &= \sum Y \\ &= F_1\sin30° + F_2\sin60° - F_3\sin45° - F_4\sin45° \\ &= 20 \times 0.5 + 30 \times 0.866 - 10 \times 0.707 - 25 \times 0.707 \\ &= 11.24\text{kN}\end{aligned}$$

（2）求合力的大小。

$$\begin{aligned}R &= \sqrt{R_X^2 + R_Y^2} \\ &= \sqrt{12.92^2 + 11.24^2} \\ &= 17.1\text{kN}\end{aligned}$$

（3）求合力的方向。

$$\tan\alpha = \frac{R_X}{R_Y} = \frac{11.24}{12.92} = 0.87$$

$$\alpha = 41°$$

（二）平面汇交力系平衡的解析条件

平面汇交力系平衡的充分条件与必要条件是该力系的合力为零。用解析式表示即为：

$$R = \sqrt{R_X^2 + R_Y^2} = \sqrt{(\sum X)^2 + (\sum Y)^2} = 0$$

要使 $R=0$，必须且只须：

$$\sum X = 0$$

$$\sum Y = 0 \qquad (1\text{-}2\text{-}5)$$

平面汇交力系平衡的充分与必要的解析条件为：力系中各分力在一对相交轴上投影的代数和同时为零。上式称为平面汇交力系的平衡方程。

【例题 1-2-3】 起吊一个重 10kN 的构件，如图 1-2-4（a）所示。钢丝绳与水平线夹角 α 为 45°，求构件匀速上升时，绳的拉力是多少？

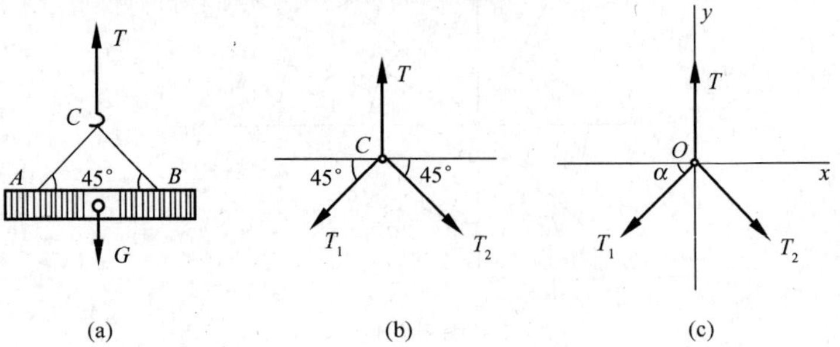

图 1-2-4

【解】 （1）根据题意取吊钩为研究对象；

（2）画出吊钩的受力图见图 1-2-4（b）；

（3）取坐标系如图 1-2-4（c）所示；

（4）列平衡方程：

$$\sum X = 0 \qquad -T_1\cos45° + T_2\cos45° = 0 \qquad (a)$$

$$\sum Y = 0 \qquad T - T_1\sin45° - T_2\sin45° = 0 \qquad (b)$$

由（a）得 $T_1 = T_2$，代入（b）得：

$$T_1 = T_2 = \frac{T}{2\sin45°} = \frac{10}{2 \times 0.707} = 7.07\text{kN}$$

第三节　力 矩 与 力 偶

一、力对点的矩

（一）力对点的矩

（1）力矩的概念

力使物体绕某点转动的效果，与力的大小成正比，与转动中心到力的作用线的垂直距离 d 也成正比。这个垂直距离称为力臂，转动中心称为力矩中心（简称矩心）。力的大小与力臂的乘积称为力 F 对点 O 之矩（简称力矩），记作 $m_0(F)$。计算公式写为：

$$m_0(F) = \pm Fd \tag{1-3-1}$$

正负号表示力矩的转向。力使物体绕矩心作逆时针方向转动时，力矩为正，顺时针方向转动，力矩为负，力矩是个代数量，单位是 N · m。

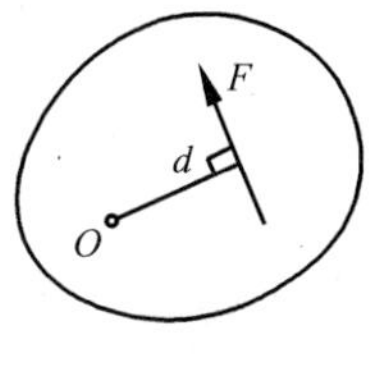

图 1-3-1

（2）由力矩的定义可以得知：

1）力的大小为零，则力矩为零；

2）当力臂为零时，力矩为零；

3）力沿其作用线移动时，因为力的大小、方向和力臂均没有改变，所以，力矩不变。

（二）合力矩定理

平面力系的合力对平面内任意一点之矩，等于力系中各分力对同一点力矩的代数和。即：

$$m_0(R) = m_0(F_1) + m_0(F_2) + \cdots + m_0(F_n) = \sum m_0(F) \tag{1-3-2}$$

二、力偶

（一）力偶的概念

力学上把大小相等、方向相反、不共线的两个平行力叫力偶，用符号 F, F' 表示。

两力之间距离叫力偶臂，两个力的作用平面称为力偶的作用面，力偶与力都是组成力系的基本元素。

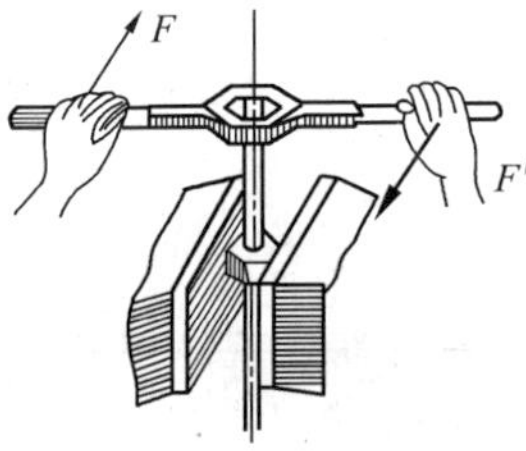

图 1-3-2

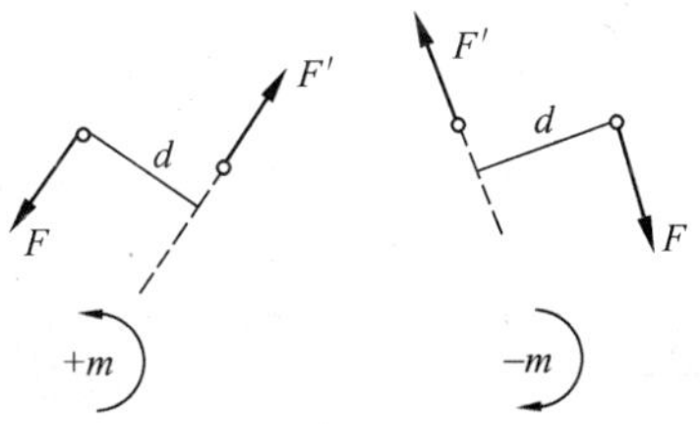

图 1-3-3

（二）力偶矩

与力矩类似，用力和力偶臂的乘积并冠以适当正负号（以示转向）来度量力偶对物体的转动效应，称为力偶矩，用 m 表示。

力偶对物体的转动效应仅与力偶矩的大小及转向有关，力偶可用一带箭头的弧线表示，弧形箭线表示转向，物体逆时针方向转动时，力偶矩为正，反之为负。

$$m = \pm Fd \tag{1-3-3}$$

力偶矩的单位是牛 · 米（N · m）。

（三）力偶的基本性质

性质一：力偶没有合力，所以力偶不能用一个力来代替，也不能被一个力平衡。力偶

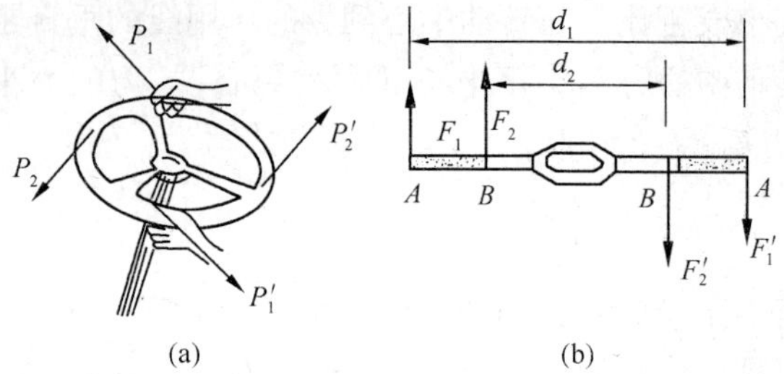

图 1-3-4

只能被力偶平衡。

性质二：力偶对其作用面内任一点之矩恒等于力偶矩，而与矩心位置无关。

性质三：在同一平面内的两个力偶，如果它们的力偶矩大小相等，转向相同，则这两个力偶等效。称为力偶的等效性。

推论一：只要保持力偶矩不变，力偶可在其作用面内任意转移，而不改变它对物体的转动效应。

推论二：只要保持力偶矩不变，改变力偶中力的大小和力偶臂的长短，不改变它对物体的转动效应。

（四）平面力偶系

（1）平面力偶系的合成

作用在物体上的一群力偶或一组力偶，称为力偶系。作用面均在同一平面内的力偶系称为平面力偶系。

平面力偶系可以合成为一个合力偶，合力偶的力偶矩等于力偶系中各个分力偶的力偶矩的代数和。

$$M = m_1 + m_2 + \cdots + m_n = \sum m \tag{1-3-4}$$

（2）平面力偶系的平衡条件

平面力偶系可以合成为一个合力偶，当合力偶矩等于零时，物体处于平衡状态。

平面力偶系平衡的充分与必要条件是：合力偶矩等于零。即力偶系中各分力偶的力偶矩的代数和等于零。用下式表示：

$$M = \sum m = 0 \tag{1-3-5}$$

【例题 1-3-1】 梁 AB 上作用有一力偶，力偶矩 $m = 15\text{kN} \cdot \text{m}$，梁长 $l = 3\text{m}$，梁的自重不计，求 A、B 处支座反力。

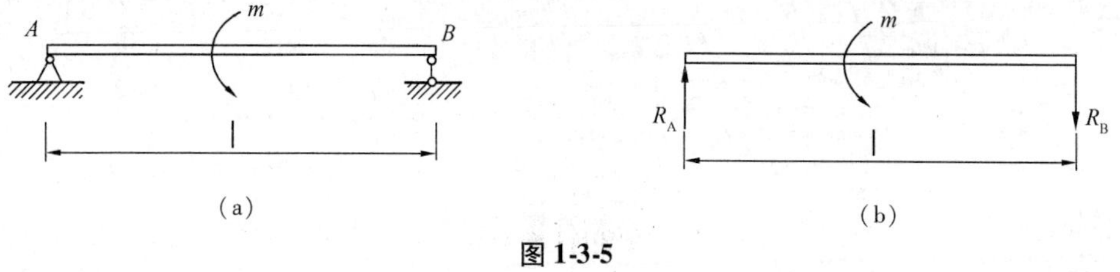

图 1-3-5

【解】

$$\sum m = 0, m - R_A l = 0$$

$$R_A = \frac{m}{l} = \frac{15}{3} = 5\text{kN}（\uparrow）$$

$$R_B = 5\text{kN}（\downarrow）$$

（3）力的平移定理

作用在刚体上的一个力 $\boldsymbol{F}$，可以平移到同一刚体上的任一点，但必须同时附加一个力偶，附加力偶的力偶矩等于原力 $\boldsymbol{F}$ 对新作用点的矩，称为力的平移定理。

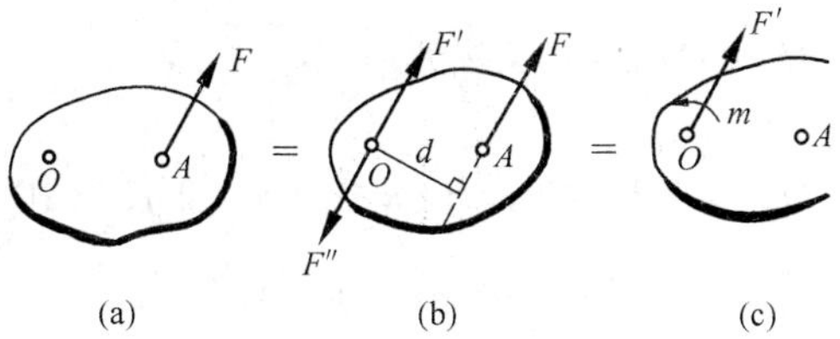

图 1-3-6

第四节 平面一般力系的平衡方程

一、平面一般力系平衡方程的基本形式

平面一般力系处于平衡状态的充分与必要条件是力系的主矢量与力系对任一点的主矩同时为零，即

$$R' = 0 \quad M_0 = 0 \tag{1-4-1}$$

由此得到平面一般力系的平衡条件为：

$$\begin{aligned} &\sum X = 0 \\ &\sum Y = 0 \\ &\sum M_0(F) = 0 \end{aligned} \tag{1-4-2}$$

力系中所有各力在两个坐标轴上的投影的代数和均等于零，所有各力对任一点的矩的代数和等于零。

【例题 1-4-1】 求图 1-4-1 所示梁的支座反力。

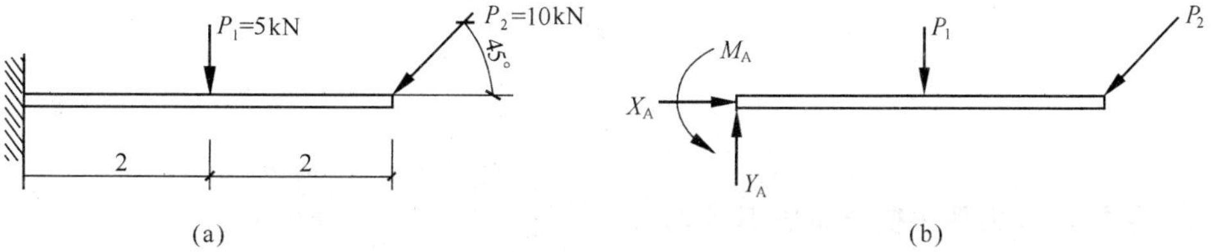

图 1-4-1

【解】 取梁 AB 为研究对象，其受力如图 1-4-1（b）所示，建立三个平衡方程：

$\sum X = 0 \qquad X_A - P_2\cos45° = 0$

$$X_A = \frac{\sqrt{2}}{2}P_2 = \frac{\sqrt{2}}{2} \times 10 = 7.07\text{kN}$$

$\sum Y = 0 \qquad Y_A - P_1 - P_2\sin45° = 0$

$$Y_A = P_1 + \frac{\sqrt{2}}{2}P_2 = 5 + \frac{\sqrt{2}}{2} \times 10 = 12.07\text{kN}$$

$$\sum M_A = 0 \qquad M_A - 2P_1 - 4 \times \frac{\sqrt{2}}{2}P_2 = 0$$

$$M_A = 2P_1 + 2\sqrt{2}P_2 = 2 \times 5 + 2\sqrt{2} \times 10 = 38.28\text{kN} \cdot \text{m}$$

【例题 1-4-2】 简支梁受力如图 1-4-2 所示，求支座反力。

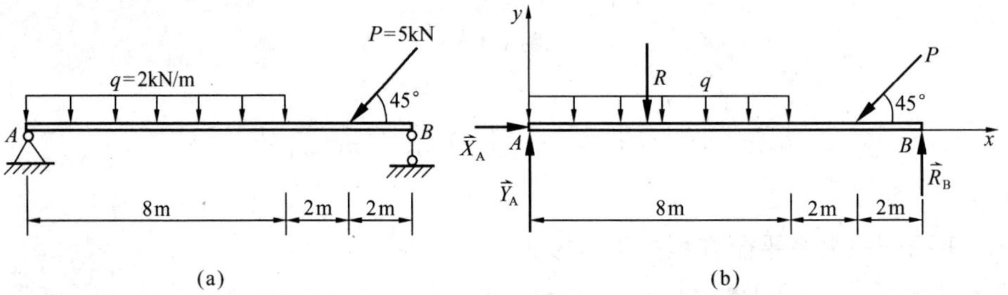

图 1-4-2

【解】 取 AB 梁为研究对象，其受力如图 1-4-2（b）所示，选取坐标轴，x 轴、y 轴，建立三个平衡方程：

$$\sum M_A = 0 \qquad 12R_B - 2 \times 8 \times 4 - \frac{\sqrt{2}}{2} \times 5 \times 10 = 0$$

$$R_B = 8.28\text{kN}$$

$$\sum X = 0 \qquad X_A - \frac{\sqrt{2}}{2} \times 5 = 0$$

$$X_A = 3.54\text{kN}$$

$$\sum Y = 0 \qquad Y_A + R_B - 2 \times 8 - \frac{\sqrt{2}}{2} \times 5 = 0$$

$$Y_A = 11.26\text{kN}$$

二、平面一般力系平衡方程的其他形式

（一）二力矩形式的平衡方程

$$\sum X = 0$$
$$\sum M_A = 0$$
$$\sum M_B = 0 \qquad (1\text{-}4\text{-}3)$$

AB 连线不与 x 轴垂直。

（二）三力矩形式的平衡方程

$$\sum M_A = 0$$
$$\sum M_B = 0$$
$$\sum M_C = 0 \qquad (1\text{-}4\text{-}4)$$

A、B、C 三点不共线。

（三）平面平行力系的平衡方程

（1）一力矩形式的平衡方程

$$\sum Y = 0$$

$$\sum M_0 = 0 \qquad (1\text{-}4\text{-}5)$$

（2）二力矩形式的平衡方程

$$\sum M_A = 0$$

$$\sum M_B = 0 \qquad (1\text{-}4\text{-}6)$$

A、B 连线不与各力的作用线平行。

【例题 1-4-3】 外伸梁受荷载如图 1-4-3（a）所示，已知均布荷载集度 $q=20\text{kN/m}$，力偶矩 $m=38\text{kN/m}$，集中力 $P=20\text{kN}$，试求支座 A、B 的反力。

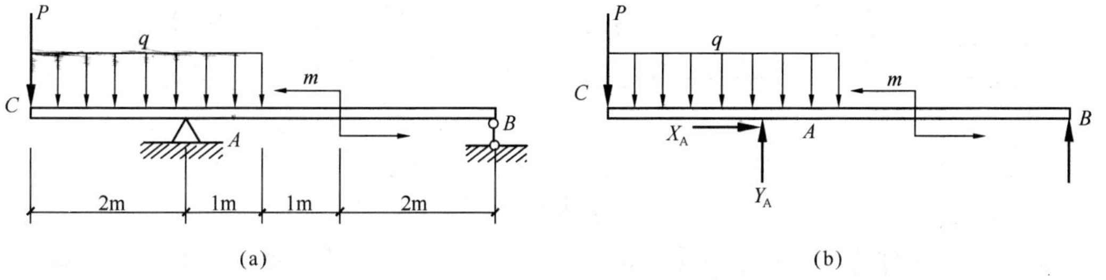

图 1-4-3

【解】 取梁 BC 为研究对象，其受力如图 1-4-3（b）所示，建立三个平衡方程：

$$\sum X = 0 \qquad X_A = 0$$

$$\sum M_B = 0 \qquad 6P + 3q \times \left(6 - \frac{3}{2}\right) + m - 4Y_A = 0$$

$$Y_A = \frac{1}{4}(6P + 3q \times 4.5 + 38)$$

$$= \frac{1}{4}(6 \times 20 + 3 \times 20 \times 4.5 + 38)$$

$$= 107\text{kN}$$

$$\sum M_A = 0 \qquad 4R_B + m + 2P + 3q\left(2 - \frac{3}{2}\right) = 0$$

$$R_B = -\frac{1}{4}(m + 2P + 3q \times 0.5)$$

$$= -\frac{1}{4}(38 + 2 \times 20 + 3 \times 20 \times 0.5)$$

$$= -27\text{kN}$$

R_B 为负值，说明其实际方向与假设方向相反，即应指向下。

$$校核: \sum Y = R_B + Y_A - P - 3q = -27 + 107 - 20 - 3 \times 20 = 0$$

说明计算无误。

【例题 1-4-4】 求图 1-4-4（a）刚架的支座反力。

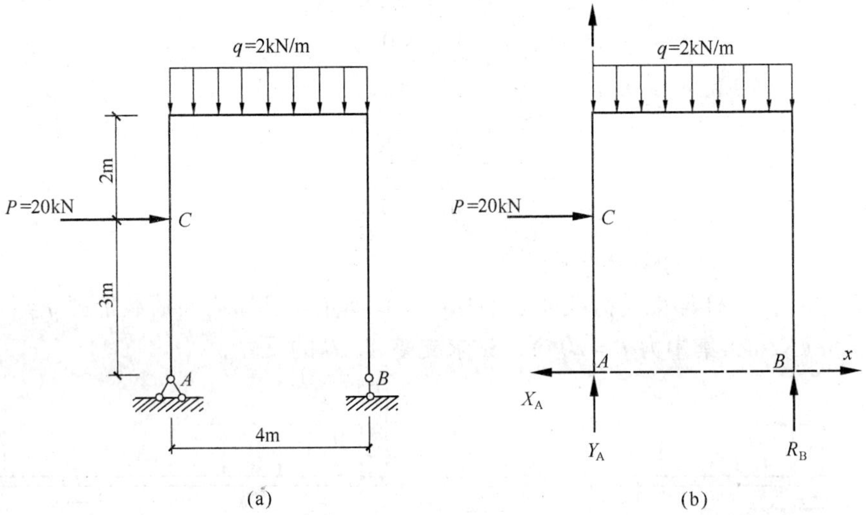

图 1-4-4

【解】 取整体为研究对象，受力如图 1-4-4（b）所示，选取坐标轴 x 轴和 y 轴，建立三个平衡方程：

$$\sum M_A = 0 \qquad 4R_B - 3P - 4q \times 2 = 0$$

$$R_B = \frac{1}{4}(3P + 8q) = \frac{1}{4}(3 \times 20 + 8 \times 2) = 19\text{kN}$$

$$\sum M_B = 0 \qquad -4Y_A - 3P + 4q \times 2 = 0$$

$$Y_A = \frac{1}{4}(8q - 3P) = \frac{1}{4}(8 \times 2 - 3 \times 20) = -11\text{kN}$$

Y_A 为负值，表示力的实际方向与假设方向相反。

$$\sum M_C = 0 - 3X_A - 4q \times 2 + 4R_B = 0$$

$$X_A = \frac{1}{3}(4R_B - 8q) = \frac{1}{3}(4 \times 19 - 8 \times 2) = 20\text{kN}$$

$$校核: \sum Y = Y_A + R_B - 4q = -11 + 19 - 4 \times 2 = 0$$

说明计算无误。

【例题 1-4-5】 支架承受重为 G 的重物，如图 1-4-5（a）所示，A、B、C 三处均为铰链，求支座 A、B 处约束反力。

【解】 取 AD 杆为研究对象，其受力如图 1-4-5（b）所示，选取坐标轴，x 轴、y 轴，建立三个平衡方程：

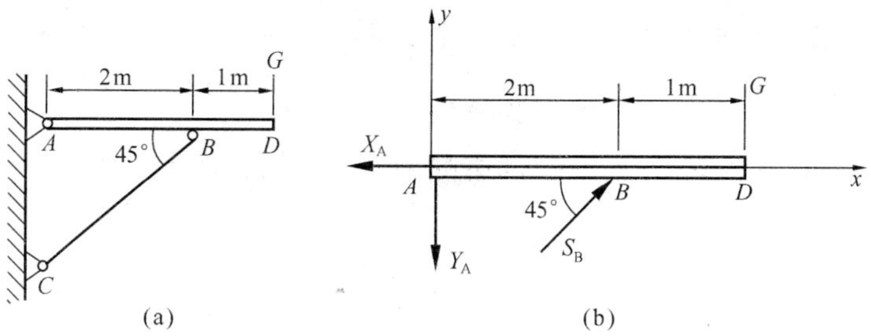

图 1-4-5

$$\sum M_C = 0 \qquad S_B \sin 45° \times 2 - 3G = 0$$

$$S_B = \frac{3G}{2\sin 45°} = \frac{3\sqrt{2}}{2}G$$

$$\sum X = 0 \qquad -X_A + S_B \cos 45° = 0$$

$$X_A = S_B \cos 45° = 1.5G$$

$$\sum Y = 0 \qquad -Y_A + S_B \sin 45° - G = 0$$

$$Y_A = S_B \sin 45° - G = \frac{G}{2}$$

校核：

$$\sum M_D = Y_A \times 3 - S_B \sin 45° \times 1$$

$$= \frac{G}{2} \times 3 - \frac{3\sqrt{2}}{2}G \times \frac{\sqrt{2}}{2} \times 1$$

$$= 0$$

说明计算无误。

第五节　材料力学的基本概念

一、材料力学的任务

材料力学讨论构件的承载能力。构件的承载能力主要由以下三方面来衡量：

（1）要求构件具有足够的强度：所谓强度是指构件在荷载作用下抵抗破坏的能力。

（2）要求构件具有足够的刚度：所谓刚度是指构件在外力作用下抵抗变形的能力。

（3）要求构件具有足够的稳定性：所谓稳定性是指构件保持其原有平衡形态的能力。

二、变形固体及其基本假设

在外力作用下固体将发生变形，统称为变形固体。

材料力学对变形固体所作的假设有以下四方面：

（1）连续性假设；

（2）均匀性假设；

（3）各向同性假设；

（4）弹性范围内的小变形条件。

三、内力、截面法、应力

（一）内力

物体因受外力而变形，其内部各部分之间因相对位置改变而引起的相互作用就是内力。

（二）截面法

确定内力的方法称为截面法。用截面法计算内力有三个步骤：

（1）欲求某一个截面上的内力时，就沿该截面假想地把构件切开，将构件分成两部分，任意留下一部分作为研究对象，并弃去另一部分。

（2）用作用于截面上的内力代替弃去部分对留下部分的作用。

（3）建立留下部分的平衡条件，确定未知的内力。

（三）应力

用截面法可求出整个截面上分布内力的合力，由于杆件材料是连续的，所以内力必然分布在整个截面上。用内力合力的大小，不能判断杆件的强度，要判断强度问题，必须知道内力在截面上分布的密集程度。

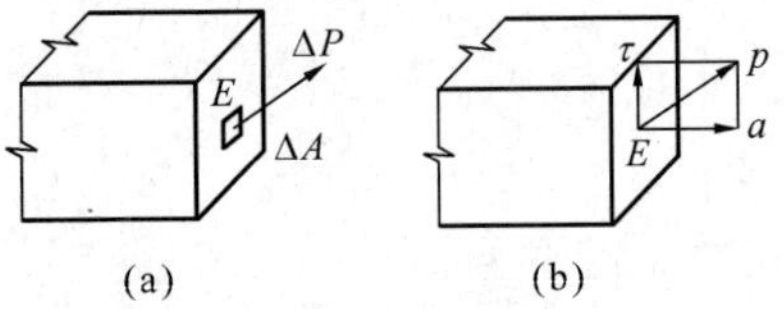

图 1-5-1

内力在截面上分布的密集程度称为内力集度，又称为应力。

为了说明截面上某一点 E 处的应力，可绕 E 点取一微小面积 ΔA，作用在 ΔA 上的内力合力记为 ΔP，如图 1-5-1 所示，则比值称为 ΔA 上的平均应力。

$$p_m = \frac{\Delta P}{\Delta A}$$

通常，内力在截面上的分布虽然连续，但并不均匀，因此，平均应力 p_m 的值将随 ΔA 的大小而变化。令 ΔA 趋于零，p_m 的极限 p 即代表 E 点处的内力集度。p 称为 E 点的应力。

$$p = \lim \frac{\Delta P}{\Delta A} = \frac{dP}{dA}$$

将应力 p 沿垂直于截面和平行于截面的方向分解，与截面垂直的分量称为正应力，用 σ 表示；与截面相切的分量称为剪应力，用 τ 表示。

应力的单位是帕斯卡，简称帕，符号为“Pa”。

$$1\text{Pa} = 1\text{N/m}^2$$

工程上，常用兆帕作为应力的单位：

$$1\text{MPa} = 10^6\text{N/m}^2 = 10^6\text{N/}10^6\text{mm}^2 = 1\text{N/mm}^2$$

四、杆件变形的基本形式

（1）拉伸或压缩，如图 1-5-2（a）、（b）所示；

（2）剪切，如图 1-5-2（c）所示；

（3）扭转，如图 1-5-2（d）所示；

（4）弯曲，如图 1-5-2（e）所示。

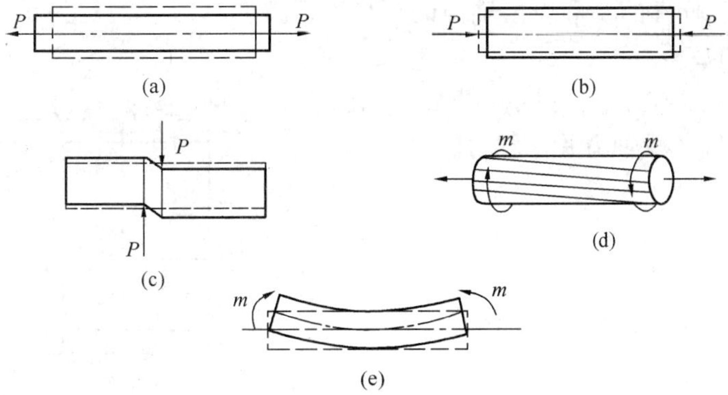

图 1-5-2

第六节　拉 伸 与 压 缩

一、轴向拉伸和压缩时的内力与应力

（一）轴向拉伸和压缩的概念

作用于杆件上的外力合力的作用线与杆件的轴线重合，杆件的变形是沿轴线方向的伸长或缩短，如图 1-5-2 所示。

（二）轴向拉伸和压缩时横截面上的内力

为了显示拉（压）杆横截面上的内力，沿横截面 $m-m$ 假想地把杆件分成两部分。杆件的左右两段在横截面 $m-m$ 上相互作用的内力是一个分布力系，其合力为 N。如图 1-6-1 所示。

由左段的平衡条件：

$$\sum X = 0, N - P = 0$$
$$N = P$$

由右段的平衡条件，同样得：

$$N = P$$

因为外力 P 的作用线与杆件的轴线重合，内力合力 N 的作用线也必然与杆件的轴线重合，所以称为轴力。

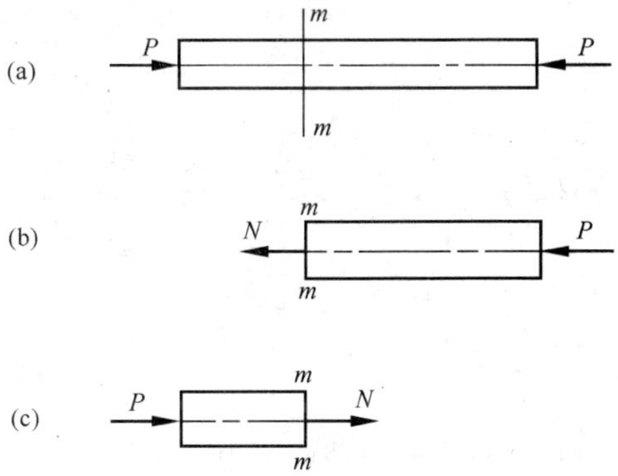

图 1-6-1

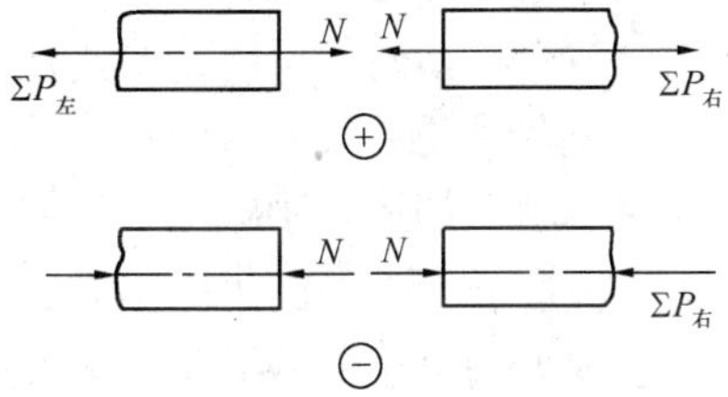

图 1-6-2

习惯上，根据杆件的变形规定轴力的符号，把拉伸时的 N 规定为正，压缩时的 N 规定为负，如图 1-6-2 所示。

【例题 1-6-1】 轴心拉（压）杆受力如图 1-6-3 所示，求杆件各段轴力并作轴力图。

【解】

（1）求支座反力

$$\sum X = 0$$

$$X_E - 1 - 4 + 6 - 2 = 0$$

$$X_E = 1\text{kN}$$

（2）求各段轴力

AB 段轴力：用截面 1—1 将杆件在 *AB* 段内截开，取左段为研究对象，以 N_1 表示截面上的轴力，并假设为拉力。由平衡方程

$$\sum X = 0$$

$$N_1 - 1 = 0$$

$$N_1 = 1\text{kN}$$

BC 段轴力：用截面 2—2 将杆件截断，取左段为研究对象

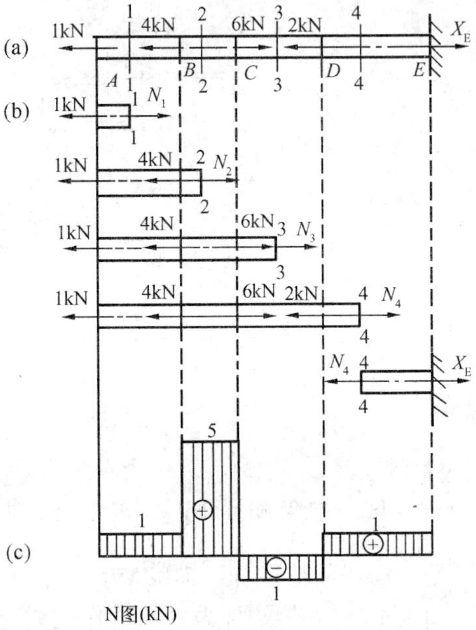

图 1-6-3

$$\sum X = 0$$

$$N_2 - 1 - 4 = 0$$

$$N_2 = 5\text{kN}$$

CD 段轴力：用截面 3—3 将杆件截断，取左段为研究对象

$$\sum X = 0$$

$$N_3 - 1 - 4 + 6 = 0$$

$$N_3 = -1\text{kN}$$

DE 段轴力：用截面 4—4 将杆件截断，取左段为研究对象

$$\sum X = 0$$

$$N_4 - 1 - 4 + 6 - 2 = 0$$

$$N_4 = 1\text{kN}$$

DE 段轴力：也可取右段为研究对象

$$\sum X = 0 \qquad N_4 - X_E = 0$$

$$N_4 = 1\text{kN}$$

上式中，轴力为正时，表示假设指向与实际指向一致，杆段受拉；轴力为负时，表示假设指向与实际指向相反，杆段受压。

（3）画轴力图

（三）轴向拉压杆的应力

拉压杆横截面上的内力是均匀分布的。

由于轴力垂直于横截面，所以与之相应的应力也垂直于横截面。由此可得结论：拉压杆截面上各点处产生正应力，正应力在截面上均匀分布：

$$\sigma = \frac{N}{A} \tag{1-6-1}$$

式（1-6-1）中，N 为轴力，A 为杆的横截面积。

正应力也随轴力 N 有正负之分，拉应力为正，压应力为负。

【例题 1-6-2】 若例题 1-6-1 中直杆截面为 50mm × 50mm，试求杆中各段横截面上的应力。

【解】

$$\sigma_1 = \frac{N_1}{A} = \frac{1\ 000}{50 \times 50} = 0.4\text{MPa}$$

$$\sigma_2 = \frac{N_2}{A} = \frac{5\ 000}{50 \times 50} = 2\text{MPa}$$

$$\sigma_3 = \frac{N_3}{A} = \frac{-1\ 000}{50 \times 50} = -0.4\text{MPa}$$

$$\sigma_4 = \frac{N_4}{A} = \frac{1\ 000}{50 \times 50} = 0.4\text{MPa}$$

二、轴向拉压杆的变形

（一）轴向拉（压）杆的变形

杆受轴向力作用时，沿杆轴方向会产生伸长（或缩短），称为轴向变形。

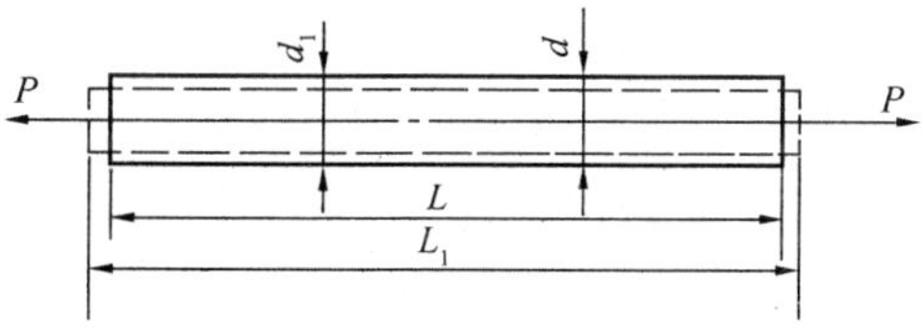

图 1-6-4

设直杆原长 L，受轴向外力作用后，长度变为 L_1，则

$$\Delta L = L_1 - L \tag{1-6-2}$$

ΔL 称为杆的绝对轴向线变形。拉伸时为正，压缩时为负。

ΔL 只能描述杆的绝对变形，不能描述变形的剧烈程度，为此，引入相对变形的概念。令：

$$\varepsilon = \frac{\Delta L}{L} \tag{1-6-3}$$

ε 称为杆的相对轴向线变形，又叫线应变。表示杆单位长度上的伸长。拉伸时为正，压缩时为负。

杆在轴向伸长（缩短）时，横向会缩短（伸长），设直杆原横向尺寸为 d，变形后为 d_1，则

$$\Delta d = d_1 - d$$

$$\varepsilon' = \frac{\Delta d}{d}$$

（二）虎克定律

实验证明，对工程上常用的结构材料，当应力未超过某一极限时，存在如下关系：

$$\Delta L = \frac{NL}{EA} \tag{1-6-4}$$

上式称为虎克定律，是 1678 年由英国科学家虎克首先提出的。式中，E 称为弹性模量，它表示材料抵抗弹性变形的能力，其值由实验测定。EA 称为拉压杆的抗拉刚度，它

表示拉压杆抵抗变形的能力。因为：

$$\frac{\Delta L}{L}=\frac{1}{E}\cdot\frac{N}{A}$$

$$\varepsilon=\frac{\sigma}{E}\text{或}\sigma=E\cdot\varepsilon \qquad (1\text{-}6\text{-}5)$$

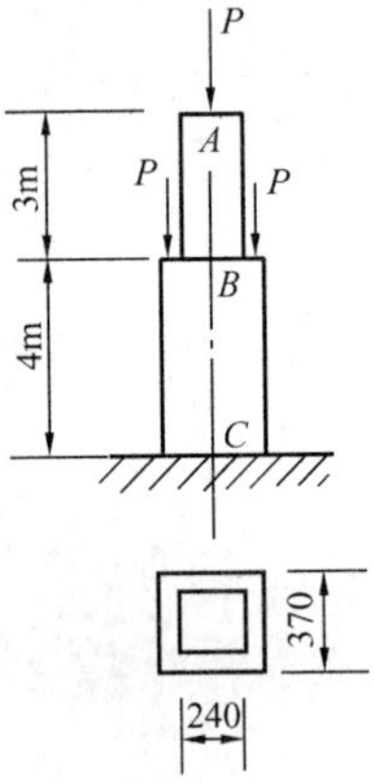

图 1-6-5

式（1-6-5）是虎克定律的一般形式，它表明，当材料应力不超过某一极限时，应力与应变成正比。这一极限，称为材料的比例极限。

【例题 1-6-3】 正方形截面砖柱，上柱截面边长 24mm，下柱截面边长 370mm，材料弹性模量 $E=0.03\times10^5$ MPa，不计自重，求砖柱顶面位移。

【解】

$$\begin{aligned}\Delta L&=\Delta L_{\mathrm{AB}}+\Delta L_{\mathrm{AC}}\\&=\frac{N_{\mathrm{AB}}L_{\mathrm{AB}}}{EA_{\mathrm{AB}}}+\frac{N_{\mathrm{BC}}L_{\mathrm{BC}}}{EA_{\mathrm{BC}}}\\&=\frac{-5\times10^3\times3\,000}{0.03\times10^5\times240^2}+\frac{-150\times10^3\times4\,000}{0.03\times10^5\times370^2}\\&=-2.33\mathrm{mm}\end{aligned}$$

第七节　梁　的　内　力

一、弯曲变形

（一）弯曲变形的概念

杆件在垂直于杆轴线的外力或作用面垂直于杆横截面的力偶的作用下，其轴线由直线变为曲线，这种变形叫弯曲。

工程上把以弯曲变形为主要变形形式的构件称为梁。

常见的梁横截面都有一个对称轴，对称轴与梁的轴线组成的平面称为梁的纵向对称平面，如图 1-7-1 所示。如果梁上的所有外力（包括荷载和支座反力）都作用在梁的纵向对称平面内，梁变形后，其轴线将弯曲成位于纵向对称平面内的一条曲线，这种弯曲叫做平面弯曲。

（二）梁的分类

单跨静定梁有三种形式：

（1）悬臂梁，如图 1-7-2（a）所示；

（2）简支梁，如图 1-7-2（b）所示；

（3）外伸梁，如图 1-7-2（c）所示。

二、梁的内力计算

（一）用截面法求内力

如图 1-7-3 所示的梁为例，计算内力的步骤如下：

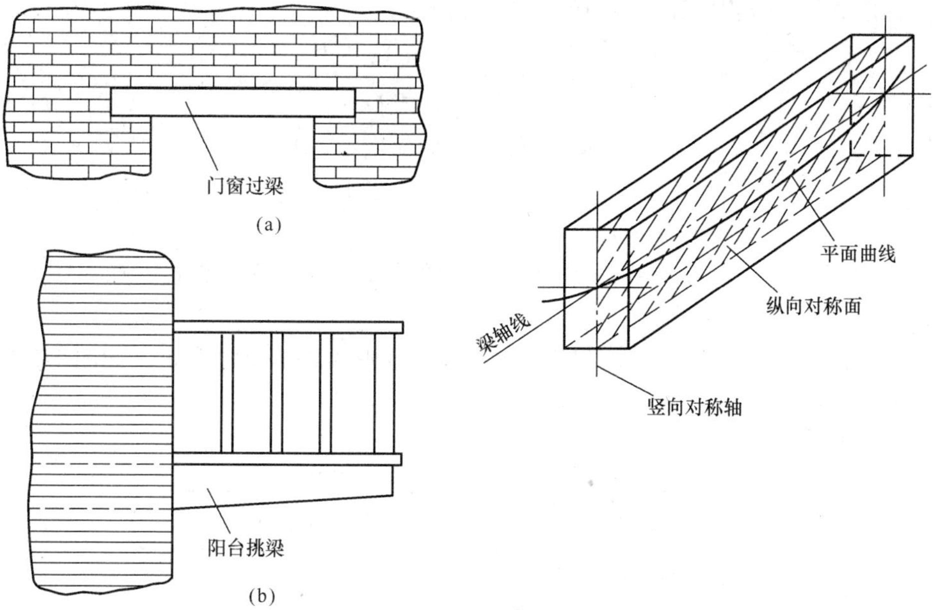

图 1-7-1

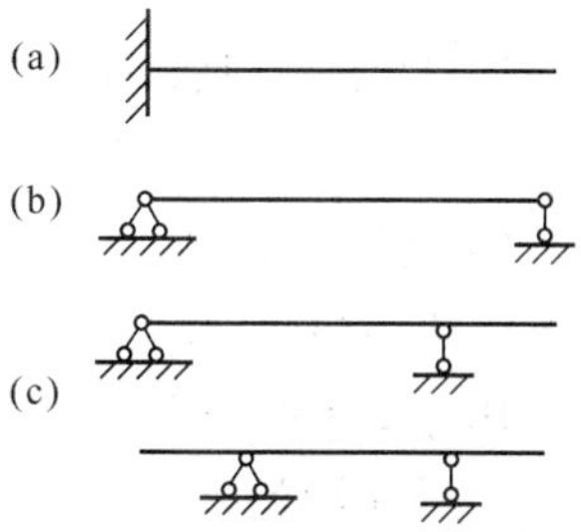

图 1-7-2

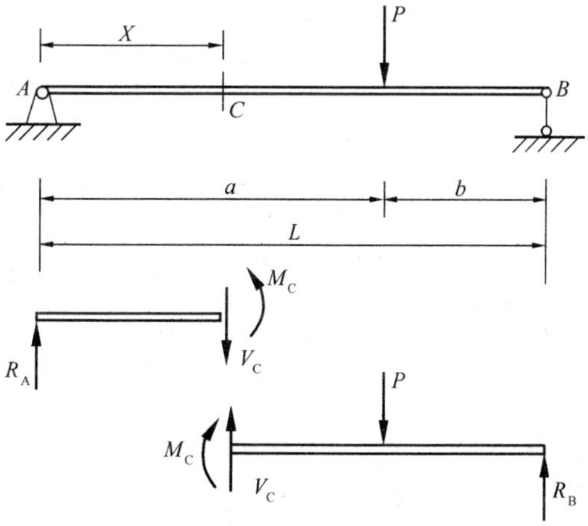

图 1-7-3

（1）计算支座反力。

$$\sum M_A = 0 \qquad R_B L - Pa = 0$$

$$R_B = \frac{Pa}{L}$$

$$\sum M_B = 0 \qquad R_A L - Pb = 0$$

$$R_A = \frac{Pb}{L}$$

（2）用假想的截面将梁截成两段，任取一段为研究对象。

（3）画出研究对象的受力图。

（4）建立平衡方程，计算内力。

$$\sum Y = 0 \qquad V_C - Y_A = 0$$

$$V_C = Y_A$$

$$\sum M_C = 0 \qquad M_C - Y_A x = 0$$

$$M_C = Y_A x$$

（二）剪力和弯矩的符号规定

（1）截面上的剪力以使脱离体顺时针方向转动为正，反之为负，如图 1-7-4（a）、（b）所示。

（2）截面上的弯矩以使脱离体产生向下凸的变形为正，反之为负，如图 1-7-4（c）、（d）所示。

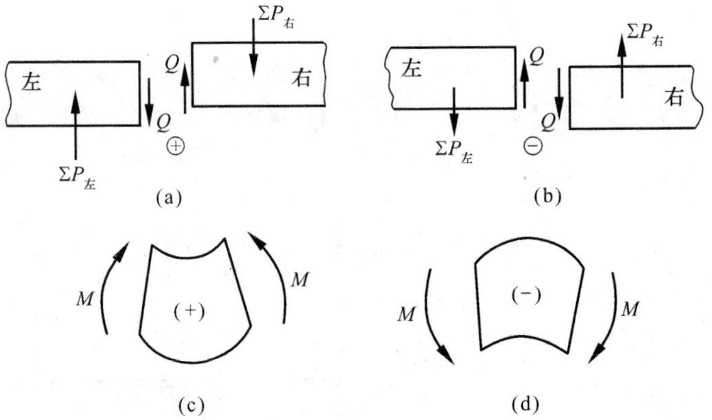

图 1-7-4

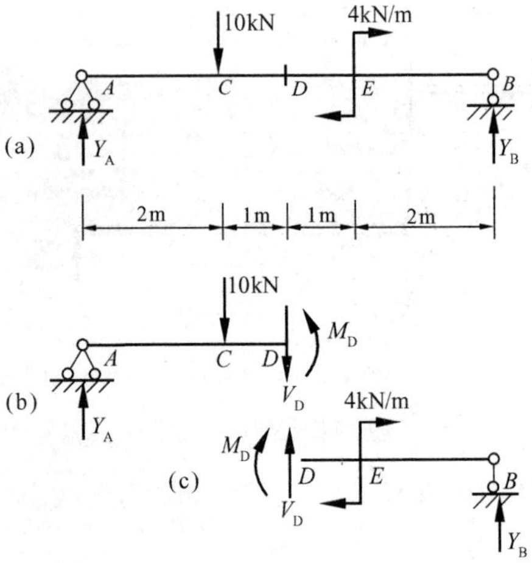

图 1-7-5

【例题 1-7-1】 求图 1-7-5 所示简支梁 D 截面的剪力和弯矩。

【解】 （1）计算支座反力

$$\sum M_A = 0$$

$$6Y_B - 10 \times 2 + 4 = 0$$

$$Y_B = 2.67\text{kN}$$

$$\sum Y = 0$$

$$Y_A + Y_B - 10 = 0$$

$$Y_A = 7.33\text{kN}$$

（2）计算剪力弯矩

截取梁 AD 段为研究对象，受力分析如图 1-7-5所示。

$$\sum Y = 0$$

$$V_D - Y_A + 10 = 0$$

$$V_D = Y_A - 10 = -2.67\text{kN}$$

$$\sum M_D = 0$$

$$M_D - 3Y_A + 10 \times 1 = 0$$

$$M_D = 11.99\text{kN/m}$$

从以上例题可以总结出，梁任意截面的剪力和弯矩的简捷计算方法：

（1）梁任意截面的剪力，等于截面一侧所有垂直于梁轴线外力的代数和。

（2）梁任意截面的弯矩，等于截面一侧所有外力对截面形心的力矩的代数和。

【例题 1-7-2】 用简捷法求图示梁 A、D、E 截面的内力（图 1-7-6）。

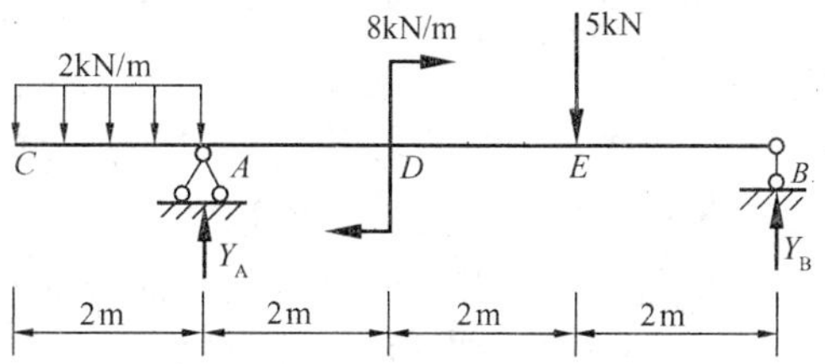

图 1-7-6

【解】 （1）求支座反力

$$\sum M_A = 0 \qquad 6Y_B - 5 \times 4 - 8 + 2 \times 2 \times 1 = 0$$

$$Y_B = 4\text{kN}$$

$$\sum Y = 0 \qquad Y_A + Y_B - 5 - 2 \times 2 = 0$$

$$Y_A = 5\text{kN}$$

（2）计算内力

A 截面左侧：

$$V_{AZ} = -2 \times 2 = -4\text{kN}$$

$$M_{AZ} = -2 \times 2 \times 1 = -4\text{kN/m}$$

A 截面右侧：

$$V_{AY} = -2 \times 2 + 5 = 1\text{kN}$$

$$M_{AY} = -2 \times 2 \times 1 = -4\text{kN/m}$$

D 截面左侧：

$$V_{DZ} = -2 \times 2 + 5 = 1\text{kN}$$

$$M_{DZ} = -2 \times 2 \times 3 + 5 \times 2 = -2\text{kN/m}$$

D 截面右侧：

$$V_{DY} = -2 \times 2 + 5 = 1\text{kN}$$

$$M_{DY} = -2 \times 2 \times 3 + 5 \times 2 + 8 = 6\text{kN/m}$$

三、梁的内力图

由以上（梁的内力计算）可知，一般情况下，梁横截面上的剪力和弯矩随截面位置不同而变化。若以横坐标 x 表示横截面沿梁轴线的位置，则各横截面上的剪力和弯矩皆可表示为 x 的函数，即：

$$V = V(x)$$

$$M = M(x)$$

上面的函数表达式，称为梁的剪力方程和弯矩方程。

我们可用图形表示剪力和弯矩沿梁的轴线变化的情况，这种图形分别称为剪力图和弯矩图。画剪力图时，正剪力画在基线上方，负剪力画在下方；弯矩图则画在梁的受拉纤维一侧。

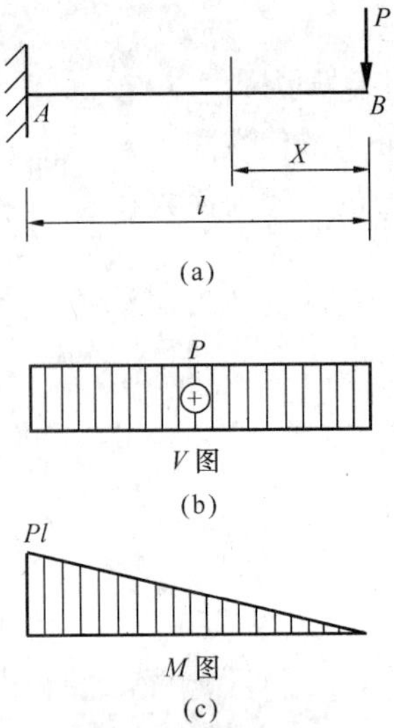

图 1-7-7

【例题 1-7-3】　作如图 1-7-7 所示悬臂梁的剪力图和弯矩图。

【解】　以梁的右端 B 为坐标原点，列剪力方程和弯矩方程

$$V(x) = P$$
$$M(x) = -Px$$
$$0 \leqslant x \leqslant l$$

由内力方程可知，剪力方程是一常数，其图形为一水平线；弯矩方程为一次函数，其图形为一斜直线，只要确定直线上的两个点，就可以确定这条直线。

【例题 1-7-4】　作如图 1-7-8 所示悬臂梁的内力图。

【解】　以梁的右端 B 为坐标原点，列剪力方程和弯矩方程

$$V(x) = qx = 2x$$
$$M(x) = -\frac{1}{2}qx^2$$
$$0 \leqslant x \leqslant l$$

由内力方程可知，剪力方程是一次函数，其图形为一斜直线，只要确定直线上的两个点，就可以确定这条直线；弯矩方程为二次函数，其图形为二次抛物线，可以根据抛物线的性质及曲线的特征值确定。

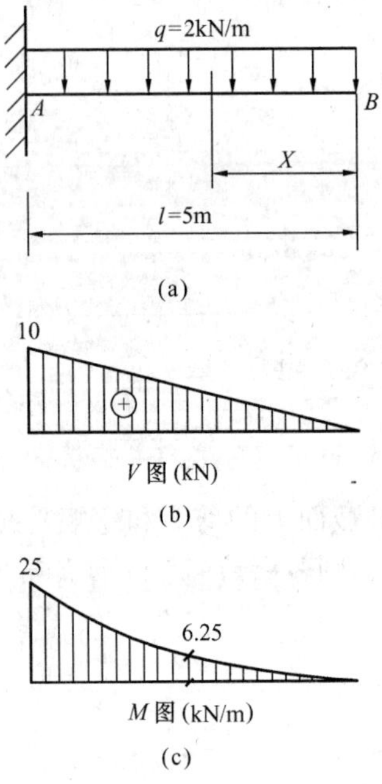

图 1-7-8

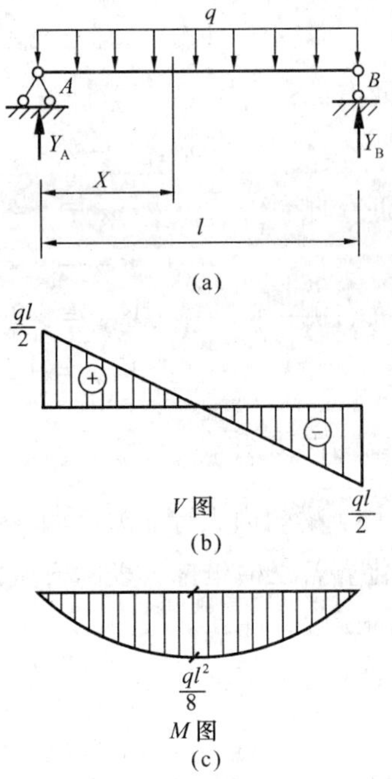

图 1-7-9

由内力图可知，剪力和弯矩的最大值都发生在支座截面。

【例题 1-7-5】 作如图 1-7-9 所示简支梁的内力图。

【解】 (1) 计算支座反力

$$\sum M_{\mathrm{A}} = 0 \qquad R_{\mathrm{B}}L - \frac{1}{2}ql^{2} = 0$$

$$R_{\mathrm{B}} = \frac{1}{2}ql$$

$$\sum Y = 0 \qquad R_{\mathrm{A}} + R_{\mathrm{B}} - ql = 0$$

$$R_{\mathrm{A}} = \frac{1}{2}ql$$

(2) 列内力方程

$$V(x) = R_{\mathrm{A}} - qx$$

$$M(x) = R_{\mathrm{A}}x - \frac{1}{2}qx^{2}$$

$$0 \leqslant x \leqslant l$$

(3) 根据内力方程画内力图

由内力方程可知，剪力方程是一次函数，其图形为一斜直线，只要确定直线上的两个点，就可以确定这条直线；弯矩方程为二次函数，其图形为二次抛物线，可以根据抛物线性质及曲线的特征值确定。

由内力图可知，在剪力等于零的截面，弯矩达到极大值 $\frac{ql^{2}}{8}$。

【例题 1-7-6】 作如图 1-7-10 所示简支梁的内力图。

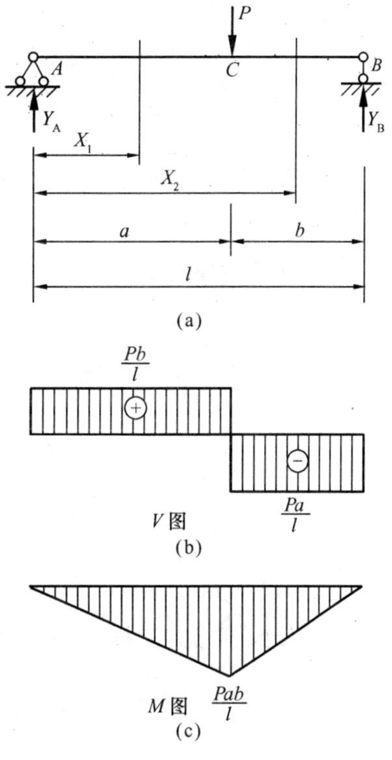

图 1-7-10

【解】 (1) 计算支座反力

$$\sum M_{\mathrm{A}} = 0 \qquad Y_{\mathrm{B}}l - Pa = 0$$

$$Y_{\mathrm{B}} = \frac{Pa}{l}$$

$$\sum Y = 0 \qquad Y_{\mathrm{A}} + Y_{\mathrm{B}} - P = 0$$

$$Y_{\mathrm{A}} = \frac{Pb}{l}$$

(2) 分段列内力方程

AC 段：

$$V(x) = Y_{\mathrm{A}}$$

$$M(x) = Y_{\mathrm{A}}x \qquad 0 \leqslant x \leqslant a$$

CB 段：

$$V(x) = Y_{\mathrm{A}} - P$$

$$M(x) = Y_{\mathrm{A}}x - P(x - a)$$

（3）根据内力方程分段画内力图

【**例题 1-7-7**】作如图 1-7-11 所示简支梁的内力图。

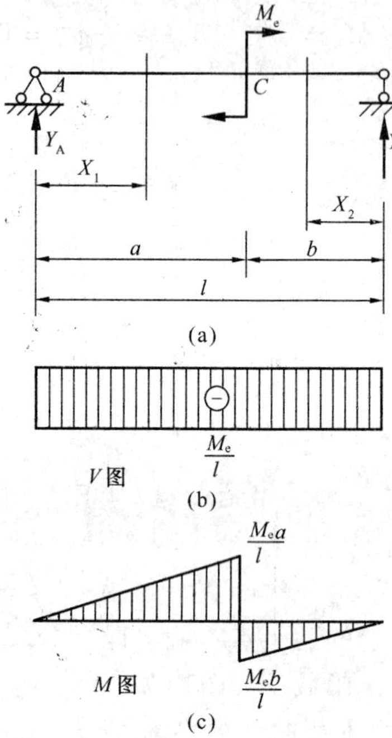

图 1-7-11

（1）计算支座反力

$$\sum M_B = 0$$

$$Y_B l - m = 0$$

$$Y_B = \frac{m}{l}$$

$$\sum Y = 0$$

$$Y_B + Y_A = 0$$

$$Y_A = -\frac{m}{l}$$

（2）分段列内力方程

$$V(x) = -\frac{m}{l}$$

$$0 \leqslant x \leqslant l$$

$$M(x) = -\frac{m}{l}x$$

$$0 \leqslant x \leqslant a$$

$$M(x_2) = \frac{m}{l}x$$

$$0 \leqslant x_2 \leqslant b$$

（3）根据内力方程分段画内力图

如图 1-7-12 所示为几种常见的单跨静定梁在简单荷载作用下的剪力图、弯矩图。

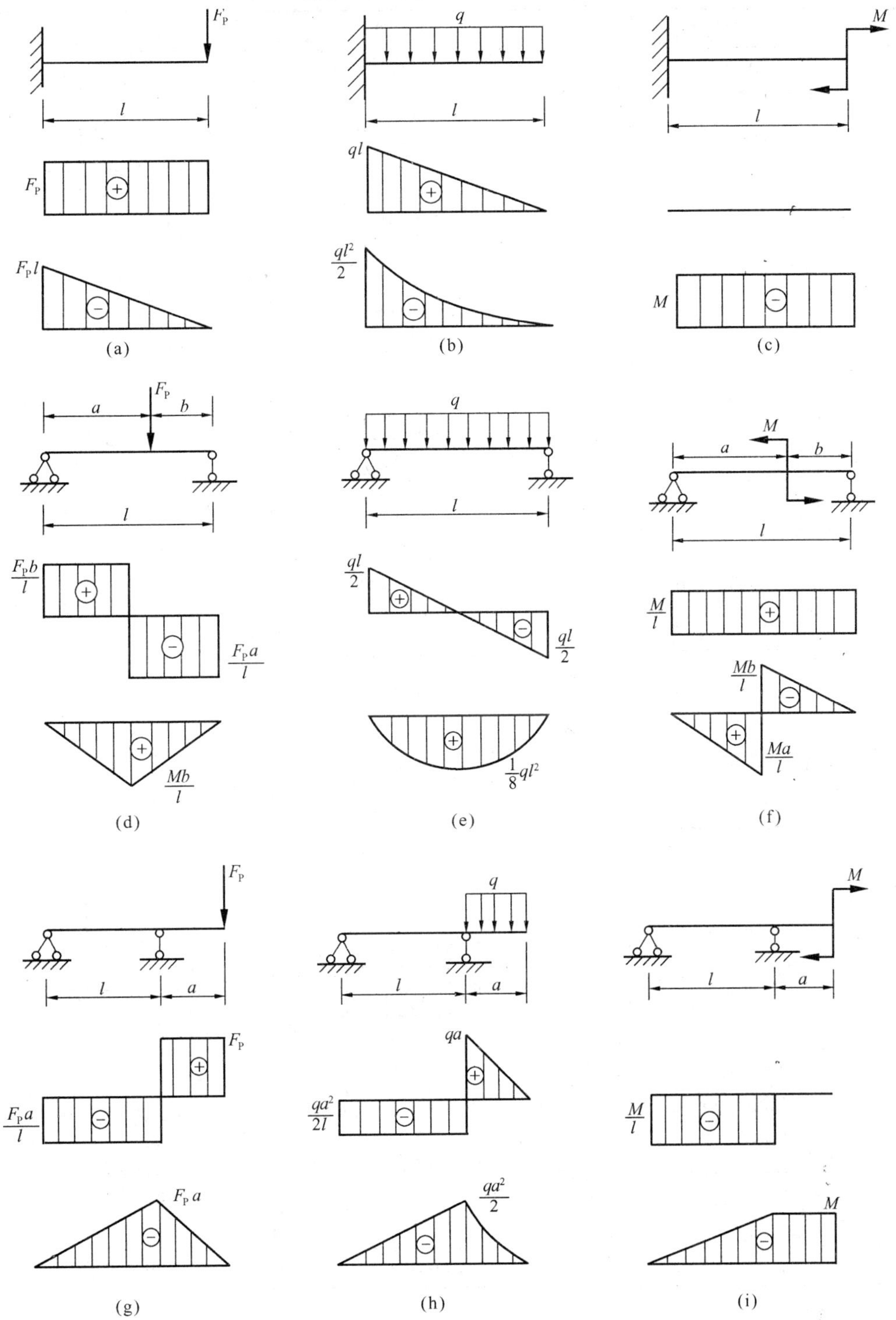
F_P
l
F_P
$F_P l$
(a)
q
l
ql
$\frac{ql^2}{2}$
(b)
M
l
M
(c)
F_P
a
b
l
$\frac{F_P b}{l}$
$\frac{F_P a}{l}$
$\frac{Mb}{l}$
(d)
q
l
$\frac{ql}{2}$
$\frac{ql}{2}$
$\frac{1}{8}ql^2$
(e)
M
a
b
l
$\frac{M}{l}$
$\frac{Mb}{l}$
$\frac{Ma}{l}$
(f)
F_P
l
a
F_P
$\frac{F_P a}{l}$
$F_P a$
(g)
q
l
a
qa
$\frac{qa^2}{2l}$
$\frac{qa^2}{2}$
(h)
M
l
a
$\frac{M}{l}$
M
(i)

图 1-7-12

由如图 1-7-12 所示的 V、M 图可总结出梁上的荷载与 V、M 图的关系，如表 1-7-1 所示。

表 1-7-1　梁的荷载、剪力图、弯矩图之间的关系

	梁上荷载情况	剪　力　图	弯　矩　图
1	无分布荷载 $(q=0)$	V 图为水平直线 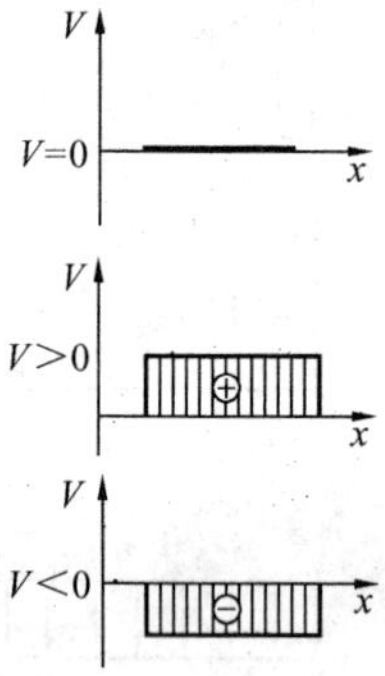	M 图为斜直线 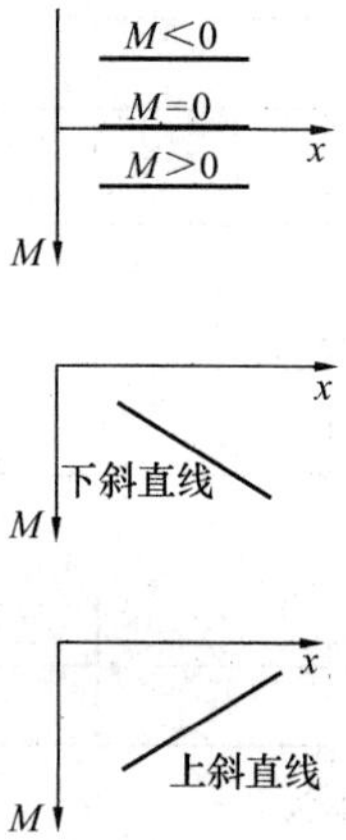
2	均布荷载向上作用 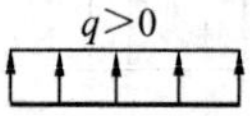	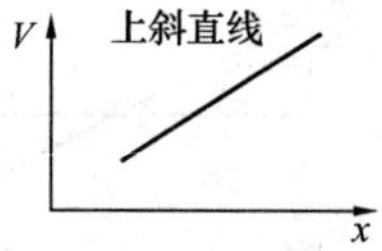	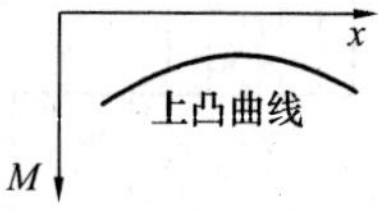
3	均布荷载向下作用 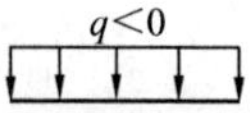	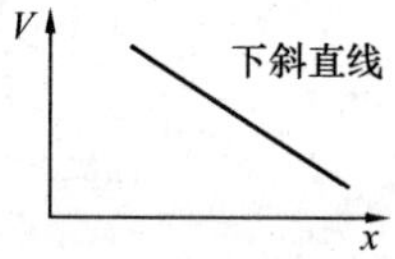	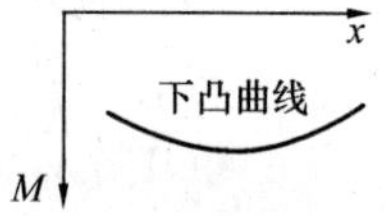
4	集中力作用 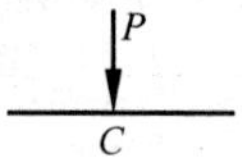	C 截面有突变 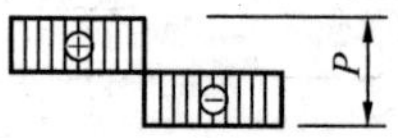	C 截面有转折 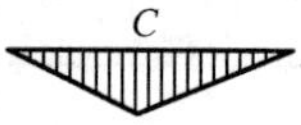
5	集中力偶作用 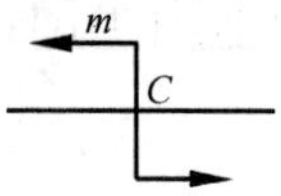	C 截面无变化	C = 截面有突变 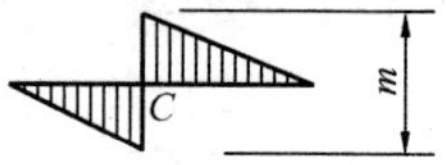
6		$V=0$ 截面	M 有极值

由表 1-7-1 可知：

（1）梁上无荷载时，$q=0$，说明 $V(x)$ 是常数，剪力图为水平线，弯矩图为斜直线。

（2）梁上作用均布荷载时，q 是常数，$V(x)$ 是一次函数，剪力图则为斜直线，弯矩图为二次抛物线。

（3）当剪力等于零时，$V(x)=0$，弯矩取得极值。

【例题 1-7-8】 根据梁上荷载、剪力、弯矩之间的关系，作图 1-7-13 所示梁的 V、M 图。已知：$P=80\text{kN}$，$m=160\text{kN/m}$，$q=40\text{kN/m}$。

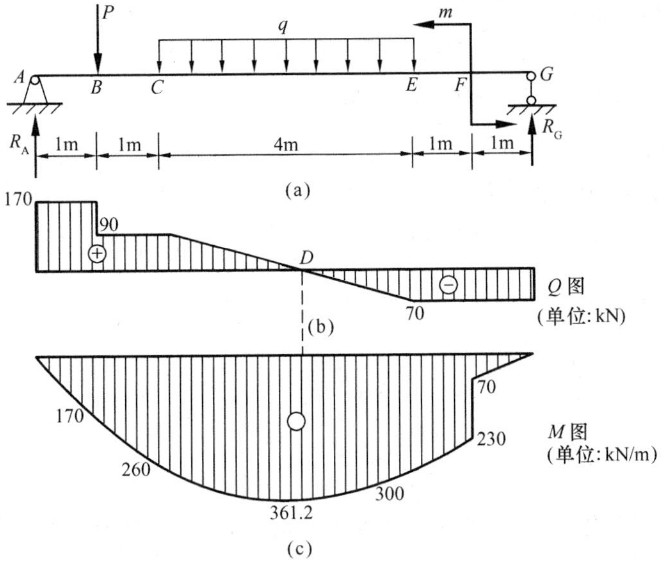

图 1-7-13

【解】 （1）计算支座反力取整体为研究对象

$$\sum M_A=0 \qquad 8R_G-1\times P-4q\times 4+m=0$$

$$R_G=\frac{P+16q-m}{8}=\frac{80+16\times 40-160}{8}$$

$$=70\text{kN}$$

$$\sum Y=0 \qquad R_A+R_G-P-4q=0$$

$$R_A=P+4q-R_G=80+40\times 4-70$$

$$=170\text{kN}$$

（2）画剪力图

AB、BC、EG 段剪力图是水平线，B 截面有集中力作用，剪力图有突变，F 截面是集中力偶作用点，剪力图无变化。

计算控制截面剪力值：

$V_A=V_{B左}=170\text{kN}$

$V_{B右}=V_C=90\text{kN}$

$V_E=V_G=-70\text{kN}$

由几何关系确定剪力为零的截面位置。

$$\frac{90}{CD}=\frac{70}{4-CD}$$

$$CD=2.25\text{m} \qquad AD=4.25\text{m}$$

（3）画弯矩图。AB、BC、EF、FG 为斜直线，CE 段为二次抛物线。集中力作用点 B 弯矩图有尖点；集中力偶作用点 F 弯矩图有突变，突变值等于集中力偶的力偶矩。在剪力为零的截面 D 上，弯矩图取得极值。

计算控制截面弯矩值

$$M_A = M_G = 0$$

$$M_B = 170 \times 1 = 170\text{kN/m}$$

$$M_C = 170 \times 2 - 80 \times 1 = 260\text{kN/m}$$

$$M_E = 70 \times 2 + 160 = 300\text{kN/m}$$

$$M_{FZ} = 70 \times 1 + 160 = 230\text{kN/m}$$

$$M_{FY} = 70 \times 1 = 70\text{kN/m}$$

$$M_D = M_{max} = 170 \times 4.25 - 80 \times 3.25 - 40 \times 2.25 \times \frac{2.25}{2}$$

$$= 361.25\text{kN/m}$$

绘制 M 图。

四、梁弯曲时的应力

由上节可知，梁的横截面上存在两种内力，剪力 V 和弯矩 M。剪力 V 由剪应力 τ 合成，弯矩 M 由正应力 σ 合成。一般情况下，正应力是导致梁破坏的主要因素，下面讨论正应力。

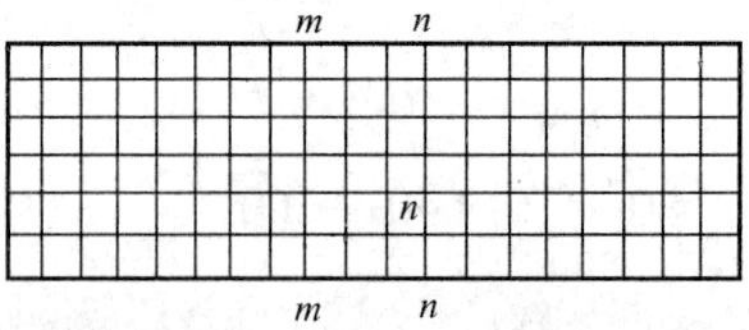

(a)

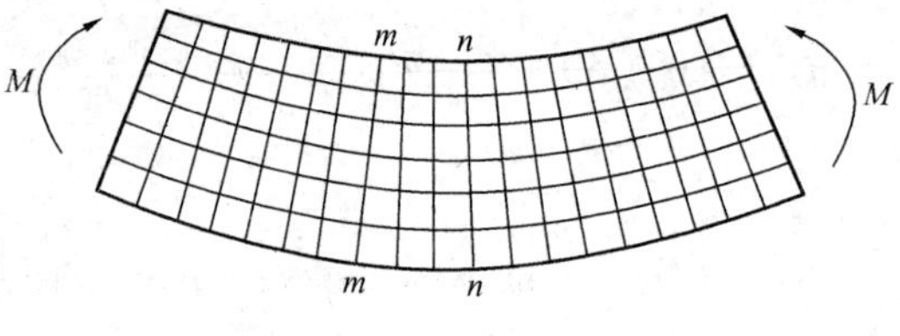

(b)

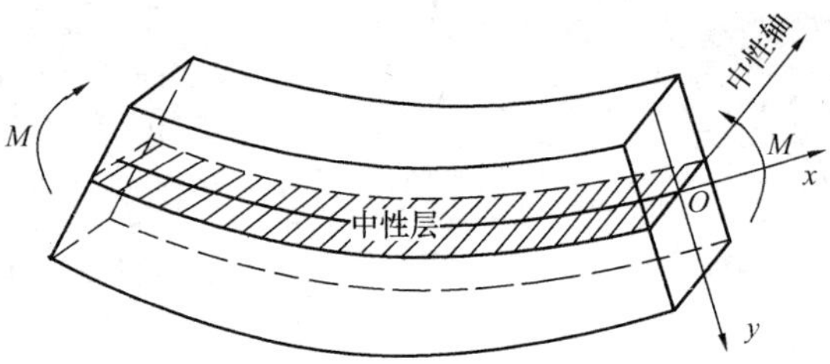

(c)

图 1-7-14

（一）正应力的分布规律

取一弹性较好的梁，在其表面画上一些垂直于梁轴线的横向线和一些平行于梁轴线的纵向线，它们分别可以代表梁的横截面和纵截面。加荷载，使梁发生弯曲变形如图 1-7-14（b）所示，可观察到两个现象：

（1）变形前为直线的横向线，变形后仍为直线，只是倾斜了一个角度。

（2）所有纵向线均由直线弯曲成为曲线，凹侧纵向线缩短，凸侧纵向线伸长。

由以上实验现象可推出：

1）横向线可代表梁的横截面，变形前后均为直线，由此表明，变形前为平截面的横截面变形后仍为平截面。

2）设想梁由一束纤维组成，纵向线的变形表明，凹侧纤维受到压缩，凸侧纤维受到拉伸。由受拉过渡到受压，梁内必有一层纤维既没有受到拉伸，也没有受到压缩，称为梁的中性层。中性层与梁横截面的交线称为中性轴。中性轴通过梁横截面的形心，与竖向对称轴 y 垂直，如图 1-7-14（c）所示。

由此可知，梁弯曲变形时，各横截面绕中性轴转动，使梁内纵向纤维伸长或缩短，中性轴上变形为零。正应力分布规律如图 1-7-15 所示。

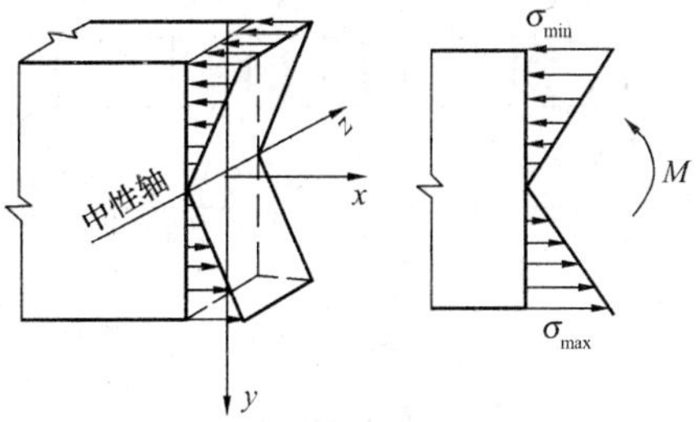

图 1-7-15

（二）正应力计算公式

梁弯曲时，横截面上任意一点正应力的计算公式（推导从略）为：

$$\sigma = \frac{M}{I_z}y \tag{1-7-1}$$

式中 M——横截面上的弯矩；

y——所计算的点到中性轴的距离；

I_z——截面对中性轴的惯性矩。

式（1-7-1）说明，梁横截面上任一点的正应力，沿截面高度呈线性分布。中性轴上正应力为零，离中性轴越远，正应力越大，最大应力发生在距中性轴最远的上下边缘处。

（三）梁的正应力强度条件

梁最大弯矩所在的截面，称为危险截面，距中性轴最远的点叫做危险点，该点正应力达到最大值

$$\sigma_{max} = \frac{M_{max}}{I_z}y_{max} = \frac{M_{max}}{\dfrac{I_z}{y_{max}}} = \frac{M_{max}}{W_z} \tag{1-7-2}$$

式中 W_z——抗弯截面模量（m^3）。

矩形截面： $W_z = \frac{bh^3}{6}$ $W_y = \frac{hb^3}{6}$

圆形截面： $W_z = W_y = \frac{\pi D^3}{32}$

正方形截面： $W_z = \frac{a^3}{6}$

为保证梁具有足够的强度，应使梁的最大正应力不超过材料的允许应力。即：

$$\sigma_{max} = \frac{M_{max}}{W_z} \leqslant [\sigma] \tag{1-7-3}$$

上式称为梁的正应力强度条件。

根据强度条件，可以解决三类问题：

（1）校核强度 $\sigma_{max} = \frac{M_{max}}{W_z} \leqslant [\sigma]$

（2）设计截面 $W_z \geqslant \frac{M_{max}}{[\sigma]}$

（3）确定允许荷载 $M_{max} \leqslant W_z[\sigma]$

【例题 1-7-9】 矩形截面简支木梁受力如图 1-7-16 所示。已知 $q = 2kN/m, l = 4m$,

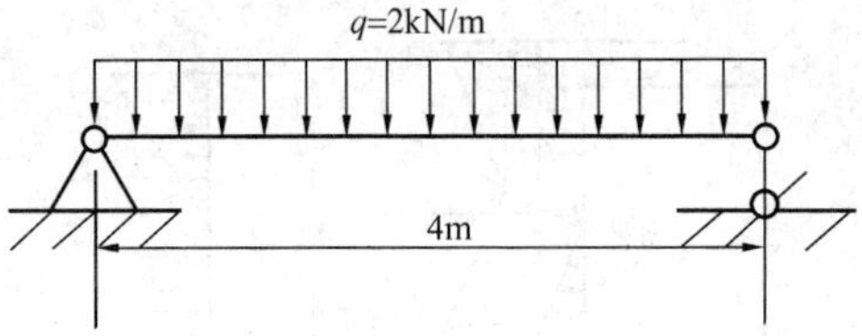

图 1-7-16

$b \times h = 140\text{mm} \times 210\text{mm}$，允许应力 $[\sigma] = 11\text{MPa}$，校核梁的强度。

【解】 (1) 计算最大弯矩 $M_{max} = \frac{ql^2}{8}$

$$= \frac{2 \times 4^2}{8} = 4\text{kN/m}$$

(2) 计算抗弯截面模量 $W_z = \frac{bh^2}{6} = \frac{140 \times 210^2}{6} = 103 \times 10^4 \text{mm}^3$

(3) 强度校核 $\sigma_{max} = \frac{M_{max}}{W_z} = \frac{4 \times 10^6}{103 \times 10^4} = 3.88\text{MPa}$

$\sigma_{max} \leqslant [\sigma]$ 所以强度满足。

【例题 1-7-10】 矩形截面悬臂木梁受力如图 1-7-17 所示，已知 $q = 10\text{kN/m}$，$l = 4\text{m}$，$[\sigma] = 10\text{MPa}$，截面高宽比 $\frac{h}{b} = \frac{3}{2}$，试确定此梁的横截面尺寸。

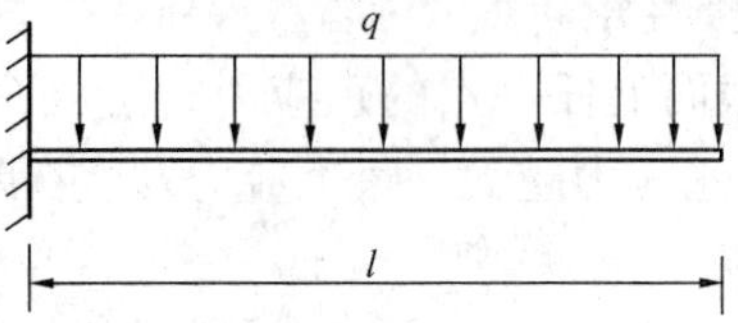

图 1-7-17

【解】 (1) 计算最大弯矩 $M_{max} = \frac{ql^2}{2} = \frac{10 \times 4^2}{2} = 80\text{kN/m}$

(2) 计算抗弯截面模量 $W_z = \frac{bh^2}{6} = \frac{h^3}{9}\text{mm}^3$

(3) 强度条件 $\sigma_{max} = \frac{M_{max}}{W_z} \leqslant [\sigma]$

$$W_z = \left[\frac{h^3}{9}\right] \geqslant \frac{M_{max}}{[\sigma]}$$

$$h \geqslant \sqrt[3]{\frac{9M_{max}}{[\sigma]}} = \sqrt[3]{\frac{9 \times 80 \times 10^6}{10}} = 416\text{mm}$$

$$b = 416 \times \frac{2}{3} = 280\text{mm}$$

【例题 1-7-11】 圆形截面简支木梁受力如图 1-7-18 所示。已知 $l = 4\text{m}$，$d = 160\text{mm}$，允许应力 $[\sigma] = 11\text{MPa}$，确定梁的允许荷载。

【解】 (1) 计算最大弯矩 $M_{max} = \frac{ql^2}{8} = \frac{q \times 4^2}{8} = 2q$

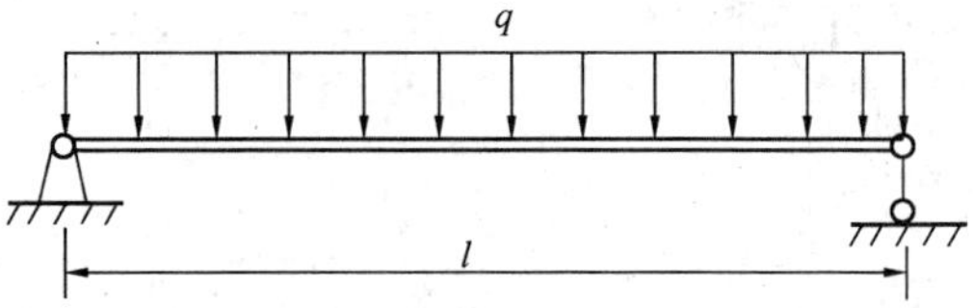

图 1-7-18

（2）计算抗弯截面模量　$W_z = \dfrac{\pi D^3}{32} = \dfrac{\pi \times 160^3}{32} = 402 \times 10^3 \mathrm{mm}^3$

（3）确定允许荷载　$\sigma_{\max} = \dfrac{M_{\max}}{W_z} \leqslant [\sigma]$

$$[M_{\max}] = [2q] \leqslant W_z[\sigma]$$

$$[q] \leqslant \frac{1}{2} W_z[\sigma] = \frac{1}{2} \times 402 \times 10^3 \times 11 = 2\,211\mathrm{N/mm} = 2.21\mathrm{kN/m}$$

复习思考题

第一节

1. 画出下列各指定物体的受力图。

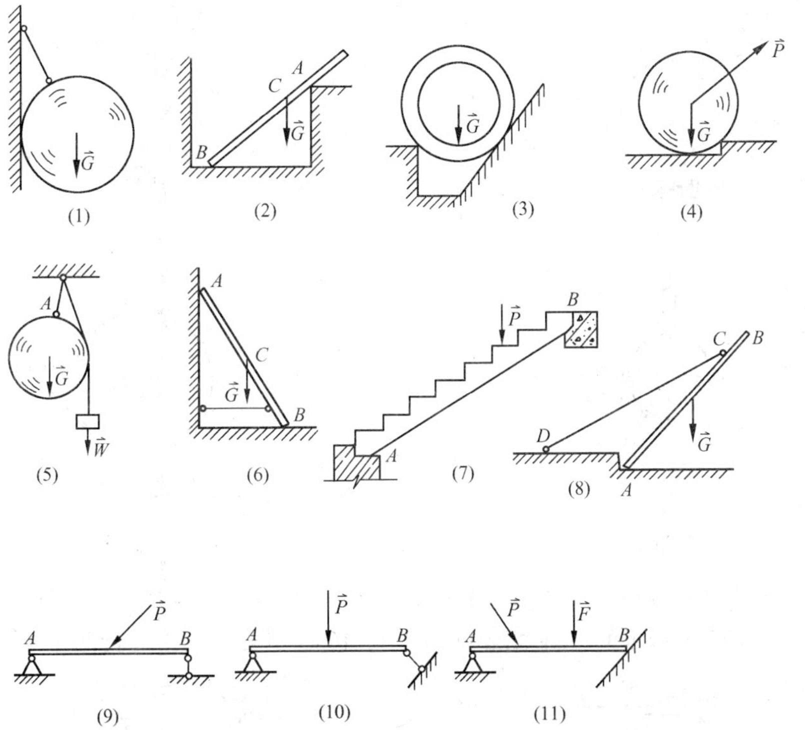

图题 1

2. 判断下列三种情况下支座 C 的约束反力。

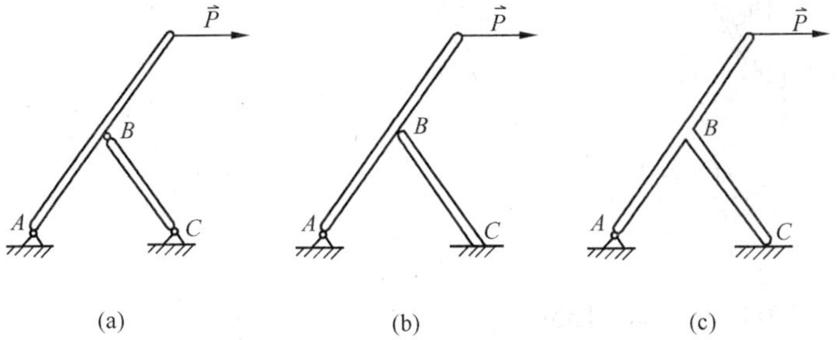

图题 2

第二节

1. 已知 $F_1=100\text{N}$，$F_2=50\text{N}$　$F_3=60\text{N}$　$F_4=80\text{N}$，各力方向如图题 1 所示，试分别求各力在 x 轴及 y 轴上的投影。

2. 求汇交力系的合力（图题 2）。$P_1=100\text{N}$、$P_2=80\text{N}$、$P_3=120\text{N}$、$P_4=160\text{N}$。

3. 一个固定环受到三根绳索的拉力，$T_1=1.5\text{kN}$，$T_2=2.2\text{kN}$，$T_3=1\text{kN}$，方向如图题 3 所示，求三个拉力的合力（$R=2.87\text{kN}$　$\alpha=5°59$）。

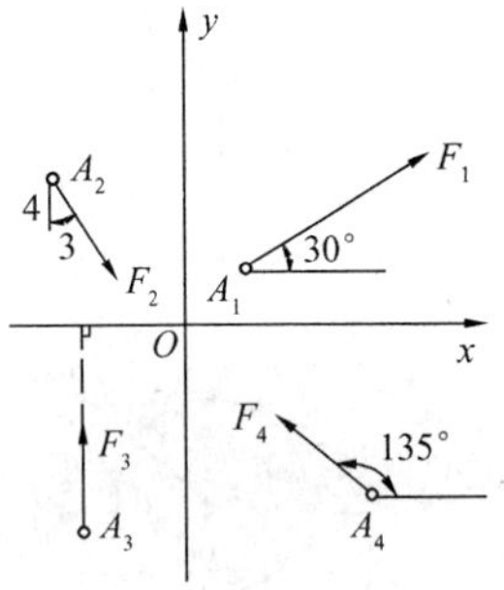

图题 1

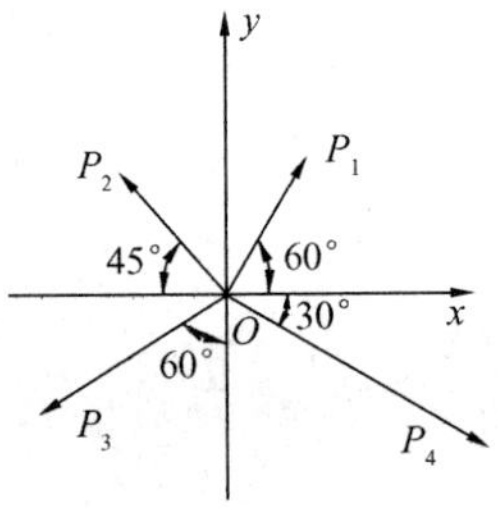

图题 2

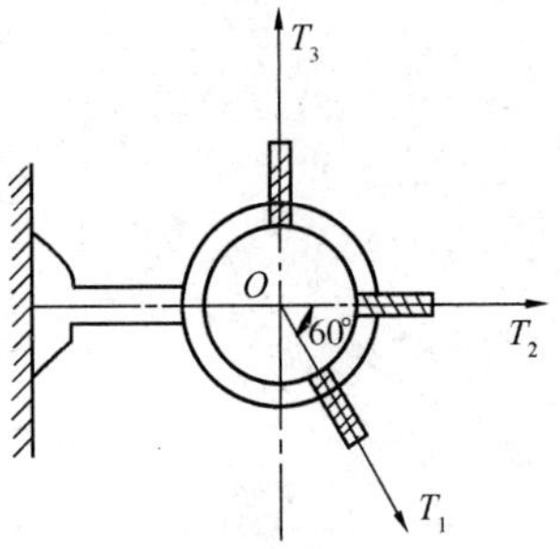

图题 3

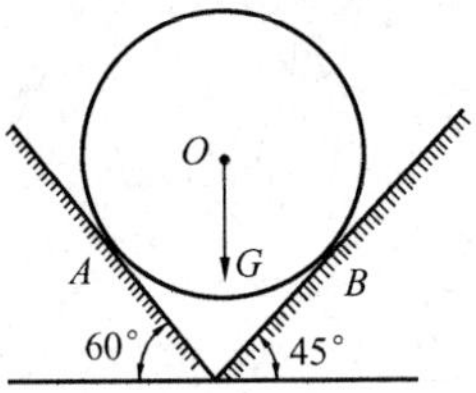

图题 4

4. 匀质球重 $G=500\text{N}$，求两斜面的反力（$N_A=366\text{N}$、$N_B=450\text{N}$）（图题 4）。

5. 试求在图题 5 所示的三种情况下，AB 与 AC 杆所受到的力。杆的自重不计。

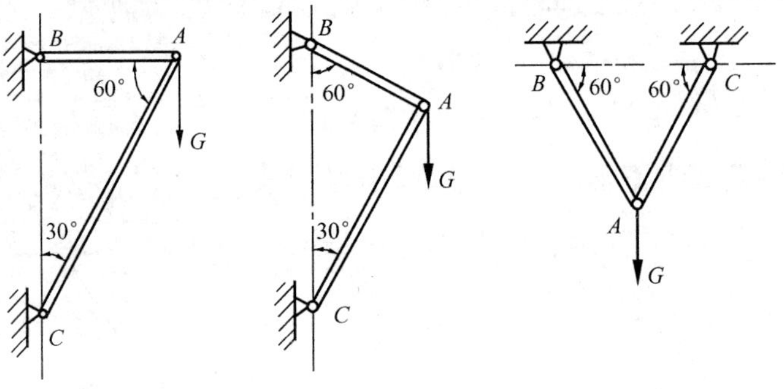

(a)　(b)　(c)

图题 5

（a）$S_{AB}=0.577\text{G}$　$S_{AC}=1.155\text{G}$

（b）$S_{AB}=0.5\text{G}$　$S_{AC}=0.866\text{G}$

（c）$S_{AB}=S_{AC}=0.577G$

第三节

1. 计算下列各图中 P 力对 O 点之矩。

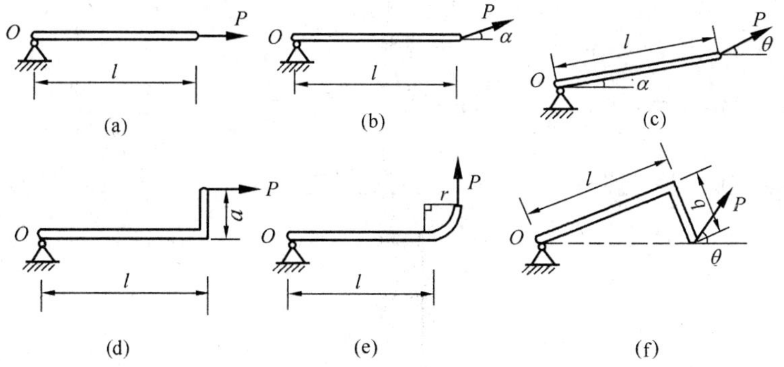

图题 1

2. 求图示三个力偶的合力偶矩。已知 $F_1=F'_1=80N$；$F_2=F'_2=130N$；$F_3=F'_3=100N$；$d_1=70cm$、$d_2=60cm$、$d_3=50cm$（$M=28N/m$）。

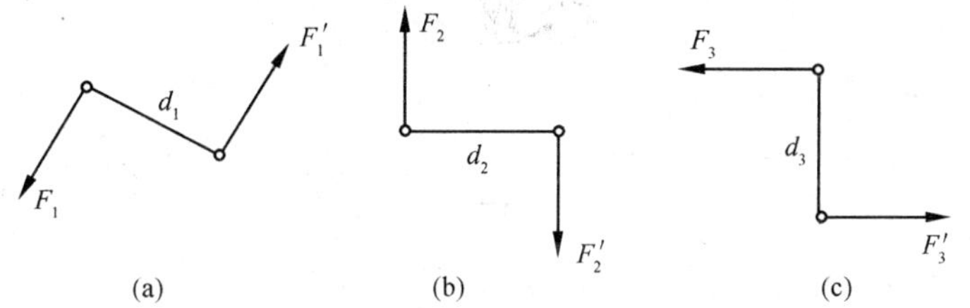

图题 2

3. 求图示各梁的支座反力。

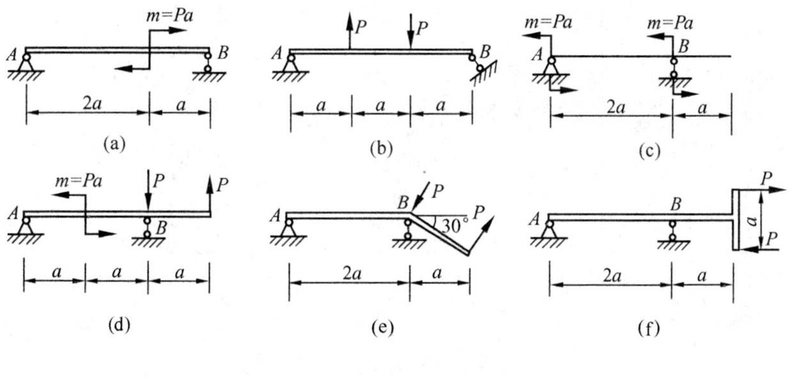

图题 3

第四节

1. 计算下列各梁的支座反力（图题 1）。

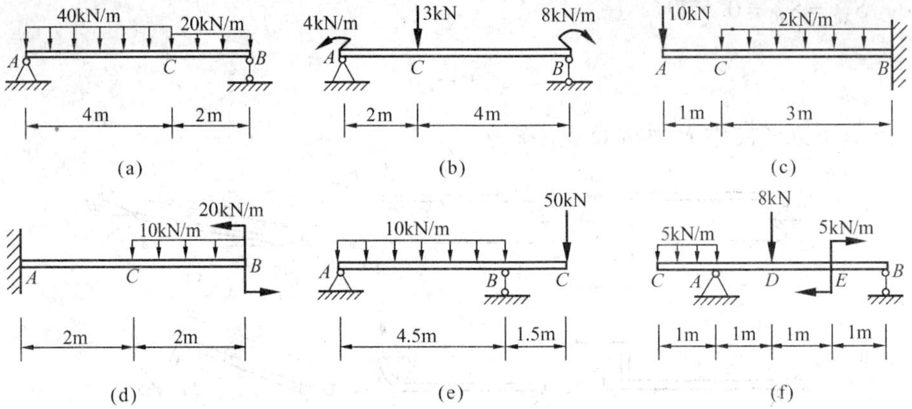

图题 1

2. 计算各梁的支座反力（图题 2）。

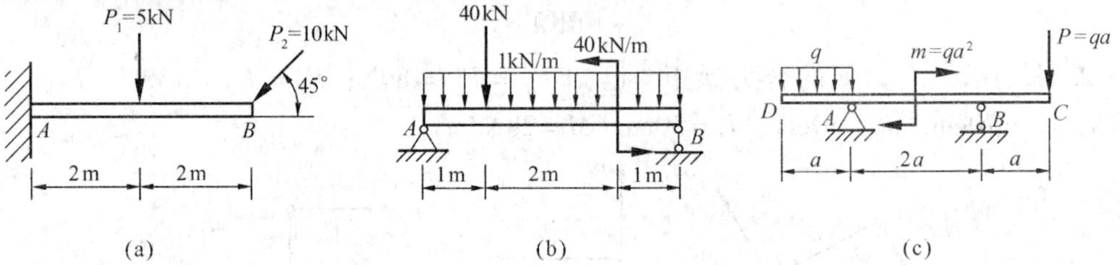

图题 2

3. 某厂房柱，高 9m，柱的上段 BC 重 $P_1=10\text{kN}$，下段 CA 重 $P_2=40\text{kN}$，风力 $q=2.5\text{kN/m}$，柱顶水平力 $Q=6\text{kN}$，$e_1=0.1\text{m}$，$e_2=0.2\text{m}$，各力作用位置如图题 3 所示，求固定支座 A 的反力。

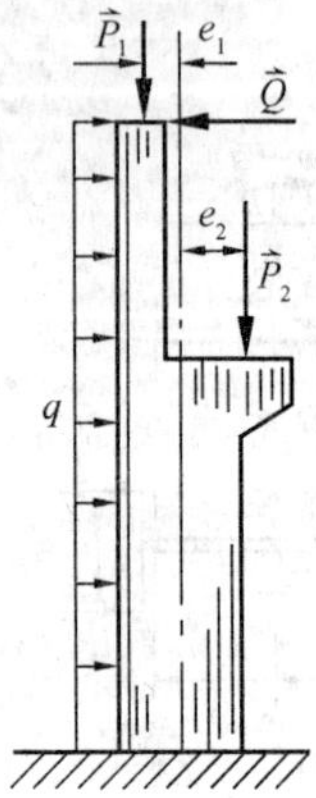

图题 3

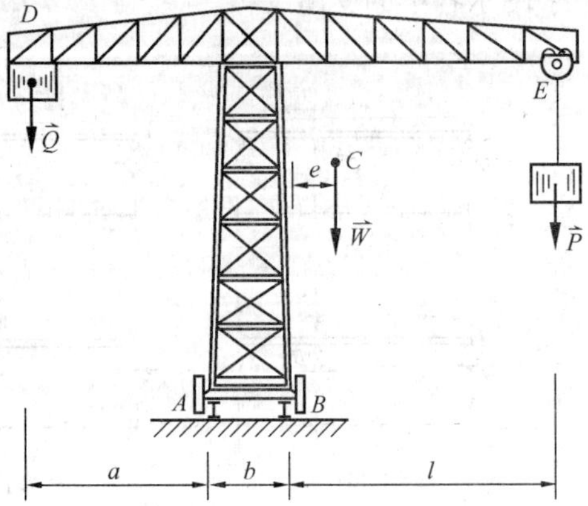

图题 4

4. 塔式起重机（图题 4），已知轨距 $b=4\text{m}$，机身重 $W=220\text{kN}$，其作用线到右轨的距离 $e=1.5\text{m}$，起重机的平衡重 $Q=100\text{kN}$，其作用线到左轨的距离 $a=6\text{m}$，荷载 P 的作用线到右轨的距离 $L=8\text{m}$，（1）验证空载时（$P=0$ 时）起重机是否会向左倾倒；（2）求起重机不向右倾倒的最大荷载。

5. 试求桁架的支座反力（图题5）。

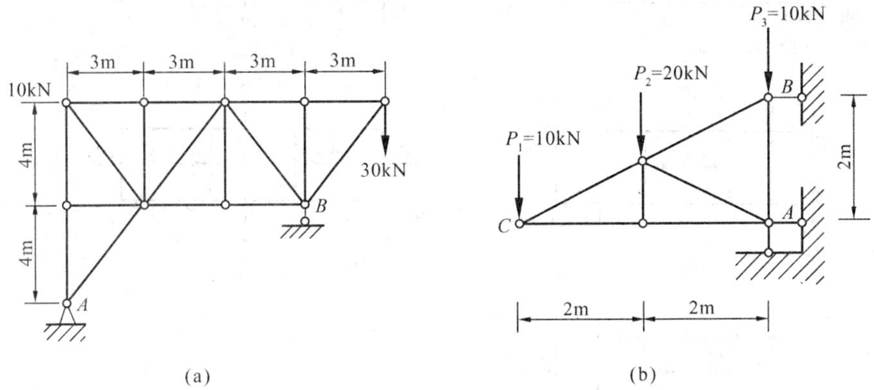

图题5

6. 试求刚架的支座反力（图题6）。

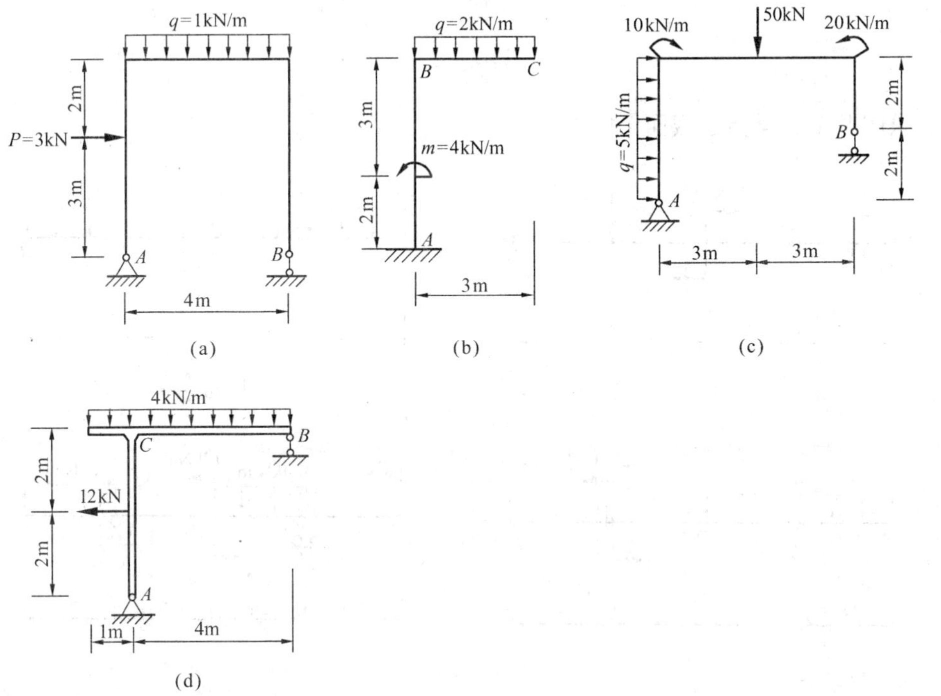

图题6

第六节

求图题1各杆1-1、2-2、3-3横截面上的轴力，并作轴力图。

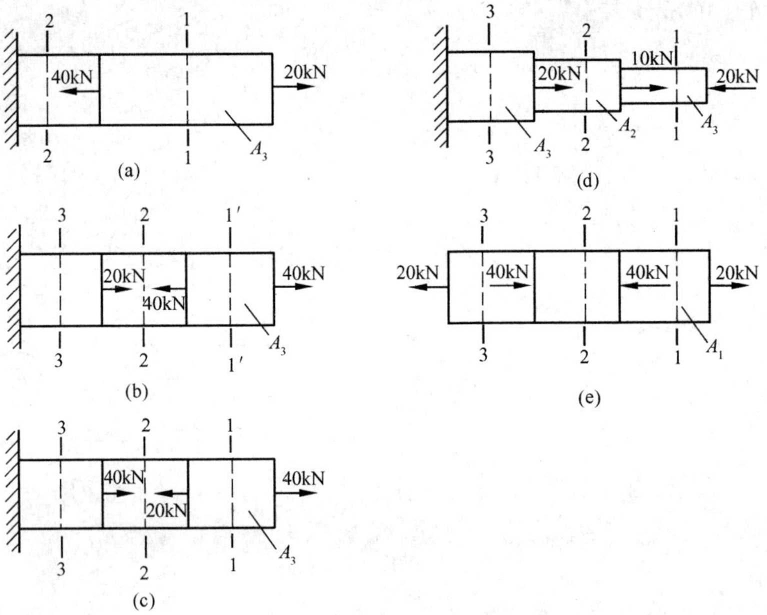

图题 1

第七节

1. 求图题 1 各梁指定截面上的内力。

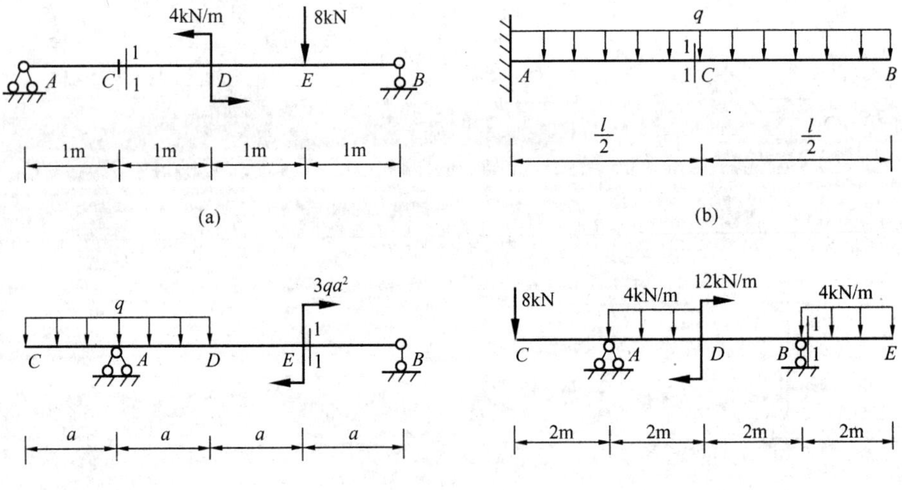

图题 1

2. 求图题 2 各梁指定截面上的内力。

3. 绘制图题 3 各梁的剪力图、弯矩图。

4. 矩形截面简支木梁受力如图题 4 所示，已知 $b \times h = 100 \times 150$，$[\sigma] = 10\text{MPa}$，试校核梁的强度。

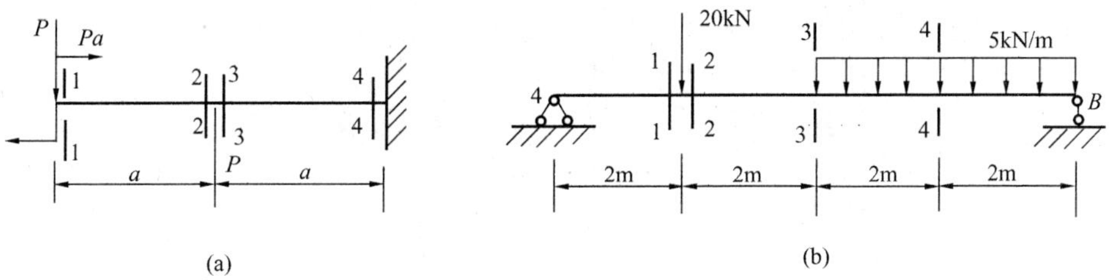

图题 2

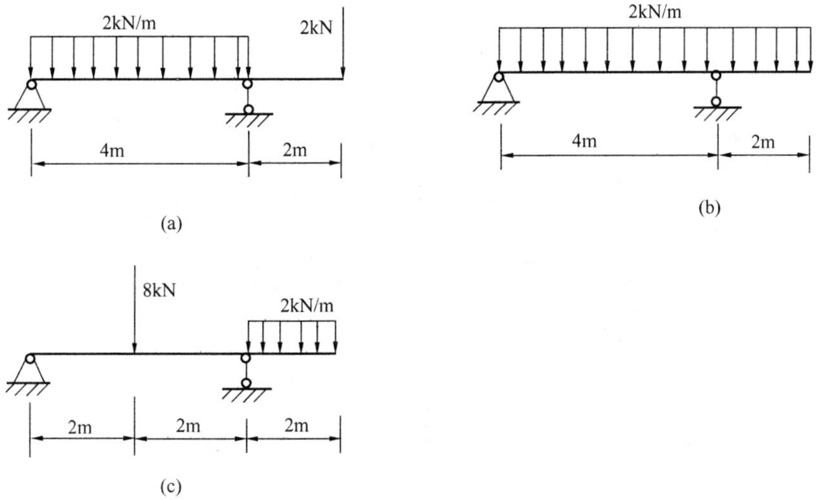

图题 3

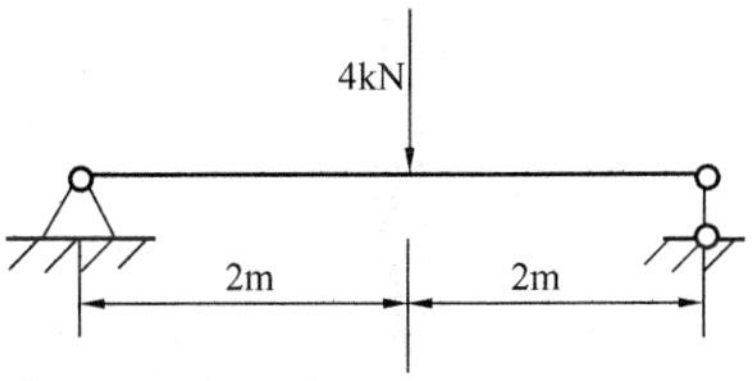

图题 4

5. 矩形截面木梁受力如图题 5 所示，已知 $b/h = 2/3$，［σ］ = 10MPa，试设计木梁的截面尺寸。

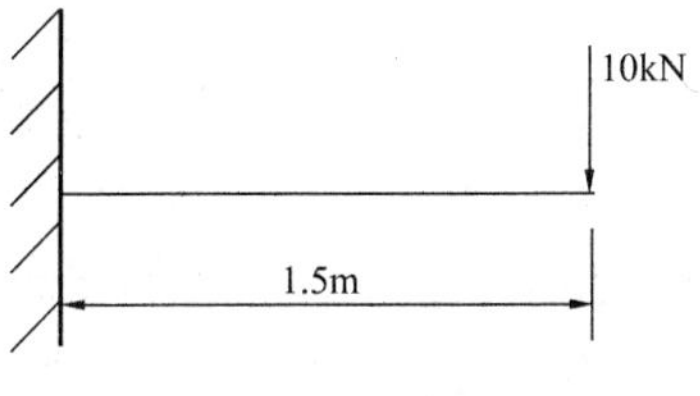

图题 5

第二章 建 筑 材 料

从广义上讲，建筑材料不仅包括构成建筑物或构筑物本身所使用的材料，而且还包括水、电、燃气等配套工程所需设备和器材，以及在建筑施工中使用和消耗的材料，如脚手架、组合钢模板、安全防护网等。

第一节 建筑材料的分类

通常所指的建筑材料主要是构成建筑物或构筑物本身的材料，即狭义的建筑材料。建筑材料的种类很多，通常采用按化学成分分类或按使用功能分类。

（1）按化学成分分类

按照化学成分不同，将建筑材料分为无机材料、有机材料和复合材料三大类。

具体分类如表 2-1-1 所示。

表 2-1-1 建筑材料按化学成分分类

分类			举例
无机材料	金属材料		铁、钢、不锈钢、铝、铜及其合金
	非金属材料	天然石材	砂、石子、砌筑石材、装饰板材
		烧土制品	砖、瓦、陶瓷、琉璃制品
		玻璃及熔融制品	玻璃、玻璃纤维、矿棉、岩棉
		胶凝材料	石灰、石膏、水泥
		混凝土及硅酸盐制品	砂浆、混凝土、硅酸盐制品
有机材料	植物材料		竹材、木材、植物纤维及其制品
	沥青材料		石油沥青、煤沥青、沥青制品
	合成高分子材料		塑料、涂料、胶黏剂、合成高分子防水材料
复合材料	无机非金属材料与有机材料复合		玻璃纤维增强塑料、聚合物混凝土、沥青混凝土
	金属材料与无机非金属材料复合		钢筋混凝土、钢纤维增强混凝土
	金属材料与有机材料复合		彩色夹芯复合钢板、塑钢门窗材料

（2）按使用功能分类

按建筑材料的使用功能，将其分为结构材料、围护材料和功能材料三大类。

1）结构材料：结构材料主要指构成建筑物受力构件和结构所用的材料，如梁、板、柱、基础、框架等构件或结构所使用的材料。其主要技术性能要求是具有强度和耐久性。常用的结构材料有混凝土、钢材、石材等。

2）围护材料：围护材料是指用于建筑物围护结构的材料，如墙体、门窗、屋面等部位使用的材料。围护材料不仅要求具有一定的强度和耐久性，同时还应具有良好的绝热性，防水、隔声性能等。常用的围护材料有砖、砌块、板材等。

3）功能材料：功能材料主要是指满足某些建筑功能要求的建筑材料，如防水材料、装饰材料、绝热材料、吸声隔声材料、密封材料等。

第二节　建筑材料的基本性质

建筑物在使用过程中，建筑材料总是要受到一定的因素作用，如结构材料要受到荷载的作用；围护结构的材料要受到日晒、雨淋、冰冻的作用；此外还会受到周围各种介质（如水、蒸气、腐蚀性气体和液体等）的作用，以及各种物理作用（如温度差、湿度差、摩擦等）。为保证建筑物的正常使用功能和耐久性，建筑材料必须满足一定的性能要求，归纳起来包括物理性质、化学性质、力学性质和耐久性。

一、材料的物理性质

（一）材料与质量有关的性质

（1）不同构造状态下的密度

1）密度：材料在绝对密实状态下，单位体积的质量，称为材料的密度。按下式计算：

$$\rho = \frac{m}{V}$$

式中　ρ——材料的密度（g/cm^3 或 kg/m^3）；

m——材料在干燥状态下的质量（g 或 kg）；

V——材料在绝对密实状态下的体积（cm^3 或 m^3）。

材料在绝对密实状态下的体积是指构成材料的固体物质本身的体积，不包括孔隙在内。测量材料绝对密实状态下体积的方法是将材料磨成细粉，以消除材料内部的孔隙，用排水法测得的粉末体积即为材料绝对密实状态下的体积。

2）表观密度：工程中常用的散粒状材料，如混凝土用砂、石子等，因孔隙很少，可不必磨成细粉，直接用排水法测得颗粒体积（包括材料的密实体积和闭口孔隙体积，但不包括开口孔隙体积），称为绝对密实体积的近似值。用绝对密实体积的近似值计算的密度，称为表观密度。按下式计算：

$$\rho' = \frac{m}{V'}$$

式中　ρ'——材料的表观密度（g/cm^3 或 kg/m^3）；

m——材料的质量（g 或 kg）；

V'——材料在自然状态下不含开口孔隙的体积（cm^3 或 m^3）。

3）体积密度：材料在自然状态下，单位体积的质量，称为材料的体积密度。按下式计算：

$$\rho_0 = \frac{m}{V_0}$$

式中　ρ_0——材料的体积密度（g/cm^3 或 kg/m^3）；

m——材料的质量（g 或 kg）；

V_0——材料在自然状态下的体积（包括材料内部封闭孔隙和开口孔隙的体积）（cm^3 或 m^3）。

材料的自然状态体积 V_0，对于形状规则的材料，可直接测量其外观尺寸，用几何公式求出；对于形状不规则的材料，则需在材料表面涂蜡后（封闭开口孔隙），用排水法测定。

由于材料自然状态的体积含有孔隙，因此在测定材料的体积密度时，材料的质量可以是任意的含水状态，故应注明含水情况。若未注明，均指干燥材料的体积密度。

4）堆积密度：散粒材料或粉末状、颗粒状材料在堆积状态下，单位体积的质量。称为材料的堆积密度，按下式计算：

$$\rho'_0 = \frac{m}{V'_0}$$

式中 ρ'_0——材料的堆积密度（g/cm^3 或 kg/m^3）；

m——材料的质量（g 或 kg）；

V'_0——材料的堆积体积（cm^3 或 m^3）。

砂、石等散粒材料的堆积体积，可以通过在规定条件下用所填充容量筒的容积来求得。堆积密度的大小与材料装填于容器中的条件或材料的堆积状态有关，在自然堆积状态下称松散堆积密度，如加以振实紧密堆积时称为紧密堆积密度。测定材料的堆积密度时，材料的质量可以是任意含水状态，未注明材料含水率时，是指在干燥状态下的质量。工程上通常所说的堆积密度是指松散堆积密度。

在建筑工程中，计算材料的用量，构件的自重，混凝土、砂浆的配合比以及材料的运输量与堆放空间等经常用到材料的密度、表观密度、体积密度和堆积密度。

常用建筑材料的密度、表观密度、体积密度和堆积密度值如表 2-2-1 所示。

表 2-2-1　常用建筑材料的密度、表观密度、体积密度和堆积密度值

材料名称	密度/（g/cm^3）	表观密度/（g/cm^3）	体积密度/（kg/m^3）	堆积密度/（kg/m^3）
钢材	7.85		7 850	
木材（松木）	1.55		400～800	
烧结普通砖	2.5～2.7		1 500～1 800	
烧结空心黏土砖	2.5～2.7		800～1 100	
花岗岩	2.6～2.9		2 500～2 850	
水泥	2.8～3.1			1 000～1 600
砂	2.6～2.8	2.55～2.75		1 450～1 700
碎石或卵石	2.6～2.9	2.55～2.85		1 400～1 700
普通混凝土			2 000～2 500	

（2）密实度和孔隙率

1）密实度：密实度是指材料体积内被固体物质所充实的程度。用 D 表示，按下式计算：

$$D = \frac{V}{V_0} \times 100\% = \frac{\rho_0}{\rho} \times 100\%$$

2）孔隙率：孔隙率是指材料体积内，孔隙体积占材料在自然状态下总体积的百分率。用 P 表示，按下式计算：

$$P = \frac{(V_0 - V)}{V_0} \times 100\% = \left(1 - \frac{\rho_0}{\rho}\right) \times 100\%$$

密实度与孔隙率的关系为：　$P + D = 1$

材料的密实度与孔隙率是从两个不同的侧面反映材料的密实程度，工程中通常用孔隙率表示。孔隙率相同的材料，它们的孔隙特征（即孔隙构造与孔径）可以不同。按孔隙构造，材料的孔隙可分为开口孔和闭口孔两种；按孔隙的尺寸大小，又可分为微孔、细孔和大孔三种。材料的许多性能，如强度、吸湿性、吸水性、抗渗性、抗冻性、导热性、吸声性等都与材料的孔隙率及孔隙特征有关。

（3）填充率与空隙率

1）填充率：填充率是指散粒材料的堆积体积中，被其颗粒所填充的程度。用 D' 表示，按下式计算：

$$D' = \frac{V'}{V'_0} \times 100\% = \frac{\rho'_0}{\rho'} \times 100\%$$

2）空隙率：空隙率是指散粒材料的堆积体积中，颗粒之间的空隙体积占材料堆积体积的百分率。用 P' 表示，按下式计算：

$$P' = \frac{(V'_0 - V')}{V'_0} \times 100\% = \left(1 - \frac{\rho'_0}{\rho'}\right) \times 100\%$$

在配制混凝土、砂浆等材料时，砂、石的空隙率是作为控制混凝土中骨料级配与计算混凝土配合比的依据。

（二）材料与水有关的性质

（1）亲水性与憎水性

材料与水接触时，根据其是否能被水所润湿，可将材料分为亲水性材料与憎水性材料两大类。

润湿是水在材料表面被吸附的过程。在材料、水和空气三相交点处，沿水滴表面作切线，切线与材料表面所形成的夹角 θ，称为润湿角。当润湿角 $\theta \leq 90°$ 时，材料分子与水分子的相互作用力（吸附力）大于水分子之间的作用力（内聚力），材料表面被水润湿，表现为亲水性，此种材料称为亲水性材料。如图 2-2-1（a）所示。当润湿角 $\theta > 90°$ 时，材料分子与水分子之间的相互作用力（吸附力）小于水分子之间的作用力（内聚力），则材料表面不会被水润湿，表现为憎水性，此种材料称为憎水性材料。如图 2-2-1（b）所示。

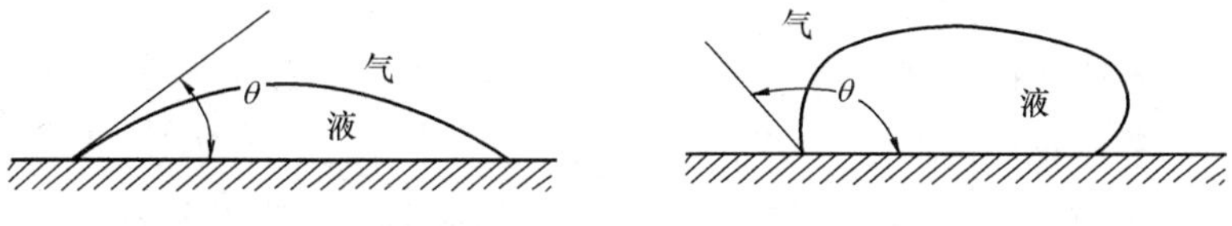

(a) 亲水性材料　　(b) 憎水性材料

图 2-2-1　材料的润湿示意图

大多数建筑材料属于亲水性材料，如混凝土、砖、石、木材、钢材等；大部分有机材料属于憎水性材料，如沥青、塑料、石蜡等。憎水性材料具有较好的防水性、防潮性，常用作防水材料，也可用于对亲水性材料进行表面处理，以降低吸水率，提高抗渗性。

（2）吸水性与吸湿性

1）吸水性：材料在水中吸收水分的性质，称为吸水性。吸水性的大小用吸水率表示，吸水率分为质量吸水率 $W_{质}$ 和体积吸水率 $W_{体}$ 两种。

质量吸水率是指材料所吸水的质量占材料干燥质量的百分率，其计算式为：

$$W_{质} = \frac{m_{湿} - m_{干}}{m_{干}} \times 100\%$$

式中 $W_{质}$——材料的质量吸水率（%）；

$m_{湿}$——材料吸水饱和后的质量（g）；

$m_{干}$——材料干燥状态下的质量（g）。

体积吸水率是指材料所吸水的体积占干燥材料自然体积的百分率，其计算式为：

$$W_{体} = \frac{m_{湿} - m_{干}}{V_0} \cdot \frac{1}{\rho_{H_2O}} \times 100\%$$

式中 $W_{体}$——材料的体积吸水率（%）；

$m_{湿}$——材料吸水饱和后的质量（g）；

$m_{干}$——材料在干燥状态下的质量（g）；

V_0——干燥材料自然状态下的体积（cm^3）；

ρ_{H_2O}——水的密度（g/cm^3）。

质量吸水率和体积吸水率的关系为：$W_{体} = W_{质} \cdot \rho_0 \cdot 1/\rho_{H_2O}$。

式中：ρ_0——材料的体积密度（g/cm^3）。

计算材料吸水率时，一般用质量吸水率，但对于一些轻质多孔材料如加气混凝土、软木等，由于具有很多开口且微小的孔隙，其质量吸水率往往超过100%，此时常用体积吸水率来表示其吸水性。

材料吸水率不仅与材料的亲水性、憎水性有关，而且还与材料的孔隙率以及孔隙构造特征有关。孔隙率越大，细小开口孔越多，吸水率也越大。闭口孔隙水分不能进入，而粗大的开口孔隙水分则不易留存，故吸水率较小。

2）吸湿性：材料在空气中吸收水分的性质，称为吸湿性。用含水率 $W_{含}$ 表示，即材料所含水的质量占材料干燥质量的百分率，按下式计算：

$$W_{含} = \frac{m_{含} - m_{干}}{m_{干}} \times 100\%$$

式中 $W_{含}$——材料的含水率（%）；

$m_{含}$——材料含水时的质量（g）；

$m_{干}$——材料干燥时的质量（g）。

当材料吸湿或干燥至与空气湿度相平衡时，其含水率称为平衡含水率。当材料吸水达到饱和状态时的含水率即为吸水率。须指出，材料的含水率是随环境而变化的，而吸水率却是一个定值，材料的吸水率可以说是该材料的最大含水率，二者不能混淆。

材料吸水或吸湿后均会对材料的性能产生不利影响。如自重增加，绝热性降低，强度和耐久性将产生不同程度的下降。

（3）耐水性

材料长期在饱和水的作用下不破坏、其强度也不显著降低的性质，称为材料的耐水性。用软化系数 $K_{软}$ 表示，按下式计算：

$$K_{软} = \frac{f_{饱}}{f_{干}}$$

式中 $K_{软}$——材料软化系数；

$f_{饱}$——材料在吸水饱和状态下的抗压强度，MPa；

$f_{干}$——材料在干燥状态下的抗压强度，MPa。

材料软化系数的大小，表明材料耐水能力的强弱，$K_{软}$值的大小在0～1.0之间。$K_{软}$越小，表明材料吸水后强度下降越大，即耐水性越差。不同材料的 $K_{软}$ 值相差较大，如黏土 $K_{软}=0$，而金属材料 $K_{软}=1$。工程中将 $K_{软}\geqslant 0.85$ 的材料称为耐水材料。对于经常位于水中或受潮严重的重要结构所用材料，$K_{软}$ 不宜小于0.85；受潮较轻或次要结构所用材料，$K_{软}$ 不宜小于0.75。

（4）抗渗性

抗渗性是指材料抵抗压力水或其他液体渗透的性质。抗渗性用渗透系数 K 表示，按下式计算：

$$Q = K\frac{AtH}{d}$$

式中 K——渗透系数（cm/h）；

Q——渗水量（cm^3）；

d——试件厚度（cm）；

A——渗水面积（cm^2）；

t——渗水时间（h）；

H——静水压力水头（cm）。

渗透系数 K 越小，则材料的抗渗性越好。对于混凝土等材料，其抗渗性通常用抗渗等级表示。

材料的抗渗性与材料的孔隙率和孔隙构造特征有关。密实的或具有闭口孔隙的材料，是不会发生渗水现象的。具有较大孔隙率，且开口孔越多的亲水性材料，其抗渗性越差。地下建筑及水工建筑等，因经常受压力水的作用，所用材料应具有良好的抗渗性。

（5）抗冻性

材料的抗冻性是指材料在吸水饱和状态下，经受多次冻融循环而不破坏，其强度也不显著降低的性质。

材料的抗冻性用抗冻等级表示。抗冻等级是材料在吸水饱和状态下，经冻融循环作用，其强度损失和质量损失均不超过国家标准规定值时所能承受的最大冻融循环次数。用符号 F_n 来表示，其中 n 为最大冻融循环次数，如F25、F50、F100、F150等。

材料在冻融循环作用下产生破坏，是由于材料内部毛细孔隙及大孔隙中的水结冰时的体积膨胀（约9%）造成的。膨胀对材料孔壁产生巨大的压力，同时体积的膨胀也使孔壁产生拉应力，当拉应力超过材料的抗拉强度时，孔壁将发生局部裂纹或裂缝，随着冻融循环次数的增多，裂纹或裂缝不断扩展，使材料受冻破坏。此外，在冻结和融化过程中，材料内外的温差引起的温度应力也会导致微裂缝的产生或加速微裂缝的扩展。材料的抗冻性主要取决于材料的吸水饱和程度、孔隙特征以及抵抗冻胀应力的能力。一般来说，密实的材料、具有闭口孔隙体积的材料以及具有一定强度的材料，对冰冻具有一定的抵抗能力。抗冻性是评定材料耐久性的重要指标之一。

（三）材料与热有关的性质

（1）导热性

材料传导热量的性质称为材料的导热性，用热导率（也称导热系数）λ 表示。

$$\lambda = \frac{Qa}{A\ (t_2 - t_1)\ \cdot Z}$$

式中 λ——材料的热导率［W/（m·K）］；

Q——传递的热量（J）；

a——材料的厚度（m）；

$t_2 - t_1$——材料两侧的温差（K）；

A——材料传热面的面积（m^2）；

Z——传热的时间（s）。

热导率的物理意义是：面积为 $1m^2$、厚度为 1m 的材料，当两侧温差为 1K 时，经 1s 所传递的热量。热导率越小，表示材料的绝热性能越好。工程中通常把$\lambda < 0.175$W/(m·K)的材料称为绝热材料。

材料的热导率与材料的化学组成、结构、体积密度、孔隙率及孔隙特征、温度和湿度等因素有关。一般非金属材料绝热性优于金属材料，材料的体积密度小、孔隙率大、闭口孔多、孔分布均匀、孔尺寸小、材料含水率小时，则材料的导热性差、绝热性好。通常所说的材料的热导率是指干燥状态下的热导率。当材料受潮或吸水时，其热导率会显著增大，绝热性能变差。热导率是采暖房屋的墙体和屋面热工计算，以及确定热表面或冷藏库绝热层厚度的重要参数。

（2）热容量

材料受热时吸收热量，冷却时放出热量的性质称为热容量。热容量大小用比热容表示，按下式计算：

$$Q = c \cdot m\ (T_2 - T_1)$$

式中 Q——材料吸收（或放出）的热量（kJ）；

c——材料的比热容［kJ/（kg·K）］；

m——材料的质量（kg）；

$T_2 - T_1$——材料受热（或冷却）前后的温度差（K）。

比热容 c 与质量 m 的乘积称为热容量。材料的热容量大，则材料在吸收或放出较多的热量时，其自身的温度变化不大，即有利于保证室内温度的相对稳定。在设计围护结构（墙体、屋面等）时，应考虑材料的热容量。几种常用建筑材料的热导率和比热容如表 2-2-2 所示。

表 2-2-2 几种常用材料的热导率和比热容

材 料	热导率/［W/（m·K）］	比热容/［kJ/（kg·K）］	材 料	热导率/［W/（m·K）］	比热容/［kJ/（kg·K）］
钢 材	58.00	0.48×10^3	泡沫塑料	0.035	1.30×10^3
花岗岩	3.49	0.92×10^3	水	0.58	4.19×10^3
普通混凝土	1.51	0.84×10^3	冰	2.33	2.05×10^3
普通烧结砖	0.80	0.88×10^3	密闭空气	0.023	1.00×10^3
松 木	横纹 0.17	2.5×10^3			
	顺纹 0.35				

二、材料的力学性质

材料受到外力作用后，会产生不同程度的变形，当外力超过一定限度后，材料将被破坏，材料的力学性质就是指材料在外力作用下产生变形和抵抗破坏的性质。

（一）强度

（1）材料的强度

材料在外力（荷载）作用下，抵抗破坏的能力称为材料的强度。根据外力作用方式的不同，材料的强度分为抗压强度、抗拉强度、抗弯（折）强度、抗剪强度等。各种强度的分类和计算公式如下：

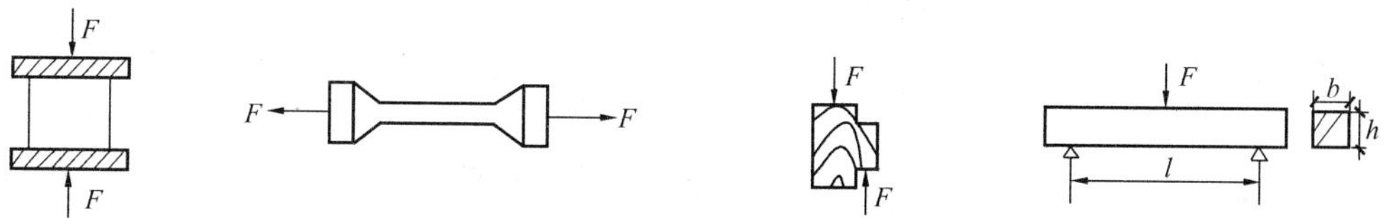

图 2-2-2　材料受力示意图

材料的抗压强度、抗拉强度、抗剪强度的计算公式如下：

$$f=\frac{F}{A}$$

式中　f——材料的强度（MPa）；

F——破坏荷载（N）；

A——受力面积（mm^2）。

材料的抗弯强度与试件的受力情况、截面情况及支承条件有关。其试验方法是将条形试件放在两支点上，中间作用一集中荷载，对于矩形截面的试件，其抗弯强度计算公式如下：

$$f_m=\frac{3Fl}{2bh^2}$$

式中　F——破坏荷载（N）；

l——两支点间的距离（mm）；

b、h——试件截面的宽度和高度（mm）。

不同的材料具有不同的抵抗外力的能力。相同种类的材料，其组成、结构特征、孔隙率、试件形状、尺寸、表面状态、含水率、温度及试验条件等均对材料的强度有影响。因此，在测定材料强度时必须严格按照国家标准规定进行检测。

（2）强度等级

在实际工程中，为便于合理地使用材料，对于以强度为主要指标的材料，通常按其强度值的高低划分为若干等级，称为材料的强度等级。脆性材料主要按抗压强度来划分，如混凝土、砖、石等；塑性材料主要以抗拉强度来划分，如钢材等。

（3）比强度

比强度是评价材料是否轻质高强的指标，比强度等于材料的强度与体积密度的比值。比强度越大，则材料的轻质高强性能越好。选用比强度大的材料或者提高材料的比强度，对增加建筑高度、减轻结构自重、降低工程造价等具有重大意义。

（二）材料的变形性质

（1）弹性和塑性

1）弹性：材料在外力作用下产生变形，当去掉外力后，变形能完全恢复的性质称为材料的弹性。材料的这种能完全恢复的变形称为弹性变形。

2）塑性：材料在外力作用下产生变形，去掉外力后，材料仍保持变形后的形状和尺寸的性质，称为材料的塑性。材料的这种不能恢复的变形称为塑性变形。

实际上，单纯的弹性变形的材料是没有的。某些材料在受力不大时表现为弹性，受力达到一定程度时表现出塑性特征。低碳钢就是典型的这种材料。某些材料在受力时，弹性变形和塑性变形同时发生。当外力去掉后，弹性变形消失，而塑性变形不能消失，如混凝土则是这类弹塑性材料的代表。

（2）脆性和韧性

1）脆性：脆性是材料在外力作用下，未发生显著变形而突然破坏的性质。具有这种性质的材料称为脆性材料。脆性材料的抗压强度大大高于抗拉强度，无机非金属材料多属于脆性材料，如砖、石、混凝土、砂浆等。

2）韧性：韧性是材料在冲击、振动荷载作用下，能承受较大的变形而不发生突发性破坏的性质，具有这种性质的材料称为韧性材料。韧性材料的特点是变形大，特别是塑性变形大，抗拉强度接近或高于抗压强度。木材、建筑钢材、沥青、橡胶等属于韧性材料。

在建筑工程中，对于要求承受冲击荷载和有抗震要求的结构，如吊车梁、桥梁、路面等所用的材料均应考虑材料的韧性。

三、材料的耐久性

耐久性是指材料在长期使用过程中，抵抗各种因素的作用而不破坏，保持其原有性质的能力。

建筑物在使用期间，材料除受到各种荷载作用，还要受到自身和周围环境各因素的破坏作用。这些破坏因素对材料的作用往往是复杂多变的，它们或单独或相互交叉作用，一般可将其归纳为物理作用、化学作用、生物作用。

物理作用包括温度变化、干湿循环、冻融循环、磨损等，这些作用使材料发生体积膨胀、收缩或导致内部裂纹的扩展，长期的反复作用使材料逐渐破坏。化学作用包括各种酸、碱、盐及其水溶液，各种腐蚀性气体对材料产生的破坏作用。生物作用包括昆虫、菌类的作用，使材料出现虫蛀、腐朽破坏。

材料的耐久性是一项综合性能，一般包括有抗渗性、抗冻性、耐腐蚀性、抗老化性、抗碳化、耐热性、耐旋光性等。不同的材料，其性质和用途不同，对耐久性的要求也不同。

第三节　胶　凝　材　料

胶凝材料是指能将块状、散粒状材料黏结为整体的材料。胶凝材料按其化学成分不同，分为无机胶凝材料和有机胶凝材料。无机胶凝材料根据硬化的条件不同分为气硬性胶凝材料和水硬性胶凝材料两类。

气硬性胶凝材料是指只能在空气中凝结、硬化，保持和发展其强度的胶凝材料，如石灰、石膏和水玻璃等，一般只适用于地上或干燥环境，不宜用于潮湿环境或水中；水硬性胶凝材料是指不仅能在空气中硬化，而且能更好地在水中凝结、硬化，保持和发展其强度的胶凝材料，如各种水泥。水硬性胶凝材料既适用于干燥环境，又适用于潮湿环境或水下工程。

一、气硬性胶凝材料

（一）石灰

（1）石灰的生产和品种

1）石灰的生产：石灰是将以碳酸钙（$CaCO_3$）为主要成分的岩石（如石灰岩、贝壳石灰岩等）经适当煅烧、分解、排出二氧化碳（CO_2）而制得的块状材料，其主要成分为氧化钙（CaO），次要成分为氧化镁（MgO）。

$$CaCO_3 \xrightarrow{900℃} CaO + CO_2 \uparrow$$

当煅烧温度达到700℃时，石灰岩中的次要成分碳酸镁开始分解为氧化镁，反应如下：

$$MgCO_3 \xrightarrow{700℃} MgO + CO_2 \uparrow$$

当入窑石灰石块较大，煅烧温度较高时，石灰石块的中心部位达到分解温度时，其表面已超过分解温度，得到的石灰石晶粒粗大，遇水后熟化反应缓慢，称其为过火石灰。若煅烧温度较低，大块石灰石的中心部位不能完全分解，此时称其为欠火石灰。过火石灰熟化十分缓慢，其可能在石灰应用之后熟化，其体积膨胀，造成起鼓开裂，影响工程质量。欠火石灰则降低了石灰的质量，也影响了石灰的产浆量，降低了利用率。

2）石灰的品种：根据生石灰中氧化镁含量的不同，生石灰分为钙质生石灰和镁质生石灰。钙质生石灰中的氧化镁含量小于5%；镁质生石灰的氧化镁含量为5% ~24%。

建筑用石灰有：生石灰块、生石灰粉、熟石灰粉（又称建筑消石灰粉、消解石灰粉）和石灰膏等几种形态。

（2）石灰的熟化和硬化

生石灰在使用前，一般要加水熟化成熟石灰粉或石灰浆后再使用。

1）石灰的熟化：石灰的熟化是指生石灰(CaO)加水之后水化为熟石灰 $Ca(OH)_2$ 的过程。其反应方程式如下：

$$CaO + H_2O \longrightarrow Ca(OH)_2 + 64.83kJ$$

生石灰熟化时放出大量的热量，其放热量和放热速度都比其他胶凝材料大得多。生石灰熟化的另一个特点是体积增大1 ~2.5倍。煅烧良好、氧化钙含量高、杂质含量低的生石灰(块灰)，其熟化速度快、放热量大、体积膨胀也大。调制石灰膏通常在化灰池和储灰坑中完成。为了消除过火石灰在使用中造成的危害，石灰膏(乳)应在储灰坑中存放半个月以上，方可使用。这一过程称为“陈伏”。陈伏期间，石灰浆表面应覆盖一层水，以隔绝空气，防止石灰浆表面碳化。

2）石灰的硬化：石灰浆在空气中逐渐干燥变硬的过程，称为石灰的硬化。石灰的硬化包括以下两个同时进行的过程：

①结晶硬化。石灰浆体中随着多余水分蒸发或被附着基面吸收而使石灰粒子紧密，从而获得一定的强度，而水分的减少，使氢氧化钙逐渐从饱和溶液中结晶析出。

②碳化硬化。浆体从空气中吸收 CO_2 气体，形成不溶解于水的碳酸钙。这个过程称为浆体的碳化硬化。其反应如下：

$$Ca(OH)_2 + CO_2 + nH_2O \longrightarrow CaCO_3 + (n+1)H_2O$$

上述硬化过程中的各种变化是同时进行的。在内部，对强度增长起主导作用的是结晶硬化。表层的碳化作用，固然可以获得较高的强度，但进行得非常慢，而且从反应式看，这个过程的进行，一方面必须有水分存在，另一方面又生成较多的水，这将不利于干燥和结晶硬化。由于石灰浆的这种硬化机理，故它不宜用于长期处于潮湿或反复受潮的地方。

（3）石灰的技术要求

1）生石灰及生石灰粉的技术要求：根据建材行业标准，将建筑生石灰和建筑生石灰粉划分为优等品、一等品、合格品三个等级，具体指标如表2-3-1、表2-3-2所示。

表2-3-1　建筑生石灰技术指标（JC/T 479—92）

项　　目	钙质石灰			镁质石灰		
	优等品	一等品	合格品	优等品	一等品	合格品
CaO + MgO 含量/% ≮	90	85	80	85	80	75
未消化残渣含量（5mm 圆孔筛筛余）/% ≯	5	10	15	5	10	15
CO_2 含量/% ≯	5	7	9	6	8	10
产浆量/（L/kg）≮	2.8	2.3	2.0	2.8	2.3	2.0

表2-3-2　建筑生石灰粉技术指标（JC/T 480—92）

项　　目		钙质石灰			镁质石灰		
		优等品	一等品	合格品	优等品	一等品	合格品
CaO + MgO 含量/% ≮		85	80	75	80	75	70
CO_2 含量/% ≯		7	9	11	8	10	12
细度	0.90mm 筛筛余/% ≯	0.2	0.5	1.5	0.2	0.5	1.5
	0.125mm 筛筛余/% ≯	7.0	12.0	18.0	7.0	12.0	18.0

2）建筑消石灰（熟石灰）的技术要求：

按氧化镁含量分为钙质消石灰粉（MgO≤4%）、镁质消石灰粉（MgO 为 4% ~24%）和白云石消石灰粉（MgO 为 25% ~30%）等。

熟化石灰粉的品质与有效物质和水分的相对含量及细度有关，熟石灰粉颗粒愈细，有效成分愈多，其品质愈好。建筑消石灰粉的质量按《建筑消石灰粉》（JC/T 481）规定也分为三个等级，具体指标见相关标准规定。

（4）石灰的特性和应用

1）石灰的特性：

①良好的保水性。熟化生成的氢氧化钙颗粒极其细小，比表面积很大，颗粒表面吸附一层较厚的水膜。由于粒子数量很多，其总表面积很大，所以其保水性良好。利用这一性质，将其掺入水泥砂浆中，配制成混合砂浆，克服了水泥砂浆容易泌水的缺点。

②凝结硬化慢、强度低。由于空气中的二氧化碳含量低，而且碳化后形成的碳酸钙硬壳阻止二氧化碳向内部渗透，也阻止水分向外蒸发，结果使碳酸钙和氢氧化钙结晶体生成

量少且缓慢，已硬化的石灰强度很低。如 1∶3 的石灰砂浆，28d 的抗压强度只有 0.2～0.5MPa。

③吸湿性强。生石灰吸湿性强，保水性好，是传统的干燥剂。

④体积收缩大。石灰浆体凝结硬化过程中，蒸发大量水分，由于毛细管失水收缩，引起体积收缩。其收缩变形会使制品开裂。因此石灰除粉刷外不宜单独使用，通常工程施工时常掺入砂子、麻刀、纸筋等。

⑤耐水性差。若石灰浆体尚未硬化之前，就处于潮湿环境中，由于石灰中水分不能蒸发出去，则其硬化停止；若是已硬化的石灰，长期受潮或受水浸泡，则由于氢氧化钙可溶于水，会使已硬化的石灰溃散。因此，石灰胶凝材料不宜用于潮湿环境及易受水浸泡的部位。

2）石灰的应用：

①配制石灰乳涂料和石灰砂浆、水泥混合砂浆。用熟化并陈伏好的石灰膏，稀释成石灰乳，可用作内、外墙及天棚的涂料，一般多用于内墙涂刷。以石灰膏为胶凝材料，掺入砂和水拌和后，可制成石灰砂浆，在水泥砂浆中掺入石灰膏后，可制成水泥石灰混合砂浆，在建筑工程中用量较大。

②配制灰土和三合土。熟石灰粉可用来配制灰土（熟石灰＋黏土）和三合土（熟石灰＋黏土＋砂、石或炉渣等填料）。由于黏土中含有的活性氧化硅和活性氧化铝与氢氧化钙反应可生成水硬性产物，使黏土的密实程度、强度和耐水性得到改善。因此，灰土和三合土广泛用于建筑物的基础和道路的垫层。

③生产硅酸盐制品。以石灰和硅质材料（如石英砂、粉煤灰等）为主要原料，加水拌和，经成型、蒸养或蒸压处理等工序而成的建筑材料，统称为硅酸盐制品，如蒸压灰砂砖、蒸压加气混凝土砌块等。

生石灰在储存和运输时，应避免受潮，以防止生石灰吸收空气中的水分而自行熟化。生石灰不能与易燃易爆及液体物质混运混存，以免引起爆炸和发生火灾。石灰的保管期不宜超过一个月。

（二）石膏

石膏及其制品具有轻质、隔热、阻火、吸音、形体饱满、容易加工等一系列优良性能。近年来各种建筑石膏制品发展很快，是一种极有发展前途的新型建筑材料。

（1）石膏的生产与种类

建筑上常用的石膏，主要是由天然二水石膏（$CaSO_4 \cdot 2H_2O$）和一些含 $CaSO_4 \cdot 2H_2O$ 的化工副产品及废渣，经过煅烧，磨细而制成的。将二水石膏在不同的压力和温度下煅烧，可以得到不同的石膏产品。

1）建筑石膏：建筑石膏是将二水石膏加热至 107～170℃时，部分结晶水脱出后得到半水石膏，再经磨细得到粉状的石膏品种，反应式为：

$$CaSO_4 \cdot 2H_2O \xrightarrow{107\sim170^\circ C} CaSO_4 \cdot 0.5H_2O + 1.5H_2O$$

这种常压下生产的建筑石膏称为 β 型半水石膏。

2）高强度石膏：将二水石膏在 0.13MPa、124℃的压蒸锅内蒸炼，则生成比 β 型半水石膏晶体粗大的 α 型半水石膏，称为高强度石膏。由于高强度石膏晶体粗大，比表面小，调成可塑性浆体时需水量只是建筑石膏需水量的一半，因此硬化后具有较高的密实度和强度。高强石膏可以用于室内抹灰，制作装饰制品和石膏板。若掺入防水剂可制成高强度防水石膏，在潮湿环境中使用。

石膏的品种很多，虽然各品种的石膏在建筑中均有应用，但是用量最多、用途最广的是建筑石膏。

（2）石膏的凝结与硬化

建筑石膏加水拌和后，与水发生水化反应，并逐渐凝结硬化。反应式如下：

$$CaSO_4 \cdot 0.5H_2O + 1.5H_2O \longrightarrow CaSO_4 \cdot 2H_2O$$

半水石膏遇水后发生溶解，并生成不稳定的过饱和溶液，溶液中的半水石膏经过水化成为二水石膏。由于二水石膏在水中的溶解度（20℃为2.05g/L）较半水石膏的溶解度（20℃为8.16g/L）小得多，所以二水石膏溶液会很快达到过饱合，因此很快析出晶体微粒并且不断交叉连生形成网状结构的晶体。由于二水石膏的析出破坏了原来半水石膏溶解的平衡状态，这时半水石膏会进一步溶解，以补偿二水石膏析晶而在液相中减少的硫酸钙含量。如此不断地进行半水石膏的溶解和二水石膏的析出，直到半水石膏完全水化为止。与此同时由于浆体中自由水因水化和蒸发逐渐减少，浆体变稠，失去塑性。以后水化物晶体继续增长，直至完全干燥，靠晶体粒子间的结合力发展强度，完成硬化过程。

（3）石膏的技术要求

建筑石膏为白色粉末状，密度为2.6～2.75g/cm^3，堆积密度为800～1 100kg/m^3。

表2-3-3 建筑石膏的物理力学性能（GB/T9776－2008）

等级	细度（0.2mm方孔筛筛余）/%	凝结时间/min		2h强度/MPa	
		初凝	终凝	抗折	抗压
3.0	≤10	≥3	≤30	≥3.0	≥6.0
2.0				≥2.0	≥4.0
1.6				≥1.6	≥3.0

（4）石膏的特性与应用

1）石膏的特性：

①凝结硬化快。建筑石膏的初凝和终凝时间均很短，加水后3min即可凝结，终凝不超过30min，在室温自然干燥条件下，约一周时间可完全硬化。为施工方便，常掺加适量缓凝剂，如硼砂、纸浆废液、骨胶等。

②孔隙率大，体积密度小，保温、吸声性能好。建筑石膏水化反应的理论需水量仅为其质量的18.6%，但施工中为了保证浆体有必要的流动性，其加水量常达60%～80%，多余水分蒸发后，将形成大量孔隙，硬化体的孔隙率可达50%～60%。由于硬化体的多孔结构特点，而使建筑石膏制品具有体积密度小、质轻、保温隔热性能好和吸声性强等优点。

③具有一定的调湿性。由于硬化体多孔结构的特点，石膏制品的热容量大、吸湿性强。当室内温度、湿度变化时，由于制品的“呼吸”作用，使环境温度、湿度能得到一定的调节。

④耐水性、抗冻性差。石膏是气硬性胶凝材料，吸水性大，长期在潮湿环境中，其晶体粒子间的结合力会削弱，直至溶解。若石膏制品吸水后受冻，会因孔隙中水分结冰膨胀

而破坏，因此其耐水性、抗冻性差。

⑤凝结硬化时体积微膨胀。建筑石膏在凝结硬化时体积微膨胀，其体积膨胀率为0.05%～0.15%。这种特性使其可单独作制品，且成型的石膏制品表面光滑，轮廓清晰，线角饱满，尺寸准确。

⑥防火性好。石膏制品本身为不燃烧材料，且二水石膏遇火后结晶水蒸发，形成水蒸气幕层，可阻止火势蔓延，起到防火作用。但建筑石膏不宜长期在65℃以上的高温部位使用，以免二水石膏缓慢脱水分解而降低强度。

⑦装饰性好。石膏硬化制品表面细腻平整，色洁白，装饰性好。

2）石膏的应用：

①室内抹灰及粉刷。将建筑石膏加水调成浆体，可用作室内粉刷材料。将建筑石膏加水、砂拌和成石膏砂浆，可用于室内抹灰。石膏砂浆具有隔热保温性能好，热容量大，吸湿性大，因此能够调节室内温湿度，使其经常保持均衡状态，给人以舒适感。粉刷后的墙面表面光滑、细腻、洁白美观。这种抹灰墙面还具有绝热、阻火、吸声以及施工方便、凝结硬化快、黏结牢固等特点，为室内高级粉刷和抹灰材料。石膏抹灰的墙面及天棚，可以直接涂刷油漆及粘贴墙纸。

②建筑石膏制品。建筑石膏制品品种较多，主要有纸面石膏板、装饰石膏板、吸声穿孔石膏板、纤维石膏板等。石膏板具有轻质、保温隔热、吸声、不燃以及施工方便等性能，它还具有原料来源广泛，燃料消耗低，设备简单，生产周期短等优点，且安装方便，施工速度较快，是重点发展的安全环保的新型建筑材料。

建筑石膏容易受潮吸湿，凝结硬化快，因此在运输、贮存的过程中，应注意避免受潮。石膏长期存放强度也会降低。一般贮存三个月后，强度下降30%左右。所以，建筑石膏储存时间不宜过长，若超过三个月，应重新检验，确定等级。

（三）水玻璃

水玻璃俗称泡花碱，是一种可溶性硅酸盐，由碱金属氧化物和二氧化硅结合而成的气硬性胶凝材料，如硅酸钠水玻璃（$Na_2O \cdot nSiO_2$）、硅酸钾水玻璃（$K_2O \cdot nSiO_2$）。

（1）水玻璃的生产与组成

1）水玻璃的生产：将纯碱（Na_2CO_3）与石英砂（SiO_2）磨细，按一定比例配合，在玻璃熔炉内加热至1 400～1 500℃，熔融生成硅酸钠。其反应如下：

$$Na_2CO_3 + nSiO_2 \xrightarrow{1\,400 \sim 1\,500℃} Na_2O \cdot nSiO_2 + CO_2 \uparrow$$

熔融的水玻璃冷却后得到固态水玻璃，然后在0.3～0.8MPa的蒸压釜内加热溶解成胶状玻璃溶液。

2）水玻璃的组成：水玻璃的化学通式为$R_2O \cdot nSiO_2$。通式中n为水玻璃的模数，表示水玻璃中SiO_2与碱金属氧化物质量（摩尔）的比值，一般在1.5～3.5之间。水玻璃的模数n值越大，则水玻璃黏度越大，黏结力越大，但越难溶解于水。建筑工程中常用模数为2.6～2.8的硅酸钠水玻璃。

（2）水玻璃的硬化

水玻璃溶液是气硬性胶凝材料，在空气中，它能与CO_2发生反应，生成硅胶，其反应式为：

$$Na_2O \cdot nSiO_2 + CO_2 + mH_2O \longrightarrow Na_2CO_3 + nSiO_2 \cdot mH_2O$$

硅胶（$nSiO_2 \cdot mH_2O$）脱水析出固态的 SiO_2。但这种反应很缓慢，所以水玻璃在自然条件下凝结与硬化速度也缓慢。通常在水玻璃中加入促硬剂，硅胶析出速度大大加快，从而加速了水玻璃的凝结硬化。常用促硬剂为氟硅酸钠（Na_2SiF_6）。一般情况下，氟硅酸钠的适宜掺量为水玻璃质量的12% ~15%。用量太少，硬化速度慢，强度较低，且未硬化的水玻璃易溶于水，导致耐水性降低；用量过多，又会引起凝结过快，造成施工困难，而且抗渗性降低，强度降低。

（3）水玻璃的特性

1）黏结力强：水玻璃硬化后具有较高的黏结强度，如用水玻璃配制的水玻璃混凝土，抗压强度可达15 ~40MPa。

2）耐酸性好：硬化后的水玻璃，其主要成分为 SiO_2，所以它的耐酸性能很高。它能抵抗大多数无机酸和有机酸的侵蚀，尤其是在强酸中仍有较高的化学稳定性，但水玻璃不耐碱性介质侵蚀。

3）耐热性好：水玻璃硬化形成 SiO_2 空间网状骨架，在高温下强度不降低，因此具有良好的耐热性能。

（4）水玻璃的应用

1）涂刷材料表面，浸渍多孔性材料：以水玻璃涂刷石材表面，可提高其抗风化能力，提高建筑物的耐久性。以密度为1.35g/cm^3 的水玻璃浸渍或多次涂刷黏土砖、水泥混凝土等多孔材料，可以提高材料的密实度和强度，其抗渗性和耐水性均有提高。但需要注意，切不可用水玻璃处理石膏制品。因为含 $CaSO_4$ 的材料与水玻璃生成 Na_2SO_4，具有结晶膨胀性，会使材料受结晶膨胀作用而破坏。

2）加固地基：以模数2.5 ~3的水玻璃和氯化钙溶液交替灌入土壤中，生成的硅酸凝胶在潮湿环境下，因吸收土壤中水分而处于膨胀状态，使土壤固结，地基抗渗性得到提高。

3）配制防水剂：以水玻璃为基料，加入两种或四种矾的水溶液，称为二矾或四矾防水剂。这种防水剂可掺入硅酸盐水泥砂浆或混凝土中，以提高砂浆或混凝土的密实性和凝结硬化速度。四矾防水剂凝结速度快，一般不超过1min，适用于堵塞漏洞、缝隙等抢修工程。

4）水玻璃混凝土：以水玻璃为胶结材料，以氟硅酸钠为固化剂，掺入铸石粉等粉状填料和砂、石骨料，经混合搅拌、振捣成型、干燥养护及酸化处理等加工而成的复合材料叫水玻璃混凝土，若采用的填料和骨料为耐酸材料，则称为水玻璃耐酸混凝土，若选用耐热的砂、石骨料时，则称为水玻璃耐热混凝土。

水玻璃混凝土具有机械强度高，耐酸和耐热性能好，整体性强，材料来源广泛，施工方便，成本低及使用效果好等特点。

二、水泥

水泥呈粉末状，与水混合后，经一系列物理、化学作用能由可塑性浆体变成坚硬的石状体，并能将散粒状材料胶结成为整体，所以水泥是一种良好的矿物胶凝材料。水泥浆体不但能在空气中硬化，还能更好地在水中硬化、保持并继续增长其强度，故水泥属于水硬性胶凝材料。

水泥是建筑行业的三大基本材料之一，使用范围广、用量大，水泥广泛应用于建筑、水利、道路、国防等工程中，水泥通常作为胶凝材料与骨料及增强材料一起制成混凝土、钢筋混凝土、预应力混凝土构件，也可配制成砌筑砂浆、防水砂浆、装饰砂浆用于建筑物的砌筑、抹面和装饰。

水泥品种繁多，按其矿物组成的不同，可分为硅酸盐水泥、铝酸盐水泥、硫铝酸盐水泥、铁铝酸盐水泥等系列，其中以硅酸盐系列水泥生产量最大，应用最为广泛。

硅酸盐系列水泥按其性能和用途不同，又分为通用水泥、专用水泥和特性水泥三大类。其中通用水泥是指大量用于一般土木工程的水泥，按其所掺加的混合材料的种类及数量的不同，又可分为硅酸盐水泥、普通硅酸盐水泥、矿渣硅酸盐水泥、火山灰质硅酸盐水泥、粉煤灰硅酸盐水泥及复合硅酸盐水泥。专用水泥是指有专门用途的水泥，如砌筑水泥、道路水泥等，特性水泥是指某种性能比较突出的水泥，如快硬水泥、抗硫酸盐水泥、低热水泥、白色硅酸盐水泥、膨胀水泥等。

（一）通用硅酸盐水泥概述

1. 通用硅酸盐水泥的定义

通用硅酸盐水泥（GB 175—2007）定义：以硅酸盐水泥熟料和适量的石膏及规定的混合材料制成的水硬性胶凝材料。

通用硅酸盐水泥按混合材料的品种和掺量分为硅酸盐水泥、普通硅酸盐水泥、矿渣硅酸盐水泥、火山灰质硅酸盐水泥、粉煤灰硅酸盐水泥和复合硅酸盐水泥。

2. 通用硅酸盐水泥的生产

生产硅酸盐水泥的原料分为石灰质原料、黏土质原料以及校正原料。石灰质原料有石灰石、石灰质凝灰岩、白垩等，石灰质原料主要提供 CaO。黏土质原料有黏土、黄土、黏土质页岩等，它们主要提供 SiO_2，Al_2O_3，Fe_2O_3。校正原料主要有铁质校正原料如铁矿石、黄铁矿渣等，主要补充 Fe_2O_3 的含量。

生产硅酸盐水泥时，首先是将石灰石、黏土和校正原料（常为铁矿粉）按比例混合磨细，再煅烧而形成水泥熟料，然后将水泥熟料与适量石膏、混合材料按比例混合磨细而制成水泥成品。水泥的生产过程简称为“两磨一烧”，其生产工艺流程如图 2-3-1 所示。

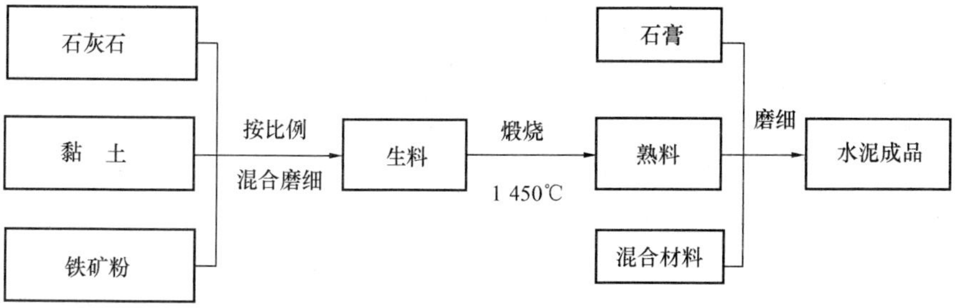

图 2-3-1　硅酸盐水泥生产工艺流程图

3. 通用硅酸盐水泥的组成

通用硅酸盐水泥由硅酸盐水泥熟料、石膏调凝剂和混合材料三部分组成，如表 2-3-4

所示。

表 2-3-4　通用硅酸盐水泥的组成

品种	代号	组分（质量分数）				
		熟料 + 石膏	粒化高炉矿渣	火山灰质混合材料	粉煤灰	石灰石
硅酸盐水泥	P·Ⅰ	100	—	—	—	—
	P·Ⅱ	≥95	≤5	—	—	—
		≥95	—	—	—	≤5
普通硅酸盐水泥	P·O	≥80 且≤95	>5 且≤20			—
矿渣硅酸盐水泥	P·S·A	≥50 且≤80	>5 且≤20	>20 且≤50	—	—
	P·S·B	≥30 且≤50	>50 且≤70	—	—	—
火山灰质硅酸盐水泥	P·P	≥60 且≤80	—	>20 且≤40	—	—
粉煤灰硅酸盐水泥	P·F	≥60 且≤80	—	—	>20 且≤40	—
复合硅酸盐水泥	P·C	≥50 且≤80	>20 且≤50			

硅酸盐水泥的熟料

以适当成分的生料煅烧至部分熔融，所得以硅酸钙为主要成分的产物，称为硅酸盐水泥熟料。熟料中的四种主要矿物质为硅酸三钙（$3CaO \cdot SiO_2$）、硅酸二钙（$2CaO \cdot SiO_2$）、铝酸三钙（$3CaO \cdot Al_2O_3$）和铁铝酸四钙（$4CaO \cdot Al_2O_3 \cdot Fe_2O_3$）：各种矿物单独与水作用时，表现出不同的特性，见表 2-3-5。

表 2-3-5　水泥熟料矿物的组成、含量及特性

矿物名称		硅酸三钙 C_3S	硅酸二钙 C_2S	铝酸三钙 C_3A	铁铝酸四钙 C_4AF
矿物含量		37% ~60%	15% ~37%	7% ~15%	10% ~18%
矿物特性	水化速度	快	慢	最快	较快
	水化热	大	小	最大	中
	早期强度	高	低	高	中
	后期强度	高	高	低	低

改变熟料矿物成分之间的比例，水泥的性质就会发生相应的变化。如提高硅酸三钙的相对含量，就可以制得高强水泥和早强水泥。提高硅酸二钙的相对含量，同时适当降低硅酸三钙的相对含量，即可制得低热水泥或中热水泥。

（二）硅酸盐水泥和普通硅酸盐水泥

1. 硅酸盐水泥的水化、凝结和硬化

（1）硅酸盐水泥的水化

水泥加水拌和后，水泥颗粒立即分散于水中与水发生化学反应，生成水化产物并放出热量，其反应式如下：

$$2(3CaO \cdot SiO_2) + 6H_2O \longrightarrow 3CaO \cdot 2SiO_2 \cdot 3H_2O + 3Ca(OH)_2$$

$$2(2CaO \cdot SiO_2) + 4H_2O \longrightarrow 3CaO \cdot 2SiO_2 \cdot 3H_2O + Ca(OH)_2$$

$$3CaO \cdot Al_2O_3 + 6H_2O \longrightarrow 3CaO \cdot Al_2O_3 \cdot 6H_2O$$

$$4CaO \cdot Al_2O_3 \cdot Fe_2O_3 + 7H_2O \longrightarrow 3CaO \cdot Al_2O_3 \cdot 6H_2O + CaO \cdot Fe_2O_3 \cdot H_2O$$

$$3CaO \cdot Al_2O_3 \cdot 6H_2O + 3(CaSO_4 \cdot 2H_2O) + 19H_2O \longrightarrow 3CaO \cdot Al_2O_3 \cdot 3CaSO_4 \cdot 31H_2O$$

综上所述，如果忽略一些次要的和少量的成分，硅酸盐水泥与水作用后，生成的主要水化产物为：水化硅酸钙和水化铁酸钙凝胶体，氢氧化钙、水化铝酸钙和水化硫铝酸钙晶体。

（2）硅酸盐水泥的凝结硬化过程

硅酸盐水泥的水化和凝结硬化过程是一个连续的复杂过程。

水泥加水拌和后，形成可塑性的浆体，随着水化反应的进行，水泥浆体逐渐变稠失去可塑性，但还不具有强度的过程，称为水泥的“凝结”，随后开始产生强度，并逐渐发展成为坚硬的水泥石，这一过程称为“硬化”。凝结和硬化是人为划分的，实际上是一个连续的、复杂的物理化学变化过程。

水泥颗粒与水的反应是从表面开始的，反应初期，水化速度很快，生成的水化产物迅速扩散到水中，并迅速形成水化产物的饱和溶液，使水化产物析出，且主要在水泥颗粒的表面或周围析出，从而对水泥的进一步水化起到一定的阻碍作用。在水化初期，水化产物较少，水泥颗粒之间仍有较多的水，此时水泥浆仍具有良好的可塑性。

随着水化的不断进行，水化产物不断生成并析出，水分不断减少，水化产物颗粒逐渐靠近，部分颗粒黏结在一起形成一定的网架状结构，使水泥浆体逐渐变稠，失去可塑性，即逐渐凝结。

随着水化的进一步进行，水化产物不断生成、长大，毛细孔不断被水化产物填充，使整个体系更加紧密，直至产生强度并达到完全硬化。

硅酸盐水泥的水化速度表现为早期快后期慢，特别是最初的 3 ~ 7d 内水泥的水化速度最快，所以硅酸盐水泥的早期强度发展最快。

水泥浆体硬化后称为水泥石，主要由凝胶体（胶体与晶体）、未水化的水泥熟料颗粒、毛细孔及游离水分等组成。水泥石的硬化程度越高，凝胶体含量越多，未水化的水泥颗粒和毛细孔含量越少，水泥的强度越高。

（3）影响硅酸盐水泥凝结硬化的主要因素

1）水泥的熟料矿物组成：由表 2-3-5 可知，水泥熟料中各种矿物的凝结硬化特点是不同的，不同种类的硅酸盐水泥中各矿物的相对含量不同，因此，不同种类的硅酸盐水泥硬化特点差异很大。

2）水泥颗粒的细度：水泥磨得越细，水泥颗粒平均粒径小，比表面积越大，水化时水泥熟料矿物与水的接触面大，水化速度快，因此水泥凝结硬化速度也随之加快。

3）水灰比：水灰比是指水泥浆中水与水泥的质量比。当水泥浆中加水较多时，水灰比较大，此时水泥的初期水化反应得以充分进行，但是水泥颗粒间由于被水隔开的距离较大，颗粒间相互连接形成骨架结构所需的凝结时间长，所以水泥凝结较慢，且硬化后的水泥石毛细孔含量越多，强度也越低。水灰比过小，会造成施工困难。因此，只有在满足施工要求的前提下，水灰比越小，毛细孔越少，凝结硬化和强度发展较快，且强度越高。

4）石膏的掺量：生产水泥时掺入石膏，主要是作为缓凝剂，以延缓水泥的凝结硬化速度。当不掺入石膏或掺量较少时，则凝结硬化速度很快，但水化并不充分。此外，掺入石膏后，由于钙矾石晶体生成，还能改善水泥石的早期强度。但是石膏掺量过多时，会对水泥石的后期性能造成危害。

5）环境温度和湿度：水泥水化反应的速度与环境的温度有关，只有在适当的温度范围内，水泥的水化、凝结和硬化才能进行。通常，温度较高时，水泥的水化、凝结和硬化速度较快，温度降低，则水化、凝结和硬化速度延缓，当温度低于0℃，水化反应停止。温度的影响主要表现在水泥水化的早期阶段，对水泥水化后期影响不大。

水泥水化是水泥与水之间的反应，只有在水泥颗粒表面保持有足够的水分时，水泥的水化、凝结硬化才能得以充分进行。环境湿度大，水泥浆中水分不易蒸发，就能够保持足够的水泥水化及凝结硬化所需用水。如果环境干燥，水泥浆中的水分蒸发过快，当水分蒸发完毕后，水化作用将无法继续进行，水化过程立即停止。水泥浆中的水分蒸发过快时，还会引起水泥制品表面的收缩开裂。因此，使用水泥时必须注意洒水养护，使水泥在适宜的温度和湿度环境中发展强度。

6）龄期：水泥的水化硬化是一个长期的不断进行的过程，随着水泥颗粒内各熟料矿物水化程度的深入，水化产物不断增加，毛细孔不断减少，从而随着龄期的增长使水泥石的强度逐渐提高。水泥的水化硬化一般在28d内发展速度较快，28d后发展速度较慢。

2. 硅酸盐水泥的技术性质

（1）细度

水泥细度是指水泥颗粒粗细的程度。水泥颗粒越细，其比表面积越大，水泥熟料矿物与水接触面越大，水化反应进行得越快、越充分，水化产物越多，强度也越高。一般认为水泥颗粒小于40μm才具有较大的活性。但水泥颗粒过细，在生产中要增加粉磨时的能耗，增加成本，且水泥在空气中硬化时收缩也增大。

国家标准规定：硅酸盐水泥的细度采用比表面积测定仪测定，其比表面积应大于300m^2/kg，否则水泥细度为不合格。

（2）标准稠度用水量

水泥净浆的标准稠度是指在测定水泥的凝结时间、体积安定性时，为了使所测得的结果有可比性，水泥净浆以标准方法测试所达到统一规定的可塑性程度。

水泥标准稠度用水量是指水泥净浆达到标准稠度时所需要的水量。通常用水与水泥质量的比（百分数）来表示。水泥的标准稠度用水量主要与水泥的细度及其矿物成分有关。硅酸盐水泥的标准稠度用水量一般在24%～30%之间。

（3）凝结时间

水泥从加水开始到失去流动性，即从可塑状态发展到固体状态所需要的时间称为凝结时间。凝结时间又分为初凝时间和终凝时间。初凝时间是指从水泥加水拌和时起到水泥浆开始失去可塑性所需要的时间，终凝时间是指从水泥加水拌和时起到水泥浆完全失去可塑性，并开始产生强度所需的时间。

国家标准规定："硅酸盐水泥的初凝时间不得早于45min，终凝时间不得迟于390min。"

凡凝初时间、终凝时间不符合标准规定的均为不合格品。

凡初凝时间不符合规定的水泥为废品，终凝时间不符合规定的为不合格品。水泥凝结时间的测定是以标准稠度的水泥净浆，在规定的温度、湿度条件下，用凝结时间测定仪测定的。

规定水泥的凝结时间，在施工中有重要意义。初凝时间不宜过早是为了有足够的时间对混凝土进行搅拌、运输、浇筑和振捣；终凝时间不宜过长是为了使混凝土尽快硬化，产生强度，以便尽快拆去模板，提高模板周转率。

（4）体积安定性

水泥的体积安定性是指水泥凝结硬化过程中，体积变化是否均匀的性质。水泥硬化后产生不均匀的体积变化即体积安定性不良，会使水泥制品、混凝土构件产生膨胀性裂缝，降低工程质量，甚至引起工程事故。

引起水泥体积安定性不良的原因，一般是由于熟料中所含游离氧化钙、游离氧化镁过多或掺入的石膏过多等原因造成的。熟料中所含的游离氧化钙或游离氧化镁都是在高温下生成的，属过烧氧化物，水化很慢。它们要在水泥凝结硬化后才慢慢开始水化，水化时产生体积膨胀，从而引起不均匀的体积变化而使硬化水泥石开裂。当水泥中石膏掺量过多时，多余的石膏将与已固化的水化铝酸钙作用生成水化硫铝酸钙晶体，体积膨胀1.5倍以上，造成硬化水泥石开裂破坏。

国家标准规定："游离氧化钙过多引起的水泥体积安定性不良可用沸煮法（分雷氏法和试饼法）检验，在有争议时以雷氏法为准。"试饼法是用标准稠度的水泥净浆做成试饼，经恒沸3h ±5min以后，用肉眼观察未发现裂纹，用直尺检查没有弯曲，则安定性合格。反之，则为安定性不合格。雷氏法是按规定方法制成圆柱体试件，然后测定沸煮前后试件尺寸的变化来评定体积安定性是否合格。

由于游离氧化镁的水化反应比游离氧化钙更加缓慢，所以必须用压蒸方法才能检验出它的危害作用。石膏的危害作用则需长期浸泡在常温水中才能发现。

由于氧化镁和石膏的危害作用不便于快速检验，因此，国家标准规定：水泥出厂时，硅酸盐水泥中氧化镁的含量不得超过5.0%，如经压蒸安定性检验合格，允许放宽到6.0%。硅酸盐水泥中三氧化硫的含量不得超过3.5%。

体积安定性不合格的水泥为不合格，不得用于工程中。

（5）强度与强度等级

水泥的强度是评定其质量的重要指标，也是划分强度等级的依据。硅酸盐水泥的强度主要取决于四种熟料矿物的比例和水泥的细度，此外还与试验方法、试验条件、养护龄期有关。

国家标准《水泥胶砂强度检验方法（ISO）》（GB/T 17671—1999）规定：将水泥、标准砂及水按规定比例，水泥∶标准砂∶水 =1∶3∶0.5，用规定方法制成的规格为40mm×40mm×160mm标准试件，在标准条件下（1d内为20℃ ±1℃，相对湿度90%以上的养护箱中，1d后放入20℃ ±1℃的水中）养护，测定其3d和28d龄期时的抗折强度和抗压强度。根据3d和28d龄期时的抗折强度和抗压强度划分硅酸盐水泥的强度等级，并按照3d强度的大小分为普通型和早强型（用R表示）。硅酸盐水泥的强度等级有6个：即42.5、42.5R、52.5、52.5R、62.5、62.5R。各强度等级水泥的各龄期强度不得低于表2-3-6中的数值，如有一项指标低于表中数值，则应降低强度等级，直到4个数值全部满足表中规定。

表 2-3-6　硅酸盐水泥各强度等级、各龄期的强度值（GB 175—2007）

强度等级	抗压强度/MPa		抗折强度/MPa	
	3d	28d	3d	28d
42.5	≥17.0	≥42.5	≥3.5	≥6.5
42.5R	≥22.0		≥4.0	
52.5	≥23.0	≥52.5	≥4.0	≥7.0
52.5R	≥27.0		≥5.0	
62.5	≥28.0	≥62.5	≥5.0	≥8.0
62.5R	≥32.0		≥5.5	

（6）水化热

水泥在水化过程中放出的热量，称为水泥的水化热。大部分的水化热是在水泥水化初期（3～7d）内放出的，以后则逐步减少。水泥放热量大小及速度与水泥熟料的矿物组成和细度有关。

硅酸盐水泥水化热很大，冬期施工时，水化热有利于水泥的正常凝结、硬化。但对于大体积混凝土工程，如大型基础、大坝、桥墩等，水化热是有害因素，由于水泥水化释放的热量积聚在混凝土内部散发非常缓慢，造成混凝土表面与内部温差过大而导致应力差，使大体积混凝土受拉而产生开裂破坏。因此大体积混凝土工程中，应选择低热水泥。

（7）不溶物、烧失量、氯离子含量

国家标准规定："Ⅰ型硅酸盐水泥中的不溶物含量不得超过0.75%，Ⅱ型硅酸盐水泥中的不溶物含量不得超过1.50%；Ⅰ型硅酸盐水泥中的烧失量含量不得大于3.0%，Ⅱ型硅酸盐水泥中的烧失量含量不得大于3.5%；硅酸盐水泥中氯离子含量不大于0.6%。"

（8）碱含量

硅酸盐水泥中碱含量按 $Na_2O+0.658K_2O$ 计算值来表示。当用于混凝土中的水泥碱含量过高，骨料又具有一定的活性时，会在潮湿环境或有水环境中发生有害的碱集料反应，生成膨胀性的碱硅酸盐凝胶，导致混凝土开裂破坏。因此，国家标准规定："若使用活性骨料，用户要求提供低碱水泥时，水泥中的碱含量应该不大于0.6%，或由供需双方协商确定。"

3. 水泥石的腐蚀与防止

硅酸盐水泥硬化以后在通常使用条件下有较好的耐久性。但在某些腐蚀性介质作用下，会逐渐受到损害，强度降低，严重时会引起整个工程结构的破坏。

（1）水泥石的腐蚀类型

引起水泥石破坏的因素很多，腐蚀是一个相当复杂的过程，下面介绍几种典型的水泥石腐蚀情况。

1）软水侵蚀（溶出性侵蚀）：软水是不含钙、镁或仅含少量钙、镁等可溶性盐的水。雨水、雪水、蒸馏水、工厂冷凝水以及含重碳酸盐甚少的河水与湖水均属软水。软水能使水泥水化产物中的 $Ca(OH)_2$ 溶解，并促使水泥石中其他水化产物发生分解，降低了水泥石的密实度，使水泥石强度下降。故软水侵蚀称为溶出性侵蚀。在静水及无水压的情况下，$Ca(OH)_2$ 的溶出仅限于表层，危害不大，但在流动水及压力水的作用下，$Ca(OH)_2$ 会不断溶解、流失，一方面使水泥石变得疏松，另一方面也使水泥石的碱度降低，其他水化产物不断分解溶蚀，最终使水泥石破坏。

当环境水的水质较硬，即水中重碳酸盐的含量较高时，重碳酸盐可与水泥石中的氢氧化钙起作用，生成几乎不溶于水的碳酸钙：

$$Ca(OH)_2 + Ca(HCO_3)_2 \longrightarrow 2CaCO_3 + 2H_2O$$

生成的碳酸钙积聚在已硬化水泥石的孔隙内，形成密实的保护层，可阻止外界水的侵入和内部氢氧化钙向外扩散。所以，水的暂时硬度越高，对水泥石腐蚀越小，反之，水质越软，腐蚀性越大。若将要与软水接触的水泥混凝土制品事先在空气中放置一段时间，使其表面碳化，再与软水接触时，对溶出性侵蚀有一定的抵抗作用。对密实度越高的混凝土来说，溶出性侵蚀一般是发展很慢的。

2）盐类腐蚀：

①硫酸盐腐蚀（膨胀型腐蚀）。在一些湖水、海水、沼泽水、地下水以及某些工业污水中常含有钠、钾、铵等的硫酸盐，它们会先与硬化的水泥石结构中的氢氧化钙起置换反应，生成硫酸钙。硫酸钙再与水泥石中的水化铝酸钙起反应，生成高硫型水化硫铝酸钙，高硫型水化硫铝酸钙含有大量结晶水，其体积比原体积增加1.5倍以上，产生巨大的膨胀应力，因此对水泥石的破坏很大，高硫型水化硫铝酸钙呈针状晶体，俗称“水泥杆菌”。

$$3CaO \cdot Al_2O_3 \cdot 6H_2O + 3(CaSO_4 \cdot 2H_2O) + 19H_2O \longrightarrow 3CaO \cdot Al_2O_3 \cdot 3CaSO_4 \cdot 31H_2O$$

当水中硫酸盐浓度较高时，硫酸钙会在孔隙中直接结晶成二水石膏，造成膨胀压力，引起水泥石的破坏。

②镁盐的腐蚀。在海水及地下水中，常含有大量的镁盐，主要是硫酸镁和氯化镁。它们与水泥石中的氢氧化钙反应：

$$MgSO_4 + Ca(OH)_2 + 2H_2O \longrightarrow CaSO_4 \cdot 2H_2O + Mg(OH)_2$$

$$MgCl_2 + Ca(OH)_2 \longrightarrow CaCl_2 + Mg(OH)_2$$

生成的氢氧化镁疏松无胶凝能力，氯化钙易溶于水，二水石膏则引起硫酸盐的破坏。由此可见硫酸镁的腐蚀属于双重腐蚀，镁盐腐蚀对水泥石的破坏特别严重。

3）酸类腐蚀：硅酸盐水泥水化产物中含有较多的氢氧化钙，当遇到酸类或酸性水时则会发生酸碱中和反应，生成比氢氧化钙溶解度大的盐类，导致水泥石受损破坏。

①碳酸的腐蚀。在工业水、地下水中常常溶有较多的二氧化碳，这种碳酸水对水泥石的侵蚀作用如下：

$$Ca(OH)_2 + CO_2 + H_2O \longrightarrow CaCO_3 + 2H_2O$$

最初生成的碳酸钙溶解度不大，但继续处于浓度较高的碳酸中，则碳酸钙与碳酸水进一步反应：

$$CaCO_3 + CO_2 + H_2O \longrightarrow Ca(HCO_3)_2$$

此反应为可逆反应，当水中有较多的二氧化碳时，则上述反应向右进行。则水泥石中的氢氧化钙通过转变为易溶的重碳酸钙而溶失。这种反应长期进行会导致水泥石结构疏松，密实度下降，强度降低。另外水泥石中氢氧化钙的减少又会导致其他水化产物的分解，进一步加剧了水泥石的腐蚀。

②一般酸的腐蚀。在工业废水、地下水、沼泽水中常含有多种无机酸、有机酸。工业窑炉的烟气中常含有二氧化硫，它与水结合后生成亚硫酸。各种酸类都会对水泥石造成不同程度的损害。其损害机理是酸类与水泥石中的氢氧化钙发生化学反应，生成物或者易溶于水，或者体积膨胀导致水泥石中产生内应力而引起水泥石破坏。无机酸中的盐酸、硝

酸、硫酸、氢氟酸和有机酸中的醋酸、蚁酸、乳酸的腐蚀作用尤为严重。以盐酸、硫酸与水泥石中氢氧化钙的作用为例，其反应式如下：

$$Ca(OH)_2 + 2HCl \longrightarrow CaCl_2 + 2H_2O$$

$$Ca(OH)_2 + H_2SO_4 \longrightarrow CaSO_4 \cdot 2H_2O$$

反应生成的氯化钙易溶于水，生成的二水石膏（$CaSO_4 \cdot 2H_2O$）结晶膨胀，或者再与水泥石中的水化铝酸钙作用，生成水化硫铝酸钙，其破坏作用更大。

4）强碱腐蚀：硅酸盐水泥水化产物呈碱性，一般碱类溶液浓度不大时不会对水泥石造成破坏。但铝酸盐含量较高的硅酸盐水泥遇到强碱（如 NaOH）会发生反应，生成的铝酸钠溶于水，反应式如下：

$$3CaO \cdot Al_2O_3 + 6NaOH \longrightarrow 3Na_2O \cdot Al_2O_3 + 3Ca(OH)_2$$

当水泥石被氢氧化钠浸透后又在空气中干燥，则溶于水的铝酸钠会与空气中的二氧化碳反应生成碳酸钠。由于水分失去，碳酸钠在水泥石毛细管中结晶膨胀，引起水泥石开裂。除上述四种侵蚀类型外，对水泥石有腐蚀作用的还有糖类、酒精、脂肪、氨盐等。

（2）水泥石腐蚀的原因

实际上，水泥石的腐蚀是一个极其复杂的物理化学作用过程。很少仅为单一的腐蚀作用，往往是几种腐蚀同时存在，互相影响。但从总体上分析，引起水泥石腐蚀的基本原因有内因和外因两种。内因一是水泥石中存在有易引起腐蚀的组分，氢氧化钙和水化铝酸钙，二是水泥石本身不密实，有很多毛细孔通道，侵蚀性介质易于进入其内部；外因主要是水泥石周围有液相形式的侵蚀性介质存在。

（3）防止水泥石腐蚀的措施

根据对以上腐蚀原因的分析，可以采取下列防止腐蚀的措施：

1）根据侵蚀环境特点，合理选用水泥品种：水泥石中引起腐蚀的组分主要是氢氧化钙和水化铝酸钙。如使用环境有软水存在时，可选用水化产物中氢氧化钙含量少的水泥。水泥石如处在硫酸盐的腐蚀环境中，可采用铝酸三钙含量较低的抗硫酸盐水泥。在硅酸盐水泥熟料中掺入活性混合材料可提高水泥石的抗腐蚀能力。

2）提高水泥石的密实度：水泥石中的毛细管、孔隙是引起水泥石腐蚀的内因之一。因此，在满足施工操作的前提下，尽量降低混凝土或砂浆的水灰比，选择级配好的骨料，掺入外加剂，改善施工方法等均可提高水泥石的密实度，使水泥石的抗腐蚀性能得到提高。

3）在水泥石表面加作保护层：当侵蚀作用比较强时，在水泥制品表面加作保护层。保护层的材料常采用耐酸石料、耐酸陶瓷、玻璃、塑料、沥青等。

4. 硅酸盐水泥的特性及应用

（1）凝结硬化快，强度高

硅酸盐水泥熟料中 C_3S、C_3A 含量较高，所以硅酸盐水泥凝结硬化快，强度高，尤其是早期强度增长率大，特别适合早期强度要求高的工程、高强混凝土结构和预应力混凝土工程。

（2）抗冻性好

硅酸盐水泥拌合物不易发生泌水，硬化后的水泥石密实度较大，所以抗冻性优于其他通用水泥。它适用于严寒地区、经受反复冻融作用的混凝土工程。

（3）碱度高、抗碳化能力强

水泥石中的 $Ca(OH)_2$ 与空气中的 CO_2 反应生成 $CaCO_3$ 的过程称为碳化。碳化会使水泥石内部的碱度降低，产生微裂缝，导致钢筋混凝土中的钢筋锈蚀。

由于硅酸盐水泥水化产物中含较多 $Ca(OH)_2$，所以硅酸盐水泥碱性强且密实度高、抗碳化能力强，所以特别适用于重要的钢筋混凝土结构、预应力混凝土工程以及二氧化碳浓度高的环境。

（4）干缩小

硅酸盐水泥在硬化过程中，形成大量的水化硅酸钙凝胶体，使水泥石密实，游离水分少，不易产生干缩裂缝，可用于干燥环境的混凝土工程。

（5）耐磨性好

硅酸盐水泥强度高，耐磨性好，且干缩小，可用于路面与地面工程。

（6）水化热高

硅酸盐水泥熟料中 C_3S 和 C_3A 含量高，放热速度快，且放热量大，早期强度高，用于冬季施工常可避免冻害。但高放热量对大体积混凝土工程不利，如无可靠的降温措施，不宜用于大体积混凝土工程。

（7）耐腐蚀性差

硅酸盐水泥的水化产物中有大量的氢氧化钙和水化铝酸钙，容易受软水、酸类和盐类的侵蚀。所以不宜用于受流动水、压力水、酸类和硫酸盐侵蚀的工程。

（8）耐热性差

硅酸盐水泥石在温度为250℃时水化物开始脱水，体积收缩，强度开始下降，当受热700℃以上时，强度降低更大，甚至完全破坏，故不耐高温，所以硅酸盐水泥不宜单独用于耐热混凝土工程。

5. 普通硅酸盐水泥

（1）普通硅酸盐水泥的组成

按照国家标准《通用硅酸盐水泥》（GB 175—2007）规定：普通硅酸盐水泥由硅酸盐水泥熟料，加入 >5% 且 ≤20% 的活性混合材料及适量石膏组成，简称普通水泥，代号 P·O。掺活性混合材料时，最大掺量不得超过 20%，其中允许用不超过水泥质量 5% 的窑灰或不超过水泥质量 8% 的非活性混合材料来代替。

（2）普通硅酸盐水泥的技术要求

国家标准对普通硅酸盐水泥的技术性质要求有：

1）强度：根据 3d 和 28d 龄期的抗折强度和抗压强度，将普通硅酸盐水泥划分为 42.5，42.5R；52.5，52.5R 四个强度等级。各强度等级各龄期的强度值不得低于表 2-3-7 中的数值。

表 2-3-7　普通硅酸盐水泥各强度等级、各龄期强度值（GB 175—2007）

强度等级	抗压强度/MPa		抗折强度/MPa	
	3d	28d	3d	28d
42.5	≥17.0	≥42.5	≥3.5	≥6.5
42.5R	≥22.0		≥4.0	
52.5	≥23.0	≥52.5	≥4.0	≥7.0
52.5R	≥27.0		≥5.0	

注：R 为早强型。

2）凝结时间：初凝不小于45min，终凝不大于600min。

3）普通硅酸盐水泥的烧失量≤5.0%，其细度、体积安定性及氧化镁、三氧化硫、氯离子含量等其他技术性质要求与硅酸盐水泥相同。

（3）普通硅酸盐水泥的特性及应用

普通硅酸盐水泥中由于混合材料掺入量较少，其矿物组成的比例与硅酸盐水泥相近，所以其特性、应用范围与同强度等级的硅酸盐水泥相近。与硅酸盐水泥相比较，普通硅酸盐水泥早期硬化速度稍慢，强度略低；抗冻性、耐磨性及抗碳化性能稍差；抗腐蚀性稍好，水化热略有降低。

由于普通硅酸盐水泥的性质与硅酸盐水泥的相近，因此，在应用范围方面，普通水泥与硅酸盐水泥基本相同，广泛用于各种混凝土或钢筋混凝土工程，是我国最主要的水泥品种之一。

（三）掺大量混合材料的硅酸盐水泥

掺大量混合材料的硅酸盐水泥是指在硅酸盐水泥熟料的基础上，加入一定数量的混合材料和适量石膏共同磨细制成的水硬性胶凝材料。掺加混合材料的目的，是为了调整水泥的强度等级，改善水泥性能，增加水泥品种，提高产量，扩大使用范围，降低成本，充分利用工业废料等。

1. 混合材料

掺入到水泥或混凝土中的人工或天然矿物材料称为混合材料。混合材料分为活性混合材料和非活性混合材料。

（1）活性混合材料

常温下能与氢氧化钙和水发生水化反应，生成水硬性水化产物，并能逐渐凝结硬化产生强度的混合材料称为活性混合材料。活性混合材料的主要作用是改善水泥的某些性能，还具有扩大水泥强度等级范围、降低水化热、增加产量和降低成本的作用。

常用活性混合材料的种类有：

1）粒化高炉矿渣：粒化高炉矿渣是高炉炼铁的熔融矿渣，经水淬等急冷处理所得到的质地疏松、多孔的粒状矿物，也称为水淬矿渣。粒化高炉矿渣在急冷过程中，熔融矿渣的黏度增加很快，来不及结晶，大部分呈玻璃态，具有潜在的化学活性。如熔融矿渣任其自然冷却，则凝固后呈结晶态，活性很小，属非活性混合材料。粒化高炉矿渣的活性来源于其中的活性氧化硅和活性氧化铝。

2）火山灰质混合材料：凡是天然的或人工的以活性氧化硅及活性氧化铝为主要成分，具有火山灰特性的矿物质材料，均称为火山灰质混合材料。天然的火山灰质材料如浮石、火山灰、凝灰岩、沸石等；人工的火山灰质混合材料如煤矸石、烧黏土、烧页岩等。火山灰质混合材料结构上的特点是疏松多孔，内比表面积大，活性高。

3）粉煤灰：粉煤灰来源于煤粉锅炉排出的烟道灰，为极细灰渣颗粒。灰分经熔融、急冷成为富含玻璃体的球状体。由于其主要活性成分为活性氧化硅和活性氧化铝，所以粉煤灰也属于火山灰质混合材料的一种，但粉煤灰结构致密，性质与火山灰质混合材料又有所不同。

（2）活性混合材料的水化

磨细的混合材料与水调和后，本身不会水化硬化或进行极为缓慢。但在氢氧化钙溶液中会发生显著水化硬化，生成水硬性的水化产物。

当活性混合材料掺入硅酸盐水泥中与水拌和后，首先进行的是硅酸盐水泥熟料的水化，其部分水化产物为氢氧化钙。进而活性混合材料在激发剂氢氧化钙、石膏的作用下发生水化反应（称为二次水化）。二次水化的速度较慢，受温度影响敏感，温度高时，水化速度加快，强度增长迅速；反之，水化减慢，强度增长也随之缓慢下来。在活性混合材料的水化反应中，氢氧化钙称为碱性激发剂，石膏称为硫酸盐激发剂。

（3）非活性混合材料

常温下不能与氢氧化钙和水发生反应或反应甚微，也不能产生凝结硬化的混合材料称为非活性混合材料。它掺入水泥中主要起填充、扩大水泥的强度等级范围、降低水化热，增加产量和降低成本等作用，非活性混合材料又称为填充性混合材料。

常用的非活性混合材料主要有石灰石、石英砂、慢冷矿渣等。

2. 矿渣硅酸盐水泥、火山灰质硅酸盐水泥、粉煤灰硅酸盐水泥、复合硅酸盐水泥

（1）组成

按照国家标准《通用硅酸盐水泥》（GB 175—2007）的规定：由硅酸盐水泥熟料，加入质量分数 >20% 的单个或两个及以上不同品种的混合材料及适量石膏，组成上述四个品种的硅酸盐水泥。

（2）技术性质要求

1）强度等级：矿渣硅酸盐水泥、火山灰质硅酸盐水泥、粉煤灰硅酸盐水泥、复合硅酸盐水泥按 3d，28d 龄期抗压强度及抗折强度分为 32.5，32.5R，42.5，42.5R，52.5，52.5R 六个强度等级。各强度等级各龄期的强度值不得低于表 2-3-8 中的数值。

表 2-3-8　矿渣硅酸盐水泥、火山灰质硅酸盐水泥、粉煤灰硅酸盐水泥、复合硅酸盐水泥各强度等级、各龄期强度值（GB 175—2007）

强度等级	抗压强度/MPa		抗折强度/MPa	
	3d	28d	3d	28d
32.5	≥10.0	≥32.5	≥2.5	≥5.5
32.5R	≥15.0		≥3.5	
42.5	≥15.0	≥42.5	≥3.5	≥6.5
42.5R	≥19.0		≥4.0	
52.5	≥21.0	≥52.5	≥4.0	≥7.0
52.5R	≥23.0		≥4.5	

注：R 为早强型。

2）细度、凝结时间、体积安定性：矿渣硅酸盐水泥、火山灰质硅酸盐水泥、粉煤灰硅酸盐水泥、复合硅酸盐水泥这 4 种水泥细度以筛余表示，为 80μm 方孔筛筛余不大于 10% 或 45μm 方孔筛筛余不大于 30%；凝结时间、体积安定性要求与普通硅酸盐水泥相同。

3）氧化镁含量、三氧化硫、氯离子含量的规定：矿渣硅酸盐水泥、火山灰质硅酸盐水泥、粉煤灰硅酸盐水泥、复合硅酸盐水泥这 4 种水泥是氧化镁含量≤6.0%（矿渣硅酸盐水泥中矿渣质量分数 >50% 时，不作此项限定），矿渣硅酸盐水泥中的三氧化硫含量≤4.0%，火山灰质硅酸盐水泥、粉煤灰硅酸盐水泥、复合硅盐水泥中的三氧化硫含量

≤3.5%；四种水泥中氯离子的含量≤0.06%。

（3）特性与使用

矿渣硅酸盐水泥、火山灰质硅酸盐水泥、粉煤灰硅酸盐水泥、复合硅酸盐水泥都是在硅酸盐水泥熟料基础上掺入大量的活性混合材料和适量石膏共同磨细制成的。由于活性混合材料的掺量较多，且活性混合材料的化学成分基本相同（主要是活性氧化硅和活性氧化铝），因此，它们具有一些相似的性质。这些性质与硅酸盐水泥或普通硅酸盐水泥相比，有明显的不同。又由于不同混合材料结构上的不同，它们相互之间又具有一些不同的特性，这些特性决定了它们使用上的一些不同。

1）掺大量活性混合材料的硅酸盐水泥的共性：

①凝结硬化慢，早期强度低，后期强度增长较快。掺大量活性混合材料的硅酸盐水泥中水泥熟料含量相对减少，水化时，首先是熟料矿物水化，因此早期强度比较低。后期由于二次水化反应的不断进行及熟料的继续水化，水化产物不断增多，使得后期强度发展较快。

②水化热较小。由于这几种水泥掺入了大量混合材料，水泥熟料含量减少，放热量大的 C_3S、C_3A 相对减少，因此，水化热小且放热缓慢，适用于大体积混凝土工程。

③耐腐蚀性较好。由于熟料含量少，水化以后生成的氢氧化钙少，而且二次水化反应还要进一步消耗氢氧化钙，使水泥石中氢氧化钙含量更低，因此，抵抗海水、软水及硫酸盐腐蚀性介质侵蚀的能力较强，可用于水工、海港工程及受侵蚀作用的工程。但如果火山灰质水泥中掺入的火山灰质活性混合材料中氧化铝含量较高，水化后生成的水化铝酸钙数量较多，则抵抗硫酸盐腐蚀的能力较差。

④抗冻性及耐磨性差。这四种水泥由于加入了较多的混合材料，使水泥的需水量增加，水分蒸发后易形成毛细孔通道或粗大孔隙，水泥石的孔隙率较大，导致其抗冻性和耐磨性较差。

⑤抗碳化能力较差。由于这四种水泥的水化产物中 $Ca(OH)_2$ 量很少，碱度较低，故抗碳化能力较差。不宜用于 CO_2 浓度高的环境中。

⑥湿热敏感性强，适合蒸气养护。掺大量活性混合材料的硅酸盐水泥水化温度较低时，水化速度明显减慢，强度较低。提高养护温度可以促进活性混合材料的水化，提高早期强度，且对后期强度发展影响不大。所以它们适合在蒸气条件下养护。

2）掺大量活性混合材料的硅酸盐水泥的特性：

①矿渣硅酸盐水泥：粒化高炉矿渣为玻璃态的物质，对水的吸附能力差，故矿渣水泥保水性差，泌水性大。在混凝土施工中由于泌水而形成毛细管通道，水分的蒸发又容易引起干缩，所以不宜用于有抗渗要求的混凝土工程。由于矿渣经过高温煅烧处理，因此，矿渣水泥的耐热性较好。

②火山灰质硅酸盐水泥：火山灰质混合材料的结构特点是疏松多孔，内表面积大，使其具有良好的保水性。火山灰质水泥在潮湿环境的条件下养护，可以形成较多的水化产物，因此水泥石结构比较致密，从而具有较高的抗渗性和耐水性，可用于有抗渗要求的混凝土工程。但如长期处于干燥环境中，所吸收的水分会蒸发，体积收缩，产生裂缝。因此，火山灰质水泥不宜用于长期处于干燥环境和水位变化区的混凝土工程。

火山灰质水泥抗硫酸盐性能随成分而异。如活性混合材料中氧化铝的含量较多，熟料中又含有较多的铝酸盐时，其抗硫酸盐腐蚀的能力较差。

③粉煤灰硅酸盐水泥：粉煤灰呈球形颗粒，比表面积小，对水的吸附能力较差，所以粉煤灰水泥所需水量比较低，干缩小，抗裂性较好。尤其适合大体积水工混凝土以及地下和海港工程等。

④复合硅酸盐水泥：复合硅酸盐水泥因掺入两种或两种以上的混合材料，使水泥性能比掺单一混合材料的有所改善。复合硅酸盐水泥的性能介于普通硅酸盐水泥和以上三种掺混合材料的硅酸盐水泥之间。

硅酸盐水泥、普通硅酸盐水泥、矿渣硅酸盐水泥、火山灰质硅酸盐水泥、粉煤灰硅酸盐硅酸盐水泥、复合硅酸盐水泥是建筑工程中的常用水泥品种。它们的主要特性与应用见表 2-3-9。

表 2-3-9 通用硅酸盐水泥的特性与应用

水泥品种	硅酸盐水泥	普通硅酸盐水泥	矿渣硅酸盐水泥	火山灰质硅酸盐水泥	粉煤灰硅酸盐水泥	复合硅酸盐水泥
特性	1. 强度高 2. 快硬早强 3. 抗冻耐磨性好 4. 水化热大 5. 耐腐蚀性差 6. 耐热性较差	1. 早期强度较高 2. 抗冻性较好 3. 水化热较大 4. 耐腐蚀性较好 5. 耐热性较差	1. 早期强度低，但后期强度增长快 2. 强度发展对温、湿度较敏感 3. 水化热低 4. 耐软水、海水、硫酸盐腐蚀性好 5. 耐热性较好 6. 抗冻性抗渗性较差	1. 抗渗性较好，耐热性不及矿渣水泥，干缩大，耐磨性差 2. 其他同矿渣水泥	1. 干缩性较小，抗裂性较好 2. 其他性能与矿渣水泥相同	1. 早期强度较高 2. 其他性能与所掺主要混合材料的水泥相近
适用范围	1. 高强混凝土 2. 预应力混凝土 3. 快硬早强结构 4. 抗冻混凝土	1. 一般混凝土 2. 预应力混凝土 3. 地下与水中结构 4. 抗冻混凝土	1. 一般耐热混凝土 2. 大体积混凝土 3. 蒸气养护构件 4. 一般混凝土构件 5. 一般耐软水、海水、硫酸盐腐蚀要求的混凝土	1. 水中、地下、大体积混凝土、抗渗混凝土 2. 其他同矿渣水泥	1. 地上、地下、与水中大体积混凝土 2. 其他同矿渣水泥	1. 早期强度要求较高的混凝土工程 2. 其他用途与所掺主要混合材料的水泥类似
不适用范围	1. 大体积混凝土 2. 受腐蚀的混凝土 3. 耐热混凝土，高温养护混凝土		1. 早期强度要求较高的混凝土 2. 严寒地区及处在水位升降范围内的混凝土 3. 抗渗性要求高的混凝土	1. 干燥环境及处在水位变化范围内的混凝土 2. 有耐磨要求的混凝土 3. 其他同矿渣水泥	1. 抗碳化要求的混凝土 2. 其他同火山灰质水泥 3. 有抗渗要求的混凝土	与掺主要混合材料的水泥类似

（四）水泥的验收与保管

1. 水泥的验收

（1）品种的验收

水泥包装袋上应清楚标明：执行标准、水泥品种、代号、强度等级、生产者名称、生产许可证标志（QS）及编号、出厂编号、包装日期、净含量。包装袋两侧应根据水泥的品种采用不同的颜色印刷水泥名称和强度等级，硅酸盐水泥和普通硅酸盐水泥采用红色，矿渣硅酸盐水泥采用绿色；火山灰质硅酸盐水泥、粉煤灰质硅酸盐水泥和复合硅酸盐水泥采用黑字或蓝色。

散装水泥发运时应提交与袋装标志相同内容的卡片。

（2）数量验收

水泥可以是袋装或散装，袋装水泥每袋净含量为50kg，且应不少于标志质量的99%；随机抽取20袋总质量（含包装袋）应不少于1 000kg。其他包装形式由供需双方协商确定。

（3）质量验收

1）检验报告：检验报告内容应包括出厂检验项目（化学指标、凝结时间、安定性、强度）、细度、混合材料品种和掺加量、石膏和助磨剂的品种及掺加量、属悬窑或立窑生产及合同约定的其他技术要求。当用户需要时，生产者应在水泥发出之日起7天内寄发除28d强度以外的各项检验结果，32d内补报28d强度的检验结果。

2）质量验收：交货时水泥的质量验收可抽取实物试样以其检验结果为依据，也可以生产者同编号水泥的检验报告为依据。采取何种方法验收由买卖双方商定，并在合同或协议中注明。卖方有告知买方验收方法的责任。当无书面合同或协议，或未在合同、协议中注明验收方法的，卖方应在发货票上注明"以本厂同编号水泥的检验报告为验收依据"字样。

以抽取实物试样的检验结果为验收依据时，买卖双方应在发货前或交货地共同取样或签封。取样数量为20kg，缩分为二等份。一份由卖方保存40d，另一份由买方按标准规定的项目和方法进行检验。在40d以内，买方检验认为产品质量不符合标准要求，而卖方又有异议时，则双方应将卖方保存的另一份试样送省级或省级以上国家认可的水泥质量监督检验机构进行仲裁检验。水泥安定性仲裁检验时，应在取样之日起10d以内完成。

以生产者同编号水泥的检验报告为验收依据时，在发货前或交货时买方在同编号水泥中取样，双方共同签封后由卖方保存90d，或认可卖方自行取样，签封并保存90d的同编号水泥的封存样。在90d内，买方对水泥质量有疑问时，则买卖双方应将共同认可的试样送省级或省级以上国家认可的水泥质量监督机构进行仲裁检验。

（4）判定规则

检验结果符合标准《通用硅酸盐水泥》（GB 175—2007）的化学指标、凝结时间、安定性、强度规定为合格品；检验结果不符合国家标准的化学指标、凝结时间、安定性、强度中的任何一项技术要求为不合格品。

2. 水泥的保管

水泥在运输和储存时不得受潮和混入杂物，不同品种和强度等级的水泥在储运中避免混杂。

散装水泥应分库存放。袋装水泥堆放时应考虑防水防潮，堆置高度一般不超过10袋，使用时应考虑先存先用的原则。存期一般不应超过3个月，因为即使在储存条件良好的情况下，水泥也会吸收空气中的水分缓慢水化而降低强度。袋装水泥储存3个月后，强度降低10%～20%；6个月后，降低15%～30%；一年后降低25%～40%。通用水泥的有效储存期为3个月，储存期超过3个月的水泥在使用前必须重新鉴定其技术性能。

（五）其他品种水泥

（1）铝酸盐水泥

以铝酸钙为主的铝酸盐水泥熟料磨细制成的水硬性胶凝材料，称为铝酸盐水泥。代号CA。

铝酸盐水泥的主要矿物成分为铝酸一钙（$CaO \cdot Al_2O_3$，简写CA）和二铝酸一钙（$CaO \cdot 2Al_2O_3$，简写CA_2），以及少量的硅酸二钙（C_2S）和其他铝酸盐。

1）铝酸盐水泥的特性：

①快硬早强：早期强度增长快，1d强度即可达到极限强度的80%左右。故宜用于紧急抢修工程（筑路、修桥、堵漏等）和早期强度要求高的工程。但铝酸盐水泥后期强度可能会下降，尤其是在高于30℃的湿热环境下，强度下降更快，甚至会引起结构的破坏。因此，结构工程中使用铝酸盐水泥应慎重。

②水化热大，而且集中在早期放出：铝酸盐水泥水化初期1d的放热量约相当于硅酸盐水泥7d的放热量，达水化放热总量的70%～80%。因此，适合于冬季施工，不能用于大体积混凝土工程及高温潮湿环境中的工程。

③具有较好的抗硫酸盐侵蚀能力：这是因为其主要成分为低钙铝酸盐，游离的氧化钙极少，水泥石结构比较致密，故适用于有抗硫酸盐侵蚀要求的工程。

④耐碱性差：铝酸盐水泥与碱性溶液接触，甚至混凝土骨料内含有少量碱性化合物时，都会引起侵蚀，故不能用于接触碱溶液的工程。

⑤耐热性好：铝酸盐水泥硬化时不宜在较高温度下进行，但硬化后的水泥石在高温下仍能保持较高的强度，1 300℃时尚有53%的强度。如采用耐火的粗细骨料（如铬铁矿等），可制成使用温度达到1 300℃的耐热混凝土。

2）铝酸盐水泥使用时应注意的问题

①最适宜的硬化温度为15℃左右，一般施工时环境温度不得超过25℃，否则，会产生晶型转换，强度降低。铝酸盐水泥拌制的混凝土不能进行蒸气养护。

②严禁铝酸盐水泥与硅酸盐水泥或石灰混杂使用，也不得与尚未硬化的硅酸盐水泥混凝土接触作用，否则将产生瞬凝，以致无法施工，且强度很低。

③铝酸盐水泥的长期强度，由于晶型转化及铝酸盐凝胶体老化等原因，有降低的趋势。如需用于工程中，应以最低稳定强度为依据进行设计，其值按GB 201—2000规定，经试验确定。

（2）快硬硅酸盐水泥

由硅酸盐水泥熟料和适量石膏磨细制成的，以3d抗压强度表示强度等级的水硬性胶凝材料称为快硬硅酸盐水泥（简称快硬水泥）。

快硬硅酸盐水泥与硅酸盐水泥的主要区别，在于提高了熟料中的C_3A和C_3S的含量，并提高了水泥的粉磨细度，比表面积在330～450m^2/kg。

快硬水泥的初凝不得早于45min，终凝不得迟于10h。安定性（沸煮法检验）必须合格。强度等级以3d抗压强度表示，分为32.5，37.5，42.5三个强度等级，28d强度作为供需双方参考指标。快硬硅酸盐水泥的特点是凝结硬化快，早期、后期强度均高，抗渗性及抗冻性强，水化热大，耐腐蚀性差。适用于早期强度要求高的工程，紧急抢修工程、低温施工工程及高强混凝土工程。

(3) 白色硅酸盐水泥及彩色硅酸盐水泥

1) 白色硅酸盐水泥

以白色硅酸盐水泥熟料加入适量石膏，磨细制成的水硬性胶凝材料称为白色硅酸盐水泥（简称白水泥）。

2) 彩色硅酸盐水泥

彩色硅酸盐水泥，简称彩色水泥，按生产方法分为两类。一类是直接烧成法，即在白水泥的生料中加入少量金属氧化物，直接烧成彩色水泥熟料，然后再加适量石膏磨细而成。另一类是染色法，即在白水泥熟料中，加入适量石膏及碱性颜料，共同磨细而成。

白水泥和彩色水泥主要用于建筑物内外面的装饰，如地面、楼面、墙柱、台阶，建筑立面的线条、装饰图案、雕塑等。配以彩色大理石、白云石石子和石英砂作粗细骨料，可拌制成彩色砂浆和混凝土，做成水磨石、水刷石、斩假石等饰面，起到艺术装饰的效果。

(4) 中热硅酸盐水泥和低热矿渣硅酸盐水泥

硅酸盐水泥水化时放出大量的热量，不适合大体积混凝土工程。

中热硅酸盐水泥（简称中热水泥）是以适当成分的硅酸盐水泥熟料、加入适量石膏，磨细制成的具有中等水化热的水硬性胶凝材料。

低热矿渣硅酸盐水泥（简称低热矿渣水泥）是以适当成分的硅酸盐水泥熟料，20% ~60%粒化高炉矿渣和适量石膏共同磨细制成的具有低水化热的水硬性胶凝材料。

中热水泥水化热较低，抗冻性与耐酸性较高，适用于大体积水工建筑物水位变动区的覆面层及大坝溢流面，以及其他要求低水化热、高抗冻性和耐磨性的工程。低热矿渣水泥水化热更低，适用于大体积建筑物或大坝内部要求更低水化热的部位。此外，这两种水泥有一定的抗硫酸盐侵蚀能力，可用于抵抗硫酸盐侵蚀的工程。

第四节 混 凝 土

一、概述

(一) 混凝土的定义

从广义上讲，混凝土是以胶凝材料、水和粗细骨料，必要时掺入适量外加剂和矿物掺合料，按适当比例配合，经拌和，密实成型及养护硬化而成的人造石材。

在建筑工程中使用最多的是以水泥为胶凝材料，砂、石为骨料，加水并掺入适量外加剂和掺合料拌制的混凝土，称为普通水泥混凝土，简称普通混凝土。

(二) 混凝土的分类

(1) 按胶凝材料分：可分为水泥混凝土、沥青混凝土、水玻璃混凝土和聚合物混凝土等。

(2) 按体积密度分：可分为重混凝土（$\rho_0 > 2\ 500 kg/m^3$），普通混凝土（$\rho_0 = 1\ 900 \sim 2\ 500 kg/m^3$），轻混凝土（$\rho_0 < 1\ 950 kg/m^3$）。

(3) 按用途分：可分为抗渗混凝土、耐酸混凝土、耐热混凝土、装饰混凝土、大体积混凝土等。

（4）按施工方法分：可分为现浇混凝土、预制混凝土、泵送混凝土和喷射混凝土等。

此外，混凝土还可按其抗压强度（f_{cu}）分为低强混凝土（$f_{cu}<30$MPa）、中强混凝土（f_{cu}介于30～60MPa）、高强混凝土（$f_{cu}\geqslant 60$MPa）及超高强混凝土（$f_{cu}>100$MPa）。

（三）混凝土的特点

混凝土之所以在土木工程中得到广泛应用，是由于它有许多良好的特性。这些特性主要反映在以下几个方面：

（1）原材料来源广泛：混凝土中占整个体积80%以上的砂、石料均就地取材，其资源丰富，符合经济原则。

（2）性能可调整范围大：根据使用功能要求，改变混凝土的原材料配合比例及施工工艺可在相当大的范围内对混凝土的强度、耐久性及工艺性能进行调整，以满足各种不同工程的需要。

（3）硬化前有良好的塑性：混凝土拌合物良好的可塑成型性，使混凝土可按工程结构要求浇筑成各种形状和尺寸的整体结构或预制构件。

（4）与钢筋有牢固的黏结力：钢筋与混凝土虽为性能不同的两种材料，但两者却有近乎相等的线膨胀系数，两者复合为钢筋混凝土后，能保证共同工作。弥补了混凝土抗拉强度低的缺点，扩大了其应用范围。

（5）有较高的强度和耐久性：近代高强混凝土的抗压强度可达100MPa以上，同时具备较高的抗渗、抗冻、抗腐蚀、抗碳化性，其耐久性能好，维修费用少。

（6）耐火性好：普通混凝土的耐火性远比木材、钢材、塑料好，可耐高温作用数小时而仍保持其力学性能，有利于火灾时扑救。

混凝土除以上优点外也存在不足之处：如自重大、养护周期长、抗拉强度低、导热系数较大、硬化较慢、生产周期长等。随着现代混凝土科学技术的发展，混凝土的不足之处已经得到或正在被克服。例如，采用轻质骨料，可降低自重或降低导热系数；掺入纤维或聚合物，可使其脆性降低；采用快硬水泥或掺入早强剂、减水剂等，可缩短硬化周期。由于混凝土具有以上这些优点，使得混凝土已成为当代建筑工程的主要建筑材料，广泛应用于工业与民用建筑工程、水利工程、地下工程、公路、铁路、桥梁及国防建设等工程中。

二、普通混凝土的组成材料

（一）混凝土中各组成材料的作用

水泥、水、砂（细骨料）、石子（粗骨料）是普通混凝土的四种基本组成材料。水泥和水组成水泥浆，包裹在粗、细骨料的表面并填充在骨料空隙中，在混凝土硬化前，水泥浆起润滑作用，赋予混凝土拌合物流动性；在混凝土硬化后起胶结作用，把砂、石骨料胶结成为整体。砂和石子构成混凝土的骨架，起支撑作用及抵抗水泥浆的收缩作用；砂石颗粒逐级填充，形成理想的密实状态，节约水泥浆的用量。

（二）混凝土组成材料的技术要求

混凝土中原材料的质量和技术性质，在很大程度上会影响混凝土的质量和技术性质，因此，必须掌握原材料的性质和技术要求，合理地选择原材料，才能保证混凝土的质量。

（1）水泥

配制混凝土所用的水泥应符合国家现行标准的有关规定。除此之外，在配制时还应合理地选择水泥品种和水泥的强度等级。

1）水泥品种：水泥品种应根据混凝土的工程特点、所处环境条件及施工要求进行选择。根据《混凝土质量控制标准》（GB50164—2011）的规定：对于一般建筑结构及预制构件的普通混凝土，宜采用通用硅酸盐水泥；高强混凝土和有抗冻要求的混凝土宜采用硅酸盐水泥或普通硅酸盐水泥；有预防混凝土碱骨料反应要求的混凝土工程宜采用碱含量低于0.6%的水泥；大体积混凝土宜采用中、低热硅酸盐水泥或低热矿渣硅酸盐水泥。

有特殊要求的混凝土也可采用其它品种的水泥。（相关内容如表2-3-9所示）

2）水泥的强度等级：水泥的强度等级应与混凝土的设计强度等级相适应。一般以水泥强度等级为混凝土强度等级的1.5～2.0倍为宜，原则上是高强度等级的水泥配制高强度等级的混凝土。若用低强度等级水泥配制高强度等级的混凝土，会因水泥用量过多而影响其性质，而且不经济；若用高强度等级水泥配制低强度等级的混凝土，会因水泥用量过少而影响混凝土拌合物的和易性及混凝土的密实性，使混凝土的强度及耐久性降低。

（2）细骨料——砂

细骨料是指粒径小于4.75mm的岩石颗粒，通常称为砂。分为天然砂和机制砂两类。

天然砂是自然生成的，经人工开采和筛分的粒径小于4.75mm的岩石颗粒，包括河砂、湖砂、山砂、淡化海砂，但不包括软质、风化的岩石颗粒。河砂、湖砂表面光滑，颗粒多为球形；山砂风化较严重，含泥较多，含有机杂质和轻物质也较多；海砂中常含有贝壳等杂质，所含氯盐、硫酸盐、镁盐会引起水泥的腐蚀。

机制砂：是经除土处理，由机械破碎、筛分制成的粒径小于4.75mm的岩石、矿山尾矿或工业废渣颗粒，但不包括软质、风化的颗粒，俗称人工砂；混合砂是由机制砂、天然砂混合制成的砂。

砂按技术要求分为Ⅰ类、Ⅱ类、Ⅲ类。Ⅰ类宜用于强度等级大于C60的混凝土，Ⅱ类宜用于强度等级在C30～C60及有抗冻、抗渗或其他要求的混凝土，Ⅲ类宜用于强度等级小于C30的混凝土和建筑砂浆。

根据《建设用砂》（GB/T 14684—2011）的规定，砂的技术要求主要有以下几个方面：

1）砂的粗细程度及颗粒级配：在混凝土中，水泥浆包裹骨料颗粒表面，并填充骨料的空隙。为了节约水泥，降低成本，并使混凝土结构达到较高的密实程度，选择骨料时，应尽可能选用总表面积小，空隙率小的骨料。

①砂的粗细程度。砂的粗细程度是指不同粒径的砂粒混合在一起的总体粗细程度。在配制混凝土时，当相同用砂量条件下，采用细砂则其总表面积大，采用粗砂则其总表面积较小。砂的总表面积愈大，则在混凝土中需要包裹砂粒表面的水泥浆愈多，当混凝土拌合物和易性要求一定时，用较粗的砂拌制的混凝土比用较细的砂所需的水泥浆量为省。但若砂子过粗，易使混凝土拌合物产生离析、泌水等现象，影响混凝土的和易性。因此，用作配制混凝土的砂，不宜过细，也不宜过粗。

②砂的颗粒级配。颗粒级配是指粒径大小不同的砂相互搭配的情况。级配好的砂应该是大粒径砂的空隙被中粒径的砂颗粒填充，中粒径砂的空隙被小粒径砂颗粒填充，这样逐级填充，使砂形成密实堆积，空隙率较小。

用级配良好的砂配制混凝土，不仅空隙率小节约水泥，而且混凝土的密实度提高，从而强度和耐久性得以提高。

③粗细程度和颗粒级配的评定。砂的粗细程度和颗粒级配是由砂的筛分试验来进行测定的。筛分试验是采用过9.50mm方孔筛后500g烘干的待测砂，用一套孔径从大到小的标准筛（孔径分别为4.75mm、2.36mm、1.18mm、600μmm、300μm、150μm）进行筛分，然后称其各筛上砂颗粒的质量（称为筛余量），将各筛余量分别除以500得到分计筛余百分率（%）a_1、a_2、a_3、a_4、a_5、a_6，再将其累加得到累计筛余百分率（简称累计筛余率）A_1、A_2、A_3、A_4、A_5、A_6，其计算过程如表2-4-1所示。

由筛分试验得出的6个累计筛余百分率来计算砂的细度模数（M_x）和检验砂的颗粒级配是否合格。

表2-4-1　累计筛余率与分计筛余率的关系

筛孔尺寸	分计筛余		累计筛余百分率/%
	分计筛余量/g	分计筛余百分率/%	
4.75mm	m_1	a_1	$A_1 = a_1$
2.36mm	m_2	a_2	$A_2 = a_2 + a_1$
1.18mm	m_3	a_3	$A_3 = a_3 + a_2 + a_1$
600μm	m_4	a_4	$A_4 = a_4 + a_3 + a_2 + a_1$
300μm	m_5	a_5	$A_5 = a_5 + a_4 + a_3 + a_2 + a_1$
150μm	m_6	a_6	$A_6 = a_6 + a_5 + a_4 + a_3 + a_2 + a_1$

由筛分试验得出的6个累计筛余百分率来计算砂的细度模数（M_x）和检验砂的颗粒级配是否合格。

细度模数按下式计算：$M_x = \dfrac{(A_2 + A_3 + A_4 + A_5 + A_6) - 5A_1}{100 - A_1}$

细度模数M_x越大表示砂越粗，《建设用砂》（GB/T 14684—2011）按细度模数将砂分为粗砂（M_x=3.7～3.1）、中砂（M_x=3.0～2.3）、细砂（M_x=2.2～1.6）三类。

细度模数在一定程度上反映砂颗粒的平均粗细程度，但不能反映砂粒径的分布情况，不同粒径分布的砂，可能有相同的细度模数。

根据计算和实验结果，GB/T 14684—2011规定将砂的合理级配以600μm级的累计筛余率为准，划分为三个级配区，分别称为1、2、3区，如表2-4-2所示。任何一种砂，只要其累计筛余率A_1～A_6分别分布在某同一级配区的相应累计筛余率的范围内，即为级配合格。具体评定时，除4.75mm及600μm外，其他级的累计筛余率允许稍有超出，但超出总量不得大于5%。

评定砂的颗粒级配，也可采用作图法，即以筛孔直径为横坐标，以累计筛余率为纵坐标，将表2-4-2规定的各级配区相应累计筛余率的范围标注在图上形成级配区域，如图2-4-1所示。然后把某种砂的累计筛余率A_1～A_6在图上依次描点连线，若所连折线都在某一级配区的累计筛余率范围内，即为级配合格。

表 2-4-2　砂颗粒级配区（GB/T 14684—2011）

累计筛余/% 级配区 筛孔尺寸	1 区	2 区	3 区
9.50mm	0	0	0
4.75mm	0 ~ 10	0 ~ 10	0 ~ 10
2.36mm	5 ~ 35	0 ~ 25	0 ~ 15
1.18mm	35 ~ 65	10 ~ 50	0 ~ 25
600μm	71 ~ 85	41 ~ 70	16 ~ 40
300μm	80 ~ 95	70 ~ 92	55 ~ 85
150μm	90 ~ 100	90 ~ 100	90 ~ 100

配制混凝土时宜优先选用 2 区砂。当采用 1 区砂时，应适当提高砂率，并保证足够的水泥用量，以满足混凝土的和易性要求。当采用 3 区砂时，应适当降低砂率，以保证混凝土的强度。

配制泵送混凝土，宜选用中砂。

表 2-4-3　级配类别（GB/T14684—2011）

类别	Ⅰ	Ⅱ	Ⅲ
级配区	2 区	1、2、3 区	

如果砂的自然级配不符合级配区的要求，可采用人工调整级配来改善，即将粗细不同的砂进行掺配或将砂筛除过粗、过细的颗粒，直到符合要求为止。

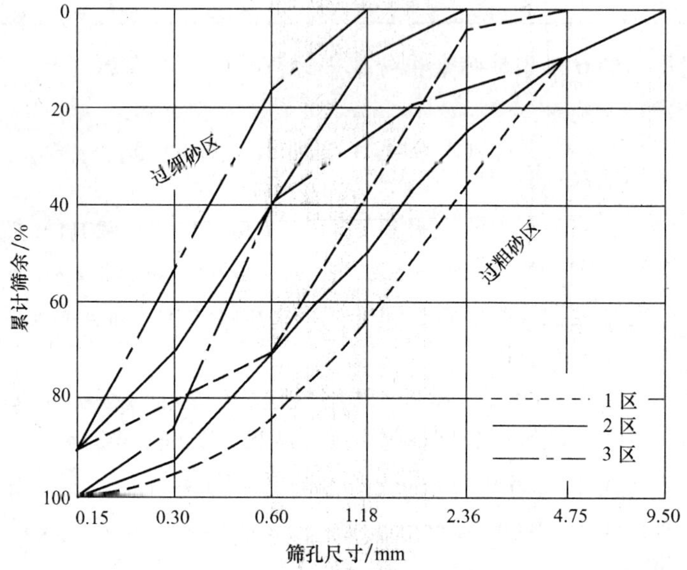

图 2-4-1　砂的级配曲线

【例题】 某砂样经筛分析试验，其结果如表 2-4-4 所示，试分析该砂的粗细程度与颗粒级配。

表 2-4-4　砂样筛分试验结果

筛孔尺寸/mm	筛余量/g	分计筛余百分率/%	累计筛余百分率/%
4. 75	8	1. 6	1. 6
2. 36	82	16. 4	18
1. 18	70	14	32
0. 6	98	19. 6	51. 6
0. 3	124	24. 8	76. 4
0. 15	106	21. 2	97. 6
<0. 15	12	2. 4	100

【解】

$$M_x = \frac{(A_2 + A_3 + A_4 + A_5 + A_6) - 5A_1}{100 - A_1} = \frac{(18 + 32 + 51.6 + 76.4 + 97.6) - 5 \times 1.6}{100 - 1.6} = 2.72$$

结果评定：此砂为中砂，级配属于2区，级配合格。

2）含泥量、泥块含量和石粉含量：含泥量是指砂中粒径小于75μm的颗粒含量、淤泥和黏土颗粒含量，泥块含量是粒径大于1. 18mm，水浸碾压后可成为小于600μm的颗粒含量。砂中的泥通常包裹在砂颗粒的表面，妨碍砂与水泥浆的有效黏结，降低混凝土的强度。同时其吸附水的能力较强，使拌合水量加大，降低混凝土的抗渗性、抗冻性。尤其是黏土，体积变化不稳定，湿胀干缩，对混凝土产生较大的有害作用，必须严格控制其含量。含泥量或泥块含量超量，可采用水洗的方法处理。

石粉含量是机制砂中小于75μm的颗粒含量。石粉的粒径虽小，但与天然砂中的泥成分不同，粒径分布也不同。过多的石粉含量会妨碍水泥与骨料的黏结，对混凝土无益。但适量的石粉含量不仅可弥补人工砂颗粒多棱角对混凝土带来的不利，还可完善混凝土的细骨料的级配，提高混凝土的密实性，进而提高混凝土的综合性能，但其掺量也要适宜。

天然砂的含泥量、泥块含量应符合表2-4-5的规定。

表 2-4-5　天然砂的含泥量、泥块含量（GB/T 14684—2011）

类别	Ⅰ类	Ⅱ类	Ⅲ类
含泥量（按质量计）/ %	≤1. 0	≤3. 0	≤5. 0
泥块含量（按质量计）/ %	0	≤1. 0	≤2. 0

机制砂MB值≤1. 4或快速法试验合格时，石粉含量和泥块含量应符合表2-4-6的规定；机制砂MB值>1. 4或快速法试验不合格时，石粉含量和泥块含量应符合表2-4-7的规定。

表 2-4-6　石粉含量和泥块含量（MB值≤1. 4或快速法试验合格）（GB/T 14684—2011）

类别	Ⅰ	Ⅱ	Ⅲ
MB值	≤0. 5	≤1. 0	≤1. 4或合格
石粉含量（按质量计）/%[a]	≤10. 0		
泥块含量（按质量计）/%	0	≤1. 0	≤2. 0

[a] 此指标根据使用地区和用途，经试验验证，可由供需双方协商确定。

表 2-4-7　石粉含量和泥块含量（MB 值 >1.4 或快速法试验不合格）（GB/T 14684—2011）

类别	Ⅰ	Ⅱ	Ⅲ
石粉含量（按质量计）/%	≤1.0	≤3.0	≤5.0
泥块含量（按质量计）/%	0	≤1.0	≤2.0

3）砂的有害物质：配制混凝土的细骨料要求清洁以保证混凝土的质量。

GB/T 14684—2011 规定，砂中如含有云母、轻物质、有机物、硫化物和硫酸盐、氯化物、贝壳，其限量应符合表 2-4-8 的规定。

表 2-4-8　砂中有害物质限量（GB/T 14684—2011）

类别	Ⅰ	Ⅱ	Ⅲ
云母（按质量计）/%	≤1.0	≤2.0	
轻物质（按质量计）/%	≤1.0		
有机物/%	合格		
硫化物及硫酸盐（按 SO_3 质量计）/%	≤0.5		
氯化物（按氯离子质量计）/%	≤0.01	≤0.02	≤0.06
贝壳（按质量计）/%[a]	≤3.0	≤5.0	≤8.0

[a] 该指标仅适用于海砂，其他砂种不作要求。

①云母及轻物质。云母是砂中常见的矿物，呈薄片状，极易分裂和风化，会影响混凝土的和易性和强度。轻物质是 ρ 小于 $2g/cm^3$ 的矿物（如煤粉或轻砂），其本身与水泥黏结不牢，会降低混凝土的强度和耐久性。

②有机物。有机物是指天然砂中混杂的动植物的腐殖质或腐殖土等。有机物减缓水泥的凝结，影响混凝土的强度。如砂中有机物过多，可采用石灰水冲洗、露天摊晒的方法处理解决。

③硫化物和硫酸盐。硫化物和硫酸盐是指砂中所含的二硫化铁（FeS_2）和石膏（$CaSO_4 \cdot 2H_2O$）。它们会与硅酸盐水泥石中的水化产物生成体积膨胀的水化硫铝酸钙，造成水泥石的开裂，降低混凝土的耐久性。

④氯化物。氯离子会对钢筋造成锈蚀，所以对钢筋混凝土，尤其是预应力混凝土中的氯盐含量应严加控制。氯盐可用水洗的方法处理。

4）砂的坚固性：砂的坚固性是指砂在自然风化和其他外界物理、化学因素作用下，抵抗破坏的能力。天然砂采用硫酸钠溶液法进行试验，砂样经 5 次循环后其质量损失应符合表 2-4-9 的规定。机制砂除了要满足表 2-4-9 的规定外，压碎指标还应满足表 2-4-10 的规定。

表 2-4-9　坚固性指标（GB/T 14684—2011）

类别	Ⅰ	Ⅱ	Ⅲ
质量损失/%	≤8		≤10

表 2-4-10　压碎指标（GB/T 14684—2011）

类别	Ⅰ	Ⅱ	Ⅲ
单级最大压碎指标/%	≤20	≤25	≤30

5）表观密度、堆积密度、空隙率：砂的表观密度、堆积密度、空隙率应符合如下规定：表观密度不小于 2 500kg/m^3；松散堆积密度不小于 1 400kg/m^3；空隙率不大于 44%。

6）碱集料反应：当粗细骨料中含有活性二氧化硅（如蛋白石、凝灰岩、鳞石英等岩石）时，会与水泥中的碱性氧化物 Na_2O 或 K_2O 发生化学反应，生成体积膨胀的碱一硅酸凝胶体，该种物质吸水体积膨胀，会造成硬化混凝土的严重开裂，甚至造成工程事故，这种有害作用称为碱骨料反应。

标准规定：经碱集料反应试验后，试件应无裂缝、酥裂、胶体外溢等现象，在规定的试验龄期膨胀率应小于 0.10%。

7）含水率和饱和面干吸水率：当用户有要求时，应报告其实测值。

（3）粗骨料——石子

粗骨料是指粒径大于 4.75mm 的岩石颗粒。常分为碎石和卵石两类。

碎石是天然岩石、卵石或矿山废石经机械破碎、筛分制成的粒径大于 4.75mm 的岩石颗粒；卵石是由自然风化、水流搬运和分选、堆积而成的粒径大于 4.75mm 的岩石颗粒。卵石按其产源不同，分为河卵石、海卵石和山卵石。卵石与碎石相比，卵石的表面光滑，拌制的混凝土比碎石混凝土流动性较大，但与水泥砂浆黏结力差，故强度较低。而碎石表面粗糙，多棱角，在相同配合比的条件下，拌制的混凝土流动性较小，但其表面积大，与水泥的黏结强度较高，所配混凝土的强度较高。卵石和碎石按技术要求分为Ⅰ类，Ⅱ类，Ⅲ类三个等级。Ⅰ类用于强度等级大于 C60 级的混凝土；Ⅱ类用于强度等级 C30 ~ C60 级及抗冻、抗渗或有其他要求的混凝土；Ⅲ类适用于强度等级小于 C30 级的混凝土。

《建设用卵石、碎石》（GB/T 14685—2011）对粗骨料的技术性能要求如下：

1）颗粒级配与最大粒径：与混凝土所用砂相同，混凝土对粗骨料的基本要求也是颗粒的总表面积要小和颗粒大小搭配要合理，即空隙率要小，以达到节约水泥和逐级填充形成最大的密实度，以提高混凝土的强度和耐久性。这两项要求分别用石子的最大粒径和颗粒级配来控制。

①最大粒径。粗骨料公称粒径的上限称为该粒级的最大粒径，如公称粒级（5 ~ 20mm）的石子其最大粒径为 20mm。粗骨料的最大粒径增大，骨料的总表面积减小，包裹其表面的水泥浆量减少，可节约水泥用量。若在和易性一定的前提下，减少用水量，使混凝土强度和耐久性提高。所以，在条件许可的情况下，粗骨料的最大粒径应尽可能选大一些的。但在实际工程中，粗骨料的最大粒径要受到多种条件的限制。

根据《混凝土结构工程施工质量验收规范》［GB 50204—2002（2011 年版）］的规定："混凝土用的粗骨料，其最大粒径不得超过构件截面最小尺寸的 1/4，且不得超过钢筋最小净间距的3/4。对混凝土的实心板，骨料的最大粒径不宜超过板厚的 1/3，且不得超过 40mm。"

从施工上考虑，对于泵送混凝土，最大粒径与输送管内径之比，碎石不宜大于 1∶3，卵石不宜大于1∶2.5。粒径过大，对运输和搅拌都不方便，且容易造成混凝土分层、离析。试验表明，当使用的粗骨料的最大粒径超过40mm时，由于用水量的减少而获得的强度提高，会被大粒径骨料造成的较小黏结面积和不均匀性的不利影响所抵消。所以，在水利、海港等工程中可采用较大粒径的粗骨料，但在房屋建筑工程中，一般所采用的粗骨料最大粒径不宜超过40mm。

②颗粒级配。与砂类似，粗骨料的颗粒级配也是通过筛分实验来确定，所采用的标准筛孔径为2.36，4.75，9.50，16.0，19.0，26.5，31.5，37.5，53.0，63.0，75.0，90.0mm等12个。根据累计筛余百分率，碎石和卵石的颗粒级配范围如表2-4-11所示。

表2-4-11　碎石和卵石的颗粒级配范围（GB/T 14685—2001）

累计筛余/% 筛孔/mm 公称粒径/mm		2.36	4.75	9.50	16.0	19.0	26.5	31.5	37.5	53.0	63.0	75.0	90.0
连续粒级	5~16	95~100	85~100	30~60	0~10	0							
	5~20	95~100	90~100	40~80	—	0~10	0						
	5~25	95~100	90~100	—	30~70	—	0~5	0					
	5~31.5	95~100	90~100	70~90	—	15~45	—	0~5	0				
	5~40	—	95~100	70~90	—	30~65	—	—	0~5	0			
单粒级	5~10	95~100	80~100	0~15	0								
	10~16		95~100	80~100	0~15								
	10~20		95~100	85~100		0~15	0						
	16~25			95~100	55~70	25~40	0~10						
	16~31.5		95~100		85~100			0~10	0				
	20~40			95~100		80~100			0~10	0			
	40~80					95~100			70~100		30~60	0~10	0

粗骨料的颗粒级配按供应情况分为连续级配和单粒级。按实际使用情况分为连续级配和间断级配两种。

连续级配是石子的粒径从大到小连续分级，每一级都占适当的比例。用连续级配配制的混凝土拌合物和易性好，不易发生离析，在工程中应用较多，如天然卵石。间断级配是石子粒级不连续，人为剔去某些中间粒级的颗粒而形成的级配方式。间断级配能更有效降低石子颗粒间的空隙，使水泥达到最大限度地节约，但由于粒径相差较大，故混凝土拌合物易发生离析。

2）强度与坚固性：

①强度。粗骨料在混凝土中要形成坚硬的骨架，故其强度要满足一定的要求。粗骨料的强度有立方体抗压强度和压碎指标值两种。

立方体抗压强度是将浸水饱和状态下的骨料母体岩石制成的50mm×50mm×50mm立

方体（或 Φ50mm×50mm 的圆柱体）试件，在标准试验条件下测得的抗压强度值。该强度要求火成岩不小于 80MPa，变质岩不小于 60MPa，水成岩不小于 30MPa。

压碎指标是对粒状粗骨料强度的另一种测定方法。该种方法是将气干的石子按规定方法填充于压碎指标测定仪内（内径 152mm 的圆筒），其上放置压头，在实验机上均匀加荷至 200kN 并稳荷 5s，卸荷后称量试样质量（G_1），然后再用孔径为 2.36mm 的筛进行筛分，称其筛余量（G_2），则压碎指标 Q_e 可按下式计算：

$$Q_e = \frac{G_1 - G_2}{G_1} \times 100\%$$

压碎指标值越小，表示骨料抵抗受压碎裂的能力越强。粗骨料的压碎指标值应符合表 2-4-12 的规定。

表 2-4-12　碎石或卵石的压碎指标值（GB/T 14685—2011）

类　别	指　标		
	Ⅰ类	Ⅱ类	Ⅲ类
碎石压碎指标/%	≤10	≤20	≤30
卵石压碎指标/%	≤12	≤14	≤16

②坚固性。坚固性是指卵石、碎石在气候、外力及其他物理力学因素作用下抵抗碎裂的能力。采用硫酸钠溶液浸泡法来检验。碎石和卵石经 5 次循环后，其质量损失应符合表 2-4-13 的规定。

表 2-4-13　砂、碎石和卵石的坚固性指标（GB/T 14685—2011）

类　别	指　标		
	Ⅰ类	Ⅱ类	Ⅲ类
质量损失/%	≤5	≤8	≤12

3）针片状颗粒：卵石和碎石颗粒的长度大于该颗粒所属相应粒级的平均粒径 2.4 倍者为针状颗粒，厚度小于平均粒径 0.4 倍者为片状颗粒（平均粒径指粒级上、下限粒径的平均值）。针片状颗粒易折断，且会增大骨料的空隙率，使混凝土拌合物的和易性变差，强度降低。故其含量应符合表 2-4-14 的规定。

表 2-4-14　针片状颗粒含量（GB/T 14685—2011）

类　别	指　标		
	Ⅰ类	Ⅱ类	Ⅲ类
针片状颗粒总含量（质量计）/%	≤5	≤15	≤25

4）含泥量和泥块含量：粗骨料中的含泥量是指粒径小于 75μm 的颗粒含量，泥块含量是指原粒径大于 4.75mm，经水浸洗、手捏后小于 2.36mm 的颗粒含量。卵石、碎石的含泥量和泥块含量应符合表 2-4-15 的规定。

表 2-4-15　卵石、碎石的含泥量和泥块含量（GB/T 14685—2011）

类　别	指　标		
	Ⅰ类	Ⅱ类	Ⅲ类
含泥量（按质量计）/%	≤0.5	≤1.0	≤1.5
泥块含量（按质量计）/%	0	≤0.2	≤0.5

5）有害物质：卵石和碎石中不应混有草根、树叶、树枝、塑料、煤块和炉渣等杂物。且其中的有害物质（有机物、硫化物和硫酸盐）的含量的控制应符合表2-4-16的规定。

表2-4-16　卵石和碎石中有害物质含量（GB/T 14685—2011）

类　别	指　标		
	Ⅰ类	Ⅱ类	Ⅲ类
有机物	合格	合格	合格
硫化物及硫酸盐（按 SO_3 质量计）/%	≤0.5	≤1.0	≤1.0

6）表观密度、连续级配松散堆积空隙率：卵石、碎石表观密度、连续级配松散堆积空隙率应符合：表观密度不小于2600kg/m^3；连续级配松散堆积空隙率应符合表2-4-17的规定。

表2-4-17　连续级配松散堆积空隙率（GB/T 14685—2011）

类别	Ⅰ类	Ⅱ类	Ⅲ类
空隙率/%	≤43	≤45	≤47

7）吸水率：吸水率应符合表2-4-18的规定。

表2-4-18　吸水率（GB/T 14685—2011）

类别	Ⅰ类	Ⅱ类	Ⅲ类
吸水率/%	≤1.0	≤2.0	≤2.0

8）碱集料反应：标准规定：经碱集料反应试验后，试件应无裂缝、酥裂、胶体外溢等现象，在规定的试验龄期膨胀率应小于0.10%。

9）含水率和堆积密度：报告其实测值。

（4）混凝土拌和及养护用水

混凝土拌合用水和养护用水包括：饮用水、地表水、地下水、再生水（指污水经适当再生工艺处理后具有使用功能的水）、混凝土企业设备洗刷水和海水等。混凝土拌和及养护用水所含物质对混凝土、钢筋混凝土和预应力混凝土不应产生以下有害作用：①影响混凝土的和易性及凝结；②有碍于混凝土强度发展；③降低混凝土的耐久性，加快钢筋腐蚀及导致预应力钢筋脆断；④污染混凝土表面。

根据这些要求，混凝土拌合用水的水质要求，应符合《混凝土用水标准》（JGJ63—2006）的规定。混凝土拌合用水物质含量限值见表2-4-19。对于设计使用年限为100年的结构混凝土，氯离子含量不得超过500mg/L；对使用钢丝或经热处理的预应力混凝土，氯离子含量不得超过350mg/L。

表 2-4-19　混凝土拌合用水水质要求（JGJ63—2006）

项　目	预应力混凝土	钢筋混凝土	素混凝土
pH 值	≥5.0	≥4.5	≥4.5
不溶物/（mg/L）	≤2 000	≤2 000	≤5 000
可溶物/（mg/L）	≤2 000	≤5 000	≤10 000
Cl^-/（mg/L）	≤500	≤1 000	≤3 500
SO_4^{2-}/（mg/L）	≤600	≤2 000	≤2 700
碱含量/（mg/L）	≤1 500	≤1 500	≤1 500

注：碱含量按 $Na_2O+0.658K_2O$ 计算值来表示。采用非碱活性骨料时，可不检验碱含量。

地表水、地下水、再生水的放射性应符合现行国家标准《生活饮用水卫生标准》GB5749 的规定。

未经处理的海水严禁用于钢筋混凝土和预应力混凝土。

混凝土养护用水可不检验不溶物和可溶物，其他检验项目也应符合上面标准的要求。

（5）混凝土外加剂

混凝土外加剂是指在混凝土拌和过程中加入的，用于改善混凝土性能的化学物质。其掺量不大于水泥质量的 5%。

混凝土外加剂的使用是近代混凝土技术发展的重要成果，其种类繁多，虽掺量很少，但对混凝土和易性、强度、耐久性等性质都有明显的改善，且可节约水泥，常称为混凝土的第五组分。特别是高效能外加剂的使用成为现代高性能混凝土的关键技术，发展和推广使用外加剂具有重要的技术和经济意义。

1）外加剂的分类：混凝土外加剂按其主要功能可分为四类：

①改善混凝土拌合物流变性能的外加剂，如减水剂、引气剂、泵送剂等；

②调节混凝土凝结时间、硬化性能的外加剂，如缓凝剂、早强剂、速凝剂等；

③改善混凝土耐久性的外加剂，如引气剂、阻锈剂、防水剂等；

④改善混凝土其他性能的外加剂，如膨胀剂、发泡剂、泵送剂、着色剂等。

2）常用的外加剂：

①减水剂。减水剂是指在保持混凝土拌合物流动性不变的条件下，能显著减少其拌合水量的外加剂。按其减水作用的大小，可分为普通减水剂和高效减水剂两类。

减水剂的作用机理：减水剂属于表面活性物质，这类物质的分子分为亲水端和憎水端两部分。

水泥加水拌和后，由于水泥矿物颗粒带有不同电荷，产生异性吸引或由于水泥颗粒在水中的热运动而产生吸附力，使其形成絮凝状结构，把部分拌合用水包裹在其中，对拌合物的流动性不起作用，降低了流动性。因此在施工中就必须增加拌合水量，而水泥水化的用水量很少（水灰比仅 0.23 左右即可完成水化），多余的水分在混凝土硬化后，挥发形成较多的孔隙，从而降低了混凝土的强度和耐久性。

加入减水剂后，减水剂的憎水端定向吸附于水泥矿物颗粒的表面，亲水端朝向水溶液，形成吸附水膜。由于减水剂分子的定向排列，使水泥颗粒表面带有相同电荷，在电斥力的作用下，使水泥颗粒分散开来，由絮凝状结构变成分散状结构，从而把包裹的水分释放出来，参与流动，达到减水、提高流动性的目的。

掺减水剂的技术经济效果：

a. 增大流动性：在原配合比不变，即水、水灰比、强度均不变的条件下，增加混凝土拌合物的流动性，混凝土拌合物坍落度可增大100～200mm；

b. 提高强度：在保持流动性及水泥用量不变的条件下，可减少拌合用水10%～25%，使水灰比下降，从而提高混凝土的强度15%～30%；

c. 节约水泥：在保持强度不变，即水灰比不变以及流动性不变的条件下，可减少拌合用水，从而使水泥用量减少10%～15%，达到保证强度而节约水泥的目的；

d. 改善其他性质：掺加减水剂还可改善混凝土拌合物的黏聚性、保水性，提高硬化混凝土的密实度，改善耐久性等。

常用的减水剂。常用的减水剂按其化学成分，可分为以下几类：

a. 木质素系减水剂：又称木质素磺酸盐减水剂，为普通减水剂，有木质素磺酸钙（木钙）、木质素磺酸钠（木钠）和木质素磺酸镁（木镁），其中以木钙使用最多，简称M型减水剂。

M型减水剂，是提取酒精后的木浆废液，经蒸发、磺化浓缩、喷雾、干燥所制成的棕黄色粉状物。常用的掺量为0.2%～0.3%。

M型减水型的技术经济效果为：在保持工作性不变的前提下，可减水10%左右；在保持水灰比不变的条件下，使坍落度增大100mm左右；在保持水泥用量不变的情况下，提高强度10%～20%；在保持坍落度及强度不变的条件下，可节约水泥用量10%。M型减水型是缓凝型减水剂，在0.25%的掺量下可缓凝1～3h，故可延缓水化热，但掺量过多，会造成严重缓凝，以致强度下降的后果。M型减水剂不适宜蒸养也不利于冬季施工。

b. 萘系减水剂：萘系减水剂属芳香族磺酸盐类缩合物，国内该类品种有UNF、FDN、NNO、MF等，是一种广泛应用的高效减水剂品种。常用的适宜掺量为0.2%～1.0%。

萘系减水剂的技术经济效果为减水率15%～20%；混凝土28d抗压强度可提高20%以上；在坍落度及28d抗压强度不变的前提下可节约水泥用量20%左右。萘系减水剂大部分品种为非引气型，可用于要求早强或高强的混凝土，少数品种（MF，NNO等型号）属引气型，适用于抗渗性、抗冻性等要求较高的混凝土。该类减水剂适用于蒸养混凝土。

②早强剂。早强剂是能提高混凝土早期强度，并对后期强度无显著影响的外加剂。早强剂按其化学成分分为无机早强剂和有机早强剂两类。无机早强剂常用的有氯盐、硫酸盐、亚硝酸盐等，有机早强剂有乙醇、三乙醇胺等。为更好地发挥各种早强剂的技术特性，实践中常采用复合早强剂。

③引气剂。引气剂是在混凝土拌和过程中，能引入大量分布均匀的微小气泡，以减少混凝土拌合物离析泌水、改善和易性，并能显著提高硬化混凝土抗冻性、耐久性的外加剂。引气剂的种类按化学组成可分为松香树脂类、烷基苯磺酸类、脂肪酸磺酸类等。其中应用较为普遍的是松香树脂类中的松香热聚物和松香皂，其掺量极微，均为0.005%～0.015%。

④缓凝剂。缓凝剂是能延缓混凝土的凝结时间并对混凝土的后期强度发展无不利影响的外加剂。缓凝剂常用的品种有多羟基碳水化合物、木质素磺酸盐类、羟基羧酸及其盐类、无机盐四类。其中我国常用的为木钙（木质磺酸盐类）和糖蜜（多羟基碳水化合物类）。

缓凝剂有延缓混凝土的凝结、保持和易性、延长放热时间、消除或减少裂缝以及减水增强等多种功能，对钢筋也无锈蚀作用，适于高温季节施工和泵送混凝土、滑模混凝土以及大体积混凝土的施工或远距离运输的商品混凝土。但缓凝剂不宜用于日最低气温在5℃以下施工的混凝土，也不宜单独用于有早强要求的混凝土和蒸养混凝土。

⑤防冻剂。防冻剂是指在规定温度下能显著降低混凝土的冰点，使混凝土液相不冻结或仅部分冻结，以保证水泥的水化作用，并在一定时间内获得预期强度的外加剂。

三、混凝土的技术性质

混凝土的技术性质包括混凝土拌合物的技术性质和硬化混凝土的技术性质两部分，混凝土拌合物的主要技术性质为和易性。

（一）混凝土拌合物的和易性

（1）和易性的概念

和易性，是指混凝土拌合物易于施工操作（包括搅拌、运输、振捣和密实成型），并能获得质量均匀、成型密实的性能。和易性好的混凝土在搅拌时各种组成材料易于均匀混合，均匀卸出，在运输过程中拌合物不离析，在浇筑过程中易于浇筑、振实、填满模板，在硬化过程中能保证水泥水化以及水泥石和骨料的良好黏结。可见混凝土的和易性是一项综合性质，它包括流动性、黏聚性、保水性三个方面。

1）流动性：流动性是指混凝土拌合物在本身自重或机械振捣作用下产生流动，能均匀密实填满模板的性能，它反映了混凝土拌合物的稀稠程度及充满模板的能力。

2）黏聚性：黏聚性是指混凝土拌合物的各种组成材料在施工过程中具有一定的内聚力，能保持成分的均匀性，在运输、浇筑、振捣过程中不发生分层离析的现象。它反映了混凝土拌合物的均匀性。如果混凝土拌和物中各材料比例不恰当，黏聚性差，则在施工中易发生分层、离析、泌水现象，影响混凝土的质量，这对于大流动性的泵送混凝土尤其重要。

3）保水性：保水性是指混凝土拌合物在施工过程中具有一定的保持水分的能力，不产生严重泌水的性能。保水性差的混凝土，会造成水分的泌出，影响水泥的水化，会使混凝土表层疏松，同时泌水通道会形成混凝土的连通孔隙而降低其耐久性。它反映了混凝土拌合物的稳定性。

混凝土的和易性是一项由流动性、黏聚性、保水性构成的综合性能，各性能间既有联系也有矛盾。如提高水灰比可提高流动性，但往往又会使黏聚性和保水性变差，所以应全面考虑。

（2）和易性的评定

混凝土拌合物的和易性是一综合概念，难以用一种简单的评定方法来全面恰当地表达，通常是采用一定的方法测定混凝土拌合物的流动性，再辅以直观经验评定黏聚性和保水性来综合评定。

根据《普通混凝土拌和物性能试验方法标准》（GB/T 50080—2002）的规定，拌和物的稠度用坍落度与坍落度扩展法和维勃稠度法来测定。坍落度与坍落度扩展法适用于骨料最大粒径不大于40mm，坍落度不小于10mm的塑性和流动性混凝土拌和物稠度的测定。维勃稠度法适用于最大粒径不大于40mm，维勃稠度值在5～30s之间的干硬性混凝土稠度的测定。

1）坍落度试验法：坍落度法是将混凝土拌合物按规定方法分三层装填至坍落度筒内，并用捣棒分层插捣密实，然后提起坍落度筒，测量筒高与坍落后混凝土拌合物最高点之间的高度差，即为坍落度值（以 mm 计），如图 2-4-2（a）所示。坍落度是流动性（亦称稠度）的指标，坍落度值越大，流动性越大。

坍落度测定后，用捣棒侧击混凝土拌合物的侧面，如其逐渐均匀下沉，表示黏聚性良好；若混凝土拌合物发生坍塌，部分崩裂，或出现离析，则表示黏聚性不好。保水性以混凝土拌合物中水泥浆淌出的程度来评定。坍落度筒提起后如有较多水泥浆从拌合物底部淌出，部分混凝土因失浆而骨料外露，则表示保水性不好。若坍落度筒提起后无水泥浆或仅有少量水泥浆从底部淌出，则表示保水性良好。

坍落度在 10～220mm 对混凝土拌和物的稠度具有良好的反应能力，但当坍落度大于 220mm 时，由于粗骨料堆积的偶然性，坍落度就不能很好地代表拌物的稠度，需要做坍落扩展度试验。

坍落扩展度试验是在坍落度试验的基础上，当坍落度值大于 220mm 时，用钢尺测量混凝土扩展后最终的最大直径和最小直径。在最大直径和最小直径的差值小于 50mm 时，用其算术平均值作为其坍落扩展度值。否则，此次试验无效。如果发现粗骨料在中央集堆或边缘有水泥浆析出，表示此混凝土拌和物抗离析性不好。

2）维勃稠度试验法：该方法主要适用于干硬性的混凝土。维勃稠度试验法是将坍落度筒置于一振动台上的圆桶内，按规定方法将混凝土拌合物分层装填，然后提起坍落度筒，启动振动台。测定从开始振动至混凝土拌合物在振动作用下逐渐下沉，直到其上部的透明圆盘的底面被水泥浆布满时的时间为维勃稠度（单位为 s），如图 2-4-2（b）所示。维勃稠度值越大，说明混凝土拌合物的流动性越小。

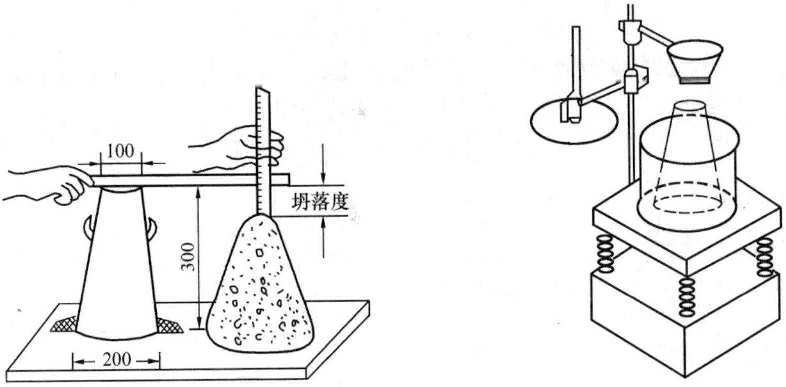

(a) 坍落度试验　　(b) 维勃稠度试验

图 2-4-2　坍落度及维勃稠度试验示意图

（3）混凝土拌合物流动性的分级

根据《混凝土质量控制标准》（GB 50164—2011）的规定，混凝土拌合物流动性的分级 如表 2-4-20（a）、表 2-4-20（b）、表 2-4-20（c）所示。

表 2-4-20（a）　混凝土拌合物的坍落度的等级划分

坍落度等级划分	
级别	坍落度/mm
S_1	10～40
S_2	50～90
S_3	100～150
S_4	160～210
S_5	≥220

表 2-4-20（b）　混凝土拌和物的维勃稠度等级划分

维勃稠度等级划分	
级别	维勃绸度/s
V_0	≥31
V_1	30～21
V_2	20～11
V_3	10～6
V_4	5～3

表 2-4-20（c）　混凝土拌和物的扩展度等级划分

等级	扩展度/mm	等级	扩展度/mm
F1	≤340	F4	490～550
F2	350～410	F5	560～620
F3	420～480	F6	≥630

表 2-4-20（d）　混凝土拌和物稠度允许偏差

拌和物性能		允许偏差		
坍落度/mm	设计值	≤40	50～90	≥100
	允许偏差	±10	±20	±30
维勃稠度/s	设计值	≥11	10～6	≤5
	允许偏差	±3	±2	±1
扩展度/mm	设计值	≥350		
	允许偏差	±30		

（4）混凝土拌合物流动性的选择

混凝土拌合物的流动性的选择原则，是在满足施工操作及混凝土成型密实的条件下，尽可能选用较小的坍落度，以节约水泥并获得较高质量的混凝土。工程中具体选用时，流动性的大小主要取决于构件截面尺寸、钢筋疏密程度及捣实方法。若构件截面尺寸小、钢筋密列或采用人工捣实时，应选择流动性大一些；反之，选择流动性小些。混凝土浇筑时的坍落度选择如表 2-4-21 所示。

表 2-4-21　混凝土浇筑时坍落度

结　构　种　类	坍落度/mm
基础或地面等的垫层、无配筋的大体积结构（挡土墙、基础等）或配筋稀疏的结构	10～30
板、梁或大型及中型截面的柱子等	30～50
配筋密列的结构（薄壁、斗仓、筒仓、细柱等）	50～70
配筋特密的结构	70～90

混凝土拌合物应在满足施工要求的前提下，尽可能采用较小的坍落度；泵送混凝土拌和物坍落度设计值不宜大于180mm；泵送高强混凝土的扩展度不宜小于500mm；自密实混凝土的扩展度不宜小于600mm。

（5）影响混凝土拌合物和易性的因素

影响混凝土拌合物和易性的因素很多，主要有原材料的性质、质量、原材料的用量关系（水泥浆用量、水灰比、砂率），环境条件和施工条件等。

1）原材料：

①水泥的品种、细度。不同品种的水泥，其矿物组成、所掺混合材料种类的不同都会影响到拌合水量。即使拌合水量相同，所得水泥浆的性质也会直接影响混凝土拌合物的和易性。如矿渣硅酸盐水泥拌合的混凝土流动性较小而保水性较差。粉煤灰硅酸盐水泥拌合的混凝土则流动性、黏聚性、保水性都较好。水泥的细度越细，在相同用水量情况下其混凝土拌合物流动性越小，但黏聚性及保水性较好。

②骨料的品种、规格、质量。河砂、卵石表面光滑，无棱角，多呈球状，在相同条件下其拌合物的流动性较碎石、山砂、人工砂的好；在用水量和水灰比不变的情况下，加大骨料粒径可提高流动性，采用细度模数较小的砂，黏聚性和保水性可明显改善。级配良好，颗粒表面光滑圆浑的骨料（如卵石）所配的混凝土流动性较大。

③外加剂、掺合料。在拌制混凝土时，掺入减水剂或引气剂，能使流动性显著提高，引气剂还可有效地改善混凝土拌合物的黏聚性和保水性。

掺入粉煤灰、硅灰、沸石粉等掺合料，也可改善混凝土拌合物的和易性。

2）原材料的用量关系：

①水泥浆数量和水泥浆稠度（水灰比）。在水泥浆稠度一定，即水灰比一定时，增加水泥浆数量，混凝土拌合物的流动性增大，但水泥浆过多，易使拌合物的黏聚性和保水性变差，出现分层离析现象。所以水泥浆数量应适量，以满足混凝土拌合物流动性要求即可。

水灰比即每立方米混凝土中水和水泥质量之比。水灰比的大小决定了水泥浆的稀稠程度。水灰比过小，混凝土拌合物的流动性小，造成施工困难，而水灰比过大，混凝土拌合物的流动性大，但黏聚性、保水性变差，易出现分层离析现象。所以，水灰比既不能太大，也不能太小，应该适当。一般根据混凝土的强度和耐久性要求合理选用。

实际上，无论是水泥浆数量的增减，还是水灰比的变化造成的对混凝土拌合物和易性的影响，其实都是用水量的改变引起的和易性的变化。大量试验证明，当水灰比在一定范围内（0.40～0.80）而其他条件不变时，混凝土拌合物的流动性只与单位用水量（每立方米混凝土拌合物的拌合水量）有关，这一现象称为“恒定用水量法则”。它为混凝土配合比设计中单位用水量的确定提供了一种简单的方法，即单位用水量可主要由流动性来确定。

随着材料科学的进步以及我国商品混凝土的发展，普通混凝土已经由四组分发展到六组分，胶凝材料已不仅是水泥一个品种，还包括加入的粉煤灰、矿粉等掺和料，所以水胶比也是影响混凝土和易性的因素之一。

②砂率。砂率是每立方米混凝土中砂与砂石总质量之比。砂率的大小反映混凝土中粗细骨料的搭配关系。在混凝土中，细骨料越多，则骨料的总表面积就越大，吸附的水泥浆也越多，同时，细骨料充填于粗骨料间也会减小粗骨料间的摩擦。砂率对混凝土拌合物的和易性是主要的影响因素。

在水泥用量和水灰比不变的前提下（即水泥浆量不变），当砂率过大时，骨料的总表面积加大，骨料表面包裹的水泥浆层变薄，使拌合物的坍落度减小。当砂率过小时，填充粗骨料空隙的砂量减少，水泥浆填充粗骨料间空隙，粗骨料表面水泥浆变薄，石子间的摩擦变大，也使拌合物的坍落度减小。可见，当砂率过大或过小时，都会引起流动性的变小。因此，配制混凝土时，砂率既不能过大，也不能过小，应选用合理砂率，即在用水量和水灰比一定（即水泥浆量一定）的前提下，能使混凝土拌合物获得最大流动性，且能保持良好黏聚性及保水性的砂率，称为合理砂率。如图 2-4-3（a）所示。

或者是能使混凝土拌合物获得所要求的流动性及良好的黏聚性和保水性的条件下，水泥浆用量为最少时的砂率。如图 2-4-3（b）所示。合理砂率的选择，除根据流动性及水泥用量的原则来考虑外，还要根据所用材料及施工条件对混凝土拌合物的黏聚性和保水性的要求而确定。如砂的细度模数较小，则应采用较小的砂率；水灰比较小，应采用较小的砂率；流动性要求较大，应采用较大的砂率等。

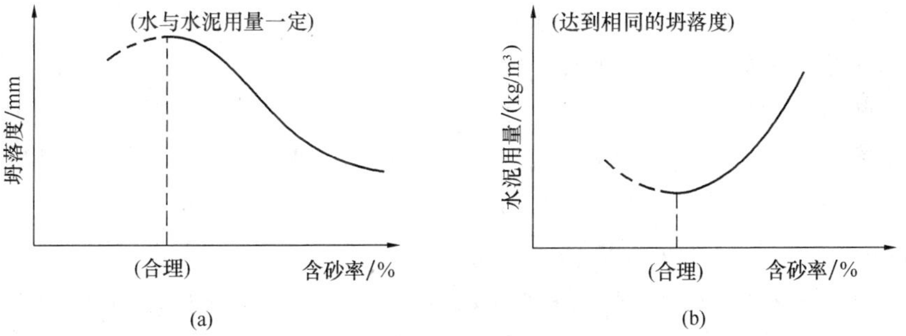

图 2-4-3　砂率对混凝土拌合物的流动性和水泥用量的影响

3）环境条件、施工条件、时间等：混凝土拌合物的和易性在不同的施工环境条件下往往会发生变化。尤其是当前推广使用集中搅拌的商品混凝土与现场搅拌混凝土最大的不同就是要经过长距离的运输，才能到达施工地点。在此过程中，若空气湿度较小，气温较高，混凝土的和易性就会因失水而发生较大的变化。

采用机械搅拌、机械捣实的混凝土拌合物的和易性比人工的好。

新拌制的混凝土随着时间的推移，部分拌合水蒸发或被骨料吸收，进而使混凝土拌合物变稠，流动性减小，造成坍落度损失，影响混凝土拌合物的和易性。

混凝土拌合物的坍落度经时损失不应影响混凝土的施工。泵送混凝土拌合物的坍落度经时损失不宜大于 30mm/h。

(6) 改善混凝土拌合物和易性的措施

根据上述影响混凝土拌合物和易性的因素，可采取以下相应的技术措施来改善混凝土拌合物的和易性。

1) 当混凝土拌合物坍落度太小时，可保持水灰比不变，适当增加水泥浆的用量；当坍落度太大时，或保持砂率不变，调整砂石用量；

2) 通过试验，采用合理砂率；

3) 改善砂、石的级配，一般情况下尽可能采用连续级配；

4) 掺加外加剂，采用减水剂、引气剂、缓凝剂都可有效地改善混凝土拌合物的和易性；

5) 根据具体环境条件，尽可能缩短新拌混凝土的运输时间，若不允许，可掺缓凝剂，减少坍落度损失。

(二) 硬化混凝土的技术性质

(1) 混凝土的强度

混凝土的强度有抗压强度、抗拉强度、抗弯强度、抗剪强度及混凝土与钢筋之间的黏结强度等多种，但以抗压强度为最大。因此在结构工程中混凝土主要用于承受压力，抗压强度也是判定混凝土质量的最主要的依据。

1) 普通混凝土受压破坏的特点：混凝土受压破坏可能有三种形式：一是骨料先破坏；二是水泥石先破坏；三是水泥石与粗骨料的结合面发生破坏。在普通混凝土中第一种破坏形式不可能发生，因拌制普通混凝土的骨料强度一般都大于水泥石的强度。第二种仅会发生在骨料少而水泥石过多的情况下，在混凝土配合比正常时也不会发生。最可能发生的受压破坏形式是第三种，即最早的破坏发生在水泥石与粗骨料的结合面上。因为硬化后的混凝土在未受外力作用之前，水泥石与粗骨料的结合面处就由于结构形成的原因已经存在微裂缝，随着荷载的逐渐增大，这些微裂缝逐渐扩大、发展，并迅速进入水泥石，最终造成混凝土的整体贯通裂缝。由于普通混凝土这种受压破坏特点，水泥石与粗骨料结合面的黏结强度就成为决定普通混凝土抗压强度的主要因素。

2) 混凝土的抗压强度及强度等级：

①立方体抗压强度。按照国家标准《普通混凝土力学性能试验方法标准》(GB/T 50081—2002) 的规定，以边长为150mm的立方体试件，在标准养护条件下（温度20℃ ±2℃，相对湿度大于95%）养护28d进行抗压强度试验所测得的抗压强度值，称为混凝土的立方体抗压强度，以f_{cu}表示。

混凝土的立方体抗压强度试验，也可根据粗骨料的最大粒径而采用非标准试件测出强度值，再换算成标准强度。换算系数如表2-4-22所示。

表2-4-22 混凝土试件尺寸及强度的尺寸换算系数 [GB 50204—2002 (2011年版)]

最大粒径/mm	试件尺寸/mm	换算系数
≤31.5	100×100×100	0.95
≤40.0	150×150×150	1.00
≤63.0	200×200×200	1.05

混凝土立方体抗压强度试验，每组三个试件，应在同一盘混凝土中取样制作，三个强度值应按以下原则进行整理，得出该组试件的强度代表值。取三个试件强度的算术平均值，当一组试件中强度的最大值或最小值与中间值之差超过中间值的15%时，取中间值作为该组试件的强度代表值；当一组试件中强度的最大值和最小值与中间值之差均超过中间值的15%时，该组试件的试验结果无效。

②立方体抗压强度标准值和强度等级。影响混凝土强度的因素非常复杂，大量的统计分析和试验研究表明，同一等级的混凝土，在龄期、生产工艺和配合比基本一致的条件下，其强度呈正态分布。立方体抗压强度的标准值是指按标准试验方法测得的立方体抗压强度总体分布中的一个值，强度低于该值的百分率不超过5%（即具有95%的强度保证率）。立方体抗压强度标准值用$f_{cu,k}$表示。

为便于设计和施工，将混凝土按立方体抗压强度的标准值划分为若干等级，即强度等级。根据《混凝土质量控制标准》（GB 50164—2011）的规定：混凝土的强度等级按立方体抗压强度的标准值（MPa）划分为C10，C15，C20，C25，C30，C35，C40，C45，C50，C55，C60，C65，C70，C75，C80、C85、C90、C95和C100。如强度等级为C40的混凝土，是指其立方体抗压强度标准值为40MPa。

混凝土强度等级是混凝土结构设计时强度计算取值的依据，建筑物的不同部位或承受不同荷载的结构，应选用不同强度等级的混凝土。

混凝土抗压强度应按现行国家标准《混凝土强度检验评定标准》（GB/T 50107—2010）的有关规定进行检验评定，并应合格。

③轴心抗压强度。立方体抗压强度是评定混凝土强度的依据，而实际工程中绝大多数混凝土构件都是棱柱体或圆柱体。同样的混凝土，试件形状不同，测出的强度值会有较大差别。为与实际情况相符，结构设计中采用混凝土的轴心抗压强度作为混凝土轴心受压构件设计强度的取值依据。根据《普通混凝土力学性能试验方法》（GB/T 50081—2002）的规定，混凝土的轴心抗压强度是采用150mm×150mm×300mm的棱柱体标准试件，在标准养护条件下所测得的28d抗压强度值，以f_{cp}表示。根据大量的试验资料统计，轴心抗压强度与立方体抗压强度之间的关系如下：

$$f_{cp}=(0.7\sim0.8)f_{cu}$$

3）影响混凝土强度的因素：影响混凝土强度的因素很多，如各组成材料的性质、配合比及施工质量、养护条件及龄期等。

①水泥强度和水灰比。混凝土的破坏主要是水泥石与粗骨料间结合面的破坏。结合面的强度越高，混凝土的强度也越高，而结合面的强度又与水泥强度及水灰比有直接关系。一般情况下，若水灰比不变，水泥强度越高，与骨料间的黏结力越强，则混凝土的强度也越高。

一般来说，水泥水化需要的水分仅占水泥质量的23%左右，但此时水泥浆稠度过大，混凝土的和易性满足不了施工的要求。为了获得施工所要求的流动性，常需要多加一些水，因此，通常使用的塑性混凝土，其水灰比常在0.4以上。这样在混凝土完全硬化后，多余的水分就挥发形成大量的孔隙，影响混凝土的强度和耐久性。大量试验表明，混凝土的强度随着水灰比的增大而下降，呈曲线关系，如图2-4-4所示。

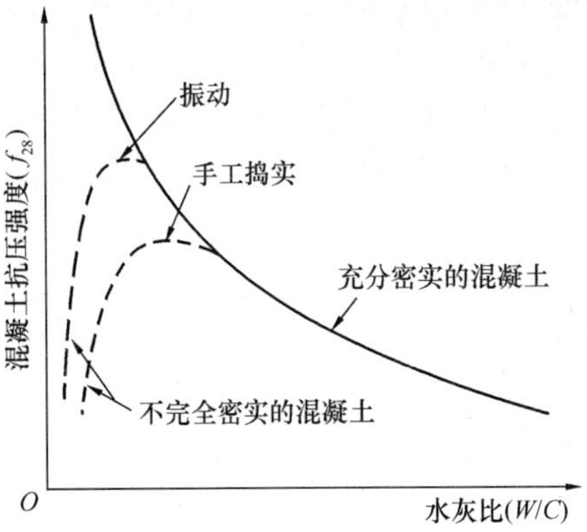

图 2-4-4　混凝土的强度与水灰比的关系

原材料一定的情况下，混凝土的强度与水泥强度和水灰比之间的关系符合下列经验公式，称为混凝土强度公式：

$$f_{cu,o} = \alpha_a f_{ce}\left(\frac{c}{w} - \alpha_b\right)$$

式中　$f_{cu,o}$——混凝土 28d 的立方体抗压强度（MPa）；

f_{ce}——水泥 28d 抗压强度实测值，MPa，当无水泥 28d 实测值时，可由下式：

$f_{ce} = \gamma_c \cdot f_{ce,g}$ 求得，γ_c 为水泥强度等级值的富余系数，可按实际统计资料确定（一般取 1.13）；

$f_{ce,g}$——水泥强度等级值（MPa）；

α_a，α_b——回归系数，应根据工程所用的水泥、骨料，通过试验建立的水灰比与强度关系式确定。

对于当前大力发展的掺粉煤灰和矿粉等掺和料的商品混凝土，其强度主要取决于胶凝材料的强度和水胶比：

$$W/B = \frac{\alpha_a \cdot f_b}{f_{cu,o} + \alpha_a \cdot \alpha_b \cdot f_b}$$

式中　W/B——混凝土水胶比；

α_a、α_b——回归系数，取值应符合《普通混凝土配合比设计规程》（JGJ 55—2011）的规定；

根据工程所使用的原材料，通过试验建立的水胶比与混凝土强度的关系来确定；

当不具备上述试验统计资料时，可按见表 2-4-23 选用。

表 2-4-23　回归系数（α_a、α_b）取值表（JGJ 55—2011）

系数 \ 粗骨料品种	碎　石	卵　石
α_a	0.53	0.49
α_b	0.20	0.13

f_b——胶凝材料（水泥与矿物掺合料按使用比例混合）28d 胶砂强度（MPa），可实测。试验方法应按现行国家标准《水泥胶砂强度检验方法（ISO 法）》GB/T 17671 执行；当无实测值时，可按下列规定确定：

根据 3d 胶砂强度或快测强度推定 28d 胶砂强度关系式推定 f_b 值；

当矿物掺合料为粉煤灰和粒化高炉矿渣粉时，可按下式推算 f_b 值：

$$f_b = 1.1\gamma_f \cdot \gamma_s \cdot f_{ce}$$

式中　γ_f、γ_s——粉煤灰影响系数和粒化高炉矿渣粉影响系数，可按《普通混凝土配合比设计规程》（JGJ55—2011）表 5.1.3 的规定取值；

f_{ce}——水泥 28d 胶砂抗压强度（MPa），可实测，也可按下式计算：

$$f_{ce}=\gamma_c\cdot f_{ce,g}$$

$f_{ce,g}$——水泥强度等级值（MPa）；

γ_c——强度等级值的富余系数，可按实际统计资料确定；当缺乏实际统计资料时，也可按表 2-4-24 选用。

表 2-4-24　水泥强度等级值的富余系数（γ_c）（JGJ 55—2011）

水泥强度等级值	32.5	42.5	52.5
富余系数	1.12	1.16	1.10

②骨料的影响。混凝土的强度除了取决于水泥强度和水灰比外，还与骨料的品种、规格与质量等有关。碎石表面粗糙，与水泥石黏结强度较高，卵石表面光滑，与水泥石黏结强度较低，所以在水泥强度等级和水灰比不变的条件下，碎石混凝土的强度高于卵石混凝土的强度。骨料的级配良好，针、片状及有害杂质含量少，且砂率合理，可使骨料空隙率小，组成密实的骨架，有利于混凝土强度的提高。

③养护条件。混凝土浇筑后必须在适当的温度和湿度条件下，才能保证水泥的充分水化，使混凝土的强度不断发展。

养护温度高，水泥水化快，混凝土强度发展加快；反之，混凝土强度发展缓慢。当温度低于0℃时，水泥的水化停止，而且混凝土还可能受冻破坏。

环境的湿度是保证水泥水化的另一重要条件。浇筑后的混凝土，必须保持一定时间的湿润，过早失水，水泥不能正常水化，会造成混凝土的强度下降，而且形成的结构疏松，产生大量的干缩裂缝，进而影响混凝土的耐久性。按《混凝土结构工程施工质量验收规范》[GB50204—2002（2011 年版）] 规定：混凝土浇筑完毕后，应按施工技术方案及时采取有效的养护措施：

a. 应在浇筑完毕后的 12h 以内对混凝土加以覆盖并保湿养护；

b. 混凝土浇水养护的时间：对采用硅酸盐水泥、普通硅酸盐水泥或矿渣硅酸盐水泥拌制的混凝土，不得少于 7d；对掺用缓凝型外加剂或有抗渗要求的混凝土不得少于 14d；

c. 浇水次数应能保持混凝土处于湿润状态；混凝土养护用水应与拌制用水相同；

d. 采用塑料布覆盖养护的混凝土，其敞露的全部表面应覆盖严密，并应保持塑料布内有凝结水；

e. 混凝土强度达到 1.2N/mm^{2}前，不得在其上踩踏或安装模板及支架。

（注：日平均气温低于 5℃时，不得浇水；

当采用其他品种水泥时，混凝土的养护时间应根据所采用的水泥的技术性能确定；

混凝土表面不便浇水养护或使用塑料布时，宜涂刷养护剂；

对大体积混凝土的养护，应根据气候条件按施工技术方案采取控温措施。）

④龄期。在正常的养护条件下混凝土的强度随龄期的增长而提高，一般早期（7～14d）增长较快，以后逐渐缓慢，28d 后增长更加缓慢，但只要具有一定的温度、湿度条件，混凝土强度增长可延续数十年之久。

工程中，常通过混凝土的早期强度估测后期强度的发展，经大量试验，建立了一些经验公式，常用的有对数公式：

$$f_n = f_{28}\frac{\lg n}{\lg 28}$$

式中 f_n、f_{28}——分别为 nd、28d 龄期的混凝土强度，MPa，$n \geq 3$d。

该公式适用于标准养护条件下所测强度的龄期大于等于 3d，中等强度等级的普通硅酸盐水泥配制的混凝土。

⑤施工方法和施工质量。混凝土的搅拌、运输、浇筑、振捣、现场养护是一个复杂的施工过程，受到各种不确定性因素的影响。施工方法的不同，在配料的准确、振捣密实程度、拌合物的离析程度、现场养护等方面会产生差异，施工单位的技术和管理水平都会造成混凝土强度的变化。因此必须采取严格有效的控制措施和手段，以保证混凝土的施工质量。

⑥试验条件。混凝土强度检测时的试验条件的不同，如试件的尺寸、形状、表面状态及加荷速度等的不同，都会影响混凝土的强度检测值。

4）提高混凝土强度的措施：

①采用高强度等级的水泥或早强型水泥；

②采用低水灰比的干硬性混凝土；

③采用湿热处理养护混凝土，如蒸汽养护、蒸压养护；

④采用机械搅拌和机械振捣；

⑤掺入外加剂和活性矿物掺合料。

（2）混凝土的耐久性

混凝土是建筑工程及市政、水利工程最主要的结构材料，不但应具有设计要求的强度，以满足建筑物或构筑物能安全承受荷载，还应有在所处环境及使用条件下经久耐用的性能。所以混凝土的耐久性是指混凝土抵抗环境介质作用并长久保持其良好的使用性能的能力。混凝土的耐久性主要包括抗渗性、抗冻性、抗腐蚀性、抗碳化性及抗碱骨料反应等性能，根据《混凝土耐久性检验评定标准》（JGJ/T193—2009）的规定：混凝土耐久性检验评定的项目包括抗冻性能、抗水渗透性能、抗硫酸盐侵蚀性能、抗氯离子渗透性能、抗碳化性能和早期抗裂性能。每一项性能的影响因素都可从内部和外部两方面去分析。

1）抗冻性能：抗冻性能是指混凝土在吸水饱和状态下，能经受多次冻融循环而不破坏，同时也不严重降低强度的性质。影响混凝土抗冻性的因素很多，主要取决于混凝土的孔隙率，内部的孔隙构造和充水饱和程度。孔隙率越低、连通孔隙越少、孔隙的充水饱和程度越差，抗冻性越好。提高混凝土的抗冻性的主要措施是降低水灰比，提高密实度，或改善孔隙构造，同时采用合适品种的外加剂也可改善混凝土的抗冻能力。

混凝土的抗冻性由抗冻等级 Fn 来表示。混凝土的抗冻等级分别为 F10、F15、F25、F50、F100、F150、F200、F250、F300、F350、F400 等，如抗冻等级为 F50 的混凝土，代表其所能经受的冻融循环次数为 50 次。不同使用环境和工程特点的混凝土，应根据要求选择相应的抗冻等级。

2）抗水渗透性：抗水渗透性是指混凝土抵抗压力水渗透的性能。它不但关系到混凝土本身的抗渗性能，还直接影响到混凝土的抗冻性、抗腐蚀性等其他耐久性指标。地下建筑、水池、水坝等，必须要求混凝土具有一定的抗渗性。

混凝土渗透的主要原因是其本身内部的连通孔隙形成的渗水通道。提高混凝土抗渗性的关键是提高混凝土的密实度或改善混凝土的孔隙构造，主要技术措施可通过降低水灰比、选择好的骨料级配，同时加强振捣和养护，或掺入外加剂，以提高密实度，减少渗水通道的形成。

混凝土的抗渗性用抗渗等级 Pn 表示。分为 P4、P6、P8、P10、P12 >P12 等级，相应表示混凝土能抵抗 0.4MPa、0.6MPa、0.8MPa、1.0MPa、1.2MPa 的静水压力而不渗水。

3）抗硫酸盐侵蚀性：当混凝土所处的环境中含有侵蚀性介质时，混凝土会受到侵蚀。其侵蚀类型与机理与水泥石腐蚀相同。混凝土的抗侵蚀性与所用水泥品种，混凝土的密实度和孔隙特征有关。密实度越高，连通孔隙越少，外界的侵蚀性介质越不易侵入，故混凝土的抗侵蚀性好。提高混凝土抗侵蚀性的主要措施，是合理选择水泥品种，提高混凝土的密实度和改善孔隙构造。

混凝土在硫酸盐环境中，同时耦合干湿循环条件的实际环境经常遇到，硫酸盐侵蚀再耦合干湿循环条件对混凝土的损伤速度较快。对于处于干湿循环中遭受硫酸盐侵蚀的混凝土，尤其是强度等级较高的混凝土，根据抗硫酸盐干湿循环次数，混凝土抗硫酸盐侵蚀的评价指标为抗硫酸盐等级，分为 KS30、KS60、KS90、KS120、KS150、>KS150。

4）抗碳化：混凝土的碳化是指空气中的二氧化碳及水与水泥石中的氢氧化钙反应生成碳酸钙，从而使混凝土的碱度降低的过程。混凝土的碳化可使混凝土表面的强度适度提高，但对混凝土有更大的有害作用，碳化造成的碱度降低可使钢筋混凝土中的钢筋丧失碱性保护作用而发生锈蚀，锈蚀的生成物体积膨胀造成混凝土的开裂。碳化还能引起混凝土的收缩，使碳化层处于受拉状态而开裂，降低混凝土的抗拉强度。

碳化主要与混凝土的组成、结构及环境湿度、二氧化碳浓度有关。采用水化后氢氧化钙含量高的硅酸盐水泥比采用掺混合材料的硅酸盐水泥的混凝土碱度要高，碳化速度慢，抗碳化能力强。低水灰比的混凝土孔隙率低，二氧化碳不易侵入，故抗碳化能力强。此外环境的相对湿度在 50% ~75% 时碳化最快。二氧化碳浓度以及养护条件也是影响混凝土碳化速度及抗碳化能力的原因。

5）抗碱骨料反应：碱骨料反应是指水泥石中的碱（Na_2O 或 K_2O）与骨料中的活性氧化硅发生反应，生成碱—硅酸凝胶，此凝胶吸水膨胀会对混凝土造成膨胀开裂，使混凝土的耐久性严重下降。

产生碱骨料反应的原因一是水泥中碱（Na_2O 或 K_2O）的含量较高；二是骨料中含有活性氧化硅成分；三是有水分存在。解决碱骨料反应的技术措施主要是选用低碱度水泥（含碱量 <0.6%），选用非活性骨料，降低混凝土的单位水泥用量，以降低单位混凝土的含碱量，在水泥中掺活性混合材料，防止水分侵入混凝土内部。

6）提高混凝土耐久性的措施：混凝土所处环境和使用条件不同，对其耐久性的要求也不相同。但混凝土的密实度和孔隙构造是影响耐久性的主要因素，其次是原材料的性质、施工质量等。所以提高混凝土的耐久性的措施主要应从以下几方面考虑：

①根据混凝土工程的特点和所处环境条件，合理选择水泥品种。

②控制混凝土的最大水胶比和最小胶凝材料用量。

水胶比的大小直接影响到混凝土的密实性，而保证胶凝材料的用量，也是提高混凝土密实性的关键。所以，混凝土的最大水胶比应符合现行国家标准《混凝土结构设计规范》（GB50010—2010）的规定，如表 2-4-25、表 2-4-26 所示；混凝土的最小胶凝材料的用量应符合《普通混凝土配合比设计规程》（JGJ 55—2011）的规定，如表 2-4-27 所示。

③选用质量良好，级配合格的骨料。

④掺用减水剂、引气剂等外加剂，适量混合材料，以提高混凝土的密实度，改善孔隙构造。

⑤严格控制混凝土施工质量，保证混凝土的均匀、密实等。

表 2-4-25　混凝土结构的环境类别（GB 50010—2010）

环境类别	条件
一	室内干燥环境； 无侵蚀性静水浸没环境
二 a	室内潮湿环境； 非严寒和非寒冷地区的露天环境； 非严寒和非寒冷地区与无侵蚀性的水或土壤直接接触的环境； 严寒和寒冷地区的冰冻线以下与无侵蚀性的水或土壤直接接触的环境
二 b	干湿交替环境； 水位频繁变动环境； 严寒和寒冷地区的露天环境； 严寒和寒冷地区冰冻线以上与无侵蚀性的水或土壤直接接触的环境
三 a	严寒和寒冷地区冬季水位变动区环境； 受除冰盐影响环境； 海风环境
三 b	盐渍土环境； 受除冰盐作用环境； 海岸环境
四	海水环境
五	受人为或自然的侵蚀性物质影响的环境

表 2-4-26　结构混凝土材料的耐久性基本要求（GB 50010—2010）

环境等级	最大水胶比	最低强度等级	最大氯离子含量/%	最大碱含量/（kg/m^3）
一	0.60	C20	0.30	不限制
二 a	0.55	C25	0.20	3.0
二 b	0.50（0.55）	C30（C25）	0.15	
三 a	0.45（0.50）	C35（C30）	0.15	
三 b	0.40	C40	0.10	

注：* 氯离子含量系指其占胶凝材料总量的百分比；

* 预应力构件混凝土中的最大氯离子含量为 0.06%；其最低混凝土强度等级宜按表中的规定提高两个等级；
* 素混凝土构件的水胶比及最低强度等级的要求可适当放松；
* 有可靠工程经验时，二类环境中的最低混凝土强度等级可降低一个等级；
* 处于严寒和寒冷地区二 b、三 a 类环境中的混凝土应使用引气剂，并可用括号中的有关参数；
* 当使用非碱活性骨料时，对混凝土中的碱含量可不作限制。

表 2-4-27　混凝土的最小胶凝材料用量（JGJ 55—2011）

最大水胶比	最小胶凝材料用量/（kg/m^3）		
	素混凝土	钢筋混凝土	预应力混凝土
0.60	250	280	300
0.55	280	300	300
0.50	320		
≤0.45	330		

四、普通混凝土的配合比设计

普通混凝土的配合比是指混凝土的各组成材料之间的比例关系。普通混凝土的配合比设计是确定混凝土中各组成材料数量之间的比例关系。普通混凝土配合比设计应满足混凝土配制强度及其他力学性能、拌合物性能、长期性能和耐久性能的设计要求，按照《普通混凝土配合比设计规程》（JGJ 55—2011）进行。

第五节　建　筑　砂　浆

建筑砂浆是由胶凝材料、细骨料、掺加料和水按一定比例配制而成。它与普通混凝土的主要区别是组成材料中没有粗骨料，因此，建筑砂浆也称为细骨料混凝土。建筑砂浆主要起黏结、衬垫、传递荷载的作用，其用途主要有以下几个方面：把单块的砖、石、砌块等胶结起来形成砌体，建筑物内外表面（如墙面、地面、顶棚）的抹面，大型墙板和砖石墙的勾缝，用于镶贴天然石材、人造石材、瓷砖、锦砖等装饰材料。

砂浆的种类很多，根据用途不同，建筑砂浆可分为砌筑砂浆、抹面砂浆（普通抹面砂浆、装饰砂浆等）、特种砂浆（防水砂浆、隔热砂浆、耐腐蚀砂浆、吸声砂浆等）。根据所用的胶凝材料不同，建筑砂浆分为水泥砂浆、石灰砂浆、混合砂浆和聚合物水泥砂浆等。

根据《建筑砂浆基本性能试验方法标准》（JGJ/T 70—2009）的规定：建筑砂浆可分为施工现场拌制的砂浆和由专业生产厂生产的预拌砂浆。预拌砂浆是由专业生产厂生产的湿拌砂浆或干混砂浆。

一、砌筑砂浆

砌筑砂浆是能将砖、石、砌块等黏结成为砌体的砂浆。它起着黏结、铺垫和传递荷载的作用，是砌体的重要组成部分。主要使用品种有水泥砂浆和水泥混合砂浆。

（一）砌筑砂浆的组成材料

为保证砌筑砂浆的质量，配制砂浆的各组成材料均应满足一定的技术要求。

砌筑砂浆所用原材料不应对人体、生物与环境造成有害的影响，并应符合现行国家标准《建筑材料放射性核素限量》GB 6566 的规定。

（1）胶凝材料

1）水泥：水泥是砂浆的主要胶凝材料，其品种应根据砂浆的用途及使用环境来选择，宜采用通用硅酸盐水泥或砌筑水泥，且应符合现行国家标准《通用硅酸盐水泥》GB 175 和《砌筑水泥》GB/T 3183 的规定。水泥强度等级应根据砂浆品种及强度等级的要求进行选择。M15 及以下强度等级的砌筑砂浆宜选用 32.5 级的通用硅酸盐水泥或砌筑水泥；M15 以上强度等级的砌筑砂浆宜选用 42.5 级通用硅酸盐水泥。

2）掺加料：为改善砂浆的和易性，降低水泥用量，往往在水泥砂浆中加入石灰膏、电石膏、粉煤灰、黏土膏等掺加料，配制成水泥混合砂浆。

a. 砌筑砂浆用石灰膏、电石膏应符合下列规定：

生石灰熟化成石灰膏时，应用孔径不大于 3mm×3mm 的网过滤，熟化时间不得少于 7d；磨细生石灰粉的熟化时间不得少于 2d。沉淀池中储存的石灰膏，应采取防止干燥、冻结和污染的措施。严禁使用脱水硬化的石灰膏。

制作电石膏的电石渣应用孔径不大于 3mm×3mm 的网过滤，检验时应加热至 70℃后至少保持 20min，并应待乙炔挥发完后再使用。

消石灰粉不得直接用于砌筑砂浆中。

石灰膏、电石膏试配时的稠度，应为 120mm±5mm。

b. 粉煤灰、粒化高炉矿渣粉、硅灰、天然沸石粉应分别符合国家现行标准《用于水泥和混凝土中的粉煤灰》GB/T 1596、《用于水泥和混凝土中的粒化高炉矿渣粉》GB/T 18046、《高强高性能混凝土用矿物外加剂》GB/T 18736 和《天然沸石粉在混凝土和砂浆中应用技术规程》JGJ/T 112 的规定。当采用其他品种矿物掺合料时，应有可靠的技术依据，并应在使用前进行试验验证。

c. 采用保水增稠材料时，应在使用前进行试验验证，并应有完整的型式检验报告。

（2）细骨料

砌筑砂浆宜选用中砂，并应符合现行行业标准《普通混凝土用砂、石质量及检验方法标准》JGJ 52 的规定，且应全部通过 4.75mm 的筛孔。

（3）水

拌制砂浆应采用不含有害杂质的洁净水，一般与混凝土用水要求相同。

（4）外加剂

为改善或提高砂浆的某些性能，以便能更好地满足施工条件和使用功能的要求，可在砂浆中掺入外加剂，外加剂应符合国家现行有关标准的规定，引气型外加剂还应有完整的型式检验报告。

（二）砌筑砂浆的技术性质

（1）和易性

新拌砂浆应具有良好的和易性。和易性良好的砂浆易在粗糙的砖、石基面上铺成均匀的薄层，且能与基层紧密黏结。砂浆的和易性是指砂浆既易于施工操作又能保证质量的综合性质，包括流动性（稠度）和保水性两方面的含义。

1）流动性（稠度）：是指砂浆在自重或外力作用下产生流动的性质。稠度用砂浆稠度测定仪测定，以沉入度（mm）表示。沉入度大，砂浆流动性大，但流动性过大，硬化后砂浆强度将会降低，若流动性过小，则不利于施工操作。影响砂浆稠度的因素很多，如胶凝材料种类及用量、用水量、砂子粗细和粒形、级配、搅拌时间等。

砂浆稠度的选择与砌体材料以及施工气候情况有关，一般可根据施工操作经验来确定。可按表 2-5-1 选用。

表 2-5-1　砌筑砂浆的施工稠度（JGJ/T 98—2010）

砌体种类	施工稠度/mm
烧结普通砖砌体、粉煤灰砖砌体	70～90
混凝土砖砌体、普通混凝土小型空心砌块砌体、灰砂砖砌体	50～70
烧结多孔砖砌体、烧结空心砖砌体、轻骨料混凝土小型空心砌块砌体、蒸压加气混凝土砌块砌体	60～80
石砌体	30～50

2）保水性：是指新拌砂浆保持其内部水分不泌出的能力。保水性不好的砂浆在存放、运输和施工过程中容易产生离析和泌水现象，当铺抹于基底后，水分易被基面很快吸走，从而使砂浆干涩，不便于施工，不易铺成均匀密实的砂浆薄层。同时，也影响水泥的正常水化硬化，使强度和黏结力下降。为提高水泥砂浆的保水性，往往掺入适量的石灰膏，或掺入适量的微沫剂或塑化剂，能明显改善砂浆的保水性和流动性。

根据《砌筑砂浆配合比设计规程》（JGJ/T 98—2010）的规定：砂浆的保水性用保水率指标表示。砌筑砂浆的保水率应符合表 2-5-2 的规定。

表 2-5-2　砌筑砂浆的保水率（%）（JGJ/T 98—2010）

砂浆种类	保水率
水泥砂浆	≥80
水泥混合砂浆	≥84
预拌砌筑砂浆	≥88

（2）强度与强度等级

砂浆在砌体中主要起传递荷载的作用，因此，砂浆应具有一定的强度。以抗压强度作为其强度指标。砂浆的强度等级是以尺寸为 70.7mm×70.7mm×70.7mm 的立方体试块，在标准条件（水泥砂浆为温度为 20℃±2℃，相对湿度 90% 以上，水泥混合砂浆为 20℃±2℃，相对湿度 60%～80%）下养护 28d，由标准试验方法测得的抗压强度来确定的。

水泥砂浆及预拌砌筑砂浆按抗压强度划分为 M5、M7.5、M10、M15、M20、M25、M30 七个强度等级；水泥混合砂浆的强度等级可分为 M5、M7.5、M10、M15。

1）不吸水基层（如致密石材）：影响砂浆强度的主要因素与混凝土基本相同，即主要取决于水泥强度和水灰比。计算公式为：

$$f_m = 0.29f_{ce}\left(\frac{W}{C} - 0.40\right)$$

式中　f_m——砂浆 28d 的抗压强度（MPa）；

f_{ce}——水泥 28d 实测强度（MPa）。

2）吸水基层：用于吸水基层（砖和其他多孔材料）时，砂浆的水分要被基面的材料吸收一些，由于砂浆具有保水性，因而不论拌和时加入多少水，经基面吸水后保留在砂浆中的水量大致相同。在这种情况下，砂浆的强度主要决定于水泥强度和水泥用量，而与水灰比无关，计算公式为：

$$f_{m} = \frac{\alpha f_{ce} Q_{c}}{1\,000} + \beta$$

式中 Q_c——每立方米砂浆的水泥用量（kg）；

α、β——砂浆的特征系数，$\alpha = 3.03$，$\beta = -15.09$。

（3）黏结力

砂浆应有足够的黏结力，以便将块状材料黏结成为坚固的整体，因此要求砂浆对于砖石要有一定的黏结力。一般情况下，砂浆的抗压强度越高其黏结力越大。此外，砂浆的黏结力与砖石表面状态、清洁程度、湿润情况以及施工养护条件等都有关系。如砌砖前要先浇水湿润，表面不沾泥土，就可以提高砂浆的黏结力，保证砌体的质量。

（4）变形性

砂浆在随荷载或温度情况变化时，容易变形。如果变形过大或不均匀，则会降低砌体质量，引起沉陷或开裂。使用轻骨料拌制的砂浆时，其收缩变形比普通砂浆大。

（5）抗冻性

对有抗冻性要求的砌体工程，砌筑砂浆应进行冻融试验。砌筑砂浆的抗冻性应符合表2-5-3的规定，且当设计对抗冻性有明确要求时，尚应符合设计规定。

表 2-5-3　　砌筑砂浆的抗冻性（JGJ/T 98—2010）

使用条件	抗冻指标	质量损失率/%	强度损失率/%
夏热冬暖地区	F15	≤5	≤25
夏热冬冷地区	F25		
寒冷地区	F35		
严寒地区	F50		

（三）砌筑砂浆的配合比设计

根据《砌筑砂浆配合比设计规程》（JGJ 98—2000）的规定，砌筑砂浆配合比的计算与确定应按以下步骤进行：

（1）水泥混合砂浆配合比计算

1）确定砂浆配制强度 $f_{m,o}$（MPa）：

$$f_{m,o} = f_2 + 0.645\sigma$$

式中 $f_{m,o}$——砂浆的配制强度（MPa），精确至0.1MPa；

f_2——砂浆抗压强度平均值（砂浆设计强度等级），精确至0.1MPa；

σ——砂浆现场强度标准差，精确至0.01MPa；当有统计资料时，统计周期内同一砂浆试件的组数 $n \geq 25$ 时按统计方法计算；当不具有近期统计资料时，可按表2-5-4选取。

表 2-5-4　砌筑砂浆强度标准差 σ 选用表

施工水平＼砂浆强度等级	M2.5	M5.0	M7.5	M10	M15	M20
优良	0.50	1.00	1.50	2.00	3.00	4.00
一般	0.62	1.25	1.88	2.50	3.75	5.00
较差	0.75	1.50	2.25	3.00	4.50	6.00

2）计算每立方米砂浆中水泥用量 Q_c（kg）：

$$Q_c = \frac{1\,000(f_{m,0} - \beta)}{\alpha \cdot f_{ce}}$$

式中　Q_c——每立方米砂浆的水泥用量，精确至 1kg；

f_{ce}——水泥的实测强度（MPa），精确至 0.1MPa。在无法取得实测强度值时，可按下式计算：

$$f_{ce} = \gamma_c f_{ce,g}$$

$f_{ce,g}$——水泥强度等级值；

γ_c——水泥强度等级值的富余系数，按实际统计资料确定，无统计资料，γ_c 取 1.0；

α、β——砂浆的特征系数，其中 $\alpha = 3.03$，$\beta = -15.09$。

3）计算掺加料用量 Q_D（kg）：

$$Q_D = Q_A - Q_C$$

式中　Q_D——每立方米砂浆的掺加料用量（kg），精确至 1kg；

Q_A——每立方米砂浆水泥和掺加料的总量（kg），精确至 1kg，宜在 300 ~ 350kg/m^3 之间。

4）确定每立方米砂浆中砂用量 Q_s（kg），砂浆中水、胶凝材料和掺加料是用来填充砂子空隙的，因此，1m^3 的砂子就构成了 1m^3 的砂浆。1m^3 干燥状态（含水率小于 0.5%）砂子的堆积密度，也就是 1m^3 砂浆所用的干砂用量。故按干燥状态的堆积密度值作为计算值：

$$Q_s = 1 \times \rho'_{os}$$

当含水率 >0.5% 时，应考虑砂的含水率。

5）确定每立方米砂浆用水量 Q_w（kg）：根据砂浆稠度要求可选用 240 ~ 310kg，当采用细砂或粗砂时，用水量分别取上限或下限。稠度小于 70mm 时，用水量可小于下限，施工现场气候炎热或干燥季节，可酌量增加用水量（此用水量不包括石灰膏或黏土膏中的水）。

6）配合比试配、调整与确定：试配时应采用工程中实际使用的材料，搅拌方法与生产时使用的方法相同。试配分以下两个步骤：

①试拌调整。按计算所得配合比进行试拌，测定拌合物稠度和分层度。若不能满足要求，则应调整材料用量，直到符合要求为止。此配合比即为试配时的砂浆基准配合比。

②校核强度。试配时至少应采用三个不同的配合比，其中一个为上述试拌调整所得的基

准配合比，另外两个配合比的水泥用量按基准配合比分别增加及减少 10%，在保证稠度、分层度合格的条件下，可将用水量或掺加料用量作相应调整。三组配合比分别成型、养护、测定 28d 砂浆强度，并选定符合强度要求的且水泥用量最低的配合比作为砂浆配合比。

砂浆配合比确定后，当原料有变更时，其配合比必须重新试验确定。

（2）水泥砂浆配合比选用

水泥砂浆的配合比按表 2-5-5 选用，其试配调整方法与前述水泥混合砂浆相同。

表 2-5-5　每立方米水泥砂浆材料用量（JGJ 98—2000）

强度等级	每立方米砂浆水泥用量/kg	每立方米砂浆用砂量/kg	每立方米砂浆用水量/kg
M2.5 ~ M5	200 ~ 230	1m³ 砂的堆积密度值	270 ~ 330
M7.5 ~ M10	220 ~ 280		
M15	280 ~ 340		
M20	340 ~ 400		

注：1. 此表水泥强度等级为 32.5 级，大于 32.5 级水泥用量宜取下限。
2. 根据施工水平合理选择水泥用量。
3. 当采用细砂或粗砂时，用水量分别取上限或下限。
4. 稠度小于 70mm 时，用水量可小于下限。
5. 施工现场气候炎热或干燥季节，可酌量增加水量。

二、抹面砂浆

涂抹在建筑物或构筑物表面的砂浆，统称为抹面砂浆。根据砂浆的功能，可将抹面砂浆分为普通抹面砂浆、装饰抹面砂浆、防水砂浆和特种抹面砂浆。

（一）普通抹面砂浆

普通抹面砂浆也称抹灰砂浆，以薄层抹在建筑物内外表面。既保持建筑物不受风、雨、雪、大气等有害介质侵蚀，提高建筑物的耐久性，同时使表面平整、光滑和美观。与砌筑砂浆不同，对抹面砂浆的主要要求不是抗压强度，而是和易性以及与基底材料的黏结力。

常用的抹面砂浆有石灰砂浆、水泥混合砂浆、水泥砂浆、麻刀石灰浆（简称麻刀灰）、纸筋石灰浆（简称纸筋灰）等。

为了保证砂浆层与基层黏结牢固，表面平整，避免开裂脱落，通常抹面砂浆分底层、中层和面层三层施工。各层抹面的作用和要求不同，底层抹灰的作用是使砂浆与基面能牢固地黏结，中层抹灰主要是为了找平，有时可省略，面层抹灰是为了获得平整光洁的表面效果。

用于砖墙的底层抹灰多为石灰砂浆，有防水、防潮要求时用水泥砂浆，用于混凝土基层的底层抹灰多为水泥混合砂浆，中层抹灰多用水泥混合砂浆或石灰砂浆，面层抹灰多用水泥混合砂浆、麻刀灰或纸筋灰。水泥砂浆不得涂抹在石灰砂浆层上。

在容易碰撞或潮湿部位，应采用水泥砂浆，如墙裙、踢脚板、地面、雨篷、窗台，以及水池、水井等处。在硅酸盐砌块墙面上做砂浆抹面或粘贴饰面材料时，最好在砂浆层内夹一层事先固定好的钢丝网，以免久后剥落。

（二）装饰砂浆

装饰砂浆是直接用于建筑物内外表面，以提高建筑物装饰艺术性为主要目的的抹面砂浆。

装饰砂浆饰面可分为两类：一类是通过水泥砂浆的着色或水泥砂浆表面形态的艺术加工，获得一定的色彩、线条、纹理质感，达到装饰目的，称为灰浆类饰面；另一类是在水泥浆中掺入各种彩色石渣作骨料，制出水泥石渣浆抹于墙体基层表面，然后用水洗、斧剁、水磨等手段除去水泥浆皮，露出石渣的颜色和质感，这类饰面做法称为石渣类饰面。

第六节　墙　体　材　料

墙体材料在建筑中起着承重、分隔、遮阳、避雨、挡风、绝热、隔声、吸声和隔断光线等作用，因此，合理地选择墙体材料对建筑物的功能、安全以及造价等均具有重要意义。用于墙体的材料主要有砖、砌块和板材三大类。

我国传统的墙体材料主要是烧结黏土砖，随着我国墙体材料的改革，为适应现代建筑的轻质高强、多功能的需要，实现建筑节能，相继出现了很多新型材料。主要产品有：空心砖、多孔砖、煤矸石砖、粉煤灰砖、灰砂砖、页岩砖等砖类；水泥混凝土砌块、轻骨料混凝土砌块、加气混凝土砌块、石膏砌块等砌块类；GRC 板、石膏板、各种纤维增强墙板及复合墙板等墙板，这些材料的使用，既可以节约黏土资源，又可以利用工业废渣，有利于环境保护，实现可持续发展的战略。

一、砌墙砖

砌墙砖是指以黏土、工业废料及其他地方资源为主要原材料，按不同工艺制成的，建筑上用来砌筑墙体的砖。砌墙砖按生产工艺分为烧结砖和非烧结砖两类。

（一）烧结砖

烧结砖是以黏土、页岩、煤矸石、粉煤灰等为主要原料，经成型、干燥及焙烧而成。烧结砖包括烧结普通砖、烧结多孔砖及烧结空心砖。

（1）烧结普通砖

1）烧结普通砖的主要技术性能指标：根据《烧结普通砖》（GB 5101—2003）规定，主要有以下几项技术性能指标：

①规格。烧结普通砖的外形为直角六面体，其公称尺寸为 240mm × 115mm × 53mm。按技术指标分为优等品（A）、一等品（B）及合格品（C）三个质量等级。

②外观质量。烧结普通砖的外观必须完整，其表面的裂纹长度、弯曲程度、杂质凸出高度、缺棱掉角的尺寸要求应满足《烧结普通砖》（GB 5101—2003）标准的具体规定。

③强度等级。烧结普通砖按抗压强度分为 MU30、MU25、MU20、MU15、MU10 五个强度等级。各强度等级砖的强度值应符合表 2-6-1 的规定。

④抗风化性能。抗风化性能是指烧结普通砖对环境中的风吹日晒、干湿变化、冻融作用等物理因素作用下，材料不破坏，仍保持其原有性能的能力。具体要求见《烧结普通砖》（GB 5101—2003）的相关规定。

表 2-6-1　烧结普通砖的强度等级　　单位：MPa

强度等级	抗压强度平均值 $\overline{f}$ ≥	变异系数 $\delta \leqslant 0.21$	变异系数 $\delta > 0.21$
		强度标准值 f_k ≥	单块最小抗压强度值 f_{min} ≥
MU30	30.0	22.0	25.0
MU25	25.0	18.0	22.0
MU20	20.0	14.0	16.0
MU15	15.0	10.0	12.0
MU10	10.0	6.5	7.5

⑤质量等级。强度和抗风化性能和放射性物质合格的砖，按尺寸偏差、外观质量、泛霜和石灰爆裂划分为优等品（A）、一等品（B）、合格品（C）三个质量等级。泛霜和石灰爆裂都会使砖的耐久性降低。

泛霜是砖在使用过程中的盐析现象。砖内过量的可溶性盐类受潮吸水而溶解，随水分蒸发而沉积于砖的表面，形成白色粉状附着物，影响建筑物美观。如果溶盐为硫酸盐，当水分蒸发呈晶体析出时，产生膨胀，使砖表面剥落。标准规定：优等品无泛霜，一等品不允许出现中等泛霜，合格品不允许出现严重泛霜。

石灰爆裂是指砖中夹杂有石灰石，砖吸水后，由于石灰逐渐熟化膨胀而产生的爆裂现象。这种现象影响砖的质量，并降低砌体强度。不同质量等级的砖，其石灰爆裂区域应满足标准规定。

2）烧结普通砖的应用：烧结普通砖是传统的墙体材料，具有强度较高、耐久性和绝热性能较好、隔声性能好的特点，因而主要用于砌筑墙体、基础、柱、拱等。其中优等品可用于清水墙，一等品、合格品用于混水墙，中等泛霜的砖不能用于潮湿部位。

（2）烧结多孔砖和烧结空心砖

烧结多孔砖与烧结空心砖是以黏土、页岩、煤矸石等为主要原材料，经混料、制坯、干燥焙烧而制成的。孔洞率不小于15%的称为多孔砖，孔洞率等于或大于35%的称为空心砖。

1）烧结多孔砖：根据国家标准《烧结多孔砖》（GB 13544—2003）的规定，其主要技术要求如下：

①形状与规格尺寸。烧结多孔砖的孔洞尺寸小而数量多，孔洞方向与受压方向一致。多孔砖的外形为直角六面体，长、宽、高应分别符合下列尺寸要求：290mm，240mm；190mm，180mm，175mm，140mm；115mm，90mm。

②强度等级。按抗压强度划分为 MU30、MU25、MU20、MU15、MU10 五个强度等级。

③质量要求。泛霜和石灰爆裂、抗风化性能的要求同烧结普通砖。

④质量等级。强度和抗风化性能合格的砖，按尺寸偏差、外观质量、孔形及孔洞排列、泛霜和石灰爆裂分为优等品（A）、一等品（B）、合格品（C）三个等级。

2）烧结空心砖：烧结空心砖的主要技术要求。

①形状与规格尺寸。烧结空心砖的外形为直角六面体，孔洞尺寸大而数量少，孔洞方向平行于大面和条面，在与砂浆的结合面上设有增加结合力的深度1mm以上的凹槽。空心砖有两个规格：290mm×190mm×90mm，240mm×180mm（175mm）×115mm；砖的

壁厚应≥10mm，肋厚应≥7mm。

②强度等级及密度等级。烧结空心砖根据其大面和条面的抗压强度分为MU5.0、MU3.0、MU2.0三个强度等级，按体积密度分为800、900、1 100三个密度级别，每个密度级别根据空洞及其排数、尺寸偏差、外观质量、强度等级和物理性能分为优等品（A）、一等品（B）和合格品（C）三个等级。

3）多孔砖和空心砖的应用：烧结多孔砖因其强度较高，绝热性能优于普通砖，一般用于砌筑六层以下建筑物的承重墙。烧结空心砖主要用于非承重的填充墙和隔墙。

采用多孔砖和空心砖，可以节约燃料10%～20%，节约黏土25%以上，减轻墙体自重，提高工效40%，降低造价20%，改善墙体的热工性能。

（二）非烧结砖

蒸压（养）砖属硅酸盐制品，是以砂子、粉煤灰、炉渣、页岩和石灰加水拌和成型，经蒸压（养）而制成的砖，根据所用原材料不同有灰砂砖、粉煤灰砖、煤渣砖等。

（1）蒸压灰砂砖

蒸压灰砂砖简称灰砂砖，是以石灰和砂为主要原料，经坯料制备、压制成型、蒸压养护而成的砖。

灰砂砖的尺寸为240mm×115mm×53mm，按抗压强度和抗折强度分为MU25、MU20、MU15、MU10四个强度等级，根据尺寸偏差和外观质量划分为优等品（A）、一等品（B）和合格品（C）三个质量等级。

灰砂砖与其他墙体材料相比，强度较高。蓄热能力显著，隔声性能十分优越，属于不可燃建筑材料。可用于多层混合结构的承重墙体，其中MU15、MU20、MU25灰砂砖可用于基础及其他部位，MU10可用于防潮层以上的建筑部位，长期在高于200℃温度下，受急冷、急热、有酸性介质的环境禁止使用蒸压灰砂砖。

（2）蒸压（养）粉煤灰砖

蒸压（养）粉煤灰砖是以粉煤灰、石灰、石膏以及骨料为原料，经坯料制备、压制成型、高压（常压）蒸气养护等工艺过程而成的实心砖。蒸压砖、蒸养砖只是养护工艺不同。但蒸压粉煤灰砖强度高，性能更趋于稳定。

蒸压粉煤灰砖的尺寸240mm×115mm×53mm，按抗压强度和抗折强度分为MU30、MU25、MU20、MU15、MU10五个强度等级。蒸压粉煤灰砖可用于工业与民用建筑的基础，墙体，但用于基础或容易受干湿交替或者冻融作用部位时，必须使用优等品或一等品，在长期受热（200℃以上），受急冷、急热和有酸性介质侵蚀的环境，禁止使用蒸压粉煤灰砖。

二、墙用砌块

砌块是指砌筑用的人造块材，多为直角六面体。砌块按产品规格可分为大型（主规格高度大于980mm）、中型（主规格高度为380～980mm）和小型（主规格高度为115～380mm）砌块。按生产工艺可分为烧结砌块和蒸压（养）砌块，按其主要原材料可分为普通混凝土砌块、轻骨料混凝土砌块、硅酸盐混凝土砌块、石膏砌块等。

（一）蒸压加气混凝土砌块

蒸压加气混凝土砌块是以钙质材料（水泥、石灰等）和硅质材料（矿渣和粉煤灰）

为主要材料，并加入铝粉作加气剂，经磨细、配料、搅拌、浇注、发气、静停、切割、蒸压养护等工序而制成的多孔轻质材料，简称加气混凝土砌块。

（1）加气混凝土砌块的技术要求

根据《蒸压加气混凝土砌块》（GB/T 11968—2006）规定，其主要技术指标如下：

1）规格尺寸：砌块长度为600mm，宽度为100mm，125mm，150mm，200mm，250mm，300mm或120mm，180mm，240mm，高度为200mm，240mm，250mm，300mm。

2）强度等级与密度等级：加气混凝土砌块按抗压强度分为A1.0、A2.0、A2.5、A3.5、A5.0、A7.5、A10.0七个等级，按干体积密度分为B03、B04、B05、B06、B07、B08六个级别，具体评定指标见标准《蒸压加气混凝土砌块》（GB/T 11968—2006）相关规定。

（2）加气混凝土砌块的应用

加气混凝土砌块具有轻质、保温及耐火性好，易于加工、抗震性强、隔声性好、施工方便等特点。适用于低层建筑的承重墙，多层建筑的隔墙和高层框架结构的填充墙，也可用于复合墙板和屋面结构中。在无有效的防护措施时，不得用于水中或高湿度和有侵蚀介质的环境中，也不得用于建筑物的基础和温度高于80℃的建筑部位。

（二）粉煤灰砌块

粉煤灰砌块又称粉煤灰硅酸盐砌块，是以粉煤灰、石灰、石膏和骨料（煤渣、硬矿渣）等原料，按照一定比例加水搅拌、振动成型，再经蒸气养护而制成的密实砌块。

（1）粉煤灰砌块的技术要求

根据《粉煤灰砌块》（JC 238—1996）规定，其主要技术要求如下：

1）规格：粉煤灰砌块的外形尺寸880mm × 380mm × 240mm和880mm × 420mm × 240mm两种。

2）等级划分：

①强度等级。按立方体试件的抗压强度分为MU10和MU13两个强度等级。

②质量等级。按外观质量、尺寸偏差和干缩性能分一等品（B）、合格品（C）两个质量等级。

（2）粉煤灰砌块的应用

粉煤灰砌块适用于工业与民用建筑的墙体和基础，但不宜用于具有酸性侵蚀介质的建筑部位，也不宜用于经常处于高温（如炼钢车间）环境下的建筑物。

（三）混凝土小型空心砌块

混凝土小型空心砌块是由水泥、砂、石、水等普通混凝土材料制成的。混凝土小型空心砌块适用于建造地震设计烈度为8度及8度以下地区的一般民用与工业建筑物的墙体，也可以用于围墙、桥梁、花坛等市政设施，用途十分广泛。

（四）轻骨料混凝土小型空心砌块

轻骨料混凝土小型空心砌块是以陶粒、膨胀珍珠岩、浮石、火山渣、煤渣、炉渣等各种轻粗骨料和水泥、水按一定比例混合、经拌和成型、养护制成的一种轻质墙体材料。轻骨料混凝土小型空心砌块因其轻质、高强、绝热性能好、抗震性能好等特点，在各种建筑的墙体中得到广泛应用，特别在绝热要求较高的维护结构上使用广泛。

三、墙用板材

随着建筑结构体系的改革和大开间多功能框架结构的发展，各种轻质和复合墙用板材也不断出现。以板材为墙体的建筑体系具有轻质、节能、施工方便、快捷、使用面积大、开间布置灵活等特点。因此，墙用板材具有良好的发展前景。墙用板材的品种很多，主要有以下几类：

（1）水泥类墙用板材

蒸压加气混凝土墙板、玻璃纤维增强水泥板（GRC 板）、轻骨料混凝土墙板等。

（2）石膏类墙用板材

石膏类板材具有轻质、绝热、吸声、防火、尺寸稳定及施工方便等性能，在建筑工程中得到广泛的应用，是一种很有发展前途的新型建筑材料。品种如纸面石膏板、纤维石膏板、石膏空心条板等。

（3）植物纤维类墙用板材

如纸面草板、麦秸人造板等均属此类。

（4）复合墙板

以单一材料制成的板材，常因其材料本身的局限性而使其应用受到限制。如质量较轻、保温、隔声效果较好的石膏板、加气混凝土板、纸面草板、麦秸板等，因其耐水差或强度较低所限，通常只能用于非承重内隔墙，而水泥类板材虽有足够的强度，耐久性，但其自重大、隔声保温性能较差。为此，可用两种或两种以上的材料组成复合墙板，集单一材料的优点于一身，就可得到综合性能优良的墙体材料。如钢丝网架水泥夹心板、金属夹心板材等。

第七节　建　筑　钢　材

建筑钢材是指用于钢结构的各种型钢（如角钢、工字钢、槽钢等）、钢板、钢管和用于钢筋混凝土结构中的各种钢筋、钢丝等。

钢材是在严格的技术控制下生产的材料，具有品质均匀、性能可靠、强度高、塑性和韧性好，可以承受冲击和振动荷载，能够切割、焊接、铆接，便于装配等优点。因此，被广泛用于工业与民用建筑中，是主要的建筑结构材料之一。

钢材的缺点是易锈蚀，需经常维护，且耐火性差。

一、钢的分类

建筑钢材是指用于钢结构的各种型钢（如角钢、工字钢、槽钢等）、钢板、钢管和用于钢筋混凝土结构中的各种钢筋、钢丝等。

钢材是在严格的技术控制下生产的材料，具有品质均匀、性能可靠、强度高、塑性和韧性好，可以承受冲击和振动荷载，能够切割、焊接、铆接，便于装配等优点。因此，被广泛用于工业与民用建筑中，是主要的建筑结构材料之一。

钢的品种很多，可以从不同的角度进行分类。

（1）按冶炼方法分类

在炼钢的过程中，采用的炼钢方法不同，除掉杂质的程度就不同，所得钢的质量也有差别。建筑钢材按冶炼方法不同，一般分转炉钢、平炉钢和电炉钢三种。

（2）按脱氧程度分类

钢在冶炼过程中不可避免地产生部分氧化铁并残留在钢水中，降低了钢的质量，因此，在铸锭过程中要进行脱氧处理，脱氧程度不同，钢材的质量就不一样。因此，钢材按脱氧程度不同，又可分为沸腾钢、镇静钢、半镇静钢和特殊镇静钢。

1）沸腾钢：只用锰铁作脱氧剂，锰的脱氧能力较弱，脱氧不完全，由于钢液中残存的 FeO 与 C 生成 CO 气体，在钢液铸锭时有大量的气泡逸出，钢液呈沸腾状，因此称沸腾钢。沸腾钢其组织不够致密，有气泡夹杂，化学成分偏析较大，钢材的匀质性较差，所以，其质量较差，但成品率高，成本低。

2）镇静钢：除加入锰铁外，还加入必要数量的硅和铝等脱氧剂进行脱氧。硅和铝脱氧去除杂质的能力较强，所以脱氧较充分，在铸锭时钢液平静地凝固，因此称镇静钢。镇静钢组织致密，化学成分均匀，性能稳定，塑性、韧性好，具有良好的可焊性，是质量较好的钢种。但由于产率较低，因此成本较高，适用于承受振动冲击荷载的结构或重要的焊接钢结构中。

3）半镇静钢：半镇静钢的脱氧程度、质量及成本均介于沸腾钢和镇静钢之间。

4）特殊镇静钢：特殊镇静钢的质量和性能均优于镇静钢，成本也高于镇静钢。

建筑工程中，主要使用的钢材是沸腾钢、半镇静钢和镇静钢。

（3）按化学成分分类

钢按化学成分分为碳素钢和合金钢两类。

1）碳素钢：按含碳量不同，碳素钢又分为低碳钢（碳含量 $<0.25\%$）、中碳钢（碳含量为 $0.25\% \sim 0.60\%$）和高碳钢（碳含量 $>0.60\%$）。

2）合金钢：合金钢是在碳素钢中加入某些合金元素（锰、硅、钒、钛等），用于改善钢的性能或使其获得某些特殊性能。按合金元素含量不同，分为低合金钢（合金元素总含量小于 5%）、中合金钢（合金元素总含量 $5\% \sim 10\%$）、高合金钢（合金元素总含量大于 10%）。

（4）按质量等级分类

根据钢材中硫、磷的含量，将钢材分为普通质量钢、优质钢和特殊质量钢三个等级。

（5）按用途不同分类

按主要用途，将钢分为结构钢、工具钢和特殊钢等。

建筑工程中，常用的钢种主要是普通碳素结构钢和普通低合金结构钢。

二、建筑钢材的主要技术性能

建筑钢材的主要技术性能包括力学性能和工艺性能。

（一）力学性能

（1）拉伸性能

低碳钢的拉伸性能是建筑钢材最重要的性能，通过对钢材进行拉伸试验所测得的屈服强度、抗拉强度和伸长率是钢材的三个重要技术指标。如图 2-7-1 所示，低碳钢从受拉到拉断，经历了以下四个阶段。

1）弹性阶段（*OA* 段）：*OA* 段呈直线关系，即随荷载增加，应力和应变呈正比关系。若去掉荷载，应力和应变可沿 *AO* 线回到原点，试件能恢复原状。这种性质即为弹性，该阶段为弹性阶段。与 *A* 点相对应的应力值为弹性极限，用 σ_p 表示。在 *OA* 线上应力与应变的比值为一常数，即弹性模量 *E*（$E=\sigma/\varepsilon$）。弹性模量反映钢材抵抗弹性变形的能力，是钢材计算结构受力变形的重要指标。

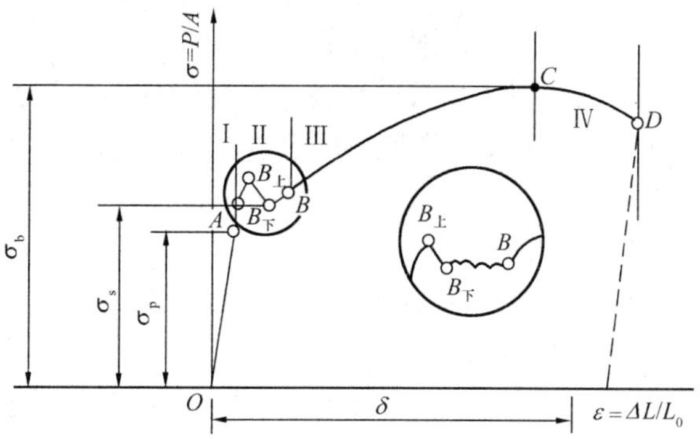

图 2-7-1　低碳钢受拉的应力—应变图

2）屈服阶段（*AB* 段）：当荷载增大，试件应力超过 σ_p 后，应变增加的速度超过了应力增加的速度，应力——应变不再呈正比关系，开始产生塑性变形。当达到图中的 $B_上$点时，瞬时下降到 $B_下$点，发生“屈服”现象，即应力在小范围内波动，而应变迅速增加，直到 *B* 点为止。$B_上$称为屈服上限，屈服阶段应力的最低值用 $B_下$点对应的应力表示，称为屈服强度或屈服点，用 σ_s 表示。屈服强度在实际工作中有很重要的意义，钢材受力达到屈服强度以后，变形迅速发展，尽管尚未断裂破坏，但因变形过大已不能满足使用要求。因此，屈服强度表示钢材在工作状态允许达到的应力值，是结构设计中钢材强度取值的依据。

3）强化阶段（*BC* 段）：当荷载超过屈服点后，钢材内部组织结构发生变化，抵抗变形的能力又重新提高，称为强化阶段。当达到 *C* 点时，应力达到极限值，称为抗拉强度，以 σ_b 表示。

抗拉强度不作为设计时的强度取值，但屈服强度与抗拉强度的比值（即屈强比 σ_s/σ_b）却能反映钢材的利用率和结构的安全可靠性。屈强比小，钢材的利用率低，造成钢材的浪费，但屈强比过大，其结构的安全可靠程度降低，当使用中发生突然超载的情况时，容易产生破坏。因此，需要在保证结构安全可靠性的前提下，尽可能地提高钢材的屈强比。建筑结构钢合理的屈强比一般在 0.60～0.75 范围内。

4）颈缩阶段（*CD* 段）：当钢材强化达到最高点 *C* 点以后，试件抵抗塑性变形的能力迅速降低，塑性变形迅速增加。试件在薄弱处断面急剧缩小，产生“颈缩现象”而断裂。

将拉断后试件在断口处拼合起来，量出拉断后标距的长度 L_1，标距的伸长值与原始标距（L_0）的百分比称为伸长率 δ。

$$\delta=\frac{L_1-L_0}{L_0}\times100\%$$

式中　L_0——试件的原始标距长度（mm）；

L_1——试件拉断后标距间的长度（mm）。

伸长率是衡量钢材塑性的重要指标，δ 值越大，说明钢材塑性越好。而一定的塑性变形能力，可保证应力重新分布，避免应力集中，钢材用于结构的安全性越大。

钢材拉伸时塑性变形在试件标距内的分布是不均匀的，颈缩处的伸长较大，故原始标距（L_0）与直径（d_0）之比越大，颈缩处的伸长值在总伸长值中所占的比例就越小，则计算所得伸长率也越小。通常钢材拉伸试件取 $L_0=5d_0$ 或 $L_0=10d_0$，其伸长率分别用 δ_5 和 δ_{10} 表示。对于同一种钢材，其 $\delta_5>\delta_{10}$。

高碳钢（硬钢）材质硬脆，抗拉强度高，塑性变形小，没有明显的屈服现象，难以直接测定屈服强度。规范中规定以产生残余变形为原标距长度的 0.2% 时所对应的应力值作为屈服强度，用 $\sigma_{0.2}$ 表示，称条件屈服点（或名义屈服点）。

（2）冲击韧性

冲击韧性是指钢材抵抗冲击荷载的能力。用冲击韧性指标 α_k（J/cm^2）表示，α_k 值越大，冲击韧性越好。

钢材的化学成分，内在缺陷、加工工艺及环境温度都会影响钢材的冲击韧性，因此，对于直接承受动荷载，而且可能在负温条件下工作的重要结构，必须按照有关规范要求，进行钢材的冲击韧性检验，如图 2-7-2 所示。

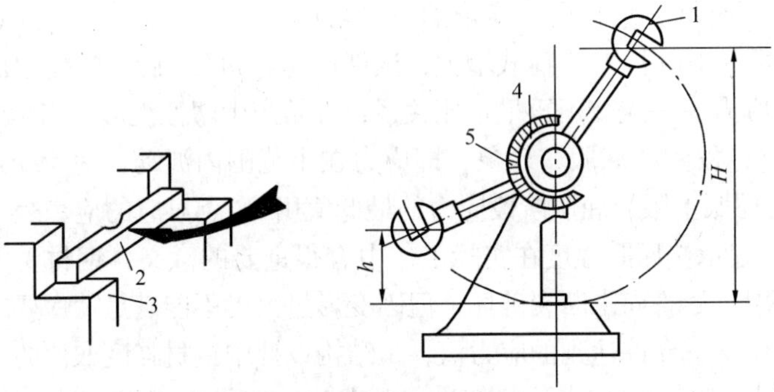

图 2-7-2　钢材的冲击韧性试验示意图

（3）硬度

硬度是指钢材表面抵抗硬物压入产生塑性变形的能力。硬度的测定方法常采用布氏法和洛氏法。建筑钢材常用硬度指标为布氏硬度值，其代号为 HB。利用硬度和抗拉强度间的关系，可以通过测定硬度值来推知钢材的抗拉强度。各类钢材的布氏硬度 HB 与抗拉强度之间有如下近似关系：当 HB < 175 时，$\sigma_b \approx 0.36HB$；当 175 < HB < 450，$\sigma_b \approx 0.35HB$。

（二）工艺性能

（1）冷弯性能：冷弯性能是指钢材在常温下承受弯曲变形的能力。冷弯性能是钢材的重要工艺性能。钢材的冷弯性能是以试验时的弯曲角度（α）和弯心直径（d）为指标表示的，如图 2-7-3 所示。

钢材冷弯试验是通过直径（或厚度）为 a 的试件，采用标准规定的弯心 d（$d=na$），弯曲到规定的角度（180°或 90°）时，检查弯曲处有无裂纹、断裂及起层等现象，若无，则认为冷弯性能合格。钢材冷弯时的弯曲角度越大，弯心直径越小，则表示其冷弯性能越好。

通过冷弯试验，更有助于暴露钢材的某些内在缺陷，它能揭示钢材是否存在内部组织不均匀、内应力和夹杂物等缺陷。对焊接构件，能揭示焊件在受弯表面存在未熔合、微裂纹及夹杂物等问题，因此，对焊接质量也是一种严格的检验。

（2）可焊性：建筑工程中，无论是钢结构还是钢筋混凝土的钢筋骨架、接头及埋件连接件等，绝大多数是采用焊接方式连接的。焊接的质量取决于焊接工艺、焊接材料及钢

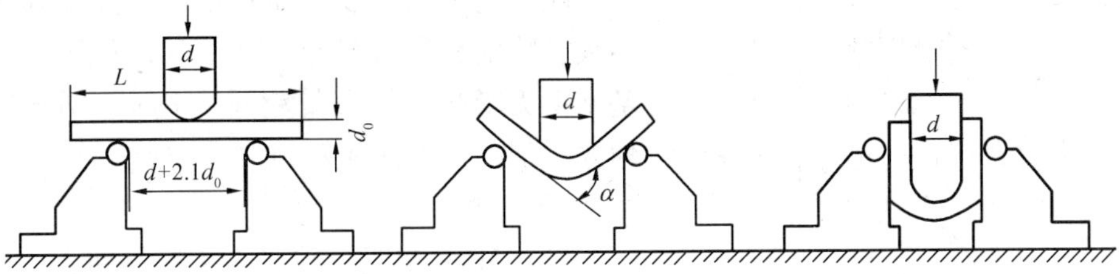

图 2-7-3　钢材冷弯试验示意图

材的焊接性能。

钢材的可焊性是指钢材在一定焊接工艺条件下，在焊缝及其附近过热区是否产生裂缝及脆硬倾向，焊接后接头强度是否与母体相近的性能。钢材的可焊性主要受化学成分及其含量的影响。含碳量小于 0.25% 的钢材具有良好的可焊性，超过 0.25%，焊接的硬脆倾向增加；硫含量过高会使焊接处产生热裂纹，出现热脆性；杂质含量增加，会使可焊性降低；锰、钒等化学元素也会增大焊接的硬脆倾向，降低可焊性。

（三）钢材的冷加工强化处理与时效处理

（1）冷加工强化处理

将钢材在常温下进行冷拉、冷拔、冷轧、冷扭等，使之产生塑性变形，从而提高其屈服强度，但钢材的塑性和韧性降低，这个过程称为钢材的冷加工强化处理。

（2）时效处理

时效是将冷加工处理后的钢材，在常温下存放 15～20d，或加热至 100～200℃后保持一定时间（2～3h），其屈服强度、抗拉强度及硬度进一步提高，而塑性和韧性也进一步降低的过程。前者称为自然时效，后者称为人工时效。

因时效而导致钢材性能改变的程度称为时效敏感性。时效敏感性大的钢材，经时效后，其韧性、塑性改变较大。因此，承受振动、冲击荷载作用的重要结构（如吊车梁、桥梁），应选用时效敏感性小的钢材。

钢筋采用冷加工具有明显的经济效益。钢筋经冷拉后，一般屈服强度可提高 20%～25%，冷拔钢丝屈服强度可提高 40%～70%，从而达到节约钢材的目的。钢筋冷拉还有利于简化施工工序，冷拉盘条钢筋时，开盘、调直、除锈等工序可一并完成。

三、化学成分对钢材性能的影响

钢是 Fe-C 合金，钢中除铁、碳两种基本元素外，还含有其他的一些元素，这些元素也会对钢材的性能和质量产生影响。

（1）碳

碳（C）是决定钢性能的主要元素。含碳量小于 0.8% 时，随含碳量的增加，钢的屈服强度、抗拉强度和硬度提高，而塑性和韧性下降。含碳量增加时，钢的可焊性下降，冷脆性和时效敏感性增加，并使钢的抗腐蚀性下降。

（2）硅

硅（Si）是钢中的有益元素，是炼钢时作为脱氧剂而加入的。硅是钢的主要合金元

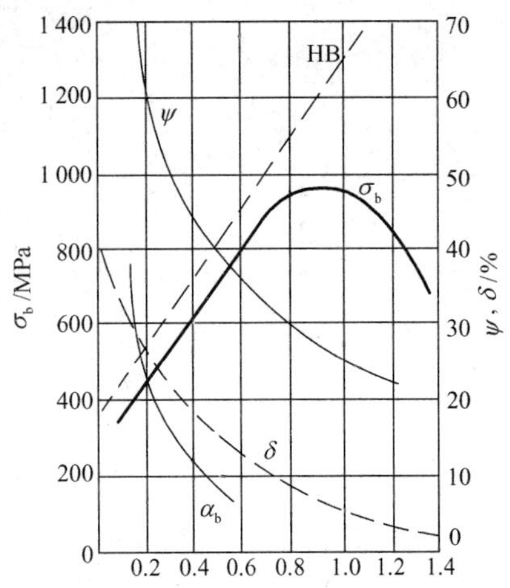

图 2-7-4　含碳量对钢材性能的影响

素，能提高钢的强度，而对钢的塑性和韧性影响不大，特别是当含量小于 1% 时，对塑性和韧性基本上无影响。但含量超过 1% 时，钢材的冷脆性要增加，可焊性变差。

（3）锰

锰（Mn）也是炼钢时为了脱氧而加入的，是低合金钢的主要合金元素。含量小于 1% 时，能提高钢的强度，且对钢的塑性和韧性影响不大。锰还可以起脱氧去硫的作用，能消除钢的热脆性，改善钢的热加工性能。但锰含量较高时，将显著降低钢的可焊性。

（4）硫、磷

硫（S）、磷（P）是钢中的有害元素。

磷可使钢的强度、耐腐蚀性和耐磨性提高，但会使钢的塑性和韧性显著降低，特别是使钢在低温下的韧性显著降低，使钢的冷脆性显著增加。磷也能降低钢的可焊性。

硫元素的存在使钢的冲击韧性、疲劳强度、可焊性及耐腐蚀性降低，在钢的热加工时易引起脆裂，称为热脆性。

（5）氧、氮

氧（O）、氮（N）是钢中的有害杂质，它们的存在会降低钢的塑性、韧性、冷弯性能和可焊性。

（6）钒、铌、钛

钒（V）、铌（Nb）、钛（Ti）都是炼钢时的脱氧剂，也是常用的合金元素。适量加入钢中，可改善钢的组织，提高钢的强度和改善韧性。

四、建筑钢材的标准及选用

建筑钢材可分为钢结构用型钢和钢筋混凝土结构用钢筋。各种型钢和钢筋的性能主要取决于所用钢种及其加工方式。

（一）钢结构用钢材

钢结构用钢主要包括碳素结构钢和低合金高强度结构钢。一般采用热轧工艺生产各种不同尺寸规格的型钢（角钢、工字钢、槽钢等）、钢板、钢带等。

（1）碳素结构钢

现行国家标准《碳素结构钢》（GB/T 700—2006）具体规定了它的牌号表示方法、代号和符号、技术要求、试验方法、检验规则等。

1）牌号表示方法：标准中规定：钢的牌号由代表屈服点的字母 Q，屈服点数值、质量等级符号和脱氧程度四个部分按顺序组成。碳素结构钢按屈服点的数值（MPa）分为 195，215，235，275 四种；按硫、磷杂质的含量由多到少分为 A，B，C，D 四个质量等级；按照脱氧程度不同分为特殊镇静钢（Tz），镇静钢（z），半镇静钢（b）和沸腾钢（F）。对于镇静钢和特殊镇静钢，在钢的牌号中可予以省略。如 Q235-A・F，表示屈服点为 235MPa 的 A 级沸腾钢；Q235-C 表示屈服点为 235MPa 的 C 级镇静钢。

2）技术要求：碳素结构钢的技术要求包括化学成分、力学性能、冶炼方法、交货状态及表面质量五个方面，碳素结构钢的化学成分、力学性能、冷弯试验指标应符合表2-7-1，表2-7-2，表2-7-3的要求。

表2-7-1　碳素结构钢的化学成分（GB/T 700—2006）

牌号	质量等级	化学成分/%					脱氧方法
		C	Mn	Si	S	P	
				≤			
Q195	—	0.12	0.50	0.30	0.040	0.035	F、Z
Q215	A	0.15	1.20	0.35	0.050	0.045	F、Z
	B				0.045		
Q235	A	0.22	1.40	0.35	0.050	0.045	F、Z
	B	0.20①			0.045		
	C	0.17			0.040	0.040	Z
	D				0.035	0.035	TZ
Q275	A	0.24	1.50	0.35	0.050	0.045	F、Z
	B	0.21			0.045		Z
		0.22					
	C	0.20			0.040	0.040	
	D				0.035	0.035	TZ

注：①经需方同意，Q235B的碳含量可不大于0.22%。

表2-7-2　碳素结构钢的力学性能（GB/T 700—2006）

牌号	质量等级	拉伸试验												冲击试验(V形缺口)	
		屈服强度 σ_s（MPa），不小于						抗拉强度 σ_b（MPa）	断后伸长率 δ（%），不小于					温度/℃	冲击吸收功（纵向）/J 不小于
		厚度（或直径）/mm							钢材厚度（或直径）（mm）						
		≤16	>16~40	>40~60	>60~100	>100~150	>150~200		≤40	>40~60	>60~100	>100~150	>150~200		
Q195	—	195	185	—	—	—	—	315~430	33	—	—	—	—	—	—
Q215	A	215	205	195	185	175	165	335~450	31	30	29	27	26	—	—
	B													+20	27
Q235	A	235	225	215	215	195	185	375~500	26	25	24	22	21	—	—
	B													+20	27
	C													0	
	D													-20	
Q275	A	275	265	255	245	225	215	410~540	22	21	20	18	17	—	—
	B													+20	27
	C													0	
	D													-20	

表 2-7-3　碳素结构钢的冷弯性能（BG/T 700—2006）

牌　　号	试 样 方 向	冷弯试验（$B=2a$，180°）	
		钢材厚度 a（或直径）（mm）	
		≤60	>60～100
		弯心直径 d	
Q195	纵	0	—
	横	0.5a	
Q215	纵	0.5a	1.5a
	横	a	2a
Q235	纵	a	2a
	横	1.5a	2.5a
Q275	纵	1.5a	2.5a
	横	2a	3a

注：B 为试样宽度，a 为试样厚度（或直径）。

碳素结构钢的冶炼方法采用氧气转炉、平炉或电炉。一般为热轧状态交货，表面质量也应符合有关规定。

3）各类牌号钢材的性能和用途：钢材随钢号的增大，含碳量增加，强度和硬度相应提高，而塑性和韧性则降低，冷弯性能变差，同时可焊性也降低。

建筑工程中应用最广泛的是 Q235 号钢，其含碳量为 0.17%～0.22%，属低碳钢，具有较高的强度，良好的塑性、韧性及可焊性，综合性能好，能满足一般钢结构和钢筋混凝土用钢要求，且成本较低。在钢结构中主要使用 Q235 钢轧制成的各种型钢、钢板。

Q195、Q215 号钢，强度较低、塑性和韧性较好，易于冷加工，常用作钢钉、铆钉、螺栓及铁丝等。Q215 号钢经冷加工后可代替 Q235 号钢使用。

Q275 号钢，强度较高，但塑性、韧性较差，可焊性也差，不易焊接和冷弯加工，可用于轧制带肋钢筋或作螺栓配件等，但更多用于机械零件和工具等。

（2）低合金高强度结构钢

低合金高强度结构钢是在碳素结构钢的基础上，添加少量的一种或几种合金元素（总含量小于 5%）的一种结构钢。其目的是为了提高钢的屈服强度、抗拉强度、耐磨性、耐蚀性及耐低温性能等。因此，它是综合性能较为理想的建筑钢材，尤其在大跨度、承受动荷载和冲击荷载的结构中更适用。

1）牌号表示方法：根据国家标准《低合金高强度结构钢》（GB 1591—2008）规定，共有 8 个牌号。所加元素主要有锰、硅、钒、铌、铬、镍及稀土元素。其牌号的表示方法由屈服点字母 Q，屈服点数值、质量等级（分 A，B，C，D，E 五级）三个部分组成，如 Q345D。

2）标准与选用：低合金高强度结构钢的化学成分、力学性能如表 2-7-4、表 2-7-5 所示。

表 2-7-4　低合金高强度结构的化学成分（GB 1591—2008）

牌号	质量等级	化学成分（质量分数）/%														
		C	Si	Mn	P	S	Nb	V	Ti	Cr	Ni	Cu	N	Mo	B	Al
					不大于											不小于
Q345	A	≤0. 20	≤0. 50	≤1. 70	0. 035	0. 035	0. 07	0. 15	0. 20	0. 30	0. 50	0. 30	0. 012	0. 10	—	—
	B				0. 035	0. 035										
	C				0. 030	0. 030										0. 015
	D	≤0. 18			0. 030	0. 025										
	E				0. 025	0. 020										
Q390	A	≤0. 20	≤0. 50	≤1. 70	0. 035	0. 035	0. 07	0. 20	0. 20	0. 30	0. 50	0. 30	0. 015	0. 10	—	—
	B				0. 035	0. 035										
	C				0. 030	0. 030										0. 015
	D				0. 030	0. 025										
	E				0. 025	0. 020										
Q420	A	≤0. 20	≤0. 50	≤1. 70	0. 035	0. 035	0. 07	0. 20	0. 20	0. 30	0. 80	0. 30	0. 015	0. 20	—	—
	B				0. 035	0. 035										
	C				0. 030	0. 030										0. 015
	D				0. 030	0. 025										
	E				0. 025	0. 020										
Q460	C	≤0. 20	≤0. 60	≤1. 80	0. 030	0. 030	0. 11	0. 20	0. 20	0. 30	0. 80	0. 55	0. 015	0. 20	0. 004	0. 015
	D				0. 030	0. 025										
	E				0. 025	0. 020.										
Q500	C	≤0. 18	≤0. 60	≤1. 80	0. 030	0. 030	0. 11	0. 12	0. 20	0. 60	0. 80	0. 55	0. 015	0. 20	0. 004	0. 015
	D				0. 030	0. 025										
	E				0. 025	0. 020										
Q550	C	≤0. 18	≤0. 60	≤2. 00	0. 030	0. 030	0. 11	0. 12	0. 20	0. 80	0. 80	0. 80	0. 015	0. 30	0. 004	0. 015
	D				0. 030	0. 025										
	E				0. 025	0. 020										
Q620	C	≤0. 18	≤0. 60	≤2. 00	0. 030	0. 030	0. 11	0. 12	0. 20	1. 00	0. 80	0. 80	0. 015	0. 30	0. 004	0. 015
	D				0. 030	0. 025										
	E				0. 025	0. 020										
Q690	C	≤0. 18	≤0. 60	≤2. 00	0. 030	0. 030	0. 11	0. 12	0. 20	1. 00	0. 80	0. 80	0. 015	0. 30	0. 004	0. 015
	D				0. 030	0. 025										
	E				0. 025	0. 020										

表 2-7-5 低合金高强度结构钢的力学性能（GB 1591—2008）

<table>
<tr><th rowspan="4">牌号</th><th rowspan="4">质量等级</th><th colspan="22">拉伸试验</th></tr>
<tr><th colspan="9" rowspan="2">以下公称厚度（直径，边长）
下屈服强度（R_{el}）/MPa</th><th colspan="7" rowspan="2">以下公称厚度（直径，边长）
抗拉强度（R_m）/MPa</th><th colspan="6">断后伸长率（A）/%</th></tr>
<tr><th colspan="6">公称厚度（直径，边长）</th></tr>
<tr><th>≤
16mm</th><th>>
16mm
~
40mm</th><th>>
40mm
~
63mm</th><th>>
63mm
~
80mm</th><th>>
80mm
~
100mm</th><th>>
100mm
~
150mm</th><th>>
150mm
~
200mm</th><th>>
200mm
~
250mm</th><th>>
250mm
~
400mm</th><th>≤
40mm</th><th>>
40mm
~
63mm</th><th>>
63mm
~
80mm</th><th>>
80mm
~
100mm</th><th>>
100mm
~
150mm</th><th>>
150mm
~
250mm</th><th>>
250mm
~
400mm</th><th>≤
40mm</th><th>>
40mm
~
63mm</th><th>>
63mm
~
100mm</th><th>>
100mm
~
150mm</th><th>>
150mm
~
250mm</th><th>>
250mm
~
400mm</th></tr>
<tr><td rowspan="5">Q345</td><td>A</td><td rowspan="5">≥345</td><td rowspan="5">≥335</td><td rowspan="5">≥325</td><td rowspan="5">≥315</td><td rowspan="5">≥305</td><td rowspan="5">≥285</td><td rowspan="5">≥275</td><td rowspan="5">≥265</td><td rowspan="3">—</td><td rowspan="5">470 ~ 630</td><td rowspan="5">470 ~ 630</td><td rowspan="5">470 ~ 630</td><td rowspan="5">470 ~ 630</td><td rowspan="5">450 ~ 600</td><td rowspan="5">450 ~ 600</td><td rowspan="3">—</td><td rowspan="2">≥20</td><td rowspan="2">≥19</td><td rowspan="2">≥19</td><td rowspan="2">≥18</td><td rowspan="2">≥17</td><td rowspan="3">—</td></tr>
<tr><td>B</td></tr>
<tr><td>C</td><td rowspan="3">≥21</td><td rowspan="3">≥20</td><td rowspan="3">≥20</td><td rowspan="3">≥19</td><td rowspan="3">≥18</td></tr>
<tr><td>D</td><td rowspan="2">≥265</td><td rowspan="2">450 ~ 600</td><td rowspan="2">≥17</td></tr>
<tr><td>E</td></tr>
<tr><td rowspan="5">Q390</td><td>A</td><td rowspan="5">≥390</td><td rowspan="5">≥370</td><td rowspan="5">≥350</td><td rowspan="5">≥330</td><td rowspan="5">≥330</td><td rowspan="5">≥310</td><td rowspan="5">—</td><td rowspan="5">—</td><td rowspan="5">—</td><td rowspan="5">490 ~ 650</td><td rowspan="5">490 ~ 650</td><td rowspan="5">490 ~ 650</td><td rowspan="5">490 ~ 650</td><td rowspan="5">470 ~ 620</td><td rowspan="5">—</td><td rowspan="5">—</td><td rowspan="5">≥20</td><td rowspan="5">≥19</td><td rowspan="5">≥19</td><td rowspan="5">≥18</td><td rowspan="5">—</td><td rowspan="5">—</td></tr>
<tr><td>B</td></tr>
<tr><td>C</td></tr>
<tr><td>D</td></tr>
<tr><td>E</td></tr>
<tr><td rowspan="5">Q420</td><td>A</td><td rowspan="5">≥420</td><td rowspan="5">≥400</td><td rowspan="5">≥380</td><td rowspan="5">≥360</td><td rowspan="5">≥360</td><td rowspan="5">≥340</td><td rowspan="5">—</td><td rowspan="5">—</td><td rowspan="5">—</td><td rowspan="5">520 ~ 680</td><td rowspan="5">520 ~ 680</td><td rowspan="5">520 ~ 680</td><td rowspan="5">520 ~ 680</td><td rowspan="5">500 ~ 650</td><td rowspan="5">—</td><td rowspan="5">—</td><td rowspan="5">≥19</td><td rowspan="5">≥18</td><td rowspan="5">≥18</td><td rowspan="5">≥18</td><td rowspan="5">—</td><td rowspan="5">—</td></tr>
<tr><td>B</td></tr>
<tr><td>C</td></tr>
<tr><td>D</td></tr>
<tr><td>E</td></tr>
<tr><td rowspan="3">Q460</td><td>C</td><td rowspan="3">≥460</td><td rowspan="3">≥440</td><td rowspan="3">≥420</td><td rowspan="3">≥400</td><td rowspan="3">≥400</td><td rowspan="3">≥380</td><td rowspan="3">—</td><td rowspan="3">—</td><td rowspan="3">—</td><td rowspan="3">550 ~ 720</td><td rowspan="3">550 ~ 720</td><td rowspan="3">550 ~ 720</td><td rowspan="3">550 ~ 720</td><td rowspan="3">530 ~ 700</td><td rowspan="3">—</td><td rowspan="3">—</td><td rowspan="3">≥17</td><td rowspan="3">≥16</td><td rowspan="3">≥16</td><td rowspan="3">≥16</td><td rowspan="3">—</td><td rowspan="3">—</td></tr>
<tr><td>D</td></tr>
<tr><td>E</td></tr>
<tr><td rowspan="3">Q500</td><td>C</td><td rowspan="3">≥500</td><td rowspan="3">≥480</td><td rowspan="3">≥470</td><td rowspan="3">≥450</td><td rowspan="3">≥440</td><td rowspan="3">—</td><td rowspan="3">—</td><td rowspan="3">—</td><td rowspan="3">—</td><td rowspan="3">610 ~ 770</td><td rowspan="3">600 ~ 760</td><td rowspan="3">590 ~ 750</td><td rowspan="3">540 ~ 730</td><td rowspan="3">—</td><td rowspan="3">—</td><td rowspan="3">—</td><td rowspan="3">≥17</td><td rowspan="3">≥17</td><td rowspan="3">≥17</td><td rowspan="3">—</td><td rowspan="3">—</td><td rowspan="3">—</td></tr>
<tr><td>D</td></tr>
<tr><td>E</td></tr>
</table>

续表

牌号	质量等级	拉伸试验																				
		以下公称厚度（直径，边长）下屈服强度（R_{el}）/MPa									以下公称厚度（直径，边长）抗拉强度（R_m）/MPa							断后伸长率（A）/% 公称厚度（直径，边长）					
		≤16mm	>16mm~40mm	>40mm~63mm	>63mm~80mm	>80mm~100mm	>100mm~150mm	>150mm~200mm	>200mm~250mm	>250mm~400mm	≤40mm	>40mm~63mm	>63mm~80mm	>80mm~100mm	>100mm~150mm	>150mm~250mm	>250mm~400mm	≤40mm	>40mm~63mm	>63mm~100mm	>100mm~150mm	>150mm~250mm	>250mm~400mm
Q550	C D E	≥550	≥530	≥520	≥500	≥490	—	—	—	—	670~830	620~810	600~790	590~780	—	—	—	≥16	≥16	≥16	—	—	—
Q620	C D E	≥620	≥600	≥590	≥570	—	—	—	—	—	710~880	690~880	670~860	—	—	—	—	≥15	≥15	≥15	—	—	—
Q690	C D E	≥690	≥670	≥660	≥640	—	—	—	—	—	770~940	750~920	730~900	—	—	—	—	≥14	≥14	≥14	—	—	—

表 2-7-6　夏比（V 型）冲击试验的试验温度和冲击吸收能量（GB 1591—2008）

牌号	质量等级	试验温度/℃	冲击吸收能量（KV_2）[a]/J 公称厚度（直径、边长）12mm ~ 150mm	>150mm ~ 250mm	>250mm ~ 400mm
Q345	B	20	≥34	≥27	—
	C	0			
	D	−20			27
	E	−40			
Q390	B	20	≥34	—	—
	C	0			
	D	−20			
	E	−40			
Q420	B	20	≥34	—	—
	C	0			
	D	−20			
	E	−40			
Q460	C	0	≥34	—	—
	D	−20		—	—
	E	−40		—	—
Q500、Q550、Q620、Q690	C	0	≥55	—	—
	D	−20	≥47	—	—
	E	−40	≥31	—	—

[a] 冲击试验取纵向试样。

当需方要求做弯曲试验时，弯曲试验应符合表 2-7-7 的规定。当供方保证弯曲合格时，可不做弯曲试验。

表 2-7-7　弯曲试验（GB 1591—2008）

牌号	试样方向	180°弯曲试验［d = 弯心直径，a = 试样厚度（直径）］钢材厚度（直径，边长）≤16mm	>16mm ~ 100mm
Q345 Q390 Q420 Q460	厚度不小于 600mm 扁平材，拉伸试验取横向试样。宽度小于 600mm 的扁平材、型材及棒材取纵向试样	2a	3a

在钢结构中常采用低合金高强度结构钢轧制的型钢、钢板来建造桥梁、高层及大跨度建筑。在重要的钢筋混凝土结构或预应力钢筋混凝土结构中，主要应用低合金钢加工成的热轧带肋钢筋。

（3）钢结构用型钢

钢结构构件一般应直接选用各种型钢。构件之间可直接或附连接钢板进行连接。连接方式有铆接、螺栓连接或焊接。所用母材主要是碳素结构钢及低合金高强度结构钢。

型钢有热轧和冷轧成型两种。钢板也有热轧（厚度为0.35～200mm）和冷轧（厚度为0.2～5mm）两种。

1）热轧型钢：热轧型钢有角钢（等边和不等边）、工字钢、槽钢、T型钢、H型钢、L型钢等。

我国建筑用热轧型钢主要采用碳素结构钢Q235-A，其强度适中，塑性及可焊性较好，成本低，适合建筑工程使用。在钢结构设计规范中，推荐使用的低合金钢主要有Q345及Q390两种，用于大跨度、承受动荷载的钢结构中。

2）冷弯薄壁型钢：通常是用2～6mm厚薄钢板冷弯或模压而成，有角钢、槽钢等开口薄壁型钢及方形、矩形等空心薄壁型钢，主要用于轻型钢结构。

3）钢板、压型钢板：用光面轧辊轧制而成的扁平钢材，以平板状态供货的称钢板，以卷状供货的称钢带。按轧制温度不同，分为热轧和冷轧两种，热轧钢板按厚度分为厚板（厚度大于4mm）和薄板（厚度为0.35～4mm）两种，冷轧钢板只有薄板（厚度0.2～4mm）一种。

建筑用钢板及钢带主要是碳素结构钢。一些重型结构、大跨度桥梁、高压容器等也采用低合金钢板。一般厚板可用于焊接结构，薄板可用作屋面或墙面等围护结构，或用作涂层钢板的原材料，钢板还可用来弯曲为型钢。

（二）钢筋混凝土结构用钢材

钢筋混凝土结构用的钢筋和钢丝，主要由碳素结构钢或低合金结构钢轧制而成。其主要品种有热轧钢筋、冷加工钢筋、热处理钢筋、预应力混凝土用钢丝和钢绞线。按直条或盘条（也称盘圆）供货。

（1）热轧钢筋

用加热钢坯轧成的条型成品钢筋，称为热轧钢筋，主要用于钢筋混凝土和预应力混凝土结构的配筋，它是建筑工程中用量最大的钢材品种之一。

热轧钢筋按其轧制外形分为热轧光圆钢筋和热轧带肋钢筋。带肋钢筋按肋纹的形状分为月牙肋和等高肋。月牙肋的纵横肋不相交，而等高肋则纵横肋相交。月牙肋钢筋有生产简便、强度高、应力集中敏感性小、疲劳性能好等优点，但其与混凝土的黏结锚固性能稍逊于等高肋钢筋。

1）钢筋混凝土用热轧光圆钢筋：根据国家标准《钢筋混凝土用热轧光圆钢筋》（GB1499.1—2008）的规定，热轧光圆钢筋的力学性能及工艺性能应符合表2-7-8的规定。热轧光圆钢筋的牌号是由HPB和屈服强度特征值组成。其中H、R、B分别为热轧（Hot rolled）、光圆（Plain）、钢筋（bars）三个词的英文首位字母。

表 2-7-8　热轧钢筋的性能

类别	牌号	公称直径 a（mm）	屈服强度 R_{el}/MPa	抗拉强度 R_m/MPa	断后伸长率 A/%	最大力总伸长率 A_{gt}/%	冷弯试验（180°）弯心直径（d）钢筋公称直径（a）
			不小于				
光圆钢筋	HPB235	6～22	235	370	25．0	10.0	d = a
	HPB300		300	420			d = a
带肋钢筋	HRB335 HRBF335	6～25 28～40 >40～50	335	455	17	7.5	3a 4a 5a
	HRB400 HRBF400	6～25 28～40 >40～50	400	540	16		4a 5a 6a
	HRB500 HRBF500	6～25 28～40 >40～50	500	630	15		6a 7a 8a

热轧钢筋的化学成分应符合表 2-7-9 的规定。

表 2-7-9　热轧钢筋的化学成分

牌号	化学成分（质量分数）/%　不大于				
	C	Si	Mn	P	S
HPB235	0.22	0.30	0.65	0.045	0.050
HPB300	0.25	0.55	1.50		
HRB335 HRBF335	0.25	0.80	1.60	0.045	0.045
HRB400 HRBF400					
HRB500 HRBF500					

2）钢筋混凝土用热轧带肋钢筋：根据国家标准《钢筋混凝土用热轧带肋钢筋》（GB 1499.2—2007）的规定，热轧带肋钢筋的力学性能和冷弯性能应符合表 2-7-6 的规定。

普通热轧带肋钢筋的牌号是由 HRB 和屈服强度特征值组成。其中 H、R、B 分别为热轧（Hot rolled）、带肋（Ribbed）、钢筋（Bars）3 个词的英文首位字母。

细晶粒热轧带肋钢筋的牌号是由 HRBF 和屈服强度特征组成，其中 F 为细（Fine）的英文首位字母，其他字母含义同前。

HPB 235 级钢筋：是用 Q235 碳素结构钢轧制而成的光圆钢筋。它的强度较低，但具有塑性好，伸长率高（δ_5 >25%），便于弯折成型，容易焊接等特点。它的使用范围很广，可用作中、小型钢筋混凝土结构的主要受力钢筋，构件的箍筋，钢、木结构的拉杆等。可作为冷轧带肋钢筋的原材料，盘条还可作为冷拔低碳钢丝原材料。

HRB 335，HRB 400 级钢筋：用低合金镇静钢和半镇静钢轧制，其强度较高，塑性和可焊性较好。钢筋表面轧有通长的纵肋和均匀分布的横肋，从而加强了钢筋与混凝土之间的黏结力。用 HRB 335，HRB 400 级钢筋作为钢筋混凝土结构的受力钢筋，比使用 HPB 235 级钢筋可节省钢材 40% ~50%，因此，广泛用于大、中型钢筋混凝土结构的主筋，冷拉后也可作预应力筋。

HRB 500 级钢筋：用中碳低合金镇静钢轧制而成，其中以硅、锰为主要合金元素，使之在提高强度的同时保证其塑性和韧性。它是房屋建筑的主要预应力钢筋。

（2）预应力混凝土用热处理钢筋

预应力混凝土用热处理钢筋，是用热轧带肋钢筋经淬火和回火调质处理后的钢筋。通常，有直径为 6mm、8.2mm、10mm 三种规格，其条件屈服强度为不小于 1 325MPa，抗拉强度不小于 1 470MPa，伸长率（δ_{10}）不小于 6%，1 000h 应力松弛不大于 3.5%。按外形分为有纵肋和无纵肋两种，但都有横肋。热处理钢筋在预应力结构中使用，具有与混凝土黏结性能好，应力松弛率低，施工方便等优点。

（3）冷轧带肋钢筋

热轧圆盘条经冷轧后，在其表面带有沿长度方向均匀分布的三面或两面横肋，即成为冷轧带肋钢筋。钢筋冷轧后允许进行低温回火处理。根据 GB 13788—2008 规定，冷轧带肋钢筋按抗拉强度分为四个牌号，分别为 CRB550，CRB650，CRB800，CRB970。C、R、B 分别为冷轧、带肋、钢筋三个单词的英文首位字母，数值为抗拉强度的最小值。与冷拔低碳钢丝相比较，冷轧带肋钢筋具有强度高、塑性好，与混凝土黏结牢固，节约钢材，质量稳定等优点。CRB550 宜用在普通钢筋混凝土结构中，其他牌号宜用在预应力混凝土结构中。

（4）冷拔低碳钢丝

冷拔低碳钢丝是由直径为 6 ~8mm 的 Q195，Q215 或 Q235 热轧圆盘条经冷拔而成，低碳钢经冷拔后，屈服强度可提高 40% ~60%，但塑性大为降低。所以，冷拔低碳钢丝变得硬脆，属硬钢类钢丝。它的性能要求和应用可参阅有关标准或规范，目前，已逐渐限制该类钢丝的一些应用。

（5）冷轧扭钢筋

冷轧扭钢筋是用低碳钢热轧圆盘条专用钢筋经冷轧扭机调直、冷轧并冷扭一次成型，规定截面形状和节距的连续螺旋状钢筋。冷轧扭钢筋有两种类型，Ⅰ型（矩形截面），Φ^t6.5，8，10，12，14；Ⅱ型（菱形截面）Φ^t12，标记符号 Φ^t 为原材料（母材）轧制前的公称直径 d（mm）。

冷轧扭钢筋的型号标记由产品名称的代号、特性代号、主参数代号和改型代号四部分组成。例如 LZNΦ^t10（Ⅰ），表示冷轧扭钢筋，标志直径为 10mm，矩形截面。

（6）预应力混凝土用钢丝和钢绞线

根据《预应力混凝土用钢丝》（GB/T 5223—2002）的规定，预应力混凝土用钢丝按加工状态分为冷拉钢丝（代号为 WCD）和消除应力钢丝两类。消除应力钢丝的塑性比冷拉钢丝好。预应力混凝土用钢丝按外形分为光圆钢丝（代号 P）、螺旋肋钢丝（代号 H）和刻痕钢丝（代号为 I）三种。刻痕钢丝和螺旋肋钢丝与混凝土的黏结力好。

根据《预应力混凝土用钢绞线》（GB/T 5224—2003）的规定，钢绞线按原材料和制作方法的不同，钢绞线有标准型钢绞线、刻痕钢绞线和模拔钢绞线。标准型钢绞线是由冷拉光圆钢丝捻制成的钢绞线，刻痕钢绞线是由刻痕钢丝捻制成的钢绞线（代号为I），模拔型钢绞线是捻制后再经冷拔而成的钢绞线（代号为C）。按照捻制结构的不同，钢绞线分为三种结构类型：1×2、1×3和1×7，分别用两根、三根和七根钢丝捻制而成。

钢绞线具有强度高、柔韧性好、质量稳定、施工简便等优点，适用于大荷载、大跨度、曲线配筋的预应力钢筋混凝土结构。

第八节　防　水　材　料

防水材料是能够防止雨水、地下水与其他水分对房屋建筑和各种构筑物的渗透、渗漏和侵蚀的重要功能性材料，是建筑工程中不可缺少的建筑材料。

建筑工程防水技术按其构造做法可分为构件自身防水和防水层防水两大类。防水层的做法又可分为刚性防水和柔性防水。刚性防水是采用涂抹防水砂浆、浇筑掺有防水剂的混凝土或预应力混凝土等的做法，柔性防水是采用铺设防水卷材、涂抹防水涂料等的做法。多数建筑物采用柔性材料防水做法。所以防水材料质量的优劣与建筑物的使用寿命是紧密联系的。沥青基防水材料是应用最广的防水材料，但因其使用寿命较短，所以防水材料已向高聚物改性沥青系列及合成高分子防水材料发展。

一、沥青

沥青材料是由一些极其复杂的高分子碳氢化合物和及其非金属（如氧、硫、氮）衍生物所组成的黑色或黑褐色的固体、半固体或液体的混合物。

沥青属于憎水性有机胶凝材料，其结构致密、几乎完全不溶于水，与混凝土、砂浆、木材、金属、砖、石料等材料有非常好的黏结能力，具有较好的抗腐蚀能力，能抵抗一般酸、碱、盐等的腐蚀，具有良好的电绝缘性。因而广泛应用于建筑工程的防水、防潮、防渗及防腐和道路工程。

沥青按其来源不同，可分为地沥青和焦油沥青两大类。

地沥青包括天然沥青和石油沥青，焦油沥青包括煤沥青、木沥青、页岩沥青等。建筑工程中最常用的是石油沥青和煤沥青。

（一）石油沥青

石油沥青是指石油原油经蒸馏等工艺提炼出各种轻质油及润滑油后的残留物再进一步加工得到的产物。石油沥青是由多种碳氢化合物及其非金属（氧、硫、氮）衍生物组成的混合物。

（1）石油沥青的组分及结构

由于沥青的化学组成的复杂性，只能从使用角度将沥青中化学性质相近而且与其工程性能有一定联系的成分划分为几个化学成分组，这些成分组即称为组分。石油沥青中的组分有油分、树脂、地沥青质，组分含量的变化直接影响着沥青的技术性质。油分是一种液体，赋予沥青以流动性，其含量的多少直接影响沥青的柔软性、抗裂性及施工难度。树脂是半固体，赋予沥青具有一定的塑性、黏结性，其含量增加，沥青的黏结力和延伸性增加。地沥青质是固体，决定着沥青的温度稳定性和黏结性等。地沥青质含量增加时，沥青的温度稳定性好，但塑性降低，硬脆性增大。

在石油沥青中，油分、树脂和地沥青质是石油沥青中的三大主要组分。油分和树脂可以互相溶解，树脂能浸润地沥青质，而在地沥青质的表面形成树脂薄膜。所以石油沥青的结构是以地沥青质为核心，周围吸附互溶的树脂和油分，构成胶团，无数胶团分散在油分中而形成胶体结构。

（2）石油沥青的技术性质

1）黏滞性：石油沥青的黏滞性是指石油沥青在外力作用下抵抗变形的能力。

石油沥青的黏滞性大小与组分及温度有关。地沥青质含量高，同时有适量的树脂，而油分含量较少时，则黏滞性较大。在一定温度范围内，当温度上升时，则黏滞性随之降低，反之则随之增大。

对于液体石油沥青，其黏滞性用黏滞度来表示。黏滞度值越大，则表明石油沥青的黏度越大。黏滞度是在规定温度（25℃或60℃）下，由规定直径（3.5mm 或 10mm）的孔口流出 50ml 沥青所需的时间秒数。符号为 C_t^dT，d 为流出口孔径，t 为试样温度，T 为流出 50ml 沥青所需的时间，如图 2-8-1 所示。

对于半固体、固体石油沥青其黏滞度用针入度来表示。针入度值越小，表明石油沥青的黏度越大。石油沥青的针入度是在规定温度 25℃ 条件下，以规定重量 100g 的标准针，经历规定时间 5s 贯入试样中的深度，以 1/10mm 为单位表示，它是划分沥青牌号的主要依据。如图 2-8-2 所示。

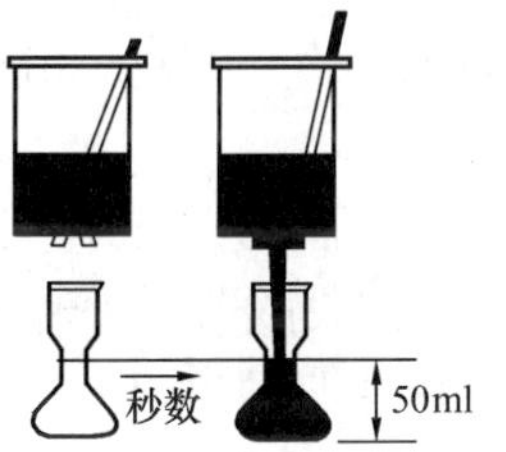

图 2-8-1　黏滞度测定示意图

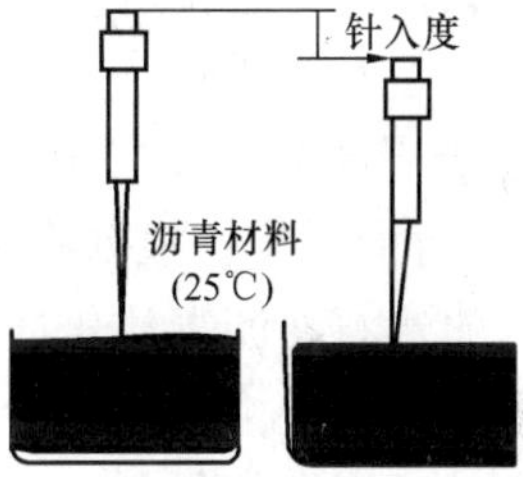

图 2-8-2　针入度测定示意图

2）塑性：塑性是指石油沥青在外力作用下产生变形而不破坏的能力。塑性是沥青性质的重要指标之一。沥青之所以能用来制造性能良好的柔性防水材料，很大程度取决于沥青的塑性。

石油沥青的塑性用延伸度（延度）表示。延度越大，塑性越好。

沥青延度是将沥青制成“8”字形标准试件，在规定拉伸速度（5cm/min）和规定温度（25℃）下拉断时延伸的长度（cm），如图 2-8-3 所示。

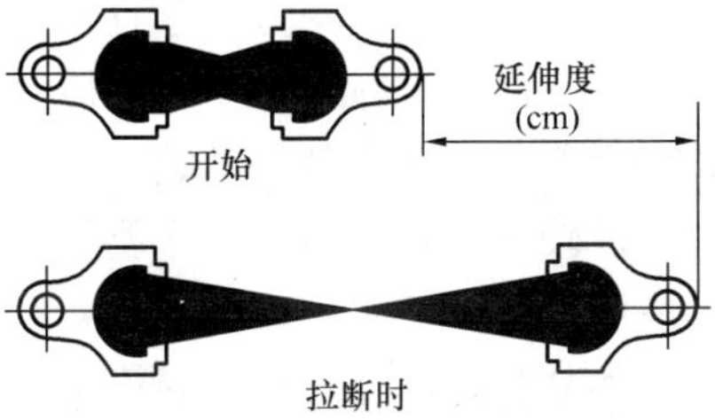

图 2-8-3　延伸度测定示意图

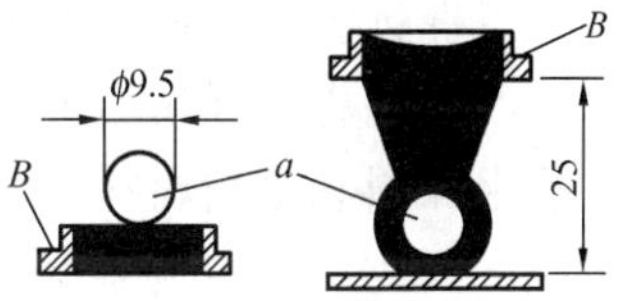

图 2-8-4　软化点测定示意图

3）温度敏感性（温度稳定性）：温度敏感性是指石油沥青的黏滞性和塑性随温度升降而变化的性能，也称温度稳定性。温度敏感性也是沥青性质的重要指标之一。

石油沥青中地沥青质含量较多时，在一定程度上能够减少其温度敏感性（即提高温度稳定性）。建筑工程上要求选用温度敏感性较小的沥青材料，因而在工程使用时往往加入滑石粉、石灰石粉或其他矿物填料来减小其温度敏感性。

沥青的温度敏感性用软化点表示。采用“环球法”测定，如图2-8-4所示。它是将沥青试样装入规定尺寸（直径约16mm，高约6mm）的铜环内，试样上放置一个标准钢球（直径9.53mm，重3.5g），浸入水中或甘油中，以规定的升温速度（5℃/min）加热，使沥青软化下垂，当下垂到规定距离（25.4mm）时的温度，单位为℃。软化点越高，则温度敏感性越小。

4）大气稳定性：大气稳定性是指石油沥青在热、阳光、氧气和潮湿等因素的长期综合作用下抵抗老化的性能。

在阳光、空气和热等的综合作用下，沥青各组分会不断递变，低分子化合物将逐步转变成高分子物质，即油分和树脂逐渐减少，而地沥青质逐渐增多，从而使沥青流动性和塑性逐渐减小，硬脆性逐渐增大，直至脆裂，这个过程称为石油沥青的“老化”。

石油沥青的大气稳定性以沥青试样在160℃下加热蒸发5h后质量蒸发损失百分率和蒸发前后的针入度比表示。蒸发损失百分率越小，蒸发前后针入度比值愈大，则表示沥青的大气稳定性愈好，即老化愈慢。

石油沥青的技术性质除以上几方面外，还包括石油沥青的闪点、燃点、溶解度等。

（3）石油沥青的分类及选用

1）石油沥青的分类：根据我国现行石油沥青标准，石油沥青主要划分为三大类，道路石油沥青、建筑石油沥青和普通石油沥青。各品种按技术性质划分为多个牌号，各牌号的质量指标要求见相关标准。三种石油沥青都是按针入度指标来划分牌号的，而每个牌号还应保证相应的延度和软化点，以及溶解度、蒸发损失、蒸发前后针入度比、闪点等。

石油沥青牌号越大，沥青越软；牌号越小，沥青越硬。随着牌号增大，沥青的黏滞性变小（针入度增大），塑性增大（延度增大），温度敏感性增大（软化点降低）。

2）石油沥青的选用：选用沥青材料时，应根据工程性质（房屋、道路、防腐）及当地气候条件、所处工作环境（屋面、地下）来选择不同牌号的沥青。在满足使用要求的前提下，尽量选用较大牌号的石油沥青，以保证在正常使用条件下，石油沥青有较长的使用年限。

①道路石油沥青。道路石油沥青主要在道路工程中作胶凝材料，用来与碎石等矿物质材料共同配制成沥青混凝土、沥青砂浆等用于道路路面或车间地面等工程。

在道路工程中选用沥青时，要根据交通量和气候特点来选择。南方地区宜选用高黏度的石油沥青，以保证在夏季沥青路面具有足够的稳定性。而北方寒冷地区宜选用低黏度的石油沥青，以保证沥青路面在低温下仍具有一定的变形能力，减少低温开裂。

②建筑石油沥青。建筑石油沥青黏性较大，耐热性较好，塑性较差，主要用于制作防水卷材、防水涂料和密封材料。它们绝大部分用于屋面及地下防水、沟槽防水防腐及管道防腐等工程。为避免夏季流淌，一般屋面用沥青材料的软化点应比本地区屋面最高温度高20℃以上。其软化点过低夏季易流淌，过高冬季低温易硬脆甚至开裂，所以选用石油沥青时要根据地区、工程环境及要求而定。

③普通石油沥青。普通石油沥青含有害成分蜡较多，黏结力差，温度敏感性较大，故在建筑工程中一般不宜直接使用普通石油沥青。

用一种牌号的沥青往往不能满足工程技术要求，因此需用不同牌号沥青进行掺配。

（二）煤沥青

煤沥青是炼焦炭或生产煤气的副产品。其化学成分和性质与石油沥青类似，但其质量不如石油沥青。煤沥青中含有酚、蒽等，有毒，防腐性好，适用于地下防水或作防腐材料。煤沥青与石油沥青的主要区别如表 2-8-1 所示。

表 2-8-1　石油沥青与煤沥青的区别

性　　质	石油沥青	煤沥青
密度/（g/cm^3）	接近 1.0	1.25 ~ 1.28
颜色	灰亮褐色	浓黑色
温度敏感性	较好	较差
防水性	好	较差
大气稳定性	较好	较差
抗腐蚀性	较差	较好
锤击	韧性较好	韧性差，较脆
溶解	易溶于汽油、煤油中，呈棕黑色	难溶于汽油、煤油中，呈黄绿色
燃烧	烟少无色，有松香味，无毒	烟多，黄色，臭味大，有毒

（三）改性沥青

建筑上使用的沥青必须具有较好的综合性能。即在低温条件下应有弹性和塑性，在高温条件下要有足够的强度和稳定性，在加工和使用条件下具有抗“老化”能力，还应与各种矿物料和结构表面有较强的黏附力，对构件变形的适应性和耐疲劳性等。通常，传统的沥青材料不能全面满足这些要求，致使沥青防水工程渗漏现象严重，使用寿命短。为此，常用橡胶、树脂和矿物填料等掺入到沥青中，使沥青的性质得到不同程度的改善，所得到的产品称为改性沥青。

（1）橡胶改性沥青

橡胶是沥青的重要改性材料，它和沥青有较好的混溶性，并能使沥青具有橡胶的很多优点，如高温变形小、低温柔性好等。可使其气密性、低温柔性、耐化学腐蚀性、耐光性、耐臭氧性、耐气候性和耐燃烧性得到大大的改善。由于橡胶的品种不同，掺入的方法也有所不同，因而各种橡胶沥青的性能也有差异。常用的品种有氯丁橡胶沥青、丁基橡胶沥青、再生橡胶沥青等。

（2）树脂改性沥青

用树脂改性石油沥青，可以改进沥青的耐寒性、黏结性和不透水性。由于石油沥青中含芳香性化合物很少，故树脂和石油沥青的相溶性较差，而且可用的树脂品种也较少。常用的品种有古马隆树脂沥青、聚乙烯树脂沥青、无规聚丙烯树脂沥青等。

（3）橡胶和树脂改性沥青

橡胶和树脂同时用于改善石油沥青的性质，使石油沥青同时具有橡胶和树脂的特性，橡胶和树脂有较好的混溶性，故效果较好。其产品主要有卷材，片材，密封材料，防水涂料等。

(4) 矿物填充料改性沥青（沥青玛琋脂）

矿物填充料改性沥青是在沥青中掺入适量粉状或纤维状矿物填充料经均匀混合而成。提高了沥青的黏结能力、柔韧性和耐热性，减少了沥青的温度敏感性，并且可以节省沥青。常用的矿物填充料大多是粉状的和纤维状材料，主要有滑石粉、石灰石粉、硅藻土和石棉等。

二、防水卷材

防水卷材是一种可卷曲的片状材料，是建筑防水材料的重要品种之一。防水卷材的品种较多，但无论何种防水卷材，要满足建筑防水工程的要求，均需具有良好的耐水性、延伸性、耐高温性、较高的抗拉强度、抗撕裂能力及大气稳定性等。

各类防水卷材的选用应充分考虑建筑的特点、地区环境条件、使用条件等多种因素，结合材料的特性和性能指标来选择。

(一) 石油沥青防水卷材

石油沥青防水卷材是用原纸、纤维织物、纤维毡等胎体浸涂石油沥青，表面撒布粉状、粒状或片状材料制成可卷曲的片状防水材料。常用的有石油沥青纸胎油毡、石油沥青玻璃布油毡、石油沥青玻纤胎油毡、石油沥青麻布胎油毡等。

对于屋面防水工程，根据国家标准《屋面工程质量验收规范》（GB 50207—2002）的规定，沥青防水卷材仅适用于屋面防水等级为Ⅲ级（一般的工业与民用建筑、防水层合理使用年限为 10 年）和Ⅳ级（非永久性的建筑、防水层合理使用年限 5 年）的屋面防水工程。对于防水等级为Ⅲ级的屋面，应选用三毡四油沥青卷材防水，对于防水等级为Ⅳ级的屋面，可选用二毡三油沥青卷材防水。沥青防水卷材的外观质量和物理性能要求详见相关的标准规定。石油沥青纸胎油毡属于淘汰产品。

(二) 高聚物改性沥青防水卷材

高聚物改性沥青防水卷材是以合成高分子聚合物改性沥青为涂盖层，纤维织物或纤维毡为胎体，粉状、粒状、片状或薄膜材料为覆面材料制成的可卷曲片状防水材料。

表 2-8-2　石油沥青防水卷材的特点及适用范围

卷材名称	特　点	适用范围	施工工艺
石油沥青纸胎油毡	是传统的防水材料，其低温柔性差，防水层耐用年限较短，但价格较低	三毡四油、二毡三油叠层铺设的屋面工程	热玛碲脂、冷玛碲脂粘贴施工
石油沥青玻璃布油毡	抗拉强度高，胎体不易腐烂，材料柔韧性好，耐久性比纸胎油毡提高一倍以上	多用作纸胎油毡的增强附加层和突出部位的防水层	热玛碲脂、冷玛碲脂粘贴施工
石油沥青玻纤胎油毡	有良好的耐水性、耐腐蚀性和耐久性，柔韧性也优于纸胎油毡	常用做屋面或地下防水工程	热玛碲脂、冷玛碲脂粘贴施工
石油沥青铝箔胎油毡	有很高的阻隔蒸汽的渗透能力，防水功能好，且具有一定的抗拉强度	与带孔玻纤毡配合或单独使用，宜用于隔汽层	热玛碲脂粘贴

高聚物改性沥青防水卷材克服了传统沥青防水卷材温度稳定性差、延伸率小的不足，具有高温不流淌、低温不脆裂、拉伸强度高、延伸率较大等优良性能。此类防水卷材按厚度可分为2mm，3mm，4mm，5mm 等规格，一般单层铺设，也可复合使用。根据不同卷材可采用热熔法、冷黏法、自黏法施工。常见的几种高聚物改性沥青防水卷材的特点和适用范围如表 2-8-3 所示。

表 2-8-3　高聚物改性沥青防水卷材的特点和适用范围

卷材名称	特　　点	适用范围	施工工艺
SBS 改性沥青防水卷材	耐高、低温性能有明显提高，卷材的弹性和耐疲劳性明显改善	单层铺设的屋面防水工程或复合使用，适合于寒冷地区和结构变形频繁的建筑	冷施工铺贴或热熔铺贴
APP 改性沥青防水卷材	具有良好的强度、延伸性、耐热性、耐紫外线照射及耐老化性能	单层铺设，适合于紫外线辐射强烈及炎热地区屋面使用	热熔法或冷黏法铺设
PVC 改性焦油沥青防水卷材	有良好的耐热及耐低温性能，最低开卷温度为 -18℃	有利于在冬季零度以下施工	可热作业亦可冷施工
再生胶改性沥青防水卷材	有一定的延伸性，且低温柔性较好，有一定的防腐蚀能力	变形较大或档次较低的防水工程	热沥青粘贴
废橡胶粉改性沥青防水卷材	比普通石油沥青纸胎油毡的抗拉强度、低温柔性均明显改善	叠层使用于一般屋面防水工程，宜在寒冷地区使用	热沥青粘贴

对于屋面防水工程，根据国家标准《屋面工程质量验收规范》（GB 50207—2002）规定，高聚物改性沥青防水卷材适用于防水等级为Ⅰ级（特别重要或对防水有特殊要求的建筑，防水层合理使用年限为 25 年）、Ⅱ级（重要的建筑和高层建筑，防水层合理使用年限为 15 年）和Ⅲ级的屋面防水工程。对于Ⅰ级屋面防水工程要求三道或三道以上防水设防，对于Ⅱ级屋面防水工程要求二道防水设防，对于Ⅲ级屋面防水工程要求一道防水设防。

（三）合成高分子防水卷材

合成高分子防水卷材是以合成橡胶、合成树脂或两者共混为基料，加入适量的助剂和填料，经混炼压延或挤出等工序加工而成的防水卷材。

合成高分子防水卷材具有高弹性、拉伸强度高、抗撕裂能力强、延伸率大、耐热性和低温柔性好、耐腐蚀、耐老化、冷施工、使用寿命长等优点。其品种可分为橡胶基、树脂基和橡塑共混基三大类。此类卷材按厚度分为 1mm、1. 2mm、1. 5mm、2. 0mm 等规格，一般单层铺设，可采用冷黏法或自黏法施工。

合成高分子防水卷材因所用的基材不同而性能差异较大，使用时应根据其性能的特点合理选择，常见的合成高分子防水卷材的特点和适用范围如表 2-8-4 所示。

表 2-8-4　常见合成高分子防水卷材的特点和适用范围

卷材名称	特　　点	适用范围	施工工艺
三元乙丙橡胶防水卷材	防水性能优异、耐候性好、耐臭氧性、耐化学腐蚀性好、弹性和抗拉强度大，对基层变形开裂的适应性强，重量轻，使用温度范围广，寿命长，但价格高，黏结材料尚需配套完善	防水要求较高、防水层耐用年限要求长的工业与民用建筑，单层或复合使用	冷黏法或自黏法
丁基橡胶防水卷材	有较好的耐候性、耐油性、抗拉强度和延伸率较高，耐低温性能稍低于三元乙丙橡胶防水卷材	单层或复合用于要求较高的防水工程	冷黏法施工
聚氯乙烯防水卷材	具有较高的拉伸和撕裂强度，延伸率较大、耐老化性能好，原材料丰富，价格便宜，容易黏结	单层或复合用于外露或有保护层的防水工程	冷黏法施工或热风焊接法施工
氯化聚乙烯防水卷材	具有良好的耐候性、耐臭氧、耐热老化、耐油、耐化学腐蚀及抗撕裂的性能	单层或复合使用宜用于紫外线强的炎热地区	冷黏法施工
氯化聚乙烯——橡胶共混防水卷材	不但具有氯化聚乙烯特有的高强度和优异的耐臭氧、耐老化性能，而且具有橡胶所特有的高弹性、高延伸性以及良好的低温柔性	单层或复合使用，尤宜用于寒冷地区或变形较大的防水工程	冷黏法施工

对于屋面防水工程，根据国家标准《屋面工程质量验收规范》（GB 50207—2002）的规定，合成高分子防水卷材适用于防水等级为Ⅰ级、Ⅱ级和Ⅲ级的屋面防水工程。

三、防水涂料

防水涂料是以沥青、合成高分子等为主体，在常温下呈无定形流态或半流态，涂布在基层表面，通过溶剂挥发或反应固化后能形成坚韧防水膜的材料的总称。

防水涂料按液态类型可分为溶剂型、水乳型和反应型三种，按主要成膜物质可分为沥青类、高聚物改性沥青类和合成高分子类。

防水涂料的使用应考虑建筑的特点、环境条件和使用条件等因素，结合防水涂料的特点和性能指标来选择。

（一）沥青基防水涂料

沥青基防水涂料是指以沥青为基料配制而成的水乳型或溶剂型防水涂料。这类涂料对沥青基本没有改性或改性作用不大，有石灰乳化沥青、膨润土沥青乳液和水性石棉沥青防水涂料等。它主要适用于Ⅲ级和Ⅳ级防水等级的工业与民用建筑屋面、混凝土地下室和卫生间防水。

（二）高聚物改性沥青防水涂料

高聚物改性沥青防水涂料是指以沥青为基料，用合成高分子聚合物进行改性，制成的水乳型或溶剂型防水涂料。这类涂料在柔韧性、抗裂性、拉伸强度、耐高低温性能、使用寿命等方面比沥青基涂料有很大的改善。品种有再生橡胶改性沥青防水涂料、水乳型氯丁橡胶沥青防水涂料，SBS 橡胶改性沥青防水涂料等。适用于Ⅱ级，Ⅲ级，Ⅳ级防水等级的屋面、地面、混凝土地下室和卫生间等的防水工程。

（三）合成高分子防水涂料

合成高分子防水涂料指以合成橡胶或合成树脂为主要成膜物质制成的单组分或多组分的防水涂料。这类涂料具有高弹性、高耐久性及优良的耐高低温性能，主要品种有聚氨酯防水涂料、丙烯酸酯防水涂料、聚合物水泥基防水涂料和有机硅防水涂料等。适用于Ⅰ级、Ⅱ级、Ⅲ级防水等级的屋面、地下室、水池及卫生间等的防水工程。

四、防水油膏

防水油膏是一种非定型的建筑密封材料，也称密封膏、密封胶、密封剂，是溶剂型、乳液型、化学反应型等黏稠状的材料。防水油膏与被黏基层应具有较高的黏结强度，具备良好的水密性和气密性，良好的耐高低温性和耐老化性性能，一定的弹塑性和拉伸——压缩循环性能。以适应屋面板和墙板的热胀冷缩、结构变形、高温不流淌、低温不脆裂的要求，保证接缝不渗漏、不透气的密封作用。

防水油膏的选用，应考虑它的黏结性能和使用部位。密封材料与被黏基层的良好黏结，是保证密封的必要条件，因此，应根据被黏基层的材质、表面状态和性质来选择黏结性良好的防水油膏。建筑物中不同部位的接缝，对防水油膏的要求不同，如室外的接缝要求较高的耐候性，而伸缩缝则要求较好的弹塑性和拉伸——压缩循环性能。

目前，常用的防水油膏有沥青嵌缝油膏、塑料油膏、丙烯酸类密封膏、聚氨酯密封膏、聚硫密封膏和硅酮密封膏等。

复习思考题

第二节

1. 材料的孔隙率与空隙率有何区别？

2. 简述材料的孔隙率和孔隙特征与材料的体积密度、强度、吸水性、抗渗性、抗冻性及导热性等性质的关系。

3. 材料的吸水性、吸湿性、耐水性、抗渗性和抗冻性的含义是什么？各用什么指标表示？

4. 评价材料热工性能的常用指标有哪几个？欲保持建筑物室内温度的稳定并减少热损失，应选择什么样的建筑材料？

5. 某石灰岩的密度为 $2.60g/cm^3$，孔隙率为 1.20%。现将该石灰岩破碎成碎石，碎石的堆积密度为 $1\,580kg/m^3$，求此碎石的表观密度和空隙率。

6. 烧结普通砖进行抗压试验，测得浸水饱和后的破坏荷载为 185kN，干燥状态的破坏荷载为 206kN（受压面积为 $115mm \times 120mm$），问此砖的饱水抗压强度和干燥抗压强度各为多少？是否适用于常与水接触的工程结构物？

7. 材料的强度与强度等级的关系如何？影响材料强度的因素有哪些？

8. 将500g河砂，烘干至恒重时质量为494g，此河砂的含水率为多少？

第三节

1. 什么是气硬性胶凝材料？什么是水硬性胶凝材料？二者有何区别？

2. 石灰在使用前为什么要“陈伏”？石灰的特性和应用如何？

3. 石灰本身不耐水，但用它配制的石灰土或石灰三合土却可用于基础的垫层、道路的基层等潮湿部位，为什么？

4. 建筑石膏的质量等级如何划分？有哪些等级？建筑石膏的特性和应用如何？

5. 为什么石灰除粉刷外，均不可单独作用？

6. 水玻璃的主要特性和用途有哪些？

7. 试述硅酸盐水泥的主要熟料矿物组成及其对水泥性质的影响。

8. 国家标准规定水泥的初凝时间和终凝时间，在工程上有什么意义？

9. 什么是水泥的体积安定性？分析水泥安定性不良的原因是什么？安定性不合格的水泥用于工程中会产生什么后果？国家标准对硅酸盐水泥的安定性是如何规定的？

10. 为什么生产硅酸盐水泥时掺适量石膏对水泥不起破坏作用？而硬化水泥石在有硫酸盐的环境介质中生成石膏时就有破坏作用？

11. 什么是活性混合材料和非活性混合材料？它们掺入硅酸盐水泥中各起什么作用？常用的活性混合材料有哪几种？活性混合材料产生水硬性的条件是什么？

12. 硅酸盐水泥腐蚀的类型有哪几种？腐蚀的原因是什么？防止水泥石腐蚀的措施有哪些？

13. 矿渣水泥、粉煤灰水泥、火山灰水泥与硅酸盐水泥和普通水泥相比，三种水泥的共性是什么？

14. 为什么硅酸盐水泥的早期强度较高、水化热较大、耐腐蚀性较差，而矿渣水泥的早期强度较低，后期强度增长较快、水化热较小，且耐腐蚀性较强？

15. 下列混凝土工程中，应优先选用哪种水泥？并说明理由。

（1）干燥环境的混凝土；（2）蒸汽养护的混凝土预制构件；（3）冬季施工的混凝土工程；（4）大体积混凝土坝和大型混凝土基础；（5）有硫酸盐腐蚀的工程；（6）热工窑炉的基础；（7）紧急抢修工程；（8）高强混凝土工程。

16. 仓库内有三种白色胶凝材料，分别是生石灰粉、建筑石膏和白水泥，用什么简易方法可以辨认？

第四节

1. 普通混凝土的组成材料有哪些？它们在混凝土中各起什么作用？

2. 什么是砂的颗粒级配和粗细程度？混凝土用砂为什么要提出砂的级配颗粒和粗细程度要求？

3. 干砂500g，其筛分结果如下表：试评定此砂的颗粒级配和粗细程度？

筛孔尺寸/mm	4.75	2.36	1.18	0.6	0.3	0.15	<0.15
筛余量/g	25	50	100	125	100	75	25

4. 混凝土用石子为什么要控制最大粒径？如何控制石子的最大粒径？

5. 什么是混凝土拌合物的和易性？和易性包括哪些方面？如何评定混凝土拌合物的和易性？

6. 什么是合理砂率？合理砂率有何技术及经济意义？

7. 影响混凝土强度的主要因素是什么？如何提高混凝土的强度？

8. 什么是混凝土的立方体抗压强度？什么是立方体抗压强度标准值？什么是混凝土的强度等级？

9. 什么是混凝土的耐久性？包括哪些方面？提高混凝土耐久性的措施有哪些？

10. 什么是减水剂？掺减水剂的技术经济效果如何？

11. 配制混凝土时，为什么不能随意增加用水量或改变水灰比？

12. 某混凝土的实验室配合比为 1∶2.1∶4.0，$W/C=0.6$，混凝土的体积密度为 2 400kg/m^3，求 1m^3 混凝土中各种原材料的用量是多少？

13. 已知混凝土的水灰比为0.6，单位用水量为180kg/m^3，砂率为33%，水泥密度为3.1g/cm^3，砂、石的表观密度分别为2.65g/cm^3 和2.70g/cm^3，（1）试用体积法计算 1m^3 混凝土中各项材料的用量。（2）若混凝土的体积密度为 2 400kg/m^3，用质量法计算 1m^3 混凝土中各项材料的用量。

第五节

1. 何谓砂浆？何谓砌筑砂浆？

2. 新拌砂浆的和易性包括哪些含义？各用什么指标表示？

3. 砌筑砂浆与抹面砂浆的技术要求分别有哪些？

4. 用于吸水基面的砌筑砂浆，影响其强度的因素是什么？

5. 某工程需配制 M7.5，稠度为 70～100mm 的砌筑砂浆，采用强度等级为 32.5 的普通水泥，石灰膏的稠度为 120mm，含水率为 2% 的中砂，其堆积密度为 1 450kg/m^3，施工水平一般，试确定该混合砂浆的配合比。

第六节

1. 简述墙体材料的类型及墙体材料改革的方向。

2. 烧结普通砖的强度等级是如何确定的？分为哪几个强度等级？

3. 如何划分烧结普通砖的质量等级？

4. 烧结多孔砖和烧结空心砖有何区别？推广使用多孔砖、空心砖有什么意义？

5. 加气混凝土砌块的应用范围如何？使用中应注意哪些方面？

6. 常用的墙用板材有哪些？

第七节

1. 钢有哪几种分类方法？

2. 钢中化学成分碳的含量对钢材的性能有什么影响？

3. 低碳钢受拉时的应力—应变图中，分为哪几个阶段？各阶段的有何特点及表示指标如何？

4. 什么是钢材的屈强比？其在工程中的实际意义是什么？

5. 脱氧程度对钢材的性能有什么影响？

6. 什么是钢材的冷弯性能？其表示指标是什么？冷弯试验的目的是什么？

7. 什么是钢材的冷加工强化和时效处理？钢材经冷加工强化和时效处理后，其性能有何变化？工程中采取此措施有何实际意义？

8. 碳素结构钢的牌号如何表示？为什么 Q235 号钢广泛用于工程中？

第八节

1. 石油沥青的组分有哪些？各组分所起的作用是什么？

2. 石油沥青的三大技术性质是什么？各用什么指标表示？

3. 如何划分石油沥青的牌号？石油沥青牌号的大小与沥青性质的关系如何？

4. 什么是改性沥青？常用的改性沥青有哪几种？

5. 与传统沥青防水卷材相比较，高聚物改性沥青防水卷材、合成高分子防水卷材各有什么突出的优点？

6. 防水涂料如何分类？

第三章 建 筑 识 图

第一节 建筑制图的基本知识

一、基本制图标准

建筑工程图是表达建筑设计意图的重要手段，为使建筑从业人员能够看懂建筑工程图，以及用图样来交流技术思想，国家制定了全国统一的建筑工程制图标准，其中《房屋建筑制图统一标准》（GB/T 50001—2010）是各相关专业的通用部分。除此以外还有《总图制图标准》（GB/T 50103—2010）、《建筑制图标准》（GB/T 50104—2010）、《建筑结构制图标准》（GB/T 50105—2010）、《给水排水制图标准》（GB/T 50106—2010）、《暖通空调制图标准》（GB/T 50114—2010）等相关专业的制图标准。本节主要介绍《房屋建筑制图统一标准》中的常用内容及基本规定。

（一）图纸的幅面规格及形式

建筑工程图纸的幅面规格共有五种，从大到小的幅面代号为 A0、A1、A2、A3 和 A4。如图 3-1-1 所示为图幅图框形式，根据工程的需要选择确定其尺寸、格式及分区。签字栏应包括实名列和签名列，并应符合下列规定。

（二）图线及其画法

工程图上所表达的各项内容，需要用不同线型、不同线宽的图线来表示，这样才能做到图样清晰、主次分明。为此，《房屋建筑制图统一标准》做了相应规定。

（1）线型

工程建设制图的线型有实线、虚线、单点划线、双点划线、折断线和波浪线共六种，前四种线型有粗、中、细三种线宽。

（2）线宽

在《房屋建筑制图统一标准》中规定，图线的宽度 b，宜从下列线宽系列中选用，2. 0mm、1. 4mm、1. 0mm、0. 7mm、0. 5mm 和 0. 35mm。可采用表 3-1-1 的线宽。

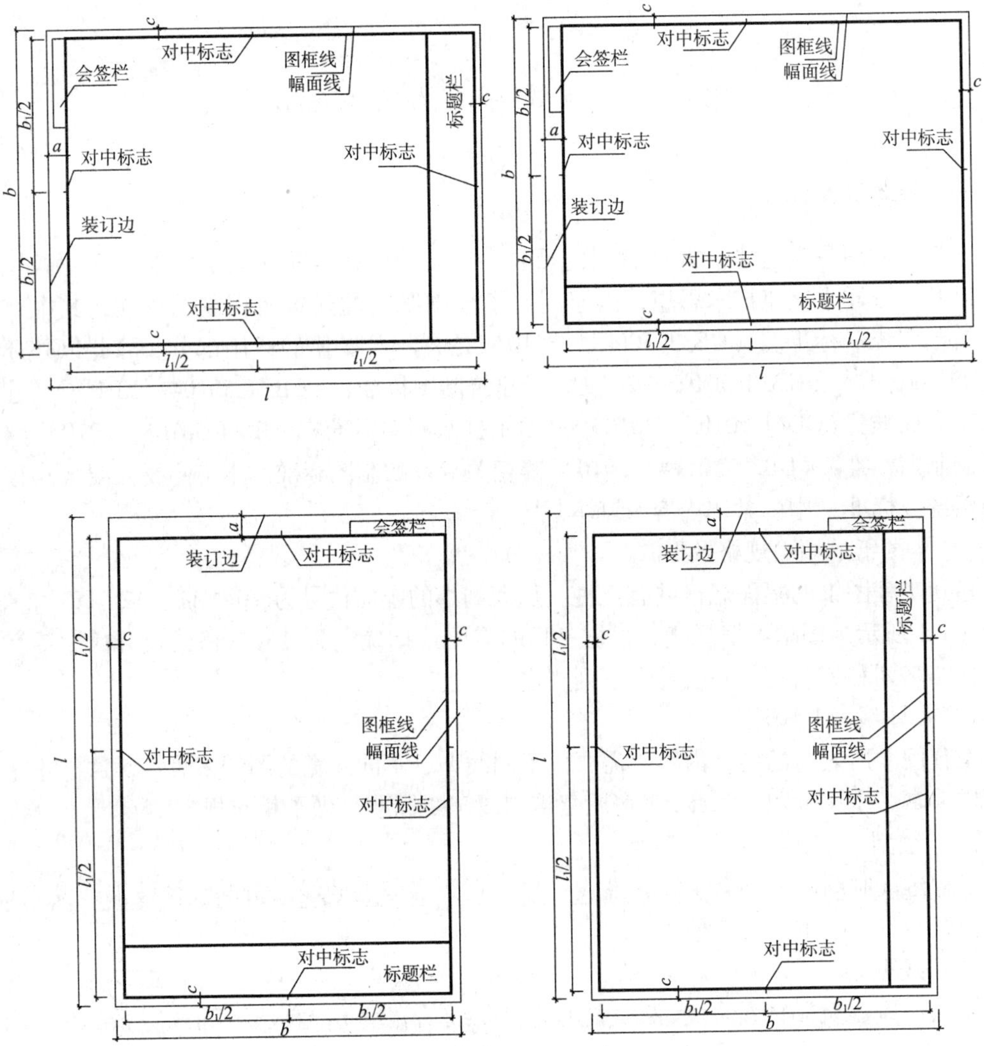
会签栏
对中标志
图框线
幅面线
标题栏
装订边
对中标志
标题栏
会签栏
对中标志
图框线
幅面线
装订边
对中标志
标题栏
装订边
对中标志
会签栏
图框线
幅面线
对中标志
对中标志
标题栏
装订边
对中标志
会签栏
标题栏
图框线
幅面线
对中标志
对中标志
对中标志

图 3-1-1　图框格式

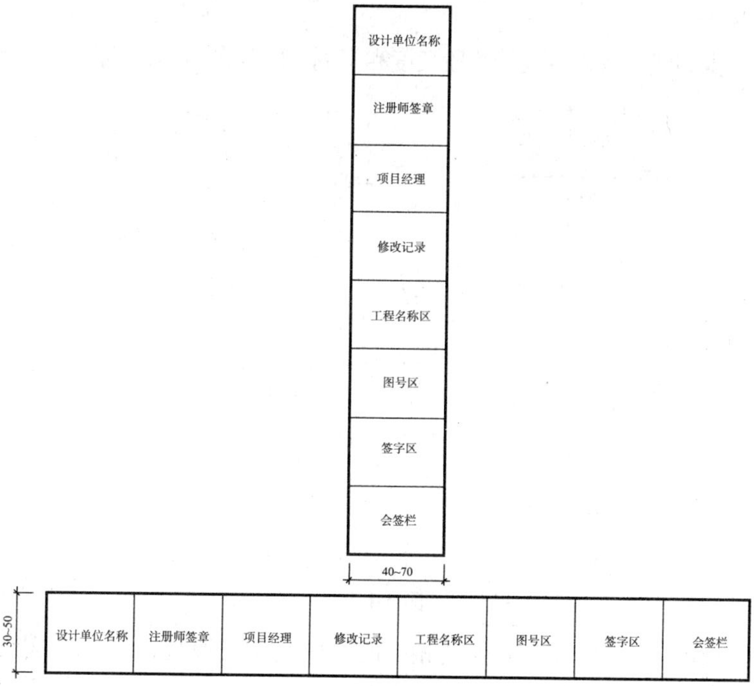

图 3-1-2　标题栏格式

表 3-1-1　图　线

名称		线型	线宽	一般用途
实线	粗		b	主要可见轮廓线
	中粗		0.7b	可见轮廓线
	中		0.5b	可见轮廓线、尺寸线、变更云线
	细		0.25b	图例填充线、家具线
虚线	粗		b	见各有关专业制图标准
	中粗		0.7b	不可见轮廓线
	中		0.5b	不可见轮廓线、图例线
	细		0.25b	图例填充线、家具线
单点长画线	粗		b	见各有关专业制图标准
	中		0.5b	见各有关专业制图标准
	细		0.25b	中心线、对称线、轴线等
双点长画线	粗		b	见各有关专业制图标准
	中		0.5b	见各有关专业制图标准
	细		0.25b	假想轮廓线、成型前原始轮廓线
折断线	细		0.25b	断开界线
波浪线	细		0.25b	断开界线

（3）图线的画法

1）相互平行的图线，其间隙不能小于粗线的宽度，且不宜小于 0.7mm，如图 3-1-3

(a) 所示。

2) 虚线、单点划线、双点划线的线段长度和间隔，应各自相等，如图 3-1-3 (b) 所示。

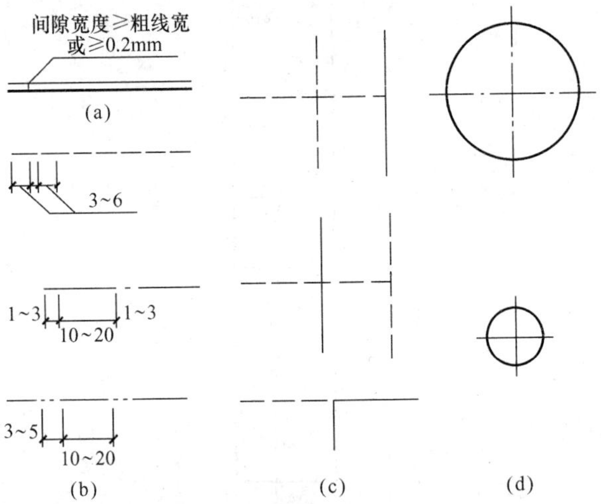

图 3-1-3

3) 虚线与虚线相交或虚线与其他线相交时，应交于线段处；虚线在实线的延长线上时，不能与实线连接，如图 3-1-3 (c) 所示。

4) 单点划线或双点划线的两端不应是点，点划线之间或点划线与其他图线相交时应交于线段处。

5) 在较小图形中，点划线绘制有困难时可用实线代替。圆的中心线应用单点划线表示，两端伸出圆周 2 ~ 3mm；圆的直径较小时中心线用实线表示，伸出圆周长度 1 ~ 2mm，如图 3-1-3 (d) 所示。

图 3-1-4

(三) 比例

比例是指图形与实物相对应的线性尺寸之比，图 3-1-4 是同一扇门用不同比例画出的门的立面图。注意，无论用何种比例画出的同一扇门，所标的尺寸均为物体的实际尺寸，不是图形本身的尺寸。

比例的字高应比图名字号小 1 ~ 2 号，如图 3-1-5 所示。

(四) 尺寸标注

(1) 尺寸的组成及标注

图样的尺寸是由尺寸界线、尺寸线、尺寸数字和尺寸起止符号 4 部分组成。

在尺寸标注中，尺寸界线、尺寸线应用细实线绘制。线性尺寸界线一般应与尺寸线垂直，同时也应与被注长度垂直，其一端应离开图样不小于 2mm，另一端宜超出尺寸线 2 ~ 3mm。图样轮廓线可用作尺寸界线，如图 3-1-6 所示。

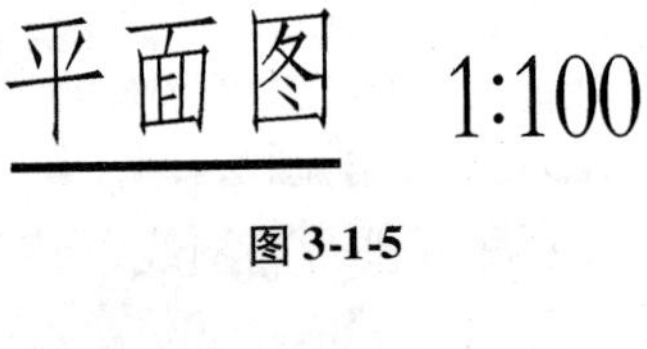

图 3-1-5

尺寸线应用细实线绘制，应与被注长度平行。注意，

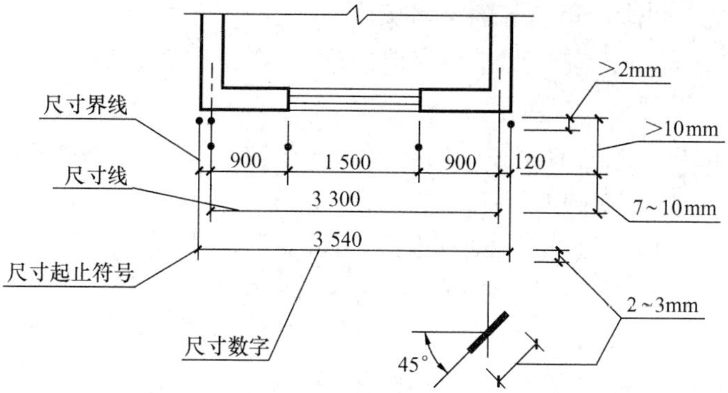

图 3-1-6

任何图线均不得用作尺寸线。尺寸线与图样最外轮廓线的间距不宜小于 10mm，平行排列的尺寸线的间距宜为 7~10mm，并保持一致，如图 3-1-7 所示。尺寸起止符号一般用中粗斜短线绘制，其倾斜方向应与尺寸界线成顺时针 45°，长度宜为 2~3mm。半径、直径、角度与弧长的尺寸起止符号，宜用长箭头表示，如图 3-1-8 所示。

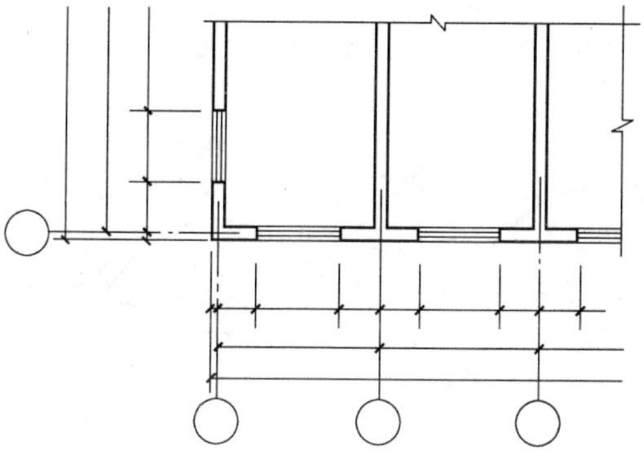

图 3-1-7

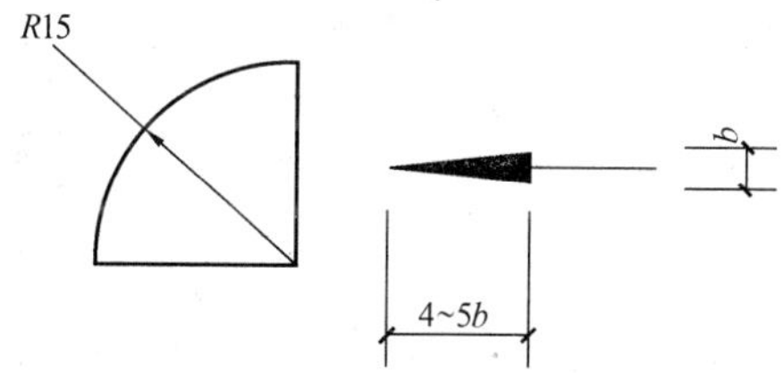

图 3-1-8

图样的尺寸大小应以数字表达为准，不能从图中直接量取。尺寸数字应注写在水平尺寸线的上方中部，或竖向尺寸线的左方中部，此时竖向尺寸数字的字头应朝左。尺寸数字的大小要一致，尺寸数字的字号一般大于或等于 3.5 号，通常选用 3.5 号字，如图 3-1-9 所示。

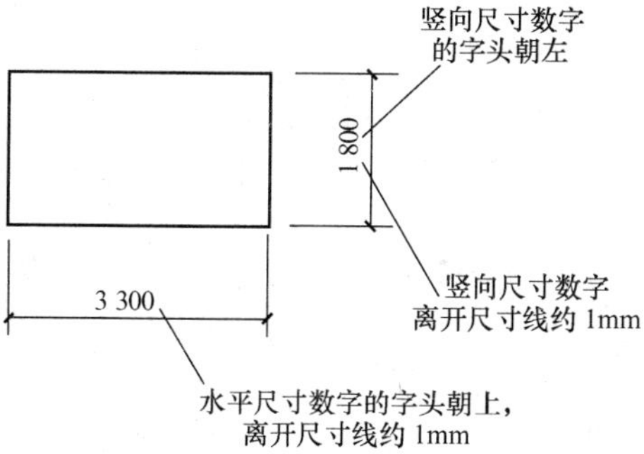

图 3-1-9

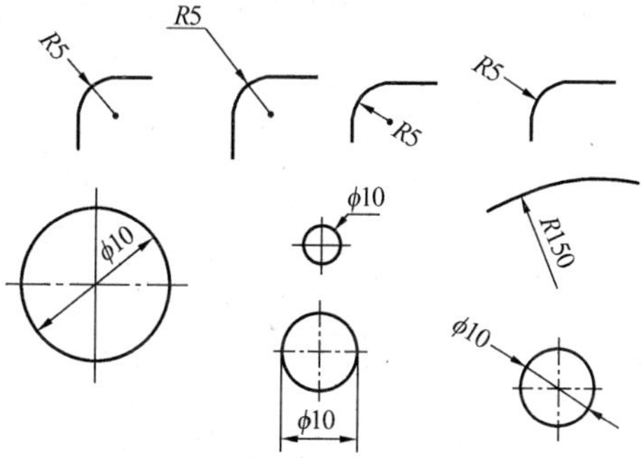

图 3-1-10

（2）圆、圆弧、球体及角度等的尺寸标注

圆及大于 1/2 圆的圆弧应在尺寸数字前加注“ϕ”，小于等于 1/2 圆的圆弧应在尺寸数字前加注“*R*”，如图 3-1-10 所示。

1）在标注圆的直径尺寸时，在圆内的尺寸线应通过圆心，两端画箭头指到圆弧。较小圆的直径尺寸，可标注在圆外。

2）半径的尺寸线应一端从圆心开始，另一端画箭头指到圆弧。较小圆弧的半径尺寸可引出标注，较大圆弧的半径尺寸线可画成折断线，但其延长线应对准圆心。

3）标注球的半径尺寸时，应在尺寸前加注符号“SR”。标注球的直径尺寸时，应在尺寸数字前加注符号“Sφ ”。注写方法与圆弧半径和圆直径的尺寸标注方法相同。

4）角度的尺寸线用细实线圆弧表示，其圆心为角的顶点，角的两边为尺寸界线，起止符号应以箭头表示，如无足够位置画箭头，可以圆点代替，角度数值应按水平方向注写，如图 3-1-11（a）所示。

5）弧长的尺寸线应采用与圆弧同心的细弧线表示，尺寸界线应垂直于该圆弧的弦，起止符号用箭头表示，弧长数字上应加圆弧符号“⌒”，如图 3-1-11（b）所示。

6）标注弦长时，尺寸线应与弦长方向平行，尺寸界线与弦垂直，起止符号用 45° 中实线短划表示。如图 3-1-11（c）所示。

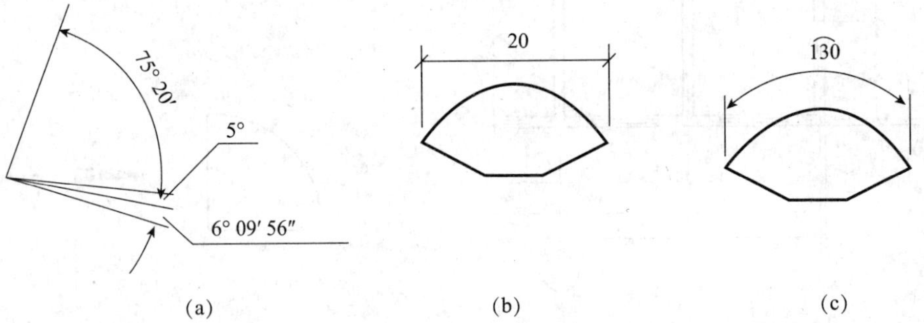

图 3-1-11

7）斜边需标注坡度（直线或平面与水平面之间的倾斜关系）时，用由斜边构成的直角三角形的对边与底边之比来表示，或者在坡度较小时换算成百分数。标注坡度时，应在坡度数字下画出坡度符号“ ⇁”，该符号为单面箭头，坡度符号的箭头应指下坡方向。坡度也可用直角三角形的形式进行有关坡度的标注，有关坡度的标注如图 3-1-12 所示。

（3）等长尺寸、单线图、相同要素的尺寸标注

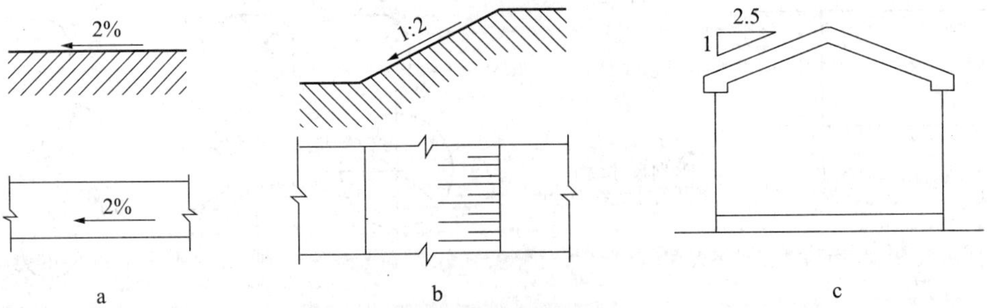

图 3-1-12

1）对于连续排列的等长尺寸，可用“个数 × 等长尺寸 = 总长”的形式标注，如图 3-1-13所示。

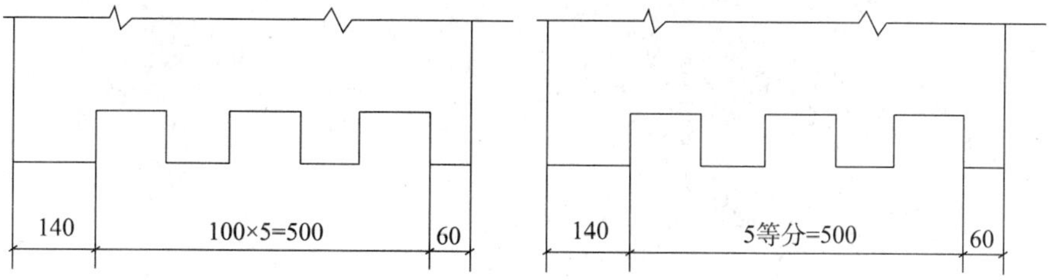

图 3-1-13

2）对于桁架简图、钢筋简图、管线图等单线图在尺寸标注时，可直接将尺寸数字标注管线的一侧，如图 3-1-14 所示。

当形体内的构造要素（如孔、槽等）有相同处时，可标注其中的一个要素尺寸，并在尺寸数字前注明个数。如图 3-1-15 所示。

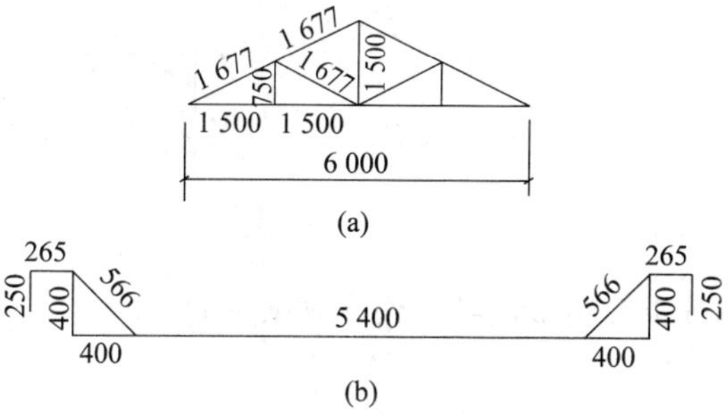

图 3-1-14

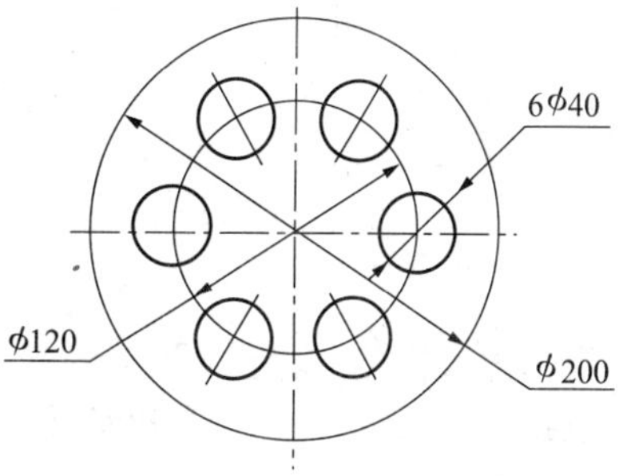

图 3-1-15

（4）尺寸标注的注意事项

1）轮廓线、中心线可用作尺寸界线，但不能用作尺寸线。

2）不能用尺寸界线作为尺寸线。

3）有多道尺寸时，大尺寸在外，小尺寸在内，如图 3-1-13 所示。

4）建筑工程图上的尺寸单位，除总平面图和标高以米（m）为单位外，均以毫米（mm）为单位。因此，图样上的尺寸数字不再注写单位。

5）尺寸数字的方向，应按图 3-1-16（a）的规定注写。若尺寸数字在 30°斜线区内，也可按图 3-1-16（b）的形式注写。

6）同一张图纸所标注的尺寸数字的大小应一致，不能忽大忽小。

7）尺寸数字一般应依据其方向注写在靠近尺寸线的上方中部。如没有足够的注写位置，最外边的尺寸数字可注写在尺寸界线的外侧，中间相邻的尺寸数字可上下错开注写，引出线端部用圆点表示标注尺寸的位置。如图 3-1-17 所示。

二、计算机制图和辅助设计简介

计算机制图和辅助设计在我国各行各业已经广泛应用。目前，计算机绘图已是工程界主要的绘图手段，计算机技术的应用，体现出科技的发展和时代的进步。

计算机绘图有出图精度高、速度快、修改方便等优点，而且还有相应专业软件的支

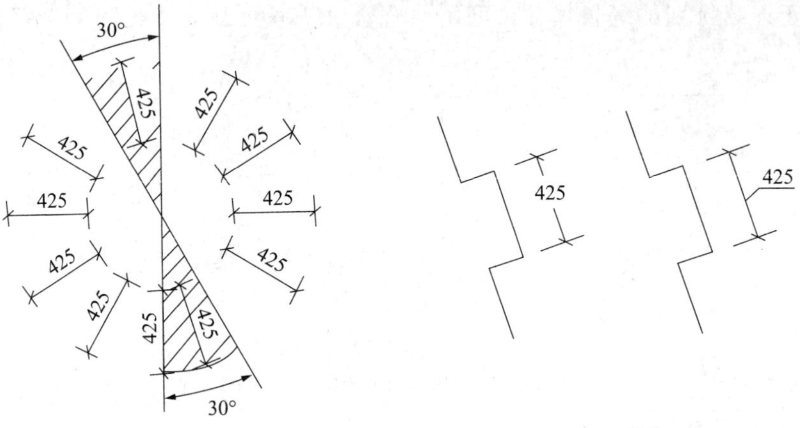

（a）　　　　　　　　（b）

图 3-1-16

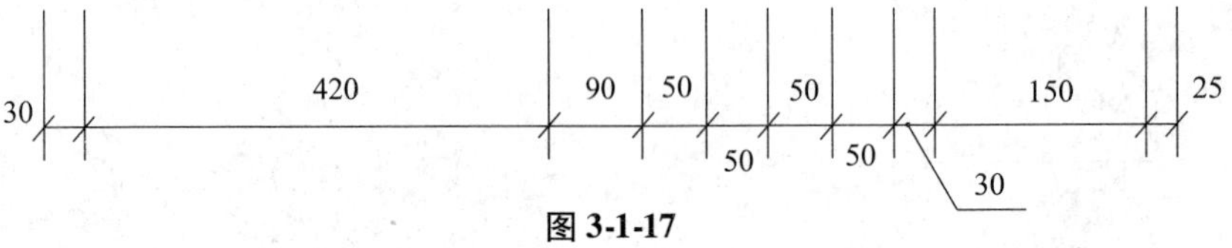

图 3-1-17

持，可完成方案优化、结构计算、经济指标分析等诸多设计工作，越来越向智能化方向发展，设计工作进入了一个蓬勃发展的新时代。

第二节　基本几何体的投影

一、平面体的投影

如图 3-2-1 所示为三棱柱在三面投影体系中的投影。作图前应先进行分析：图中三棱柱为平放，它的一个侧面平行于 *H* 面，各侧棱均垂直 *W* 面，此时左右的两个三角形底面也平行于 *W* 面，故在 *W* 面上三角形是其底面的实形，*H* 面投影的矩形外轮廓为其水平侧面的实形。*V* 投影的外轮廓是前后两个侧面的类似性投影，上下两条横线是侧棱的实长。

（一）棱柱投影作图步骤

（1）作 *H* 面投影

量取形体的长、宽尺寸，先作水平侧面的实形投影，它的投影构成了形体 *H* 投影的外轮廓，然后画出上方棱线的投影（在矩形轮廓的水平中央）。

（2）作 *V* 投影

从 *H* 面向上长对正并利用高度尺寸，在 *V* 面画出正面的投影，此矩形投影是三棱柱前后两个侧面的重影。

（3）作 *W* 投影

根据高平齐、宽相等可画出三角形底面的实形投影。

从图 3-2-2 可以看出，作三棱柱的投影，就是作其各表面的投影，按其相对位置作出

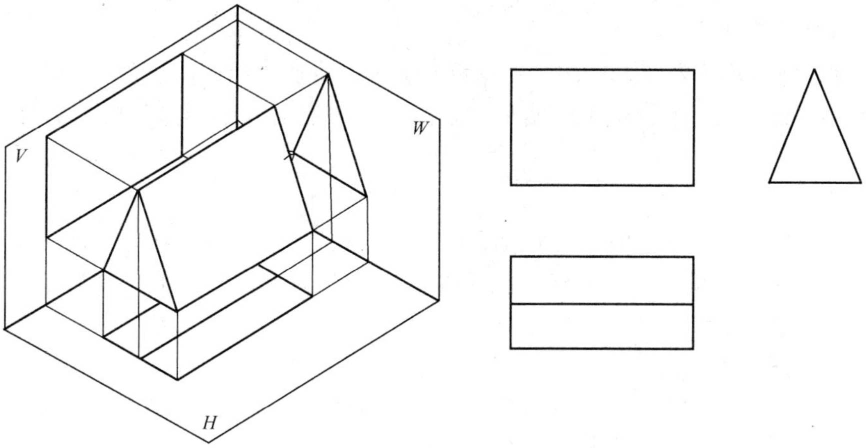

(a) (b)

图 3-2-1

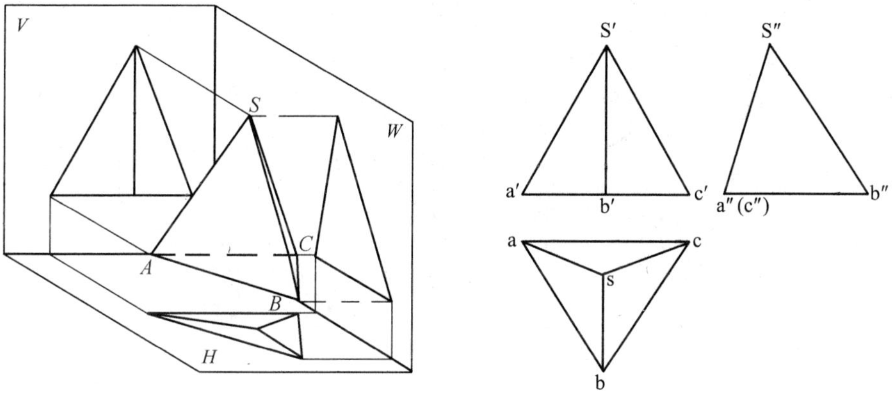

(a) (b)

图 3-2-2

（一般先从反映实形的投影开始），即为三棱柱的投影。

（二）棱锥投影作图步骤

（1）作 *H* 投影

由于底面平行于 *H* 面，所以在 *H* 面上反映实形。故按照作投影图先作实形投影的方法，由三角形各边尺寸和夹角画出底面的三角形轮廓，现连以棱线的投影。

（2）作 *V* 投影

根据长对正先作出底面的投影，然后根据三棱锥的高作出左右及前侧棱的投影。

（3）作 *W* 投影

根据宽相等和高平齐，容易作出 *W* 投影。

为作图方便，让底面平于水平投影面，SB 棱线平行于侧面投影面，如图 3-2-2 所示。

（三）棱台投影图步骤

（1）作水平投影

上底面和下底面为水平面，水平投影反映实形，为两个相似的三角形。其余各侧面倾斜于水平投影面，水平投影不反映实形，是以上、下底面水平投影相应边为底边的 3 个梯形。

（2）作正面投影

上、下底面的正面投影积聚成平行于 *OX* 轴的线段，侧面 *ACFD* 和 *ABED* 为一般位置平面，其正面投影仍为梯形，*BCFE* 为侧垂面，正面投影不反映实形，仍为梯形，并与另两个侧面的正面投影重合。

（3）作侧面投影

上、下底的侧面投影分别积聚成平行于 *OY* 轴的线，侧垂面 *BCFE* 也积聚成倾斜于 *OZ* 轴的线段，而 *ACFD* 与 *ABED* 重合成为一个梯形。如图 3-2-3 所示。

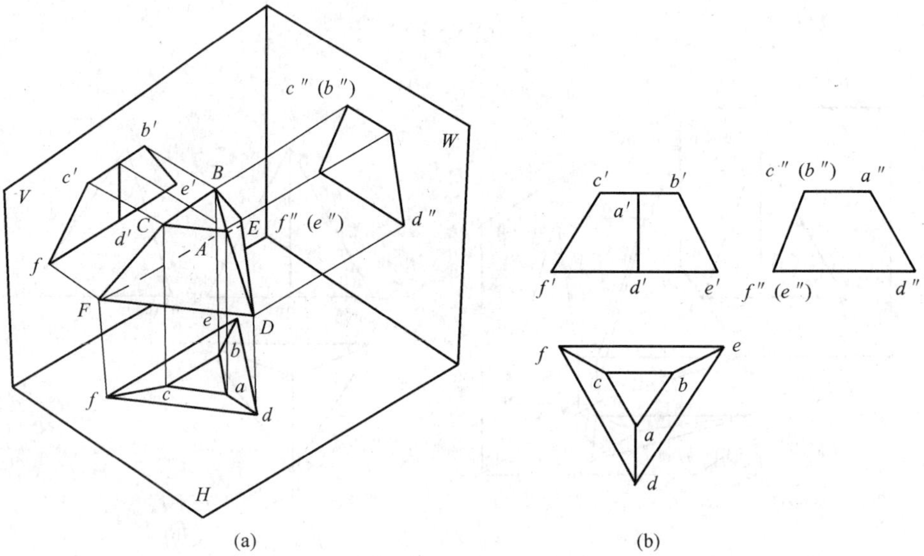

图 3-2-3

以上平面体棱柱、棱锥、棱台的投影，都是在作出组成平面体表面的投影后得到的，而作表面的投影实质上是作各表面的边线和点的投影相连而成，因此平面体的投影具有如下特点：

（1）平面体的投影，实质上是点、直线和平面的投影集合。

（2）投影图中线段的交点，可能是体表面上顶点的投影，也可能是体表面上线段的积聚投影。

（3）投影图中的线段，可能是体上侧棱或底边的投影，也可能是体表面上侧面、底面的积聚投影。

（4）任何一个投影图都是由若干个封闭的线框组成的，每一个封闭的线框都是一个侧面或底面的投影。

（5）投影图中凡实线组成的线框都表示可见的平面，而线框中只要有一条虚线，则表示该平面为不可见。

平面体只要注出它的长、宽和高的尺寸就可以确定它的大小。尺寸一般注在反映实形的投影上，尽可能集中标注在两个投影之间和右方，必要时才注在上方和左方。一个尺寸只需标注一次，尽量避免重复。正多边形（如正五边形、正六边形）的大小可标注其外接圆的直径尺寸。平面体的尺寸标注如表 3-2-1 所示。

表 3-2-1　平面体的尺寸标注

四 棱 柱 体	三 棱 柱 体	四 棱 柱 体
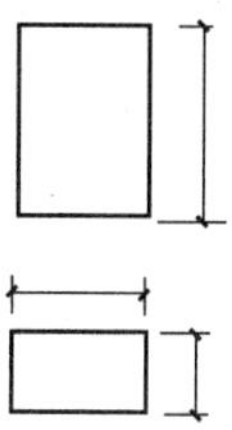	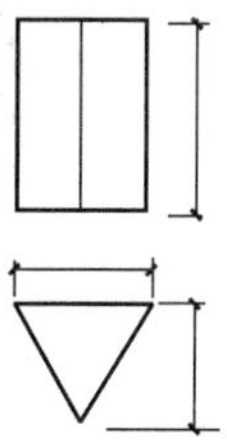	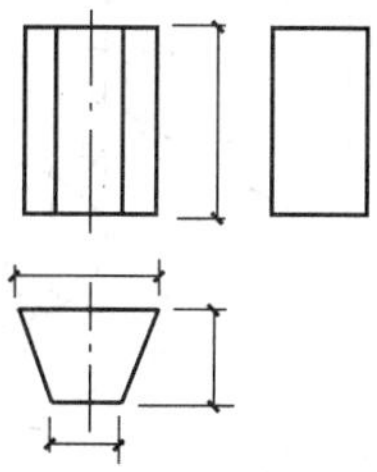
三 棱 锥	五 棱 锥	四 棱 台
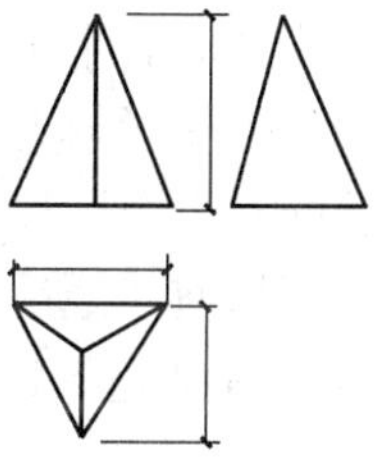	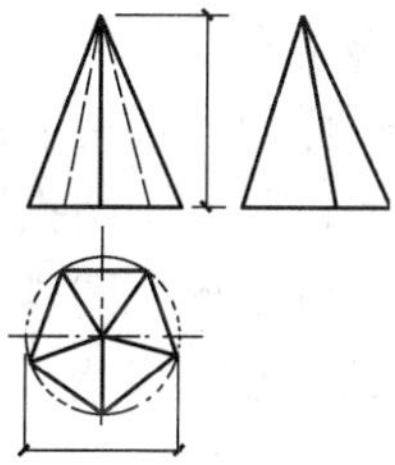	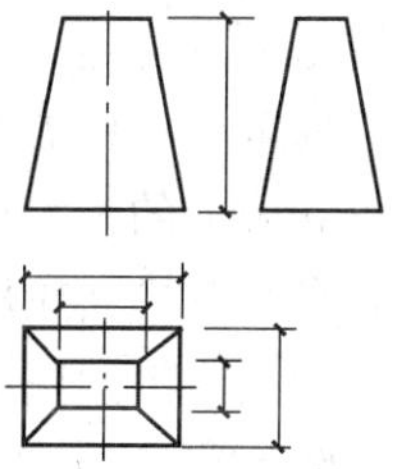

二、曲面体的投影

（一）圆柱体的投影

（1）圆柱体的形成

如图 3-2-4 所示，一线段 *CD* 绕着与其平行的另一线段 *AB* 旋转一周，所得轨迹如一圆柱面，线段 *CD* 为母线，*AB* 为轴线，这时的圆柱面可以看作是母线 *CD* 运动过程中的所有素线的集合。

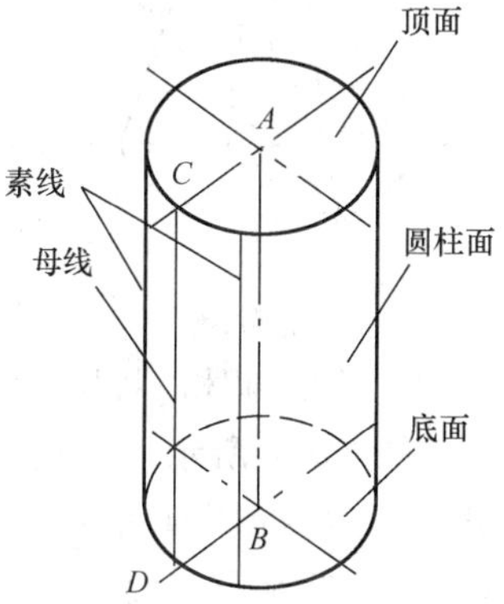

图 3-2-4

（2）作圆柱体的投影

如图 3-2-5 所示的圆柱体，两个底面为水平面，它们的水平投影重合在一起，是反映实形的圆，其正面投影和侧面投影分别积聚成平行于 *OX* 轴和 *OY* 轴的线段，且四线段长度相等，为圆柱的直径。上、下底圆积聚投影之间的距离为圆柱体的高。

圆柱面是光滑的曲面，其上所有素线为铅垂线，因此圆柱面也垂直于水平投影面，水平投影积聚成与上、下底

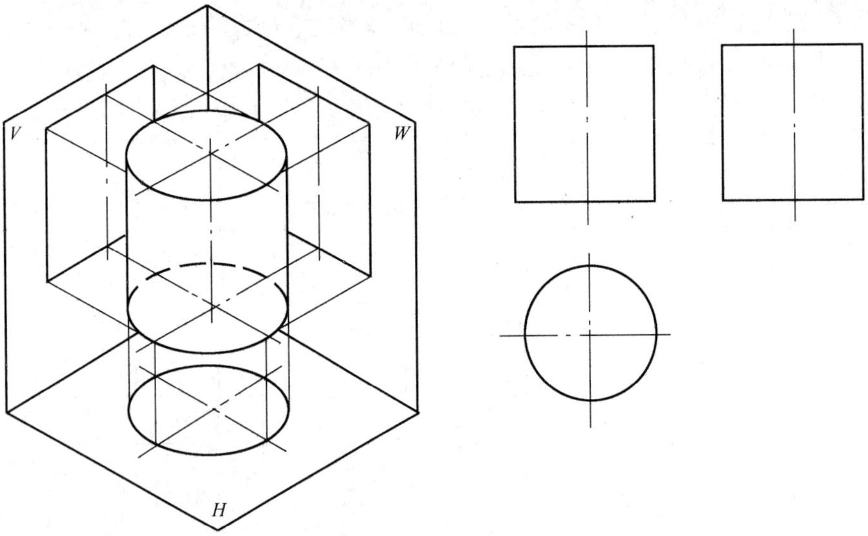

图 3-2-5

面水平投影全等且同心的圆。正面投影是看得见的前半个圆柱面和看不见的后半个圆柱面轮廓投影的重合，形成矩形。也可以这样说，圆柱上最左、右两条素线的投影与上、下两底面在正立面上的投影构成矩形，侧面投影与正面投影相同，看得见的左半个圆柱面和看不见的右半个圆柱面轮廓投影重合，形成矩形，同样可以看作是圆柱面最前、最后两条素线的投影与上、下两底圆侧面投影形成矩形。因此，圆柱体的 3 个投影分别是：1 个圆和 2 个全等的矩形。

（二）圆锥体的投影

（1）圆锥体的形成

如图 3-2-6 所示，线段 *SA* 绕着与它相交的另一线段 *SO*360°旋转，所形成的曲面叫圆锥面，*SA* 为母线，*SO* 为轴线，圆锥面也可看作由无数条相交于一点并与轴线 *SO* 保持一定角度的素线的集合。

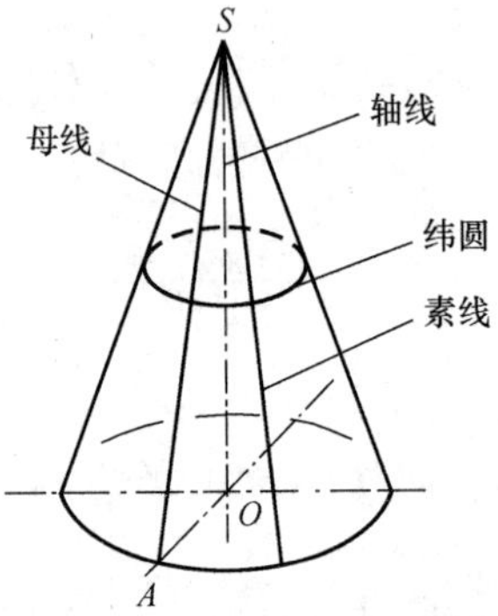

图 3-2-6

（2）作圆锥体的投影

如图 3-2-7 所示，圆锥体处于三面投影体系中，底面平行于水平投影面，圆锥体的高与水平投影垂直。

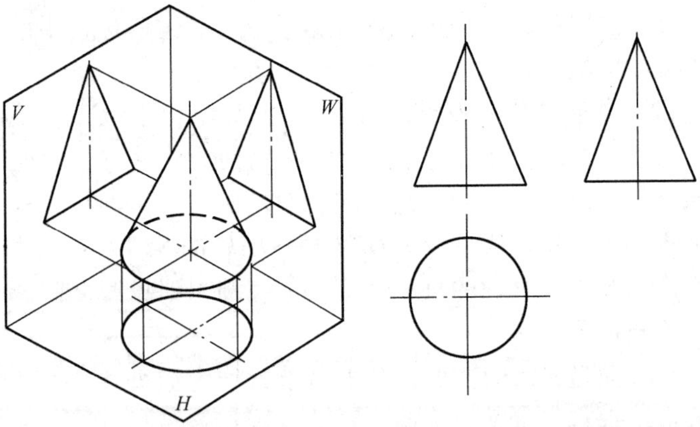

图 3-2-7

底面平行于水平投影

面，其水平投影反映实形，正面投影和侧面投影分别积聚成平行于 *OX* 轴和 *OY* 轴的线，线长为底圆的直径。

圆锥面为光滑的曲面，其水平投影也为一个圆，且与底面的水平投影重合，顶点的水平投影在圆心上。圆锥上最左、最右、最前、最后四条特殊素线的水平投影正好与底圆水平投影的中心线重合。圆锥面的正面投影是看得见的前半个圆锥面和看不见的后半个圆锥面轮廓投影的重合，侧面投影可以看成投影是看得见的左半个圆锥面和看不见的右半个圆锥面轮廓投影重合，也是最前、最后素线的投影与底面的侧面投影构成与正面投影全等的三角形。三角形的高为圆锥体的高。因此，圆锥体的三个投影分别是：一个圆和两个全等的等腰三角形。

（三）圆台的投影

如图 3-2-8 所示，将圆台置于三面投影体系中，上、下底圆平行于水平投影，其水平投影均反映实形，是两个直径不等的同心圆。圆台正面投影和侧面投影都是等腰梯形。梯形的高为圆台的高，梯形的上底长度和下底长度是圆台上、下底圆的直径。因此，圆台的投影分别是：一个投影中有两个同心圆，另两个投影为等腰梯形。

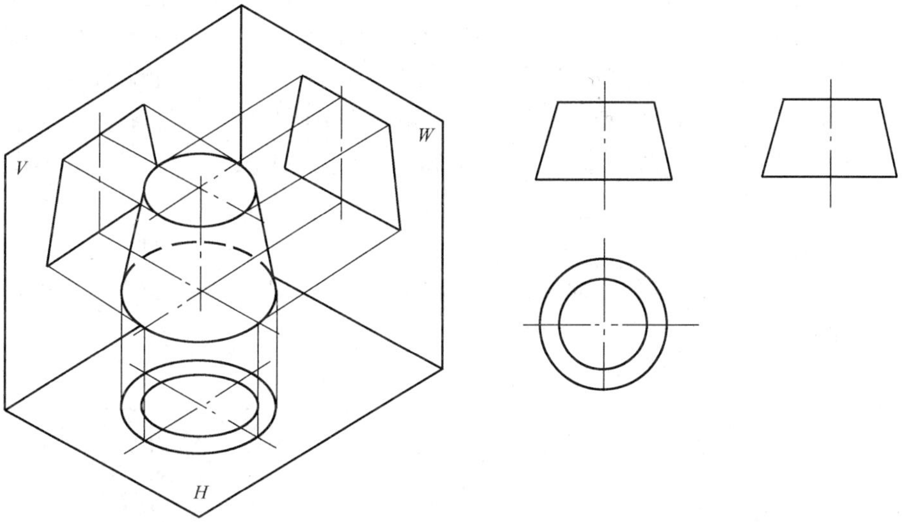

图 3-2-8

（四）球体的投影

（1）球体的形成

如图 3-2-9 所示，一圆周绕其一直径旋转，所得轨迹为球面，直径为回转轴线，圆周为母线（曲母线），球面自动封闭形成回转体，称为球体。

（2）作球体的投影图

如图 3-2-10 所示，球体处于三面投影体系中，球体的水平投影：图 3-2-9 球体的形成上半个球面与下半个球面重合，其投影为圆，圆的直径是球体的直径。球体的正面投影：前半个球面与后半个球面重合，其投影也是圆，直径是球体的直径。球体的

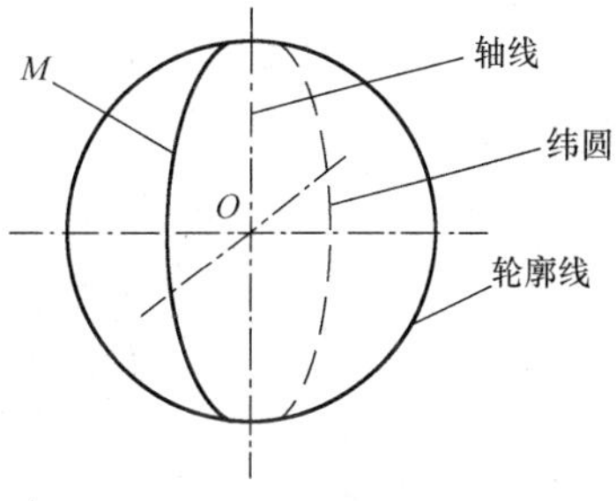

图 3-2-9

侧面投影：左半个球面与右半个球面重合，投影仍为圆，直径仍为球体的直径。

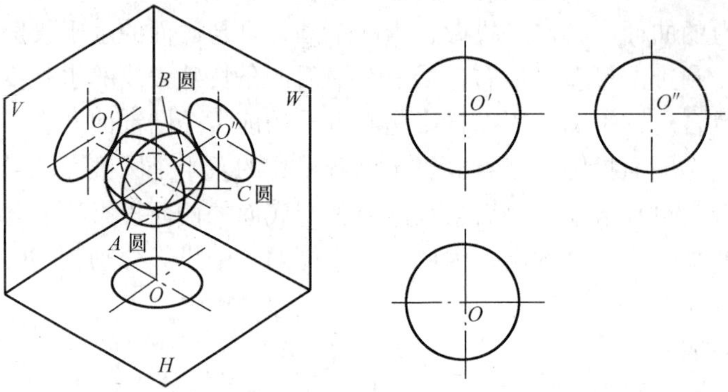

图 3-2-10

所以，球体的三个投影都是圆，而且直径相等，都是球体的直径。

球体的三个投影是三个直径相等的圆，这三个圆实质上也是球体表面分别平行于三个投影面的最大直径圆周的投影，如图 3-2-10 所示。图中 *A* 圆周的平行于水平投影面的圆。其正面投影，侧面投影分别在球体正面投影、侧面投影平行 *OX* 轴和 *OY* 轴的中心线上；*B* 圆周是平行于正立投影的圆，水平投影和侧面投影分别在球体水平投影和侧面投影平行于 *OX* 轴和 *OZ* 轴的中心线上；*C* 圆周是平行于侧立投影面的圆，其水平投影和正面投影分别在球体水平投影和正面投影平行于 *OY* 轴和 *OZ* 轴的中心线上，*A*、*B*、*C* 圆投影图如图 3-2-10 所示。

（五）曲面体的画法和尺寸标注

曲面体尺寸需注出其直径和高。直径标注其特征投影上即圆形投影上，高度标注在 *V* 和 *W* 投影之间，具体标注如表 3-2-2 所示。

表 3-2-2　曲面体尺寸标注

圆　柱　体	圆　锥　体
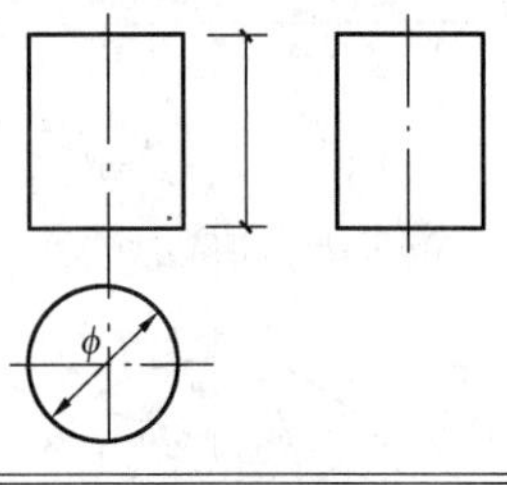	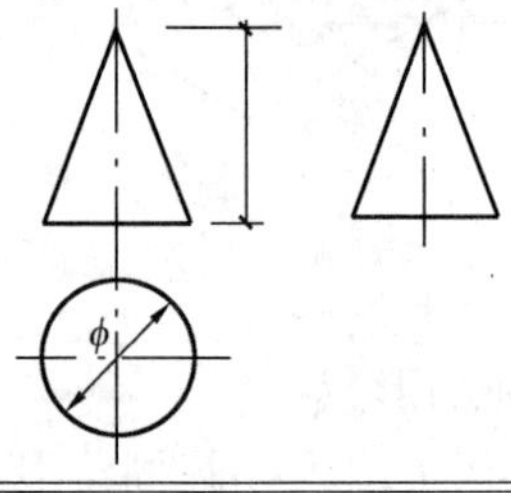
圆　台　体	球　　体
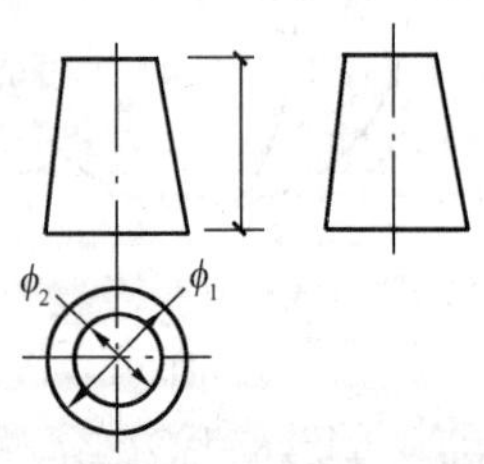	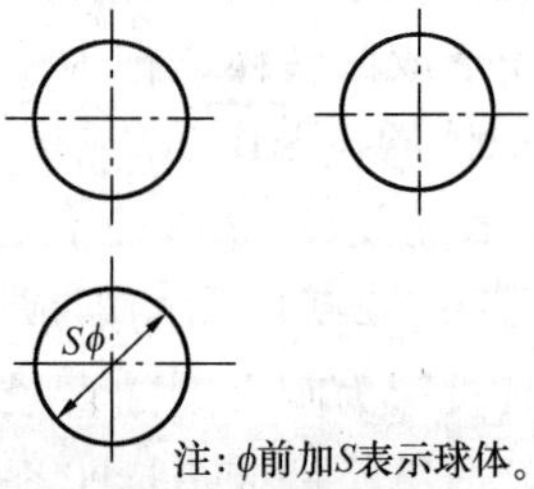 注：φ前加S表示球体。

第三节　组合体的投影

一、组合体的类型

（一）叠加形

把组合体看成由若干个基本形体叠加而成。

（二）切割形

组合体是由一个基本形体，经过若干次切割而成的。

（三）综合形

把组合体看成既有叠加又有切割所组成。如图 3-3-1 所示。

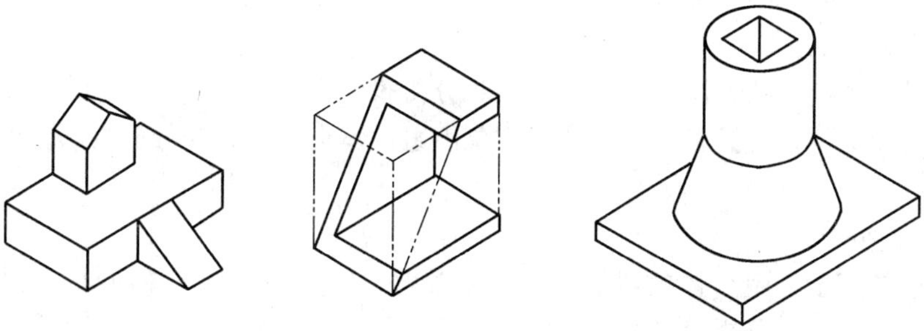

(a) 叠加形　(b) 切割形　(c) 综合形

图 3-3-1

二、组合体投影图的尺寸标注

（一）组合体尺寸的组成

组合体尺寸由定形尺寸、定位尺寸和总体尺寸三部分组成。

（1）定形尺寸

用于确定组合体中各基本形体自身大小的尺寸称为定形尺寸。通常由长、宽、高三项尺寸来反映。

（2）定位尺寸

用于确定组合体中各基本形体之间相互位置的尺寸称为定位尺寸。定位尺寸在标注之前需要确定定位基准。所谓定位基准，就是某一方向定位尺寸的起止位置。对于由平面体组成的组合体，通常选择形体上某一明显位置的平面或形体的中心线作为基准位置。通常选择平面体的左（或右）侧面作为长度方向的基准，选择前（或后）侧面作为宽度方向的基准，选择上（或下）底面作为高度方向的基准。于对土建类形体，一般选择下底面作为高度方向的基准。若形体有对称性，可选择其对称中心线作为某方向的基准。

对于有回转轴的曲面体的定位尺寸，通常选择其回转轴（即中心线）作为定位基准，不能以转向轮廓线作为定位基准。

（3）总体尺寸

确定组合体总长、总宽、总高的外包尺寸称为总体尺寸。

（二）尺寸标注中的注意事项

（1）尺寸一般应布置在图样之外，以免影响图样清晰。

（2）尺寸排列要注意大尺寸在外，小尺寸在内，尽量使尺寸构成封闭的尺寸链。

（3）反映某一形体的尺寸，最好集中标在反映这一形体特征的投影图上。

（4）两投影图相关的尺寸，应尽量标在两图之间，以便对照识读。

（5）为使尺寸清晰、明显，尽量不在虚线图形上标注尺寸。

（6）斜线的尺寸，采用标注其竖直投影高和水平投影长的方法。

三、组合体投影图的识读

识读组合体投影图的方法有形体分析法、线面分析法等方法。

（一）形体分析法

与绘制组合体投影的形体分析一样，此时分析投影图上所反映的组合体的组合方式，各基本形体的相互位置及投影特性，然后想象出组合体空间形状的分析方法，即为形体分析法。

（二）线面分析法

为了读懂较复杂的组合体的投影图，还需用另一种方法——线面分析法。它是由直线、平面的投影特性，分析投影图中线和线框的空间意义，从而想象其空间形状，想出整体的分析方法。

（三）识读要点

识读投影图除注意运用以上方法外，还需明确以下几点，以提高识图速度及准确性。

（1）熟练掌握正投影基本原理和特征。

（2）采用形体分析法认识图，应根据基本形体投影特征，在投影图上分析组合体各组成部分的形状和相对位置，然后综合想象出组合体的形状，以正投影为主，再联系其他各投影进行形体分析。

（3）采用线面分析法识图，应根据线、面的投影特性，按照组合体上的线段及线框，找出它们对应的投影。

（四）识图步骤

（1）认识投影，了解特征。

（2）形体分析。

（3）综合起来想整体。

（4）线面分析解难点，现再举例说明。

线面分析攻难点：

细看投影图中各线框可发现，*W* 投影上的斜直线及与它相连的两个三角形 S''、t''见图 3-3-2（a）所示的 *W* 投影，是内部线框中的主要特征。由上面分析，已知该形体为切割长方体得到的，所以 *W* 面上的两个三角形线框，有可能是切去两个三棱柱，或切去两个三棱锥或切去一个三棱柱和一个三棱锥的投影。看来，切去三棱锥的情况是不可能的，因为在 *V*、*H* 面投影内无三角形线框的投影与之对应，所以，形体最终只能是切去两个三棱柱（长度小于长方体的长度），*W* 面投影上的两个三角形线框即为其特征。

具体线面分析如图 3-3-2（a）所示的标注：

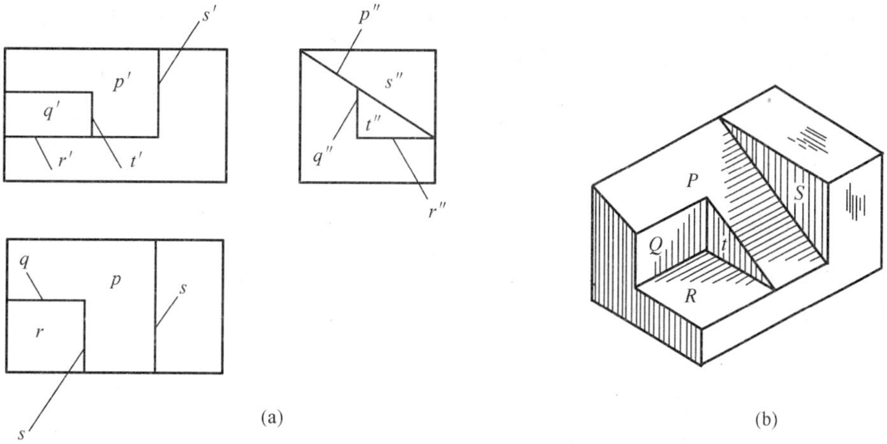

图 3-3-2

W 面上的斜直线（记作 *P*″）是形体切去一个三棱柱后的一个表面的积聚投影，对应的 *V* 面投影是倒“L”线框 *P*′，再对应 *H* 面投影也为倒“L”形线框（记作 *P*）。故由投影特性，可知 *P* 面为侧垂的倒“L”形平面。

W 面上的竖向短直线 *q*″，经高平齐对 *V* 面得“口”形线框 *q*″，以宽相等对 *H* 面投影得一水平短线 *q*，所以据投影特性可知，为一“口”形的正平面。

W 面内的横直线 *r*″，向 *V* 对投影可得一横直线 *r*′与之平齐，经 *r*″向 *H* 面对投影则有一矩形线框 *r* 与之“宽相等”，而 *r* 和 *r*′也能“长对正”。所以 *W* 面 *r*″也代表一个平面，且为矩形水平面。

W 面内的两个三角形线框 *s*″、*t*″，经对投影，也都符合侧平面的投影特性，读者可自行分析。其中 *s*″线框是切去第一个大三棱柱后留下的端面的实形投影，*t*″线框是切去第二个三棱柱后留下的端面投影。

综合起来想整体：

该组合体的形状如图 3-3-2（b）所示。

四、组合体投影图的补图与补线

通过给出两面投影补画第三投影或给出不完整的有缺线的三面投影，补全图样中图线的方法，是训练画图和识图能力的基本方法之一。

补图或补线过程中所用的分析方法，仍是形体分析法和线面分析法，或通过画轴测图帮助构思的方法。但它们与给出三投影图的识图过程比较，在答案的多样性、解题的灵活性以及投影知识的综合应用上，都将有所加大。

无论是补图还是补线，都是基于点、直线、平面及基本形体投影特性的熟练掌握基础上，需要通过大量的习题练习，才能得到有效提高。

第四节　剖面图和断面图

为了在实际应用中为能反映形体内部的构造、材料和尺寸，同时也便于识图，人们想到了将形体假想剖开后表达内部投影的方法——剖面图或断面图，这种方法在工程设计中得到广泛应用。

一、剖面图的种类和画法

（一）剖面图的形成

剖面图是假想用一个剖切平面将物体剖切，移去介于观察者和剖切平面之间的部分，对剩余部分向投影面所作的正投影图。

（二）剖面图的表达

（1）确定剖切平面的位置

在选择剖切平面位置时除注意使剖切平面平行于投影面外，还需使其经过形体有代表性的位置，如孔、洞、槽位置（孔、洞、槽若有对称性则应经过其中心线）。

（2）画剖面图及其数量

在剖面图中剖切到轮廓用粗实线表示。剖面图的剖切是假想的，所以在画剖面图以外的投影图形时仍以完整形体画出。

确定剖面图数量与形体的复杂程度有关。较简单的形体可只画一个，而较复杂的则应画多个剖面图，以能反映形体内外特征，便于识读理解为目的。

（3）剖切符号和画法

在建筑工程图中用剖切符号表示剖切平面的位置及其剖切开以后的投影方向。《房屋建筑制图统一标准》中规定剖切符号由剖切位置线及剖视方向线组成，均以粗实线绘制。在剖切符号上应用阿拉伯数字加以编号，数字应写在剖视方向线一边。在剖面图的下方应写上带有编号的图名，如图 3-4-1 所示的“1—1 剖面图”、“2—2 剖面图”，在填图名下方画出图名线（粗实线）。

（4）画材料图例

在剖切时，剖切平面将形体切开，从剖切开的截面上能反映形体所采用的材料。因此，在截面上应表示该形体所用的材料。《房屋建筑制图统一标准》中将常用建筑材料作

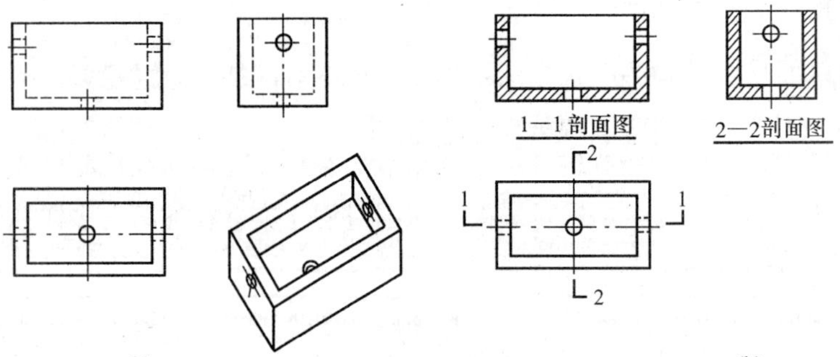

(a)　　(b)

图 3-4-1

了规定画法，如表3-4-1所示。

表3-4-1　建筑材料图例

序号	名称	图例	说明
1	自然土壤		包括各种自然土壤
2	夯实土壤		
3	砂、灰土		靠近轮廓线点软密的点
4	砂砾石碎砖三合土	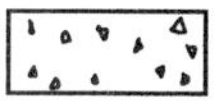	
5	天然石材	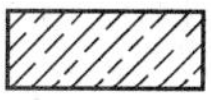	包括岩层、砌体、铺地、贴面等材料
6	毛　石		
7	普通砖	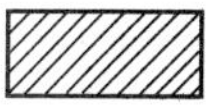	1. 包括砌体、砌块 2. 断面较窄，不易画出图例线，可涂红
8	耐火砖	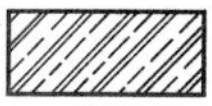	包括耐酸砖等
9	空心砖	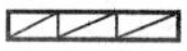	包括各种多孔砖
10	饰面砖	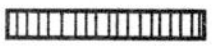	包括铺地砖、陶瓷锦砖、人造大理石等
11	混凝土		1. 本图例仅适用于能承重的混凝土及钢筋混凝土 2. 包括各种标号、滑料、添加剂的混凝土 3. 在剖面图上画出钢筋时不画图例线 4. 如断面较窄，不易画出图例线，可涂黑
12	钢筋混凝土	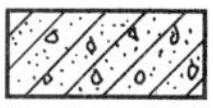	
13	焦渣矿渣	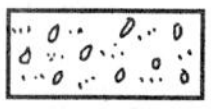	包括与水泥、石灰等混合而成的材料
14	多孔材料		包括水泥珍珠岩、沥青珍珠岩、泡沫混凝土、非承重加气混凝土、泡沫塑料、软木等
15	纤维材料	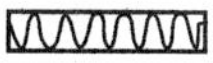	包括麻丝、玻璃棉、矿渣棉、木丝板、纤维板等
16	松散材料		包括木屑、石灰、稻壳等
17	木　材		1. 上图为横断面，为垫木、木砖、木龙骨 2. 下图为纵断面
18	胶合板	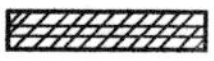	应注明×层胶合板
19	石膏板		
20	金　属	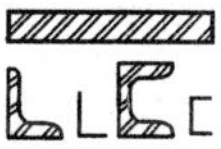	1. 包括各种金属 2. 图形小时可涂黑
21	网状材料		1. 包括金属、塑料等网状材料 2. 注明材料
22	液　体		注明名称
23	玻　璃		包括平板玻璃、磨砂玻璃、夹丝玻璃、钢化玻璃等
24	橡　胶	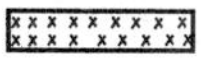	
25	塑　料	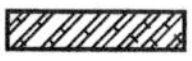	包括各种软、硬塑料、有机玻璃
26	防水卷材		构造层次多和比例较大时采用上面图例
27	粉　刷		本图例点以较稀的点

（三）画剖面图应注意的问题

（1）为了使图形更加清晰，剖面图形中一般不画虚线。

（2）由于剖切是假想的，每次剖切都是在形体保持完整的基础上的剖切。其他投影图也按整体投影画出（如图 3-4-1 所示的 H 面投影）。

（3）如未注明形体的材料时，应在相应的位置画出同向、同间距并与水平线成 45°的细实线（也称剖面线）。画剖面线时，同一形体在各个剖面图中剖面线的倾斜方向和间距要一致。

（四）剖面图的种类与画法

（1）全剖面图

用一个剖切平面将形体完整地剖切开，得到的剖面图，称为全剖面图。图 3-4-1 即为全剖面图的举例。

（2）半剖面图

如果形体是对称的，画图时常把形体投影图的一半画成剖面图，另一半画成外形图，这样组合而成的投影图叫做半剖面图。这种作图方法可以节省投影图的数量，而且从一个投影图可以同时观察到立体的外形和内部构造，如图 3-4-2 所示。

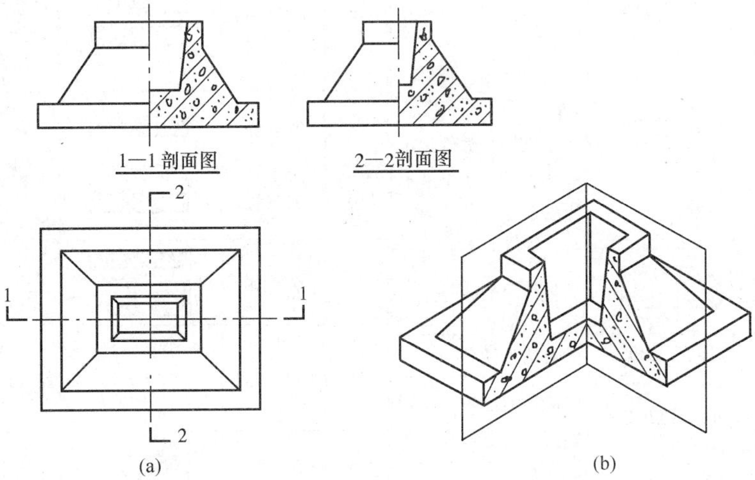

图 3-4-2

画半剖面图时，应注意：

1）半剖面图和半外形图应以对称面或对称线为界，对称面或对称线画成细单点长划线。

2）半剖面图一般应画在水平对称轴线的下侧或竖直对称轴线的右侧。

3）半剖面图一般不画剖切符号和编号，图名沿用原投影图的图名。

（3）阶梯剖面图

如图 3-4-3 所示，不便同时剖切两个孔洞，因此，用两个相互平行的平面通过两个孔洞剖切。如图 3-4-3 所示，这样在同一个剖面图上将两个不在同一方向上的孔洞同时反映出来。这种用两个或两个以上互相平行的剖切平面将形体剖开，得到的剖面图叫做阶梯剖面图。

需注意，由于剖切平面是假想的，所以剖切平面转折处由于剖切而使形体产生的轮廓线不应在剖面图中画出。

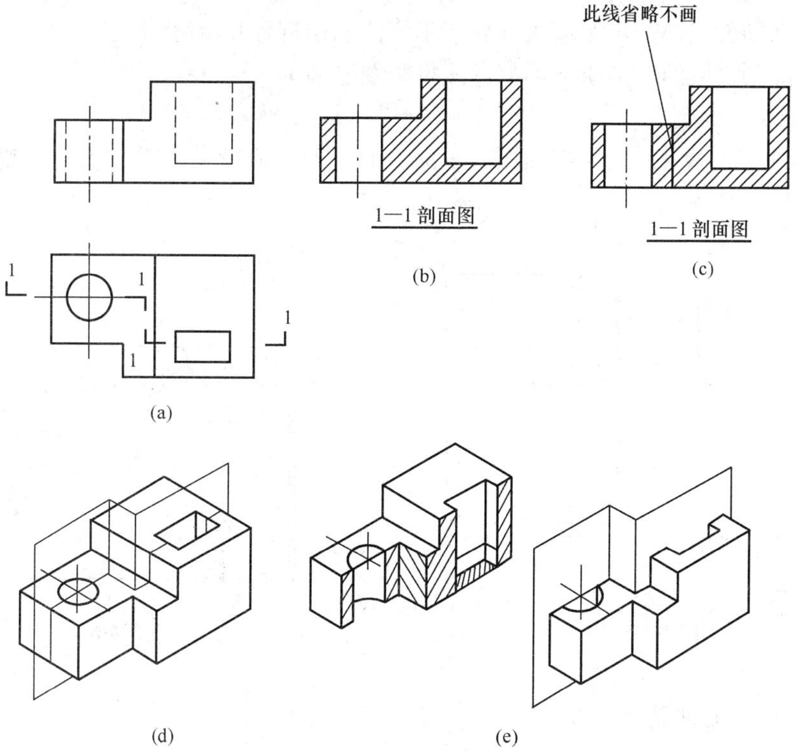

图 3-4-3

（4）展开剖面图

用两个相交剖切平面将形体剖切开，所得到的剖面图，经旋转展开，平行于某个基本投影面后再进行正投影称为展开剖面图。

如图 3-4-4 为一个楼梯展开剖面图，由于楼梯的两个梯段间在水平投影图上成一定夹角，如用一个或两个平行的剖切平面都无法将楼梯表示清楚。因此可以用两个相交的剖切平面进行剖切，移去剖切平面和观察者之间的部分，将剩余楼梯的右面部分旋转至正立投影面平行后，便可得到展开剖面图，在图名后面加“展开”二字，并加上圆括号。

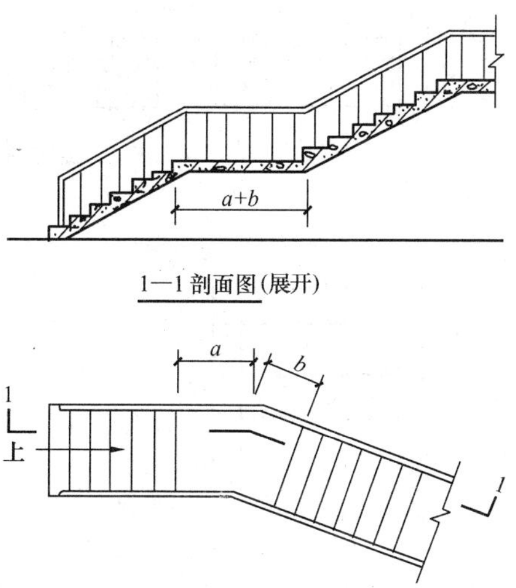

图 3-4-4

（5）局部剖面图

形体的局部剖开形成局部剖面的形式，称为局部剖面图。如图 3-4-5（a）所示，水槽形体借助于正平剖切平面将左侧的溢水孔、池壁及排水孔经孔洞的中心线剖切开来，图 3-4-5（b）反映了内部构造和材料形式，其他部位保留外观投影。

画局部剖面图时应注意：

1）局部剖面图部分用波浪线分界，不标注剖切符号和编号。

2）局部剖面图的范围通常不超过该投影图形的1/2。

（6）分层剖面图

如图3-4-6所示是用分层剖面图表示的一面墙的构造情况，以两条波浪线为界，分别画出三层构造。

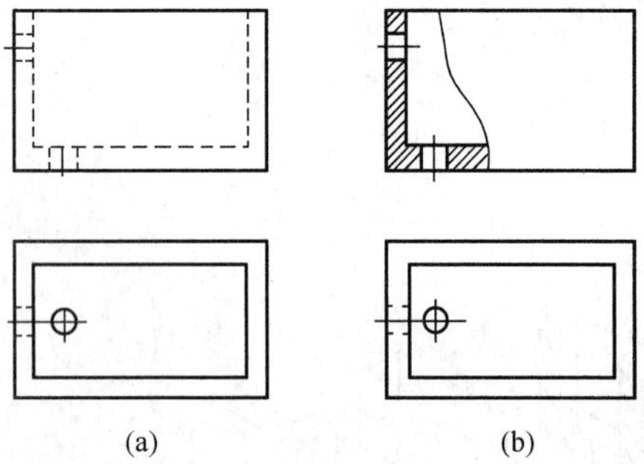

图3-4-5

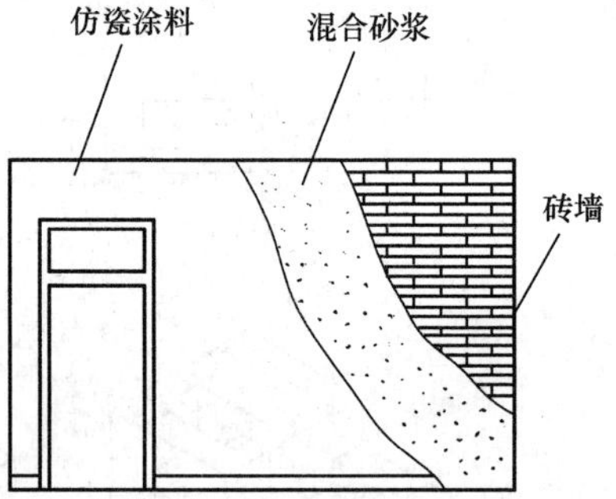

图3-4-6

二、断面图的种类及画法

（一）断面图的形成

仅画出剖切平面与形体接触的部分的正投影称为断面图，简称断面。

（二）断面图与剖面图的区别

（1）范围不同，如图3-4-7（a）所示；

（2）表示方法不同，如图3-4-7（b）所示。

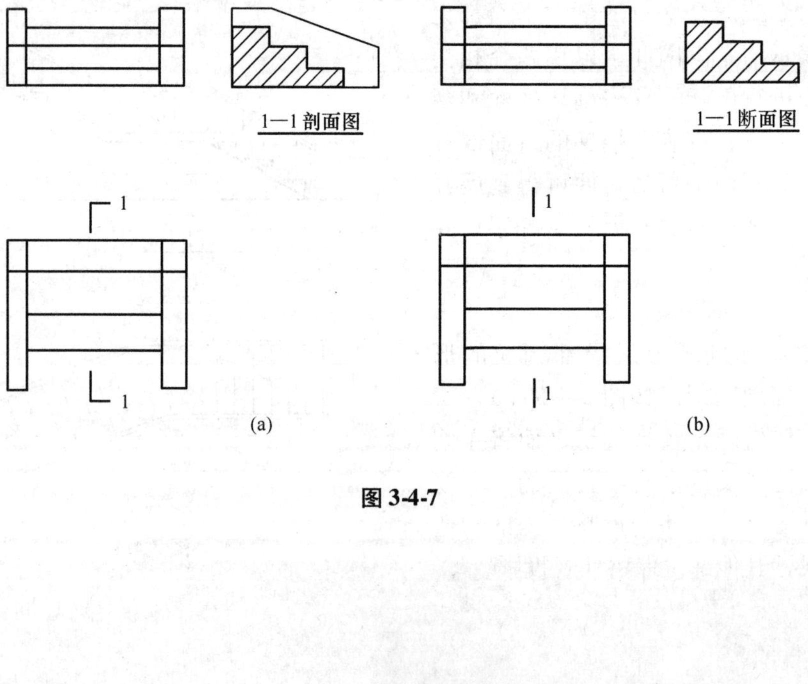

图3-4-7

（三）断面图的种类和画法

（1）移出断面

如图 3-4-8 所示，断面图应在形体投影图的附近，以便识读，断面图也可以适当地放大比例，以利于标注尺寸和清晰地显示其内部构造。

（2）重合断面图

将断面图直接画于投影图中两者重合在一起，称为重合断面图。如图 3-4-9 所示为一槽钢和背靠背双角钢的重合断面图，断面图轮廓及材料图例画成细实线。

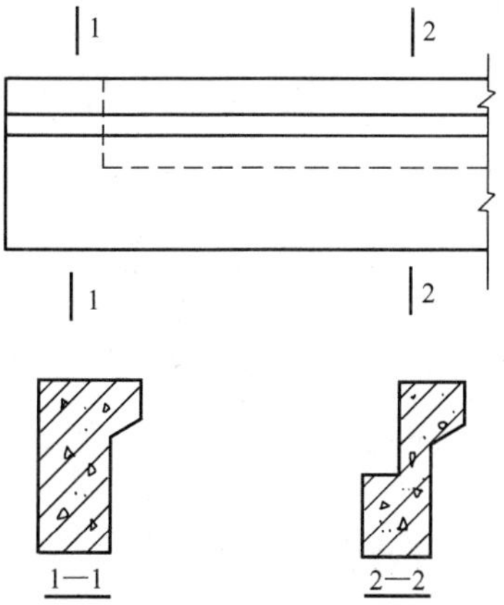

图 3-4-8

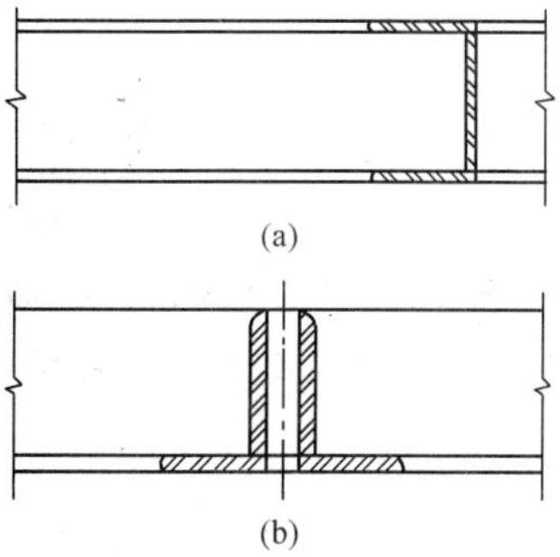

图 3-4-9

（3）中断断面

在杆件投影图的某一处用折断线断开，然后将断面图画于其中，不画剖切符号，如图 3-4-10 所示的槽钢杆件中断断面图。

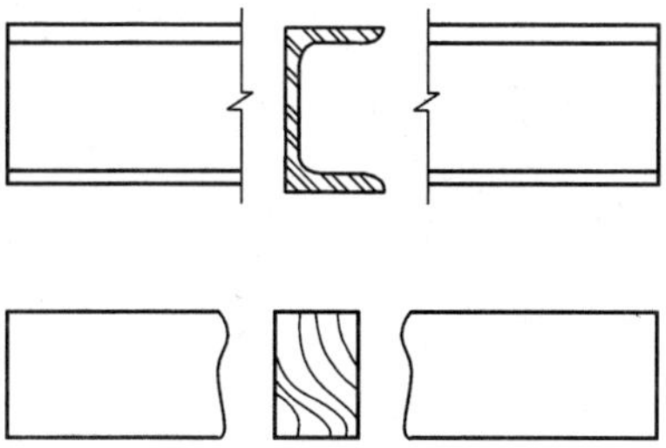

图 3-4-10

复习思考题

第一节

1. 建筑工程图的图纸幅面代号有哪些？图纸的长短边有怎样的比例关系？
2. 图线有哪些线型？画各种线型的线段时有什么要求？相互交接有什么要求？
3. 什么是图样的比例？其大小指的是什么？
4. 尺寸标注是由哪些部分组成的？标注时应注意什么？

5. 什么情况下要注写直径？什么情况下要注写半径？
6. 连续的等长尺寸是如何简化标注的？
7. 尺寸标注中有哪些注意事项？尺寸能否从图样上量取？

第二节

1. 什么叫基本几何体？分哪几类？举例说明。
2. 棱柱体、棱锥体的投影有什么特点？
3. 什么是母线？什么是素线？简述圆锥体是怎样形成的。
4. 基本几何体表面的点、线的可见性是如何判别的？
5. 什么是素线法？什么是纬圆法？各有什么适用范围？

第三节

1. 什么叫做组合体？组合体的组合方式有几种？
2. 画组合体投影图时有哪些主要步骤？
3. 什么是形体分析法和线面分析法？
4. 组合体应标注哪三类尺寸？标注尺寸时应注意哪些问题？

第四节

1. 什么是剖面？什么是断面？说出它们之间的区别。
2. 剖面图有什么用途？剖切方式有哪几种？它们有何特点？剖切符号如何绘制？
3. 断面剖切符号在绘制时有什么要求？
4. 画全剖面图、半剖面图和阶梯剖面图应注意哪些问题？

第四章　建　筑　构　造

第一节　概　　述

一、民用建筑的构造组成和分类

（一）民用建筑的构造组成及其要求

房屋建筑是由若干个大小不等的室内空间组合而成的，而空间的形成又需要各种各样实体来组合，这些实体称为建筑构配件。一般民用建筑由基础、墙或柱、楼地层、楼梯、屋顶、门窗等构配件组成。

（二）建筑物的分类与分级

人们根据建筑物的使用功能、规模大小、重要程度等进行等级划分，根据其所属的类型和等级，掌握建筑物的标准和采取相应的构造做法。

（1）民用建筑的分类

1）按建筑高度与层数划分：

①低层建筑，主要指 1 ~3 层的住宅建筑；

②多层建筑，主要指 4 ~6 层的住宅建筑；

③中高层建筑，主要指 7 ~9 层的住宅建筑；

④高层建筑，指 10 层以上的住宅建筑和总高度大于 24m 的公共建筑及综合性建筑（不包括高度超过 24m 的单层主体建筑）；

⑤超高层建筑，高度超过 100m 的住宅或公共建筑均为超高层建筑。

2）按建筑的使用性质划分：

①民用建筑，指供人们生活和工作所需活动场所的建筑物，包括住宅、公寓、宿舍等。民用建筑又可分为居住建筑：如公寓、宿舍、别墅等；公共建筑：如办公楼、教学楼、医院、托儿所、商店、体育馆等。

②工业建筑，指人们进行生产活动所需的建筑，包括生产用房、辅助生产用房、动力、运输、仓储等用房。

③农业建筑，指供人们进行农牧业种植、养殖、储存等用途的建筑。

（2）民用建筑的等级

1）按耐久年限分：根据建筑物的主体结构，考虑建筑物的重要性和规模大小，建筑物按耐久年限分为四级。

一级：耐久年限为 100 年以上，适用于重要建筑和高层建筑；

二级：耐久年限为 50 ~100 年，适用于一般性建筑；

三级：耐久年限为 25 ~50 年，适用于次要建筑；

四级：耐久年限在 15 年以下，适用于临时性建筑。

2）按耐火等级分：建筑物的耐火等级是根据建筑物主要构件的燃烧性能和耐火极限确定的，共分四级。一级最高，四级最低。

①燃烧性能：指建筑构件在明火或高温作用下是否燃烧，以及燃烧的难易程度。建筑构件按燃烧性能分为非燃烧体、难燃烧体和燃烧体。

②耐火极限：对任一建筑构件按时间—温度标准曲线进行耐火试验，从构件受到火的作用时起，到构件失去支持能力或完整性被破坏，或失去隔火作用时为止的这段时间，就是该构件的耐火极限，用小时（h）表示。

二、建筑的结构类型

我们把承受建筑物的荷载，保证建筑物结构安全的部分，如承重墙、柱、楼板、屋架、楼梯、基础等称为建筑构件，建筑构件相互连接形成的承重骨架，称为建筑结构。民用建筑的结构类型有如下两种分类方法。

（一）按主要承重结构的材料分

（1）土木结构：是以生土墙和木屋架作为建筑物的主要承重结构。

（2）砖木结构：是以砖墙或砖柱、木屋架作为建筑物的主要承重结构。

（3）砖混结构：是以砖墙或砖柱、钢筋混凝土楼板、屋面板作为承重结构的建筑。

（4）钢筋混凝土结构：建筑物的主要承重构件梁、板、柱全部采用钢筋混凝土制作。

（5）钢结构：建筑物的主要承重构件全部采用钢材来制作。

（二）按建筑结构的承重方式分

（1）墙承重结构：用墙承受楼板及屋顶传来的全部荷载。

（2）框架承重结构：由梁、柱、板形成承重骨架承担荷载。

（3）空间结构：如网架、悬索、薄壳等结构。

三、建筑变形缝

变形缝按其使用性质分伸缩缝、沉降缝和防震缝三种类型。

（一）伸缩缝

建筑物受温度变化影响时，会产生胀缩变形，通常沿建筑物高度方向设置缝隙，将建筑物断开，使建筑物分隔成几个独立部分，这种构造缝称为伸缩缝。

伸缩缝要求把建筑物的墙体、楼板层、屋顶等地面以上部分全部断开，基础因埋在土中，受温度变化影响较小，不需断开。

（二）沉降缝

为防止建筑物因其高度、荷载、结构及地基承载力的不同，而出现不均匀沉降，以致发生错动开裂，沿建筑物高度设置竖向缝隙，将建筑划分成若干个可以自由沉降的单元，这种垂直缝称为沉降缝。

设沉降缝时，要求从基础到屋顶所有构件均设缝断开，其宽度与地基的性质和建筑物的高度有关。

（三）防震缝

防震缝是为了防止建筑物各部位在地震时，相互撞击引起破坏而设置的。

防震缝应沿建筑的全高设置，缝的两侧应布置双墙或双柱或一墙一柱，以使各部分都有较好的刚度。

四、建筑工业化和建筑模数协调

（一）建筑工业化的意义和内容

建筑工业化是指用现代工业的生产方式来建造房屋，它的内容包括四个方面：建筑设计标准化、构件生产工厂化、施工机械化和管理科学化。

为保证建筑设计标准化和构件生产工厂化，建筑物及其各组成部分的尺寸必须统一协调，为此我国制定了《建筑模数协调统一标准》（GBJ 2—86）作为建筑设计的依据。

（二）建筑模数的协调

（1）建筑模数与模数数列

1）建筑模数：建筑模数是选定的尺寸单位，作为建筑构配件、建筑制品以及有关设备尺寸间互相协调中的增值单位，包括基本模数和导出模数。

①基本模数，是模数协调中选定的基本尺寸单位，数值为100mm，其符号为M，即1M＝100mm。

②导出模数，导出模数分为扩大模数和分模数。

扩大模数是基本模数的整数倍数。其中水平扩大模数基数为3M、6M、12M、15M、30M、60M，相应的尺寸分别是300mm、600mm、1 200mm、1 500mm、3 000mm、6 000 mm；竖向扩大模数的基数是3M、6M，相应的尺寸是300mm、600mm。

分模数是基本模数的分数值，其基数是1/10M、1/5M、1/2M，对应的尺寸是10mm、20mm、50mm。

2）模数数列：模数数列是以选定的模数基数为基础而展开的数值系统。建筑物中的所有尺寸，除特殊情况外，都必须符合模数数列的规定。

3）模数数列的应用：

①水平基本模数1～20M的数列，主要用于门窗口和构配件截面等处。

②竖向基本模数1～36M的数列，主要用于建筑物的层高、门窗洞口和构配件截面等处。

③水平扩大模数3M、6M、12M、15M、30M、60M的数列，主要用于建筑物的开间或柱距、进深或跨、构配件尺寸和门窗洞口等处。

④竖向扩大模数3M的数列，主要用于建筑物的高度、层高和门窗洞口等处。

⑤分模数1/10M、1/5M、1/2M的数列，主要用于缝隙、构造节点、构配件截面等处。

（2）几种尺寸及其关系

为了保证建筑制品、构配件等有关尺寸的统一与协调，《建筑模数协调统一标准》规定了标志尺寸、构造尺寸、实际尺寸及其相互间的关系。

1）标志尺寸：用以标注建筑物定位轴线间的距离（如开间或柱距、进深或跨度、层高等）以及建筑构配件、建筑组合件、建筑制品、有关设备位置界限之间的尺寸。标志尺寸应符合模数数列的规定。

2）构造尺寸：是建筑构配件、建筑组合件、建筑制品等的设计尺寸，一般情况下标志尺寸减去缝隙为构造尺寸。缝隙尺寸应符合模数数列的规定。

3）实际尺寸：是建筑构配件、建筑组合件、建筑制品等生产制作后的实有尺寸。这一尺寸因生产误差造成与设计的构造尺寸有差值，这个差值应符合施工验收规范的规定。

第二节　基础和地下室

基础是建筑物最下面的构件，它直接与土层相接触，承受建筑物的全部荷载。

基础下面承受荷载的土层叫做地基，它承受由基础传来的建筑物的全部荷载。直接承受荷载的土层称为持力层，持力层以下的土层称为下卧层。

一、基础的类型和构造

基础的类型可按材料和构造形式分为两类。

（一）按材料分

（1）砖基础

砖基础宽出部分成台阶形，有等高式和间隔式两种（图 4-2-1）。

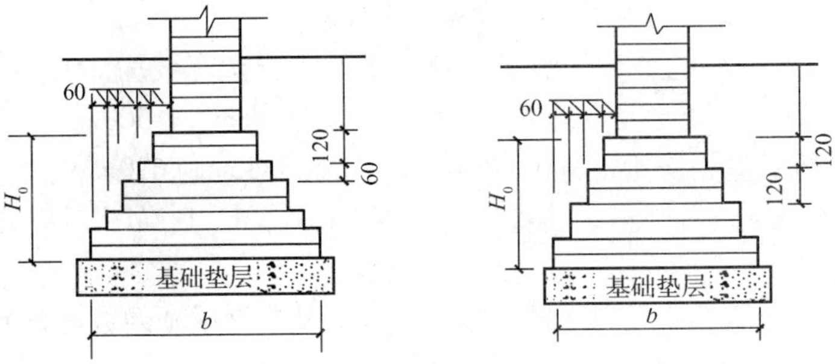

图 4-2-1　砖基础构造

（2）灰土基础

灰土基础由熟石灰粉和黏土按体积比为 3∶7 或 2∶8 的比例，加适量水拌和夯实而成（图 4-2-2）。

（3）毛石基础

毛石基础是由未加工的块石用水泥砂浆砌筑而成（图 4-2-3）。

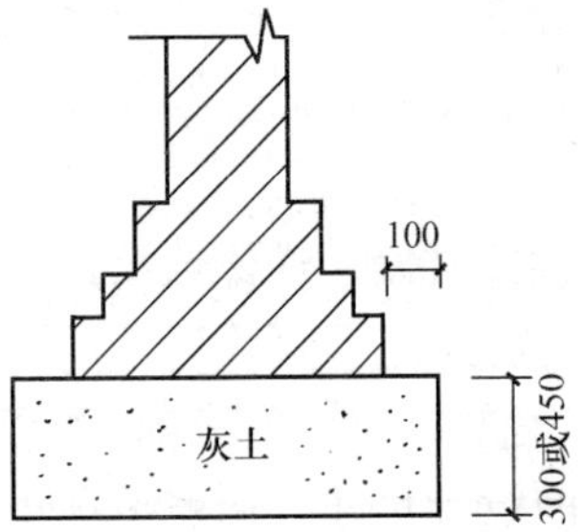

图 4-2-2　灰土基础

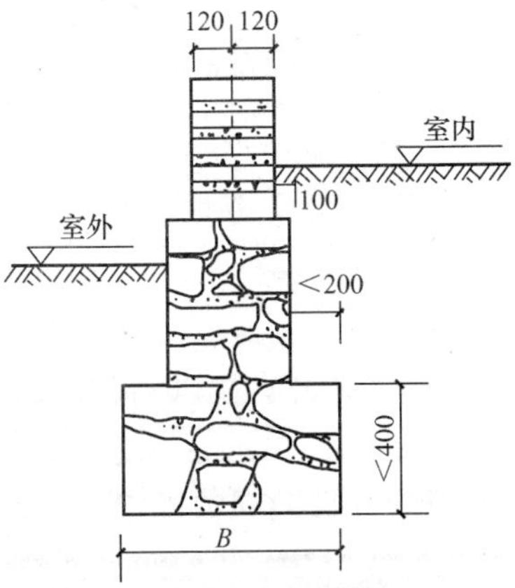

图 4-2-3　毛石基础

（4）混凝土基础和毛石混凝土基础

混凝土基础断面有矩形、阶梯形和锥形，一般当基础底面宽度大于 2 000mm 时，为了节约混凝土常做成锥形（图 4-2-4）。

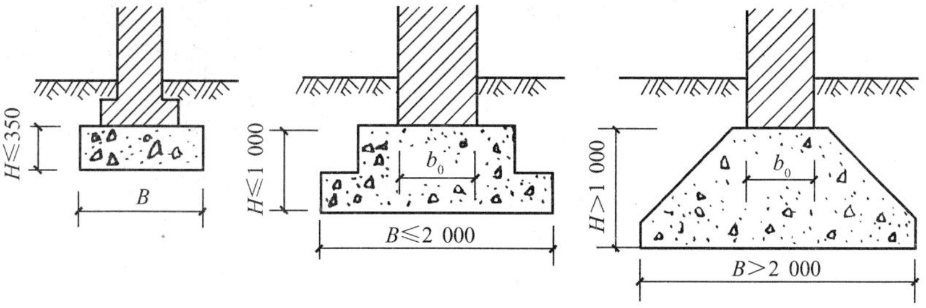

图 4-2-4　混凝土基础

（5）钢筋混凝土基础

钢筋混凝土基础指柱下的钢筋混凝土独立基础和墙下的钢筋混凝土条形基础，它们是在混凝土基础下部配置钢筋来承受底面的拉力（图 4-2-5）。

（二）按构造形式分

（1）条形基础

基础为连续的长条形状时称为条形基础。条形基础一般用于墙下，也可用于柱下（图 4-2-6）。

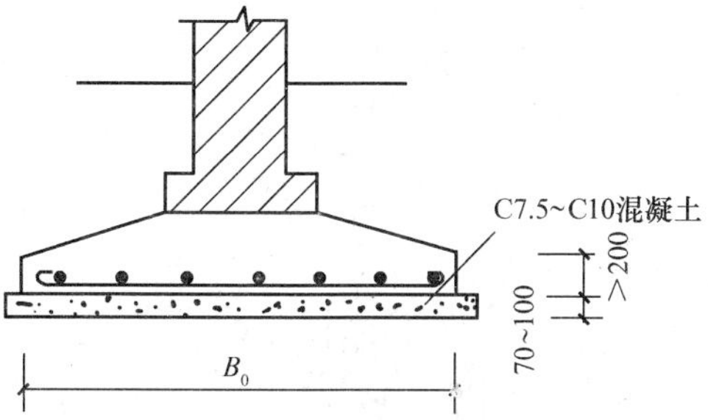

图 4-2-5　钢筋混凝土基础

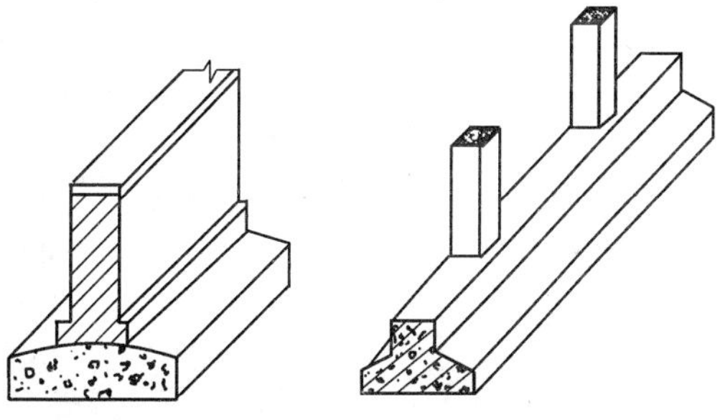

(a) 墙下条形基础　　(b) 柱下条形基础

图 4-2-6　条形基础

（2）独立基础

当建筑物上部采用柱承重，且柱距较大时，将柱下扩大形成独立基础。独立基础的形状有阶梯形、锥形和杯形等（图 4-2-7、图 4-2-8）。

（3）井格基础

为了提高建筑物的整体刚度，避免不均匀沉降，常将柱下独立基础沿纵向和横向连接起来，形成井格基础（图 4-2-9）。

（4）筏板基础

将基础连成整片，像筏板一样，称为筏板基础。筏板基础可以用于墙下和柱下，有板式和梁板式两种（图 4-2-10）。

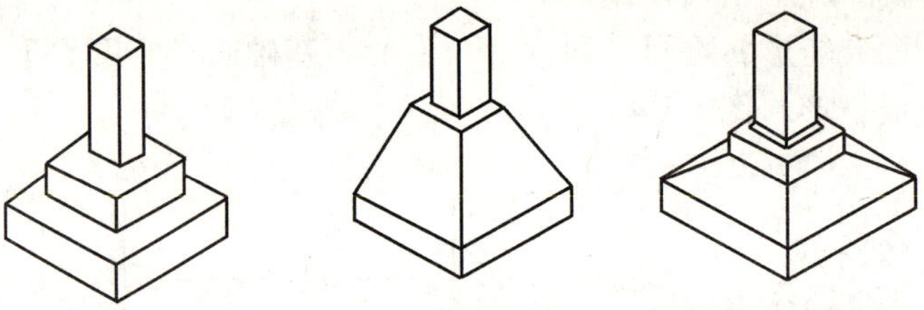

(a)阶梯形　　(b)锥形　　(c)杯形基础

图 4-2-7　独立式基础

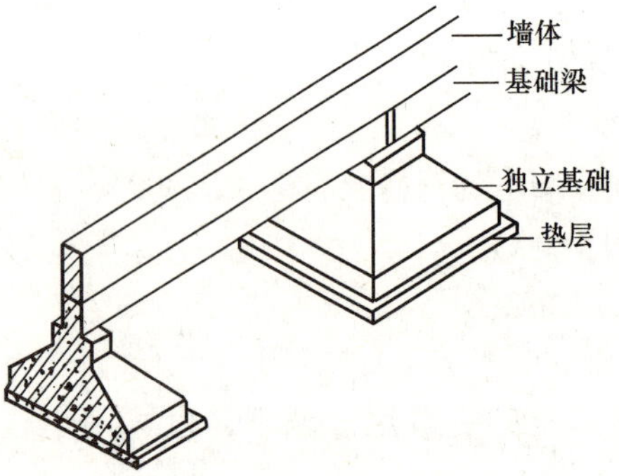

图 4-2-8　墙下独立基础

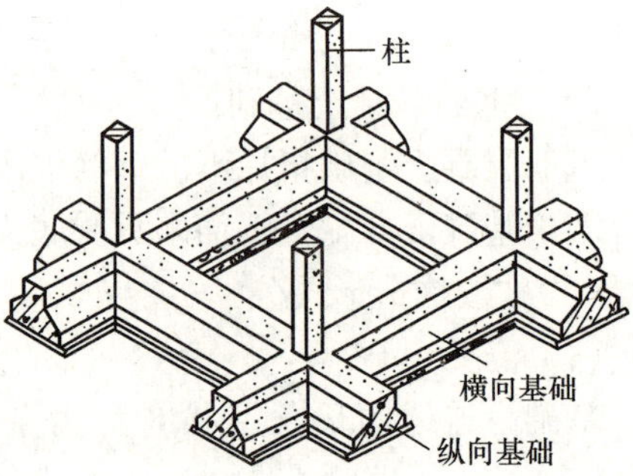

图 4-2-9　井格基础

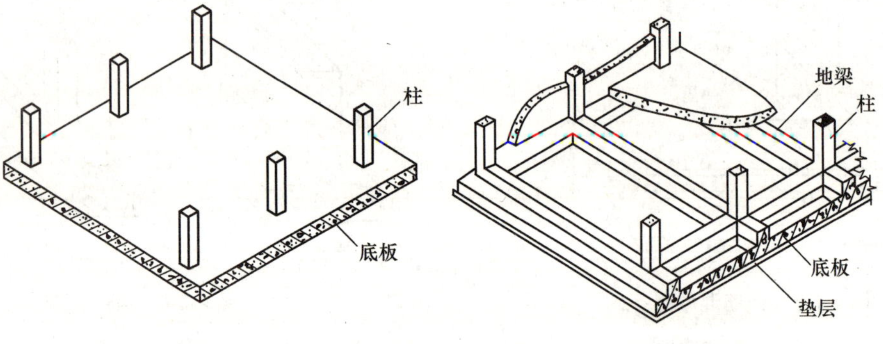

(a) 板式基础　　(b) 梁板式基础

图 4-2-10　筏板基础

（5）箱形基础

为了提高建筑物的整体刚度和稳定性，常用钢筋混凝土顶板、底板、外墙和一定数量的内墙组成刚度很大的盒状基础，称为箱形基础（图 4-2-11）。

（6）桩基础

桩基础由桩身和承台组成，桩身伸入土中，承受上部荷载。承台用来连接上部结构和桩身。按照桩身的受力特点，分为摩擦桩和端承桩（图 4-2-12）。

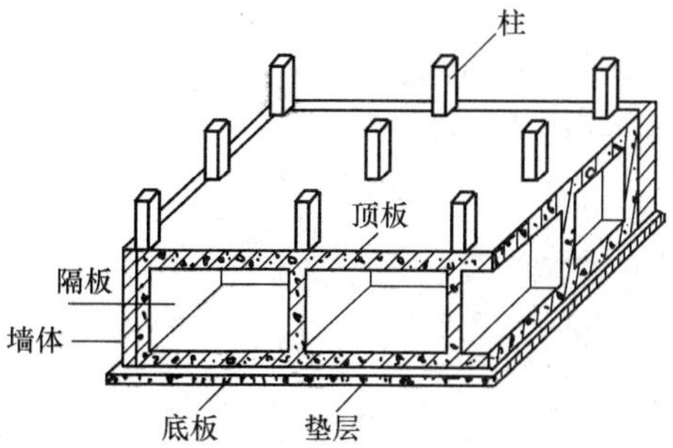

图 4-2-11　箱形基础

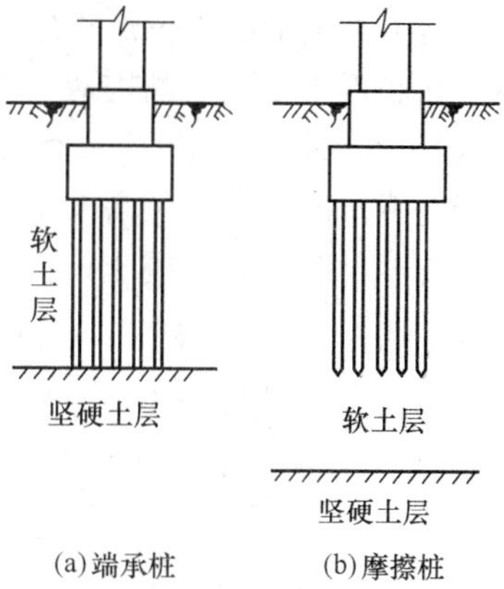

图 4-2-12　桩基础

二、地下室的构造

（一）地下室的组成

地下室一般由墙体、底板、顶板、门窗、楼梯、采光井等部分组成。

（1）墙体

当采用砖墙时，厚度不宜小于 370mm。当上部荷载较大或地下水位较高时，最好采用混凝土或钢筋混凝土墙，厚度不宜小于 200mm。

（2）底板

地下室的底板应有足够的强度、刚度和抗渗能力，一般采用钢筋混凝土底板。

（3）顶板

地下室的顶板主要承受建筑物首层的使用荷载，可采用现浇或预制钢筋混凝土楼板。

（4）楼梯

地下室的楼梯一般与上部楼梯结合设置，对于防空地下室，应至少设置两部楼梯与地面相连，并且必须有一部楼梯通向安全出口。

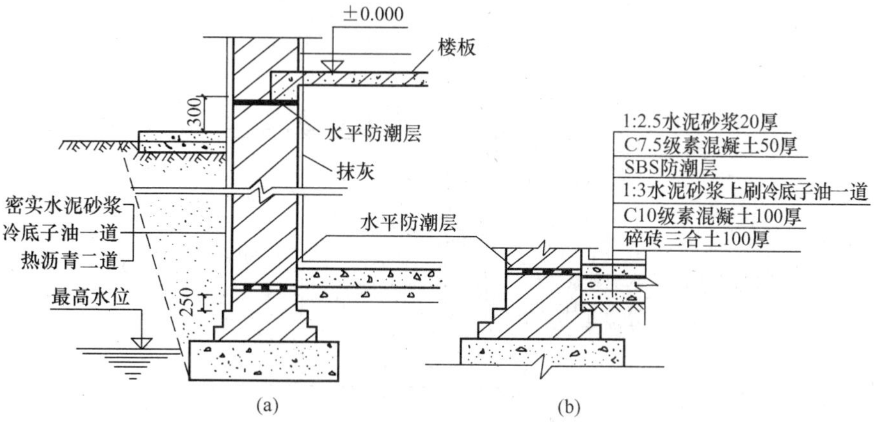

图 4-2-13　地下室的防潮处理

（二）地下室的防潮和防水

（1）地下室的防潮

当地下水的最高水位低于地下室地坪 300～500mm 时，只需做防潮处理，即在地下室的墙体和底板中采取防潮构造（图 4-2-13）。

（2）地下室的防水

当地下水的最高水位高于地下室底板时，地下室的外墙和底板必须采取防水措施。具体做法有卷材防水和混凝土构件自防水两种（图 4-2-14、图 4-2-15）。

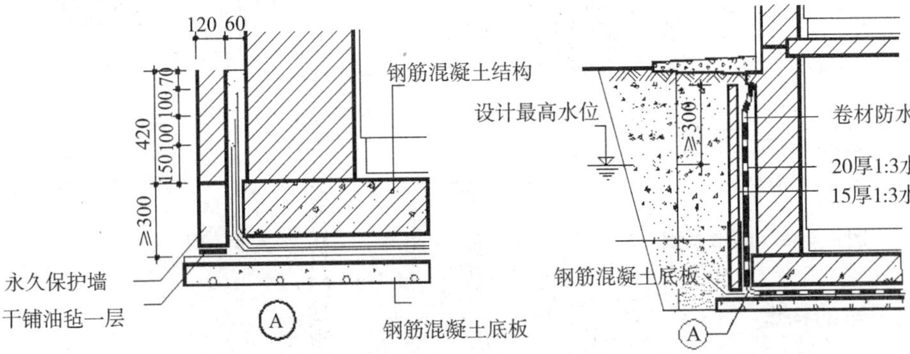

图 4-2-14 地下室卷材

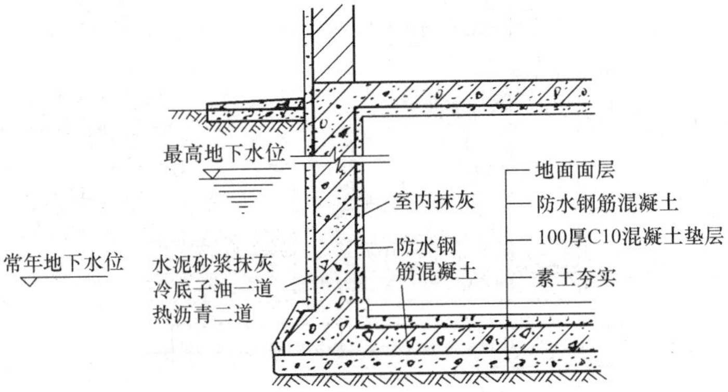

图 4-2-15 地下室混凝土构件自防水构造

第三节　墙　　体

一、墙体的类型及要求

（一）墙体的类型

按照不同的划分方法，墙体有不同的类型。有内墙和外墙，按方向分有横墙和纵墙，按受力情况分有承重墙和非承重墙，按构成墙体的材料和制品分有砖墙、石墙、砌块墙、板材墙、混凝土墙、玻璃幕墙等（图 4-3-1）。

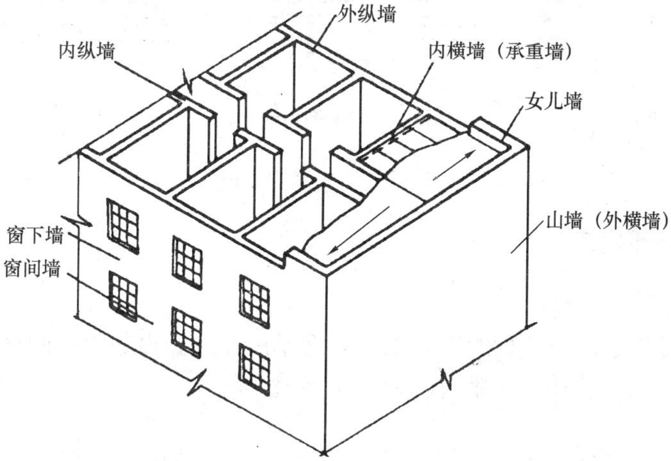

图 4-3-1　墙体的位置和名称

（二）对墙体的要求

墙体应具有足够的强度和稳定性，满足热工要求，满足隔声的要求，满足防火要求，减轻自重，适应建筑工业化的要求等。

二、砖墙的基本构造

（一）砖墙材料

（1）砖

实心黏土砖的规格为 240mm×115mm×53mm。其强度等级是根据它的抗压强度和抗折强度确定的，共分为 MU7.5、MU10、MU15、MU20、MU25、MU30 六个等级，其中建筑中砌墙常用的是 MU7.5 和 MU10［如图 4-3-2（a）所示］。

（2）砂浆

砌筑用的砂浆有水泥砂浆、石灰砂浆和混合砂浆三种。砂浆的强度等级是根据其抗压强确定的，共分 M0.4、M1、M2.5、M5、M7.5、M10、M15 七个等级，其中常用的砌筑砂浆是 M2.5 和 M5。

（二）砖墙的基本构造

（1）砖墙厚度有半砖墙、3/4 砖墙、一砖墙、一砖半墙、两砖墙等，相应的构造尺寸为 115mm、178mm、240mm、365mm、490mm。习惯上以它们的标志尺寸来称呼，如 12

墙、18 墙、24 墙、37 墙、49 墙等［图 4-3-2（b）］。

（2）墙段长度尺寸：要满足砖模数要求和结构要求。

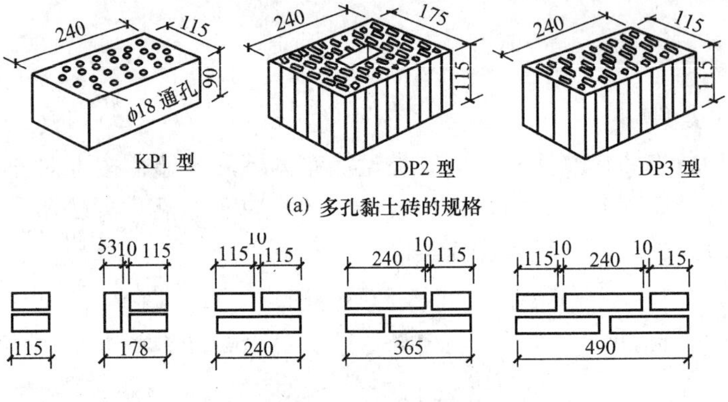

(a) 多孔黏土砖的规格

(b) 实心黏土砖与墙厚的关系

图 4-3-2　黏土砖的规格

三、砖墙的细部构造

（一）散水和明沟

为了防止室外地面水、墙面水及屋檐水对墙基的侵蚀，沿建筑物四周与室外地坪相接处宜设置散水或明沟，将建筑物附近的地面水及时排除。

（1）散水

散水是沿建筑物外墙四周做坡度为 3% ~5% 的排水护坡，宽度一般不小于 600mm。

（2）明沟

在散水的外缘或直接在建筑物外墙根部设置的排水沟称明沟。

（二）勒脚

勒脚常见的做法如图 4-3-3 所示。

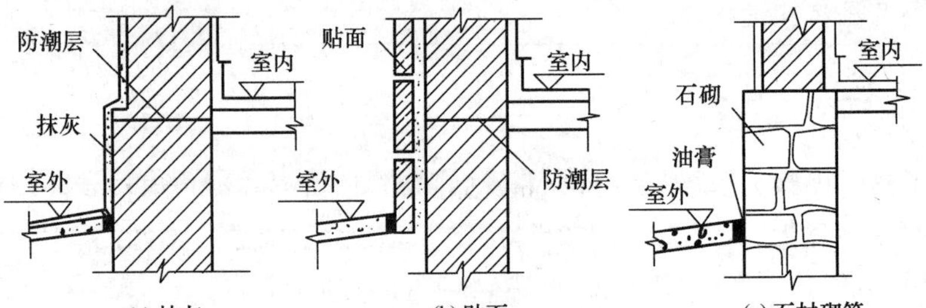

(a) 抹灰　(b) 贴面　(c) 石材砌筑

图 4-3-3　勒脚的做法

（三）墙身防潮层

（1）水平防潮层

水平防潮层如图 4-3-4 所示。

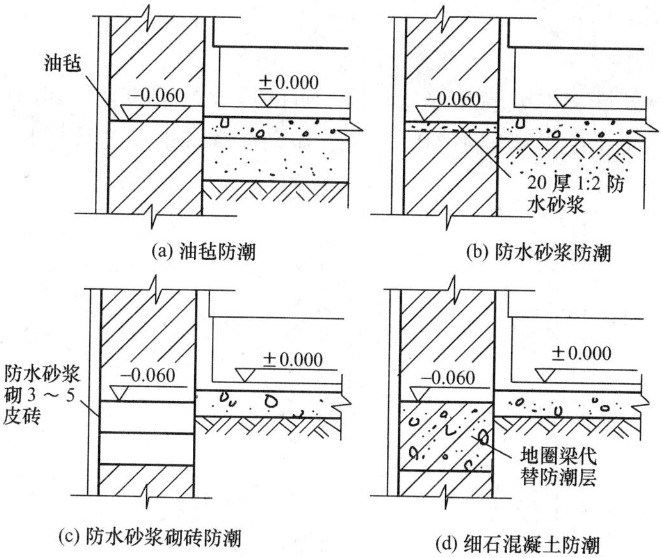

图 4-3-4　水平防潮层的构造

（2）垂直防潮层

垂直防潮层如图 4-3-5 所示。

（四）过梁

过梁是指设置在门窗洞口上部的横梁，用来承受洞口上部墙体传来的荷载，并传给窗间墙。按照过梁采用的材料和构造分，常用的有砖拱过梁和钢筋混凝土过梁等。

（1）砖拱过梁

砖拱过梁有平拱和弧拱两种。平拱砖过梁的跨度不应超过 1. 2m。

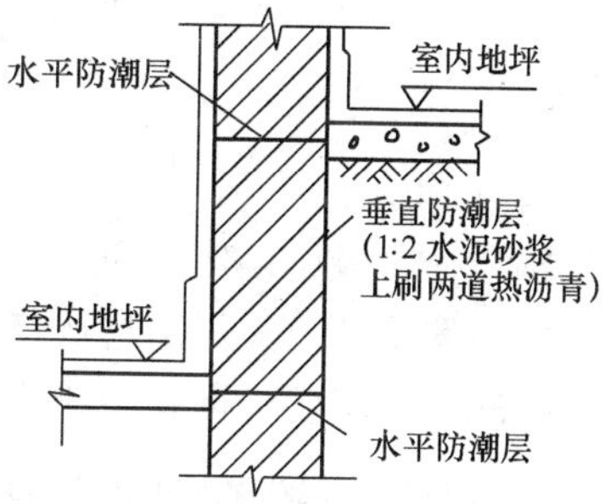

图 4-3-5　垂直防潮层的构造

（2）钢筋混凝土过梁

钢筋混凝土过梁有现浇和预制两种。它坚固耐久，施工简便，目前被广泛采用（图 4-3-6）。

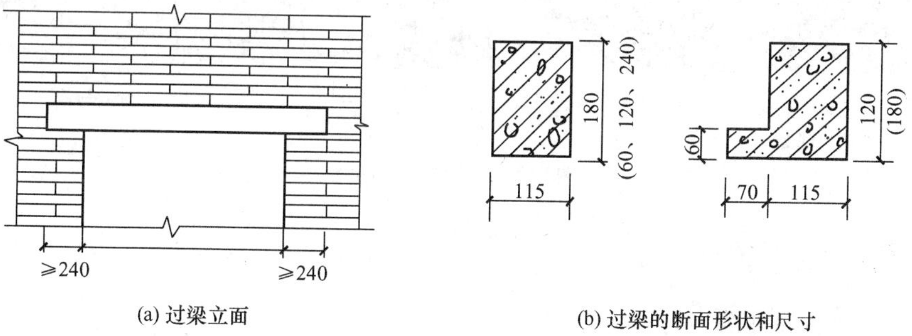

图 4-3-6　钢筋混凝土过梁

（五）圈梁和构造柱

（1）圈梁

圈梁是建筑物外墙、内纵墙和部分横墙设置的连续封闭的梁。其作用是加强房屋的空间刚度和整体性，防止由于基础不均匀沉降、振动荷载等引起的墙体开裂（图 4-3-7）。

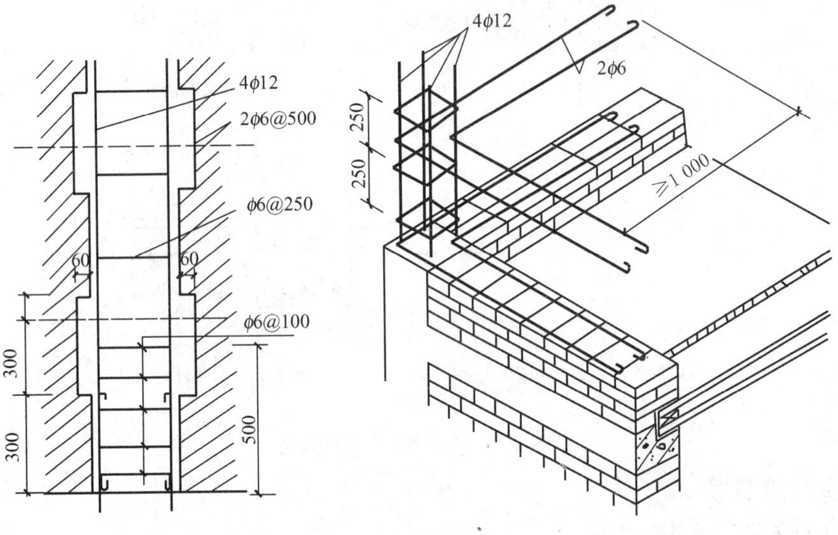

(a) 平直墙面处的构造柱　　(b) 转角处的构造柱

图 4-3-7　构造柱

（2）构造柱

构造柱一般设在建筑物的四角、横墙与外墙交接处、楼梯间、电梯间的四角以及某些较长墙体的中部。其作用是从竖向加强层间墙体的连接，与圈梁一起构成空间骨架，加强建筑物的整体刚度，提高墙体抗变形的能力，约束墙体裂缝的开展（图 4-3-7、图 4-3-8）。

（a）构造柱　　（b）圈梁与构造柱整浇　　（c）脱模后的圈梁与构造柱

图 4-3-8　圈梁与构造柱

四、墙面的装修构造

（一）墙面装修的作用

（1）保护墙体。

（2）改善墙的物理性能，保证室内的使用条件。

（3）美观建筑环境，提高艺术效果。

（二）墙面的装修构造

墙面装修按施工工艺分有勾缝、抹灰、贴面、涂刷、裱糊、镶钉和幕墙等。

（1）勾缝

勾缝的形式有平缝、平凹缝、斜缝、弧形缝，如图 4-3-9 所示。

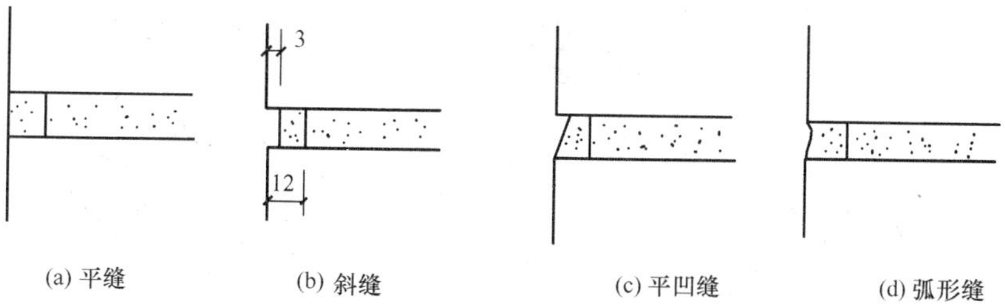

图 4-3-9　勾缝的形式

（2）抹灰

墙面抹灰装修是以水泥、石灰或石膏等为胶结材料，底层抹灰主要起黏结和初步找平的作用，厚度为 10～15mm；中层抹灰主要起进一步找平的作用，厚度为 5～12mm；面层抹灰的主要作用是使表面光洁、美观，达到装修效果，厚度为 3～5mm。抹灰层的总厚度，根据装修部位不同而异，一般外墙抹灰厚度为 20～25mm，内墙为 15～20mm。抹灰类墙面的质量等级分为普通抹灰、中级抹灰和高级抹灰。

1）普通抹灰：一层底层抹灰、一层面层抹灰，两遍成活。

2）中级抹灰：一层底层抹灰、一层中间抹灰、一层面层抹灰，三遍成活。

3）高级抹灰：一层底层抹灰、多层中间抹灰、一层面层抹灰，多遍成活。

（3）贴面

1）面砖、瓷砖、陶瓷锦砖墙面装修；

2）天然石板及人造石板墙面装修（图 4-3-10、图 4-3-11）。

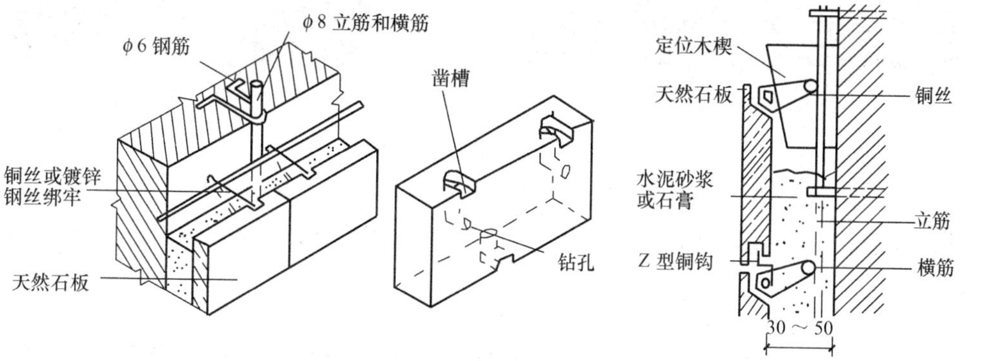

图 4-3-10　石材栓结与黏结“双保险”装修构造

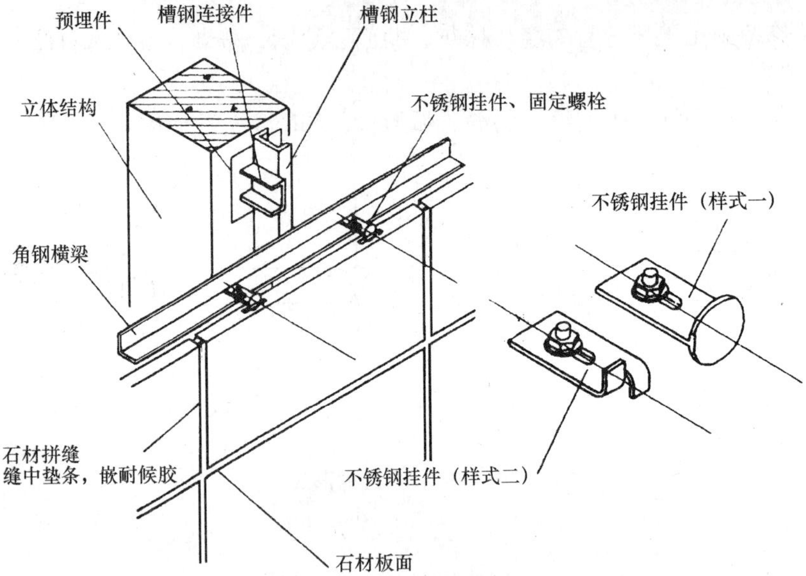

图 4-3-11　石材干挂法

第四节　楼板与楼地面

一、钢筋混凝土楼板

钢筋混凝土楼板按施工方式不同，分为现浇式、预制装配式和装配整体式三种。

（a）现浇钢筋混凝土楼板

（b）预制装配式钢筋混凝土楼板

图 4-4-1　钢筋混凝土楼板

（一）现浇式钢筋混凝土楼板

现浇式钢筋混凝土楼板根据受力和传力情况，分为板式、梁板式、无梁式和压型钢板组合楼板。

（1）板式楼板

将楼板现浇成一块平板，四周直接支承在墙上，这种楼板称为板式楼板。板式楼板接受力点分为单向板和双向板（图 4-4-2）。当板的长边与短边之比大于 2 时，板上的荷载基本上沿短边传递，这种板称为单向板。当板的长边与短边之比小于或等于 2 时，板上的荷载将沿两个方向传递，这种板称为双向板。

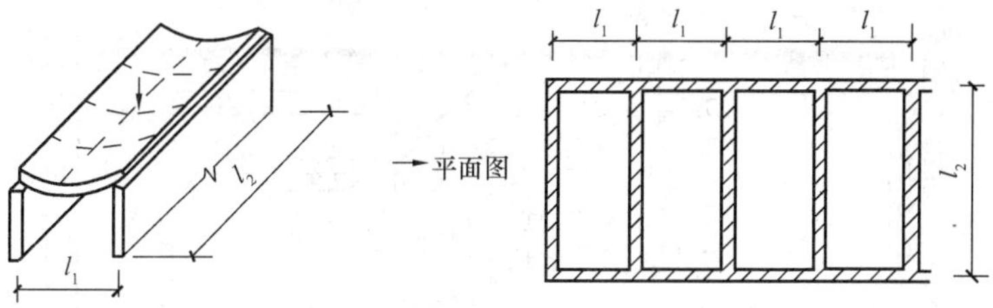

(a) 单向板($l_2/l_1>2$)

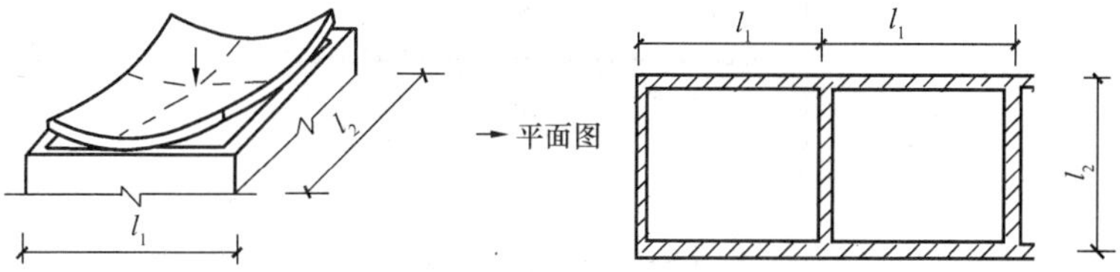

(b) 双向板($l_2/l_1\leq 2$)

图 4-4-2　板式楼板的受力、传力方式

（2）梁板式楼板

1）单梁式楼板：单梁式楼板荷载的传递途径为，板—梁—墙，适用于教学楼、办公楼等建筑(图 4-4-3)。

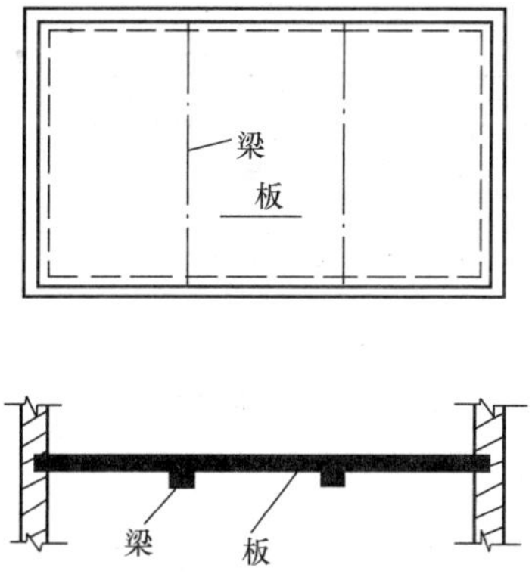

图 4-4-3　单梁式楼板

2）肋梁式楼板：肋梁式楼板荷载的传递途径为，板—次梁—主梁—墙，适用于平面尺寸较大的建筑，如教学楼、办公楼、小型商店等（图 4-4-4）。

3）井式楼板：当房间的跨度超过 10m，并且平面形状近似正方形时，常在板下沿两个方向设置等距离、等截面尺寸的井字形梁，这种楼板称井式楼板。井式楼板是一种特殊的双梁式楼板，梁无主次之分，通常采用正交正放和正交斜放的布置形式。

为了保证墙体对楼板、梁的支承强度，使楼板、梁能够可靠地传递荷载，楼板和梁必须有足够的搁置长度。楼板在砖墙上的搁置长度一般不小于板厚且不小于 100mm，梁在砖墙上的搁置长度与梁高有关，当梁高不超过 500mm 时，搁置长度不小于 180mm，当梁高超过 500mm 时，搁置长度不小于 240mm。

（3）无梁式楼板

无梁式楼板如图 4-4-5 所示。

（4）压型钢板组合楼板

压型钢板组合楼板如图 4-4-6 所示。

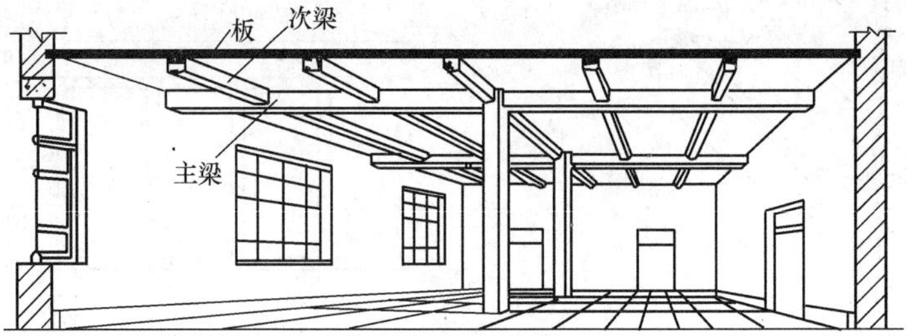

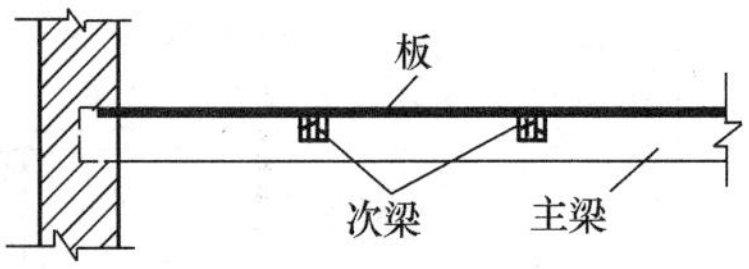

图 4-4-4　肋梁式楼板

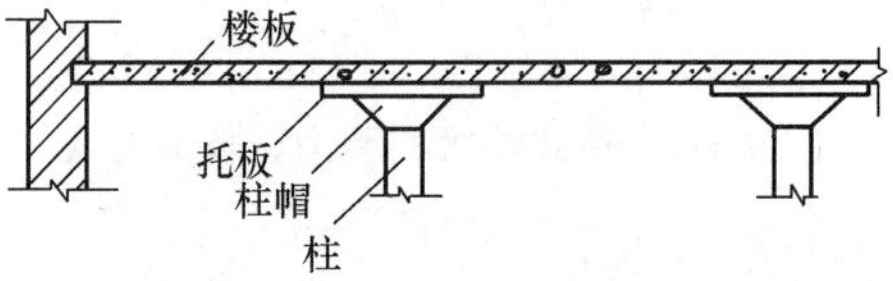

图 4-4-5　无梁式楼板

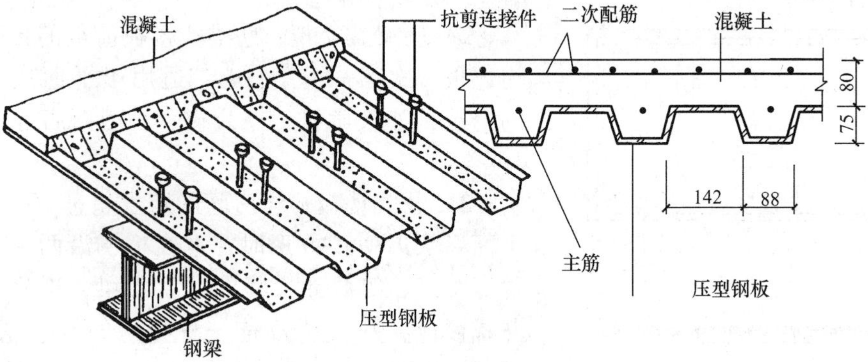

图 4-4-6　压型钢板组合楼板

（二）预制装配式钢筋混凝土楼板

预制装配式钢筋混凝土楼板按构造形式，分为实心平板、槽形板、空心板三种。由于整体性差，现在已少用。

（三）装配整体式钢筋混凝土楼板

装配整体式钢筋混凝土楼板按结构及构造方法的不同，有密肋楼板和叠合楼板等类型，由于施工复杂，现较少使用。

二、地坪层与楼地面的构造

（一）地坪层的构造

地坪层按其与土壤之间的关系分为实铺地坪和空铺地坪。

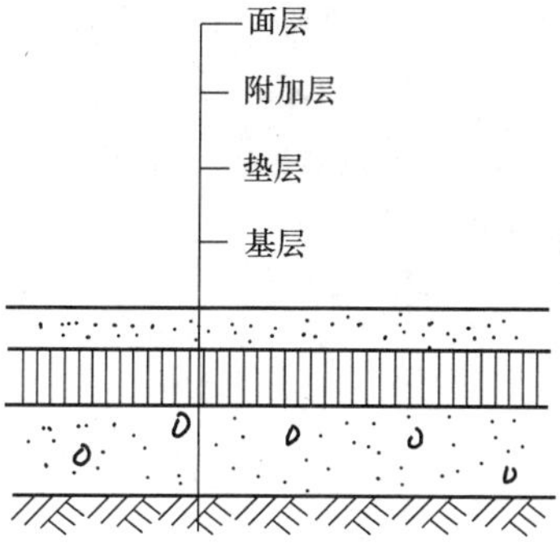

图 4-4-7　实铺地坪

(1) 实铺地坪

实铺地坪一般由面层、垫层、基层三个基本层次组成（图 4-4-7）。

(2) 空铺地坪

空铺地坪如图 4-4-8 所示。

(二) 楼地面的构造

(1) 整体楼地面

整体楼地面是采用在现场拌和的湿料，经浇抹形成的面层。

1）水泥砂浆楼地面（图 4-4-9）；

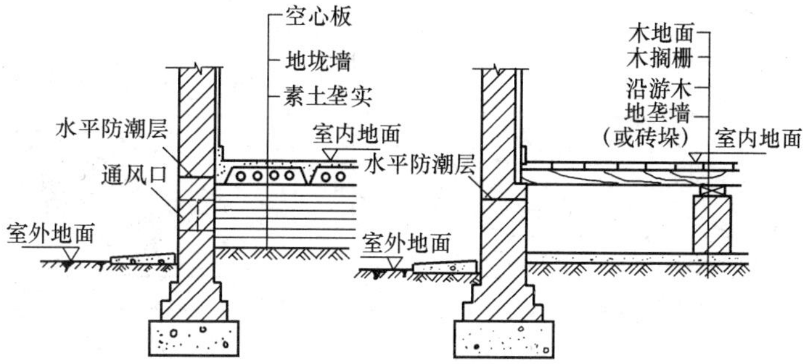

(a)　　(b)

图 4-4-8　空铺地坪

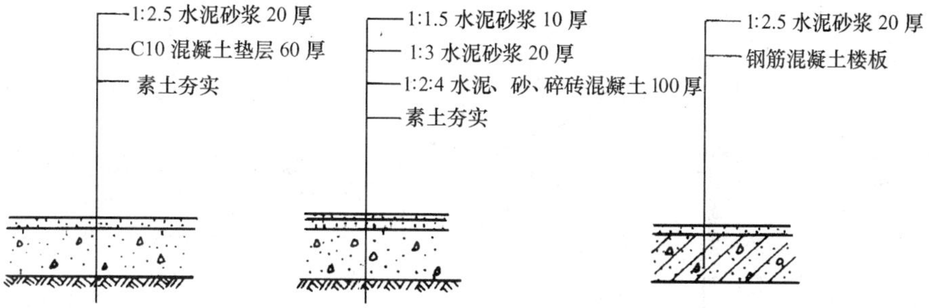

(a) 底层地面单层做法　　(b) 底层地面双层做法　　(c) 楼层地面

图 4-4-9　水泥砂浆楼地面

2）现浇水磨石楼地面（图 4-4-10）。

(2) 块材楼地面

块材楼地面如图 4-4-11 所示。

1）缸砖、瓷砖、陶瓷锦砖地面；

2）花岗石板、大理石板地面（图 4-4-12）。

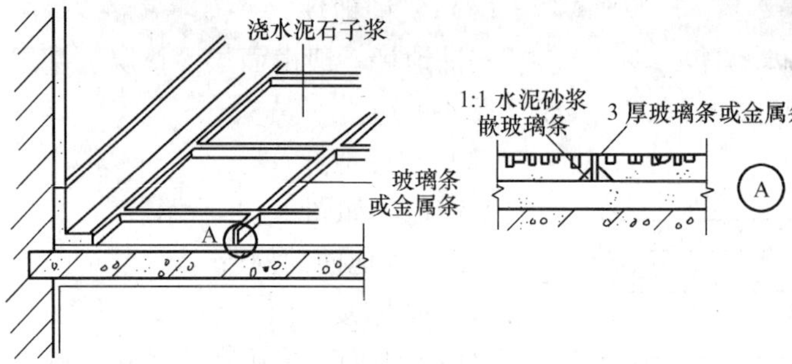

图 4-4-10　现浇水磨石地面

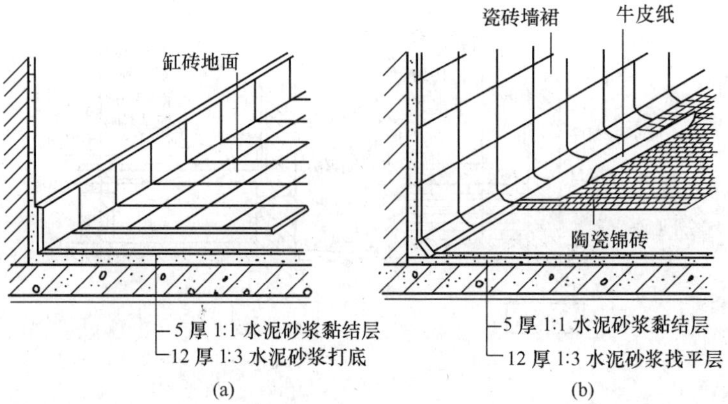

图 4-4-11　缸砖、瓷砖地面

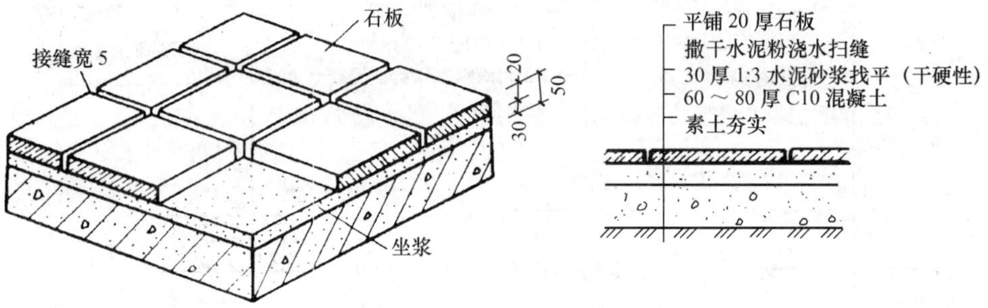

图 4-4-12　花岗石板、大理石板地面

（3）木楼地面

1）空铺式木楼地面（图 4-4-13）；

2）实铺式木楼地面（图 4-4-14）。

实铺式木楼地面有铺钉式和粘贴式两种做法。

铺钉式木楼地面是在混凝土垫层或楼板上固定小断面的木搁栅，木搁栅的断面尺寸一般为 50mm × 50mm 或 50mm × 70mm，间距 400 ~ 500mm，然后在木搁栅上铺定木板材。木板材可采用单层和双层做法，如图 4-4-14（a）所示。

粘贴式木楼地面是在混凝土垫层或楼板上先后用专用胶剂黏结木板材，如图 4-4-14

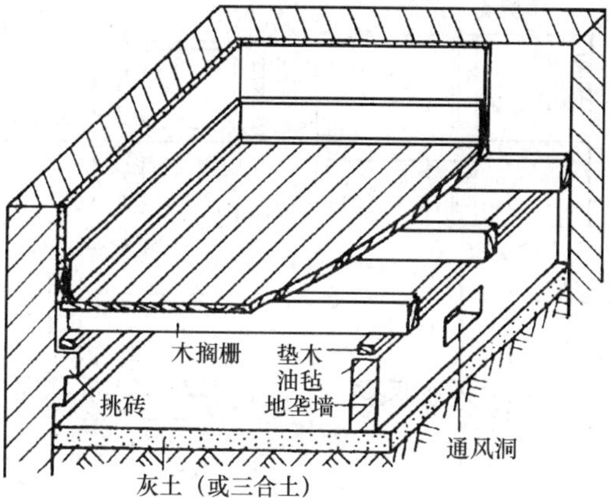

图 4-4-13　空铺木地面

（b）所示。粘贴式木楼地面由于省去了搁栅，比铺钉式节约木材、施工简便、造价低，故应用广泛。

当在地坪层上采用实铺式木楼地面时，须在混凝土垫层上设防潮层。

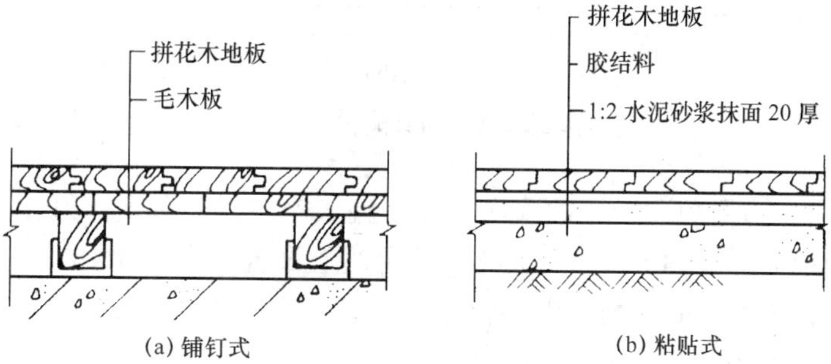

图 4-4-14　拼花木地板构造

三、阳台、雨篷的构造

（一）阳台

阳台按照其与外墙的相对位置，分为凸阳台、凹阳台和半凸半凹阳台。

（1）阳台的结构类型

1）墙承式如图 4-4-15（a）所示。

2）挑板式如图 4-4-15（b）所示。

挑板式是将阳台板悬挑，一般有两种做法：一种是将房间楼板直接向墙外悬挑形成阳台板，如图 4-4-15（b）所示；另一种是将阳台板和墙梁（或过梁、圈梁）现浇在一起，利用梁上部墙体的重量来防止阳台倾覆，如图 4-4-15（c）所示。

3）挑梁式如图 4-4-15（d）所示。

（2）阳台的细部构造

1）阳台的栏杆扶手如图 4-4-16 所示。

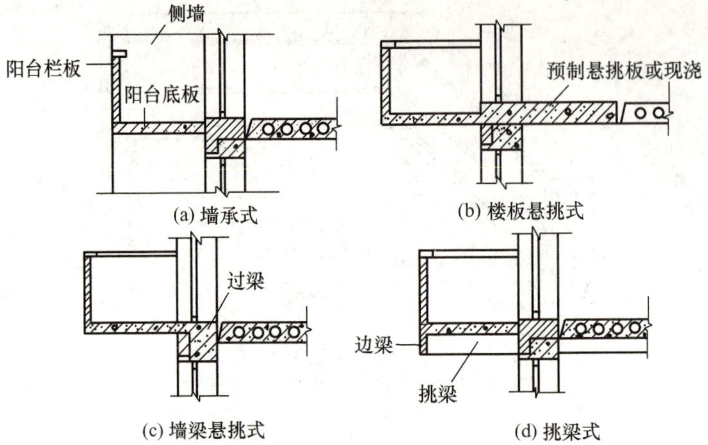

图 4-4-15　阳台的结构布置

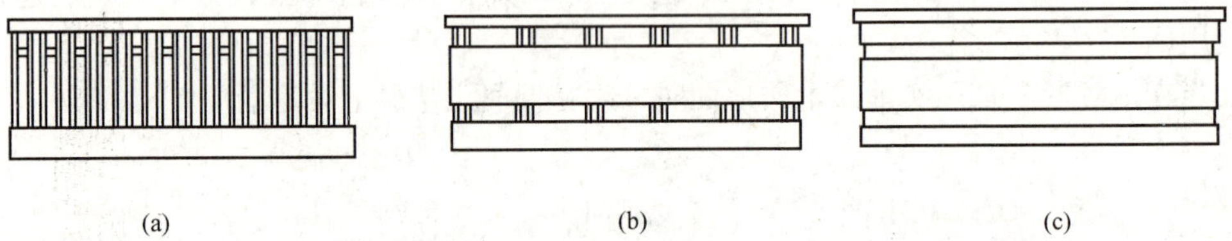

图 4-4-16　阳台的栏杆形式

2）阳台排水：为避免阳台上的雨水积存和流入室内，阳台须作好排水处理。首先阳台面应低于室内地面 20～50mm，其次应在阳台面上设置不小于 1% 的排水坡，坡向排水口。排水口内埋设 40～50mm 的镀锌钢管或塑料管（称作水舌），外挑长度不小于 80mm，雨水由水舌排除，如图 4-4-17（a）所示。

为避免阳台排水影响建筑物的立面形象，阳台的排水口可与雨水管相连，由雨水管排除阳台积水，或与室内排水管相连，由室内排水管排除阳台积水，如图 4-4-17（b）所示。

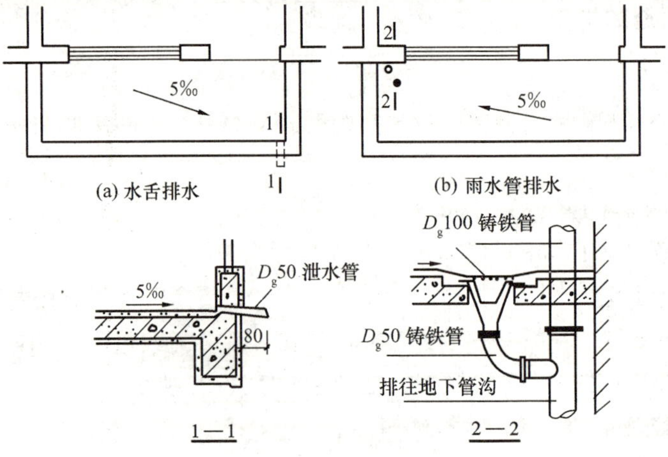

图 4-4-17　阳台排水构造

（二）雨篷

雨篷一般设置在建筑物外墙出入口的上方，用来遮挡风雨，保护大门，同时对建筑物的立面有较强的装饰作用。雨篷按结构形式不同，有板式和梁板式两种。

1）板式雨篷如图 4-4-18（a）所示；

2）梁板式雨篷如图 4-4-18（b）所示。

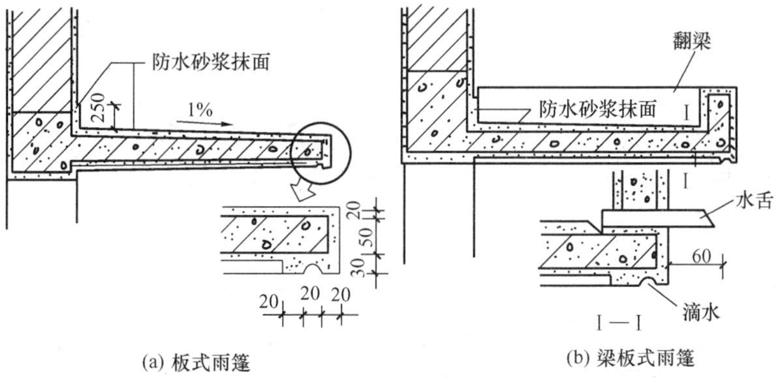

图 4-4-18　雨篷

雨篷顶面应做好防水和排水处理，一般采用 20mm 厚的防水砂浆抹面进行防水处理，防水砂浆应沿墙面上升，高度不小于 250mm，同时在板的下部边缘做滴水，防止雨水沿板底漫流。雨篷顶面需设置 1% 的排水坡，并在一侧或双侧设排水管将雨水排除。为了立面需要，可将雨水由雨水管集中排除，这时雨篷外缘上部需做挡水边坎。

第五节　楼　　梯

一、楼梯的组成及类型

（一）楼梯的组成

（1）楼梯段

每个楼梯段上的踏步数目不得超过 18 级，照顾到人们在楼梯段上行走时的连续性，每个楼梯段上的踏步数目不得少于 3 级。

（2）楼梯平台

楼梯平台按其所处的位置分为楼层平台和中间平台。

（3）栏杆（栏板）和扶手

栏杆（栏板）是设置在楼梯段和平台邻空侧的围护构件，应有一定的强度和刚度，并应在上部设置供人们手扶持用的扶手。

（二）楼梯的类型

楼梯的类型有多种分类方法：现仅列出两种。

（1）按照楼梯的形式分类（图 4-5-1）；

（2）按照楼梯间的平面形式分类有：封闭式楼梯、非封闭式楼梯、防烟楼梯等(图 4-5-2)。

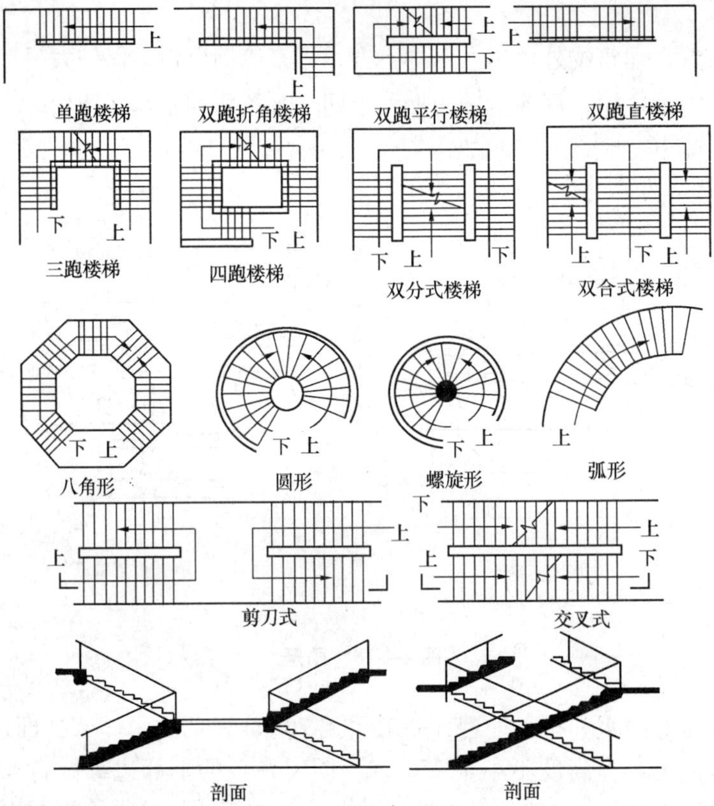

图 4-5-1　楼梯的平台形式

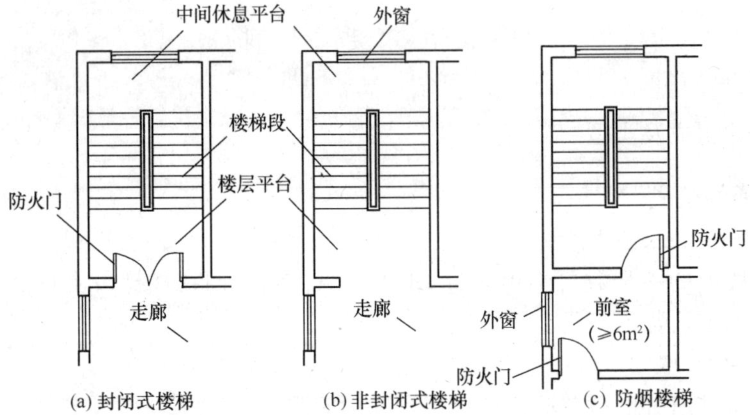

图 4-5-2　楼梯间的平面形式

（三）楼梯的尺度

（1）楼梯的踏步尺寸与坡度

1）楼梯的踏步尺寸（图 4-5-3）：常见的民用建筑楼梯的适宜踏步尺寸如表 4-5-1 所示。

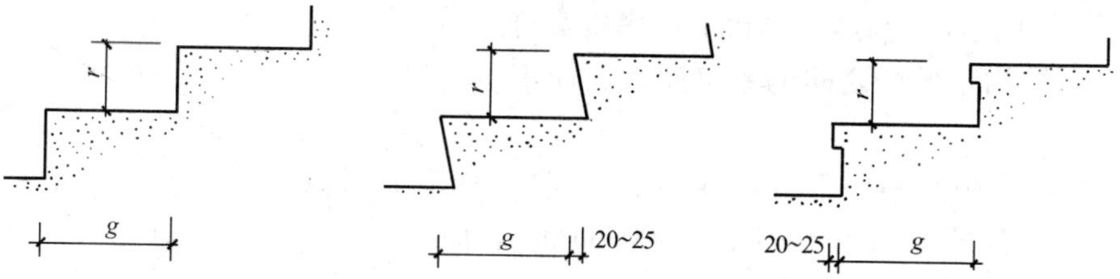

(a) 正常处理的踏步　　(b) 踢面倾斜　　(c) 加做踏步檐

图 4-5-3　踏步尺寸

表 4-5-1　常见的民用建筑楼梯的适宜踏步尺寸

名称	住宅	学校、办公楼	剧院、食堂	医院	幼儿园
踢面高 r/mm	156～175	140～160	120～150	150	120～150
踏面宽 g/mm	250～300	280～340	300～350	300	260～300

2）楼梯的坡度：一般楼梯的坡度范围在 23°～45°之间，30°为适宜坡度。坡度超过 45°时，应设爬梯，坡度小于 23°时，应设坡道（图 4-5-4）。

（2）楼梯段的宽度与平台宽度

1）楼梯段的宽度：楼梯段的宽度指楼梯段临空侧扶手中心线到另一侧墙面（或靠墙扶手中心线）之间的水平距离，应根据楼梯的设计人流股数、防火要求及建筑物的使用性质等因素确定。一般建筑物楼梯应至少满足两股人流通行，楼梯段的宽度不小于 1 100mm。

住宅建筑规定：6 层及以下的单元式住宅，其楼梯段的最小净宽不小于 1 000mm。

2）平台宽度：楼梯平台的宽度应不小于楼梯段的宽度。双跑平行式楼梯宽度不小于 1 100mm。

对于开敞式楼梯间，楼层平台的净宽为最后一个踏步前缘到靠走廊墙面的距离，一般不小于 500mm（图 4-5-5）。

（3）楼梯的净空高度

1）楼梯段上的净空高度（图 4-5-6）。

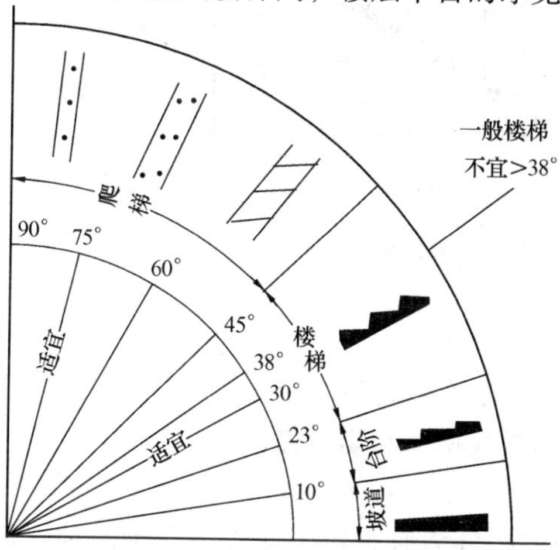

图 4-5-4　楼梯、爬梯及坡道的坡度范围

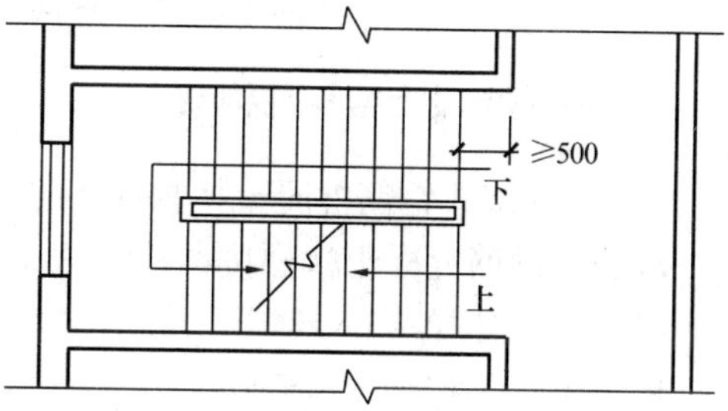

图 4-5-5　开敞楼梯间楼层平台的宽度

2）平台上的净空高度：平台上的净空高度指平台面到上部结构最低处之间的垂直距离，应不小于2 000mm。

当楼梯底层中间平台下设置通道时，底层中间平台下的净空高度应满足不小于 2 000mm 的要求，可采取如图 4-5-7 所示的构造做法来解决。

（4）扶手高度

扶手高度指踏步前缘到扶手顶面的垂直距离。一般建筑物室内楼梯成人扶手高度为 900mm；平台上水平扶手长度超过 500mm 时，其高度不应小于 1 050mm。

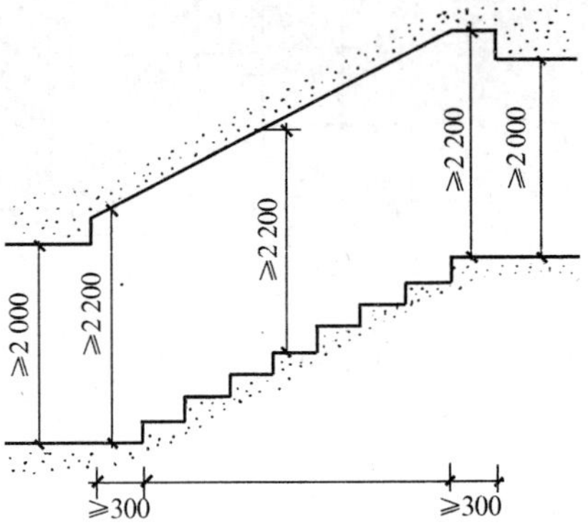

图 4-5-6　楼梯的净空高度

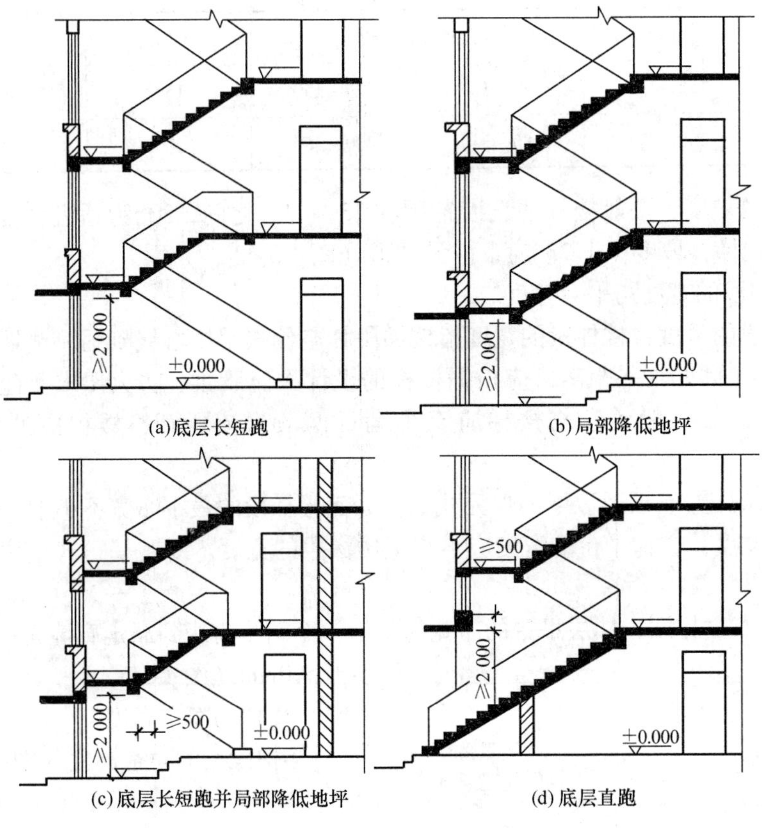

(a)底层长短跑　(b)局部降低地坪

(c)底层长短跑并局部降低地坪　(d)底层直跑

图 4-5-7　底层中间平台下作出入口时的处理方式

二、钢筋混凝土楼梯的构造

（一）现浇式钢筋混凝土楼梯的类型

现浇式钢筋混凝土楼梯按结构形式不同，分为板式楼梯和梁板式楼梯。

（1）板式楼梯

板式楼梯是把楼梯段看作一块斜放的板，楼梯板分为有平台梁和无平台梁两种（图 4-5-8）。

（2）梁板式楼梯

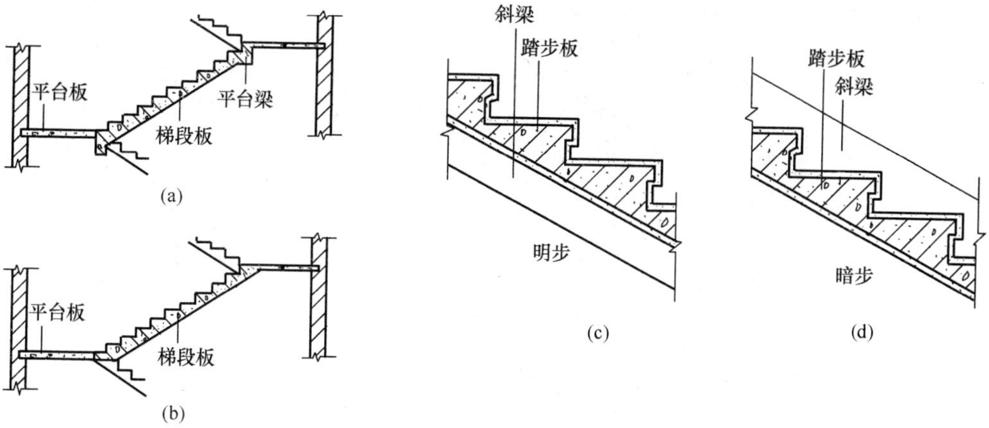

图 4-5-8　现浇钢筋混凝土板式楼梯

梁板式楼梯如图 4-5-9 所示。

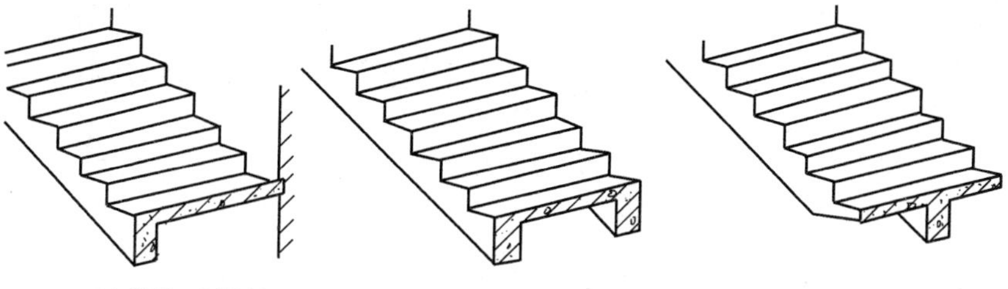

(a) 梯段一侧设斜梁　　(b) 梯段两侧设斜梁　　(c) 梯段中间设斜梁

图 4-5-9　梁式楼梯

（二）钢筋混凝土楼梯的细部构造

（1）踏步面层和防滑构造（图 4-5-10）

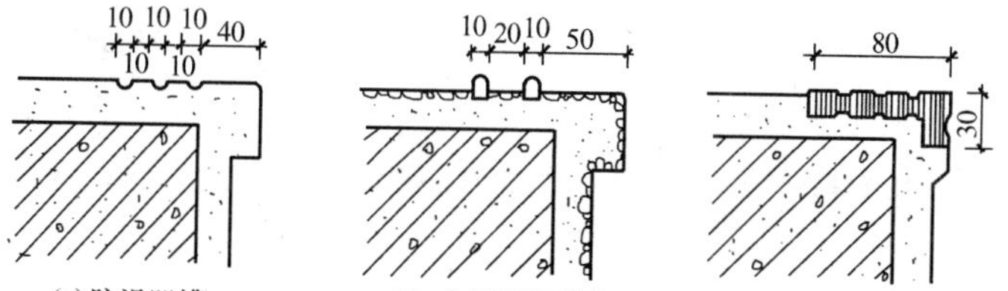

(a) 防滑凹槽　　(b) 金刚砂防滑条　　(c) 缸砖或金属包口

图 4-5-10　踏步面层的类型

（2）栏杆和栏板构造（图 4-5-11）

（3）栏杆与梯段的连接（图 4-5-12）

（4）扶手（图 4-5-13）

顶层平台上的水平扶手端部应与墙体有可靠的连接，如图 4-5-14 所示。

（5）首层楼梯段的基础

楼梯段的基础做法有两种：一种是在楼梯段下直接设砖、石、混凝土基础［图 4-5-15（a）］；另一种是在楼梯间墙上搁置钢筋混凝土地梁，将楼梯段支承在地梁上［图 4-5-15（b）］。

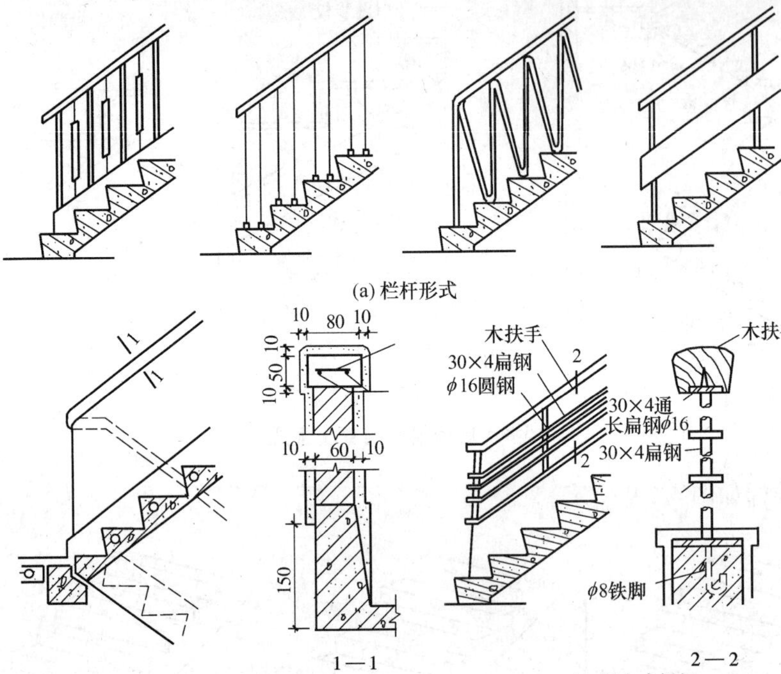

(a) 栏杆形式

(b) 1/4 砖砌栏板

(c) 组合式栏杆

图 4-5-11　栏杆和栏板构造

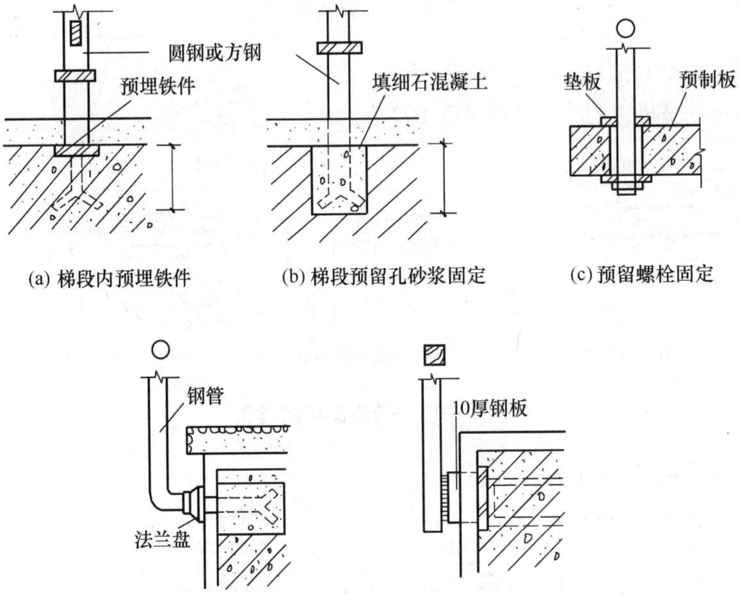

(a) 梯段内预埋铁件

(b) 梯段预留孔砂浆固定

(c) 预留螺栓固定

(d) 踏步侧面预留孔

(e) 踏步侧面预埋铁件

图 4-5-12　栏杆与梯段的连接

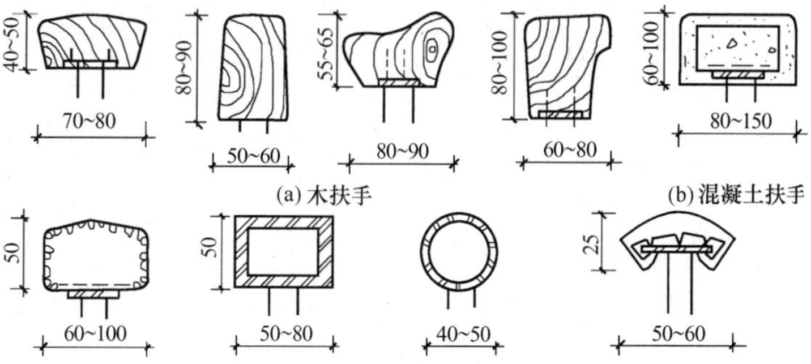

(a) 木扶手　(b) 混凝土扶手

(c) 水磨石扶手　(d) 角钢或扁铁扶手　(e) 金属管扶手　(f) 聚氯乙烯扶手

图 4-5-13　扶手的类型

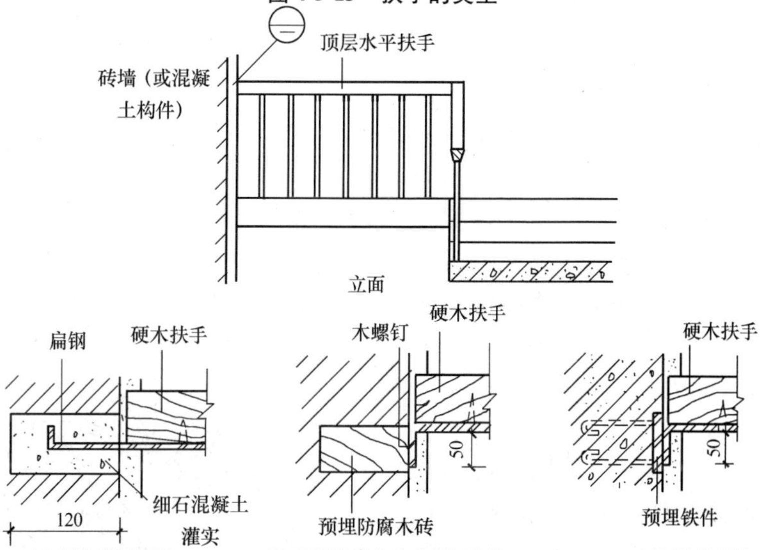

(a) 预留孔洞插接　(b) 预埋防腐木砖木螺钉连接　(c) 预埋铁件焊接

图 4-5-14　扶手端部与墙（柱）的连接

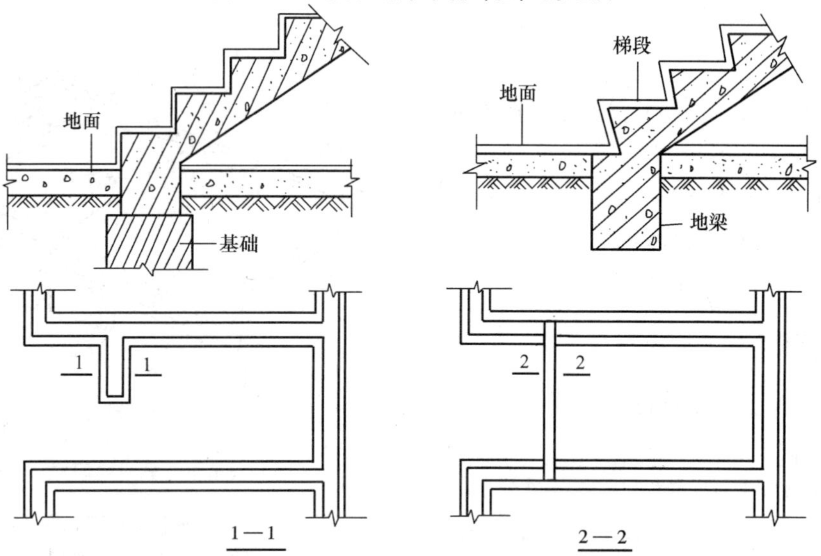

(a) 梯段下设基础　(b) 梯段下设地梁

图 4-5-15　楼梯基础构造

第六节　屋　　顶

一、概述

（一）屋顶的作用及构造要求

屋顶的作用主要有三个：一是承重作用，二是围护作用，三是装饰建筑立面。

（二）屋顶的类型

按照屋顶的排水坡度和构造形式，屋顶分为平屋顶、坡屋顶和曲面屋顶三种类型。

（1）平屋顶

平屋顶是指屋面排水坡度小于或等于10%的屋顶，常用的坡度为2%～3%。

（2）坡屋顶

坡屋顶是指屋面排水坡度在10%以上的屋顶。

（3）曲面屋顶

曲面屋顶的承重结构多为空间结构，如薄壳结构、悬索结构、张拉膜结构和网架结构等。

（三）屋顶的构造组成

屋顶的构造组成如图4-6-1所示，分为以下四个主要部分：

（1）屋面

屋面主要起防水作用。

（2）承重结构

平屋顶的承重结构一般采用钢筋混凝土屋面板，其构造与钢筋混凝土楼板类似；坡屋顶的承重结构一般采用屋架、横墙、木构架等；曲面屋顶的承重结构则属于空间结构。

（3）顶棚

顶棚的构造形式不同，分为直接式顶棚和悬吊式顶棚。

（4）保温隔热层

屋顶有保温隔热要求时，需要在屋顶中设置相应的保温隔热层。

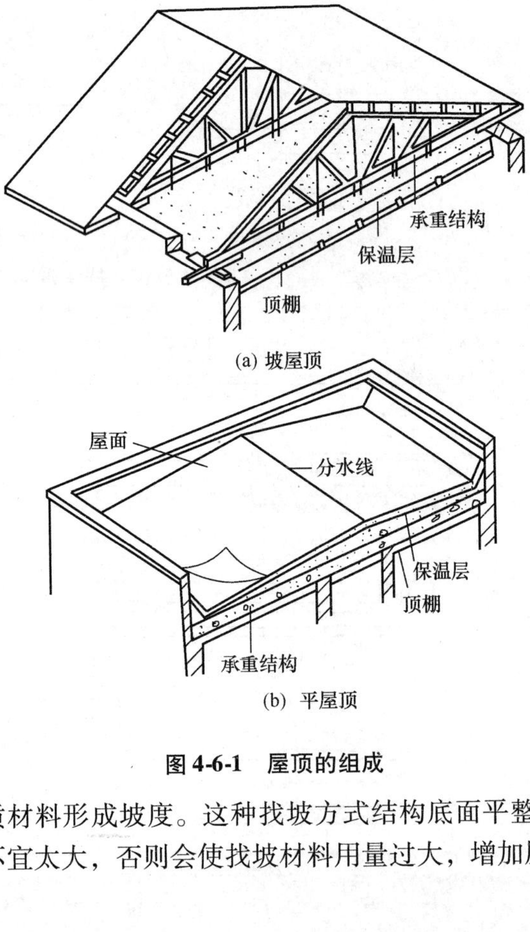

图4-6-1　屋顶的组成

二、平屋顶的排水

（一）平屋顶排水坡度的形成

（1）材料找坡

材料找坡又叫垫置坡度，是将屋面板水平搁置，然后在上面铺设炉渣等廉价轻质材料形成坡度。这种找坡方式结构底面平整，容易保证室内空间的完整性，但垫置坡度不宜太大，否则会使找坡材料用量过大，增加屋顶荷载。

（2）结构找坡

结构找坡又叫搁置坡度，是将屋面板搁置在顶部倾斜的部分梁上或墙上形成屋面排水坡度的方法。

（二）平屋顶的排水方式

平屋顶的排水方式分为无组织排水和有组织排水两大类。

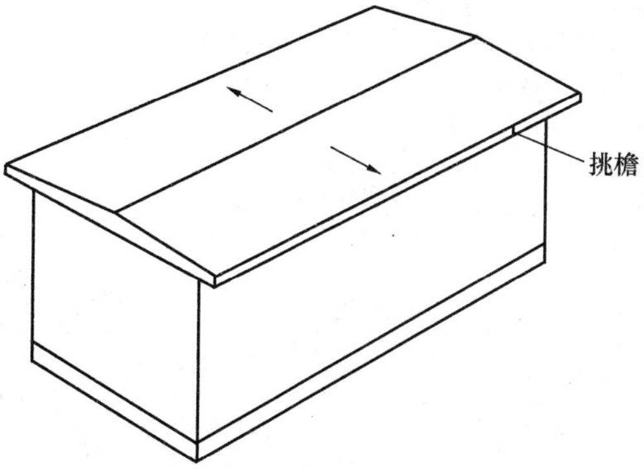

图 4-6-2　平屋顶四周挑檐自由落水

（1）无组织排水

当平屋顶采用无组织排水时，需把屋顶在外墙四周挑出，形成挑檐，屋面雨水经挑檐自由下落至室外地坪，这种排水方式称无组织排水（图 4-6-2）。

（2）有组织排水

有组织排水是在屋顶设置与屋面排水方向相垂直的纵向天沟，汇集雨水后，将雨水由雨水口、雨水管有组织地排到室外地面或室内地下排水系统。按照雨水管的位置，有组织排水分为外排水和内排水。

1）外排水：外排水是屋顶雨水由室外雨水管排到室外的排水方式。按照檐沟在屋顶的位置，外排水的屋顶形式有：沿屋顶四周设檐沟、沿纵墙设檐沟、女儿墙外设檐沟、女儿墙内设檐沟等（图 4-6-3）。

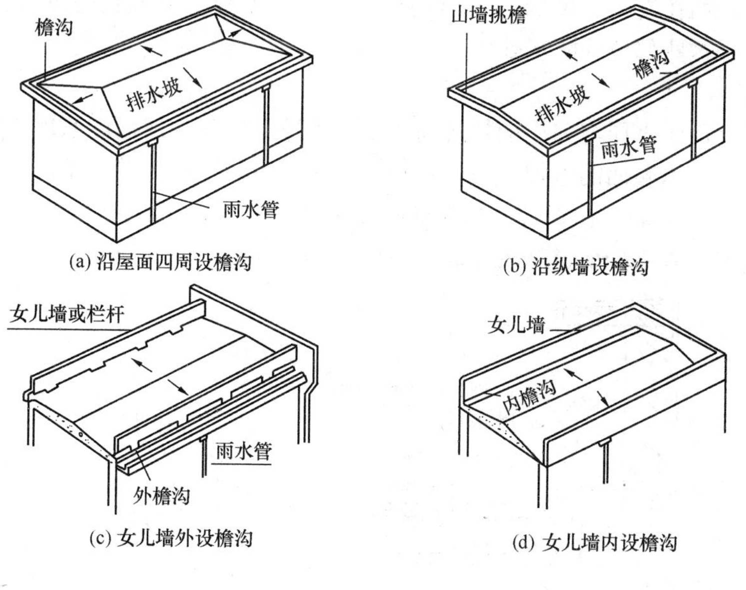

图 4-6-3　平屋顶有组织外排水

2）内排水：内排水是屋顶雨水由设在室内的雨水管排到地下排水系统的排水方式。这种排水方式一般适用于大跨度建筑、高层建筑、严寒地区及对建筑立面有特殊要求的建筑（图 4-6-4）。

三、平屋顶柔性防水屋面

（一）卷材防水屋面的基本构造

卷材防水层面的基本构造如图 4-6-5 所示。

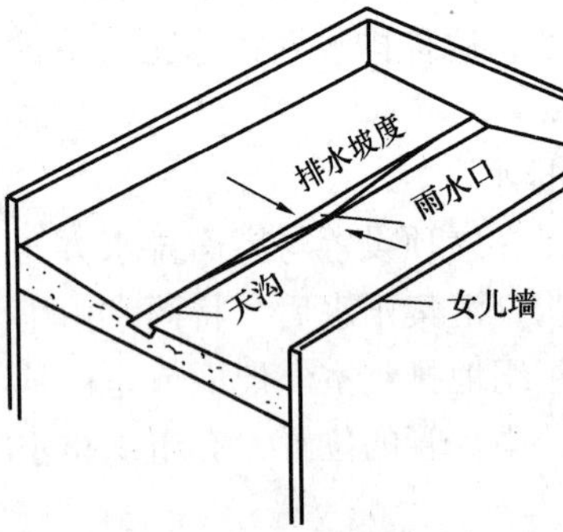

图 4-6-4　平屋顶有组织内排水

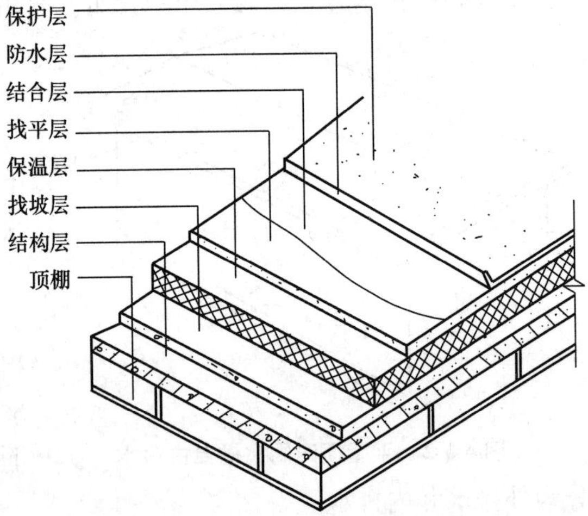

图 4-6-5　卷材防水屋面的基本构造

（二）卷材防水屋面的节点构造

卷材防水屋面在檐口、屋面与突出构件之间、变形缝、上人孔等处特别容易产生渗漏，所以应加强这些部位的防水处理。

（1）泛水

泛水是指屋面防水层与突出构件之间的防水构造。一般在屋面防水层与女儿墙、上人屋面的楼梯间、突出屋面的电梯机房、水箱间、高低屋面交接处等，都需做泛水。泛水的高度一般不小于250mm，在垂直面与水平面交接处要加铺一层卷材，并且转圆角或做45°斜面，防水卷材的收头处要进行黏结固定(图 4-6-6)。

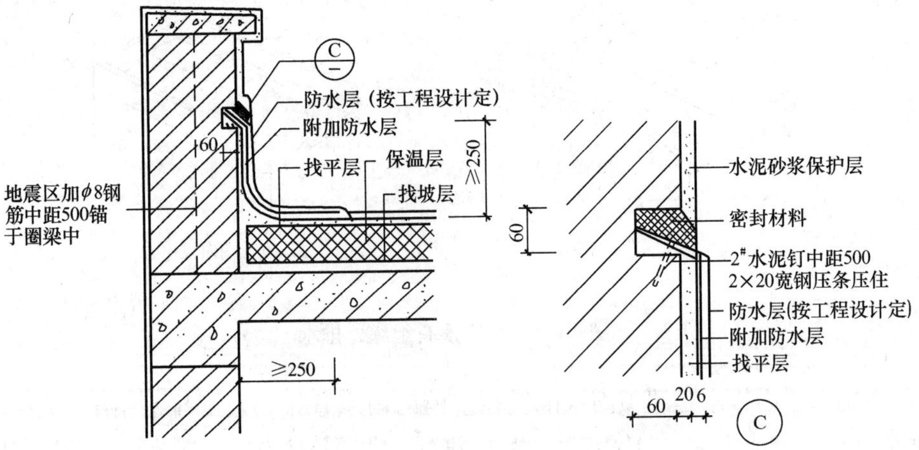

图 4-6-6　女儿墙泛水构造

（2）檐口

1）无组织排水檐口：无组织排水檐口的挑檐板一般与屋顶圈梁整体浇筑，屋面防水层的收头压入距挑檐板前端 40mm 处的预留四槽内，先用钢压条固定，然后用密封材料进行密封（图 4-6-7）。

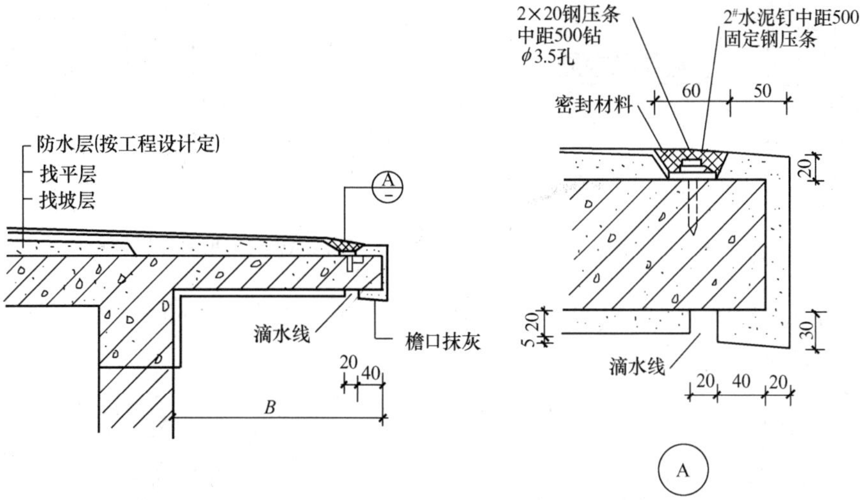

图 4-6-7　无组织排水檐口构造

2）挑檐沟檐口如图 4-6-8 所示。

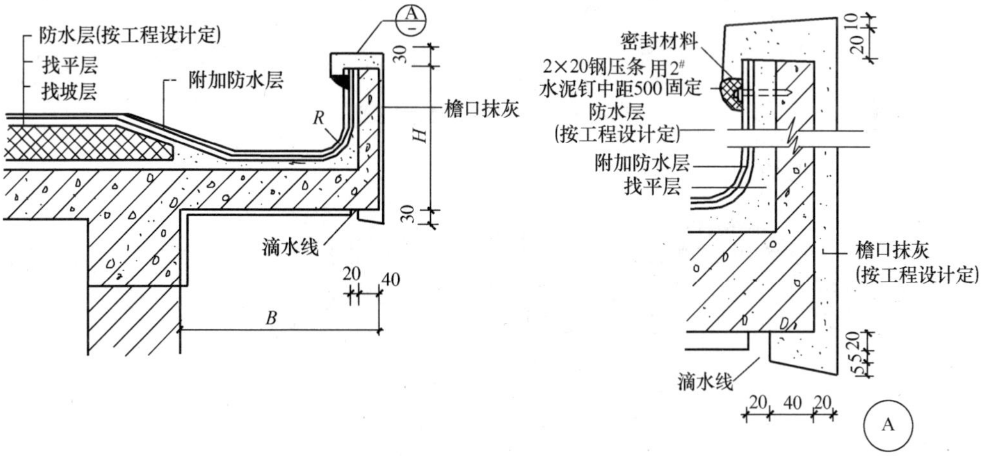

图 4-6-8　挑檐沟檐口构造

3）女儿墙檐口和斜板挑檐檐口如图 4-6-9，图 4-6-10 所示。

（3）变形缝

当建筑物设变形缝时，变形缝在屋顶处破坏了屋面防水层的整体性，留下了雨水渗漏的隐患，所以必须加强屋顶变形缝处的处理。屋顶在变形缝处的构造分为等高屋面变形缝和不等高屋面变形缝两种。

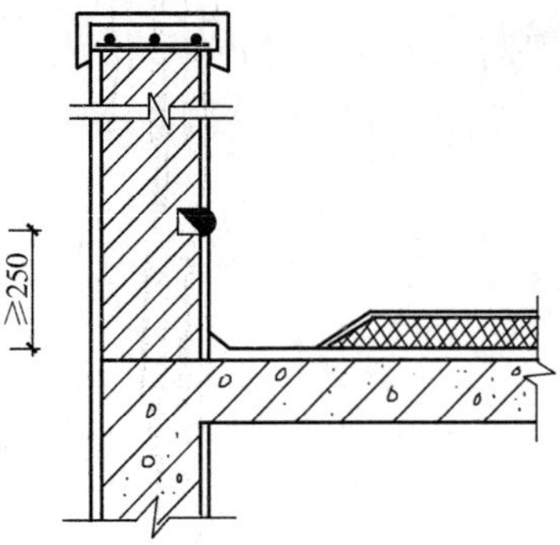

图 4-6-9　女儿墙内檐沟檐口

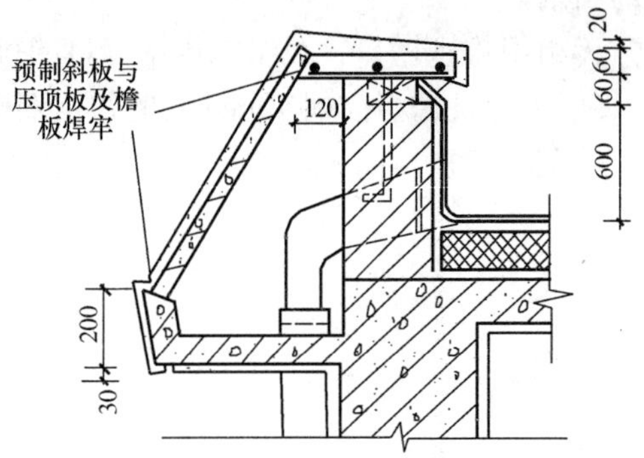

图 4-6-10　女儿墙外檐沟檐口

1）等高屋面变形缝等高屋面变形缝的构造又分为不上人屋面和上人屋面两种做法：①不上人屋面变形缝如图 4-6-11 所示。

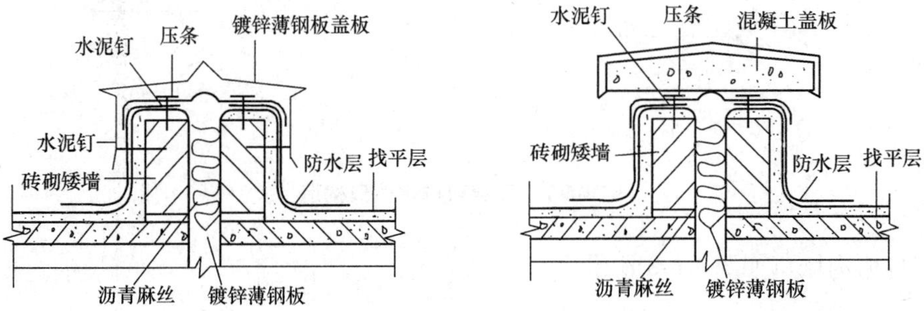

(a) 横向变形缝泛水之一　　(b) 横向变形缝泛水之二

图 4-6-11　不上人屋面变形缝

②上人屋面变形缝如图 4-6-12 所示。

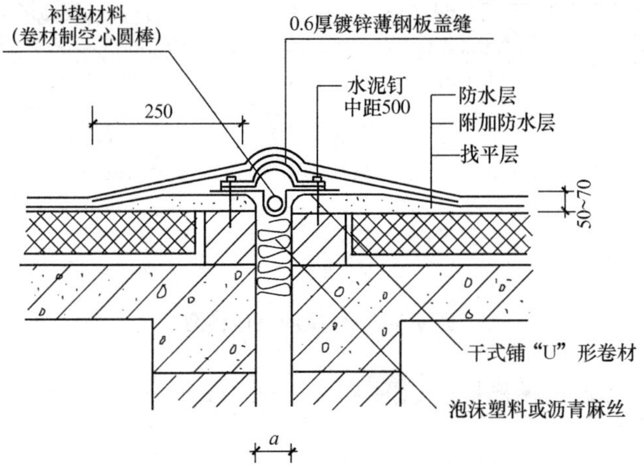

图 4-6-12　上人屋面变形缝

2）不等高屋面变形缝如图 4-6-13 所示。

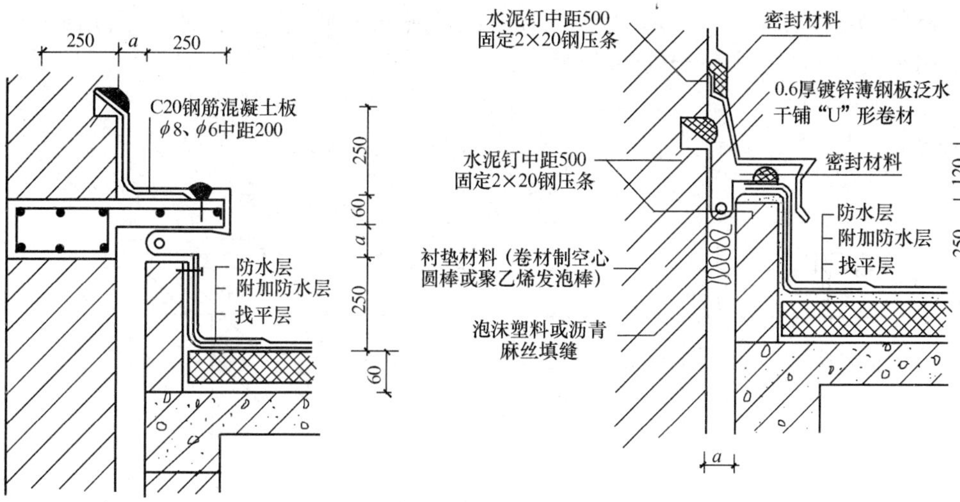

图 4-6-13　不等高屋面变形缝

四、平屋顶刚性防水屋面

（一）刚性防水屋面的基本构造

防水屋面的基本构造由结构层、找平层、隔离层、防水层组成（图 4-6-14）。

隔离层一般采用麻刀灰、纸筋灰、低强度等级水泥砂浆或干铺一层油毡等做法。如果防水层中加有膨胀剂，其抗裂性较好，则不需再设隔离层。

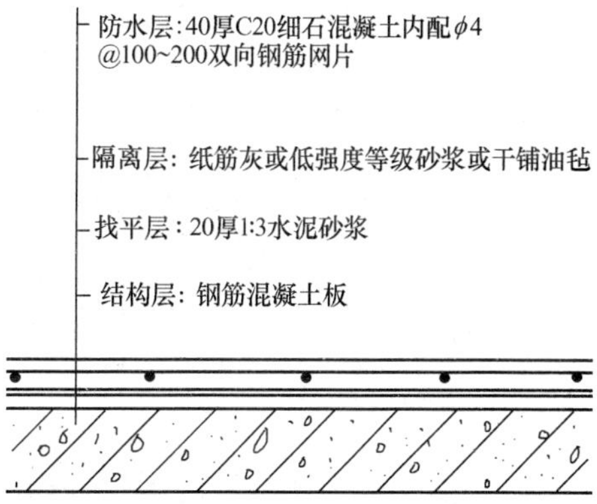

图 4-6-14　刚性防水屋面的构造层次

（二）刚性防水屋面的节点构造

（1）分格缝

分格缝的间距一般不大于 6m，并应位于结构变形的敏感部位，如预制板的支承端、不同屋面板的交接处、屋面与女儿墙的交接处等，并与板缝上下对齐（图 4-6-15）。

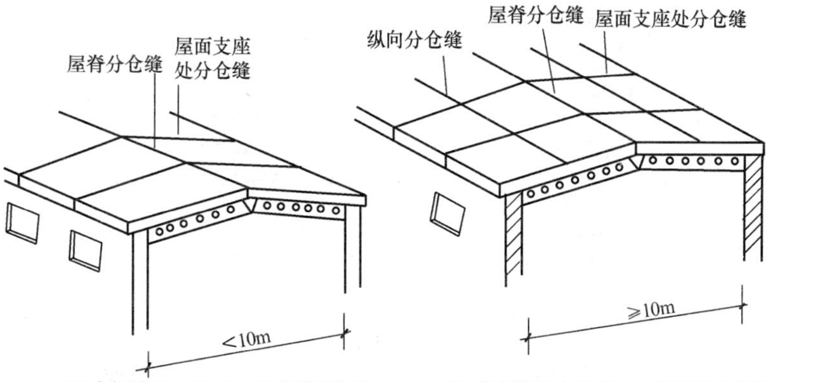

(a) 房间进深小于 10m, 分格缝的划分　　(b) 房间进深大于 10m，分格缝的划分

图 4-6-15　刚性屋面分格缝的划分

分格缝的宽度为20～40mm，有平缝和凸缝两种构造形式。平缝适用于纵向分格缝，凸缝适用于横向分格缝和屋脊处的分格缝（图4-6-16）。

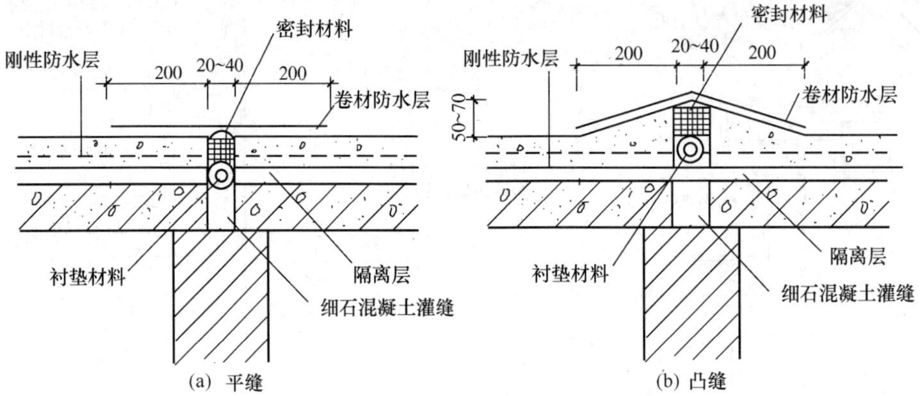

图4-6-16 分格缝的构造

（2）泛水

刚性防水层与山墙、女儿墙处应做泛水，泛水的下部设分格缝，上部加铺卷材或涂膜附加层，其处理方法同卷材防水屋面的相同（图4-6-17）。

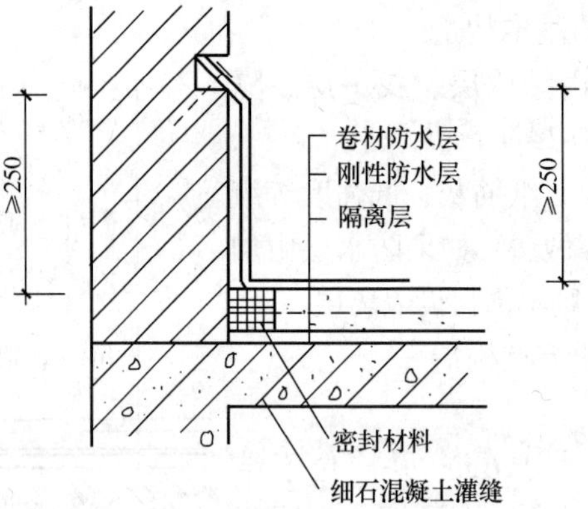

图4-6-17 泛水构造

（3）檐口构造

1）无组织排水檐口：无组织排水檐口通常直接由刚性防水层挑出形成，挑出尺寸一般不大于450 mm，如图4-6-18（a）所示；也可设置挑檐板，刚性防水层伸到挑檐板之外，如图4-6-18（b）所示。

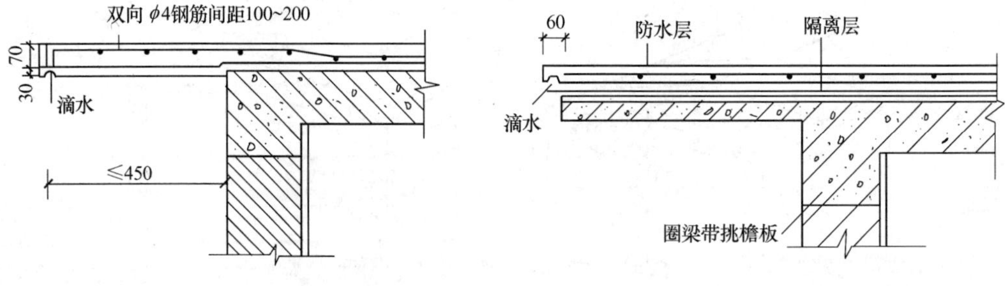

图4-6-18 无组织排水檐口

2）有组织排水檐口如图 4-6-19 所示。

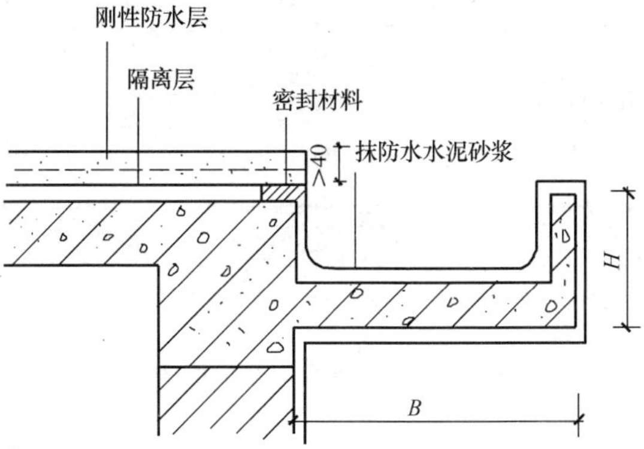

图 4-6-19　有组织排水檐口

五、屋顶的保温与隔热

（一）屋顶的保温

屋面保温材料应具有吸水率低、表观密度和导热系数较小，并有一定强度的性能。保温材料按物理特性分为三大类：

一是散料类保温材料，如膨胀珍珠岩、膨胀蛭石、炉渣、矿渣等；

二是整浇类保温材料，如水泥膨胀珍珠岩、水泥膨胀蛭石等；

三是板块类保温材料，如用加气混凝土、泡沫混凝土、膨胀珍珠岩混凝土、膨胀蛭石混凝土等加工成的保温块材或板材，或采用聚苯乙烯泡沫塑料保温板。

（1）保温层位于防水层之上（图 4-6-20）。

（2）保温层位于结构层与防水层之间（图 4-6-21）。

（3）保温层与结构层结合（图 4-6-22）。

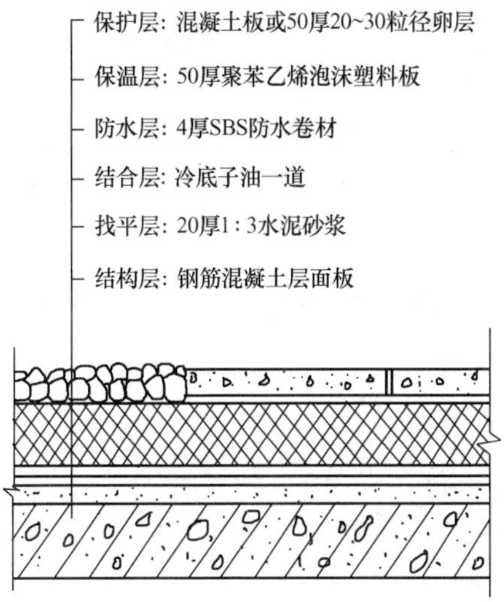

图 4-6-20　保温层位于防水层之上

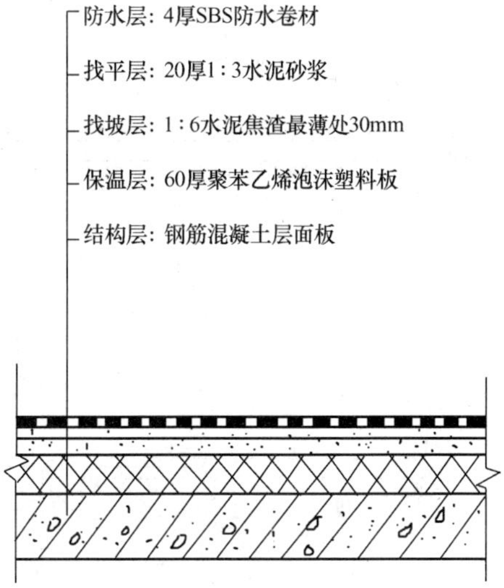

图 4-6-21　保温层位于结构层与防水层之间

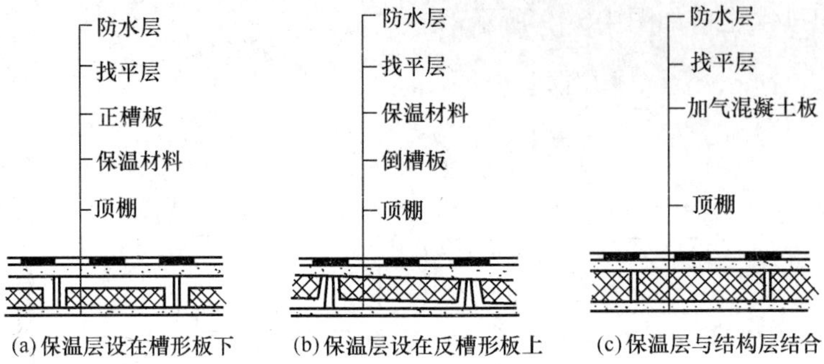

图 4-6-22　保温层与结构层结合

（二）屋顶的隔热

平屋顶隔热的构造做法主要有：通风隔热（图 4-6-23）、蓄水隔热（图 4-6-24）、植被隔热、反射降温等。

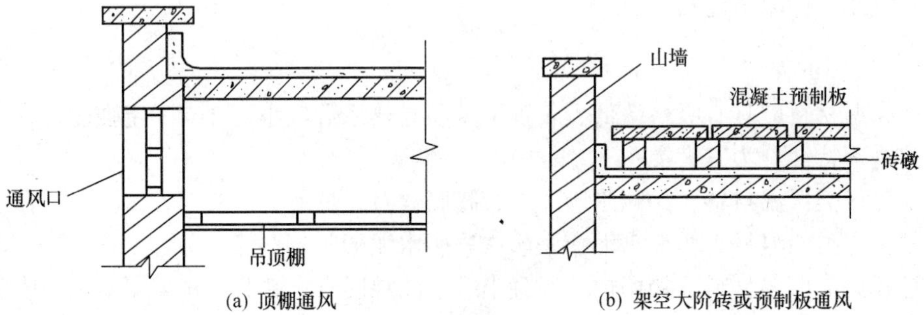

图 4-6-23　通风隔热屋面

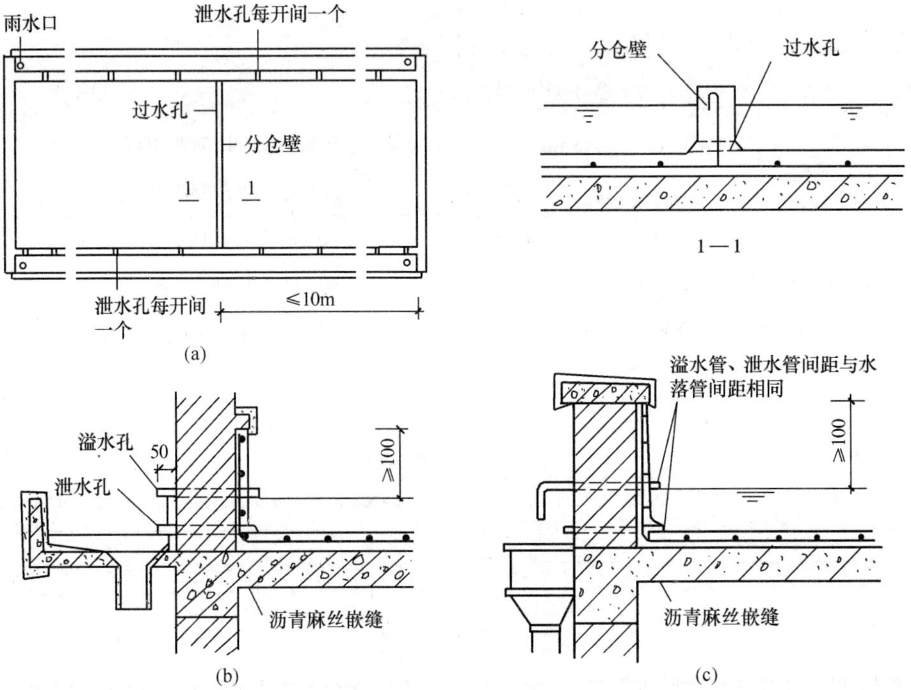

图 4-6-24　蓄水隔热屋面

六、顶棚的构造

（一）直接式顶棚

直接式顶棚有喷涂顶棚、抹灰顶棚、贴面顶棚。

（二）悬吊式顶棚

（1）悬吊式顶棚的组成

悬吊式顶棚由吊筋、骨架、面层组成。

1）吊筋：有木制、金属等。

2）骨架：骨架由主龙骨和次龙骨组成，其作用是承受顶棚荷载并将荷载由吊筋传给楼板或屋面板。骨架按材料分有木骨架和金属骨架两类。木骨架制作工效低，不耐火，现已较少采用。金属骨架多用的是轻钢龙骨和铝合金龙骨，一般是定型产品，装配化程度高，现被广泛采用。

3）面层。

（2）悬吊式顶棚

悬吊式顶棚有木骨架悬吊式顶棚（图 4-6-25）、铝合金龙骨悬吊式顶棚（图 4-6-26）、轻钢龙骨悬吊式顶棚（图 4-6-27）。

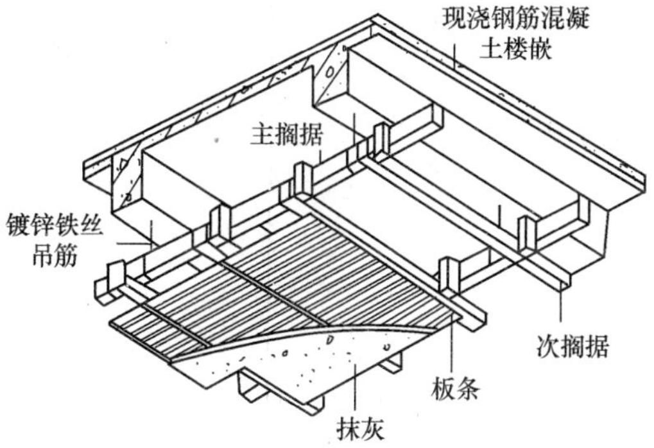

图 4-6-25　木骨架悬吊式顶棚

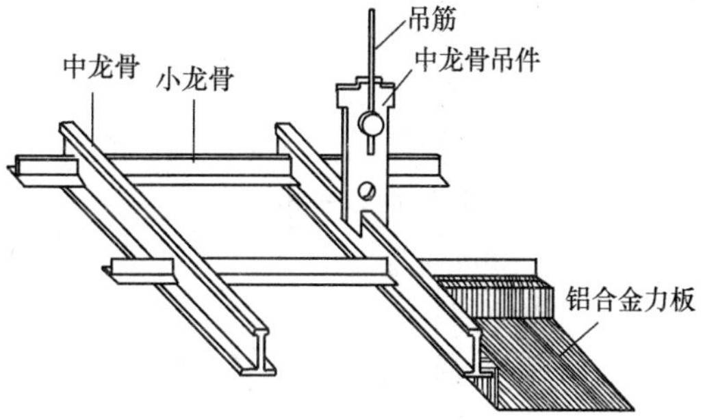

图 4-6-26　铝合金龙骨悬吊式顶棚

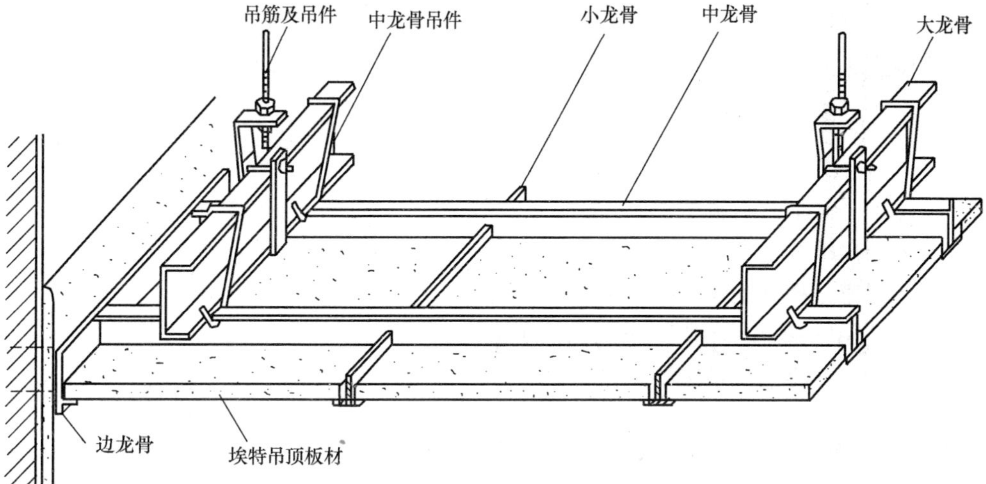

图 4-6-27　T 型轻钢龙骨（或铝合金龙骨）悬吊式顶棚

复习思考题

第一节

1. 民用建筑由哪些部分组成？各组成部分的作用是什么？
2. 民用建筑按结构的承重方式分哪几类？各适用于哪些建筑？
3. 什么是建筑模数？建筑模数的作用是什么？
4. 画出你们学校教学楼的平面图。

第二节

1. 解释：地基、基础、采光井。
2. 基础按构造形式分哪几类？各自的适用范围有哪些？
3. 作图表示地下室采光井构造。
4. 作图表示地下室防水构造。

第三节

1. 观察你们的教室和宿舍的墙体，指出它们的名称。
2. 作图表示混凝土散水构造。
3. 试述圈梁和构造柱的作用、设置位置及构造要点。
4. 墙面装修的作用是什么？常见的装修做法有哪些？
5. 抹灰为什么要分层进行？各层的作用是什么？

第四节

1. 什么是现浇钢筋混凝土楼板？有哪些类型？
2. 作图表示水泥砂浆地面、水磨石地面、花岗石地面的构造。
3. 作图表示楼层变形缝的构造。
4. 阳台的结构类型有哪些？
5. 作图表示雨篷的构造。

第五节

1. 楼梯的平面形式有哪些类型？
2. 楼梯的尺度如何规定？
3. 钢筋混凝土楼梯的结构形式有哪些种类？
4. 图示楼梯转折处各组成部分的构造关系。
5. 图示栏杆扶手的构造。

第六节

1. 作图表示 SBS 卷材防水屋面构造。

2. 作图表示泛水构造。
3. 作图表示刚性防水屋面构造。
4. 平屋顶的隔热措施有哪些?
5. 简述平屋顶保温层的设置方式及各自的特点。

第五章　房屋建筑工程施工图

第一节　房屋建筑工程图的基本知识

一、房屋建筑工程图的组成

（1）建筑施工图（简称建施图）

建筑施工图包括：首页、总平面图、建筑平面图、建筑立面图、建筑剖面图和建筑详图。

（2）结构施工图（简称结施图）

结构施工图包括：基础及上部结构平面布置图，以及各结构构件的构件详图。

（3）设备施工图（简称设施图）

设备施工图包括：给水排水施工图（简称水施），供暖通风施工图（简称暖通施）、电气施工图（简称电施）等反映设备内容、布局、安装及制作要求的图样。主要有设备的平面布置图、系统轴测图和详图。

各专业工种的施工图纸，按图样内容的主从关系系统编排：总体图在前、局部图在后，布置图在前、构件图在后；先施工的在前，后施工的在后，以便前后对照，清晰地识读。

二、房屋建筑工程图的有关规定

绘制施工图，除应符合制图基本标准外，现在选择下列几项来说明它的主要规定和表示方法。

（一）定位轴线

施工图上的定位轴线是施工定位、放线的重要依据。凡是承重墙、柱子、大梁或屋架等主要承重构件都要画上确定其位置的基准线即定位轴线。对于非承重的隔墙、次要承重构件或建筑配件等的位置，有时用分轴线，有时也可通过注明它们与附近轴线的相关尺寸的方法来确定。

定位轴线用细点划线画出，并按国标要求编号。轴线的端部画细实线圆圈（直径8～10mm），编号写在圈内。平面图上定位轴线的编号，宜标注在下方与左侧，横向（墙的短向）编号采用阿拉伯数字从左向右顺序编号；竖向（墙的长向）编号采用大写拉丁字母（其中I、O、Z不能用），自下而上顺序编写。

（二）标高

（1）标高的种类

根据在工程中应用场合的不同，标高共有四种，标高的数值单位为米（m）。

1）绝对标高：是以山东青岛海洋观测站平均海平面定为零点起算的高度，其他各地标高均以其为基准。

2）相对标高：在施工图上，除总平面图外，一般均采用相对标高，即把房屋建筑室内底层主要房间地面定为高度的起点所形成的标高。相对标高精确到小数点后三位，其起始处记作“±0.000”。标高数字的单位省略不写。

3）建筑标高：标在建筑完成面上的标高。

4）结构标高：标在结构构件表面上的标高。

（2）标高符号及画法

标高符号为45°等腰直角三角形，高约3mm，除总平面图中室外地面整平标高用黑三角画出外，其他标高符号均用细实线画出。标高符号的90°的角点，应指到被注高度，其90°端可向上指也可向下指，标高数值写在三角形右侧或有水平引出线一侧，引出线长与数字注写长度大致相同。如图5-1-1所示。

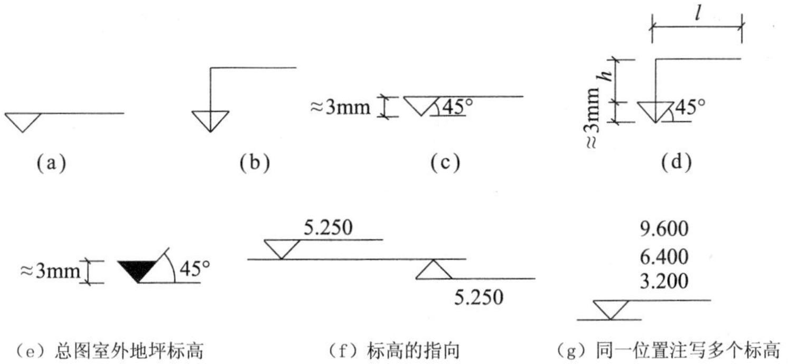

图5-1-1　标高符号

（三）符号

（1）索引符号

图样中的某一局部或构件，如需另见详图时，则应以索引符号索引。索引符号的形式如图5-1-2（a）所示，索引符号的圆及直径横线均以细实线画出，圆的直径为10mm。索引符号应遵守下列规定：

索引的详图，如与被索引的图样位于同在一张图纸内时，应在索引符号上半圆中用阿拉伯数字注明详图的编号，并在下半圆中间画一段水平细实线，如图5-1-2（b）所示。索引的详图，如与被索引的图样不在同一张图纸内时，应在索引符号的下半圆中用阿拉伯数字注明该详图所在图纸的图号（即页码）如图5-1-2（c）所示。索引的详图，如采用标准图，应在索引符号水平直径的延长线上加注标准图册的代号，如图5-1-2（d）所示。

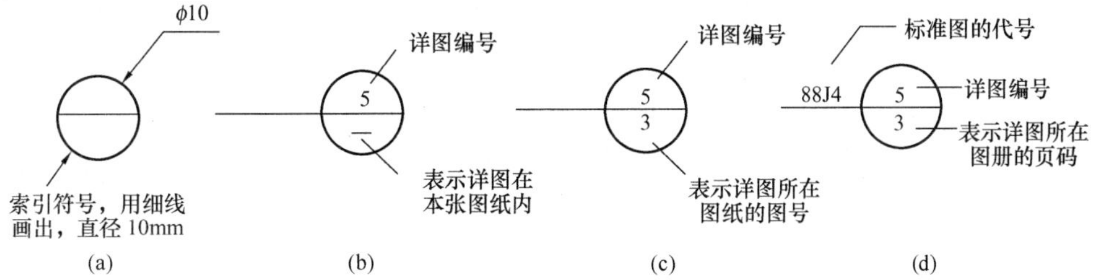

图5-1-2　索引符号

（2）详图符号

详图的位置和编号，应以详图符号表示，如图5-1-3所示。详图符号应以粗实线画

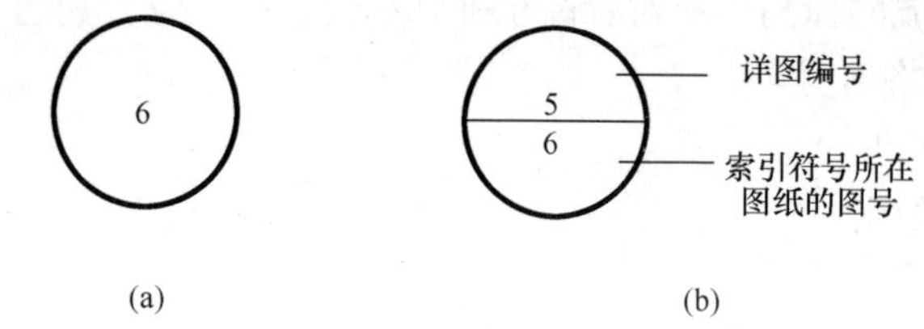

图 5-1-3 详图符号

出，直径应为 14mm，详图符号应按下列规定绘制：详图与被索引的图样同在一张图内时，应在详图符号内用阿拉伯数字注明详图的编号，详图与被索引的图样如不在同一张图纸内，可用细实线在详图符号内画一水平直径，在上半圆中注明详图编号，在下半圆中注明被索引图纸的图号，如图 5-1-3（b）所示。

图 5-1-4 指北针

（3）指北针

用于指明建筑物方向的符号。除用于总平面图外，还常绘于底层建筑平面图上。其画法是：指北针的圆圈直径宜为 24mm，尾宽宜为 3mm，指针头部应注“北”或“N”字，如图 5-1-4 所示。

（4）对称符号

表示工程物体具有对称性的图示符号，如图 5-1-5 所示。该符号用细点画线绘制，平行线的长度宜为 6～10mm，每对平行线的间距宜为 2～3mm，平行线在中心线两侧的长度应相等。

（5）连接符号

应以折断线表示需连接的部位，并以折断线两端靠图样一侧的大写拉丁字母表示连接编号，两个被连接的图样，必须用相同的字母编号，如图 5-1-6 所示。

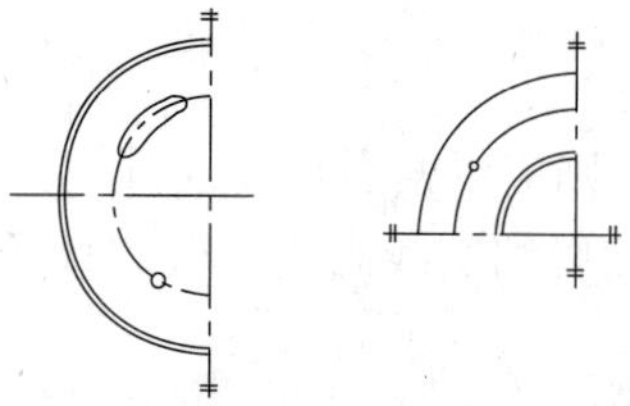

图 5-1-5

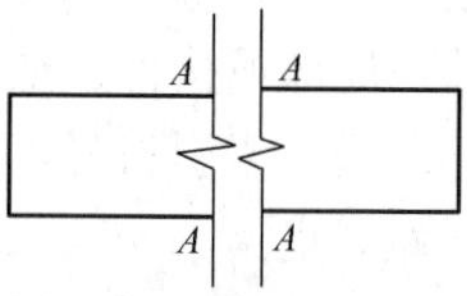

图 5-1-6

第二节 建筑施工图

一、首页和总平面图

（一）首页图

首页图主要包括图纸目录、设计说明、工程做法和门窗表。现结合某单位职工住宅楼建筑施工图加以说明。

（1）图纸目录

除图纸的封面外，图纸目录安排在一套图纸的最前面，说明本工程的图纸类别、图号编排，图纸名称和备注等。

（2）设计说明

主要说明工程的设计概况，工程做法中所采用的标准图集代号，以及在施工图中不易用图样而必须采用文字加以表达的内容。

（3）工程做法表

工程做法表是对建筑物各部位构造、做法、层次、选材、尺寸、施工要求等的详细说明。是现场施工和备料、施工监理、工程预决算的重要技术文件。

（4）门窗统计表

一栋房屋所使用的门窗，在设计时应将其列表，反映门窗的类型、编号、数量、尺寸、规格等相应内容。

（二）总平面图

（1）图示方法及用途

将新建工程四周一定范围内的新建，拟建，原有和拆除的建筑物、构筑物连同其周围的地形、地物状况用正投影的方法和相应的图例所画出的 H 面投影图，称为总平面图。总平面图的比例一般为 1∶500、1∶1 000、1∶2 000 等。

（2）图示内容

1）新建建筑的定位：新建建筑的定位有三种方式，第一种是利用新建筑与原有建筑或道路中心线的距离确定新建建筑的位置；第二种是利用施工坐标确定新建建筑的位置；第三种是利用大地测量坐标确定新建建筑的位置；

2）相邻建筑、拆除建筑的位置或范围；

3）附近的地形、地物情况；

4）道路的位置、走向以及与新建建筑的联系等；

5）用指北针或风向频率玫瑰图指出建筑区域的朝向；

6）绿化规划；

7）补充图例：若图中采用了建筑制图规范中没有的图例时，则应在总平面图下方详细补充图例，并予以说明。

（3）图例符号

常用的总平面图例如表 5-2-1 所示。

表 5-2-1　总 平 面 图 例

序号	名　称	图　例	备　注
1	新建建筑物	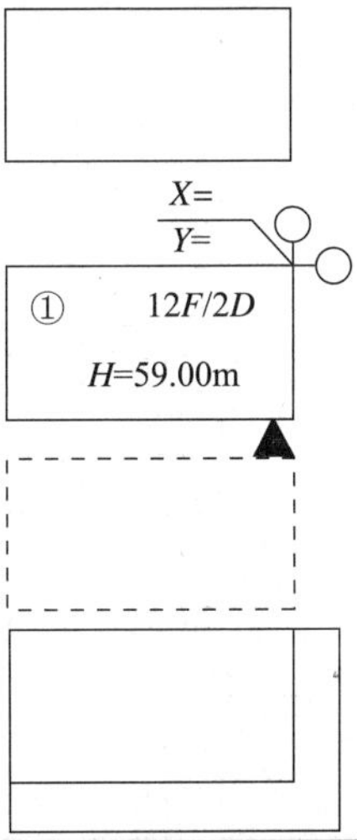	新建建筑物以粗实线表示与室外地坪相接处 ±0.00 外墙定位轮廓线 建筑物一般以 ±0.00 高度处的外墙定位轴线交叉点坐标定位。轴线用细实线表示，并标明轴线号 根据不同设计阶段标注建筑编号，地上、地下层数，建筑高度，建筑出入口位置（两种表示方法均可，但同一图纸采用一种表示方法） 地下建筑物以粗虚线表示其轮廓 建筑上部（±0.00 以上）外挑建筑用细实线表示 建筑物上部连廊用细虚线表示并标注位置

序号	名　称	图　例	备　注
2	原有建筑物	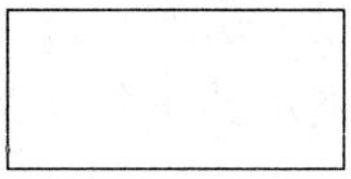	用细实线表示
3	计划扩建的预留地或建筑物		用中粗虚线表示
4	拆除的建筑物	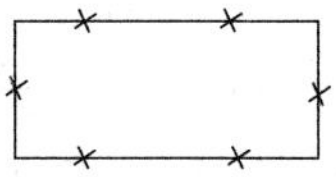	用细实线表示
5	建筑物下面的通道	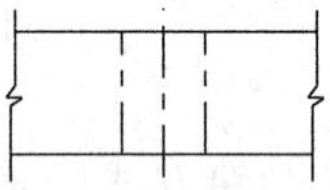	—
6	散状材料露天堆场	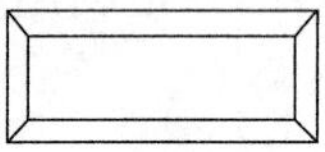	需要时可注明材料名称
7	其他材料露天堆场或露天作业场	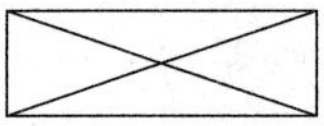	需要时可注明材料名称
8	铺砌场地	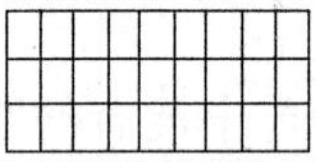	—
9	敞棚或敞廊	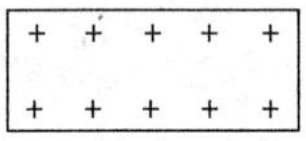	—
10	高架式料仓	 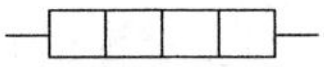	—
11	漏斗式贮仓	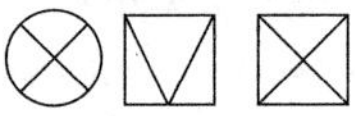	左、右图为底卸式 中图为侧卸式
12	冷却塔（池）	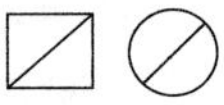	应注明冷却塔或冷却池
13	水塔、贮罐	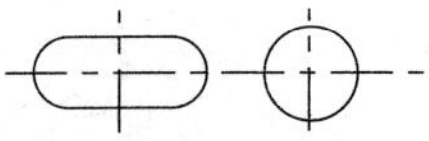	左图为卧式贮槽 右图为水塔或贮罐
14	水池、坑槽		也可以不涂黑
15	明溜矿槽（井）	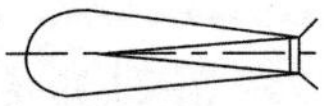	—

二、建筑平面图

（一）建筑平面图的形成及作用

用一个假想的水平剖切平面沿略高于窗台的位置剖切房屋后，移去上面部分，对剩下部分向 H 面做正投影，所得的水平剖面图，称为建筑平面图，简称平面图。

（二）建筑平面图的图示方法

（1）底层平面图

底层平面图又称一层平面图或首层平面图。它是所有建筑平面图中首先绘制的一张图。绘制此图时，应将剖切平面选放在房屋的一层地面与从一楼通向二楼的休息平台之间，且要尽量通过该层上所有的门窗洞。

（2）中间标准层平面图

由于房屋内部平面布置的差异，所以对于多层建筑而言，应该有一层就画一个平面图。其名称就用本身的层数来命名，例如“二层平面图”或“四层平面图”等。但在实际的建筑设计过程中，多层建筑往往存在许多相同或相近平面布置形式的楼层，因此在实际绘图时，可将这些相同或相近的楼层合用同一张平面图来表示。这张合用的图，就叫做“标准层平面图”，有时也可用其对应的楼层数命名，例如“二至六层平面图”等。

（3）顶层平面图

顶层平面图也可用相应的楼层数命名。

（4）屋顶平面图和局部平面图

除了上面所讲的平面图外，建筑平面图还应包括屋顶平面图和局部平面图。

因建筑平面图是水平剖面图，因此在绘图时，应按剖面图的方法绘制，被剖切到的墙、柱轮廓用粗实线（b），被剖到的建筑次要构件轮廓和可见建筑构配件的轮廓，如墙下墙、门等用中粗实线（0.7b）或中实线（0.5b）线宽，门的开启方向线可用中粗实线（0.5b）或细实线（0.25 b），窗的轮廓线以及其他可见轮廓和尺寸线等均用细实线（0.25b）表示。建筑平面图常用的比例是1:50、1:100、1:150，而实际工程中使用1:100最多。在建筑施工图中，比例小于等于1:50 的图样，可不画材料图例和墙柱面抹灰线，为了有效地加以区分，墙、柱体画出轮廓后，在描图纸上砖砌体断面用红铅笔涂红，而钢筋混凝土则用涂黑的方法表示。

（三）建筑平面图的图示内容

（1）表示墙、柱、内外门窗位置及编号，房间的名称、轴线编号。

（2）注出室内外各项尺寸及室内楼地面的标高。

（3）表示楼梯的位置及楼梯上下行方向。

（4）表示阳台、雨篷、台阶、雨水管、散水、明沟、花池等的位置及尺寸。

（5）画出室内设备，如卫生器具、水池、橱柜、隔断及重要设备的位置、形状。

（6）表示地下室布局、墙上留洞、高窗等位置、尺寸。

（7）画出剖面图的剖切符号及编号（在底层平面图上画出，其他平面图上省略不画）。

（8）标注详图索引符号。

（9）在底层平面图上画出指北针。

（10）屋顶平面图一般有：屋顶檐口、檐沟、屋面坡度、分水线与落水口的投影，出屋顶水箱间、上人孔、消防梯及其他构筑物、索引符号等。

（四）平面图的识读

（1）阅读底层平面图

阅读如图 5-2-1 所示的建筑平面图。

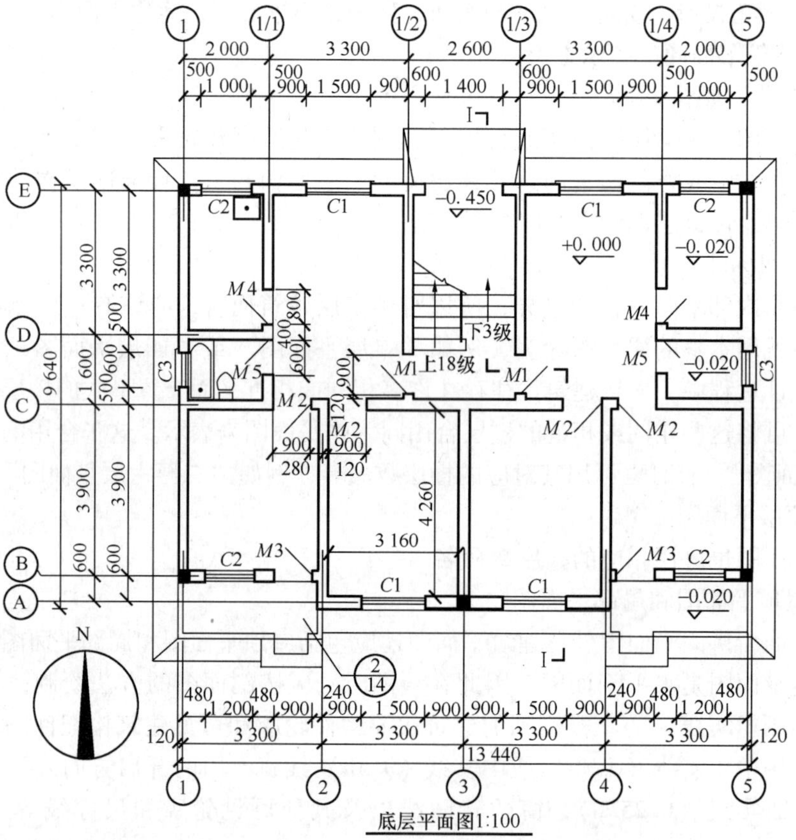

图 5-2-1　底层平面图

读图步骤：

1）了解图名和比例；

2）了解定位轴线，内外墙的位置和平面布置；

3）了解门窗的位置、编号和数量；

4）了解房屋的平面尺寸和各地面的标高；

5）了解其他建筑构配件；

6）了解剖面图的剖切位置、投影方向等。

（2）其他层平面图

前面主要介绍的是底层平面图，与底层平面图相比，其他层平面图要简单一些，其主要区别为：

1）一些已在底层平面图中表示清楚的构配件，就不再在其他图中重复绘制。例如，按照建筑制图标准，在二层以上的平面图中不再绘制明沟、散水、台阶、花坛等室外设施及构配件（图 5-2-2）；在三层以上也不再绘制已由二层平面图表示的雨篷；除非底层平面图，其他各层一般也不绘制指北针和剖切符号等。

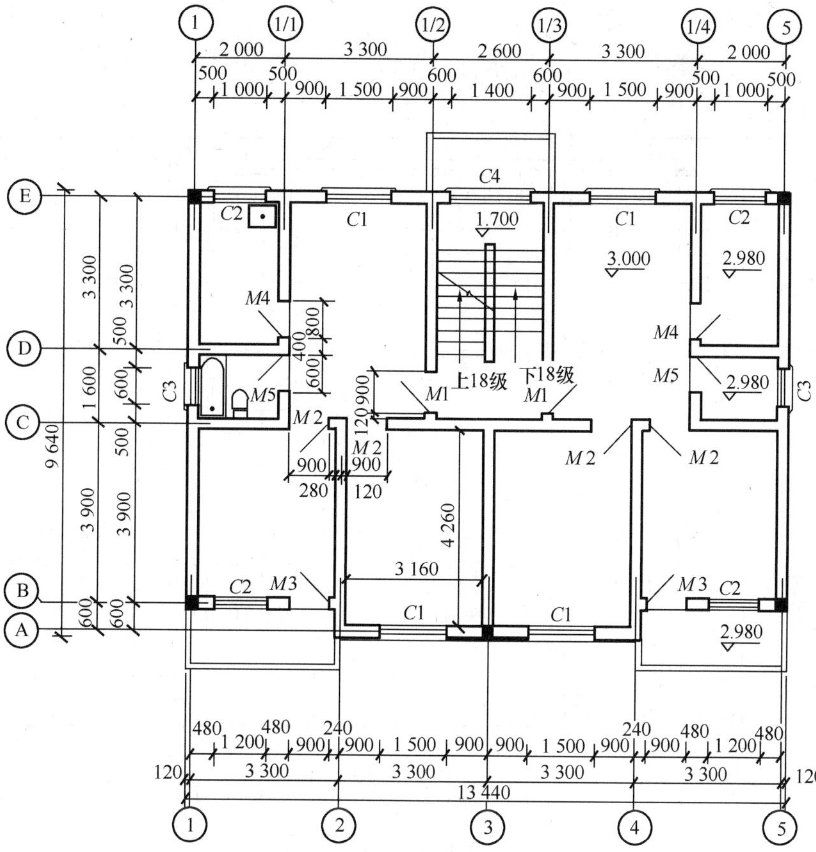

图 5-2-2　二层平面图

2）楼梯间的建筑构造图例不同。绘图时，楼梯的形式和步数应参照实际情况。

三、建筑立面图

（一）建筑立面图的形成与作用

在与建筑物立面平行的铅垂投影面上所作的投影图称为建筑立面图，简称立面图如图 5-2-3 所示。

（二）建筑立面图的图示方法及其命名

为使建筑立面图主次分明、表达清晰，通常将建筑物外轮廓和有较大转折处的投影线用粗实线（b）表示；外墙上凸出凹进的部位如壁柱、窗台、楣线、挑檐、阳台、门窗洞等轮廓线用中粗实线（0. 5b）表示；而门窗细部分格、雨水管、尺寸标高以及外墙装饰线用细实线（0. 25b）表示；室外地坪线用加粗实线（1. 2b）表示。

立面图的命名方式有三种：

（1）可用朝向命名，立面朝向哪个方向就称为某向立面图。

（2）可用外貌特征命名，其中反映主要出入口或比较显著地反映房屋外貌特征的那一面的立面图，称为正立面图，其余立面图可称为背立面图和侧立面图等。

（3）可以立面图上首尾轴线命名。

（三）立面图的图示内容

立面图的图示内容如图 5-2-3 所示。

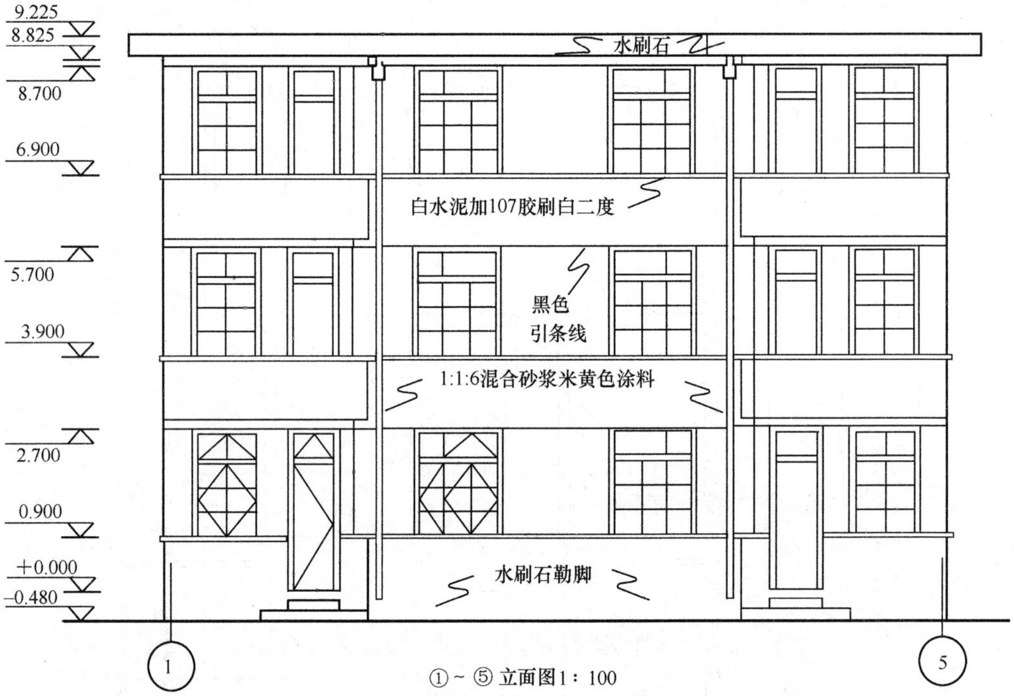

图 5-2-3　①～⑤立面图

（1）画出室外地面线及房屋的勒脚、台阶、花池、门窗、雨篷、阳台、室外楼梯、墙柱、檐口、屋顶、雨水管、墙面分格线等内容。

（2）注出外墙各主要部位的标高。如室外地面、台阶顶面、窗台、窗上口、阳台、雨篷、檐口、女儿墙顶、屋顶水箱间及楼梯间屋顶等的标高。

（3）注出建筑物两端的定位轴线及其编号。

（4）标注索引符号。

（5）用文字说明外墙面装修的材料及其做法。

（四）建筑立面图的识读

立面图的读图步骤如下：

1）了解图名和比例；

2）了解房屋的体型和外貌；

3）了解门窗的类型、位置及数量；

4）了解其他构配件；

5）了解各部分的标高；

6）了解外墙面的装饰等。

四、建筑剖面图

（一）建筑剖面图的形成与作用

假想用一个或一个以上的铅垂平面剖切房屋，所得到的剖面图称为建筑剖面图，简称剖面图。

（二）建筑剖面图的图示内容

被剖切到的主要建筑构造的轮廓用线宽 b 的粗实线。被剖到的次要建筑构造的轮廓或可见建筑构配件轮廓用中粗实线（0.7b）或中实线（0.5b）。地面线用中实线（0.5b），小于（0.7b）的图形线、尺寸线、尺寸界线、标高符号、索引符号、保温层线等用中实线（0.5b）。

（1）表示被剖切到的墙、柱、门窗洞口及其所属定位轴线。剖面图的比例应与平面图、立面图的比例一致，因此在 1∶100 的剖面图中一般也不画材料图例，而用粗实线表示被剖切到的墙、梁、板等轮廓线，被剖断的钢筋混凝土梁板等应涂黑表示。

（2）表示室内底层地面、各层楼面及楼层面、屋顶、门窗、楼梯、阳台、雨篷、防潮层、踢脚板、室外地面、散水、明沟及室内外装修等剖到或能见到的内容。

（3）在剖面图中要标注相应的标高及尺寸。

1）标高：应标注被剖切到的所有外墙门窗口的上下标高，底层室外地面标高，檐口、女儿墙顶以及各层楼地面的标高。

2）尺寸：应标注门窗洞口高度，层间高度及总高度，室内还应注出内墙上门窗洞口的高度以及内部设施的定位、定形尺寸。

（4）楼地面、屋顶各层的构造。一般可用多层共用引出线说明楼地面、屋顶的构造层次和做法。

（三）建筑剖面图的识读

（1）了解剖切位置、投影方向和绘图比例。由如图 5-2-1 所示的建筑平面图可知，I—I 剖面图的剖切位置和投影方向如图 5-2-4 所示。该图比例亦为 1∶100。

（2）了解墙体的剖切情况：图 5-2-4 I—I 剖切平面共剖到 A、C、D 三条承重墙。A 轴线所在外墙身自地面以下折断，各层窗台以下为砖砌墙体，窗洞上有一道钢筋混凝土圈梁，顶层圈梁与天沟浇成整体结构。轴线 D 所在墙为楼梯间的外墙，在 －0.450 以上为门洞；门洞和窗洞顶部均有钢筋混凝土过梁；雨篷与门洞顶过梁连成整体。定位轴线 C 所在墙为内墙，表示了三个门洞和门顶上的圈梁。

（3）了解地、楼、屋面的构造：由于另有详图表示，所以在图 5-2-4 I—I 剖面图中，只示意地用两条线表示了地面、楼面和屋面的位置及屋面架空层。

（4）了解楼梯的形式和构造。从图 5-2-4 I—I 剖面图中可以大致了解到楼梯的形式和构造。该楼梯为平行双跑式，每层有两个梯段。图中涂黑部分表示剖切到的梯段，底层至二层的第一梯段共有十级踏步，第二梯段有八级踏步；二层以上每个梯段均为九级踏步。故在平面图上有“上 18”或“下 18”字样的标注。楼梯梯段为板式楼梯，其休息平台和楼梯梁均为现浇钢筋混凝土结构。

（5）了解其他未剖切到的可见部分。

五、建筑详图

为了满足施工要求，对房屋的细部构造用较大的比例、详细地表达出来，这样的图称为建筑详图，有时也叫做大样图和配件详图。

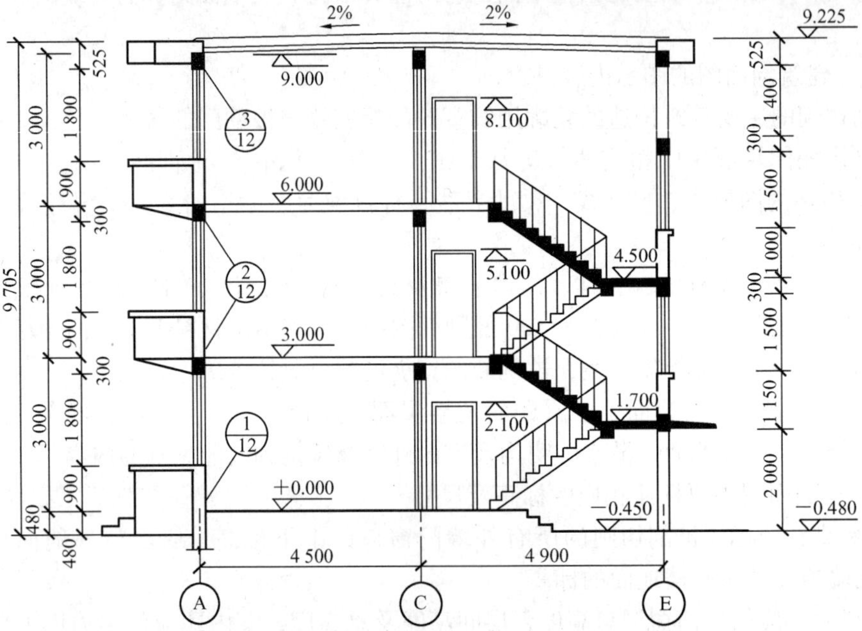

I—I 剖面图 1:100

图 5-2-4　建筑 I — I 剖面图

（一）墙身详图

墙身详图也叫墙身大样图。在多层房屋中，若各层的构造情况一样时，可只画墙脚、檐口和中间层（含门窗洞口）三个节点，按上下位置整体排列，由于门窗一般均有标准图集，为简化作图采用折断省略画法，因此门窗在洞口处出现双折断线。有时墙身详图不以整体形式布置，而把各个节点详图分别单独绘制，也称为墙身节点详图。墙身详图应按剖面图的画法绘制，被剖切到的结构墙体用粗实线（b）绘制，被剖切到的保温层及保护层构造轮廓用中粗实线（0.7b），被剖到的装饰层轮廓用中实线绘制（0.5b），在断面轮廓线内画出材料图例线和可见装饰轮廓线用细实线（0.25b）。

墙身详图的主要内容：

（1）表明墙身的定位轴线编号，墙体的厚度、材料及其本身与轴线的关系。

（2）表明墙脚的做法。

（3）表明各层梁、板等构件的位置及其与墙体的联系，构件表面抹灰、装饰等内容。

（4）表明檐口部位的做法。檐口部位包括封檐构造（如女儿墙或挑檐），圈梁、过梁、屋顶泛水构造，屋面保温、防水做法和屋面板等结构构件。

（5）图中的详图索引符号等。

如图 5-2-5 所示为某宿舍楼南面外墙（所在定位轴线编号为 A）的节点详图。

（二）楼梯详图

楼梯是建筑中构造比较复杂的部位，其详图一般包括楼梯平面图，楼梯剖面图和节点详图三部分内容。

（1）楼梯平面图

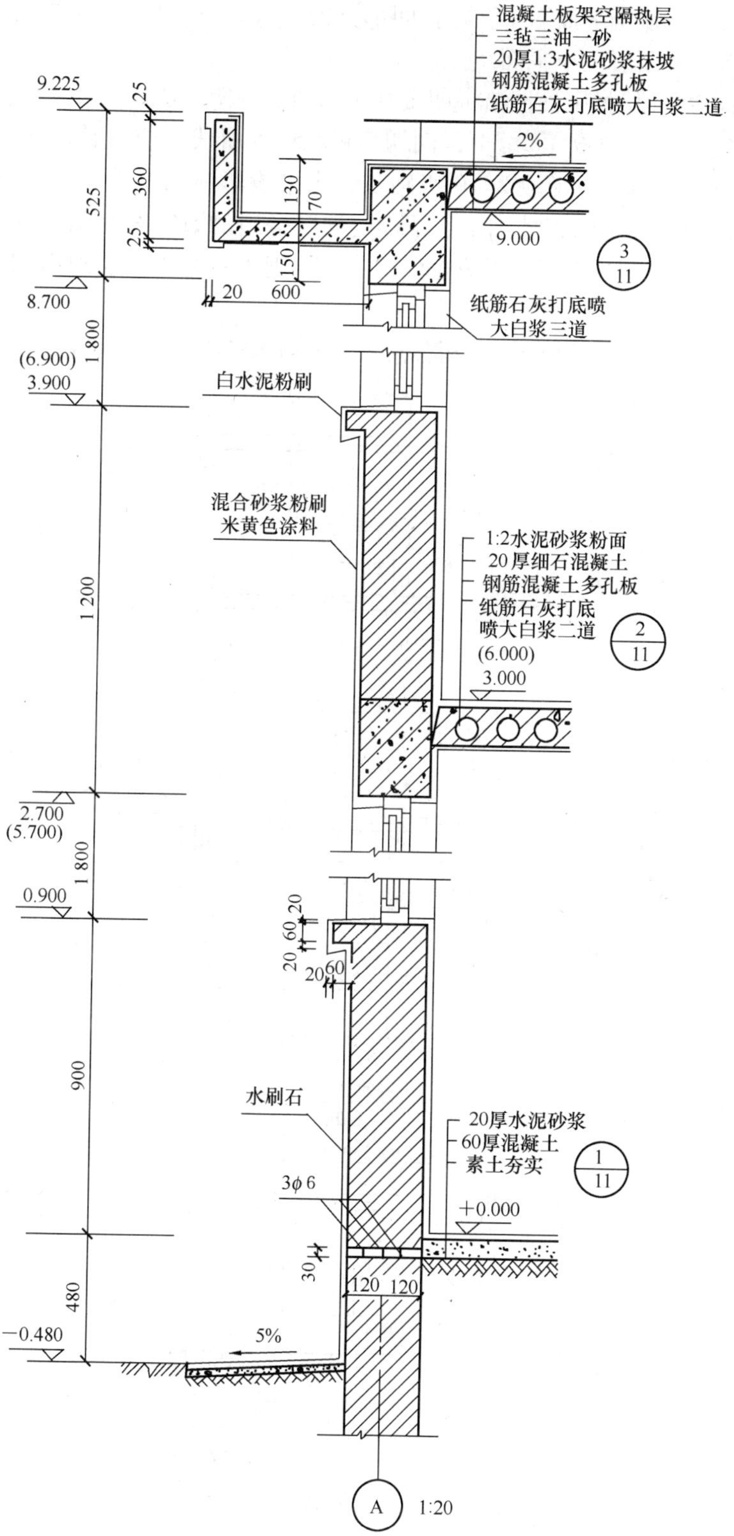

图 5-2-5　外墙身节点详图

楼梯平面图就是建筑平面图中在楼梯间部分的放大，一般用 1∶50 的比例绘制，通常只画底层、中间层和顶层三个平面图。

现以图 5-2-6 住宅楼梯平面图，说明楼梯平面图的读图方法。

1）在底层平面图 5-2-6（a）中，剖切后的 45°折断线，应从休息平台的外边缘画起。该楼底层至二层的第一梯段为 10 级踏步，水平投影应为 9 格（水平投影的格数 = 踏步数 − 1）。图中箭头指明了楼梯上、下的走向，旁边的数字表示踏步数，“上 18”是指由此向上 18 个踏步可以到达二层楼面；“下 3”则表示将由一层地面到出口处，需向下走 3 个踏步。

在楼梯底层平面图上，楼梯起步线至休息平台外边缘的距离，被标注成 9 × 250 = 2 250 的

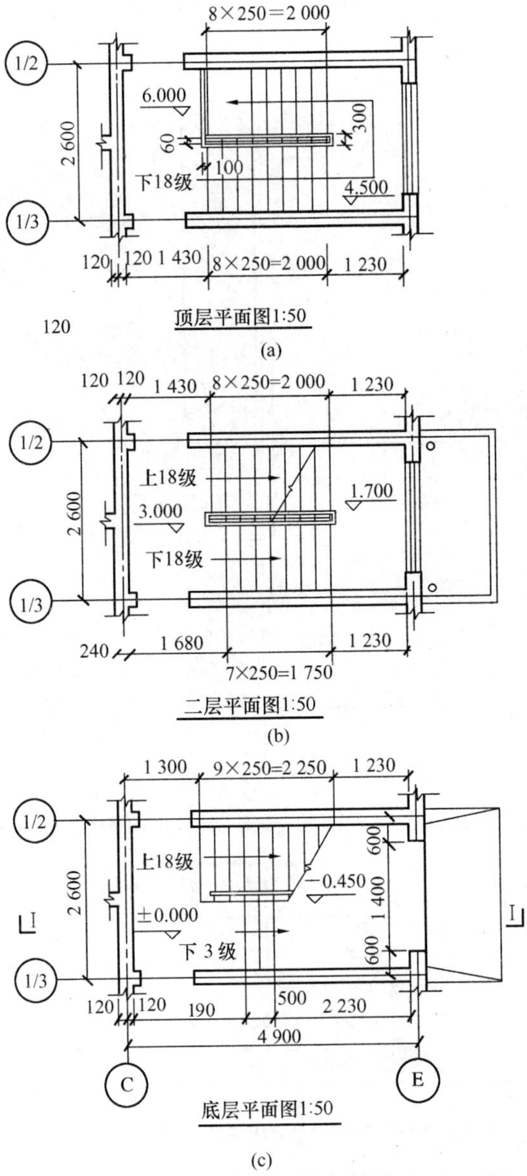

图 5-2-6　楼梯平面图

形式。在楼梯的底层平面图应标注出各地面的标高和楼梯剖面图的剖切符号等内容。

2）楼梯中间层平面图：沿二、三层间的休息平台以下将梯段剖开，可得到图 5-2-6（b）所示的中间层楼梯平面图。从图中可以看出，中间层楼梯平面图中的 45°折断线，应画在梯段的中部。在画有折断线的一边，折断线的一侧（靠近走廊的一侧）表示的为从休息平台至上一层楼面的梯段，另一一侧（靠近休息平台的一侧）则表示的是下一层的第一梯段上的可见踏步及休息平台。而在扶手的另一边，表示的是休息平台以上的第二梯段的踏步。在图中该段（指第二段）画有 7 个等分格，由此说明，该段有 8 个踏步（水平投影数 +1：踏步数）。

3）楼梯顶层平面图：如图 5-2-6（c）所示，由于此时的剖切平面位于楼梯栏杆（栏板）以上，梯段未被切断，故在楼梯顶层平面图上不画折断线。图中表示的是下一层的两个梯段和休息平台。且箭头只指向下楼的方向。

（2）楼梯剖面图

楼梯剖面图是用假想的铅垂剖切平面通过各层的一个梯段和门窗洞口将楼梯垂直剖开，向另一未剖到的楼梯段方向投影所作的剖面图。楼梯剖面图主要表达楼梯踏步、平台的构造与连接，以及栏杆的形式及相关尺寸。比例一般为 1∶50、1∶30 或 1∶40，习惯上，如果各层楼梯都为等跑楼梯，中间各层楼梯构造又相同，则剖面图可只画出底层、顶层剖面，中间部分可用折断线省略。

在楼梯剖面图中应注明各层楼地面、平台、楼梯间窗洞的标高，每个梯段踢面的高度、踏步的数量以及栏杆的高度等。如图 5-2-7 所示的楼梯剖面图，识读时应从以下几个方面进行。

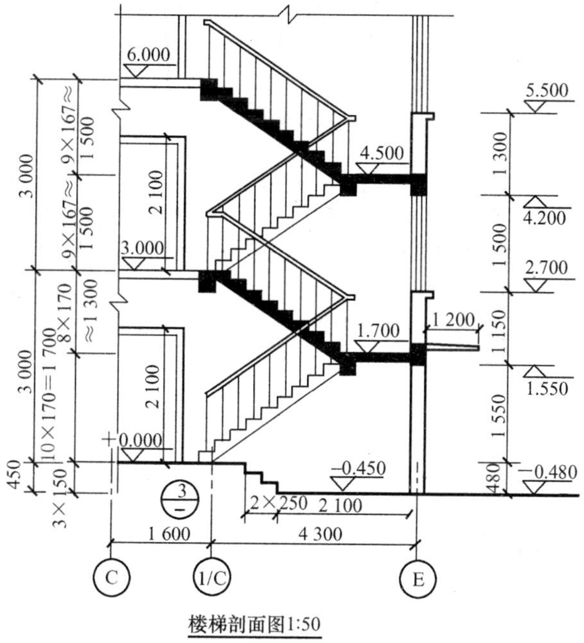

图 5-2-7　楼梯剖面图

1）了解楼梯的构造形式。从图中可以看出该楼梯为板式楼梯，并为双跑式；

2）熟悉楼梯在竖向和进深方向的有关标高、尺寸和详图索引符号；

3）了解楼梯段、平台、栏杆、扶手等相互间的连接构造；

4）明确踏步的宽度、高度及栏杆的高度。每个梯段的竖向尺寸常采用乘积的形式来表达。

（3）楼梯节点详图

楼梯节点详图主要指栏杆详图、扶手详图以及踏步详图。它们分别用索引符号与楼梯平面图或楼梯剖面图联系。如图 5-2-8 为栏杆、扶手和踏步做法详图。

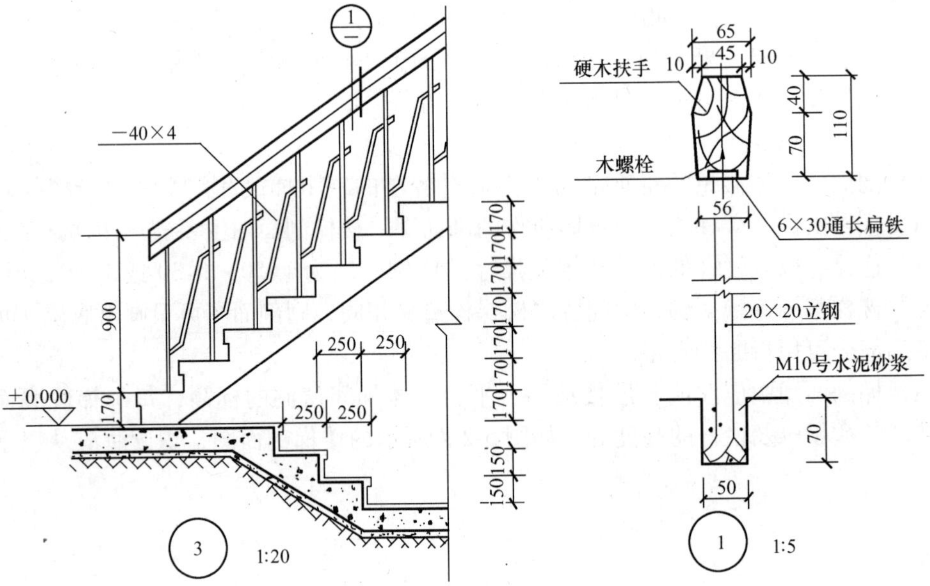

图 5-2-8 楼梯节点详图

（三）其他详图

在建筑、结构设计中，对大量重复出现的构配件如门窗、台阶、面层做法等，通常采用标准设计，即由国家或地方编制的一般建筑常用的构件和配件详图，供设计人员选用，以减少不必要的重复劳动。

第三节 结构施工图

一、概述

（一）结构施工图的作用

（1）结构和构件

通常把房屋中除承受自重外还要承受其他荷载的部分称为结构或构件。例如：基础、承重墙、楼板、楼梯、梁、柱等。

（2）房屋常用的结构形式（按承重材料分）

混合结构——承重部分用各种不同材料构成。一般基础用毛石砌筑，墙用砖砌筑，梁板、屋面等用钢筋混凝土材料浇注。

钢筋混凝土结构——所有承重部分采用钢筋混凝土构成。

钢结构——承重部分用钢材构成。

此外，还有木结构、砖石结构等不再详述。

（二）结构施工图的组成

结构施工图必须满足结构、构件的施工要求，包括下列内容：

（1）结构设计说明

包括结构设计依据、选用材料类型、规格、强度等级、选用标准图代号、施工要求等。

（2）结构平面图

通常包含以下内容：

1）基础平面图；

2）楼层结构平面布置图；

3）屋面结构平面布置图。

（3）结构详图

1）基础详图，梁、板、柱结构详图；

2）楼梯结构详图；

3）其他构件详图。

（三）常用构件代号

结构施工图中，为了简明地表明结构、构件的种类，GB J105—85 规定，对于梁、板、柱等钢筋混凝土构件可用代号表示。采用汉语拼音音头，如：KB-空心板，GL-过梁等。

二、钢筋混凝土构件图

用钢筋混凝土制成的梁、板、柱等称为钢筋混凝土构件。

（一）混凝土构件中的钢筋

（1）钢筋的种类及代号

钢筋混凝土构件中常用的钢筋有热轧Ⅰ级普通低碳钢、表面为光面的圆钢筋；Ⅱ级、Ⅲ级、Ⅳ级普通低合金钢，表面轧有花纹，如人字纹、螺纹等；热处理钢筋；冷拉钢筋等（表 5-3-1）。

表 5-3-1　钢筋的种类及代号

钢筋种类	代号	钢筋种类	代号
HPB235 Ⅰ级钢筋（即 Q235 钢）	Φ	冷拉Ⅰ级钢筋	Φ′
HRB335 Ⅱ级钢筋（如 20MnSi）	Φ̲	冷拉Ⅱ级钢筋	Φ̲′
HRB400 Ⅲ级钢筋（如 20MnSiV）	Φ̲̍	冷拉Ⅲ级钢筋	Φ̲̍′
Ⅳ级钢筋（如 40Si2MnV）	Φ̲̅	冷拉Ⅳ级钢筋	Φ̲̅′
热处理钢筋	Φ̲̅′		
冷轧带助钢筋	Φ″		
		附　冷拔低碳钢丝	$Φ̲^{b}$

（2）钢筋的作用和分类

在钢筋混凝土构件中所加钢筋，按照所起作用可分为如下几类：

1）受力钢筋：承受力学计算中拉、压应力的钢筋。一般直径较大、强度较高，在梁、板中有的部分弯起，如图 5-3-1 所示。

2）架立筋：一般用于梁内固定钢筋位置的，并与受力筋形成一个钢筋骨架，一般直径较小，强度较低。如图5-3-1（b）所示。

3）箍筋（钢箍）：梁、柱内固定受力筋位置并形成钢筋骨架。梁中箍筋承受部分剪力。如图 5-3-1（b）所示。

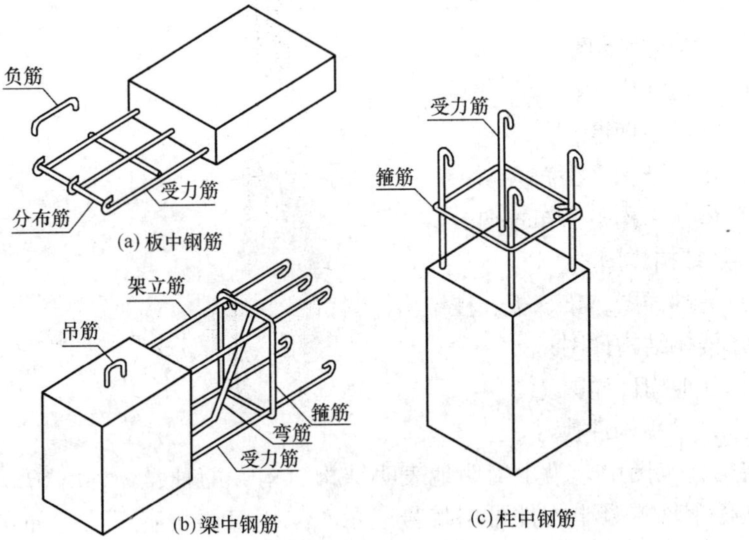

图 5-3-1　钢筋的作用及分类

4）分布筋：板构件中固定受力筋的位置，并均匀分布荷载给受力筋的钢筋，如图 5-3-1（a）所示。

5）负筋：现浇板边处（或连续梁、板等）负弯矩处放置的钢筋，如图 5-3-1（a）所示。

6）其他钢筋：因构造要求及施工安装需要而配置的构造筋、吊环等（图 5-3-1）。

（3）钢筋的弯钩

钢筋混凝土构件中为使钢筋与混凝土共同工作，必须具有足够的黏结强度，而光面钢筋的机械啮合强度也较低，所以在端部做成弯钩，以增强锚固作用。

（4）钢筋的保护层

钢筋混凝土构件中的钢筋不可外露，以防锈蚀，所以规范中规定要有一定的混凝土厚度作为保护层。一般梁中保护层厚度为 25mm，板中保护层厚度为 10 ~ 15mm。

（二）钢筋混凝土构件图的图示内容及方法

钢筋混凝土构件（结构）图由模板图、配筋图、预埋件详图和钢筋用量表等组成。

（1）模板图

模板图主要表达构件的外形尺寸，同时需标明预埋件的位置，预留孔洞的形状、尺寸及位置，是构件模板制作、安装的依据。简单构件可不单绘模板图，可与配筋图合并表示。模板的图示方法就是按构件的外形绘制的视图，外形轮廓线采用中粗实线绘制。

（2）配筋图

配筋图虽然是表达钢筋配置的图，但规定要用细实线画出构件外形轮廓线；用粗实线绘出钢筋；断面图中钢筋断面用黑圆点表示。

1）钢筋编号：构件中所配的钢筋一般规格、形状、等级等是不同的，为了有所区别，采用不同种类规格的钢筋用不同的编号表示的方法。钢筋编号是用阿拉伯数字注写在直径为6mm 的细线圆圈内，并用引出线指到对应的钢筋。同时，在引出线的水平线段上，注出该种钢筋的根数、级别、直径。箍筋可不注出根数，而是用等间距符号@后记出数字表示间距。具体标注方式如图 5-3-2 所示。例如，图 5-3-2 配筋图中编号为①的钢筋数量为 2 根，Ⅰ级钢、直径为 22mm。③号钢筋为箍筋，Ⅰ级钢、直径 8mm，每间隔 200mm 一根。

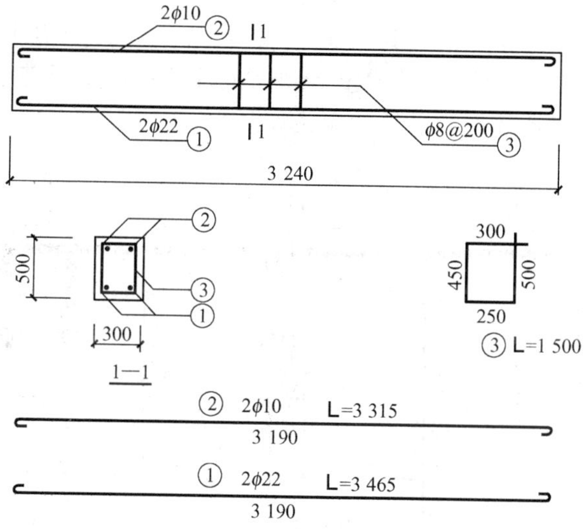

图 5-3-2 钢筋的标注

2）钢筋详图：配筋图中虽然标注了钢筋编号及根数、等级和直径等，但对于钢筋的形状和尺寸还不够清楚，需要单独将其绘出，称为详图，也叫成型图。（简单的构件也可在钢筋用量表中绘制。）它是将钢筋形状按粗实线绘出，并标注出每段尺寸。该尺寸不包括弯钩长度。并且一般钢筋所注尺寸为外皮尺寸，箍筋所注尺寸为内皮尺寸。图 5-3-2 所示的①号钢筋长度为梁长减去两端的保护层。即 3 240 − 2 × 25 = 3 190mm。号钢筋为内部净尺寸。钢筋详图中还要注出钢筋的下料长度。例如，①号钢筋下料长度 3 465，是钢筋的设计长度加上两端弯钩（$2\times6.25d$）的数值。

（3）钢筋用量表

在钢筋混凝土构件施工图中，除需绘制模板图和配筋图外，还需要配有一个钢筋用量表，供做预算和工程备料用。

在钢筋用量表中需标明：构件代号、构件数量、钢筋简图、钢筋编号、规格、直径、长度、根数（单个构件及总数根）、总长度、总重量等。

(4) 预埋件详图

在钢筋混凝土构件中，有时为满足安装、连接等要求，需设有预埋件，如吊环，钢板等。还需将预埋件详图绘出。

(三) 钢筋混凝土构件图

(1) 钢筋混凝土现浇板

1) 模板图：因板在施工现场浇筑，所以需要现场支模板，绑钢筋后才能浇混凝土。但一般板的结构简单，一般不再单独绘制模板图。

2) 配筋图：在板的详图中，不但要用细实线画出板的平面形状，而且需用中粗虚线画出板下边的墙、梁、柱的位置。而对于板厚或梁的断面形状，用重合断面的方法表示。板中配筋与梁不同，板内钢筋一般等距排列，而且有单向配筋（单向板），受力筋在分布筋下面；双面配筋（双向板），短的受力筋在下边。钢筋在板中的位置，按结构受力情况确定。配筋绘在板的平面图上，并需画出板内受力筋的形状和配置情况，并注明其编号、规格、直径、间距（或数量）等。每种规格的钢筋只画一根表示即可，按其平面形状画在安放位置上。一般底层钢筋的弯钩向上（或向左）画出，顶层钢筋弯向下（或向右）画出，一般在平面上与受力筋垂直配置的分布筋可不必画出，但需在附注或钢筋表中说明其级别、直径、间距（或数量）及长度等，如图 5-3-3 所示。

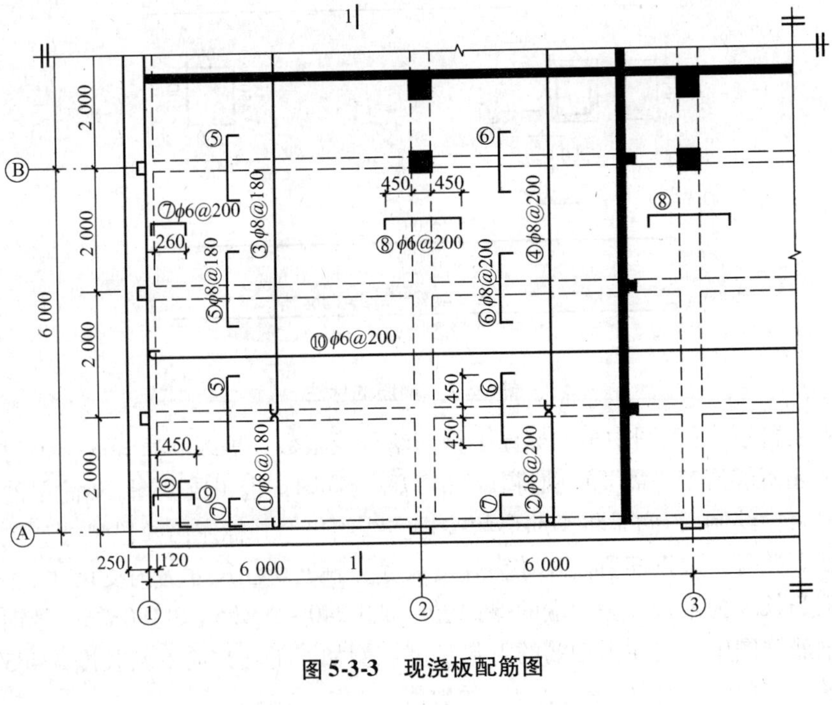

图 5-3-3　现浇板配筋图

3) 钢筋用量表：板的钢筋用量表与梁的主要内容相同，并一般在简图中表明钢筋详图，不再单画钢筋。

(2) 钢筋混凝土柱

柱与梁的受力情况不同，但图示方法基本相同。柱内配筋按柱受力情况可分为抗压筋、箍筋（轴心抗压柱）或压、拉筋和箍筋（压弯构件）。而且有的柱需与其他构件连接，需要有预埋件详图。如图 5-3-4 所示。

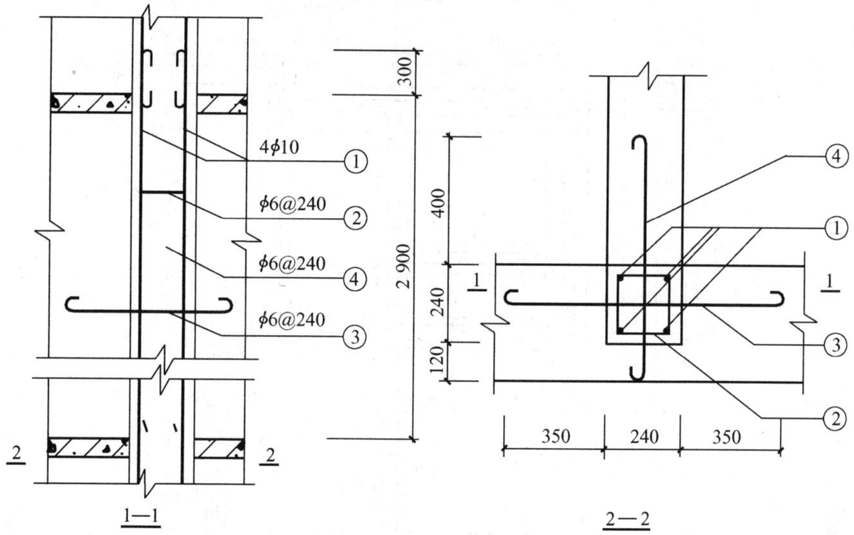

图 5-3-4　柱的配筋图

1）模板图：模板图需表明构件外形尺寸及预埋件位置，对于构造简单的柱，可与配筋图合并。

2）配筋图：配筋图需表明钢筋编号、级别、直径、数量、形状尺寸等。并表明与其他构件连接的关系。图 5-3-4 为一柱的配筋图。该构造柱配有受压筋①号 4ϕ10，箍筋②号 ϕ6@200；与墙接钢筋③号 ϕ6@240 和④号 ϕ6@240。

3）钢筋用量表

钢筋用量表注明柱代号、数量、钢筋简图及尺寸、级别、直径、长度、重量等。

三、基础施工图

基础是位于建筑物室内地面以下的承重部分。它承受上部墙、柱等传来的全部荷载，并传给基础下面的地基。

（一）基础施工图的作用

基础施工图是进行施工放线、基槽开挖和砌筑的主要依据。也是做施工组织和预算的主要依据。主要图纸有基础平面图和基础详图。

（二）基础平面图

基础平面图是表示基础平面布置情况的图样。

（1）形成

假想用一个水平的剖切平面，沿建筑物室内地面以下剖开后，移去上部建筑物和土层，向水平面做正投影所得到的投影图称基础平面图，如图 5-3-5 所示。

（2）条形基础平面图的图示方法

1）定位轴线：与建筑平面图一样，基础平面图也要绘制轴线，并且轴线编号、布置、尺寸应与建筑施工图的底层平面图一致。

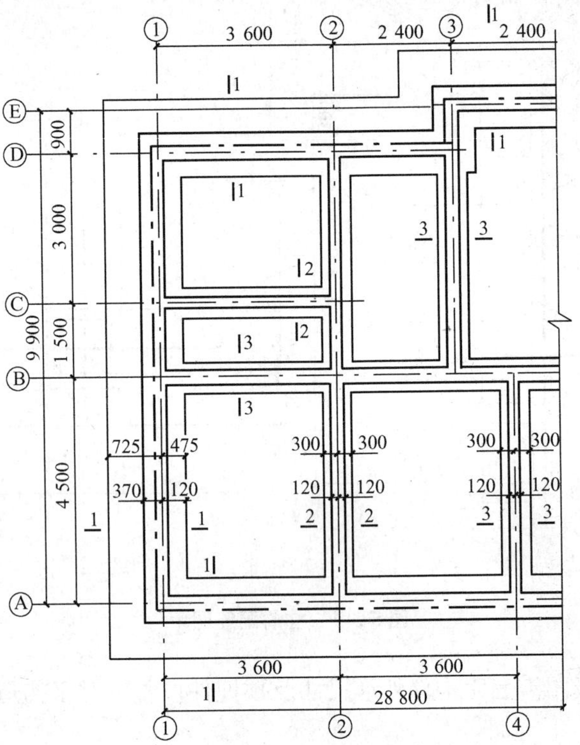

图 5-3-5　基础平面图

2）墙身剖切线：墙身被剖切到，其断面轮廓线用粗实线（b）绘制，其他被剖到部分同样用粗实线。可不画材料图例。

3）基础外轮廓线：条形基础一般设计有大放脚或台阶型。而基础平面图上剖到的墙身轮廓和可见的基础轮廓用中粗实线（0.7b）或中实线（0.5b）画出最宽的外轮廓线即可。一般基础上设有基础梁，可见的梁单线结构构件线用中实线（0.5b）表示。

4）其他构造部分图示方法：不可见的梁用粗虚线表示（单线）。不可见的构件及墙身轮廓用中粗虚线（0.7b）或中虚线（0.5b）绘制。如果剖到钢筋混凝土柱，则用涂黑表示。穿过基础的管道洞口可用细虚线（0.25b）表示。地沟用细虚线（0.25b）表示。

5）断面详图位置符号：由于房屋各部分的基础受力情况、构造方法、埋深等断面形状不同，要分别绘制基础详图，所以要在基础平面图上不同断面处绘断面位置符号，并且用不同的编号表示。相同的用同一断面编号表示，且注意投影方向。

（三）条形基础详图

基础平面图确定了基础最外轮廓线宽度尺寸，对断面形状、尺寸和材料需用详图表示。

（1）形成

假想用剖切平面垂直将基础剖开，进行断面投影，称基础详图。为便于标注尺寸和材料符号，用较大比例绘出，如图 5-3-6 所示。

（2）图示方法

按平面图确定的断面位置和投影方向绘制断面形状，标明材料及尺寸。

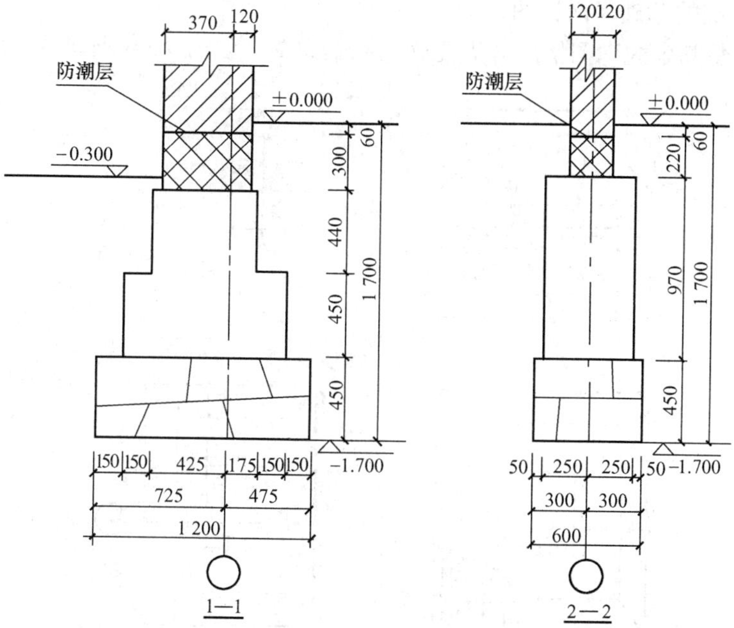

图 5-3-6　基础详图

1）定位轴线：按断面竖直方向画出定位轴线，并根据适用情况确定是否加轴线编号。

2）线型：剖到的外形轮廓，不同材料分隔，室内、外地面用粗实线表示。材料符号等用细线表示。

3）尺寸标注：详图上需标注详细的尺寸，以满足施工、预算等要求。

①标高尺寸。用标高符号标明室内地面标高、室外地坪标高及基础底面标高。

②构造尺寸。以轴线为基准，标明墙宽、基础底面宽度及各大放脚处宽度；标明各台阶高度及整体深度尺寸。

③材料符号：用材料符号表明基础所用材料，或用文字注明。

④其他构造设施：若有管沟、洞口等构造，除在平面图上标明外，在详图上也要详细画出并标明尺寸、材料。

（四）单独基础

单独基础是指基础独立设置，基础与基础之间用基础梁连接。单独基础上部常与柱连接，有整体浇筑式和装配式。

（1）单独基础平面图图示方法

图 5-3-7 为单独基础的平面图，用与建筑平面施工图一致的轴线及编号等绘出轴线，并按基础的位置和形状用细实线画出平面投影。若有基础梁，用粗实线（0.5b）绘制。对于不同构造的基础，用不同编号表示区别。

（2）单独基础平面图的尺寸标注

平面上只标注轴线间尺寸和轴线总尺寸。对于基础的尺寸，可在详图中标注。如图 5-3-7 所示。

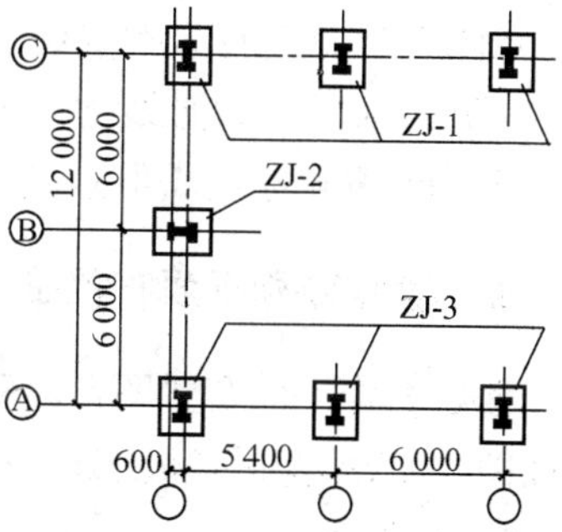

图 5-3-7　单独基础平面图

（3）单独基础的基础平面详图

为了表达清楚基础的详图情况，需要画出基础详图。如图 5-3-8 所示。

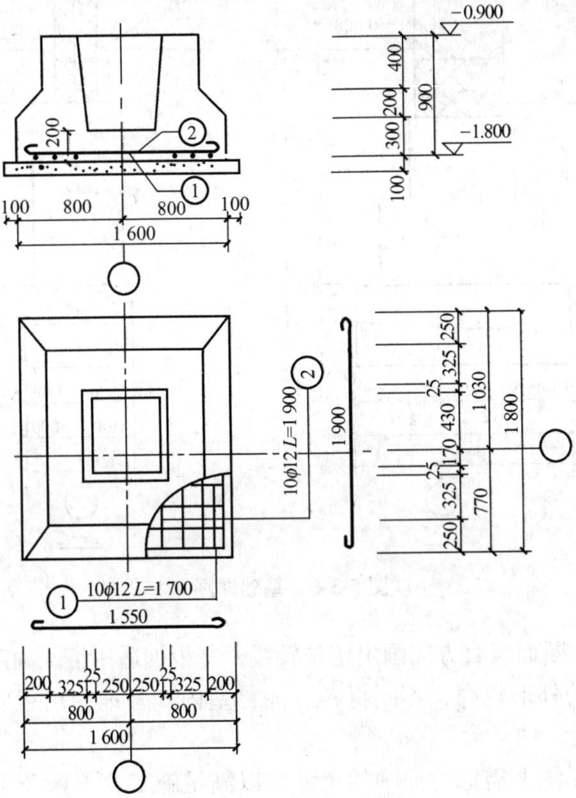

图 5-3-8　ZJ-1 详图

1）单独基础详图：

①按对应位置画出定位轴线和杯口形状。一般不画垫层。

②按局部剖视的方法绘出钢筋并标注编号、直径、等级、根数（或间距）等。

③尺寸标注。以轴线为基准标注基础底面宽度、台阶宽度、杯口宽度等尺寸。

2）单独基础剖面详图：基础剖面详图一般在对称平面处剖开，且画在对应投影位置，所以不加标注。

①按对应位置画出竖直的定位轴线和剖开后的剖面形状、垫层厚度和宽度。

②绘出基础配筋及钢筋编号、上下层关系。

③尺寸标注。以轴线为基准标注宽度尺寸，以基底为基准标注高度尺寸和标高尺寸。垫层尺寸可单独标出或用文字说明。

四、楼层结构平面布置图

楼层结构平面布置图是表明楼层各层结构及构件平面布置的施工图样。简称楼层结构平面图。有楼层和屋顶之分，布置相同可只绘制一个图样，并注明适用情况。

（一）作用

楼层结构平面图是各层构件安装的依据，也是计算构件数量、作施工预算的依据。

（二）形成

楼层结构平面图是假想用一个剖切平面沿着楼板上皮水平剖开后，移走上部建筑物后作水平投影所得到的图样。主要表示该层楼面中的梁、板的布置，构件代号及构造做法等。

（三）图示方法

（1）轴线

楼层结构平面图上的轴线应和建筑平面图上的轴线编号及尺寸完全一致。

（2）墙身线

剖到的墙身可见轮廓线用中粗实线（0.7b）表示，楼板下的不可见墙身轮廓线用中粗（0.7b）或中虚线（0.5b）表示，可见钢筋混凝土楼板的轮廓线用细实线（0.5b）表示。

（3）结构构件

1）预制板图示方法：预制楼板按实际布置情况用细实线绘制，布置方案不同时要分别绘制，相同时用同一名称表示，并将该房间楼板画上对角线标注板的数量和构件代号。目前各地的标注方法不同，应注意所选用的标准图集的表示方法。一般应包含下列内容：数量、标志长度、板宽、板厚、荷载等级等内容。如图 5-3-9 所示，AB 轴线间的房间标注为 4Y-KB36-9A-1/1Y-KB36-6A-1，含义如下：4—数量；Y—预应力；KB—空心板；36—标志长度；9—板宽 900；A—板厚代号（A-120；B-180）；1—荷载等级。

2）现浇板图示方法：有些楼板因使用要求需现场浇筑，现浇板可另绘详图并在结构平面布置图上注明板的代号。如图 5-3-9 所示的 XB-1。也可在板上直接绘出配筋图，并注明钢筋编号、直径、等级、数量等。如图 5-3-9 所示的 BC 轴线间的卫生间处。

3）不可见构件图示：楼层结构平面图中不可见的圈梁、过梁用粗虚线（单线）表示。并注明构件代号。如图 5-3-9 所示的 GL-1。

（4）详图

楼层结构平面上的现浇构件可绘制详图。有时用详图表明构件之间的构造组合关系。

（5）其他要求

楼板布置为梁板结构时，用重合断面表示梁与板的构造组合关系，为了明确表示出各楼层所采用的各种构件的种类、块数以及所采用的标准图集代号等，一般要列出构件统计表以供查阅和做施工预算用。楼梯间的结构布置需另画详图表示。

五、钢筋混凝土结构施工图平面整体表示法

国家建筑标准设计图集《混凝土结构施工图平面整体表示方法制图规则和构造详图》（图集号 03G101-1）介绍了常用的现浇混凝土柱、墙、梁三种构件的平法制图规则和标准构造详图。这里仅简单介绍最常用的柱和梁的整体表示方法。

（一）柱平法施工图

柱平法施工图是在柱平面布置图上采用列表注写方式或截面注写方式来表达的现浇钢筋混凝土柱的施工图。

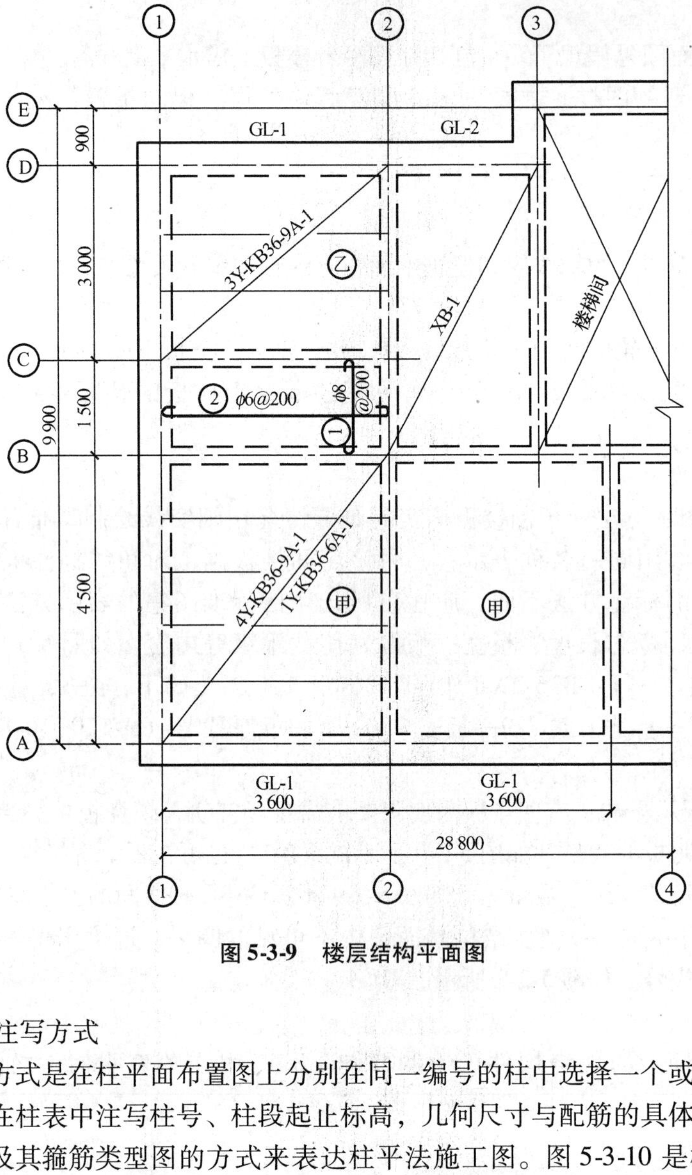

图 5-3-9　楼层结构平面图

(1) 列表注写方式

列表注写方式是在柱平面布置图上分别在同一编号的柱中选择一个或几个截面标注几何参数代号，在柱表中注写柱号、柱段起止标高，几何尺寸与配筋的具体数值，并配以各种柱截面形状及其箍筋类型图的方式来表达柱平法施工图。图 5-3-10 是柱平法施工图的列表注写方式示例。它包括柱平面布置图、柱表、箍筋类型、楼层结构标高与层高四个部分。从柱平面布置图（局部）可以看出柱的种类与布置情况，有 KZ1（框架柱 1）、LZ1（梁上柱 1）、XZ1（芯柱 1）三种；箍筋类型有类型 1 ~7 类型，其中还给出了箍筋类型 1（5 ×4）的箍筋肢数组合；从柱表（局部）可以看出标号、标高、尺寸、配筋等情况。以 KZ1 为例，KZ1 共分为三个柱段，其中第一行 KZ1 柱段起止标高 －0. 030 －19. 470，即 1 ~6 层框架柱，柱的断面尺寸 $b\times h$ 为 750 ×700，其中 $b=b_1+b_2=375+375=750$，$h=h_1+h_2=150+550=700$，配筋为 24 根 ϕ25 的纵筋（受力筋），箍筋类型 1（5 ×4），箍筋的表示方式 ϕ10@ 100/200 为加密区间距 100，非加密区间距为 200。

层号	标高/ m	层高/ m
屋面 2	65.670	
塔层 2	62.370	3.30
屋面 1 (塔层 1)	59.070	3.30
16	55.470	3.60
15	51.870	3.60
14	48.270	3.60
13	44.670	3.60
12	41.070	3.60
11	37.470	3.60
10	33.870	3.60
…	…	…
…	…	…
3	8.670	3.60
2	4.470	4.20
1	−0.030	4.50
−1	−4.530	4.50
−2	−9.030	4.50

结构层楼面标高
结构层高

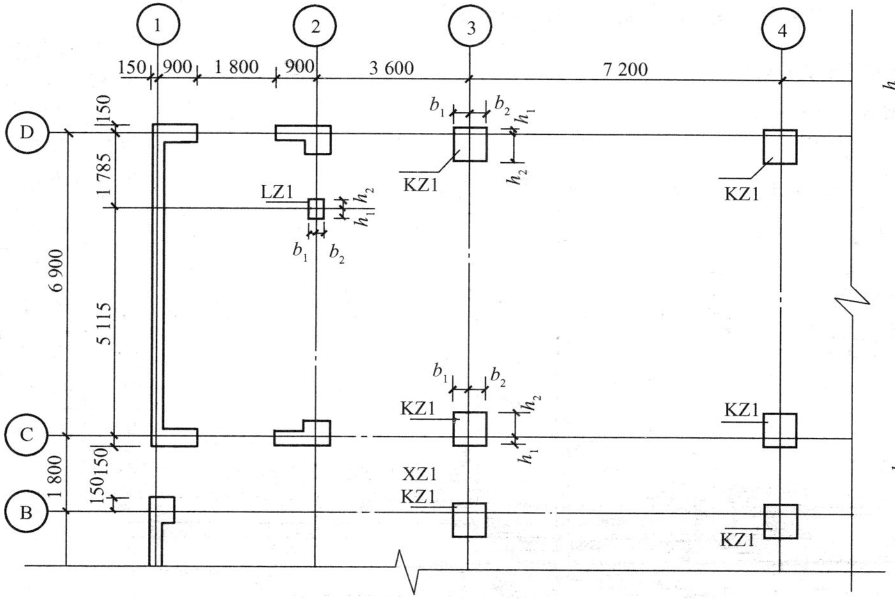

−0.300—59.070 柱平法施工图（局部）

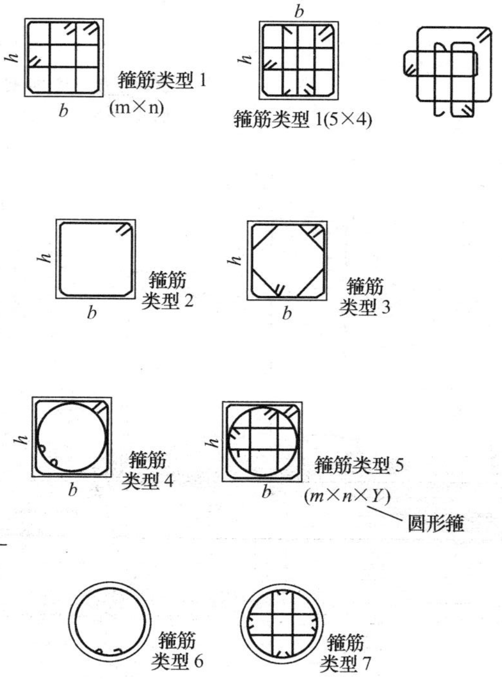

柱表

柱号	标高	$b\times h$ (圆柱直径 D)	b_1	b_2	h_1	h_2	全部纵筋	角筋	b 边一侧中部筋	h 边一侧中部筋	箍筋类型号	箍筋	备注
KZ1	−0.030−19.470	750×700	375	375	150	550	24Φ25				1(5×4)	ϕ10@100/200	
	19.470−37.470	650×600	325	325	150	450		4Φ22	5Φ22	4Φ20	1(4×4)	ϕ10@100/200	
	37.470−59.070	550×500	275	275	150	350		4Φ22	5Φ22	4Φ20	1(4×4)	ϕ8@100/200	
XZ1	−0.030−8.670						8Φ25				按标准构造详图	ϕ10@200	③×Ⓑ轴 KZ1 中设置

图 5-3-10　柱平法施工图列表注写方式

层号	标高（m）	层高（m）
屋面 2	65.670	
塔层 2	62.370	3.30
屋面 1（塔层 1）	59.070	3.30
16	55.470	3.60
15	51.870	3.60
14	48.270	3.60
13	44.670	3.60
12	41.070	3.60
11	37.470	3.60
10	33.870	3.60
9	30.270	3.60
8	26.760	3.60
7	23.070	3.60
6	19.470	3.60
5	15.870	3.60
4	12.270	3.60
3	8.670	3.60
2	4.470	4.20
1	-0.030	4.50
-1	-4.530	4.50
-2	-9.030	4.50

结构层楼面标高
结构层高

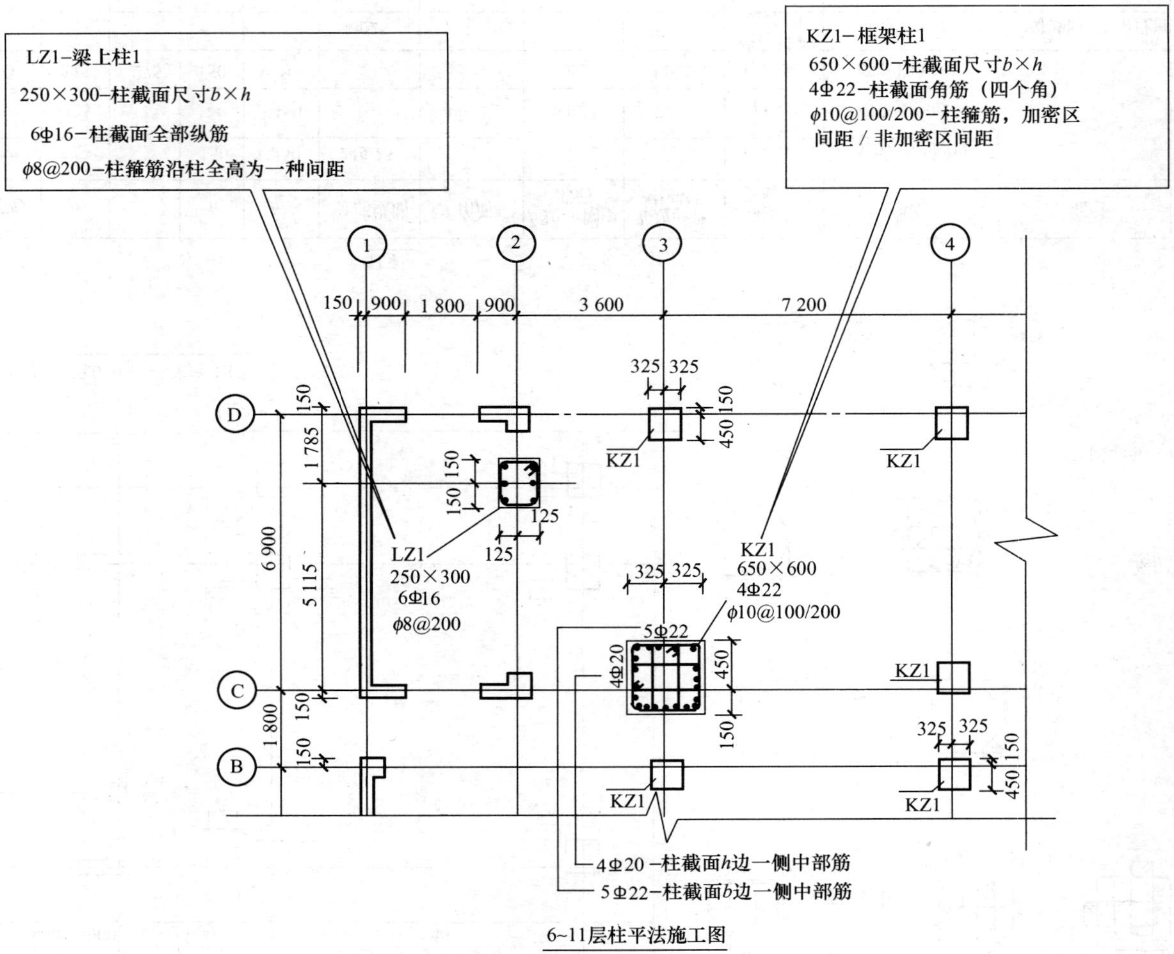

图 5-3-11　柱平法施工图截面注写方式

层号	标高 (m)	层高 (m)
屋面 2	65.670	
塔层 2	62.370	3.30
屋面 1 (塔层 1)	59.070	3.30
16	55.470	3.60
15	51.870	3.60
14	48.270	3.60
…	…	…
8	26.670	3.60
7	23.070	3.60
6	19.470	3.60
5	15.870	3.60
4	12.270	3.60
3	8.670	3.60
2	4.470	4.20
1	-0.030	4.50
-1	-4.530	4.50
-2	-9.030	4.50

结构层楼面标高
结构层高

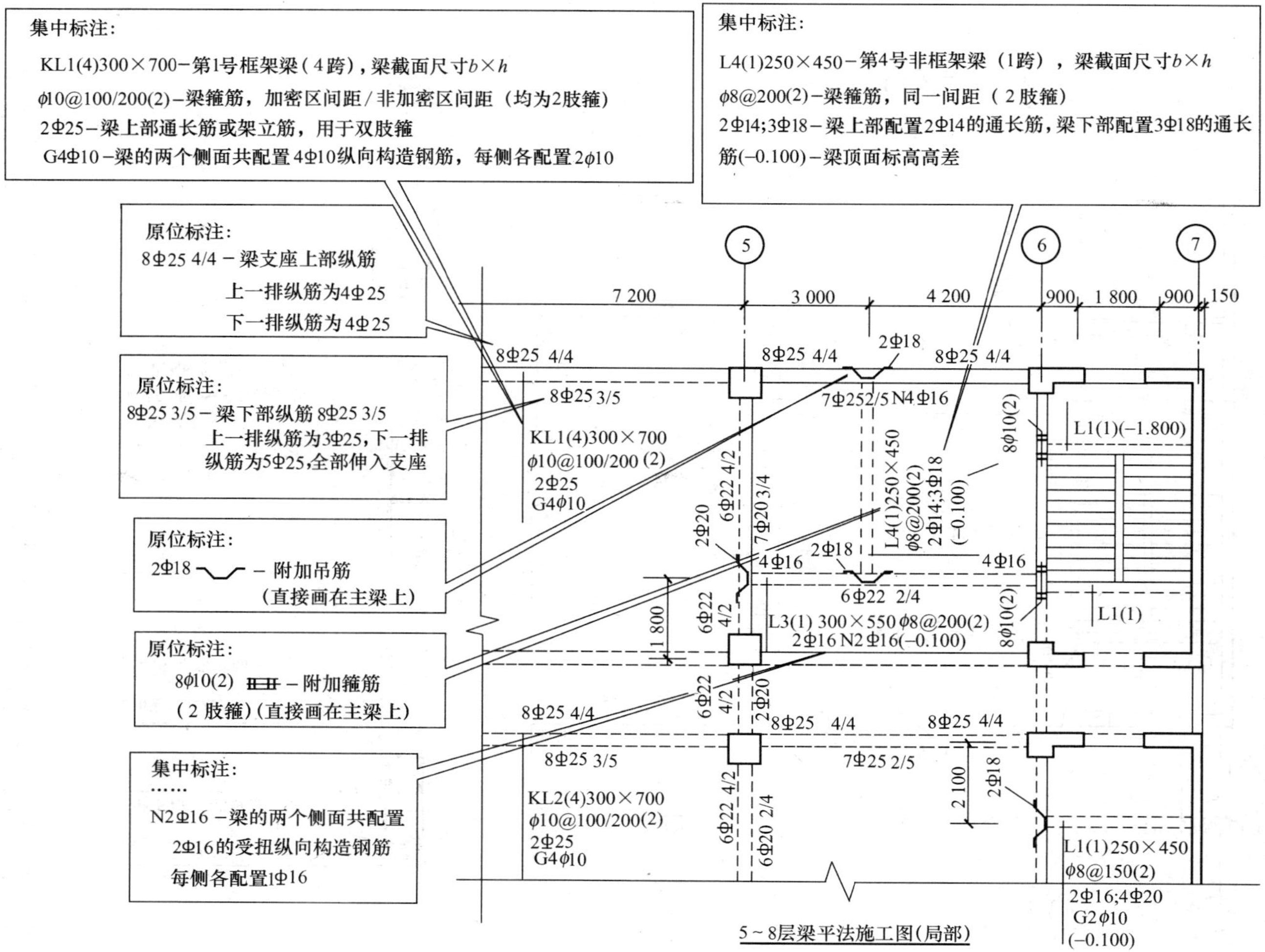

图 5-3-12　梁平法施工图平面注写方式

层号	标高(m)	层高(m)
屋面 2	65.670	
塔层 2	62.370	3.30
屋面 1(塔层 1)	59.070	3.30
16	55.470	3.60
15	51.870	3.60
14	48.270	3.60
13	44.670	3.60
12	41.070	3.60
11	37.470	3.60
10	33.870	3.60
9	30.270	3.60
8	26.760	3.60
7	23.070	3.60
6	19.470	3.60
5	15.870	3.60
4	12.270	3.60
3	8.670	3.60
2	4.470	4.20
1	-0.030	4.50
-1	-4.530	4.50
-2	-9.030	4.50

结构层楼面标高
结构层高

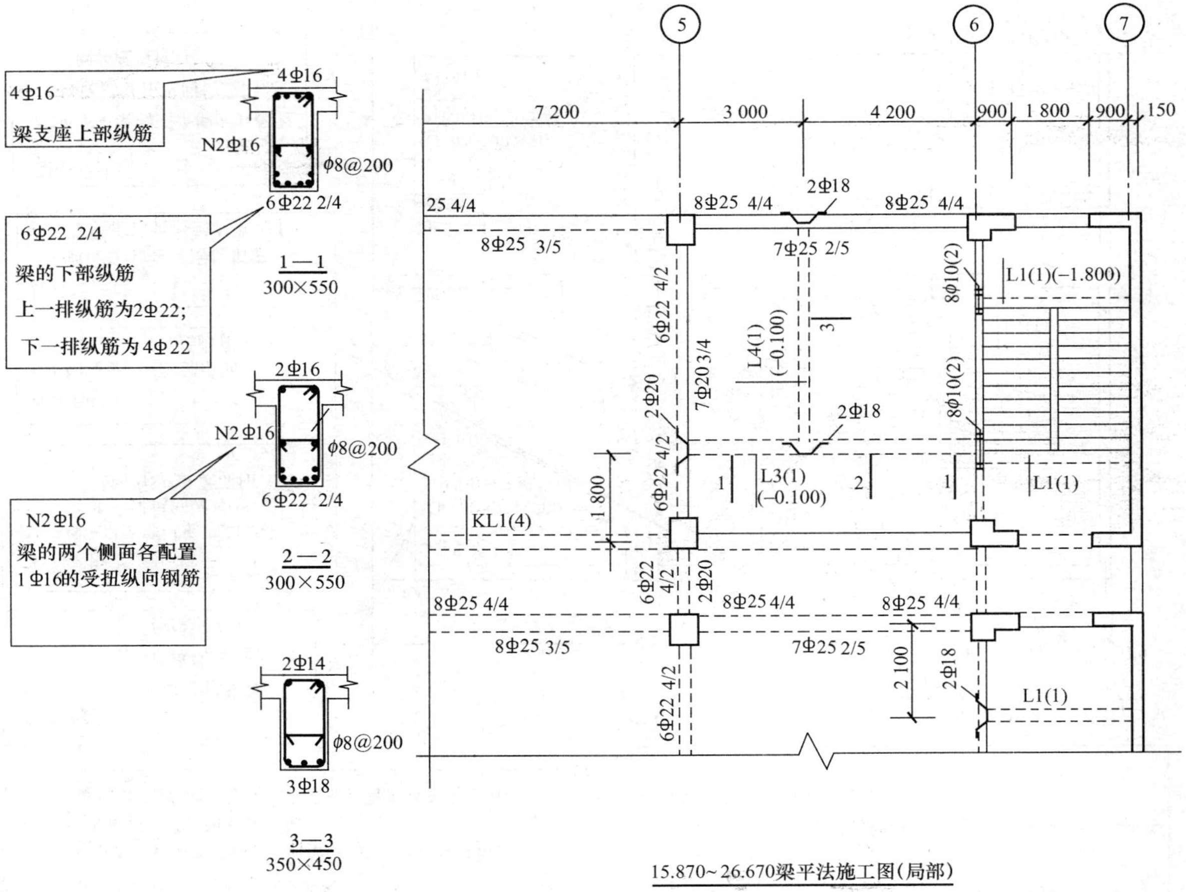

图 5-3-13 梁平法施工图截面注写方式

（2）截面注写方式

截面注写方式是在分标准层绘制的柱平面布置图的柱截面上，分别在同一编号的柱中选择一个截面并放大，以直接注写截面方式和配筋具体数值的方式来表达柱平法施工图。图 5-3-11 是柱平法施工图的截面注写方式示例。从图名可以看出，19.470～37.470 是 6～11 层标准层的柱平法施工图。具体的截面注写方式如图 5-3-11 所示。

（二）梁平法施工图

梁平法施工图是在梁平面布置图上采用平面注写方式或截面注写方式表达。

（1）平面注写方式

平面注写包括集中标注与原位标注，集中标注表达梁的通用数值，原位标注表达梁的特殊数值。当集中标注中的某项数值不适用于梁的某部位时，则将该项数值原位标注，施工时，原位标注取值优先。图 5-3-12 是梁平法施工图的平面注写方式示例。从图名可以看出，15.870～26.670 是 5～8 层标准层的梁平法施工图。具体的平面注写方式如图 5-3-12 所示。

（2）截面注写方式

截面注写方式是在分标准层绘制的梁平面布置图上，分别在不同编号的梁中选择一根梁用剖面符号引出配筋图，并在其上注写截面尺寸和配筋具体数值的方式来表达梁平法施工图。

图 5-3-13 是梁平法施工图的截面注写方式示例。它包括梁平法施工图、截面图和结构层楼面标高与层高三个部分。

复习思考题

第一节

1. 房屋建筑工程图是由哪几种图纸组成的？它们的编排顺序有什么要求？
2. 什么是定位轴线？如何绘制和进行编号？
3. 房屋建筑工程图上的尺寸单位有哪些？如何应用？
4. 什么是绝对标高和相对标高？
5. 采用索引符号的目的是什么？剖面索引的剖视方向是如何规定的？

第二节

1. 建筑施工图包括哪些图样？
2. 总平面图的作用是什么？
3. 建筑平面图是如何形成的？应标注哪些尺寸和标高？什么是标准层平面图？
4. 建筑平面图中应标注哪些尺寸和标高？说出其标注的位置。
5. 建筑立面图是如何形成的？主要反映哪些内容？有哪几种命名方式？
6. 什么是建筑剖面图？它表达哪些内容？
7. 墙身详图主要反映哪三部分内容？
8. 楼梯详图包括哪些内容？楼梯平面图、剖面图和详图是如何得到的？阅读时能了解到哪些内容？

第三节

1. 结构施工图包括哪些图样？
2. 楼层结构平面图是怎样形成的？
3. 钢筋混凝土构件的图示要求如何？
4. 平面整体表示方法中柱、梁的表达要点有哪些？

第六章　建筑结构基础知识

第一节　建　筑　基　础

基础按其埋置深度不同，可分为浅基础和深基础两大类。一般埋置深度在5m以内，且能用一般方法施工的基础属于浅基础。当需要埋置在较深的土层上，采用特殊方法施工的基础则属于深基础，如桩基础等。一般在天然地基上修筑浅基础技术简单，施工方便，不需要复杂的施工设备，因而可以缩短工期、降低工程造价，而人工地基及深基础往往施工比较复杂，工期较长，造价较高。因此，在保证建筑物安全和正常使用的前提下，应优先采用天然地基上的浅基础设计方案。

基础按使用的材料可分为：砖基础、毛石基础、混凝土和毛石混凝土基础、灰土和三合土基础、钢筋混凝土基础等，按结构形式可分为：无筋扩展基础、扩展基础、柱下条形基础、柱下十字形基础、筏形基础、箱形基础、桩基础等。

一、无筋扩展基础

上部结构的荷载通过基础传给地基，因此需对基础合理构造。在基础内部应力满足基础材料强度要求的前提下，将基础向侧边扩展，形成较大底面积，使上部结构传来的荷载扩散分布于较大的底面积上，以满足地基承载力和变形的要求。

无筋扩展基础是指由砖、毛石、混凝土或毛石混凝土、灰土或三合土等材料组成的，且不需配置钢筋的墙下条形基础或柱下独立基础。这些基础具有就地取材、价格较低、施工方便等优点，广泛适用于层数不多的民用建筑和轻型厂房。

（一）无筋扩展基础的受力特点

无筋扩展基础所用材料有一个共同的特点，就是材料的抗压强度较高，而抗拉、抗弯、抗剪强度较低。在地基反力作用下，基础下部的扩大部分像倒悬臂梁一样向上弯曲，如悬臂过长，则易发生弯曲破坏。

如图6-1-1所示，墙（或柱）传来的压力沿一定角度扩散，若基础的底面宽度在压力扩散范围以内，则基础只受压力；若基础的底面宽度大于扩散范围b_1，则b_1范围以外部分会被拉裂、剪断而不起作用。因此需要用台阶宽高比的允许值来限制其悬臂长度，如表6-1-1所示。

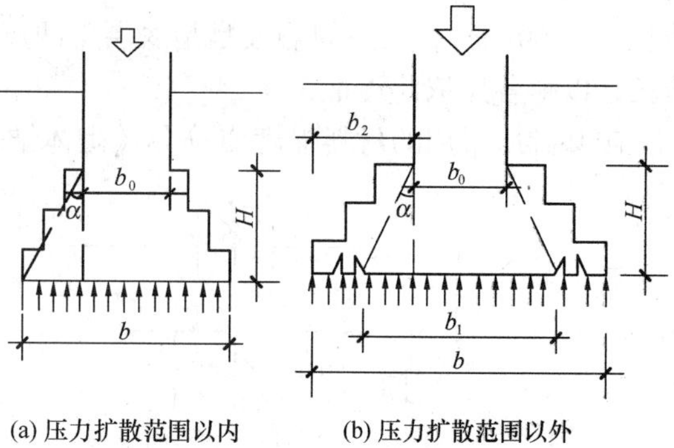

(a) 压力扩散范围以内　　(b) 压力扩散范围以外

图6-1-1　无筋扩展基础的受力示意图

表 6-1-1 无筋扩展基础台阶宽高比的允许值

基础材料	质量要求	台阶宽高比的允许值		
		$p_k \leqslant 100$	$100 < p_k \leqslant 200$	$200 < p_k \leqslant 300$
混凝土基础	C15 混凝土	1: 1.00	1: 1.00	1: 1.25
毛石混凝土基础	C15 混凝土	1: 1.00	1: 1.25	1: 1.50
砖基础	砖不低于 MU10、砂浆不低于 M5	1: 1.50	1: 1.50	1: 1.50
毛石基础	砂浆不低于 M5	1: 1.25	1: 1.50	—
灰土基础	体积比为 3: 7 或 2: 8 的灰土，其最小干密度： 粉土 1 550 kg/m³ 粉质黏土 1 500 kg/m³ 黏土 1 450 kg/m³	1: 1.25	1: 1.50	—
三合土基础	体积比 1: 2: 4～1: 3: 6（石灰：砂：骨料），每层约虚铺 220mm，夯至 150mm	1: 1.50	1: 2.00	—

注：1. p_k为作用标准组合时的基础底面处的平均压力值（kPa）；

2. 阶梯形毛石基础的每阶伸出宽度，不宜大于 200mm；

3. 当基础由不同材料叠合组成时，应对接触部分作抗压验算；

4. 混凝土基础单侧扩展范围内基础底面处的平均压力值超过 300kPa 时，尚应进行抗剪验算；对基底反力集中于立柱附近的岩石地基，应进行局部受压承载力验算。

无筋扩展基础设计时应先确定基础埋深，按地基承载力条件计算基础底面宽度，再根据基础所用材料，按宽高比允许值确定基础台阶的宽度与高度。从基底开始向上逐步缩小尺寸，使基础顶面至少低于室外地面 0.1m，否则应修改设计。

（二）无筋扩展基础的构造要求

（1）砖基础

砖基础的剖面为阶梯形（图 6-1-2）称为大放脚。各部分的尺寸应符合砖的模数，其砌筑方式有“两皮一收”和“二一间隔收”两种。两皮一收是指每砌两皮砖，收进 1/4 砖长（即 60mm），二一间隔收是指底层砌两皮砖，收进 1/4 砖长，再砌一皮砖，收进 1/4 砖长，以上各层依此类推。

砖基础所采用的材料强度应符合《砌体结构设计规范》（GB 50003）的规定。基础底

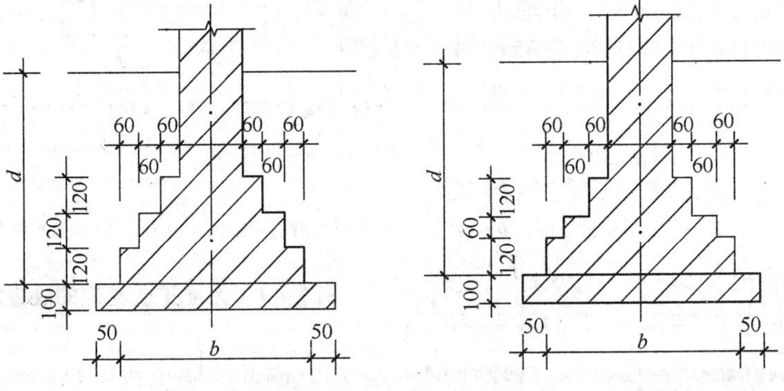

(a)“两皮一收”砌法　(b)“二一间隔收”砌法

图 6-1-2 砖基础剖面图

面以下需设垫层，垫层材料可选用素混凝土、灰土等，每边扩出基础底面50mm。

（2）毛石基础

毛石基础是采用强度较高而未经风化的毛石砌筑而成（图6-1-3）。由于毛石之间间隙较大，如果砂浆黏结性能较差，则不能用于层数较多的建筑物。每一阶梯宜用三排或三排以上的毛石砌筑，每一阶梯伸出宽度不宜大于200mm。

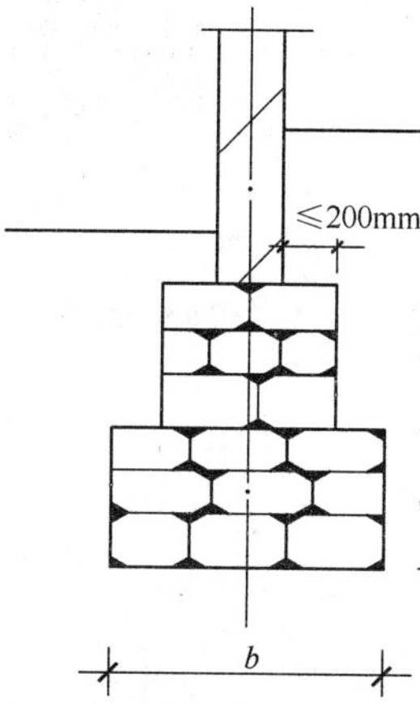

图6-1-3　毛石基础

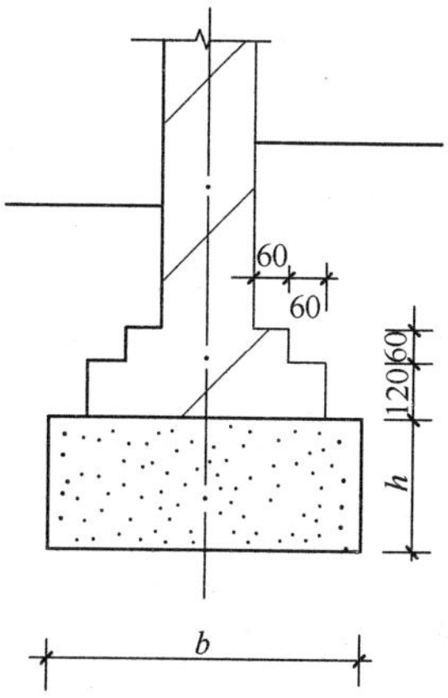

图6-1-4　灰土和三合土基础

（3）灰土基础和三合土基础

灰土是用石灰和黏性土混合而成。石灰经熟化1~2d后，过5~10mm筛即可使用。土料应以有机质含量低的粉土或黏性土为宜，使用前也应过10~20mm的筛。石灰和土按其体积比为3:7或2:8加适量水拌匀，每层虚铺220~250mm，夯至150mm为1步，一般可铺2~3步。压实后的灰土应满足设计对压实系数的质量要求。灰土基础（图6-1-4）一般适用于地下水位较低，层数较少的建筑。

三合土是由石灰、砂、碎砖或碎石按体积比为1:2:4或1:3:6加适量水配制而成。一般每层虚铺约220mm，夯至150mm。三合土基础如图6-1-4所示。

（4）混凝土基础和毛石混凝土基础

混凝土基础（图6-1-5）的强度、耐久性、抗冻性都较好，适用于荷载较大或位于地下水位以下的基础。混凝土基础水泥用量较大，造价比砖、石基础高。有时为了节约混凝土用量，可掺入少于基础体积30%的毛石做成毛石混凝土基础（图6-1-6）。掺入的毛石尺寸不得大于300mm，使用前须冲洗干净。

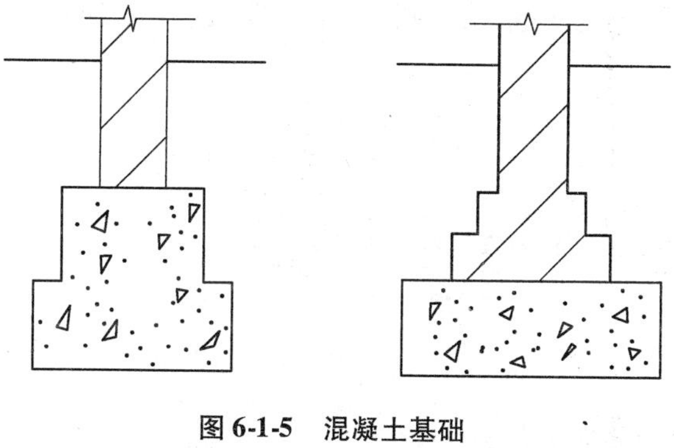

图6-1-5　混凝土基础

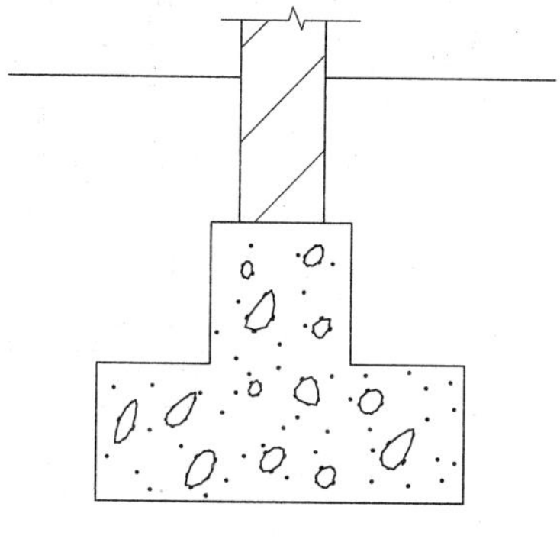

图6-1-6　毛石混凝土基础

（5）钢筋混凝土柱

采用无筋扩展基础的钢筋混凝土柱，其柱脚高度 h_1 不得小于 b_1（图 6-1-7），并不应小于 300mm 且不小于 $20d$。当柱纵向钢筋在柱脚内的竖向锚固长度不满足锚固要求时，可沿水平方向弯折，弯折后的水平锚固长度不应小于 $10d$ 也不应大于 $20d$。

注：d 为柱中的纵向受力钢筋的最大直径。

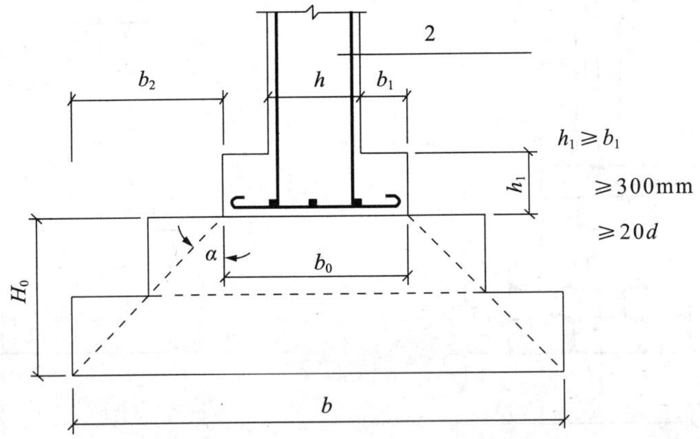

图 6-1-7　无筋扩展基础钢筋混凝土柱

二、扩展基础

在基础内部应力满足基础材料强度要求的前提下，通过将基础向侧边扩展成较大底面积，使上部结构传来的荷载扩散分布于较大的底面积上，以满足地基承载力和变形的要求。这种能起到压力扩散作用的柱下钢筋混凝土独立基础和墙下钢筋混凝土条形基础称为扩展基础。这种基础整体性、耐久性、抗冻性较好，抗弯、抗剪强度大，适用于基础底面积大而又必须浅埋时。设计中经常采用这种基础。

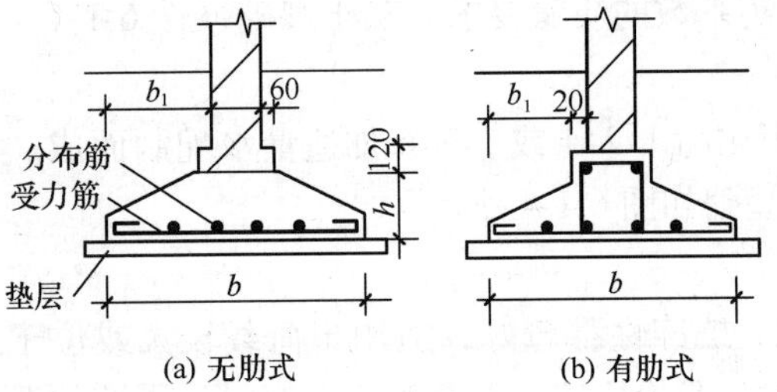

图 6-1-8　墙下钢筋混凝土条形基础

墙下钢筋混凝土条形基础一般做成无肋式，当地基土的压缩性不均匀时，为了增加基础的刚度和整体性，减少不均匀沉降，可采用带肋的条形基础（图 6-1-8）。

现浇柱下常采用钢筋混凝土锥形或阶梯形独立基础，预制柱下一般采用杯形独立基础（图 6-1-9）。

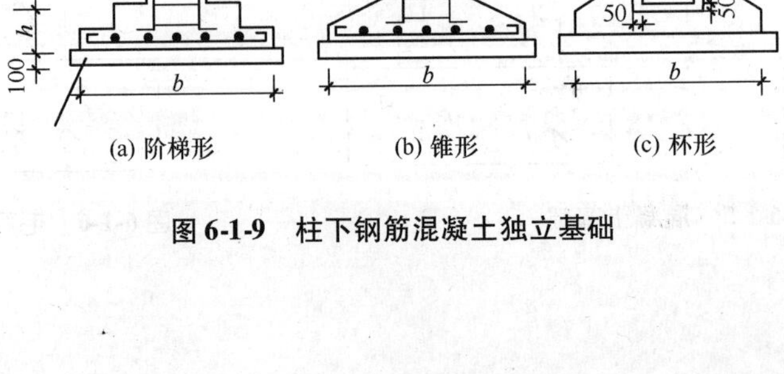

图 6-1-9　柱下钢筋混凝土独立基础

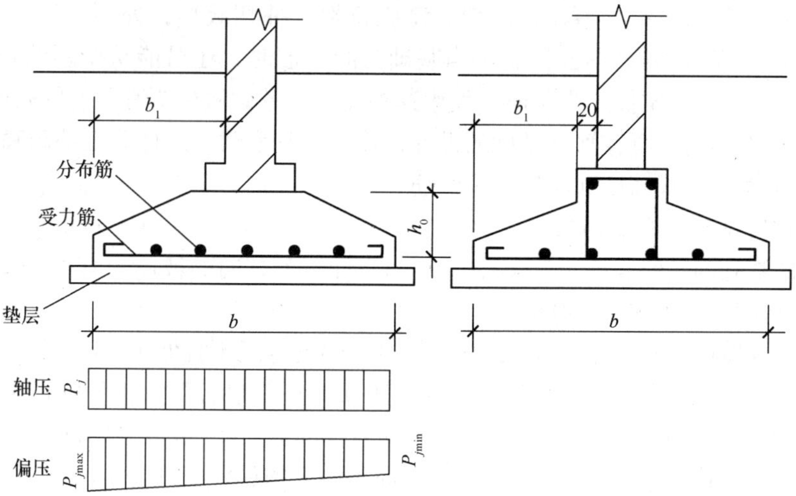

图 6-1-10　墙下钢筋混凝土条形基础

（一）扩展基础的受力特点

（1）墙下钢筋混凝土条形基础

如图 6-1-10 所示，基础底板的受力情况如同受地基净反力作用的倒置悬臂板，在地基净反力的作用下（基础自重和基础上的土重所产生的均布压力与其相应的地基反力相抵消），将在基础底板内产生弯矩和剪力。

墙下钢筋混凝土条形基础通常受均布线荷载作用，计算时沿墙长度方向取 1m 为计算单元。基础底板宽度应满足地基承载力的有关规定，基础底板高度应满足混凝土抗剪强度要求，基础底板配筋按危险截面的抗弯计算确定。基础底板的受力钢筋沿基础宽度 b 方向设置，沿墙长度方向设分布钢筋，放在受力钢筋上面。

（2）柱下钢筋混凝土独立基础

由试验可知，柱下钢筋混凝土独立基础有两种破坏形式。

①在地基净反力作用下，基础底板在两个方向均发生向上的弯曲，相当于固定在柱边的梯形悬臂板，下部受拉，上部受压。若危险截面内的弯矩值超过底板的抗弯承载力时，底板就会发生弯曲破坏，如图 6-1-11（a）所示。为了防止发生这种破坏，需在基础底板下部配置足够的钢筋。

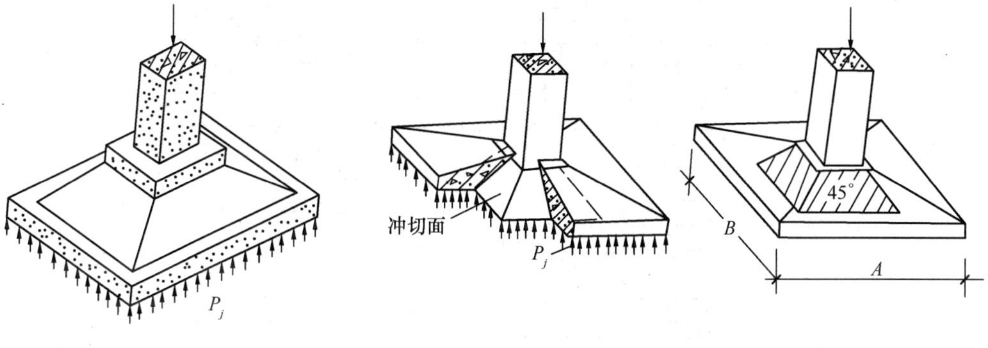

(a) 底板弯曲破坏　　　　(b) 底板冲切破坏

图 6-1-11　柱下钢筋混凝土独立基础的破坏形式

②当基础底面积较大而厚度较薄时，基础将发生冲切破坏，如图 6-1-11（b）所示。基础从柱的周边开始沿 45°斜面拉裂（当基础为阶梯形时，还可能从变阶处开始沿 45°斜面拉裂），形成冲切角锥体。为了防止发生这种破坏，基础底板要有足够的高度。

因此，柱下钢筋混凝土独立基础的设计，除按地基承载力条件确定基础底面积外，尚应按计算确定基础底板高度和基础底板配筋。

（二）扩展基础的构造要求

1）锥形基础的边缘高度不宜小于 200mm，且两个方向的坡度不宜大于 1:3；阶梯形基础的每阶高度，宜为 300～500mm。

2）垫层的厚度不宜小于 70mm，垫层混凝土强度等级不宜低于 C10。

3）扩展基础受力钢筋最小配筋率不应小于 0.15%，底板受力钢筋的最小直径不宜小于 10mm，间距不宜大于 200mm，也不宜小于 100mm。墙下钢筋混凝土条形基础纵向分布钢筋的直径不宜小于 8mm；间距不宜大于 300mm；每延米分布钢筋的面积应不小于受力钢筋面积的 15% 。当有垫层时钢筋保护层的厚度不应小于 40mm；无垫层时不应小于 70mm。

4）混凝土强度等级不应低于 C20。

5）当柱下钢筋混凝土独立基础的边长和墙下钢筋混凝土条形基础的宽度大于或等于 2.5m 时，底板受力钢筋的长度可取边长或宽度的 0.9 倍，并宜交错布置（图 6-1-12）。

6）钢筋混凝土条形基础底板在 T 形及十字形交接处，底板横向受力钢筋仅沿一个主要受力方向通长布置，另一方向的横向受力钢筋可布置到主要受力方向底板宽度 1/4 处（图 6-1-13）。在拐角处底板横向受力钢筋应沿两个方向布置（图 6-1-13）。

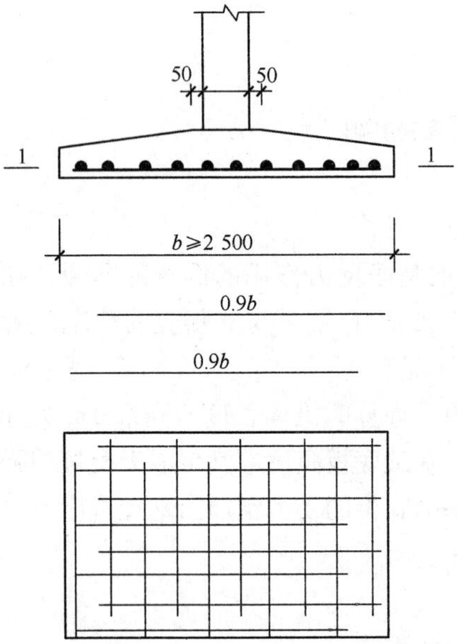

图 6-1-12　基础底板配筋构造

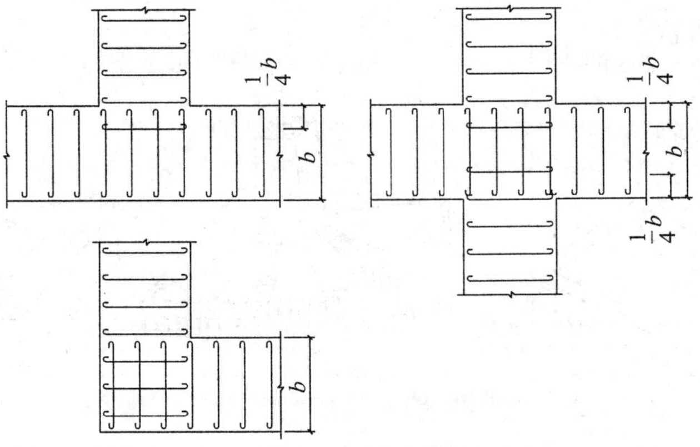

图 6-1-13　墙下条形基础纵横交叉处底板受力钢筋布置

三、柱下条形基础

当地基较软弱而荷载较大时，若采用柱下单独基础，基础底面积必然很大，易造成基础之间互相靠得很近，或地基土不均匀，各柱荷载相差较大需防止过大的不均匀沉降时，可将同一排柱基础连通，就成为柱下条形基础（图6-1-14）。柱下条形基础常在框架结构中采用，一般设在房屋的纵向。

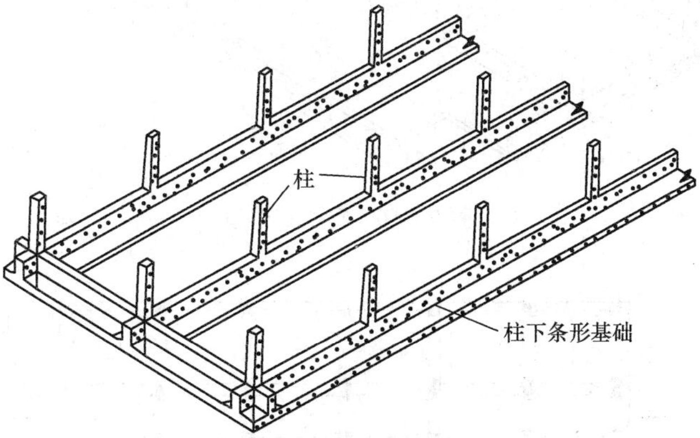

图6-1-14　柱下条形基础

若荷载较大且土质较弱时，为了增强基础的整体刚度，减小不均匀沉降，可在柱网下纵横方向均设置条形基础，形成柱下十字形基础（图6-1-15）。

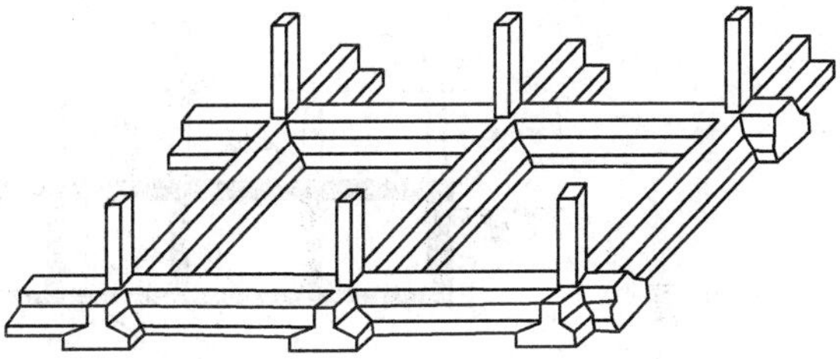

图6-1-15　柱下十字形基础

四、筏形基础

当地基软弱而荷载较大，采用十字形基础仍不能满足要求，或者十字交叉基础宽度较大而相互较近时，可将基础底板连成一片而成为筏形基础。筏形基础的整体性好，能调整基础各部分的不均匀沉降。

筏形基础分为平板式和梁板式两种。平板式筏基是在地基上作一整块钢筋混凝土底板，柱子直接直立在底板上（柱下筏板）或在底板上直接砌墙（墙下筏板）。梁板式筏形基础如倒置的肋形楼盖（图6-1-16），梁在底板的上方称为上梁式，在底板的下方称为下梁式。

五、箱形基础

箱形基础是由现浇钢筋混凝土底板、顶板、纵横外墙与内墙组成的箱形整体结构（图6-1-17）。根据建筑物高度对地基稳定性的要求和使用功能的需要，箱形基础的高度可为一层或多层，并可利用中空部分构成地下室，用作人防、停车场、地下商场、储藏室、设备层等。这种基础的刚度大、整体性好，适用于地基软弱、上部结构荷载大的高层建筑。

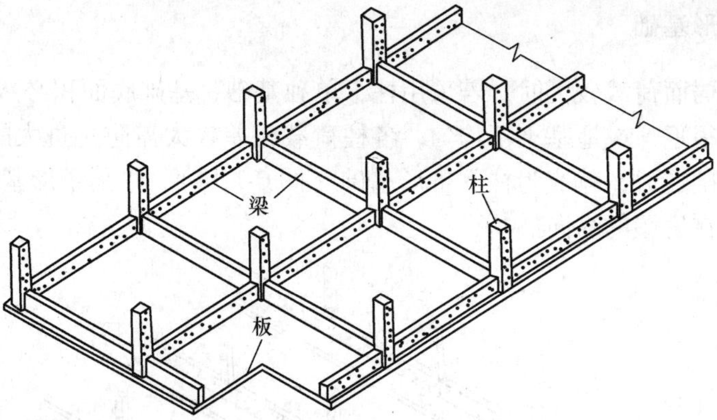

图 6-1-16　梁板式筏基

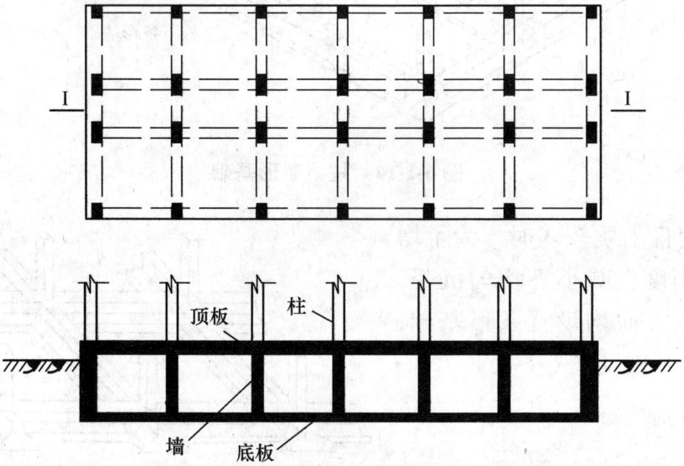

图 6-1-17　箱形基础

六、桩基础

桩基础是一种承载性能好，适应范围广的深基础。但桩基础的造价一般较高、工期较长、施工比一般浅基础复杂。就房屋建筑工程而言，桩基础适用于上部土层软弱而下部土层坚实的场地。桩基础由承台和桩身两部分组成（图 6-1-18）。通过承台把多根桩连接成整体，并通过承台把上部结构荷载传递到各根桩，再传至深层较坚实的土层中。

（1）桩基础按承载性状分类

1）摩擦型桩：

①摩擦桩。桩顶荷载主要由桩侧阻力承受，桩端阻力很小可以忽略不计的桩。适用于软弱土层较厚，桩端无较硬的土层作为持力层的地基。

②端承摩擦桩。桩顶荷载由桩侧阻力和桩端阻力共同承受，但大部分荷载由桩侧阻力承受的桩。

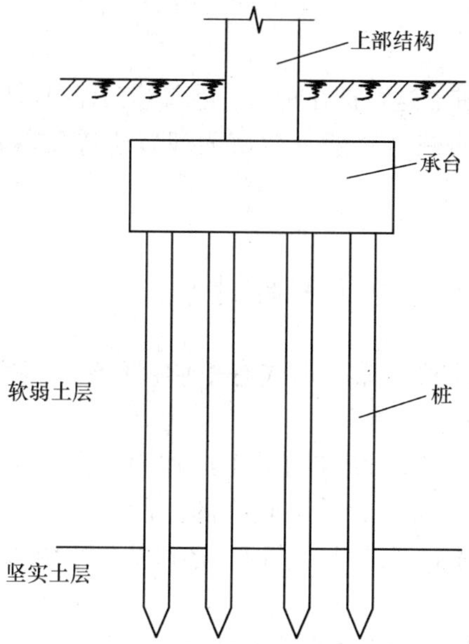

图 6-1-18　桩基础示意图

2）端承型桩：

①端承桩。桩顶荷载主要由桩端阻力承受，桩侧阻力很小可以忽略不计的桩。适用于软弱土层下有坚硬土层或岩石的地基。

②摩擦端承桩。桩顶荷载由桩侧阻力和桩端阻力共同承受，但大部分荷载由桩端阻力承受的桩。

（2）按桩身材料分类

1）混凝土桩：按桩的制作方法又可分为预制混凝土桩和灌注混凝土桩两类，是目前工程上普遍采用的桩。

2）钢桩：常见的是型钢和钢管两类，其抗弯强度高、施工方便，但造价高、易腐蚀，目前我国采用较少。

3）组合材料桩：是指用两种不同材料组合而成的桩。如钢管内填充混凝土或上部为钢桩，下部为混凝土等形式。

（3）按桩的制作方法分类

1）预制桩：是指将预先制作成型，通过各种机械设备把它沉入地基甚至设计标高的桩。常见的沉桩方法有捶击法、振动法、静压法等。

2）灌注桩：是指在建筑工地现场成孔，并在现场向孔内灌注混凝土的桩。常见的成孔方法有沉管灌注桩、钻孔灌注桩、冲孔灌注桩、扩底灌注桩等。

（4）按成桩方法分类

成桩方法是指将桩置入土中的方法，按成桩过程的挤土效应可分为挤土桩、部分挤土桩、非挤土桩。

1）挤土桩：是指成桩过程中，桩孔中的土未取出，全部挤压到桩的四周，使桩周土的工程性质发生变化的桩。如打入或压入的预制混凝土桩、沉管灌注桩、爆扩灌注桩等。

2）部分挤土桩：是指成桩过程中，对桩周围土的挤压作用轻微，桩周围土的工程性质变化不大的桩。如预钻孔打入式预制桩、开口钢管桩、型钢桩等。

3）非挤土桩：是指成桩工程中，将桩孔的土取出，对桩周围土无挤压作用的桩。如钻孔灌注桩、人工挖孔灌注桩等。

（5）按桩的使用功能分类

1）竖向抗压桩：是指主要承受上部结构传来垂直荷载的桩；

2）水平受荷桩：是指主要承受水平荷载的桩；

3）竖向抗拔桩：是指主要承受上拔荷载的桩；

4）复合受荷桩：是指承受竖向、水平荷载均较大的桩。

（6）按桩径大小分类

1）小直径桩：是指桩径 $d \leq 250$mm 的桩；

2）中等直径桩：是指桩径 $250\text{mm} < d < 800$mm 的桩；

3）大直径桩：是指桩径 $d \geqslant 800mm$ 的桩。

（7）按承台底面的相对位置分类：

1）高承台桩：是指承台底面位于地面之上的桩。这种桩在桥梁、港口等工程中常用。

2）低承台桩：是指承台底面位于地面以下的桩（一般承台底面埋置于冻结深度以下）。房屋建筑工程的桩基础都属于这一类。

第二节 钢筋混凝土梁板的配筋构造

梁和板是工程结构中最常见的受弯构件。常用梁的截面形式有矩形、T形、工字形、花篮形等，常用板的截面形式有矩形板、空心板和槽形板等。

受弯构件在外荷载作用下，截面上将同时承受弯矩 M 和剪力 V 的作用。在弯矩较大的区段可能发生沿横截面的（称为正截面）受弯破坏，在剪力较大的区段可能发生沿斜截面的受剪破坏，当受力钢筋过早切断、弯起或锚固不满足要求时，还可能发生沿斜截面的受弯破坏。

钢筋混凝土受弯构件，通过正截面承载力计算，确定受弯构件的材料、截面尺寸与纵向受力钢筋的用量，以保证不发生正截面受弯破坏。通过斜截面承载力计算，进一步复核所选用的材料与截面尺寸，并确定箍筋的用量，以保证不发生斜截面受剪破坏。通过一定的构造措施保证斜截面不发生受弯破坏。

一、梁和板的一般构造规定

（一）梁的配筋构造

梁中通常配置有纵向受力钢筋、箍筋、弯起钢筋（从 20 世纪 90 年代起已经很少设置）及架立钢筋。当梁的截面高度较大时，还应在梁侧设置纵向构造钢筋。梁内钢筋的形式和构造如图 6-2-1 所示。

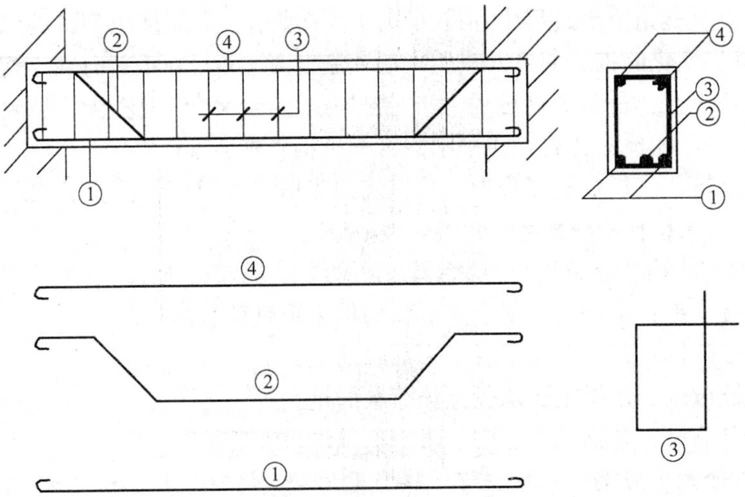

图 6-2-1

纵向受拉钢筋布置于梁的受拉区，承受由弯矩产生的拉应力，其直径和根数应通过正截面承载力计算来确定。梁、柱中纵向受力普通钢筋应采用 HRB 400、HRB 500、HRBF 400、HRBF 500 钢筋，常用直径为 12 ~ 32mm，当梁高 $h \geqslant 300$mm 时，不应小于 10mm；当 $h < 300$mm 时，不应小于 8mm。为保证钢筋与混凝土之间的黏结和便于浇筑混凝土，梁上部纵向钢筋水平方向的净间距不应小于 30mm 和 $1.5d$（d 为钢筋的最大直径）；下部纵向钢筋水平方向的净间距不应小于 25mm 和 d。纵向钢筋应尽量布置在一层，当一层排不下时可布置成两层，各层钢筋之间的净间距不应小于 25mm 和 d。当梁的下部钢筋配置多于二层时，二层以上钢筋水平方向中距应比下面层的中距增大一倍。伸入梁支座范围内的纵向钢筋根数，当梁宽 $b \geqslant 100$mm 时，不宜少于 2 根；当梁宽 $b < 100$mm 时，可为 1 根。

箍筋宜采用 HRB 400、HRBF 400、HPB 300、HRB 500、HRBF 500 钢筋，也可采用 HRB 335、HRBF 335 作为承受剪力的钢筋，箍筋同时还可固定受力钢筋的位置，并和纵向钢筋、架立钢筋一起形成钢筋骨架。箍筋数量应根据斜截面受剪承载力计算确定。箍筋的最小直径与梁高 h 有关，当 $h \leqslant 800$mm 时，不宜小于 6mm；当 $h > 800$mm 时，不宜小于 8mm。梁支座处的箍筋一般从梁边（或墙边）50mm 处开始设置。支承在砌体结构上的钢筋混凝土独立梁，在纵向受力钢筋的锚固长度 l_{as} 范围内应设置不少于两道的箍筋，当梁与混凝土梁或柱整体连接时，支座内可不设置箍筋。

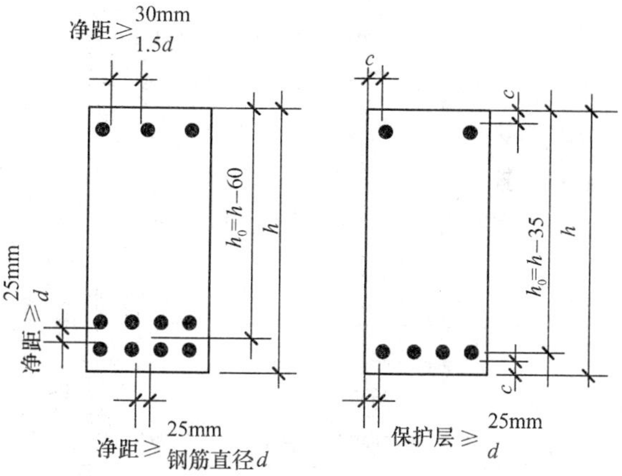

图 6-2-2

弯起钢筋是由纵向受力钢筋弯起而成。其作用除在跨中承受由弯矩产生的拉力外，在靠近支座的弯起段用来承受弯矩和剪力共同产生的主拉应力，即作为受剪钢筋的一部分。弯起钢筋的数量、位置由计算确定，钢筋弯起的顺序一般是先内层后外层、先内侧后外侧，弯起角度一般为 45°，当梁高 $h > 800$mm 时可采用 60°。梁底层的角部纵钢筋不应弯起，顶层的角部纵钢筋不应弯下。

架立钢筋主要用于固定箍筋的正确位置，与梁底纵向受力钢筋形成钢筋骨架，并承受由于混凝土收缩及温度变化而产生的拉力。架立钢筋一般需配置 2 根，设置在梁的受压区外缘两侧，如受压区配有纵向受压钢筋时，可兼作架立钢筋。架立钢筋的直径与梁的跨度 l_0 有关，当 $l_0 < 4$m 时，不宜小于 8mm；当 $l_0 = 4 \sim 6$m 时，不宜小于 10mm；当 $l_0 > 6$m 时，不宜小于 12mm。

当梁截面腹板高度 $h_w \geqslant 450$mm 时，应在梁的两侧沿高度配置纵向构造钢筋（即腰筋），用于防止在梁的侧面产生垂直于梁轴线的收缩裂缝，同时也可增强钢筋骨架的刚度。每侧纵向构造钢筋（不包括梁上下部受力钢筋及架立钢筋）的截面面积不应小于腹板截面积 bh_w 的 0.1%，且其间距不宜大于 200mm，但当梁宽较大时可以适当放松。梁两侧的纵向构造钢筋宜用拉筋联系，拉筋直径与箍筋直径相同，间距一般为箍筋的两倍如图

6-2-3 所示。(截面腹板高度 h_w:对矩形截面，取有效高度；对 T 形截面，取有效高度减去翼缘高度；对工字形截面，取腹板净高)。

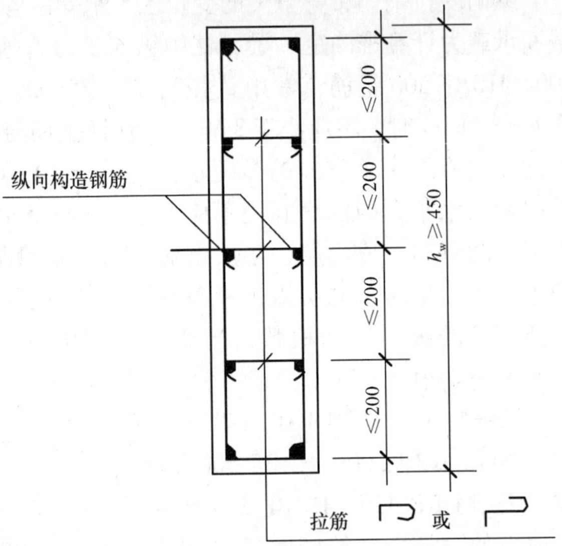

图 6-2-3

(二) 板的配筋构造

板中通常配有受力钢筋和分布钢筋，如图 6-2-4 所示。

受力钢筋沿板跨度方向在受拉区设置，承担由弯矩产生的拉力。板中的受力钢筋常采用 HRB 400、HRBF 400、HRB 335、HRBF 335 和 HPB 300 级钢筋，常用的直径为 6mm、8mm、10mm、12mm。当板厚 $h \leqslant 150$mm 时，其间距不宜大于 200mm；当板厚 $h > 150$mm 时，不宜大于 1.5h，且不宜大于 250mm。

分布钢筋布置在受力钢筋的内侧，与受力钢筋垂直，其作用是将荷载均匀地传递给受力钢筋，在施工中固定受力钢筋的位置，同时也可抵抗因混凝土收缩及温度变化而在垂直于受力钢筋方向产生的应力。分布钢筋可按构造配置，单位长度上分布钢筋的截面面积不宜小于单位宽度上受力钢筋截面面积的 15%，且不宜小于该方向板截面面积的 0.15%。其直径不宜小于 6mm，间距不宜大于 250mm。

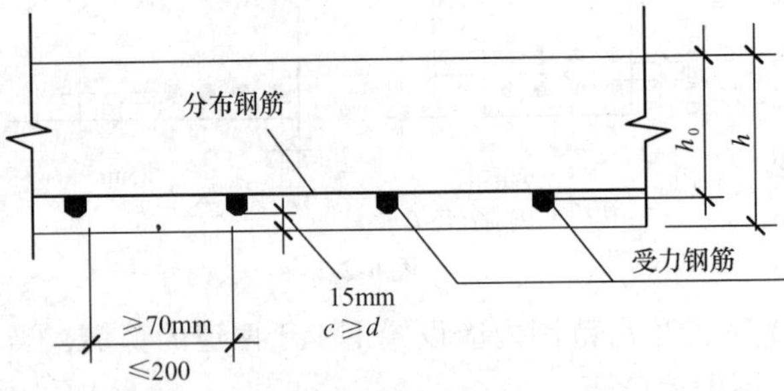

图 6-2-4

(三) 混凝土保护层

(1) 混凝土保护层最小厚度

为防止钢筋锈蚀和保证钢筋与混凝土间的黏结，纵向受力钢筋的表面必须有足够的混凝土保护层。钢筋外边缘至构件混凝土表面的距离，称作混凝土保护层厚度，如图 6-2-2、图 6-2-4 所示。混凝土保护层厚度不应小于钢筋的公称直径 d；设计使用年限为 50 年的混凝土结构，最外层钢筋的保护层厚度，应符合表 6-2-1 的规定；设计使用年限为 100 年时，保护层厚度不小于表 6-2-1 数值的 1.4 倍。

表 6-2-1　混凝土保护层最小厚度 c/mm

环境等级	板墙壳	梁　柱
一	15	20
二 a	20	25
二 b	25	35

续表

环境等级	板墙壳	梁 柱
三 a	30	40
三 b	40	50

注：1. 混凝土强度等级不大于 C25 时，表中保护层厚度数值应增加 5mm；

2. 钢筋混凝土基础宜设置混凝土垫层，其受力钢筋的混凝土保护层厚度应从垫层顶面算起，且不应小于 40mm。

（2）当有充分依据并采取下列有效措施时，可适当减小混凝土保护层的厚度。

1）构件表面有可靠的防护层；

2）采用工厂化生产的预制构件，并能保证预制构件混凝土的质量；

3）在混凝土中掺加阻锈剂或采用阴极保护处理等防锈措施；

4）当对地下室墙体采取可靠的建筑防水做法或防腐措施时，与土壤接触一侧钢筋的保护层厚度可适当减少，但不应小于 25mm。

（3）当梁的混凝土保护层厚度不小于 50mm 时，可配置表层钢筋网片，表层钢筋网片的配置应符合下列规定：

1）表层钢筋宜采用焊接网片；应配置在梁底和梁侧的混凝土保护层中。其直径不宜大于 8mm、间距不应大于 150mm；梁侧的网片钢筋还应延伸到梁下部受拉区之外，并按受拉钢筋要求进行锚固；

2）两个方向上表层网片钢筋的截面积均不应小于相应混凝土保护层（图 6-2-5 阴影部分）面积的 1%。

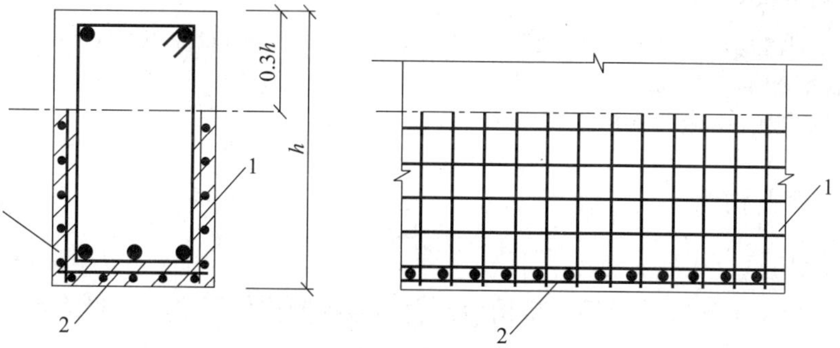

1—梁侧表层钢筋网片　　2—梁底表层钢筋网片　　3—配置网片钢筋区域

图 6-2-5　表层钢筋配置筋构造要求

（四）混凝土结构的环境类别

混凝土结构暴露的环境类别划分应符合表 6-2-2 的要求。

表 6-2-2　混凝土结构的环境类别

环境类别	条　件
一	室内干燥环境； 无侵蚀性静水浸没环境

续表

环境类别	条　件
二 a	室内潮湿环境； 非严寒和非寒冷地区的露天环境； 非严寒和非寒冷地区与无侵蚀性的水或土壤直接接触的环境； 严寒和寒冷地区的冰冻线以下与无侵蚀性的水或土壤直接接触的环境
二 b	干湿交替环境； 水位频繁变动环境； 严寒和寒冷地区的露天环境； 严寒和寒冷地区冰冻线以上与无侵蚀性的水或土壤直接接触的环境
三 a	严寒和寒冷地区冬季水位变动区环境； 受除冰盐影响环境； 海风环境
三 b	盐渍土环境； 受除冰盐作用环境； 海岸环境
四	海洋环境
五	受人为或自然的侵蚀性物质影响的环境

注：1. 室内潮湿环境是指构件表面经常处于结露或湿润状态的环境；

2. 严寒和寒冷地区的划分应符合国家现行标准《民用建筑热工设计规范》GB 50176 的有关规定；

3. 海岸环境和海风环境宜根据当地情况，考虑主导风向及结构所处迎风、背风部位等因素的影响，由调查研究和工程经验确定；

4. 受除冰盐影响环境为受到除冰盐盐雾影响的环境；受除冰盐作用环境指被除冰盐溶液溅射的环境以及使用除冰盐地区的洗车房、停车楼等建筑；

5. 暴露的环境是指混凝土结构表面所处的环境。

二、常用预制构件

（一）预制板

预制板一般为本地区的通用定型构件，由当地预制构件厂供应。目前有预应力和非预应力两种。

（1）实心板（平板）

实心板是最简单的一种楼面铺板，如图 6-2-6（a）所示，其主要特点是制作简单、上下板面平整，施工方便，但材料用量较多、自重大、抗弯刚度小，因此，实心板的跨度一般较小，适用于跨度不大的走道板、地沟盖板等。

常用跨度 $l=1.2\sim2.4$m，常用板厚 $h=60\sim80$mm，板宽一般为 400 ~ 900mm。

（2）空心板

空心板又称多孔板，如图 6-2-6（b）所示，又可分为普通钢筋混凝土空心板和预应力空心板。

空心板具有上下板面平整，用料省，自重轻，并且刚度大，受力性能好，隔声、隔热效果好等优点，因此是目前民用建筑中应用最广泛的一种板，但空心板制作比较复杂，且不能开洞。

通常空心板的孔洞为圆孔，板的厚度通常为120mm、180mm、240mm 3 种。板长多按房间的开间或进深的大小而定，一般有 $l=3.0\text{m}$，3.6m，…，6m，多按 0.3m 进级，板的宽度通常有 600mm、900mm 和 1 200mm 3 种。

（3）槽形板

槽形板有正槽板（肋向下）和反槽板（肋向上）两种，如图 6-2-6（c）所示。槽形板由面板、纵肋和横肋组成，肋向下的称为正槽板，肋向上的称为反槽板。

正槽板受力合理，用料省、自重轻、便于开洞，但不能形成平整的顶棚，隔声、隔热效果较差。正槽板一般用于对顶棚要求不高的建筑楼面，在工业厂房中应用较为广泛。

反槽板的受力性能较差，但可提供平整的顶棚，可与正槽板组成双层楼盖，在两层槽板中间填充保温材料，具有良好的保温性能，可用在寒冷地区的屋盖中。

槽形板的常用跨度为 $l=2.4\sim7.5\text{m}$，板宽通常有 600mm、900mm、1 200mm 3 种，面板厚度 $\delta=25\sim30\text{mm}$，肋高一般为 $h=120\text{mm}$、180mm、240mm 3 种。

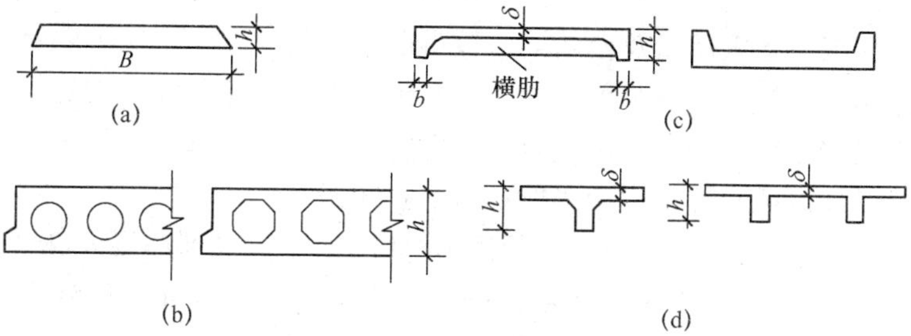

图 6-2-6

（4）T 形板

T 形板有单 T 板和双 T 板两种，如图 6-2-6（d）所示。有预应力板和非预应力板两种。单 T 板具有受力性能好、制作简便、布置灵活、开洞自由、能跨越较大空间等特点，是通用性很强的构件。双 T 板的宽度和跨度在预制时可根据需要加以调整，并且整体刚度比单 T 板好，承载力大，但自重较大，对吊装有较高要求。T 形板既可用于楼板、屋面板，也可用作外墙板。

单 T 板和双 T 板常用跨度 $l=6\sim12\text{m}$，肋高 $h=300\sim500\text{mm}$，板宽 $B=1\ 500\sim2\ 100\text{mm}$，板面厚度 $\delta=40\sim50\text{mm}$。

以上四种预制板均有标准图供选用，不需自己设计。施工单位可直接在预制构件加工厂买到定型产品。

（二）楼盖梁

楼盖梁的截面尺寸和配筋受梁跨度、负荷面积、楼盖荷载等较多因素影响，不便设计定型图，设计人员需自行设计。

预制梁一般为单跨梁，主要是简支梁、挑梁和外伸梁。其截面形式常为矩形、十字形和花篮形，如图 6-2-5 所示。矩形截面梁的外形简单，施工方便，应用较广泛。当梁截面高度较大时，在层高不变的条件下采用十字形或花篮形截面可增大房屋净高，较经济。十字形或花篮形截面，可全部预制，也可做成叠合梁（有利于加强楼盖的整体性）。在房屋的门窗过梁和工业房屋的连系梁中也用到L形截面。

图6-2-5为一花篮形截面简支梁的配筋图。

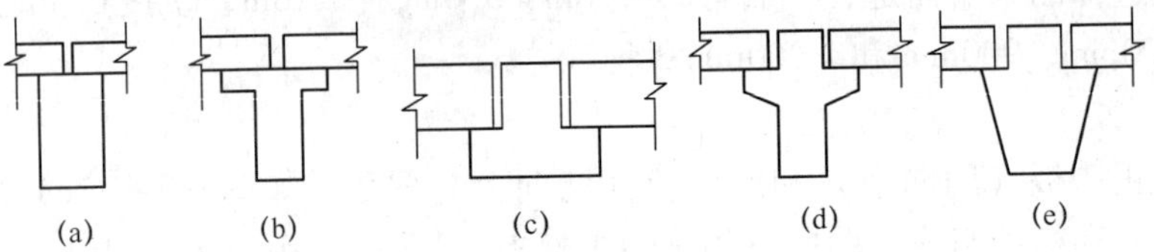

图6-2-7

（三）悬挑构件

建筑工程中，常见的钢筋混凝土雨篷、挑檐等是具有代表性的悬挑构件。可现浇可预制。

（1）雨篷

雨篷由雨篷板和雨篷梁两部分组成。

雨篷梁一方面支撑雨篷板，另一方面又兼作门过梁，除承受自重及雨篷板传来的荷载外，还承受着上部墙体的重量以及楼面梁、板可能传来的荷载。雨篷可能发生的破坏有雨篷板根部受弯断裂，雨篷梁受弯、剪、扭破坏和整体雨篷倾覆破坏三种。

为防止雨篷可能发生的破坏，雨篷应进行雨篷板的受弯承载力计算、雨篷梁弯剪扭承载力计算、雨篷整体倾覆验算，以及采取相应的构造措施。

1）雨篷板的构造要求：雨篷板通常都做成变厚度板，根部厚度 h 按不小于1/12估算，且当现浇雨篷板的悬臂长度 $l \leqslant 500$mm时，h 不应小于60mm；现浇雨篷板的悬臂长度 $l > 500$mm时，h 不应小于80mm。而端部厚度不小于50mm。

雨篷板的受力钢筋应布置在板的上部，伸入雨篷梁的长度应满足受拉钢筋锚固长度 l_a 的要求。分布钢筋应布置在受力钢筋的内侧，如图6-2-8所示。

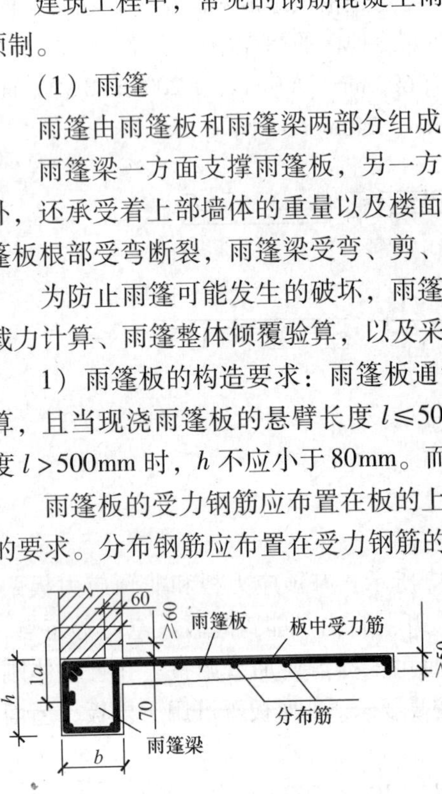

图6-2-8

2）雨篷梁：雨篷梁的宽度一般与墙厚相同，梁高应符合砖的模数。为防止雨水沿墙缝渗入墙内，通常在梁顶设置高过板顶60mm的凸块。雨篷梁嵌入墙内的支承长度不应小于370mm。

雨篷梁的配筋按弯剪扭构件计算配置纵筋和箍筋，雨篷梁的箍筋必须满足抗扭箍筋要求。

雨篷的配筋构造如图6-2-8所示。图6-2-9为悬臂板式雨篷配筋图实例。

为满足雨篷的抗倾覆要求，通常采用加大雨篷梁嵌入墙内的支承长度或是雨篷梁与周围的结构拉结等处理办法。

（2）钢筋混凝土挑檐

挑檐板的受力与雨篷板相似。需要注意的是挑檐板挑出部分转角处的配筋，转角处须配置上下层加固钢筋，如图6-2-10（a）所示，或设置放射状附加构造负筋，如图6-2-10（b）所示。放射状构造负筋的直径与挑檐板钢筋直径相同，间距（按1/2处计算）不大于200mm，锚固长度 $l_a \geqslant 1$（l 为挑檐板挑出长度）。配筋根数当 $l \leqslant 300$mm时为5根，当 $300\text{mm} < l < 500$mm时7根，当 $500\text{mm} \leqslant l < 800$mm时9根。

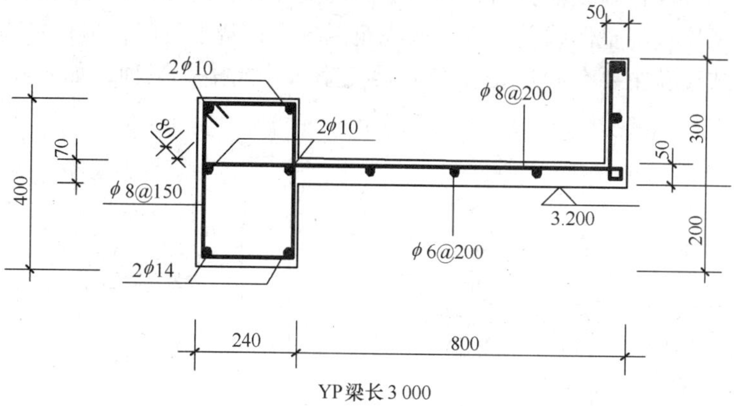

图 6-2-9

悬臂雨篷（或挑檐）板有时带构造翻边，注意不能误认为是边梁，这时应考虑积水荷载对翻边的作用。当为竖直翻边时，积水将对其产生向外的推力，翻边的钢筋应置于靠近积水的内侧，且在内折角处钢筋有良好的锚固，如图 6-2-11（a）所示。但当为斜翻边时，由于斜翻边自身重量产生的力矩使其有向内倾倒的趋势，故翻边钢筋应置于外侧，且应弯入平板一定的长度，如图 6-2-11（b）所示。

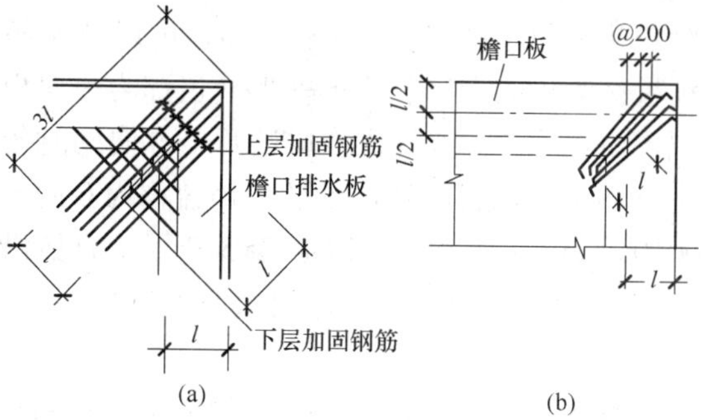

图 6-2-10

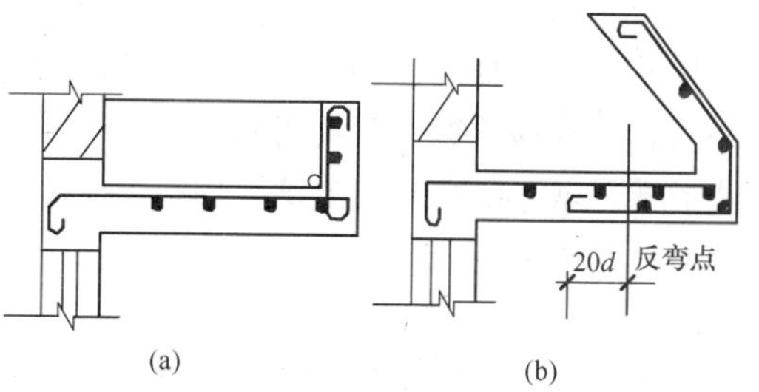

图 6-2-11

第三节　钢筋混凝土梁板结构

一、概述

钢筋混凝土梁板结构在工业与民用建筑中有着广泛的应用，如钢筋混凝土楼（屋）盖、楼梯、雨篷等。

钢筋混凝土楼盖根据施工方法的不同，可分为现浇整体式、装配式和装配整体式三类。现浇整体式楼盖的全部构件均为现场浇筑，其整体性好、刚度大、抗震性较好，但模板用量多、工期长。装配式楼盖一般采用预制板、现浇梁的结构形式，也可以是预制梁和预制板结合而成。装配式楼盖节省模板，且工期较短，但整体性、抗震性较差。装配整体式楼盖是在预制梁、板吊装就位后，再在板面现浇叠合层而形成整体，这种楼盖的整体性较装配式好，又比现浇整体式差，需二次浇筑混凝土，费工费料，造价较高。

现浇整体式楼盖主要有肋形楼盖、无梁楼盖和井式楼盖三种，如图6-3-1、图6-3-2、图6-3-3所示。

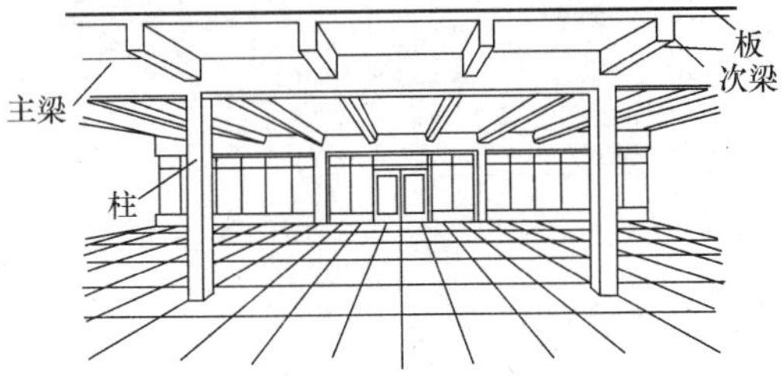

图6-3-1　肋形楼盖

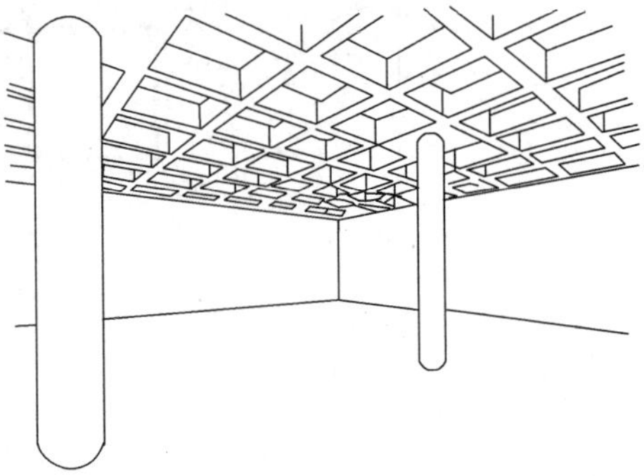

图6-3-2　井式楼盖

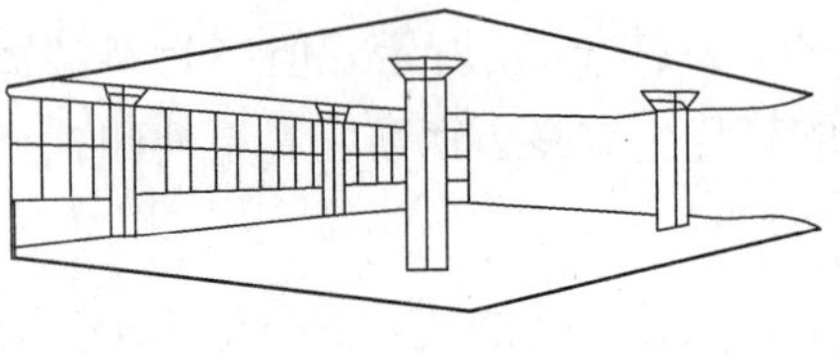

图6-3-3　无梁楼盖

肋形楼盖由板、次梁、主梁组成，三者整体相连，如图6-3-1所示。板的四周支承在次梁、主梁上。当板区格的长边 l_2 与短边 l_1 之比超过一定数值时，板上的荷载主要沿短边 l_1 的方向传递到支承梁上，而沿长边 l_2 方向传递的荷载很小，可以忽略不计，这种板称为单向板，相应的肋形楼盖称为单向板肋形楼盖。当板区格的长边 l_2 与短边 l_1 之比较小时，板上的荷载将通过两个方向同时传递到相应的支承梁上，此时板沿两个方向受力，称为双向板，相应的肋形楼盖称为双向板肋形楼盖。《混凝土结构设计规范》（GB 50010—2010）规定：当 $l_2/l_1 \geq 3.0$ 时，宜按沿短边方向受力的单向板计算；当 $l_2/l_1 \leq 2.0$ 时，应按两个方向同时受力的双向板计算；当 $2.0 < l_2/l_1 < 3.0$ 时，宜按双向板计算。

本章主要介绍单向板肋形楼盖，双向板肋形楼盖和现浇钢筋混凝土楼梯的配筋与构造要求。

二、单向板肋形楼盖

（一）板的配筋构造

由于作用在单向板上的荷载主要沿板的短边方向传递，故沿短跨方向布置的钢筋为受力钢筋，沿长跨方向布置的钢筋（即分布钢筋）按构造要求配置。

（1）受力钢筋

板内的受力钢筋由计算确定，常用直径为6mm、8mm、10mm、12mm等。配筋时应考虑构造简单、施工方便。对于多跨连续板各跨截面配筋可能不同，配筋时往往采用钢筋的间距相同，而直径不同的方法处理，但钢筋直径不宜多于两种。

板中受力钢筋的间距，当板厚不大于150mm时不宜大于200mm；当板厚大于150mm时不宜大于板厚的1.5倍，且不宜大于250mm。

采用分离式配筋的多跨板，板底钢筋宜全部伸入支座；支座负弯矩钢筋向跨内延伸的长度应根据负弯矩图确定，并满足钢筋锚固的要求。

简支板或连续板下部纵向受力钢筋伸入支座的锚固长度不应小于钢筋直径的5倍，且宜伸至支座中心线。当连续板内温度、收缩应力较大时，伸入支座的长度宜适当增加。

单向板内受力钢筋配置方式，如图6-3-4所示。

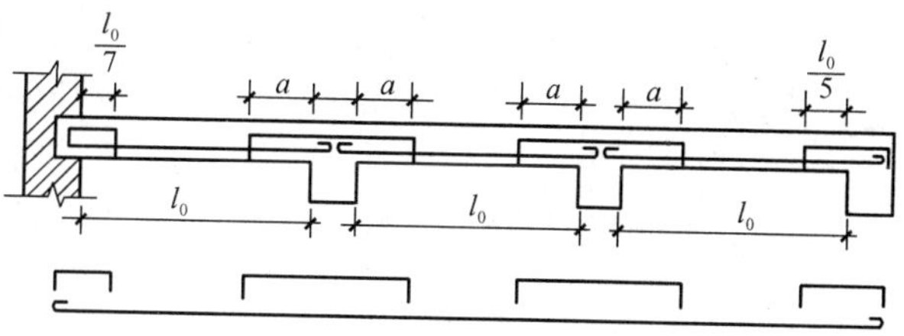

图6-3-4　连续板的配筋方式

板中支座处的负弯矩钢筋，为便于施工架立，不易被踩下，一般直径不小于8mm，且端部应做成90°弯钩，以便施工时支撑在模板上。负弯矩钢筋可在距支座边缘不小于 a 的距离处截断，其中，a 取值如下：

当 $\frac{q}{g}\leqslant 3$ 时，$a=\frac{1}{4}l_0$；当 $\frac{q}{g}>3$ 时，$a=\frac{1}{3}l_0$。其中 g、q 分别为均布恒荷载和活荷载，l_0 为板的计算跨度。

（2）构造钢筋

1）分布钢筋：当按单向板设计时，应在垂直于受力的方向布置分布钢筋，其配筋率不宜小于受力钢筋的15%，且不宜小于0.15%；分布钢筋直径不宜小于6mm，间距不宜大于250mm；当集中荷载较大时，分布钢筋的配筋面积尚应增加，且间距不宜大于200mm。

当有实践经验或可靠措施时，预制单向板的分布钢筋可不受本条的限制。

2）板面构造钢筋：

按简支边或非受力边设计的现浇混凝土板，当与混凝土梁、墙整体浇筑或嵌固在砌体墙内时，应设置垂直于板边的板面构造钢筋，并符合下列要求：

①钢筋直径不宜小于8mm，间距不宜大于200mm，且单位宽度内的配筋面积不宜小于跨中相应方向板底钢筋截面面积的1/3。与混凝土梁、混凝土墙整体浇筑单向板的非受力方向，钢筋截面面积尚不宜小于受力方向跨中板底钢筋截面面积的1/3。

②该构造钢筋从混凝土梁边、混凝土墙边伸入板内的长度不宜小于 $l_0/4$，砌体墙支座处钢筋伸入板边的长度不宜小于 $l_0/7$，其中计算跨度 l_0 对单向板按受力方向考虑、对双向板按短边方向考虑（图6-3-5和图6-3-6）。

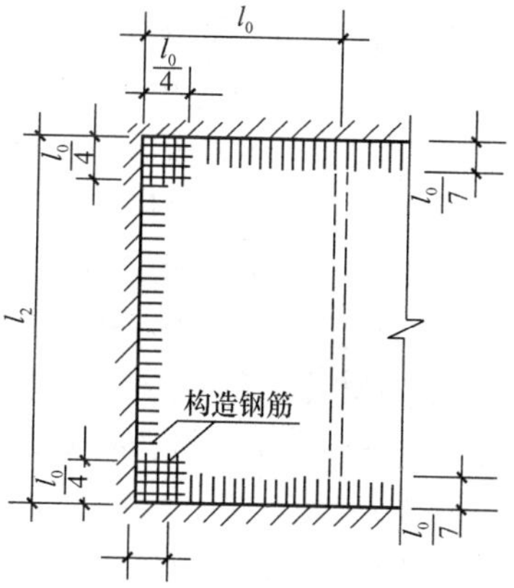

图6-3-5　嵌入承重墙内的板面构造钢筋

③在柱角或墙阳角处的楼板凹角部位，钢筋伸入板内的长度应从柱边或墙边算起。

④板角部分的钢筋应沿两个垂直方向布置，或按放射状、斜向平行布置，并按受拉钢筋在梁内、墙内或柱内锚固。

3）防裂的构造钢筋

在温度、收缩应力较大的现浇板区域，应在板的表面双向配置防裂构造钢筋。配筋率

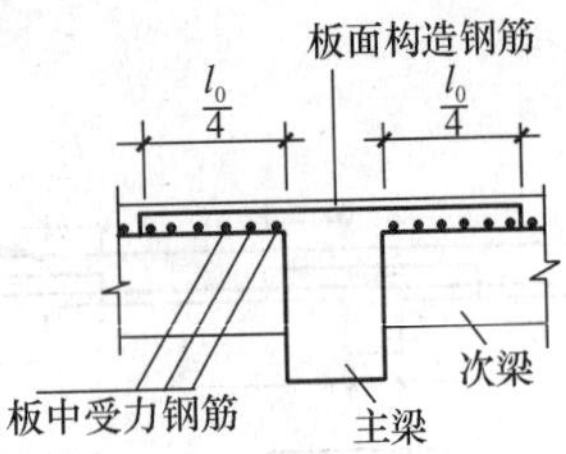

图 6-3-6　现浇板中与梁垂直的构造钢筋

均不宜小于0.10%，间距不宜大于200mm。防裂构造钢筋可利用原有钢筋贯通布置，也可另行设置钢筋并与原有钢筋按受拉钢筋的要求搭接或在周边构件中锚固。

楼板平面的瓶颈部位宜适当增加板厚和配筋。沿板的洞边、凹角部位宜加配防裂构造钢筋，并采取可靠的锚固措施。

（二）次梁的配筋构造

次梁的配筋与单跨梁的配筋基本相同，次梁伸入墙内的支承长度一般不应小于240mm。

连续次梁的纵向受力钢筋布置如图 6-3-7 所示。纵向受力钢筋截断位置，原则上应按正截面受弯承载力确定，但对于相邻跨度相差不大于 20%，沿梁长纵向受力钢筋截断，可按图 6-3-7 确定。

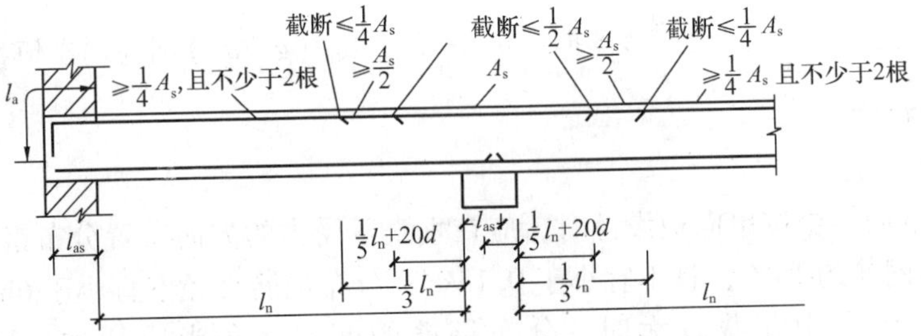

图 6-3-7　等跨连续次梁的纵筋布置方式

次梁支座处上部纵向受力钢筋（总面积A_s），必须贯穿其中间支座，第一批截断的钢筋面积不得超过$A_s/2$，延伸长度从支座边缘起不小于$l_n/5+20d$（d为截断钢筋的直径）；第二批截断的钢筋面积不得超过$A_s/4$，延伸长度从支座边缘起不小于$l_n/3$；余下的纵筋面积不小于$A_s/4$，且不少于2 根，可用来承担部分负弯矩并兼作架立钢筋，其伸入边支座的长度不得小于受拉钢筋的锚固长度l_a。

中间支座负弯矩钢筋的弯起，靠近支座第一排的上弯点距支座边缘距离为50mm；第二排、第三排上弯点距支座边缘距离分别为次梁高度h和$2h$（h为次梁高度）。

位于次梁下部的纵向受力钢筋除弯起部分以外，应全部伸入支座，不得在跨间截断。下部纵筋伸入边支座和中间支座的锚固长度l_{as}应满足下列要求：当$V\leqslant 0.7f_tbh_0$时，$l_{as}\geqslant 5d$；当$V>0.7f_tbh_0$时，带肋钢筋$l_{as}\geqslant 12d$，光面钢筋$l_{as}\geqslant 15d$。

连续次梁因截面上下均配置受力钢筋，所以一般均沿梁全长配置封闭式箍筋，第一根箍筋可设在距支座边缘 50mm 处，同时在次梁端部简支支座范围内，一般宜布置两道箍筋。

（三）主梁的配筋构造

主梁的配筋与一般梁的配筋基本相同，主梁的特殊构造补充如下：

（1）主梁伸入墙内的支承长度一般不应小于370mm。

（2）主梁受力钢筋的弯起和截断，应根据正截面受弯承载力，通过作构件的抵抗弯矩图来确定。

（3）在次梁与主梁相交处，应设置附加横向钢筋，以承担由次梁传至主梁的集中荷载，防止主梁下部发生局部开裂破坏。附加横向钢筋有箍筋和吊筋两种形式，宜优先采用附加箍筋，如图 6-3-8 所示。附加横向钢筋应布置在 $s=2h_1+3b$ 的长度范围内，第一道附加箍筋位于离次梁边 50mm 处。

所需附加横向钢筋应通过计算确定。当按构造要求配置附加箍筋时，次梁每侧钢筋不宜小于 6mm，如设置附加吊筋时，附加吊筋不宜小于 12mm。

（4）在主梁支座处，主梁与次梁截面的上部纵向钢筋相互交叉重叠，主梁的纵筋必须放在次梁的纵向钢筋下面。

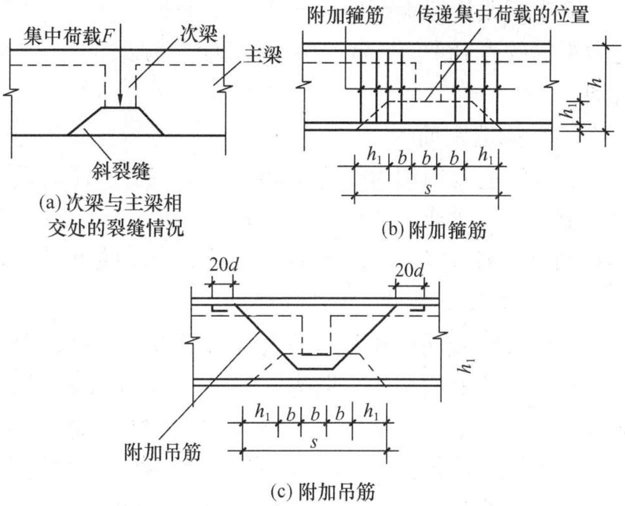

图 6-3-8　附加横向钢筋的布置

（5）梁的受剪钢筋宜优先采用箍筋，但当主梁剪力很大，仅用箍筋间距太小时也可在近支座处设置部分弯起钢筋，弯起钢筋不宜放在梁截面宽度的两侧，且不宜使用粗直径的钢筋作为弯起钢筋。

弯起钢筋除利用纵向钢筋弯起外，还可单独设置仅用作受剪的弯起钢筋，但必须在支座两侧均设置弯起钢筋，称为“鸭筋”，如图 6-3-9（a）所示，但不允许采用仅在受拉区有水平段长度不大的“浮筋”如图 6-3-9（b）所示，以防止由于浮筋发生较大的滑移使斜裂缝开展过大。

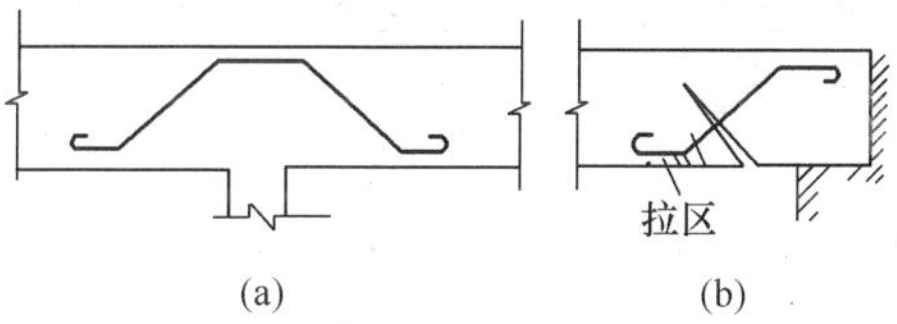

图 6-3-9　鸭筋与浮筋

三、双向板肋形楼盖

由于作用在双向板肋形楼盖的荷载将通过两个方向同时传递到相应的支承梁上，因此双向板的受力钢筋应沿板的纵、横两个方向设置，并且还应满足相应的构造要求。

（一）双向板的构造要求

（1）板厚

现浇钢筋混凝土板的最小厚度不应小于表 6-3-1 规定的数值。

表 6-3-1　现浇钢筋混凝土板的最小厚度

板的类别		最小厚度/mm
单向板	屋面板	60
	民用建筑楼板	60
	工业建筑楼板	70
	行车道下的楼板	80
双向板		80
密肋楼盖	面板	50
	肋高	250
悬臂板（根部）	悬臂长度不大于 500mm	60
	悬臂长度 1 200mm	100
无梁楼板		150
现浇空心楼盖		200

（2）受力钢筋

当多跨单向板、多跨双向板采用分离式配筋时，跨中正弯矩钢筋宜全部伸入支座。支座负弯矩向跨内的延伸长度应覆盖负弯矩图并满足钢筋锚固的要求。

板中受力钢筋的间距，当板厚 $h\leq150$mm 时，不宜大于 200mm；当板厚 $h>150$mm 时，不宜大于 $1.5h$，且不宜大于 250mm。

简支板或连续板下部纵向受力钢筋伸入支座的锚固长度不应小于 $5d$（d 为下部纵向受力钢筋的直径），当连续板内温度、收缩应力较大时，伸入支座的锚固长度宜适当增加。

（3）构造钢筋

底部钢筋双向均为受力钢筋，但支座负筋还需设分布筋。当边支座视为简支计算，但实际上受到边梁或墙约束时，应配置支座构造负筋，其数量应不少于1/3受力钢筋和 $\phi8@200$，伸出支座边 $l_n/4$，l_n 为双向板的短向净跨度。

（二）双向板支承梁的构造要求

连续梁的截面尺寸和配筋方式一般参照次梁，但当柱网中再设井式梁时应参照主梁。

井式梁的截面高度可取为（$l/12 \sim l/18$）（l 为短梁的跨度），纵筋通长布置。考虑到荷载仅作用在某一梁上时，该梁在节点附近可能出现负弯矩，故上部纵筋数量宜不小于 $A_s/4$，且直径不小于12mm。在节点处，纵、横梁均宜设置附加箍筋，防止荷载仅作用在某一方向的梁上时，对另一方向的梁产生间接加载作用。

四、现浇钢筋混凝土楼梯

楼梯是多层与高层房屋的竖向通道，是房屋的重要组成部分。为了满足承重和防火要求，钢筋混凝土楼梯被广泛应用。

在现浇钢筋混凝土普通楼梯中，根据梯段中有无斜梁，分为梁式楼梯和板式楼梯两种。梁式楼梯在大跨度（水平投影长度大于3m）时较经济，但构造复杂，且外观笨重。板式楼梯虽在大跨度时不太经济，但因构造简单，且外观轻巧。

（一）板式楼梯

（1）板式楼梯的组成

板式楼梯由梯段、斜板、平台板和平台梁组成，如图6-3-10所示。梯段斜板自带三角形踏步，两端分别支承在上、下平台梁上，平台板两端分别支承在平台梁或楼层梁上，而平台梁两端支承在楼梯间侧墙或柱上。

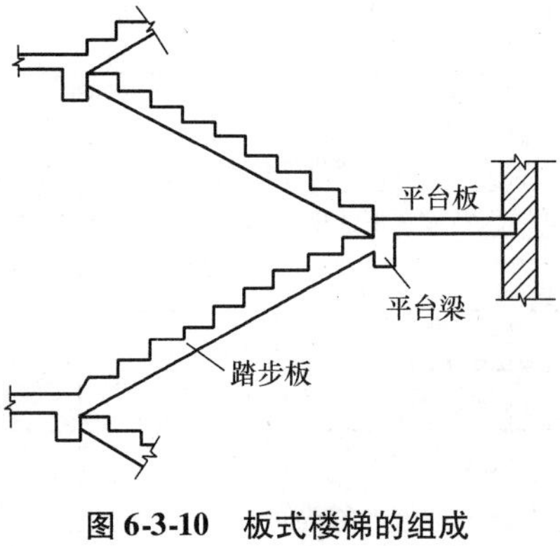

图6-3-10　板式楼梯的组成

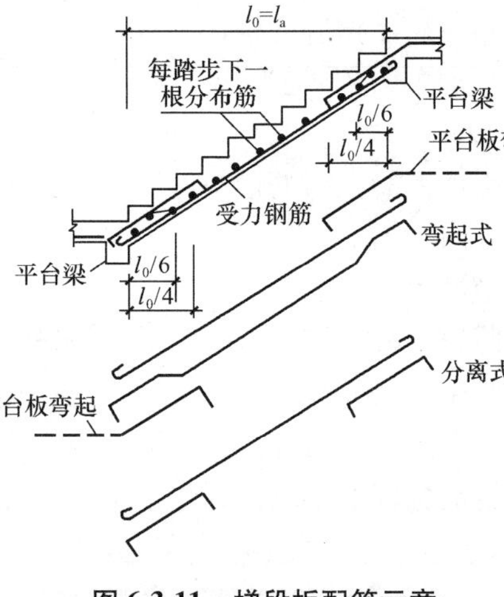

图6-3-11　梯段板配筋示意

（2）板式楼梯的构造

1）梯段斜板：斜板的受力钢筋沿斜向布置，支座附近板的上部应设置负钢筋，斜板的配筋方式有弯起式和分离式两种。为施工方便，工程中多用分离式配筋。采用弯起式时，跨中钢筋应在距支座边缘 $l_n/4$ 处弯起，自平台伸入的上部直钢筋应伸至支座边缘 $l_n/4$ 处。如图 6-3-11 所示。

分布钢筋与受力钢筋垂直，布置在受力钢筋的内侧，要求每个踏步内至少放一根少分布钢筋。

2）平台板：平台板一般为单向板。由于板的四周受到平台梁（或墙）的约束，所以应配置一定数量的负弯矩钢筋。其配筋构造同一般受弯构件。

3）平台梁：平台梁一般均支承在楼梯两侧的横墙上，其构造按一般简支梁的构造要求。

（二）梁式楼梯

（1）梁式楼梯的组成

梁式楼梯由踏步板、斜梁、平台板和平台梁组成，如图 6-3-12 所示。踏步板两端支承在斜梁上，斜梁两端分别是支承在上、下平台梁（有时一端支承在层间楼面梁）上，平台板支承在平台梁或楼层楼梁上，而平台梁则支承在楼梯间两侧的墙或柱上。

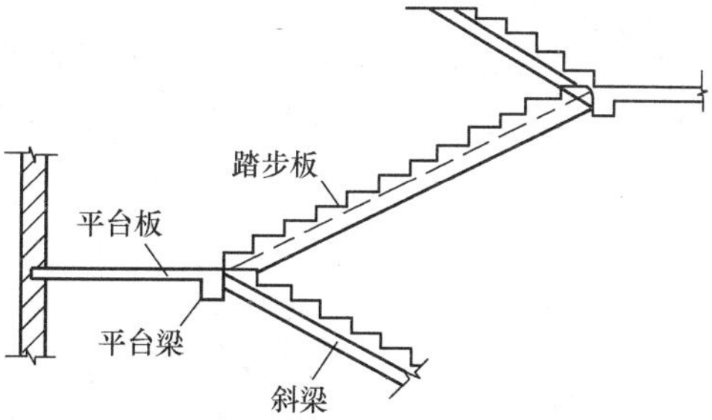

图 6-3-12　梁式楼梯的组成

（2）梁式楼梯的构造

1）踏步板：踏步板的截面大多为梯形（由三角形踏步和其下的斜板组成）。

现浇踏步板的斜板厚度一般取 $\delta = 30 \sim 40$mm，配筋按计算确定。每一级踏步下应配置不少于 2ϕ8 的受力钢筋，布置在踏步下面斜板中，并将每两根中的一根伸入支座后弯起作支座负钢筋。此外，沿整个梯段斜向布置间距不大于 250mm 的分布钢筋，位于受力钢筋的内侧，如图 6-3-13 所示。

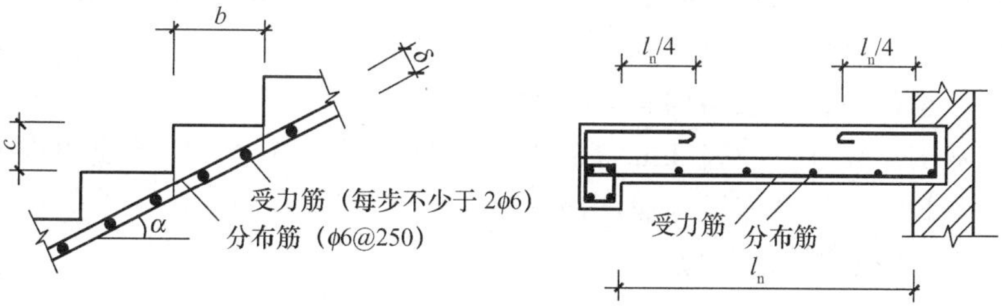

图 6-3-13　踏步板的配筋图

2）斜梁：斜梁端部纵筋必须放在平台梁纵筋上面，梁端上部应设置负弯矩钢筋，斜梁纵筋在平台梁中的锚固长度应满足受拉钢筋锚固长度要求。其他构造同一般梁。斜梁的配筋如图 6-3-14 所示。

3）平台板、平台梁：平台板的配筋构造同板式楼梯。平台梁由于要承受斜梁传来的集中荷载，因此在平台梁与斜梁相交处，应在平台中斜梁两侧设置附加箍筋或吊筋，其要求与钢筋混凝土主梁内附加钢筋要求相同。

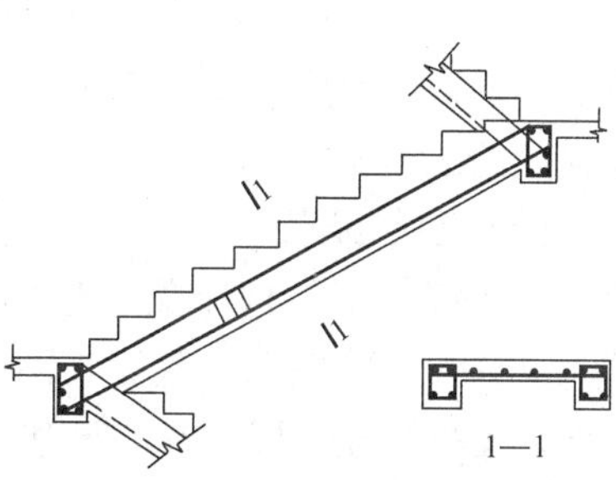

图 6-3-14　斜梁配筋图

第四节　钢筋混凝土框架结构

一、概述

目前，多层与高层建筑最常用的结构体系有框架体系、剪力墙体系、框架-剪力墙体系和筒体体系等。本章主要介绍框架体系的特点与配筋构造要求。

（一）框架结构的组成与特点

框架结构主要由楼板、梁、柱及基础等承重构件组成。由框架梁、柱与基础形成平面框架，作为主要的承重结构。各平面框架再由连系梁联系起来，形成一个空间结构体系，如图 6-4-1 所示。

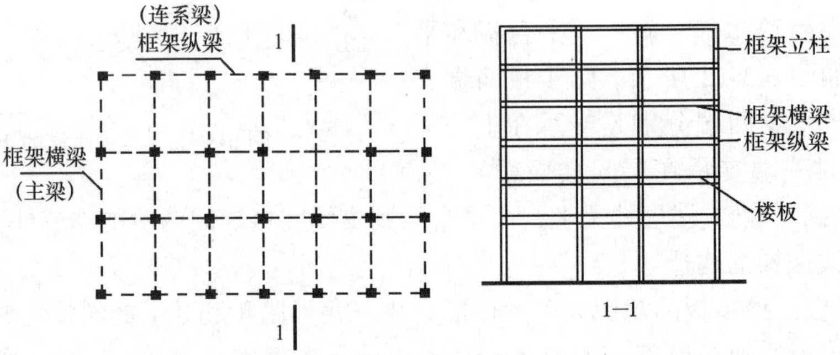

图 6-4-1

框架结构具有建筑平面布置灵活，能获得较大空间，承受竖向荷载作用合理、结构自重较轻的特点。但由于框架其侧向刚度小、水平位移较大，因此使用高度受到限制。在高度不大的多高层建筑中，框架结构是一种较好的结构体系。

框架体系常用于高度不超过 45m（8 度区）的房屋建筑中，广泛应用于办公、住宅、商店、医院、旅馆、学校及多层工业厂房。

（二）框架结构材料强度等级

（1）混凝土强度等级

非抗震设计时，现浇框架的混凝土强度等级不应低于 C20。抗震设计时，当按一级抗震设计时，现浇框架的混凝土强度等级不宜低于 C30，当按 2～4 级抗震等级设计时，不应低于 C20。为减小柱子的轴压比和截面，提高承载能力，宜在荷载较大的柱子中采用较高强度的混凝土。

（2）钢筋级别

一般情况下，框架梁、柱内纵向受力普通钢筋应采用 HRB 400、HRB 500、HRBF 400、HRBF 500 钢筋，箍筋宜采用 HRB 400、HRBF 400、HPB 300、HRB 500、HRBF 500 钢筋，也可采用 HRB 335、HRBF 335 钢筋。

（3）梁柱节点混凝土

梁的混凝土强度等级宜与柱相同或不低于柱混凝土强度等级 5MPa 以上。

二、钢筋混凝土框架结构的构造要求

节点设计是框架结构设计中极其重要的内容。在非抗震设防区，框架节点的承载力是通过构造措施来保证。节点设计应遵循安全可靠、经济合理且便于施工的原则。

（一）一般构造

（1）框架梁

框架梁除应满足一般梁的有关构造规定外，在跨中上部至少应配置 $2\phi12$ 的钢筋与横梁支座的负弯矩钢筋搭接，搭接长度不应小于 $1.2l_a$（l_a 为纵向受拉钢筋的最小锚固长度）。

（2）框架柱

框架柱除应满足一般柱的有关构造规定外还应符合以下要求：

1）柱中纵向钢筋的搭接长度不得小于 l_1（$l_1=\zeta l_a$，ζ 为搭接长度修正系数，与接头面积百分率有关），且不应小于 300mm；

2）相邻接头间距：焊接时不得小于 500mm 且不小于 $35d$（d 为纵筋较大直径）；

3）机械连接时为 $35d$，搭接时不得小于 600mm。接头最低点距柱端不宜小于柱截面长边尺寸，其宜在楼面板以上 750mm 处进行。柱中直径大于 28mm 的钢筋宜采用焊接接头。

（二）现浇框架节点构造

现浇框架节点一般均为刚接节点，框架节点区的混凝土强度等级应不低于柱的混凝土强度等级。

（1）梁纵向钢筋在框架中间层端节点的锚固

1）梁上部纵向钢筋伸入节点的锚固：

①当采用直线锚固形式时，不应小于 l_a，且应伸过柱中心线。伸过的长度不宜小于 $5d$，d 为梁上部纵向钢筋的直径。

②当柱截面尺寸不足时，梁上部纵向钢筋可采用钢筋端部加机械锚头的锚固方式。梁上部纵向钢筋宜伸至柱外侧纵筋内边，包括机械锚头在内的水平投影锚固长度不应小于 $0.4l_{ab}$，如图 6-4-2（a）所示。

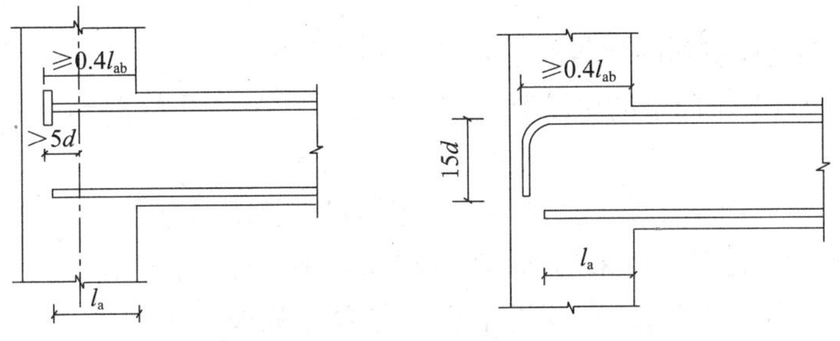

（a）　　　　（b）

图 6-4-2　梁上部纵向钢筋在中层端节点内的锚固

③梁上部纵向钢筋也可采用 90°弯折锚固的方式，此时梁上部纵向钢筋应伸至节点对边并向节点内弯折，其包含弯弧在内的水平投影长度不应小于 $0.4l_{ab}$，弯折钢筋在弯折平

面内包含弯弧段的投影长度不应小于 $15d$，如图 6-4-2（b）所示。

2）框架梁下部纵向钢筋在端节点处的锚固：

①当计算中充分利用该钢筋的抗拉强度时，钢筋的锚固方式及长度应与上部钢筋的规定相同。

②当计算中不利用该钢筋的强度或仅利用该钢筋的抗压强度时，伸入节点的锚固长度应分别符合中间节点梁下部纵向钢筋锚固的规定。

（2）框架中间层中间节点或连续梁中间支座

梁的上部纵向钢筋应贯穿节点或支座，梁的下部纵向钢筋应符合下列锚固要求：

1）当计算中不利用该钢筋的强度时，其伸入节点或支座的锚固长度对带肋钢筋不小于 $12d$，对光面钢筋不小于 $15d$，d 为钢筋的最大直径。

2）当计算中充分利用钢筋的抗压强度时，钢筋应按受压钢筋锚固在中间节点或中间支座内，其直线锚固长度不应小于 $0.7l_a$。

3）当计算中充分利用钢筋的抗拉强度时，钢筋可采用直线方式锚固在节点或支座内，锚固长度不应小于钢筋的受拉锚固长度 l_a，如图 6-4-3（a）所示。

4）当柱截面尺寸不足时，宜采用钢筋端部加锚头的机械锚固措施，也可采用 90°弯折锚固的方式。

5）钢筋也可在节点或支座外梁中弯矩较小处设置搭接接头，搭接长度的起始点至节点或支座边缘的距离不应小于 $1.5h$，如图 6-4-3（b）所示。

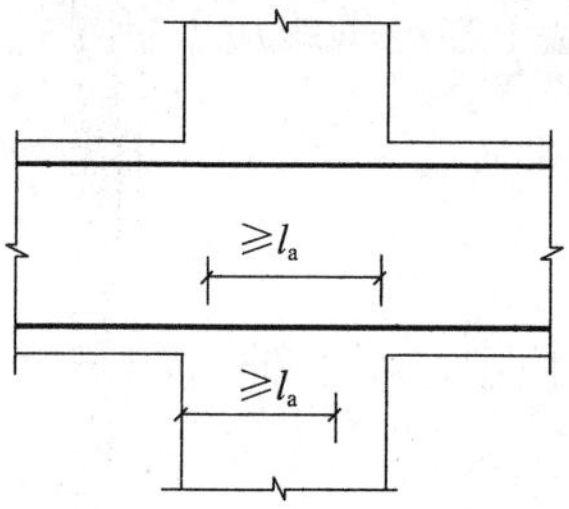

(a)下部纵向钢筋在节点中直线锚固

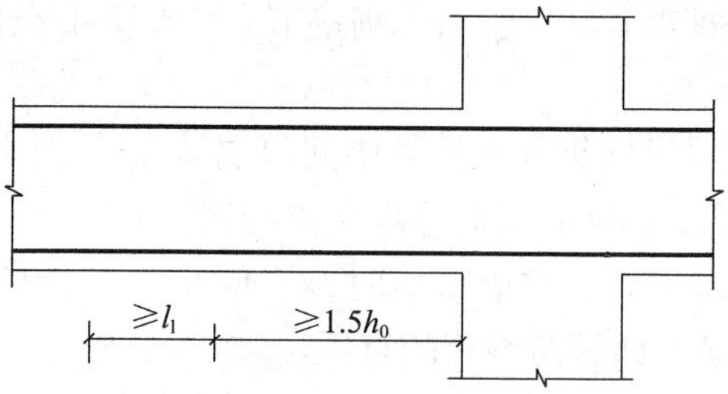

(b)下部纵向钢筋在节点或支座范围外的搭接

图 6-4-3　梁下部纵向钢筋在中间节点或中间支座范围的锚固与搭接

（3）柱纵向钢筋应贯穿中间层的中间节点或端节点

柱纵向钢筋应贯穿中间层的中间节点或端节点，接头应设在节点区以外。

柱纵向钢筋在顶层中节点的锚固应符合下列要求：

1）柱纵向钢筋应伸至柱顶，且自梁底算起的锚固长度不应小于 l_a。

2）当截面尺寸不足时，可采用 90°弯折锚固措施。此时，包括弯弧在内的钢筋垂直投影锚固长度不应小于 $0.5l_{ab}$，在弯折平面内包含弯弧段的水平投影长度不宜小于 $12d$（图 6-4-4a）。

3）当截面尺寸不足时，也可采用带锚头的机械锚固措施。此时，包含锚头在内的竖向锚固长度不应小于 $0.5l_{ab}$（图 6-4-4b）。

4）当顶层有现浇楼板且板厚不小于 100mm 时，柱纵向钢筋也可向外弯折，弯折后的水平投影长度不宜小于 $12d$。

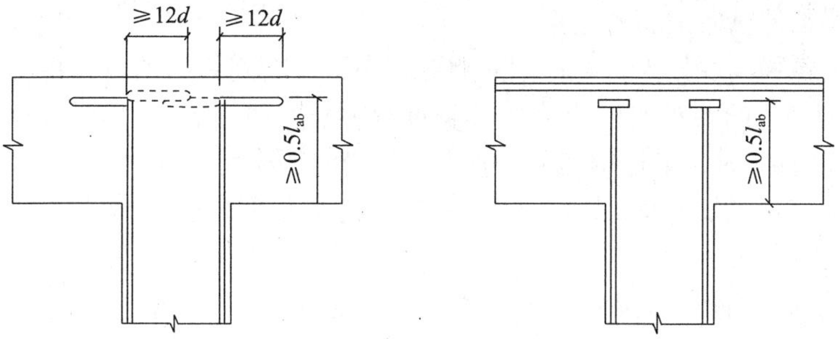

(a)柱纵向钢筋90° 弯折锚固　　(b)柱纵向钢筋端头加锚板锚固

图 6-4-4　顶层中节点柱纵向钢筋在节点内的锚固

(4) 顶层端节点

柱外侧纵向钢筋可弯入梁内作梁上部纵向钢筋；也可将梁上部纵向钢筋与柱外侧纵向钢筋在节点及附近部位搭接，搭接可采用下列方式：

1) 搭接接头可沿顶层端节点外侧及梁端顶部布置，搭接长度不应小于 $1.5l_{ab}$（图 6-4-5a）。其中，伸入梁内的柱外侧钢筋截面面积不宜小于其全部面积的 65%；梁宽范围以外的柱外侧钢筋宜沿节点顶部伸至柱内边锚固。当柱钢筋位于柱顶第一层时，钢筋伸至柱内边后宜向下弯折不小于 $8d$ 后截断（图 6-4-5a），d 为柱纵向钢筋的直径；当柱纵向钢筋位于柱顶第二层时，可不向下弯折。当现浇楼板厚度不小于 100mm 时，梁宽范围以外的柱外侧纵向钢筋也可伸入现浇板内，其长度与伸入梁内的柱纵向钢筋相同。

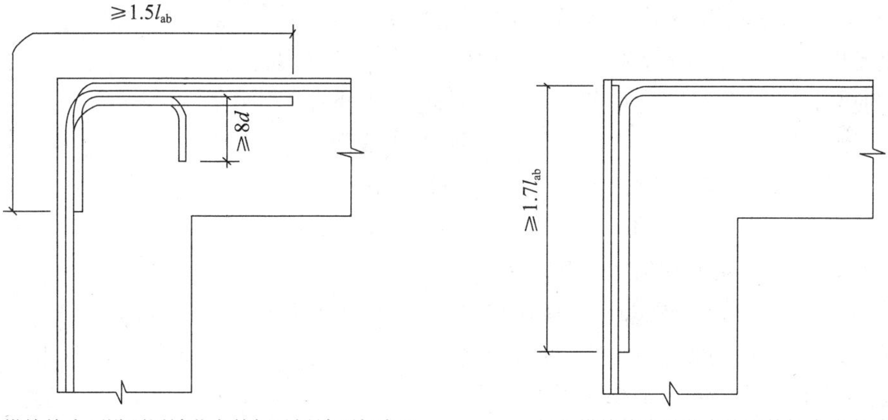

（a）搭接接头可沿顶层端节点外侧及梁端顶部布置　　（b）搭接接头沿节点柱顶外侧直线布置

图 6-4-5　顶层端节点梁、柱纵向钢筋在节点内的锚固与搭接

2) 当柱外侧纵向钢筋配筋率大于 1.2% 时，伸入梁内的柱纵向钢筋应满足上述规定且宜分两批截断，截断点之间的距离不宜小于 $20d$，d 为柱外侧纵向钢筋的直径。梁上部纵向钢筋应伸至节点外侧并向当顶层有现浇楼板且板厚不小于 100mm 时下弯至梁下边缘高度位置截断。

3) 纵向钢筋搭接接头也可沿节点柱顶外侧直线布置（图 6-4-5b），此时，搭接长度自柱顶算起不应小于 $1.7l_{ab}$。当上部梁纵向钢筋的配筋率大于 1.2% 时，弯入柱外侧的梁上部纵向钢筋应满足以上规定的搭接长度，且宜分两批截断，其截断点之间的距离不宜小

于 $20d$，d 为梁上部纵向钢筋的直径。

4）当梁的截面高度较大，梁柱钢筋相对较小，从梁底算起的直线搭接长度未延伸至柱顶即已满足 $1.5l_{ab}$ 的要求时，应将搭接长度延伸至柱顶并满足搭接长度 $1.7l_{ab}$ 的要求；当柱的截面高度较大时，梁柱钢筋相对较小，从梁底算起的弯折搭接长度未延伸至柱内侧边缘即已满足 $1.5l_{ab}$ 的要求时，其弯折后包括弯弧在内的水平段的长度不应小于 $15d$，d 为柱纵向钢筋的直径。

5）柱内侧纵向钢筋的锚固应符合顶层中节点的规定。

（5）节点箍筋

在框架节点内应设水平箍筋，箍筋应符合柱中箍筋的构造规定，但间距不宜大于250mm。对四边均有梁与之相连的中间节点，节点内可只设置沿周边的矩形箍筋。当顶层端节点内设有梁上部纵向钢筋和柱外侧纵向钢筋的搭接接头时，节点内水平箍筋应符合规范对纵向受力钢筋搭接长度范围内箍筋的构造要求。

（三）框架填充墙的一般构造要求

填充墙除应满足稳定和自承重外，尚应考虑水平风荷载及地震作用；宜选用轻质砌体材料，墙体墙厚不宜小于120mm；填充墙应砌筑在各楼层的楼地面上，其砌筑的砂浆强度等级不宜低于M5（Mb5、Ms5）。

应根据房屋的高度、建筑体型、结构的层间变形、墙体自身抗侧力的利用等因素，选择采用填充墙与框架柱、梁不脱开方法或填充墙与框架柱、梁脱开方法。

（1）填充墙与框架柱、梁不脱开方法宜符合下列要求：

1）沿柱高每隔500mm宜配置2 Φ6 拉接钢筋（墙厚大于240mm时配置3 Φ6），钢筋伸入填充墙长度不宜小于700mm，且拉结钢筋应错开截断，相距不宜小于200mm。填充墙墙顶应与框架梁紧密结合。顶面与上部结构接触处宜用一皮砖或配砖斜砌楔紧；

2）当填充墙有洞口时，宜在窗洞口的上端或下端、门洞口的上端设置钢筋混凝土带，钢筋混凝土带应与过梁的混凝土同时浇筑，其过梁的断面及配筋由设计确定。钢筋混凝土带的混凝土强度等级不小于C20。当有洞口的填充墙尽端至门窗洞口边距离小于240mm时，宜采用钢筋混凝土门窗框；

3）当采用填充墙与框架柱、梁不脱开，填充墙长度超过5m或墙长大于2倍层高时，墙顶与梁宜有拉接措施，中间应加设构造柱；墙高度超过4m时宜在墙高中部设置与柱连接的通长钢筋混凝土带，墙高超过6m时，宜沿墙高每2m设置与柱连接的断面高度60～120mm的通长钢筋混凝土带。

（2）填充墙与框架柱、梁脱开时（见图6-4-6、图6-4-7），宜符合下列要求：

1）填充墙两端与框架柱、填充墙顶面与框架梁宜留出10～15mm的间隙；

2）在距门窗洞口每侧500mm和其间距离20倍墙厚且不大于5000mm处的墙体两侧的凹槽内设置竖向钢筋和拉结钢筋，并应符合下列要求：

①凹槽的尺寸宜为50mm×50mm。凹槽可在砌筑时切割块材，或由专门的块型砌筑；也可在砌筑时留出50mm×50mm宽的竖缝而成，但此缝应采用不低于M5（Mb5、Ms5）的砂浆填实，且在缝每侧400mm范围内设置3 Φ^{b}4 焊接网片或2 Φ^{R}6 钢筋，其竖向间距不宜大于400mm；

②凹槽内的竖向钢筋不宜小于 Φ12，拉筋宜采用 Φ^{R}5，竖向间距不宜大于600mm。竖

向钢筋应与框架梁的预留钢筋连接，绑扎接头时不宜小于 30d，焊接时不宜小于 10d。

3）当填充墙长大于 5m，应在墙体上部 1/3 范围内设置通长焊接网片，其竖向间距不宜大于 400mm，当夹心墙已有通长焊接网片时则不需另设。

4）填充墙与框架柱、梁的缝隙可采用聚苯乙烯泡沫塑料板板条或聚氨酯发泡充填，并用硅酮胶或其它弹性密封材料封缝。

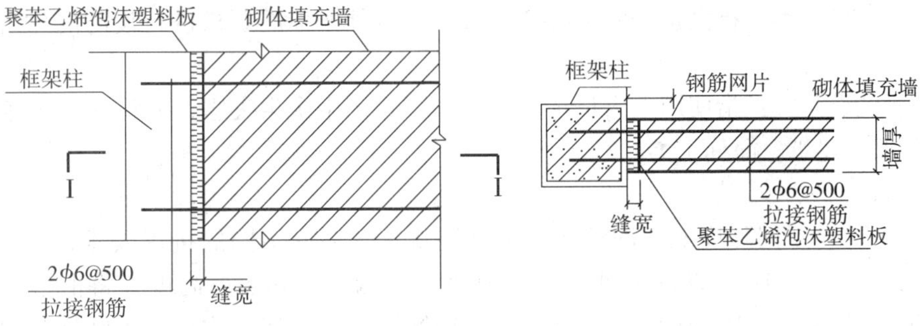

图 6-4-6　填充墙与框架柱的缝隙构造

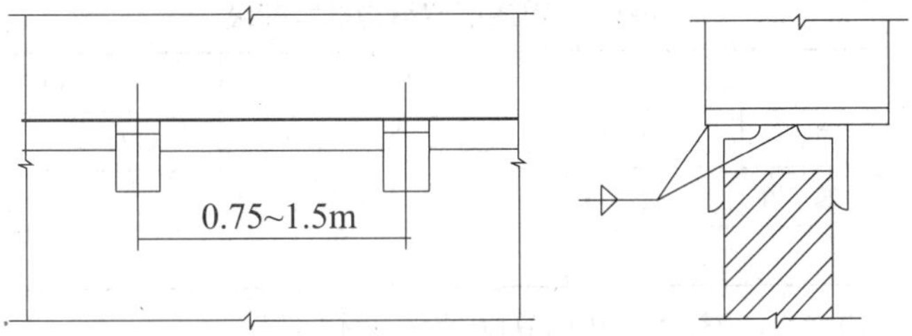

图 6-4-7　填充墙与框架梁连接构造

三、钢筋混凝土框架结构的抗震构造措施

（一）框架抗震的一般概念

（1）震害及其特点

钢筋混凝土框架的震害主要发生在梁端、柱端和梁柱节点处。一般来说，柱的震害重于梁，柱顶的震害重于柱底，角柱的震害重于内柱，短柱的震害重于一般柱。

框架梁由于梁端处的弯矩、剪力均为较大，并且是反复受力，故破坏常发生在梁端。梁端可能会由于纵筋配筋不足、钢筋端部锚固不好、箍筋配置不足等原因而引起破坏。

框架柱由于柱两端弯矩大，破坏一般发生在柱的两端，多发生于柱顶，且角柱震害比中柱和边柱严重。

梁柱节点多由于节点内未设箍筋或箍筋不足以及核心区的钢筋过密而影响混凝土浇筑质量引起破坏。

此外，嵌固于框架中的砌体填充墙由于受剪承载力低，与框架缺乏有效的连接，易发生墙面斜裂缝，并沿柱周边开裂。填充墙震害呈现“下重上轻”的现象。

（2）抗震设防分类

根据建筑遭遇地震破坏后，可能造成人员伤亡、直接和间接经济损失、社会影响的程度及其在抗震救灾中的作用等因素，对各类建筑划分为四种设防类别：

1）特殊设防类：指使用上有特殊设施，涉及国家公共安全的重大建筑工程和地震时可能发生严重次生灾害等特别重大灾害后果，需要进行特殊设防的建筑。简称甲类。

2）重点设防类：指地震时使用功能不能中断或需尽快恢复的生命线相关建筑，以及地震时可能导致大量人员伤亡等重大灾害后果，需要提高设防标准的建筑。简称乙类。

3）标准设防类：指大量的除1)、2)、4）款以外按标准要求进行设防的建筑。简称丙类。

4）适度设防类：指使用上人员稀少且震损不致产生次生灾害，允许在一定条件下适度降低要求的建筑。简称丁类。

（3）抗震等级

为了体现在不同烈度下不同结构的钢筋混凝土房屋有不同的抗震要求，《建筑抗震设计规范》（GB 50011—2010）根据房屋烈度、结构类型和房屋高度，将框架结构划分为四个抗震等级，其中一级抗震要求最高。钢筋混凝土框架结构抗震等级划分如表6-4-1所示。

表6-4-1　现浇框架结构抗震等级

烈　度	6度		7度		8度		9度
高度（m）	≤24	>24	≤24	>24	≤24	>24	≤24
普通框架	四	三	三	二	二	一	一
大跨度框架	三		二		一		一

注：不同抗震等级的房屋结构，应符合相应的计算构造措施和材料要求。

（二）框架结构抗震构造措施

（1）一般构造措施

1）混凝土的强度等级：抗震等级为一级的框架梁、柱和节点核心区，不应低于C30，其他各类构件不应低于C20；并且在9度时不宜超过C60，8度时不宜超过C70。

2）钢筋选择：宜优先采用延性、韧性和焊接性较好的钢筋；普通钢筋的强度等级，纵向受力钢筋宜选用符合抗震性能指标不低于HRB 400级的热轧钢筋，也可采用符合抗震性能指标的HRB 335级热轧钢筋；箍筋宜选用不低于HRB 335级热轧箍筋，也可采用HPB 300级热轧箍筋。

3）钢筋锚固：纵向受力钢筋最小抗震锚固长度l_{aE}的取用：

一、二级抗震等级　　　　$l_{aE}=1.15l_a$

三级抗震等级　　　　$l_{aE}=1.05l_a$

四级抗震等级　　　　$l_{aE}=1.0l_a$

式中　l_a——纵向受拉钢筋的最小锚固长度，按规定要求取用。

4）钢筋的接头：纵向受力钢筋连接可采用绑扎搭接、机械连接或焊接。纵向受力钢筋连接的位置宜避开梁端、柱端箍筋加密区；如必须在此连接时，应选择机械连接或焊接。混凝土构件位于同一连接区段内的纵向受力钢筋接头面积百分率不宜超过50%。

5）箍筋：宜采用焊接封闭箍筋、连续螺旋箍筋或连续复合螺旋箍筋。当采用非焊接封闭箍筋时，其末端应做成135°弯钩，弯钩端头平直段长度不应小于箍筋直径的10倍

（图 6-4-8）；在纵向钢筋搭接长度范围内的箍筋间距不应大于搭接钢筋较小直径的 5 倍，且不宜大于 100mm。

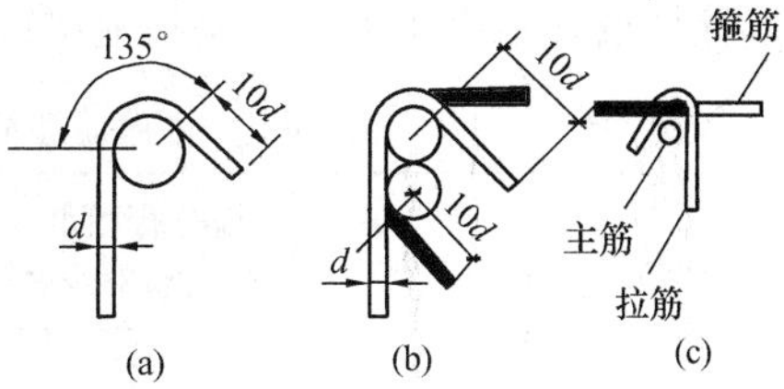

图 6-4-8　箍筋弯钩要求

（2）框架梁抗震构造措施

1）梁的截面尺寸

梁的截面宽度宜小于 200mm，截面高宽比不宜大于 4，净跨与截面高度之比不宜小于 4。

2）梁的纵向钢筋

梁的纵向钢筋配置，应符合下要求：

①框架梁端截面的底面和顶面配筋量的比值，除按计算确定外，一级不应小于 0.5，二、三级不应小于 0.3。

②沿梁全长顶面和底面的配筋，一、二级框架不应小于 14mm，且分别应少于梁两端顶面和底面纵向配筋中较大截面面积的 1/4，三、四级框架不应小于 12mm。

③一、二级框架梁内贯通中柱的每根纵筋直径，对矩形截面柱不宜大于柱在该方向截面尺寸的 1/20。

3）梁的箍筋：梁端箍筋应加密。箍筋加密区的长度、箍筋最大间距和最小直径应按表 6-4-2 采用。当梁端纵筋配筋率大于 2% 时，表中箍筋的最小直径应增大 2mm。

梁端加密区的箍筋肢距，一级不宜大于 200mm 和 $20d$（d 为箍筋直径较大者），二、三级不宜大于 250mm 和 $20d$，各抗震等级均不宜大于 300mm。梁端设置的第一个箍筋距框架节点边缘不应大于 50mm。非加密区箍筋间距不宜大于加密区箍筋间距的 2 倍。

表 6-4-2　梁端箍筋加密区长度、箍筋的最大间距和最小直径

抗震等级	加密区长度/mm（采用较大者）	箍筋最大间距/mm（采用最小值）	箍筋最小直径/mm
一	$2h_b$，500	$h_b/4$，$6d$，100	10
二	$1.5h_b$，500	$h_b/4$，$8d$，100	8
三	$1.5h_b$，500	$h_b/4$，$8d$，150	8
四	$1.5h_b$，500	$h_b/4$，$8d$，150	6

注：d 为纵向钢筋直径，h_b 为梁截面高度。

（3）框架柱抗震构造措施

1）柱的截面尺寸：柱的截面宽度和高度不宜小于 300mm；圆柱直径不宜小于 350mm；剪跨比宜大于 2；截面长边与短边比不宜大于 3。

2）柱的纵向钢筋：柱中纵向钢筋配置，应符合下列要求：①宜对称配置。②当截面尺寸大于 400mm 时，纵向钢筋间距不宜大于 200mm。③柱的总配筋率不应大于 5%。④一级且剪跨比不大于 2 的柱，每侧纵向钢筋配筋率不宜大于 1.2%。⑤柱纵向钢筋的绑扎接头应避开柱端的箍筋加密区。

3）柱的箍筋：柱的上下端箍筋应加密。柱两端加密区的范围和构造要求应按表 6-4-3 采用。一、二级抗震的框架角柱、框支柱的剪跨比不大于 2 的柱，应沿柱全高加密箍筋。

底层柱柱根处不小于1/3 柱净高范围内应按加密区的要求配置箍筋。

表 6-4-3 柱箍筋加密区长度、箍筋最大间距和最小直径

抗震等级	箍筋最大间距/mm（采用较小值）	箍筋最小直径/mm	箍筋加密区长度/mm（采用较大者）
一	$6d$，100	10	h（D） $h_n/6$（$h_n/3$） 500
二	$8d$，150	8	
三	$8d$，150（柱根 100）	8	
四	$8d$，150（柱根 100）	6（柱根 8）	

注：d 为柱纵筋最小直径，h 为矩形截面长边尺寸，D 为圆柱直径，h_n 为柱净高；柱根指框架底层柱的嵌固部位。

柱箍筋加密区的箍筋肢距，一级不宜大于 200mm，二、三级不宜大于 250mm 和 $20d$（d 为箍筋直径较大者），四级不宜大于 300mm。至少每隔一根纵向钢筋宜在两个方向有箍筋或拉筋约束。采用拉筋复合箍时，拉筋宜紧靠纵筋并钩住封闭箍筋。

柱箍筋非加密区的箍筋间距，一、二级框架柱不应大于 10 倍纵筋直径，三、四级框架柱不应大于 15 倍纵筋直径。

（4）框架节点构造

框架节点内应设箍筋，箍筋的最大间距和最小直径与柱加密区相同。

柱中的纵向受力钢筋不宜在节点区截断，框架梁上部纵向钢筋应贯穿中间节点。框架梁、柱中钢筋在节点的配筋构造参见非抗震设防要求现浇框架，但钢筋的锚固长度应满足相应的纵向受拉钢筋抗震锚固长度 l_{aE}。

第五节 多层砌体房屋的构造要求

由于多层砌体房屋具有整体性差，抗拉、抗剪强度低，材料质脆、匀质性差等弱点，因此不仅要满足承载力，且要采取必要的构造措施，以加强房屋的整体性，提高变形能力和抗倒塌能力。

一、砌体结构的一般构造要求

（一）材料强度等级要求

（1）承重结构的块体的强度等级，应按下列规定采用：

1）烧结普通砖、烧结多孔砖的强度等级：MU30、MU25、MU20、MU15 和 MU10；

2）蒸压灰砂普通砖、蒸压粉煤灰普通砖的强度等级：MU25、MU20 和 MU15；

3）混凝土普通砖、混凝土多孔砖的强度等级：MU30、MU25、MU20 和 MU15；

4）混凝土砌块的强度等级：MU20、MU15、MU10、MU7.5 和 MU5；

5）石材的强度等级：MU100、MU80、MU60、MU50、MU40、MU30 和 MU20。

（2）自承重墙的空心砖、轻集料混凝土砌块的强度等级，应按下列规定采用：

1）空心砖的强度等级：MU10、MU7.5、MU5 和 MU3.5；

2）轻集料混凝土砌块的强度等级：MU10、MU7.5、MU5、MU3.5 和 MU2.5；

（3）砂浆的强度等级应按下列规定采用：

1）烧结普通砖和烧结多孔砖砌体采用的砂浆等级：M15、M10、M7.5、M5 和 M2.5；

2）混凝土普通砖、混凝土多孔砖、单排孔混凝土砌块和轻集料混凝土砌块砌体用砂浆的强度等级：Mb20、Mb15、Mb10、Mb7.5 和 Mb5；

3）孔洞率不大于 35% 的双排孔或多排孔轻集料混凝土砌块砌体用砂浆的强度等级：Mb10、Mb7.5 和 Mb5；

4）蒸压灰砂普通砖、蒸压粉煤灰普通砖砌体用砂浆的强度等级：Ms15、Ms10、Ms7.5 和 Ms5；

5）毛料石、毛石砌体用砂浆的强度等级：M7.5、M5 和 M2.5；

注：确定砂浆强度等级时应采用同类块体为砂浆强度试块底模。

（4）砌体材料的耐久性应符合下列规定：

1）地面以下或防潮层以下的砌体、潮湿房间的墙或环境类别 2 的砌体，所用材料的最低强度等级应符合表 6-5-1 的要求：

表 6-5-1　地面以下或防潮层以下的砌体、潮湿房间的墙所用材料的最低强度等级

潮湿程度	烧结普通砖、蒸压普通砖	混凝土普通砖	混凝土砌块	石材	水泥砂浆
稍潮湿的	MU15	MU15	MU7.5	MU30	M5
很潮湿的	MU20	MU15	MU10	MU30	M7.5
含水饱和的	MU20	MU20	MU15	MU40	M10

注：1. 在冻胀地区，地面以下或防潮层以下的砌体，不宜采用多孔砖，如采用时，其孔洞应用不低于 M10 的水泥砂浆灌实。当采用混凝土砌体时，其孔洞应采用强度等级不低于 Cb20 的混凝土灌实；

2. 对安全等级为一级或设计使用年限大于 50 年的房屋，表中材料强度等级应至少提高一级。

2）处于环境类别 3～5 等有侵蚀性介质的砌体材料应符合下列要求：

①应采用实心砖，砖的强度等级不应低于 MU20，水泥砂浆的强度等级不应低于 M10；

②混凝土砌块的强度等级不应低于 MU15，灌孔混凝土的强度等级不应低于 Cb30，砂浆的强度等级不应低于 Mb10；

③根据环境条件对砌体材料的抗冻指标、耐酸、碱性能提出要求或符合有关规范的要求。

（二）截面尺寸要求

（1）承重的独立砖柱截面尺寸不应小于 240mm×370mm；

（2）毛石墙的厚度不宜小于 350mm；

（3）毛料石柱较小边长不宜小于 400mm，当有振动荷载时，墙、柱不宜采用毛石砌体。

（三）支承长度要求

预制钢筋混凝土板的支承长度不小于 80mm，板端伸出的钢筋应与圈梁可靠连接，且同时浇筑。当不能满足上述要求时，应按如下方法进行连接：

（1）布置在内墙上的板中钢筋应伸出进行相互可靠对接，板端钢筋伸出长度不应少于 70mm，并用混凝土浇筑成板带，混凝土强度不应低于 C20。

（2）布置在外墙上的板中钢筋应伸出进行相互可靠连接，板端钢筋伸出长度不应少于100mm，并用混凝土浇筑成板带，混凝土强度不应低于C20。

（3）与现浇板对接时，预制钢筋混凝土板端钢筋应伸入现浇板中进行可靠连接后，再浇筑现浇板。

（四）墙体转角处和纵横墙交接处要求

墙体转角处和纵横墙交接处宜沿竖向每隔400～500mm设拉结钢筋，其数量为每120mm墙厚不少于1 Φ6或焊接钢筋网片，埋入长度从墙的转角或交接处算起，对实心砖墙每边不小于500mm（图6-5-1），对多孔砖和砌块墙不小于700mm（图6-5-2）。

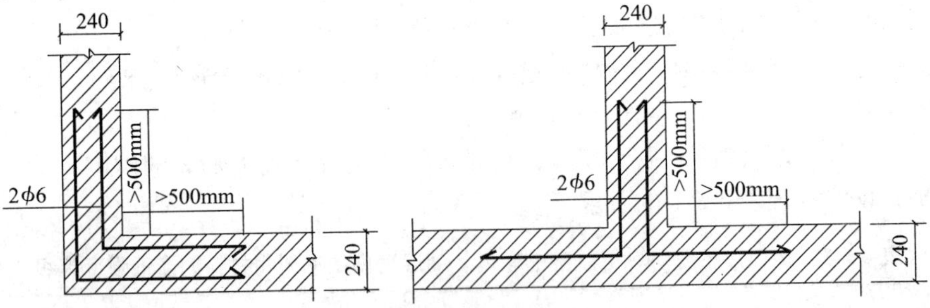

图6-5-1　实心砖墙转角和纵横墙交接处拉结筋设置

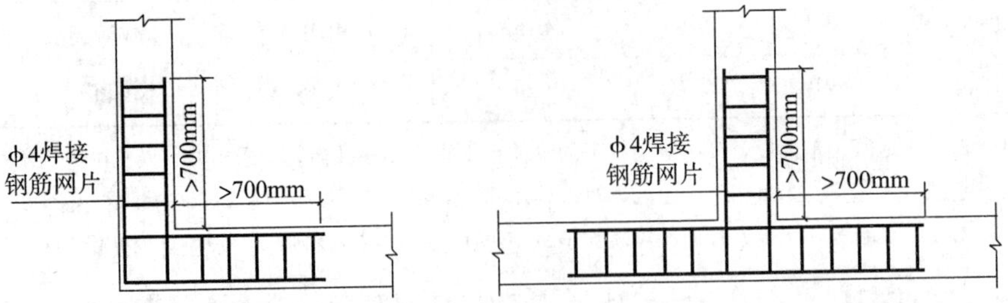

图6-5-2　空心砖和砌块墙体转角和纵横墙交接处拉结筋网片设置

（五）填充墙、隔墙要求

填充墙、隔墙应分别采取措施与周边主体结构构件可靠连接，连接构造和嵌缝材料应能满足传力、变形和防护要求。

（六）砌体中留槽洞及埋设管道要求

（1）不应在截面长边小于500mm的承重墙体、独立柱内埋设管线；

（2）不宜在墙体中穿行暗线或预留、开凿沟槽，当无法避免时应采取必要的措施或按削弱后的截面验算墙体的承载力。

注：对受力较小或未灌孔的砌块砌体，允许在墙体的竖向孔洞中设置管线。

（七）连接锚固要求

支承在墙、柱上的吊车梁、屋架及跨度大于或等于下列数值的预制梁的端部，应采用锚固件与墙、柱上的垫块锚固：

（1）对砖砌体为9m；

（2）对砌块和料石砌体为7.2m。

（八）设置垫块的条件

跨度大于6m的屋架和跨度大于下列数值的梁，应在支承处砌体上设置混凝土或钢筋混凝土垫块；当墙中设有圈梁时，垫块与圈梁宜浇成整体。

（1）对砖砌体为4.8m；

（2）对砌块和料石砌体为4.2m；

（3）对毛石砌体为3.9m。

（九）设置壁柱的条件

当梁跨度大于或等于下列数值时，其支承处宜加设壁柱或采取其他加强措施：

（1）对240mm厚的砖墙为6m，对180mm的砖墙为4.8m；

（2）对砌块、料石墙为4.8m。

（十）山墙处的壁柱或构造柱应至山墙顶部，且屋面构件应与山墙可靠拉结。

（十一）砌块砌体应分皮错缝搭砌，上下皮搭砌长度不应小于90mm。当搭砌长度不满足上述要求时，应在水平灰缝内设置不小于2Φ4的焊接钢筋网片（横向钢筋的间距不应大于200mm，网片每端应伸出该垂直缝不小于300mm）。

（十二）砌块墙与后砌隔墙交接处，应沿墙高每400mm在水平灰缝内设置不少于2Φ4、横筋间距不应大于200mm的焊接钢筋网片（图6-5-3）。

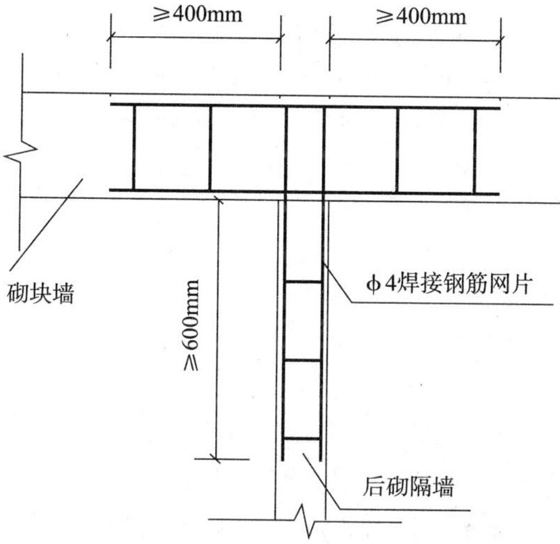

图6-5-3　砌块墙与后砌隔墙交接处钢筋网片

（十三）混凝土砌块房屋，宜将纵横墙交接处，距墙中心线每边不小于300mm范围内的孔洞，采用不低于Cb20混凝土沿全墙高灌实。

（十四）混凝土砌块墙体的下列部位，如未设圈梁或混凝土垫块，应采用不低于Cb20混凝土将孔洞灌实：

（1）搁栅、檩条和钢筋混凝土楼板的支承面下，高度不应小于200mm的砌体；

（2）屋架、梁等构件的支承面下，长度不应小于600mm，高度不应小于600mm的砌体；

（3）挑梁支承面下，距墙中心线每边不应小于300mm，高度不应小于600mm的砌体。

二、防止或减轻墙体开裂的主要措施

（1）在正常使用条件下，应在墙体中设置伸缩缝。伸缩缝应设在因温度和收缩变形可能引起应力集中、砌体产生裂缝可能性最大的地方。伸缩缝的间距可按表 6-5-2 采用。

表 6-5-2　砌体房屋伸缩缝的最大间距（m）

屋盖或楼盖类别		间距
整体式或装配整体式钢筋混凝土结构	有保温层或隔热层的屋盖、楼盖	50
	无保温层或隔热层的屋盖	40
装配式无檩体系钢筋混凝土结构	有保温层或隔热层的屋盖、楼盖	60
	无保温层或隔热层的屋盖	50
装配式有檩体系钢筋混凝土结构	有保温层或隔热层的屋盖	75
	无保温层或隔热层的屋盖	60
瓦材屋盖、木屋盖或楼盖、轻钢屋盖		100

注：1. 对烧结普通砖、烧结多孔砖、配筋砌块砌体房屋取表中数值；对石砌体、蒸压灰砂砖、蒸压粉煤灰砖、混凝土砌块、混凝土普通砖和混凝土多孔砖房屋取表中数值乘以 0.8 的系数，当墙体有可靠外保温措施时，其间距可取表中数值；

2. 在钢筋混凝土屋面上挂瓦的屋盖应按钢筋混凝土屋盖采用；

3. 层高大于 5m 的烧结普通砖、多孔砖、配筋砌块砌体结构单层房屋，其伸缩缝间距可按表中数值乘以 1.3；

4. 温差较大且变化频繁地区和严寒地区不采暖的房屋及构筑物墙体的伸缩缝的最大间距，应按表中数值予以适当减小；

5. 墙体的伸缩缝应与结构的其它变形缝相重合，缝宽度应满足各种变形缝的变形要求；在进行立面处理时，必须保证缝隙的变形作用。

（2）房屋顶层墙体，宜根据情况采取下列措施：

1）屋面应设置保温、隔热层；

2）屋面保温（隔热）层或屋面刚性面层及砂浆找平层应设置分隔缝，分隔缝间距不宜大于 6m，其缝宽不小于 30mm，并与女儿墙隔开；

3）采用装配式有檩体系钢筋混凝土屋盖和瓦材屋盖；

4）顶层屋面板下设置现浇钢筋混凝土圈梁，并沿内外墙拉通，房屋两端圈梁下的墙体内宜设置水平钢筋；

5）顶层墙体有门窗等洞口时，在过梁上的水平灰缝内设置 2～3 道焊接钢筋网片或 2 Φ6 钢筋，焊接钢筋网片或钢筋应伸入洞口两端墙内不小于 600mm；

6）顶层及女儿墙砂浆强度等级不低于 M7.5（Mb7.5、Ms7.5）；

7）女儿墙应设置构造柱，构造柱间距不宜大于 4m，构造柱应伸至女儿墙顶并与现浇钢筋混凝土压顶整浇在一起；

8）对顶层墙体施加竖向预应力。

（3）房屋底层墙体，应根据情况采取下列措施：

1）增大基础圈梁的刚度；

2）在底层的窗台下墙体灰缝内设置 3 道焊接钢筋网片或 2 Φ6 钢筋，应伸入两边窗间墙内不小于 600mm。

（4）宜在各层门、窗过梁上方的水平灰缝内及窗台下第一和第二道水平灰缝内设置焊接钢筋网片或 2 Φ6 钢筋，焊接钢筋网片或钢筋应伸入两边窗间墙内不小于 600mm。

当墙长大于 5m 时，宜在每层墙高度中部设置 2～3 道焊接钢筋网片或 3 Φ6 的通长水平钢筋，竖向间距为 500mm。

（5）房屋两端和底层第一、第二开间门窗洞处，可采取下列措施：

1）在门窗洞口两边的墙体的水平灰缝中，设置长度不小于 900mm、竖向间距为 400mm 的 2 Φ4 的焊接钢筋网片。

2）在顶层和底层设置通长钢筋混凝土窗台梁，窗台梁高宜为块高的模数，梁内纵筋不少于 4 Φ10 箍筋Φ6@200，采用不低于 C20 混凝土。

3）在混凝土砌块房屋门窗洞口两侧不少于一个孔洞中设置不小于 1 Φ12 竖向钢筋，钢筋应在楼层圈梁或基础内锚固，并采用不低于 Cb20 混凝土灌实。

（6）填充墙砌体与梁、柱或混凝土墙体结合的界面处（包括内、外墙），应在粉刷前设置钢丝网片（网片宽 400mm，沿界面缝两侧各延伸 200mm），或采取其他有效的防裂措施。

（7）当房屋刚度较大时，可在窗台下或窗台角处墙体内、在墙体高度或厚度突然变化处设置竖向控制缝以减少墙体裂缝。

竖向控制缝宽度不应小于 25mm，缝内填以压缩性能好的填充材料，且外部用密封材料密封（如聚氨酯、硅酮等密封膏），并采用不吸水的、闭孔发泡聚乙烯实心圆棒（背衬）作为密封膏的隔离物（如图 6-5-4）。

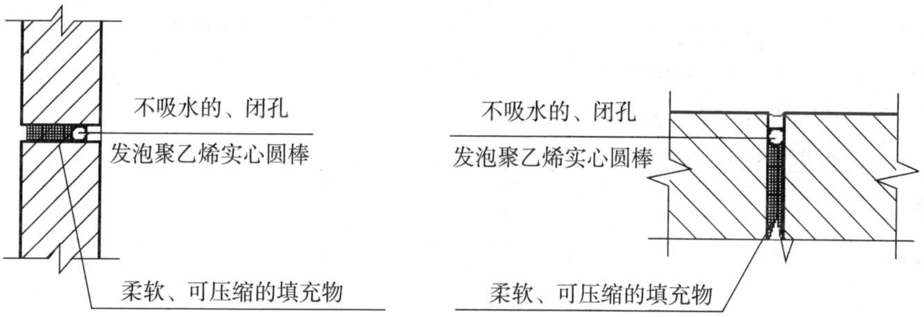

图 6-5-4 控制缝的做法

（8）夹心复合墙的外叶墙宜在建筑墙体适当部位设置控制缝，其间距控制在 6～8m，控制缝应采用硅酮胶或其他密封胶嵌缝，控制缝的构造和嵌缝材料应满足墙体平面外传力及伸缩变形和防护的要求。

（9）蒸压灰砂砖、蒸压粉煤灰砖、混凝土多孔砖和混凝土砌块砌体宜采用专用砂浆砌筑。

（10）块材高度大于 53mm 的墙体采用的预制窗台板不得嵌入墙内。

三、圈梁、过梁

（一）圈梁

对于有地基不均匀沉降或较大振动荷载的房屋，可按本节规定，在砌体墙中设置现浇钢筋混凝土圈梁等措施，增强房屋的整体刚度。

（1）设置圈梁的原则

1）车间、仓库、食堂等空旷单层房屋应按下列规定设置圈梁：

①砖砌体结构房屋，檐口标高为5～8m时，应在檐口标高处设置圈梁一道，檐口标高 大于8m时，应增加设置数量；

②砌块及料石砌体结构房屋，檐口标高为4～5m时，应在檐口标高处设置圈梁一道，檐口标高大于5m时，应增加设置数量。

对有吊车或较大振动设备的单层工业房屋，当未采取有效的隔振措施时，除在檐口或窗顶标高处设置现浇钢筋混凝土圈梁外，尚应增加设置数量。

2）宿舍、办公楼等多层砌体结构民用房屋，且层数为3～4层时，应在底层檐口标高处各设置一道圈梁。当层数超过4层时，除应在底层和檐口标高处各设置一道圈梁外，至少应在所有纵、横墙上隔层设置。

多层砌体工业房屋，应每层设置现浇钢筋混凝土圈梁。

设置墙梁的多层砌体结构房屋，应在每层的所有纵、横墙上设置现浇钢筋混凝土圈梁。

（2）圈梁应符合下列构造要求：

1）圈梁宜连续地设在同一水平面上，并形成封闭状；当圈梁被门窗洞口截断时，应在洞口上部增设相同截面的附加圈梁。附加圈梁与圈梁的搭接长度不应小于其中到中垂直间距的2倍，且不得小于lm；

2）纵、横墙交接处的圈梁应可靠连接。刚弹性和弹性方案房屋，圈梁应与屋架、大梁等构件可靠连接；

3）钢筋混凝土圈梁的宽度宜与墙厚相同，当墙厚 $h>240mm$ 时，其宽度不宜小于 $2h/3$。圈梁高度不应小于120mm。纵向钢筋不应少于4Φ10，绑扎接头的搭接长度按受拉钢筋考虑，箍筋间距不应大于300mm；

4）圈梁兼作过梁时，过梁部分的钢筋应按计算用量另行增配。

（二）过梁

（1）对有较大振动荷载或可能产生不均匀沉降的房屋，应采用钢筋混凝土过梁。当过梁的跨度不大于1.5m时，可采用钢筋砖过梁；不大于1.2m时，可采用砖砌平拱过梁。

（2）砖砌过梁的构造要求应符合下列规定：

1）砖砌过梁截面计算高度内的砂浆不宜低于M5（Mb5、Ms5）；

2）砖砌平拱用竖砖砌筑部分的高度不应小于240mm；

3）钢筋砖过梁底面砂浆层处的钢筋，其直径不应小于5mm，间距不宜大于120mm，钢筋伸入支座砌体内的长度不宜小于240mm，砂浆层的厚度不宜小于30mm。

四、砖、砌块砌体结构构件抗震的一般构造要求

普通砖、多孔砖和混凝土砌块等砌体承重的多层房屋，底层或底部两层框架-抗震墙砌体房屋，其抗侧力砌体墙应按规定设置钢筋混凝土构造柱、芯柱、圈梁、水平现浇钢筋混凝土带或配筋砖带、水平配筋、墙外配筋或采用组合墙或配筋砌块砌体墙等措施，提高抗震性能和防倒塌能力。

（一）抗震设计时结构材料性能指标，应符合下列最低要求：

1）砌体材料，应符合下列规定：

①烧结普通砖和烧结多孔砖的强度等级不应低于MU10，砌筑砂浆强度等级不应低于

M5；蒸压灰砂普通砖、蒸压粉煤灰普通砖及混凝土砖的强度等级不应低于 MU15，砌筑砂浆强度等级不应低于 Ms5（Mb5）；对托梁上一层墙体和配有用于提高抗剪承载力的水平钢筋的砖砌体，其砌筑砂浆强度等级不应低于 M7.5；

②混凝土砌块的强度等级不应低于 MU7.5，其砌筑砂浆强度等级不应低于 Mb7.5；

③组合墙、组合砌体墙，其砌筑砂浆强度等级不应低于 M10；

④配筋砌块砌体抗震墙，其混凝土砌块的强度等级不应低于 MU10，其砌筑砂浆强度等级不应低于 Mb10。

2）混凝土材料，应符合下列规定：

①托梁、底部框架-抗震墙砌体房屋中的框架梁和框架柱、边框柱等构件、节点核芯区，混凝土强度等级不应低于 C30；过渡层底板和落地混凝土墙的强度等级不应低于 C25；

②底部采用部分框支抗震墙的配筋砌块砌体抗震墙结构时，框支梁和框支柱等转换构件、节点核芯区、落地混凝土墙和转换层楼板，其混凝土的强度等级不应低于 C30；

③构造柱、圈梁、水平现浇钢筋混凝土带及其它各类构件不应低于 C20，芯柱不应低于 Cb20。

3）钢筋材料应符合下列规定：

①钢筋宜采用 HRB400 级和 HRB335 级钢筋，也可采用 HPB235 级钢筋和 RRB400 级钢筋；

②托梁、框架梁、框架柱、边框柱等混凝土构件和落地混凝土墙，其普通受力钢筋宜优先选用 HRB400 钢筋。

（二）砖砌体房屋钢筋混凝土构造柱

（1）构造柱设置原则

砖砌体房屋进行现浇混凝土构造柱设置时，除应符合现行国家标准《建筑抗震设计规范》GB50011 的要求外，尚应符合下列要求：

1）下列情况下的房屋，在外墙四角和对应转角处宜设置构造柱，且构造柱间距不宜大于 11m：

①8 度时单层房屋；

②一般情况下，6 度的三层房屋、7 度的二层房屋；

③横墙较少且为乙类设防时，6 度的二层房屋、7 度的单层房屋；

④横墙很少且为乙类设防时，6 度的单层房屋；

⑤有错层部位的多层房屋。

2）有错层部位的多层房屋，错层部位应设置墙，在错层部位的纵横墙交接处应设置构造柱；

3）6 度时三层及三层以下房屋，在楼梯间四角的墙体，宜设置构造柱。

（2）构造柱构造要求

构造柱最小截面尺寸不宜小于 240mm×240mm（墙厚 190mm 时为 240mm×190mm）；构造柱配筋宜符合表 6-5-3 的要求：

表 6-5-3 构造柱的纵筋和箍筋设置要求

位置	纵向钢筋			箍筋		
	最大配筋率/%	最小配筋率/%	最小直径/mm	加密区范围/mm	加密区间距/mm	最小直径/mm
角柱	1.8	0.8	14	全高	100	6
边柱			14	上端 700 下端 500		
中柱	1.4	0.6	12			

（三）砖砌体房屋圈梁

多层砖砌体房屋的圈梁，除应符合现行国家标准《建筑抗震设计规范》GB 50011 要求外，尚应符合下述构造要求：上部各楼层处圈梁截面高度不宜小于 120mm，圈梁纵向钢筋应采用强度等级不低于 HRB 335 的钢筋，6、7 度时不小于 4 Φ10，8 度时不小于 4 Φ12，9 度时不小于 4 Φ14。

（四）砖、砌块砌体房屋楼、屋盖构件与承重墙构件的相互连接。

（1）必须保证钢筋混凝土预制楼板在梁、承重墙上具有足够的搁置长度。当圈梁未设在板的同一 标高时，板端的搁置长度，在外墙上不应小于 120mm，在内墙上，不应小于 100mm，在梁上不应小于 80mm，当采用硬架支模连接时，搁置长度允许不满足上述要求；

（2）当圈梁设在板的同一标高时，钢筋混凝土预制楼板端头应伸出钢筋，与墙体的圈梁相连接。当圈梁设在板底时，房屋端部大房间的楼盖，6 度时房屋的屋盖和 7 ~ 9 度时房屋的楼、屋盖，钢筋混凝土预制板应相互拉结，并应与梁、墙或圈梁拉结；

（3）钢筋混凝土预制楼板侧边之间应留有不小于 20mm 的空隙，相邻跨预制楼板板缝宜贯通，当板缝宽度不小于 50mm 时应配置板缝钢筋；

（4）当板的跨度大于 4.8m 并与外墙平行时，靠外墙的预制板侧边应与墙或圈梁拉结；

（5）装配整体式钢筋混凝土楼、屋盖，应在预制板迭合层上双向配置通长的水平钢筋，预制板应与后浇的迭合层有可靠的连接，后浇迭合层应跨越承重内墙或梁，伸入外墙内长度应不小于 120mm 和 1/2 墙厚，保证预制整体式楼板的整体工作；

（6）采用现浇楼板时可不另设置水平圈梁，但必须加强现浇楼板沿抗震墙体周边均应加强配筋并应与相应的构造柱可靠连接；现浇板应跨越全部承重内墙或梁，伸入外墙内长度应不小于 120mm。

（五）6、7 度时长度大于 7.2m 的大房间，以及 8 度时外墙转角及内外墙交接处，墙体应沿墙高每隔 500mm 通长设置不少于 2 Φ6 水平纵向钢筋与Φ4 分布短钢筋平面内点焊组成的拉结网片或多4 点焊水平钢筋网片，内墙设置的通长水平钢筋拉结网片向内延伸一个开间或进深。

（六）层高超过 3.6m 的砖砌体房屋，6、7 度时底部 1/3 楼层，8、9 度时底部 1/2 楼层，纵横墙交接处应设置构造柱，并应采用符合组合墙抗震墙；上部其余各层，纵横墙交接处宜设置构造柱。

（七）对 8、9 度设防的砖砌体房屋，当平面长宽比大于 4 时房屋的两尽端横墙，如平面刚度中心与平面质心的偏置距离超过该方向平面长度的 1/4 时房屋刚度较弱一侧的端墙，宜采取下列加强措施：

（1）在底部1/2楼层高度范围内，宜采用符合水平配筋砖墙要求；

（2）在上部其余楼层，沿墙高每隔500mm设置不少于2Φ6通长水平纵向钢筋和Φ4分布短钢筋平面内点焊组成的拉结网片或Φ4点焊钢筋网片，并按受拉钢筋锚入构造柱内。

（八）水平配筋砖墙的构造应符合下列要求：

（1）层间墙体竖向截面内均匀设置的通长水平纵向钢筋的配筋率应为0.07%～0.17%；

（2）水平分布钢筋竖向间距不应大于400mm；

（3）水平纵向钢筋端部伸入与该墙垂直的墙体中的锚固长度不宜小于300mm，伸入构造柱的锚固长度不宜小于250mm。

复习思考题

第一节

1. 何谓浅基础？浅基础有哪些类型？
2. 为什么无筋扩展基础台阶宽高必须满足允许值的要求？
3. 何为深基础？深基础有哪些常见类型？
4. 基础底板受力钢筋的钢筋保护层厚度是怎样规定的？
5. 桩基础由哪几部分组成？适用范围。

第二节

1. 钢筋混凝土梁、板中通常配置哪几种钢筋？各种钢筋的作用是什么？
2. 梁、板的纵向受力钢筋直径、根数、间距有何规定？
3. 混凝土保护层的作用、混凝土最小保护层厚度是怎样规定的？
4. 梁的箍筋有哪些主要构造要求？
5. 何种条件下梁要设纵向构造钢筋？直径、间距有何要求？

第三节

1. 何谓单向板？何谓双向板？如何判别？
2. 现浇整体式楼盖可分为哪几种类型？
3. 单向板中有哪些受力钢筋和构造钢筋？如何设置？
4. 肋形楼盖板中受力钢筋有哪两种配置方式？各有何特点？
5. 次梁中的受力钢筋是如何弯起与切断的？
6. 主梁在与次梁相交处增设附加钢筋的作用是什么？如何设置？
7. 双向板中受力钢筋是怎样布置的？支座负筋伸出支座边的长度应为多少？
8. 板式楼梯和梁式楼梯有何区别？各适用于哪种情况？两者踏步板的配筋有何不同？

第四节

1. 多高层建筑怎样定义？多、高层建筑的结构体系有哪些？

2. 现浇框架顶层边节点梁柱钢筋的搭接方案有哪两种?
3. 需抗震设防时梁、柱的箍筋加密区是如何规定的?
4. 框架节点构造有哪些?熟悉框架节点构造。
5. 框架结构对材料的选择有哪些基本要求?

第五节

1. 防止墙体开裂的措施?
2. 试述多层砌体房屋抗震的一般规定。
3. 分别试述多层黏土砖、和底部框架-抗震墙房屋的抗震构造措施。

第七章　建　筑　施　工

第一节　地基与基础工程

一、土石方工程

土石方工程是建筑工程基础施工中的重要施工过程之一，包括场地平整、基坑及沟槽的土石方开挖、土方回填与压实等主要工程，以及场地清理、测量放线、施工排水、降水、土壁支撑等准备工作与辅助工作。

土石方工程施工要求标高、断面准确，土体有足够的强度和稳定性，工期短，费用省。在施工前，首先要进行调查研究，了解土壤的种类和工程性质，土方工程的施工工期、质量要求及施工条件，施工地区的地形、地质、水文、气象等资料，编制切实可行的施工组织设计，拟订合理的施工方案。

（一）土（岩）的分类与工程性质

（1）土（岩）的分类

在建筑工程施工中，根据土（岩）的开挖难易程度或其坚硬状态将土石分为 8 类，如表 7-1-1 所示。

表 7-1-1　土的工程分类

类别	土的名称	开挖方法	密度/（t/m^3）	可松性系数	
				k_s	k'_s
一类土（松软土）	砂，粉土，冲积砂土层，种植土，泥炭（淤泥）	用锹、锄头挖掘	0.6~1.5	1.08~1.17	1.01~1.04
二类土（普通土）	粉质黏土，潮湿的黄土，夹有碎石、卵石的砂，种植土，填筑土和粉土	用锹、锄头挖掘，少许用镐翻松	1.1~1.6	1.14~1.28	1.02~1.05
三类土（坚土）	软及中等密实黏土，重粉质黏土，粗砾石，干黄土及含碎石、卵石的黄土，粉质黏土，压实的填土	主要用镐，少许用锹、锄，部分用撬棍	1.75~1.9	1.24~1.30	1.04~1.07
四类土（砂砾坚土）	重黏土及含碎石、卵石的黏土，粗卵石，密实的黄土，天然级配砂石，软泥灰岩及蛋白石	主要用镐、撬棍，部分用楔子及大锤	1.9	1.26~1.37	1.06~1.09
五类土（软石）	硬石炭纪黏土，中等密实的页岩、泥灰岩、白垩土，胶结不紧的砾岩，软的石灰岩	用镐或撬棍、大锤，部分用爆破方法	1.1~2.7	1.30~1.45	1.10~1.20

续表

类别	土 的 名 称	开 挖 方 法	密度 (t/m^3)	可松性系数	
				k_s	k'_s
六类土（次坚石）	泥岩，砂岩，砾岩，坚实的页岩，泥灰岩，密实的石灰岩，风化花岗岩、片麻岩	用爆破方法，部分用风镐	2.2～2.9	1.30～1.45	1.10～1.20
七类土（坚石）	大理岩，辉绿岩、玢岩，粗、中粒花岗岩，坚实的白云岩、砾岩、砂岩、片麻岩、石灰岩，风化痕迹的安山岩、玄武岩	用爆破方法	2.5～3.1	1.30～1.45	1.10～1.20
八类土（特坚石）	安山岩，玄武岩，花岗片麻岩，坚实的细粒花岗岩、闪长岩、石英岩、辉长岩、辉绿岩、玢岩	用爆破方法	2.7～3.3	1.45～1.50	1.20～1.30

（2）土的组成和土的工程性质

1）土的组成：土是岩石的风化产物，是松散的矿物颗粒堆积体，一般由矿物颗粒（固相）、孔隙中的水（液相）和气体（气相）三部分组成，这三部分之间的比例关系随着周围条件的变化而变化，反映出土的不同物理状态，这对于评价土的工程性质等具有重要意义。

土的三相组成一般用三相示意图表示，如图 7-1-1 所示。

图中符号：

m—土的总质量（$m = m_s + m_W$）(kg)；

m_s—土中固体颗粒的质量 (kg)；

m_w—土中水的质量 (kg)；

V_s—土中固体颗粒的体积 (m^3)；

V—土的总体积（$V = V_a + V_w + V_s$）(m^3)；

V_a—土中空气体积 (m^3)；

V_w—土中水的体积 (m^3)；

V_v—土中孔隙体积（$V_v = V_a + V_w$）(m^3)。

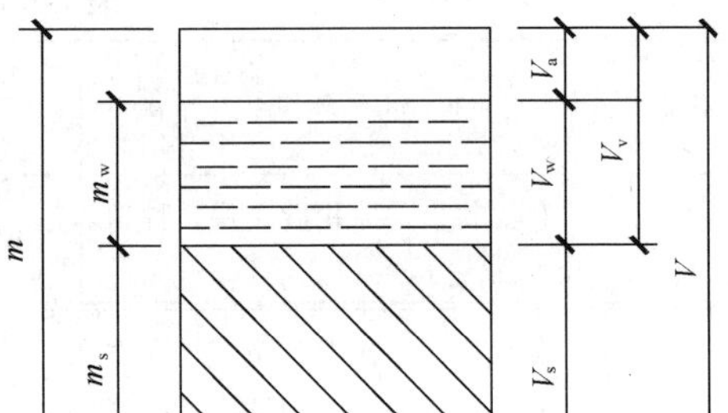

图 7-1-1　土的三相示意图

2）土的工程性质：

①土的天然含水量。天然含水量是土中水的质量与土的固体颗粒的质量之比，以百分数表示。

$$w = \frac{m_w}{m_s} \times 100\% = \frac{G_{湿} - G_{干}}{G_{干}} \times 100\% \tag{7-1-1}$$

土的含水量影响土方的施工方法选择、边坡的稳定和回填土的质量，如当土的含水量超过 25%～30% 时，采用机械施工就较困难，一般土的含水量超过 20% 就会使运土汽车打滑或陷车。

②土的天然密度和干密度。土的天然密度：天然密度是土在天然状态下单位体积的质量，用 ρ 表示，单位为 g/cm^3 或 t/m^3。

$$\rho = \frac{m}{V} \tag{7-1-2}$$

土的干密度：干密度是单位土体积中，固体颗粒的质量，用 ρ_d 表示，单位为 g/cm^3 或 t/m^3。

$$\rho_d = \frac{m_s}{V} = \frac{\rho}{1+w} \tag{7-1-3}$$

土的天然密度影响土的承载力、土压力及边坡的稳定性。土的干密度愈大，表示土愈密实，工程上常把干密度作为检验土体密实程度的标准，以控制填土工程的质量。

③土的渗透性。土的渗透性指水在土体中渗流的性能，即土体透过水的性能，也称透水性。一般用渗透系数 K 来表示，K 值表示水在土中的渗透速度，其单位为 cm/s（厘米/秒）、m/h（米/时）或 m/d（米/天），其值应由试验确定，表 7-1-2 的数值可供参考。

表 7-1-2　土的渗透系数参考值

土的名称	渗透系数 K/（m/d）	土的名称	渗透系数 K/（m/d）
黏　　土	<0.005	中砂	5～20
粉质黏土	0.005～0.10	均质中砂	35～50
粉　　土	0.10～0.50	粗砂	20～50
黄　　土	0.25～0.50	圆砾石	50～100
粉　　砂	0.50～1.00	卵石	100～500
细　　砂	1.00～5.00		

在基坑降低地下水位施工中，应根据土层的渗透系数，确定降水方案；土方填筑时，根据不同土层的渗透系数确定其施工铺填顺序。

④土的可松性。是指天然土经开挖后，组织破坏，其体积因松散而增加，以后虽经振动夯实，仍不能恢复原来的体积。土的可松性程度一般以可松性系数表示：

$$\text{最初可松性系数 } k_s = \frac{\text{土经开挖后的松散体积 } V_2}{\text{土在天然状态下的体积 } V_1} \tag{7-1-4}$$

$$\text{最终可松性系数 } k'_s = \frac{\text{土经回填压实后的体积 } V_3}{\text{土在天然状态下的体积 } V_1} \tag{7-1-5}$$

土的可松性系数是挖填土方时，计算土方机械生产率、回填方量、运输机具数量、场地平整规划竖向设计、土方平衡调配的重要参数。

⑤土方边坡坡度及坡度系数。在土方施工中，为防止塌方，保证土体的稳定性和施工安全，基坑及各类挖方和填方的边沿，都作成一定形状的边坡。边坡的形式如图 7-1-2 所示，边坡坡度是以边坡高度 H 与边坡在水平面的投影宽度 B 之比来表示，即

$$\text{边坡坡度} = \frac{H}{B} = \frac{1}{B/H} = 1:m \tag{7-1-6}$$

式中　$m = B/H$，称为坡度系数。

边坡坡度应根据土质、开挖深度、开挖方法、施工工期、地下水位、坡顶荷载及气候条件等因素确定。边坡可做成如图 7-1-2 所示的直线形、折线形或阶梯形。

图 7-1-2　土方边坡

（二）场地平整与土方开挖

（1）场地平整与土方调配

1）场地平整：场地平整是将需进行建筑范围内的自然地面，通过人工或机械挖填平整改造成为设计所需要的平面，以利现场平面布置和文明施工，场地平整是工程开工前的一项重要内容。

场地平整前首先进行现场勘察，清除障碍物，然后根据总图要求的标高，从水准基点引进基准标高作为确定土方量计算的基点。平整前应确定场地的设计标高，用方格网法或横截面法计算挖填土方量，以此决定场地内挖方和填方的平衡调配方案，再根据工程规模、施工工期、现有设备条件，选择土方机械。

大面积的场地平整正确选择设计标高是十分重要的。场地的设计标高一般在设计文件上规定，若设计文件没有规定时，对中小型场地可采用场地内挖填平衡原则确定；对大型场地宜作竖向规划设计。

设计标高确定应满足生产工艺和运输的要求，尽量利用地形，以减少挖填方数量，场地内的挖填方量力求平衡，以使土方运输费用最少，要有一定的泄水坡度，满足排水要求。

场地平整的一般要求有平整场地应做好地面排水，平整场地的表面坡度应符合设计要求，如设计无要求时，排水沟方向作成不小于0.2%的坡度；平整后的场地表面应逐点检查，检查点为每 100 ~ 400m^2 取 1 点，但不少于 10 点；长度、宽度和边坡均为每 20m 取 1 点，每边不少于 1 点，其质量检验标准应符合规范要求。场地平整应经常测量和校核其平面位置、水平标高和边坡坡度是否符合设计要求。平面控制桩和水准控制点应采取可靠措施加以保护，定期复测和检查，土方不应堆在基坑边缘。

2）土方调配：土方调配就是对挖土的利用、堆弃和填土的取得三者之间的关系进行综合协调的处理，即确定挖填方区土方的调配方向和数量，使土方运输量或土方运输成本最小，达到缩短工期和提高经济效益的目的。

进行土方调配，必须综合考虑工程情况、施工进度要求、土方施工方法、土方的堆放和调运等，尽可能做到近期远期施工结合，场地内挖填平衡、运距短、费用省，避免重复挖填和运输。

（2）土方开挖

1）浅基坑、基槽和管沟开挖：浅基坑、基槽和管沟的土方开挖时，应先测量定位，抄平放线，然后自上而下水平分层分段进行，并根据土质和水文条件采取在四周或两侧直立、放坡或设支撑开挖以保证施工操作安全，边挖边检查坑底宽度、标高及坡度等。

开挖应尽量防止对地基土的扰动，当采用人工开挖时，若基坑开挖后不立即进行下道工序时，应在基底预留 15 ~ 30cm 的土层不挖，待下道工序开始前再挖至设计标高。当采用机械开挖时，为避免破坏基底土，应在基底标高以上预留 20 ~ 30cm 厚的土层由人工挖掘修整。

①直立壁开挖不加支护。当地质条件良好，土质均匀且地下水位低于基坑（槽）或管沟底面标高时，挖方边坡可作成直立壁而不加支撑，但深度不宜超过下列规定：

密实、中密的砂土和碎石类土（充填物为砂土）——1. 00m；

硬塑、可塑的粉质黏土及粉土——1. 25m；

硬塑、可塑的黏土和碎石类土（填充物为黏性土）——1. 50m；

坚硬的黏土——2. 00m。

②放坡开挖。当不满足直立开挖的条件时，应根据土质和施工具体情况进行放坡开挖，以保证不塌方，其临时性挖方边坡可按表 7-1-3 采用，放坡后基坑上口宽度应由基坑底面宽度及边坡宽度来决定，基坑底面宽度每边应比基础宽 15 ~ 30cm，以便施工操作。

表 7-1-3　临时性挖方边坡值

土的类别		边坡值（高:宽）
砂土（不包括细砂、粉砂）		1:1. 25 ~ 1:1. 50
一般黏性土	硬	1:0. 75 ~ 1:1. 00
	硬塑	1:1. 0 ~ 1:1. 25
	软	1:1. 50 或更缓
碎石类土	充填坚硬、硬塑黏性土	1:0. 5 ~ 1:1. 0
	充填砂土	1:1. 0 ~ 1:1. 50

注：设计有要求时，应符合设计标准；如采用降水或其他加固措施，可不受本表限制，但应计算复核；开挖深度对软土不超过 4m，对硬土不超过 8m。

③浅基坑、基槽和管沟的支撑。开挖较窄的基槽和管沟多用横撑式支撑，如图 7-1-3 所示。横撑式支撑根据挡土板的不同，分为水平挡土板和垂直挡土板两类。水平挡土板式是由挡土板、竖楞木和横撑三部分组成，按挡土板的布置可分为断续式和连续式两种，湿度小的黏性土挖土深度小于 3m 时，可用断续式水平挡土板支撑；松散、湿度大的土可用连续式水平挡土板支撑，挖土深度可达 5m；松散和湿度很高的土可用垂直挡土板支撑，挖土深度不限。

采用横撑式支撑时，应随挖随撑，施工中应经常检查。支撑的拆除应按回填顺序依次进行，多层支撑应自下而上逐层拆除，随拆随填。拆除支撑时，应防止附近建筑物和构筑物等产生下沉和破坏，必要时应采取妥善的保护措施。

浅基坑可采用斜柱支撑、型钢桩横挡板支撑、锚拉支撑及临时挡土墙等支撑形式。

2）深基坑开挖：深基坑开挖前，应根据工程结构形式、埋置深度、地质、水位、气候条件、周围环境、施工方法、工期和地面荷载等有关资料，确定深基坑开挖方案和降水施工方案。深基坑开挖方案的内容主要包括：支护结构的类型或放坡要求，施工机械选择，基坑开挖时间，分层开挖深度及开挖顺序，坡道位置和车辆进出场道路，施工进度和劳动组织，降、排水措施，监测要求，施工质量和安全措施等。

深基坑施工前必须做好地面排水和降低地下水位的工作，地下水位应降低至基坑底面以下 0.5～1.0m 后方可开挖。开挖时在基坑边缘堆置土方和材料，或沿挖方边缘移动运输工具和机械，一般距基坑上部边缘不少于 1.2m，弃土堆置高度不应超过 1.5m，在垂直的坑壁边，此安全距离还应适当加大。采用放坡开挖的深基坑，应进行边坡稳定验算。较深的基坑应分层开挖，分层厚度依土质情况而定，不宜太深，以防止卸载过快有效应力减少，抗剪强度降低，而引起边坡失稳。

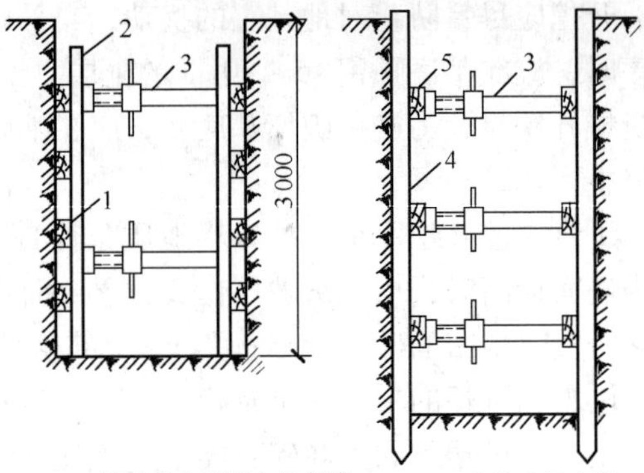

(a) 断续式水平挡土板支撑　(b) 垂直挡土板支撑

1—水平挡土板；2—竖楞木；3—工具式横撑；4—竖直挡土板；5—横楞木

图 7-1-3　横撑式支撑

有支护结构的深基坑开挖前，应熟悉支护结构支撑系统的设计图纸，掌握支撑设置方法、第一道支撑的位置、预应力的大小等设计要求。开挖必须遵守“由上而下，先撑后挖，分层开挖，严禁超挖”的原则，支撑与挖土密切配合，严禁超挖，每次开挖深度不得超过支撑位置以下 50cm，避免立柱及支撑出现失稳的危险。在必要时，应分段分层快挖快撑，充分利用土体结构的空间作用，减少支护的墙体变形。在挖土和支撑过程中，对支撑系统的稳定性要有专人检查、观测，并做好记录。发生异常，应立即查清原因，采取针对性技术措施。

基坑开挖验槽后，应立即进行垫层和基础施工，防止暴晒和雨水侵蚀，破坏基坑的原状结构。

（三）基坑（槽）排水与降水

在开挖基坑、基槽或其他土方工程施工时，当基坑底面标高低于地下水位时，由于土的含水层被切断，地下水将会不断地渗入坑内。为保证基坑能在干燥条件下施工，防止边坡失稳、基坑流砂、坑底隆起、坑底管涌和地基承载力下降，必须做好基坑排水与降水工作。

地面的雨水、施工用水及场地内生活污水等的排除常采用在基坑四周设置排水沟、截水沟或筑土堤等方法，尽量利用原有的排水系统。

（1）集水井降水法

集水井降水法是在基坑开挖时，在坑底设置集水井，并沿坑底的周围或中央开挖排水沟，使水由排水沟流入集水井内，然后用水泵抽出坑外。

四周的排水沟及集水井应设置在基础边线 0.4m 以外，地下水流的上游。根据地下水量、基坑平面形状及水泵能力，集水井在基坑四角或每隔 20～40m 设置一个，集水井的直径或宽度一般为 0.7～0.8m，井壁可用竹、木或砌筑等简易加固。排水沟底宽一般不小于 300mm，沟底纵向坡度宜控制在 1‰～2‰，排水沟至少比基坑底低 0.4～0.5m，集水井底应比排水沟底低 0.5m 以上，随着基坑开挖逐步加深。当基坑挖至设计标高后，井底应低于基坑底1~2m，并铺设0.3m碎石滤水层，以免在抽水时将泥砂抽出，并防止井底的土被搅动。

（2）井点降水法

井点降水法就是在基坑开挖前，预先在基坑四周埋设一定数量的滤水管（井），利用抽水设备不断抽出地下水，使地下水位降低到基底标高以下，并保持至回填完成或地下结构有足够的抗浮能力为止。

井点降水可解决地下水涌入坑内的问题，可防止边坡由于受地下水流的冲刷而引起的塌方，可使坑底的土层消除地下水位差引起的压力，防止坑底土的上冒。由于没有水压，可使支护结构减少水平荷载，由于没有地下水的渗流，也可消除流砂现象。降低地下水位后，由于土体固结，还能使土层密实，增加地基土的承载能力。

井点降水的方法有轻型井点、电渗井点、喷射井点、管井井点及深井井点等，可根据土的渗透系数、降低水位的深度、工程特点及设备条件等参照表7-1-4选择。

表7-1-4　井点类型、适用范围及主要原理

井点类型	土层渗透系数/（m/d）	降低水位深度/m	最大井距/m	主要原理
单级轻型井点	0.1~20	3~6	1.6~2	地上真空泵或喷射嘴真空吸水
多级轻型井点		6~20		
喷射井点	0.1~20	8~20	2~3	水下喷射嘴真空吸水
电渗井点	<0.1	根据选用井点确定	极距1	钢筋阳极加速渗流
管井井点	20~200	3~5	20~50	单井真空泵、离心泵
深井井点	10~250	>15	30~50	单井潜水泵排水

（3）降水对周围建筑的影响及防止措施

在弱透水层和压缩性大的黏土层中降水时，由于地下水流失造成地下水位下降、地基自重应力增加和土层压缩等原因，地基会产生较大的沉降；又由于土层的不均匀性和降水后的地下水位呈漏斗曲线，四周土层的自重应力变化不一而导致不均匀沉降，使周围建筑物基础下沉或房屋开裂。因此，在建筑物附近进行井点降水时，应防止降水对周围建筑物影响。

为防止降水对周围建筑物的影响，可在降水区域和原有建筑物之间的土层中设置一道固体抗渗屏幕，还可用回灌井点补充地下水的办法来保持地下水位，使原有建筑物下的地下水位保持不变或降低较少，从而阻止原有建筑物下地下水的流失，使地面不沉降或沉降量减少。

（四）土方工程的机械化施工

在土方工程中，应尽可能采用机械施工，以减轻繁重的体力劳动，加快施工进度。土方工程施工机械主要有挖掘机械，如单斗或多斗挖土机；挖运机械，如推土机、铲运机、装载机；运输机械，如翻斗车、汽车；压实机械，如碾压机、打夯机。

（1）推土机

推土机实际上为一种装有铲刀的拖拉机，按行走方式分轮胎式和履带式；按铲刀操作机构分为索式和液压式；按铲刀的安装方式分为固定式和回转式。

推土机是一种自行式的挖土、运土机具，其构造简单，操作灵活，运转方便，工作面小，功率大，行驶快，易转移，能爬30°的缓坡。推土机的生产率主要决定于推土刀推移土的体积及切土、推土、回程等工作循环时间。可用于场地清理和平整、开挖深度1.5m以内的基坑，填平沟坑，推筑高度小于1.5m的路基、堤坝，平整其他机械卸置的土堆，在推土机后面可安装松土装置，破、松硬土和冻土，也可拖挂羊足碾进行土方压实工作。

推土机可推挖一至三类土，经济运距100m以内，效率最高为40~60m。

(2) 铲运机

铲运机由牵引机械和土斗组成，能独立完成铲土、运土、卸土、填筑、整平等工作。铲运机按行走方式分为拖式和自行式；按铲斗的操作机构分为索式和液压式。

铲运机对道路要求较低，操纵灵活，行驶速度快，生产率高。铲运机的生产率主要取决于土斗装土的体积和铲土、运土、回程的工作循环时间。可用于大面积的场地平整，开挖大型基坑，填筑堤坝和路基等，最宜于开挖含水量不超过27%的一至三类土，对硬土需用松土机预松后才能开挖。

铲运机的经济运距在800~1 500m，效率最高200~300m，故规划铲运机开行路线时，应力求符合经济运距要求。

(3) 单斗挖土机

单斗挖土机是基坑（槽）等土方开挖的常用机械。按行走装置不同分为履带式和轮胎式；按操纵机构分为机械式和液压式；按工作装置分为正铲、反铲、拉铲、抓铲，如图7-1-4所示。

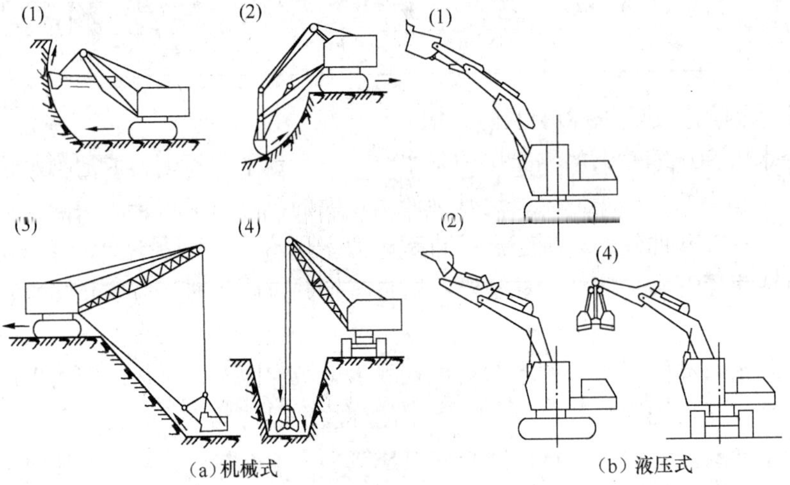

(1) 正铲；(2) 反铲；(3) 拉铲；(4) 抓铲

图7-1-4 单斗挖土机

1) 正铲挖土机的挖土特点：前进向上，强制切土。挖掘力大，生产率高，可用于开挖停机面以上含水量不大于27%的一至三类土，需与汽车配合。挖土机的生产率取决于每斗的装土量和每斗作业的循环延续时间。

正铲挖土机根据挖土机的开挖路线与运输工具的相对位置不同，其挖土方式分为正向挖土侧向卸土和正向挖土后方卸土。

①正向挖土侧向卸土。挖土机沿前进方向挖土，运输工具停在侧面装土。该方法挖土机卸土时，动臂回转角度小，运输工具行驶方便，生产率高，采用较多，如图 7-1-5（a）所示。

②正向挖土后方卸土。挖土机沿前进方向挖土，运输工具停在挖土机后方装土。该方法所挖的工作面较大，但回转角度大，生产率低，运输工具倒车开入，一般用于开挖施工区域的进口处及工作面狭小且较深的基坑，如图 7-1-5（b）所示。

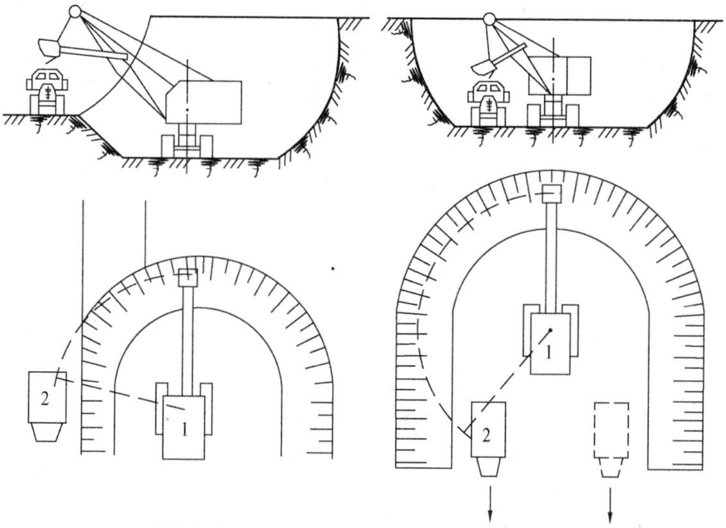

1—正铲挖土机；2—自卸汽车

图 7-1-5　正铲挖土机开挖方式

2）反铲挖土机的挖土特点：后退向下，强制切土。挖掘力较正铲小，能开挖停机面以下的一至三类土，适于开挖基坑、基槽、管沟，有地下水的土或泥泞土每层经济合理的开挖深度 1.5～3.0m，可用于有地下水的土壤或泥泞土壤。

反铲挖土机的作业方式如图 7-1-6 所示，可分为沟端开挖和沟侧开挖。

①沟端开挖。挖土机停在沟端，向后倒退着挖土，汽车停在两旁装土。挖土方便，开挖的深度、宽度较大。当开挖大面积的基坑时，可分段开挖；当开挖深基坑时，可分层开挖。

②沟侧开挖。挖土机沿沟槽一侧直线移动，边走边挖。挖土宽度和深度较小，边坡不易控制，机身停在沟边稳定性较差。

3）拉铲挖土机的挖土特点：后退向下，自重切土。挖土深度和挖土半径较大，能开挖停机面以下的一至二类土，工作装置简单，可由起重机改装，铲斗悬挂在钢丝绳下而不需要刚性斗柄，土斗借自重使斗齿切入土中。常用于开挖大型基坑和沟槽，拉铲挖土机可采用沟端开挖和沟侧开挖的作业方式。

4）抓铲挖土机的挖土特点：直上直下，自重切土。挖掘力较小，能开挖停机面以下一至二类土，常用于独立基础、沉井和水下挖土，还可以用于装卸碎石、矿渣等松散材料。

在组织土方工程机械化施工时，必须使主导机械和辅助机械的台数相互配套，协调工作。挖土机数量应根据土方量大小、工期长短、经济效果等确定，与挖土机配合作业的自卸汽车，其载重量一般宜为挖土机每斗土重量的 3～5 倍，配置的数量应能保证挖土机连

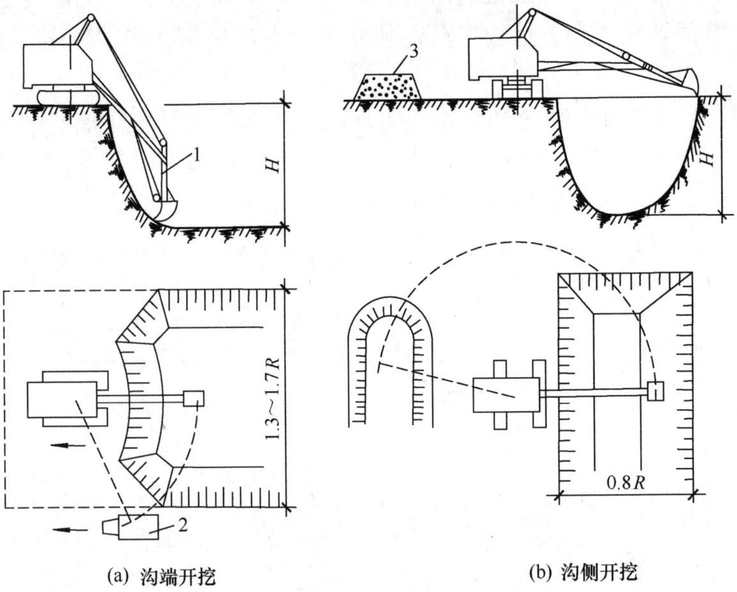

1—反铲挖土机；2—自卸汽车；3—弃土堆

图 7-1-6　反铲挖土机的开挖方式

续工作。

（五）土方填筑与压实

由于土壤是由矿物颗粒、水、气体组成的三相体系，具有弹性、塑性和黏滞性。其特征是分散性大，颗粒之间没有坚强的联结，水溶液易浸入。因此，分散土在外力作用或自然条件下遭到水的浸入和冻融都会产生变形。为了使填土满足强度以及稳定性要求，就必须正确选择填筑土料和施工方法，合理选择填筑与压实的机械，作好填方边坡的设计。

（1）土料的选用

填方土料的选择应符合设计要求，保证填方的强度和稳定性，如设计无要求时，应符合以下规定：

1）碎石类土、砂土和爆破石渣（粒径不大于每层铺土厚度的2/3），可用于表层下的填料；

2）含水量符合压实要求的黏性土，可作各层填料；

3）碎块草皮和有机质含量大于8%的土，仅用于无压实要求的填方；

4）淤泥和淤泥质土，一般不能用作填料，但在软土地区，经过处理后，含水量符合压实要求的，可用于填方中的次要部位；

5）含盐量符合规定的盐渍土，一般可以使用，但填料中不得含有盐晶、盐块或含盐植物的根茎；

6）冻土、膨胀性土等不应作为填方土料。

（2）填筑方法

1）填方基底的处理：填方基底的处理应符合设计要求及下列规定：场地回填应先清除基底上垃圾、草皮、树根，排除坑穴中积水、淤泥和杂物，并应采取措施防止地表滞水流入填方区，浸泡地基，造成基土下陷。当填方基底为耕植土或松土时，应将基底充分夯实和碾压密实；当填方位于水田、沟渠、池塘或含水量很大的松散土地段，应根据具体情况采取排水疏干，或将淤泥全部挖出换土、抛填片石、填砂砾石、翻松、掺石灰等措施进行处理；当填土场地地面陡于1/5时，应先将斜坡挖成阶梯形，台阶高0.2～0.3m，台阶宽大于1m，然后分层填土，以利结合和防止滑动。

2）填土压实的一般要求：

①填土应尽量采用同类土填筑，并宜控制土的含水率在最佳含水量范围内。当采用不同的土填筑时，应按土类有规则地分层铺填，将透水性大的土层置于透水性较小的土层之下，不得混杂使用，边坡不得用透水性较小的土封闭，以利水分排除和基土稳定，并避免在填方内形成水囊和产生滑动现象。

②填土应从最低处开始，由下向上整个宽度分层铺填碾压或夯实。

③在地形起伏之处，应做好接槎，修筑1:2阶梯形边坡，每台阶高可取0.5m、宽1m。分段填筑时每层接缝处应作成大于1:1.5的斜坡，碾迹重叠0.5～1.0m，上下层错缝距离不应小于1m。接缝部位不得在基础、墙角、柱墩等重要部位。

④填土应预留一定的下沉高度，以备在行车、堆重或干湿交替等自然因素作用下，土体逐渐沉落密实。预留沉降量根据工程性质、填方高度、填料种类、压实系数和地基情况等因素确定。当土方用机械分层夯实时，其预留下沉高度（以填方高度的百分数计）对砂土为1.5%，对粉质黏土为3%～3.5%。

⑤基坑基槽回填应在相对两侧或四周同时进行分层回填与夯实。

⑥回填管沟时，应用人工先在管子周围填土夯实，并应从管道两边同时进行，直至管顶0.5m以上，在不损坏管道的情况下，方可采用机械填土回填夯实。

3）填方边坡：填方的边坡坡度应根据填方高度、土的种类及其重要性在设计中加以规定，当设计无规定时，可按表7-1-5和表7-1-6采用。

表7-1-5　永久性填方边坡的高度限值

项　次	土 的 种 类	填方高度/m	边坡坡度
1	黏土类土、黄土、类黄土	6	1:1.50
2	粉质黏土、泥灰岩土	6～7	1:1.50
3	中砂或粗砂	10	1:1.50
4	砾石和碎石土	10～12	1:1.50
5	易风化的岩土	12	1:1.50
6	轻微风化、尺寸25 cm内的石料	6以内 6～12	1:1.33 1:1.50
7	轻微风化、尺寸大于25cm的石料、边坡用最大石块、分排整齐铺砌	12以内	1:1.50～1:0.75
8	轻微风化、尺寸大于40cm的石料、其边坡分排整齐	5以内 5～10 >10	1:0.50 1:0.65 1:1.00

注：当填方高度超过本表规定限值时，其边坡可做成折线形，填方下部的边坡坡度应为1:1.75～1:2.00；凡永久性填方，土的种类未列入本表的，其边坡坡度不得大于$\varphi+45°/2$，φ为土的自然倾斜角。

表 7-1-6　压实填土的边坡允许值

填料类别	压实系数 λ_c	边坡坡度允许值（高宽比）			
		填料厚度 H/m			
		$H \leqslant 5$	$5 \leqslant H \leqslant 10$	$10 \leqslant H \leqslant 15$	$15 \leqslant H \leqslant 20$
碎石、卵石	0.94～0.97	1∶1.25	1∶1.50	1∶1.75	1∶2.00
砂夹石（其中碎石、卵石占全重30%～50%）		1∶1.25	1∶1.50	1∶1.75	1∶2.00
土夹石（其中碎石、卵石占全重30%～50%）		1∶1.25	1∶1.50	1∶1.75	1∶2.00
粉质黏土、黏粒含量≥10%的粉土		1∶1.50	1∶1.75	1∶2.00	1∶2.25

注：当压实填土厚度大于20m时，可设计成台阶进行压实填土的施工；对使用时间较长的临时性填方边坡坡度，当填方高度小于10m时，可采用1∶1.5；超过10m，可做成折线形，上部采用1∶1.5，下部采用1∶1.75。

（3）填土压实机具的选择

填土压实方法有碾压法、夯实法及振动压实法。

1）碾压法是由沿填筑面滚动的鼓筒或轮子的压力压实土壤，多用于大面积填土工程。碾压机具有平碾、羊足碾、气胎碾等。

2）夯实法是利用夯锤自由下落的冲击力来夯实土壤，主要用于小面积填方的夯实工作。夯实法的优点是可以夯实较厚的土层，且可以夯实黏性土及非黏性土，但劳动强度较大。夯实机械常用夯锤、蛙式打夯机等。

3）振动法是将重锤放在土层的表层，借助于振动设备使压实机振动，土颗粒发生相对位移而达到紧密状态。常用的平板振动器适用于小面积黏性土薄层回填土振实、较大面积砂土的回填振实以及薄层砂卵石、碎石垫层的振实。

（4）影响填土压实质量的主要因素

填土压实质量与许多因素有关，其影响的主要因素有：压实功、含水量以及每层铺土厚度。

1）压实功的影响：填土压实后的密度与压实机械在其上所作用的压实功（指压实工具的重量、碾压遍数或落锤高度、作用时间等）有一定的关系。

当土的含水量一定，在开始压实时，土的干密度急剧增加，当接近土的最大干密度时，压实功虽然增加许多，而土的干密度的变化却很小。因此，在实际施工中，应根据土的类别、填土压实的密实度要求和压实机械来决定压实的遍数。松土不宜用重型碾压机直接滚压，否则土层会出现强烈的起伏现象，效率不高。

2）含水量的影响：土中的含水量对压实效果的影响显著，当含水量较小时，由于颗粒间引力使土保持比较疏松的状态或凝聚结构，土中孔隙大都互相连通，水少而气多，在一定的外部压实功作用下，虽然土孔隙中气体易排出，密度可以增大，但由于水膜润滑作用不明显，外部功不足以克服颗粒间引力，土粒相对移动不容易，因此压实效果较差；含水量逐渐增大时，水膜变厚，颗粒间引力逐渐减小，水膜又起着润滑作用，此时外部压实功容易使土粒移动，压实效果渐佳；土中含水量过大时，孔隙中出现了大量自由水，压实功的部分作用被自由水所抵消，减小了有效压力，从而使压实效果降低。因此，在压实前应先试验以得到符合密实度要求条件下的最佳含水量和最少压实遍数。各种土壤都有其最佳含水量，在这种含水量的条件下，用同样的压实功，可使回填土达到最大的密实度。

表 7-1-7 土的最佳含水量和最大干密度参考表

项次	土 的 种 类	变 动 范 围	
		最佳含水量（质量比）/%	最大干密度/（t/m^3）
1	砂 土	8 ~ 12	1.80 ~ 1.88
2	黏 土	19 ~ 23	1.58 ~ 1.70
3	粉质黏土	12 ~ 15	1.85 ~ 1.95
4	粉 土	16 ~ 22	1.61 ~ 1.80

注：表中土的最大干密度应以现场实际达到的数字为准；一般性的回填，可不作此项测定。

土料含水量一般以手握成团，落地开花为适宜。当含水量过大，应采取翻松、晾干、风干、换土回填、掺入干土或其他吸水性材料等措施。如土料过干，则应预先洒水润湿；当含水量较小时，也可采用增加压实遍数或使用大功率压实机械等措施。

3）铺土厚度的影响：土在压实功的作用下，土体内的压应力随深度增加而逐渐减小，因而土经压实后，表面的密实度增加最大，超过一定深度后，则增加较小或没有增加，其影响深度与压实机械、土的性质及含水量等有关。铺土厚度应小于压实机械压土时的有效作用深度。

表 7-1-8 填土施工时的分层厚度及压实遍数

压实机具	分层厚度/mm	每层压实遍数
平 碾	250 ~ 300	6 ~ 8
振动压实机	250 ~ 350	3 ~ 4
柴油打夯机	200 ~ 250	3 ~ 4
人工打夯机	≤200	3 ~ 4

（5）填土压实的质量检查

填土压实后必须达到规定的密实度，以避免建筑物的不均匀沉降。填土密实度应以设计规定的控制干密度 ρ_d 或规定压实系数 λ_c 作为检查标准。

$$\text{压实系数}\ \lambda_c = \frac{\rho_d}{\rho_{d\max}} = \frac{\text{土的控制干密度}}{\text{最大干密度}} \tag{7-1-7}$$

对有密实度要求的填方，在压实后要对每层回填土的质量进行检验，一般采用环刀法（或灌砂法）取样测定土的干密度，或用小轻便触探仪直接通过锤击数来检验干密度和密实度，符合设计要求后，才能填筑上层。填土压实后的干密度，应有 90% 以上符合设计要求，其余 10% 的最低值与设计值的差，不得大于 $0.08g/cm^3$，且应分散，不得集中。

填方施工结束后应检查标高、边坡坡度、压实程度等，检验标准见表 7-1-9。

表 7-1-9　填土工程质量检验标准

项	序	检验项目	允许偏差或允许值/mm					检查方法
			桩基、基坑、基槽	场地平整 人工	场地平整 机械	管沟	地（路）面基础层	
主控项目	1	标　　高	-50	± 30	± 50	-50	-50	水　准　仪
	2	分层压实系数	设　计　要　求					按规定方法
一般项目	1	回填土料	设　计　要　求					取样检查或直观鉴别
	2	分层厚度及含水量	设　计　要　求					水准仪及抽样检查
	3	表面平整度	20	20	30	20	20	用靠尺或水准仪

二、地基处理工程

地基是指建筑物荷载作用下基底下方产生的变形不可忽略的那部分地层，作为支撑建筑物荷载的地基，必须能防止强度破坏和失稳破坏。在软弱土地基上建造建筑物或构筑物，利用天然地基往往不能满足设计要求，因为这类地基土强度低，压缩性高，使建筑物沉降或不均匀沉降，造成上部结构开裂、倾斜甚至倒塌，所以需要对地基进行人工处理，以满足结构对地基的要求。

常用的人工地基处理方法有换土垫层法、重锤夯实法、强夯法、振冲法、深层搅拌法、堆载预压法、化学加固法等方法。

（一）换填地基

采用换土垫层法来处理的软弱地基，即换填地基。换土垫层法是先将基础底面以下一定范围内的软弱土层挖去，然后回填强度较高、压缩性较低且没有侵蚀性的材料，如中粗砂、碎石或卵石、灰土、素土、石屑、矿渣等，再分层夯实，作为地基的持力层。

换土垫层法的作用在于提高地基的承载力，并通过垫层的应力扩散作用，减少垫层下天然土层所承受的压力，这样就可以减少基础的沉降量。如果在软土层上采用透水性较好的垫层如砂垫层等时，软土中的水分可以通过它较快地排出去，能够有效地缩短沉降稳定时间。实践证明，换土垫层法对于解决荷载较大的中小型建筑物的地基问题是比较有效的，且该方法能就地取材，不需特殊的机械设备，施工简便，造价低，因此得到普遍的应用。换土垫层按其回填的材料常用的有灰土垫层、砂垫层、砂（碎）石垫层等，质量标准见《建筑地基基础工程施工质量验收规范》（GB 50202—2002）。

（1）灰土垫层

灰土垫层采用就地开挖的黏性土及塑性指数大于 4 的粉土，有机质含量不得超过 5%，颗粒不应大于 15mm。所用的生石灰必须在使用前 1 ~ 2d 用清水充分熟化并过筛，其粒径不得大于 5mm，其配合比（体积比）除设计有特殊要求外一般石灰∶土为 2∶8 或 3∶7，并应拌和均匀，颜色一致。

灰土垫层施工前应验槽，将积水、淤泥清净，并夯实两遍，待其干燥后，方可铺灰土。铺土应分段分层进行，但不得在墙角、柱基及承重窗间墙下接缝，上下相邻两层灰土的接缝间距不得小于 0.5m，接缝处的灰土应充分夯实。当灰土垫层地基高度不同时，应做成阶梯形，每阶宽度不少于 0.5m。灰土应当日铺填夯压，入槽灰土不得隔日夯打。夯实后的灰土在3d内不得受水浸泡，并及时进行基础施工与基坑回填或在灰土表面作及时覆盖，防止日晒雨淋。施工过程中检查原材料、分层铺设厚度、每层压实系数等，施工后地基承载力应满足设计要求。

灰土垫层具有一定的强度、水稳定性和抗渗性，适用于地下水位较低，基槽经常处于较干燥状态下的一般黏性土地基的加固，可处理1～4m厚的软弱土层、湿陷性黄土、杂填土等，还可用作结构的辅助防渗层。

（2）砂和砂石垫层

砂和砂石垫层宜用颗粒级配良好、质地坚硬的中砂、粗砂，含泥量应小于5%，兼起排水固结作用的，含泥量不宜超过3%。碎石或卵石最大粒径不宜大于50mm，且应分布均匀。

砂和砂石垫层施工前应验槽，清理基底，边坡必须稳定，防止塌方。垫层深度不同时，应按先深后浅的程序进行，并做成台阶或斜坡搭接，搭接处应夯压密实。分层分段铺设时，接头应做成斜坡或阶梯形搭接，每层错开0.5～1.0m。垫层应分层铺设夯实。

砂和砂石垫层施工工艺简单、工期短、造价低，适用于处理透水性强的软弱黏性土地基，但不宜用于湿陷性黄土地基和渗透系数小的黏性土地基的加固。

（二）夯实地基

（1）重锤夯实法

重锤夯实法是利用起重机械将重锤提升到一定高度，自由下落，重复夯击地基土表面，使地基表面形成了一层比较密实的硬壳层，从而提高地基强度。重锤夯实法适用于处理地下水位0.8m以上、稍湿的黏性土、砂土、湿陷性黄土、杂填土及分层填土地基。

重锤夯实法所用的夯锤宜采用截头圆锥体，可用C20钢筋混凝土制作，其底部可填充废铁并设置钢底板以使重心降低，锤重宜为2.0～3.0t，锤底直径为1.0～1.5m，锤底面单位静压力宜为15～20kPa，吊钩宜采用自制半自动脱钩器，以减少吊索的磨损和机械振动。

重锤夯实法的效果与锤重、锤底直径、落距、夯实遍数和土的含水量有关，施工前应在现场进行试夯，以选定夯锤重量、底面直径和落距，最后下沉量及相应的夯击遍数和总下沉量。试夯和夯实施工时地基土的含水量应控制在最佳含水量范围以内，基坑底面的标高不同时，应按先深后浅的顺序逐层夯实。夯实前坑底面的标高应高出设计标高，预留土层的厚度可为试夯时的总下沉量再加50～100mm。夯实范围应大于基础底面，每边应比设计宽度加宽0.3m以上，以保证底面边角夯打密实。在大面积基坑或条形基槽内夯打时，应一夯挨一夯顺序进行，在同一次循环中同一夯位应连夯两击，下一循环的夯位，应与前一循环错开1/2锤底直径，落锤应平稳，夯位应准确。在独立柱基基坑内夯击时，可采用先周边后中间或先外后里的跳夯法进行。夯实完后，应将基坑表面修整至设计标高。

（2）强夯法

强夯法是利用起重设备将8～40t的夯锤起吊到6～30m的高处自由落下，对土体进行强力夯实，使土中出现冲击波和很大的冲击应力，迫使土颗粒重新排列，排出孔隙中的气和水，从而提高地基强度，降低其压缩性的地基加固处理方法。可适用于碎石土、砂土、非饱和的黏性土、湿陷性黄土及杂填土地基的深层加固，但施工时噪声和振动很大，应有防振措施。

强夯法的夯锤宜用铸钢或铸铁制作，也可用钢板外壳内浇筑钢筋混凝土。夯锤底面一般采用圆形，并采用自动脱钩装置。

强夯法的技术参数包括单位夯击能（锤重乘以落距）、夯击遍数、相邻两次夯击遍数的间隔时间、加固范围和夯点布置等。施工前，应在施工现场有代表性的场地上选取一个或几个试验区，进行试夯或试验性施工，以取得合适的技术参数。夯击点布置，一般按正方形或梅花形网格排列，其间距根据基础布置、加固土层厚度和土质而定。强夯加固范围应大于建筑物基础范围，每边超出基础的宽度宜为设计加固深度的1/2～2/3，并不宜小于3m。

夯实地基施工结束后，应检查被夯地基的强度，并进行承载力检验。

（三）振冲、挤密地基

利用振动和水冲加固土体的方法称为振冲法，又称为振动水冲法，是以起重机吊起振冲器，利用电机带动偏心块，使振冲器产生高频振动，同时开动水泵，通过喷嘴喷射高压水流成孔，然后分批填以砂石形成桩体，与原有地基构成复合地基，或不加填料，使原有地基土在振动作用下被挤密，以提高地基的承载力，减少沉降量的地基加固处理方法。

振冲法按加固机理和效果不同分为振冲挤密法和振冲置换法两类。振冲挤密法是靠振冲器的强力振动使饱和砂层发生液化，砂颗粒重新排列，孔隙减少，在不加回填料或加回填料情况下通过振冲器的水平振动力使砂层挤压加密，适用于处理砂土和粉土地基。振冲置换法是在地基中借助振冲器成孔，振密填料形成桩体以构成复合地基，适用于处理黏性土、粉土、饱和黄土和人工填土等地基。

振冲法施工前应先进行振冲试验，以确定其成孔施工适合的水压、水量、成孔速度及填料方法、达到土体密实度时的密实电流值、填料量和留振时间等参数。振冲挤密法或振冲置换法的施工过程包括定位、成孔、清孔和填料振密。

（四）排水固结地基及其他地基处理方法

（1）排水固结法

排水固结法又称为预压法，一般软黏土的结构呈蜂窝或絮状，在矿物颗粒周围充满水，当受到应力作用时，土体中孔隙水排出，孔隙体积减小而固结。预压法就是利用地基承受荷载，排水固结的规律，采用不同的加载方式和不同的排水措施处理饱和软黏土的地基加固处理方法。

排水固结法由加载系统和排水系统两部分组成，按其加载方法的不同可分为堆载预压法、真空预压法、降水预压法、电渗预压法等。

（2）其他地基处理方法

1）深层搅拌法：利用水泥浆做固化剂，采用深层搅拌机在地基深处就地将软土和固化剂充分拌和，利用固化剂和软土发生一系列物理、化学反应，使之凝结成具有整体性、水稳性好和较高强度的水泥加固体，与天然地基形成复合地基；

2）加筋法：通过在土层中埋设强度较大的土工聚合物、拉筋、受力杆件等，达到提高地基承载力、减少沉降的方法；

3）灌浆法：用气压、液压或电化学原理把某些能固化的浆液注入各种介质的裂缝或孔隙，以改善地基物理力学性质的方法，以及高压喷射注浆地基等。

三、浅基础工程

（一）砖基础施工

砖基础下部多砌成台阶形状，这个扩大部分称为大放脚。砖基础的大放脚有等高式和不等高式两种砌法。等高式大放脚是两皮一收，两边各收进 1/4 砖长；不等高式大放脚是两皮一收与一皮一收相间隔，两边各收进 1/4 砖长。大放脚的底宽应根据设计计算而定。

砖基础大放脚一般采用一顺一丁砌筑形式，即一皮顺砖与一皮丁砖相间，利用标准砖砌筑时，上下垂直灰缝错开 60mm，砖基础的灰缝厚度宜为 10mm。砖基础若不在同一深度，则应由低往上砌筑，在高低台阶接头处，下面台阶要砌一定长度（不小于基础扩大部分的高度）的实砌体，砌到上面后和上面的砖一起退台。

基础墙的水平防潮层，当设计无具体要求时，可采用 1∶2 水泥砂浆加适量的防水剂铺设，厚度 20mm，设在室内地面标高以下一皮砖处。

（二）石基础施工

石基础可用毛石或条石，用铺浆法砌筑，灰缝厚度为 20～30mm，砂浆应饱满。石基础宜分皮卧砌，基底要坐浆，石块大面向下，并应上下错缝，内外搭接，不得采用外面侧立石块、中间填心的砌筑方法。石基础有阶梯形和梯形，其顶面宽度应比墙厚每边宽 100mm，每阶高度一般为 300～400mm，并至少砌两皮毛石。

（三）混凝土和毛石混凝土基础施工

在浇筑混凝土基础时，应分层进行，并使用插入式振动器捣实。对阶梯形基础，每一阶高内应整分浇筑层。对于锥形基础要逐步随浇筑随安装其斜面部分的模板，并注意边角处混凝土的密实。独立基础应连续浇筑完毕，不能分数次浇筑。

为了节约水泥，在浇筑混凝土时，可投入 25% 左右的毛石，这种基础称为毛石混凝土基础。毛石的最大粒径不超过 150mm，也不超过结构截面最小尺寸的 1/4。毛石投放前应用水冲洗干净并晾干。投放时，应分层、均匀投放，保证毛石边缘包裹有足够的混凝土，并振捣密实。

当基坑（槽）深度超过 2m 时，不能直接倾落混凝土，应用溜槽将混凝土送入基坑。混凝土浇筑完毕，终凝后要加以覆盖和浇水养护。

（四）钢筋混凝土基础施工

钢筋混凝土独立基础和条形基础在基坑（槽）验槽后应立即浇筑垫层混凝土，以免地基土扰动。垫层达到一定强度后，弹线、支模、铺放钢筋网片，并保证位置正确；基础混凝土宜分层连续浇筑，阶梯形基础的每一台阶浇筑完后应稍停 0.5～1.0h，待其初步获得沉实后，再浇筑上层，锥形基础的斜面部分模板应随混凝土浇捣分段支设并顶压紧，严禁斜面部分不支模，基础上的柱插筋应加以固定，保证其位置的正确。

杯形基础的杯口模板支模时应位置正确，并固定牢固。施工时应先浇筑杯底混凝土并捣实，一般应在杯底留 50mm 厚的找平层，待杯底混凝土沉实后再浇筑杯口混凝土，浇筑杯口混凝土时，应注意四周要对称均匀进行。

筏板基础和箱形基础施工前，若地下水位较高，可采用人工降低地下水位至基坑底面不少于 500mm。筏板基础混凝土浇筑时，一般不留施工缝，必须留设时，应按施工缝要求处理，并设置止水带。箱形基础的底板、内外墙和顶板的混凝土宜连续浇筑完毕，为防止出现温度收缩裂缝，一般设后浇带，带宽不宜小于800mm，钢筋应贯通，顶板浇筑后2～4周，用比设计强度提高一级的细石混凝土并加适量做膨胀剂，将后浇带填灌密实，并加强养护。

四、桩基础工程

随着高层建筑物和高耸构筑物的发展，深基础的应用也越来越广，其中最常用的是桩基础，它可以将上部建筑物的荷载传递到深处承载力较大的土层上，也能使软弱土层挤压，以提高土层的承载力和密实度，从而保证建筑物的稳定性、减少地基沉降量。

桩基础是由桩身和承台组成，桩身（单桩或群桩）全部或部分埋入土中，顶部由承台（或承台梁）连成一体，承台上修筑上部建筑。

桩基础按桩的施工工艺分为预制桩和现场灌筑桩。预制桩是在地面上制作桩身，然后在现场桩位处采用锤击、振动、静压等方法将桩沉至设计标高。预制桩的沉桩方法有锤击沉桩、水冲沉桩、振动沉桩、静力压桩法等。现场灌筑桩是在现场设计桩位处，用挖、钻等方法成孔，然后在孔内放入钢筋笼，最后灌筑混凝土成桩的方法，现场灌筑桩成孔方法有钻孔灌筑桩、挖孔灌筑桩、沉管灌筑桩、爆扩灌筑桩等。

桩的种类繁多，应根据建筑结构类型、荷载性质、桩的使用功能、穿越的土层情况、桩端持力层土类、地下水位、施工设备、施工环境、施工经验、制桩材料及供应条件等因素，选择经济合理、安全适用的桩型和成桩工艺。

（一）钢筋混凝土预制桩施工

（1）打入式预制桩施工

打入式钢筋混凝土预制桩也即锤击沉桩法，是利用桩锤下落产生的冲击能克服土对桩的阻力，使桩沉至设计标高或桩端进入持力层达要求深度。锤击沉桩是预制桩最常用的沉桩方法，施工速度快，机械化程度高，适用范围广，但施工时有振动、挤土和噪声污染现象，不宜在市区和夜间施工。

1）预制桩的制作、起吊、运输、堆放：

①混凝土预制桩可在工厂或施工现场预制，现场预制桩多采用重叠法间隔制作，重叠层数应根据地面允许荷载和施工条件确定，不宜超过4层。桩与桩间应做好隔离层，上层桩或邻桩的灌筑应在下层桩或邻桩混凝土达到设计强度的30%以后方可进行。预应力混凝土空心管桩采用成套钢管膜胎在工厂用离心法制成。

预制桩的混凝土等级不低于C30，用机械搅拌，机械振捣，由桩顶向桩尖连续浇筑，不得中断，制作完后，应洒水养护不少于7d。预制桩的制作质量除应符合规范的允许偏差规定外，桩的表面还应平整、密实，掉角的深度不应超过10mm，且局部蜂窝和掉角的缺损总面积不得超过该桩表面全部面积的0.5%，并不得过分集中。混凝土收缩产生的裂缝深度不得大于20mm，宽度不得大于0.25mm，横向裂缝长度不得超过边长的一半，桩顶和桩尖处不得有蜂窝、麻面、裂缝和掉角。

②混凝土预制桩当桩的混凝土达到设计强度等级的70%后方可起吊，桩的混凝土达到设计强度的100%后方可进行运输，如提前吊运，必须验算合格。桩在起吊和搬运时，吊点应符合设计规定。桩堆放的场地应平整坚实，排水良好；桩应按规格、桩号分层叠置，层数不宜超过4层；支撑点位置应根据吊点确定，各层垫木应位于同一垂直线上。

2）打桩设备：打桩所用的机具设备主要包括桩锤、桩架及动力装置三部分。

①桩锤。桩锤的作用是对桩施加冲击力，将桩打入土中。锤击沉桩施工时应根据施工现场情况、机具设备条件及工作方式和工作效率等条件来选择桩锤的类型。常用的桩锤有落锤、单动汽锤、双动汽锤、柴油打桩锤、振动锤和液压锤等。桩锤的重量应根据地质条件、桩型、桩的密集程度、单桩竖向承载力及现有施工条件等选用，宜选择重锤低击，如桩锤过重，所需动力设备大，不经济；桩锤过轻，必将加大落距，锤击功很大部分被桩身吸收，桩不易打入，且桩头容易被打坏，保护层可能振掉。轻锤高击所产生的应力，还会促使距桩顶1/3桩长范围内的薄弱处产生水平裂缝，甚至使桩身断裂。因此，选择稍重的锤，用重锤低击和重锤快击的方法效果较好。

②桩架。其作用是支持桩身和桩锤，将桩吊到打桩位置，并在打入过程中引导桩的方向，保证桩锤沿着所要求的方向冲击。

选择桩架时，应考虑桩锤的类型、桩的长度和施工条件等因素，其高度由桩的长度、桩锤高度、桩帽厚度及所用滑轮组的高度来决定。此外，还应留1~2m的高度作为桩锤的伸缩余地。常用的桩架有滚筒式桩架、多功能桩架、履带式桩架。

3）打桩顺序：打桩顺序应根据地基土质情况、桩基平面布置、桩的尺寸、密集程度、深度及施工现场等因素确定。其是否合理，直接影响打桩工程的速度和桩基质量。

对标高不一的桩，宜采用先深后浅的沉桩顺序；不同规格的桩，宜采用先大后小、先长后短的沉桩顺序。当桩的中心距小于4倍桩径时，由于打桩对土体的挤密作用，使先打的桩因受水平推挤而造成偏移和变位，或被垂直挤拔造成浮桩，而后打入的桩因土体挤密，难以达到设计标高或入土深度，造成土体隆起和挤压，截桩过大。所以，群桩施打前应正确选择打桩顺序。一般当桩的中心距小于或等于4倍桩边长或桩径，应由中间向两侧对称施打或由中间向四周施打，当桩数较多时，也可采用分区段施打。当桩的中心距大于4倍桩边长或桩径，可采用上述两种打桩顺序，也可采用由一侧向单一方向施打即逐排打设或由两侧同时向中间施打。

4）打桩工艺：打桩施工工艺包括场地准备（三通一平和清理地上、地下的障碍物）、桩位定位、桩架移动和定位、吊桩和定桩、打桩、接桩、送桩、截桩。

定桩位是按图纸进行测量放线，定出桩基轴线，其方法是在地面上用小木桩或撒白灰点标出桩位，或用设置龙门板拉线法定出桩位，并在场外设置2~3个水准点。

桩架就位后利用桩架上的卷扬机将桩吊成垂直状态送入导杆内，对准桩位中心，缓缓放下插入土中，桩插入时垂直度偏差不得超过0.5%。桩就位后，在桩顶安上桩帽，然后放下桩锤轻轻压住桩帽，桩锤、桩帽和桩身中心线应在同一垂直线上，在桩的自重和锤重作用之下，桩向土中沉入一定深度而达到稳定。这时再校正一次桩的垂直度，即可进行打桩。为了防止击碎桩顶，应在混凝土桩的桩顶与桩帽之间、桩锤与桩帽之间放上硬木、粗草纸或麻袋等桩垫作为缓冲层。

打桩时宜用重锤低击，开始打入时，桩锤落距宜低以使桩能正常沉入土中，待桩入土一定深度，桩尖不易产生偏移时，可适当增大落距，并逐渐提高到规定的数值，连续锤击，速度应均匀。

打桩过程应做好测量和记录。桩的入土深度控制，对于承受轴向荷载的摩擦桩，以设计标高为主、贯入度作为参考。端承桩以贯入度为主，设计标高作为参考。

当设计桩较长时，需分段施打并在现场进行接桩，钢筋混凝土预制桩常用的接桩方法有焊接法、法兰接法和浆锚法。当桩顶设计标高低于自然地面，则需用送桩管将桩送入土中，桩与送桩管的纵轴线应在同一直线上。为使桩身和承台连为整体，打桩施工后经过验收，即可开挖基坑（槽），按设计要求的桩顶标高，将桩头多余部分凿去，但不得打裂桩身混凝土。

（2）静力压桩施工

静力压桩是在软土地基上，利用静力压桩机以无振动的静压力将预制桩压入土中的一种沉桩工艺。这种沉桩方法与普通的打桩和振动沉桩相比，具有施工无噪声、无振动、节约材料、降低成本、提高施工质量、沉桩速度快等特点。其工作原理是通过安置在压桩机上的卷扬机的牵引，由钢丝绳、滑轮及压梁，将整个桩机的自重力，反压在桩顶上，以克服桩身下沉时与土的摩擦力，迫使预制桩下沉，如图 7-1-7 所示。

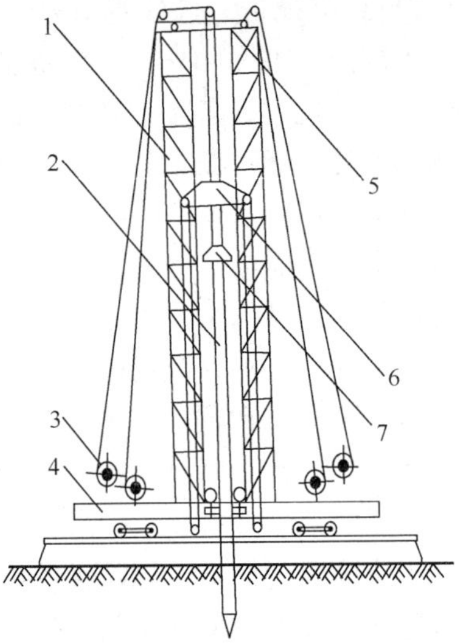

1—桩架；2—桩；3—卷扬机；4—底盘；5—顶梁；6—压梁；7—桩帽

图 7-1-7　机械静力压桩机

静力压桩施工，一般采取分段压入、逐段接长的方法。其施工程序为：测量定位→压桩机就位→吊桩插桩→桩身对中调直→静压沉桩→接桩→再静压沉桩→终止压桩→切割桩头。静力压桩施工前的准备工作，桩的制作、起吊、运输、堆放、施工流程、测量放线、定位等均同锤击沉桩法。

（二）混凝土灌筑桩施工

混凝土灌筑桩是一种直接在现场桩位上就地成孔，然后在孔内浇筑混凝土或安放钢筋笼再浇筑混凝土而成的桩。与预制桩相比，具有施工低噪声、低振动、桩长和直径可按设计要求、桩端能可靠地进入持力层或嵌入岩层、单桩承载力大、挤土影响小、用钢量少、无须接桩及截桩等特点。但成桩工艺较复杂，成桩速度比预制打入桩慢，成桩质量与施工有密切关系。

（1）钻孔灌筑桩

钻孔灌筑桩是指利用钻孔机械钻出桩孔，并在孔中浇筑混凝土而成的桩。根据钻孔机械的钻头是否在土壤的含水层中施工，又分为干作业成孔灌筑桩和泥浆护壁成孔灌筑桩两种施工方法。

1）干作业成孔灌筑桩：干作业成孔适用于地下水位较低，在成孔深度内无地下水的干土层中成孔的桩基施工。干作业成孔灌筑桩施工时的成孔机械有螺旋钻机、钻孔扩机、机动或人工洛阳铲等，常用螺旋钻机，由螺旋钻头切削土体，切下的土随钻头旋转并沿螺旋叶片上升而排出孔外。

钻机按桩位就位时，钻杆要垂直对准桩位中心，放下钻机使钻头触及土面。钻孔时，开动转轴旋动钻杆钻进，先慢后快，避免钻杆摇晃，并随时检查钻孔偏移，直至钻到要求深度，钻进过程中应随时清理孔口积土。如出现钻杆跳动、机架摇晃、钻不进或钻头发出响声等异常现象时，应立即停钻检查、处理，遇到地下水、缩孔、塌孔等异常现象，应会同有关单位研究处理。

钻孔至要求深度后，可用钻机在原处空转清土，然后停转提升钻杆卸土。如孔底虚土超过允许厚度，可用辅助掏土工具或二次投钻清底。清孔后应及时吊放钢筋笼，浇筑混凝土。浇混凝土前，必须复查孔深、孔径、孔壁垂直度、孔底虚土厚度，不合格时应及时处理。混凝土应连续分层浇筑振捣密实，随浇随振，当混凝土浇筑到桩顶时，应适当超过桩顶标高，一般为0.5～1.0m，以保证在凿除浮浆层后，使桩顶标高和混凝土强度能符合设计要求。

2）泥浆护壁成孔灌筑桩：泥浆护壁成孔灌筑桩适用于地下水位较高的地质条件。泥浆护壁成孔灌筑桩施工时先在桩位处埋设护筒，然后由钻孔设备进行钻孔，为防止在钻孔过程中塌孔，在孔中注入泥浆进行护壁，待孔深达到设计要求经清孔后，放入钢筋笼，然后进行水下浇筑混凝土而成桩。泥浆护壁成孔灌筑桩所用的成孔机械主要有冲击钻机、回转钻机、潜水钻机等，前两种适用于碎石土、砂土、黏性土及风化岩地基，后一种则适用于黏性土、淤泥、淤泥质土及砂土。

3）泥浆护壁成孔灌筑桩的施工方法：

①测定桩位。场地平整及清理后设置桩基轴线定位点和水准点，根据建筑的轴线控制桩定出桩基础的每个桩位，可用小木桩标记，偏差在许可范围内。灌筑混凝土之前，应对桩基轴线和桩位进行复查。

②埋设护筒。护筒一般是由钢板制成的圆筒，其内径应大于钻头直径，埋在桩位处深度一般为1.0～1.5m，其顶面应高出地面400～600mm，上部宜开设1～2个溢浆孔。护筒的作用有成孔时引导钻头方向，提高孔内泥浆水头，防止塌孔，固定桩孔位置，保护孔口。因此，护筒位置应埋设准确并保持稳定，护筒中心与桩位的中心线偏差不得大于50mm。护筒与坑壁之间用黏土分层填实，以防漏水，并应保持孔内泥浆面高出地下水位1m以上。

③制备泥浆。泥浆的作用：由于孔内泥浆面高出地下水位，即孔内的水位高于孔外的水位，同时泥浆密度大于水的密度，泥浆在桩孔内将孔壁上空隙填塞密实，防止漏水，以稳定孔壁、防止塌孔，起护壁作用；泥浆具有一定的黏度和密度，通过泥浆循环可将切削下的泥渣悬浮后排出，起到携渣的作用；泥浆对钻头有冷却的作用；泥浆对钻头切削土体有润滑作用，可减少钻进阻力。

泥浆的制备：泥浆的制备应根据土质条件确定。在黏性土和粉质黏土中成孔时，可采用原土造浆，可在挖孔前搅拌好，钻孔时输入孔中，或者向孔中注入清水，钻机旋转时，切削土屑与水拌合，用原土造浆护壁、排渣；在其他土中成孔时，泥浆制备应选用高塑性黏土或膨润土加水配制护壁泥浆。泥浆的性能指标应符合要求。施工中应经常测定泥浆相对密度，并定期测定黏度、含砂率和胶体率等指标。废弃的泥浆、泥渣应妥善处理。

④成孔。桩架就位后，钻机进行钻孔。钻孔时应在孔中注入泥浆，并始终保持泥浆液面高于地下水位1.0m以上。钻孔速度应根据土层类别、孔径大小、钻孔深度和供水量确定。泥浆循环排渣可分为正循环和反循环两种，正循环是泥浆由钻杆内部沿钻杆从底部喷出，携带土渣的泥浆沿孔壁向上流动，由孔口将土渣带出流入沉淀池，经沉淀的泥浆流入泥浆池再由泵注入钻杆循环。反循环是泥浆由孔口流入孔内，同时泥浆泵通过钻杆底部吸渣，使钻下的土渣由钻杆内腔吸出并排入沉淀池，沉淀后流入泥浆池。

⑤清孔。钻孔深度达到设计要求后，必须进行清孔。对于孔壁土质较好，不易塌孔的桩孔，可用空气吸泥机清孔，同时注入清水，被搅动的泥渣随着管内形成的强大高压气流向上涌，从喷口排出，直至孔口喷出清水为止，清孔后的泥浆比重控制在1.1左右；对于稳定性差的孔壁应用泥浆反循环法或掏渣筒清孔、排渣，清孔后的泥浆比重控制在1.15~1.25。清孔后孔底沉渣厚度应小于100mm。

⑥吊放钢筋笼、浇筑混凝土。清孔完毕后，应立即吊放钢筋笼，及时进行水下浇注混凝土。钢筋笼埋设前应在其上设置定位钢筋环、混凝土垫块或于孔中对称设置3~4根导向钢筋，以确保保护层厚度。

水下浇筑混凝土通常采用导管法施工。导管法是将密封连接的钢管作为水下混凝土的灌筑通道，混凝土倾落时沿竖向导管下落，导管底部以适当的深度埋在灌入的混凝土拌合物内，导管内的混凝土在一定的落差压力作用下，压挤下部管口的混凝土在已浇筑的混凝土层内部流动、扩散，以完成混凝土的浇筑工作，形成连续密实的混凝土桩身。浇筑混凝土前先将导管吊入桩孔内，底部距桩孔底0.3~0.5m，导管内设隔水栓，导管内应有足够的混凝土以保证混凝土下落后能将导管下端埋入不小于0.5m，然后剪断铁丝，混凝土在自重作用下冲出导管，连续浇筑混凝土，当导管埋入混凝土达2~2.5m时，可提升导管，但应控制提升速度，保持导管埋在混凝土内1m以上。

（2）沉管灌筑桩

沉管灌筑桩是指利用锤击打桩法或振动打桩法，将带有活瓣式桩尖或预制钢筋混凝土桩靴的钢套管（其直径与桩径相等，长度略比设计桩长）沉入土中，达到桩的设计标高后，边浇筑混凝土边锤击或振动边拔管而成的桩。前者称为锤击沉管灌筑桩，后者称为振动沉管灌筑桩，它和打入桩一样，对周围有噪声、振动、挤土等影响。

1）锤击沉管灌筑桩：锤击沉管灌筑桩是采用落锤、蒸汽锤或柴油锤将钢套管沉入土中成孔，然后灌筑混凝土或钢筋混凝土，抽出钢管而成。锤击沉管灌筑桩宜用于一般黏性土、淤泥质土、砂土和人工填土地基。

锤击沉管灌筑桩施工时，先将桩机就位，吊起钢套管，对准预先设在桩位处的预制钢筋混凝土桩靴。桩管与桩靴接触处应垫以草绳或麻绳垫圈，以防止地下水渗入管内。然后缓缓放下套管，套入桩靴压进土中。套管上端扣上桩帽，当检查桩管与桩锤、桩架等在同一垂直线上时（偏差≤0.5%），即可起锤沉管。先用低锤轻击，观察无偏移后方可进入正常施打，直至符合设计要求的贯入度或沉入标高。停止锤击后，检查管内有无泥浆或水进入，即可放钢筋笼、浇筑混凝土。桩管内混凝土应尽量灌满，然后开始拔管。拔管要均匀，第一次拔管高度控制在能容纳第二次所需灌入的混凝土量为限，不宜拔管过高，应保证管内保持不少于2m高度的混凝土。拔管时应保持连续密锤低击不停，并控制拔管速度，对一般土层，以不大于1m/min为宜。在软弱土层及软硬土层交界处，宜控制在0.3~0.8m/min。拔管时还要经常探测混凝土落下的扩散情况，注意使管内的混凝土量保持略高于地面，直到桩管全部拔出地面为止。桩的中心距在5倍桩径以内或小于2m时，均应跳打，中间空出的桩须待邻桩混凝土达到设计强度的50%以后方可施工。

施工中为了提高桩的质量和承载能力，常采用复打扩大灌筑桩。其施工方法是在上述方法（即单打法）施工完毕并拔出桩管后，清除管外壁上的污泥和桩孔周围地面的浮土，立即在原桩位上再埋预制桩靴或合好活瓣桩尖，作第二次沉管，使未凝固的混凝土向四周挤压扩大桩径，然后再第二次灌筑混凝土。拔管方法与初打时相同。复打施工时要注意前后两次沉管的轴线应重合，复打施工必须在第一次灌筑的混凝土初凝之前进行。

2）振动沉管灌筑桩：振动沉管灌筑桩是采用激振器或振动冲击锤将钢套管沉入土中成孔而成的灌筑桩，其沉管原理与振动沉桩完全相同。

振动灌筑桩可采用单振法、反插法或复振法施工。单振法施工时，在沉入土中的桩管内灌满混凝土，开动激振器，振动5~10s，开始拔管，边振边拔。每拔0.5~1.0m，停拔振动5~10s。如此反复，直到桩管全部拔出。在一般土层内拔管速度宜为1.2~1.5m/min，在较软弱土层中，不得大于0.8m/min。单振法施工速度快，混凝土用量少，但桩的承载力低，适用于含水量较少的土层。反插法施工时，在桩管内灌满混凝土后，先振动再开始拔管。每次拔管高度0.5~1.0m，向下反插深度0.3~0.5m。如此反复进行并始终保持振动，直至桩管全部拔出地面。反插法能扩大桩的截面，从而提高了桩的承载力，但混凝土耗用量较大，一般适用于饱和软土层。复振法施工方法及要求与锤击沉管灌筑桩的复打法相同。

（3）人工挖孔灌筑桩

人工挖孔灌筑桩是指桩孔采用人工挖掘方法进行成孔，然后安放钢筋笼，浇筑混凝土而成的桩。其施工特点是设备简单，无噪声、无振动、不污染环境，对施工现场周围原有建筑物的影响小，土层情况明确，可直接观察到地质变化情况，桩底沉渣能清除干净，施工质量可靠，桩径不受限制，承载力大等。但人工挖孔桩施工，工人在井下作业，开挖效率低，劳动条件差，施工中应特别重视流砂、有害气体等影响，要严格按操作规程施工，制定可靠的安全措施。

人工挖孔桩的直径除了能满足设计承载力的要求外，还应考虑施工操作的要求，故桩径不宜小于800mm，桩底一般都扩大。人工挖孔桩施工机具比较简单，一般可根据孔径、孔深和现场具体情况加以选用，主要有：用于运送施工人员、材料和弃土等的垂直运输工具，用于抽出桩孔中积水的排水工具，用于向桩孔中强制送入新鲜空气的通风设备，挖掘工具及辅助用具如照明灯、对讲机、电铃等。

为了确保人工挖孔桩施工过程中的安全，施工时必须考虑预防孔壁坍塌和流砂现象发生的措施。可以采用现浇混凝土护壁、喷射混凝土护壁、砖砌体护壁、沉井护壁、钢套管护壁、型钢或木板桩工具式护壁等多种，若地下水位较高，应有降低地下水位的施工措施。

第二节　主 体 结 构 工 程

一、砌筑工程

（一）砌筑材料与机械设施

（1）砌筑材料

1）砌筑工程用砖、石、砌块

①砖　砌筑工程用砖的种类和强度等级应符合设计要求，外观尺寸准确、无裂纹、掉角、缺棱和翘曲等严重现象，用于清水墙、柱表面的砖，应边角整齐，色泽均匀。混凝土多孔砖、混凝土实心砖、蒸压灰砂砖、蒸压粉煤灰砖等的产品龄期不应小于28d。

砌筑烧结普通砖、烧结多孔砖、蒸压灰砂砖、蒸压粉煤灰砖砌体时，砖应提前1~

2d 适度湿润，严禁采用干砖或处于吸水饱和状态的砖砌筑，块体湿润程度对烧结类块体的相对含水率宜为 60% ~70%，混凝土多孔砖及混凝土实心砖不需浇水湿润，但在气候干燥炎热的情况下，宜在砌筑前对其喷水湿润，其他非烧结类块体的相对含水率 40% ~50%。

②石　砌筑用石料按其是否加工分为毛石、料石两类，料石按其加工面的平整程度分为细料石、粗料石和毛料石。

砌筑用石材应质地坚实，无裂纹和无明显风化剥落，用于清水墙、柱表面的石材应色泽均匀，石材的放射性应经检验，其安全性应符合相关规定。

③砌块　砌块的种类和强度等级应符合设计要求，外观尺寸准确、无裂纹、掉角、缺棱和翘曲等严重现象。

2）砌筑砂浆

砌筑砂浆应采用机械搅拌，要求拌和均匀。自投料完算起，搅拌时间应符合：水泥砂浆和水泥混合砂浆不得少于 120s；水泥粉煤灰砂浆和掺用外加剂的砂浆不得少于 180s；掺增塑剂的砂浆，其搅拌方式、搅拌时间应符合现行行业标准《砌筑砂浆增塑剂》JG/T 164 的有关规定；干混砂浆及加气混凝土砌块专用砂浆宜按掺用外加剂的砂浆确定搅拌时间或按产品说明书采用。

现场拌制的砂浆应随拌随用，常温下，拌制的砂浆应在 3h 内使用完毕；当施工期间最高气温超过 30℃时，应在 2h 内使用完毕。预拌砂浆及蒸压加气混凝土砌块专用砂浆的使用时间应按照厂方提供的说明书确定。

对所用的砂浆应作强度检验，抽检数量为每一检验批且不超过 250m^3 砌体的各类、各强度等级的普通砌筑砂浆，每台搅拌机应至少抽检一次。验收批的预拌砂浆、蒸压加气混凝土砌块专用砂浆，抽检可为 3 组。砌筑砂浆块体强度验收时其强度合格标准应符合下列规定：

1. 同一验收批砂浆试块强度平均值应大于或等于设计强度等级值的 1.1 倍；

2. 同一验收批砂浆试块抗压强度的最小一组平均值应大于或等于设计强度等级值的 85%。

注：砌筑砂浆的验收批，同一类型、强度等级的砂浆试块不应少于 3 组；同一验收批砂浆只有 1 组或 2 组试块时，每组试块抗压强度平均值应大于或等于设计强度等级值的 1.1 倍；对于建筑结构的安全等级为一级或设计使用年限为 50 年及以上的房屋，同一验收批砂浆试块的数量不得少于 3 组。

（2）砌筑工程机械设施

1）垂直运输机械：建筑施工中常用的垂直运输机械主要有塔式起重机、井架、龙门架、建筑施工电梯等。

①井架。井架是砌筑工程中最常使用的垂直运输机械，如图 7-2-1 所示。它可采用型钢或钢管加工成定型产品，也可采用脚手架部件搭设。井架的运输量大、稳定性好、费用低但施工中为保证其稳定需设缆风绳（附着于建筑物的井架需设附墙拉接）。

②龙门架。龙门架由两组格构式立杆和横梁组合而成的门式起重设备，如图 7-2-2 所示。龙门架构造简单、装拆方便但不能实现水平运输。

③塔式起重机。塔式起重机具有竖直塔身，起重臂安装在塔身的顶部可 360°回转，

有较高和较大的工作空间，在工业与民用建筑中得到广泛的应用。

塔式起重机选择应首先考虑其主要参数：如回转半径、起升高度、起重量和起重力矩是否满足施工需要，其次还应考虑工作速度参数：如起升速度、回转速度、小车速度等。其安装、操作、拆除应符合相关规定。

④建筑施工电梯。建筑施工电梯是人货两用电梯，主要在高层建筑施工中应用广泛，是高层建筑施工中唯一可运送人员上下的垂直运输设备，是高层建筑提高生产率的关键设备。建筑施工电梯有齿轮齿条驱动式和绳轮驱动式，在搭设、操作和拆除过程中应遵守相关安全技术操作规程规定。

2）砌筑用脚手架：脚手架是建筑施工活动中工人进行操作、运送及堆放材料的一种临时性设施，同时也是安全设施。砌筑施工时，工人的劳动生产率受砌筑高度的影响，砌

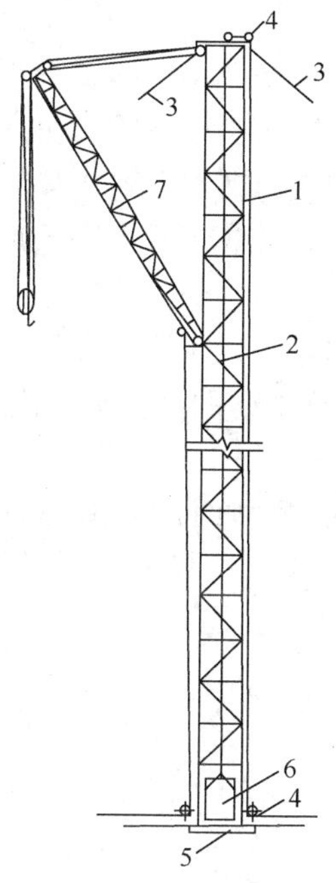

1—井架；2—钢丝绳；3—缆风绳；4—滑轮；5—垫梁；6—吊盘；7—辅助吊臂

图 7-2-1　钢井架

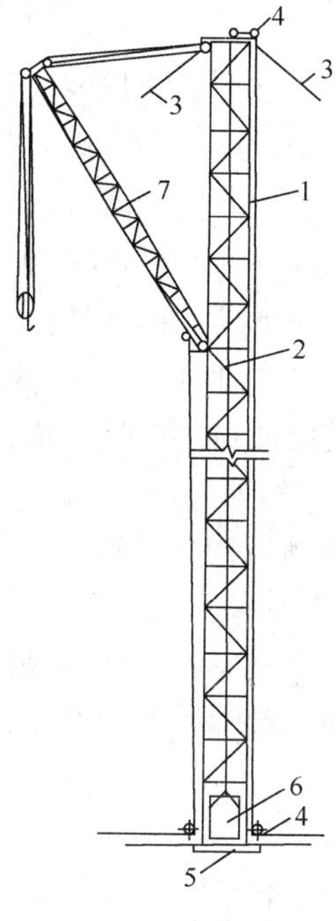

1—滑轮；2—缆风绳；3—立柱；4—横梁；5—导轨；6—吊盘；7—钢丝绳

图 7-2-2　龙门架

筑到一定高度后，必须搭设脚手架。考虑到砌墙工作效率及施工组织等因素，每次搭设脚手架的高度确定为 1.2m 左右较为合适，称为“一步架高度”，也叫墙体的可砌高度。

砌筑用脚手架按材料分为：木脚手架、竹脚手架和钢管脚手架等；按其搭设位置分为：里脚手架与外脚手架；按其构造形式分为：多立杆式（图 7-2-3）、门式、悬吊式、挑式脚手架等；按其支固方式分为：落地式、悬挑式、附墙悬挂式、悬吊式、附着升降式和水平移动式脚手架等。

砌筑用脚手架的搭设应满足下列基本要求。

①脚手架所使用的材料与加工质量必须符合规定要求；

②脚手架宽度应满足工人操作、材料堆放及运输要求，一般 2m 左右，不得小于 1.5m；

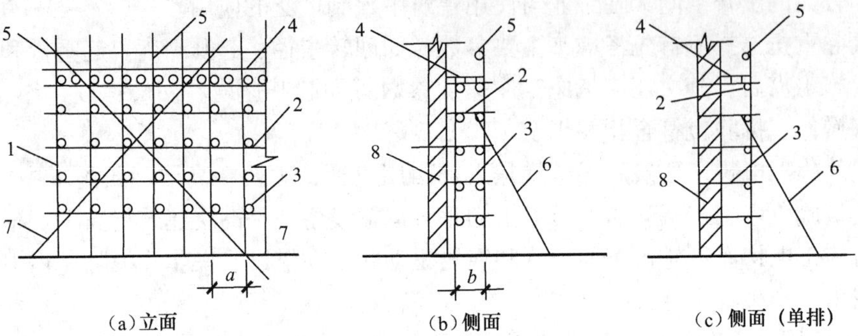

1—立柱;2—大横杆;3—小横杆;4—脚手架;5—栏杆;6—抛撑;7—斜撑;8—墙体

图 7-2-3　多立杆式脚手架

③脚手架应保证有足够的强度、刚度及稳定性，能保证施工期间在各种荷载和气候条件下不变形、不倾倒、不摇晃，同时脚手架的搭设不应影响到墙体的安全；

④搭拆简单，搬运方便，能多次周转使用，因地制宜，就地取材，尽量节省用料；

⑤认真处理好地基，严格控制脚手架的使用荷载，有可靠的安全防护措施；

⑥规范规定，在下列墙体或部位不得设置脚手眼：

A 120mm 厚墙、清水墙、料石墙、独立柱和附墙柱；

B 过梁上与过梁成 60°角的三角形范围及过梁净跨度 1/2 的高度范围内；

C 宽度小于 1m 的窗间墙；

D 门窗洞口两侧石砌体 300mm ，其他砌体 200mm 范围内；转角处石砌体 600mm ，其他砌体 450mm 范围内；

E 梁或梁垫下及其左右 500mm 范围内；

F 设计不允许设置脚手眼的部位；

G 轻质墙体；

H 夹心复合墙外叶墙。

（二）砖砌体施工

（1）砖墙的组砌形式与构造要求

1）烧结普通砖墙：对于烧结普通砖墙，根据其厚度如半砖、一砖、一砖半和二砖等，可采用全顺、全丁、两平一侧、一顺一丁、三顺一丁、梅花丁等的组砌形式。

①全顺砌法是全部采用顺砖砌筑、上下皮垂直灰缝相互错开 1/2 砖长（120mm），适用于半砖墙的砌筑；

②全丁砌法是各皮砖均丁砌，上下皮垂直灰缝相互错开 1/4 砖长，适于圆形烟囱、窨井等的砌筑；

③两平一侧是连砌两皮顺砖，然后贴一层侧砖（条面朝下），顺砖层上下皮竖缝错开 1/2 砖长，适用于 3/4 砖厚（178mm）墙；

④一顺一丁是由一皮顺砖、一皮丁砖组砌而成，上下皮之间竖向灰缝都相互错开 1/4 砖长，适合于砌一砖及一砖以上墙厚；

⑤三顺一丁是采用三皮顺砖间隔一皮丁砖的组砌方法，上下皮顺砖搭接半砖长，丁砖与顺砖搭接 1/4 砖长；

⑥梅花丁是在同一皮中顺砖与丁砖相间，丁砖的上下均为顺砖，并位于顺砖中间，上下两皮砖的竖向灰缝错开1/4砖长，适于一砖墙砌筑。

2）多孔砖墙：对于多孔砖墙，方形砖一般采用全顺砌法，多孔砖的手抓孔应平行于墙面，上下皮垂直灰缝相互错开半砖长。矩形砖宜采用一顺一丁或梅花丁的砌筑形式，上下皮竖缝错开1/4砖长。

3）空心砖墙：对于空心砖墙一般采用侧砌，其孔洞呈水平方向，上下皮竖缝错开1/2砖长。空心砖墙与烧结普通砖墙的交接处应采用长度大于240mm的烧结普通砖墙与空心砖墙相接，并每隔两皮空心砖高在交接处的水平灰缝内设2ϕ6钢筋拉结。空心砖墙的转角处应采用烧结普通砖砌筑不小于240mm。

（2）砖墙的砌筑工艺

1）找平、弹线：砌墙前应在基础防潮层或楼面上定出各层标高，用水泥砂浆或细石混凝土找平，然后弹出墙的轴线、边线，定出门窗洞口位置。

2）摆砖样：摆砖样也称撂底，是在弹好线的基面上按组砌方式先用干砖试摆，好核对所弹出的墨线在门窗洞口、墙垛等处是否符合砖的模数，以便借助灰缝调整，使砖的排列和砖缝宽度均匀合理，尽可能减少砍砖。

3）立皮数杆：皮数杆是指其上划有每皮砖和灰缝厚度，以及门窗洞口、过梁、楼板等的标高，用来控制墙体竖向尺寸以及各部件标高的一种木质标志杆。一般设在墙体转角处及纵横墙交接处，10～15m立一根。

4）盘角、挂线：摆好砖后按照其摆放位置挂好通线砌好第一皮砖，然后进行盘角。每次盘角不得超过5皮砖，随砌体高度的上升而反复进行。为保证墙面垂直度、平整度应做到“三皮一吊，五皮一靠”。盘角后，在墙侧挂上准线，一般240mm厚墙及其以下墙体单面挂线，370mm厚及以上双面挂线，以作为砌筑的依据。

5）砌筑、清理：砖墙砌筑时常用的方法有“三一”砌筑法和铺浆法两种。为了保证灰缝砂浆饱满宜采用“三一”砌砖法，即一铲灰、一块砖、一挤揉的砌筑方法。铺浆法是把砂浆摊铺到要砌砖的位置，用泥刀或铲刀刮均匀，然后放上砖并挤出砂浆的方法，铺浆长度不得超过750mm；当施工期间气温超过30℃时，铺浆长度不得超过500mm。

当每层砖砌体砌筑完成后，应进行墙面及落地灰的清理。对于清水砖墙，清理后还需勾缝，以保护墙面和增加墙面的美观。内墙面可采用砌筑砂浆随砌随勾缝，称为原浆勾缝。外墙面应采用加浆勾缝，即在砌筑几皮砖以后，先在灰缝处划出1cm深的灰槽，待砌完整个墙体以后，再用细砂拌制1:1.5或1:2的水泥砂浆勾缝。

（3）砖砌体的砌筑要求

1）楼层轴线引测：为了保证各层墙身轴线位置的准确和施工方便，在弹墙身线时，应根据龙门板上标注的轴线位置将轴线引测到房屋的外墙基上。二层以上各层墙的轴线，可用经纬仪或锤球引测到楼层上去，同时还须根据图上轴线尺寸用钢尺进行校核。

2）各层标高的控制：各层标高控制水平点应以同一点作为引测依据，弹出室内水平线进行控制。一般在每层楼的墙体砌到超过0.8m高后，用水准仪在各内墙面进行抄平，并在墙面上弹出离该层建筑标高0.5m的水平线，作为控制标高的依据。

3）施工洞口的留设：砖砌体施工时为方便材料的运输和人员通行，常常需在墙体上留设临时施工洞口。规范规定，洞口侧边距丁字相交的墙面不小于500mm，洞口净宽度不应超过1m，且洞顶宜设置过梁。抗震设防烈度为9度地区建筑物的临时施工洞口位置，应会同设计单位确定。对设计规定的设备管道、沟槽、脚手眼和预埋件，应在砌筑墙体时预留和预埋，不得事后随意打凿墙体。

4）构造柱施工：在建筑物的四角、内外墙交接处以及楼梯间与电梯间的四个角上设置的构造柱应与圈梁连接。构造柱与墙体连接处墙体应砌成马牙槎，马牙槎凹凸尺寸不宜小于60mm，高度不应超过300mm，马牙槎应先退后进，对称砌筑。构造柱上预留拉结钢筋的规格、尺寸、数量及位置应正确，拉结钢筋应沿墙高每隔500mm设置2Φ6，伸入墙内不宜小于600mm，钢筋的竖向移位不应超过100mm。施工中不得任意弯折拉结钢筋。

（4）砖砌体的质量要求

砌体质量的好坏取决于组成砌体的原材料质量和砌筑方法，故砌筑应掌握正确操作方法，做到横平竖直、灰浆饱满、错缝搭砌、接槎可靠，以保证墙体有足够的强度与稳定性。

1）横平竖直：砖砌体的灰缝应做到横平竖直，厚薄均匀。水平灰缝厚度及竖向灰缝宽度应该不小于8mm，也不大于12mm，宜为10mm。

2）砂浆饱满：为保证砖块均匀受力和使块体紧密结合，要求水平灰缝砂浆饱满，厚薄均匀，否则砖块受力不均，而产生弯曲、剪切破坏作用。砖墙水平灰缝的砂浆饱满度不得低于80%。砖柱水平灰缝和竖向灰缝饱满度不得低于90%。

3）错缝搭砌：为了提高砌体的整体性、稳定性和承载能力，砖块排列应遵守上下错缝、内外搭砌的原则，避免出现连续的垂直通缝。错缝或搭砌长度一般不小于60mm。

4）接槎可靠：砖砌体的转角处和交接处应同时砌筑，严禁无可靠措施的内外墙分砌施工。在抗震设防烈度为8度及8度以上地区，对不能同时砌筑而又必须留置的临时间断处应砌成斜槎，普通砖砌体斜槎水平投影长度不应小于高度的2/3，多孔砖砌体的斜槎长高比不应小于1/2，斜槎高度不得超过一步脚手架的高度。

非抗震设防及抗震设防烈度为6度、7度地区的临时间断处，当不能留斜槎时，除转角处外，可留直槎，但直槎必须做成凸槎，且应加设拉结钢筋。拉结钢筋应符合下列规定：

①每120mm墙厚放置1Φ6拉结钢筋（120mm墙厚应放置2Φ6拉结钢筋）；

②间距沿墙高不应超过500mm，且竖向间距偏差不应超过100mm；

③埋入长度从留槎处算起每边均不应小于500mm，对抗震设防烈度6度、7度地区，不应小于1000mm；

④末端应有90°弯钩。

（三）砌块砌体施工

（1）砌块排列图

砌块砌筑前应绘制砌块排列图，以便指导吊装施工和砌块准备。砌块排列图根据建筑施工图上标注的门窗大小、层高尺寸、砌块灰缝、错缝及搭接构造要求进行排列绘制的。其方法是在立面图上按1:50或1:30的比例绘出纵横墙，标出楼板、大梁、过梁、楼梯孔洞等位置，在纵横墙上绘出水平、竖直灰缝线。然后按砌块墙体错缝搭砌的要求和灰缝大小，以主规格砌块为主，其他型号砌块为辅进行排列。对小型砌块施工时，也可不绘制砌块排列图，但必须根据砌块尺寸和灰缝厚度计算皮数和排数，以保证砌体尺寸符合设计要求。

砌块排列应按下列原则进行：

1）尽量使用主规格砌块；

2）中型砌块应错缝搭砌，搭砌长度不得小于块高的1/3，且不应小于150mm。小型砌块应对孔错缝搭砌，个别情况下无法对孔砌筑时，允许错孔砌筑，但其搭接长度不应小于90mm，如不能保证时，在灰缝中应设拉结钢筋；

3）内外墙应同时砌筑，纵横墙交错搭接；

4）局部必须镶砖时，应尽量使所镶砖数量最少，且将镶砖分散开布置。

（2）砌块砌体的砌筑工艺

砌块砌体施工的主要工艺流程包括：铺灰、砌块安装就位、校正、灌竖缝、镶砖等。

1）铺灰：在准备砌筑砌块的位置将砂浆摊铺并用泥刀或铲刀刮均匀。铺灰应平整饱满，长度一般不超过5m，厚度符合设计规定。

2）砌块安装就位：砌块安装就位应从转角处或定位砌处开始，严格遵从砌块排列图的顺序和错缝搭接的原则进行。中型砌块宜采用小型起重机械吊装就位，小型砌块直接由人工安装就位。

3）校正：用托线板或锤球检查砌块垂直度，拉准线检查水平度，及时校正。

4）灌浆：砌块就位校正后进行竖缝灌浆，在竖缝两侧用木夹板夹住砌块，用砂浆或细石混凝土进行灌缝。砌块的竖缝厚度应为15～20mm；当竖缝宽度大于30mm时，应采用不低于C20的细石混凝土。

5）镶砖：出现较大的竖缝或过梁找平时，应镶砖。镶砖时应注意使砖的竖缝灌捣密实。镶砖的最后一皮砖和安装檩条、梁、楼板等构件下的砖层，均需用丁砖镶砌。外露面灰缝厚度不宜大于40mm。

（四）石砌体施工

（1）毛石砌体施工

毛石砌体应采用铺浆法砌筑，砂浆必须饱满，叠砌面的砂浆饱满度应大于80%，灰缝厚度宜为20～30mm。毛石砌体应分皮卧砌，各皮石块间应通过对毛石自然形状进行敲打修整，使其能与先砌的毛石基本吻合。毛石应上下错缝、内外搭砌。

1）毛石基础砌筑：毛石基础砌筑前，必须用钢尺校核毛石基础放线尺寸，偏差不应超过规范规定。毛石基础的第一皮石块应坐浆砌筑，且大面向下。毛石基础的转角处、交接处应采用较大的平毛石砌筑。毛石基础台阶部分应搭接，上级阶梯石块至少应压砌下级阶梯的1/2，相邻阶梯的毛石应相互错缝搭砌。

为了增强毛石砌体的整体性、稳定性，除了要做到内外搭接、上下错缝外，还应设置拉结石，拉结石应均匀分布。毛石基础同皮内每隔2m左右设置一块，拉结石的长度为：基础宽度等于或小于400mm，应与基础宽度相等；如基础宽度大于400mm，可用两块内外搭接，搭接长度不应小于150mm，且其中一块拉结石长度不应小于基础宽度的2/3。

2）毛石墙砌筑：毛石墙的第一皮及转角处、交接处和洞口处，应用较大的平毛石砌筑。毛石墙必须设置拉结石，拉结石应均匀分布，相互错开。毛石墙一般每0.7m^2墙面至少设置一块，且同皮内拉结石的间距不应大于2m。拉结石的长度为：墙厚等于或小于400mm应等于墙厚，若墙厚过大，可用两块拉结石内外搭接，搭接长度不应小于150mm，且其中一块长度不应小于墙厚2/3。

毛石墙的转角处和交接处应同时砌筑，对不能同时砌筑而又必须留置的临时间断处，应砌成踏步槎。

（2）料石砌体施工

料石砌体应采用铺浆法砌筑，料石应放置平稳，砂浆饱满度不应小于80%。灰缝厚度为：细料石砌体不宜大于5mm，粗料石和毛料石不宜大于20mm。料石应上下错缝、内外搭砌。

料石基础的第一皮料石应坐浆丁砌，以上各皮一般按一顺一丁进行砌筑。料石基础台阶部分的上级阶梯石块至少应压砌下级阶梯的1/3。

料石墙厚度等于一块料石宽度时，可采用全顺砌筑；墙厚等于两块料石宽度时，可采用两顺一丁或丁顺组砌。其中两顺一丁是两皮顺石与一皮丁石相间，丁顺组砌是同皮内顺石与丁石相间。

（五）砌体工程冬期施工

规范规定，当室外日平均气温连续5d稳定低于5℃或者当日最低气温低于0℃时，砌体工程的施工，应采取冬期施工措施。

冬期施工时，砖、砌块在砌筑前应清除表面污物、冰雪等，遭水浸和受冻后表面结冰、污染的砖或砌块不得使用。烧结普通砖、烧结多孔砖、蒸压灰砂砖、蒸压粉煤灰砖、烧结空心砖、吸水率较大的轻骨料混凝土小型空心砌块在气温高于0℃条件下砌筑时，应浇水湿润；在气温低于、等于0℃条件下砌筑时，可不浇水但必须增大砂浆稠度。普通混凝土小型空心砌块、混凝土多孔砖、混凝土实心砖及采用薄灰砌筑法的蒸压加气混凝土砌块施工时，不应对其浇（喷）水湿润。抗震设防烈度为9度的建筑物，当烧结普通砖、烧结多孔砖、蒸压粉煤灰砖、烧结空心砖无法浇水湿润时，如无特殊措施不得砌筑。拌制砂浆用砂不得含有冰块和大于10mm的冻结块；砌筑砂浆宜采用普通硅酸盐水泥配制，不得使用无水泥拌制的砂浆。砂浆拌制时，可预先加热水和砂，但水的温度不宜超过80℃，砂不宜超过40℃，且水泥不得与80℃以上热水直接接触。砂浆稠度宜较常温适当增大，且不得二次加水调整砂浆和易性。

冬期施工时，砌筑砂浆在负温下遭受冻结，水泥水化作用基本停止，砂浆失去黏结力，当砂浆的用水量越多、灰缝厚度越厚、遭受冻结越早、冻结时间越长时，冻结危害越大。砌体工程的冬期施工常采用掺外加剂法、暖棚法、冻结法等。

（1）掺外加剂法

掺外加剂法就是在砌筑砂浆的拌合水中掺入一定数量的抗冻化学剂，以降低水溶液的冰点，使砂浆中的水分在负温条件下不冻结，以保证砂浆中有液态水存在，使水化反应在一定负温下不间断进行，砂浆强度能够继续增长。同时，由于降低了砂浆中水的冰点，砖石砌体的表面不会立即结冰而形成冰膜，故砂浆和砖石砌体能较好地黏结。这种方法施工工艺简单、经济且可靠，是砌体工程冬季施工广泛采用的方法。采用外加剂法配制砂浆时，可采用氯盐或亚硝酸盐等外加剂。氯盐应以氯化钠为主，当气温低于-15℃时，可与氯化钙复合使用，其氯盐的掺量应符合表7-2-1的规定。

表 7-2-1　掺盐砂浆的掺盐量（占用水量的%）

序号	掺加方法			日最低气温/℃			
				≥ -10	-11 ~ -15	-16 ~ -20	-21 ~ -25
1	单盐	氯化钠	砖、砌块	3	5	7	—
2			石	4	7	10	—
3	双盐	氯化钠	砖、砌块	—	—	5	7
4		氯化钙		—	—	2	3

采用掺盐砂浆法施工时，当设计无要求，且最低气温等于或低于 -15℃时，将砂浆强度等级按常温施工的强度等级提高一级。掺盐法的砂浆使用温度不应低于 5℃。砌筑应采用“三一”砌砖法进行操作。

由于氯盐对埋设在砌体中的钢筋及钢预埋件有腐蚀作用，所以配筋砌体不得采用该方法。由于掺盐砂浆吸湿性大，使结构保温性能下降，并有析盐现象等，对装饰有特殊要求的建筑物，使用湿度大于 80% 的建筑物，接近高压电线的建筑物，配筋、钢埋件无可靠防腐处理措施的砌体，处于地下水位变化范围内以及水下未设防水层的结构等工程严禁采用掺盐砂浆法施工。

（2）冻结法

冻结法是指采用不掺化学外加剂的砂浆进行砌筑的一种冬期施工方法，即允许砂浆在铺砌完后遭受一定程度的冻结。受冻的砂浆可以获得较大的冻结强度，且冻结的强度随气温降低而增高。当气温升高转入正温后，砂浆解冻，水泥水化作用又重新进行，砂浆强度可继续增长。

冻结法施工的砂浆，经冻结、融化和再硬化三个阶段后，砂浆强度、砂浆与砖石砌体间的黏结力都有不同程度的降低。砌体在融化阶段，由于砂浆强度接近于零，将会增加砌体的变形和沉降。所以对空斗墙、毛石墙、承受侧压力的砌体，在解冻期间可能受到振动或冻荷载的砌体，在解冻期间不允许发生沉降的砌体均不得采用冻结法施工。

冻结法施工时砂浆使用的温度不应低于 10℃，当日最低气温高于或等于 -25℃时，砂浆强度等级应比常温施工时提高一级；当日最低气温低于 -25℃时，则应提高二级。砌筑时宜采用“三一”砌筑法，每日砌筑高度及临时间断处的高度差均不得大于 1.2mm，门窗框上部应留出不小于 5mm 的间歇。在冻结法施工的解冻期间，应经常对砌体进行观测和检查，如发现裂缝、不均匀下沉等情况，应立即采取加固措施。

二、钢筋混凝土工程

钢筋混凝土结构工程由模板工程、钢筋工程和混凝土工程三部分组成。组织现浇钢筋混凝土结构的施工，施工前必须做好充分的准备工作，施工中要加强管理，合理安排施工程序，组织好各工种之间的紧密配合，制定合理的安全技术措施，以保证工程的顺利进行，提高综合效益。

（一）模板工程

（1）模板的作用、组成和基本要求

模板是钢筋混凝土结构构件成型用的模具，由模板和支撑系统两部分组成。模板的安装支设应符合下列基本要求。

1）要保证工程结构和构件各部位形状尺寸和相互位置的正确；

2）具有足够的承载能力、刚度和稳定性，能可靠地承受新浇混凝土的自重、侧压力及施工荷载；

3）构造简单、装拆方便，并便于钢筋的绑扎、安装和混凝土的浇筑、养护等工艺要求；

4）模板的接缝严密，不得漏浆；

5）能多次周转使用，并尽量提高模板周转率；

6）清水混凝土工程及装饰混凝土工程所用的模板应满足设计要求的效果。

（2）模板的种类

模板的种类很多，可按材料、结构类型、施工方法等分类。随着新结构、新技术、新工艺的采用，模板工程逐步向定型化、装配化、工具化发展，以节约模板材料，提高模板的周转率，降低工程成本，加快工程进度，形成了组合式、工具式、永久式三大系列工业化模板体系。

1）组合式模板：组合式模板通用性强、装拆方便、周转次数多，可先按设计要求组拼成梁、柱、墙、楼板的大型模板，整体吊装就位；也可采用散装散拆的方法。组合式模板有定型小钢模（55 型组合钢模板）、中型组合钢模板、钢框木（竹）胶合板模板和胶合板模板等。

组合式定型小钢模是目前使用较广泛的一种通用型组合模板，主要由钢模板、连接件和支承件三部分组成。钢模板采用 Q235 钢材制成，钢板厚度一般 2. 5mm，主要有平面模板（P）、阴角模板（E）、阳角模板（Y）、连接角模（J），如图 7-2-4 所示，规格见表 7-2-2 所示。

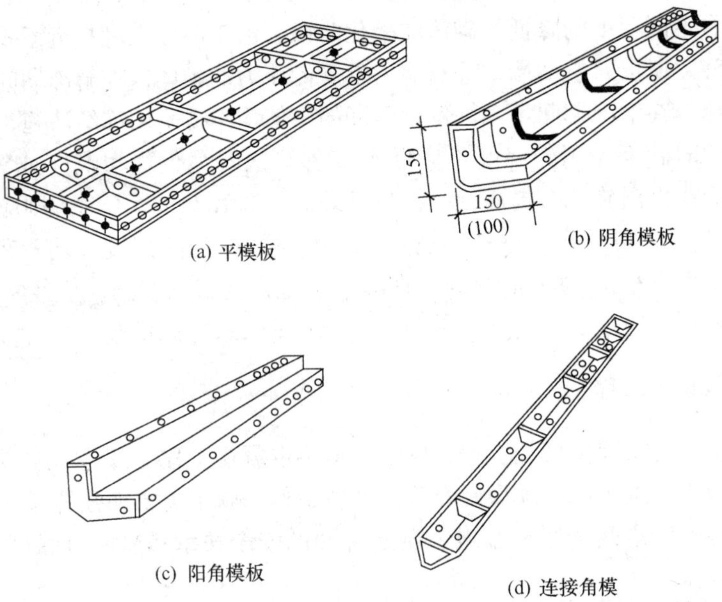

(a) 平模板　(b) 阴角模板

(c) 阳角模板　(d) 连接角模

图 7-2-4　组合钢模板

表 7-2-2　组合钢模板的规格

规格	平面模板	阴角模板	阳角模板	连接角模
宽度/mm	300，250，200，150，100	150×150 100×150	100×100 50×50	50×50
长度/mm	1 500，1 200，900，750，600，450			
肋高/mm	55			

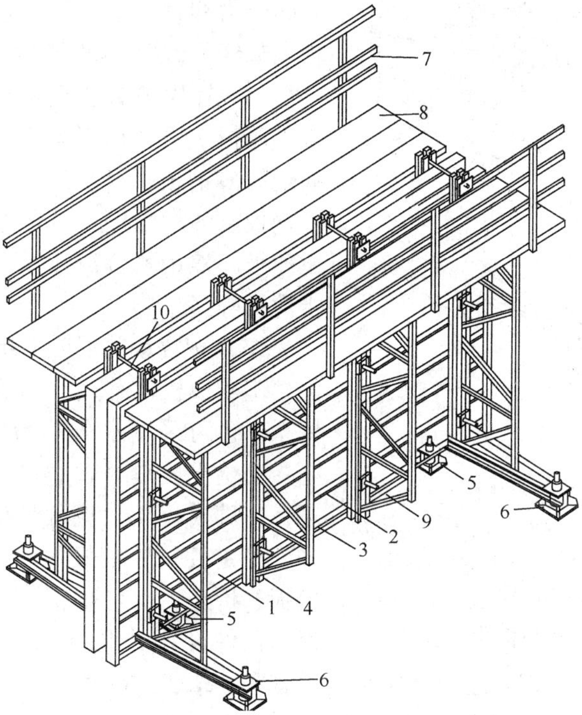

1—面板；2—水平加劲肋；3—支撑桁架；4—竖楞；
5—调整水平度的螺旋千斤顶；6—调整垂直度的螺旋千斤顶；
7—栏杆；8—脚手板；9—穿墙螺栓；10—固定卡具

图 7-2-5　大模板构造示意图

组合钢模板的连接件主要有 U 形卡、L 形插销、钩头螺栓、紧固螺栓、对拉螺栓、扣件等。U 形卡是用于钢模板纵横向自由拼接，将相邻钢模板夹紧固定的主要连接件，安装距离不大于 300mm，安装方向一顺一倒相互错开。L 形插销用作增强钢模板纵向拼接刚度，保证接缝处板面平整。钩头螺栓用作钢模板与内外钢棱之间的连接固定。紧固螺栓用作紧固内外钢棱，增强拼接模板的整体固定。对拉螺栓用作拉结两竖向侧模板，保持两侧模板的间距，承受混凝土侧压力和其他荷载，确保模板有足够的刚度和强度。扣件用作钢棱与钢模板或钢愣之间的紧固连接，与其他配件一起将钢模板拼装连接成整体，扣件应与相应的钢棱配套使用，有碟形扣件和“3”形扣件等。

组合钢模板的支承件包括：支承梁、板模板的托架、支撑桁架和顶撑及斜撑等，多为工具式支承，必要时应进行验算，以保证模板体系的强度、刚度和稳定性。

2）工具式模板：工具式模板有结构整体性好，抗震性强的大模板（图 7-2-5）；能随结构混凝土的浇筑自行向上滑升的滑动模板（图 7-2-6）；兼具大模板和滑动模板工艺和特点的一种适用于现浇钢筋混凝土竖直或倾斜结构施工的爬升模板和主要用于大开间、大柱网、大进深的现浇钢筋混凝土楼盖施工的台模等。

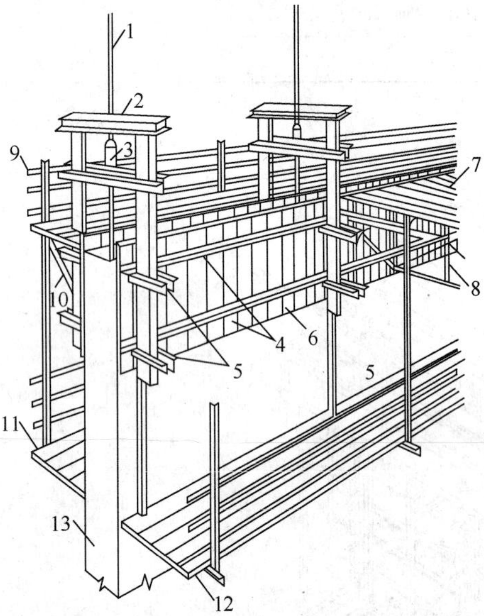

1—支承杆；2—提升架；3—液压千斤顶；4—围圈；5—围圈支托；6—模板；7—操作平台；8—平台桁架；9—栏杆；10—外排三角架；11—外吊脚手；12—内吊脚手；13—混凝土墙体

图 7-2-6　滑动模板构造示意

3）永久式模板：永久式模板又称为一次性消耗模板，即在现浇混凝土结构浇筑后模板不再拆除，其中有的模板与现浇结构叠合后组成共同受力构件，多用于现浇钢筋混凝土楼板工程。节约了模板支拆用工，加快施工进度。

永久性模板有压型钢模板和各种配筋的混凝土薄板。压型钢板模板采用镀锌或经过防腐处理的薄钢板，经冷轧成具有梯波型截面的槽型钢板。各种配筋的混凝土薄板有预应力混凝土薄板、双钢筋混凝土薄板、冷轧扭钢筋混凝土薄板等。

（3）现浇钢筋混凝土结构模板的构造

基础模板常采用组合钢模板、脚手架支撑体系，也可采用永久性胎模，利用基坑进行支撑。基坑土质较好，底层可不设侧模，原槽浇筑，基础模板支设应确保侧模板的安装位置准确和稳定性。柱模板常用胶合板模板、组合钢模板，构造上除考虑保证混凝土浇筑前后均能保持构件设计要求的几何尺寸，还应考虑混凝土浇筑方便，及易于清理。柱模支设时应考虑能可靠承受新浇混凝土侧压力，保证其垂直度和侧向稳定，并且其顶部应注意与梁的连接构造。墙模板采用胶合板模板、组合钢模板拼装，所受荷载与柱模相同主要承受新浇混凝土的侧压力，但纵向长度较大，一般设对拉螺栓用于保持两片侧模间的距离。当梁、楼板的跨度大于或等于 4m 时，其底模应起拱，当起拱高度设计无要求时，起拱高度为全跨长度的（1～3）/1 000，钢模取低限，木模等取高限。

（4）模板的设计

模板的设计主要包括：选型、选材、配板、荷载计算、结构设计和绘制模板施工图。模板设计时应考虑的荷载有：模板及其支架的自重，新浇混凝土自重，钢筋自重，施工人员及设备自重，振捣混凝土时产生的荷载，新浇混凝土对模板侧压力，倾倒混凝土产生的荷载等，其取值及荷载组合应按相应规范规定进行。

（5）模板的拆除

模板拆除时应后支的先拆，先支的后拆，先拆非承重部分，后拆承重部分。不承重的侧模板的拆除应在保证混凝土表面及棱角不因拆模而受损时方可拆除。承重的底模及其支架的拆除，应在与结构同条件养护的试块强度达到规定强度时方能拆除，如设计无要求，按表 7-2-3 的规定。

表 7-2-3　底模拆除时的混凝土强度要求

构件类型	构件跨度/m	达到设计的混凝土立方体抗压强度标准值的百分率/%
板	≤2	≥50
	>2，≤8	≥75
	>8	≥100
梁、拱、壳	≤8	≥75
	>8	≥100
悬臂构件	—	≥100

多层楼板模板支柱拆除时，当上层楼板正在浇灌混凝土时，下层楼板的模板和支柱不得拆除，再下层的楼板的模板和支柱应视荷载和本楼层混凝土的强度而定。在拆除模板过程中，如发现混凝土有影响结构安全等质量问题时，应暂停拆除，经处理后方可进行。模板拆下后应及时清理和修整，按种类和尺寸分类堆放。

（二）钢筋工程

（1）钢筋的验收

钢筋进场时应按批进行检查和验收，应按国家现行相关标准的规定抽取试件作力学性能和重量偏差检验，检验结果必须符合有关标准的规定。对有抗震设防要求的结构，其纵向受力钢筋的性能应满足设计要求；当设计无具体要求时，对按一、二、三级抗震等级设计的框架和斜撑构件（含梯段）中的纵向受力钢筋应采用 HRB335E、HRB400E、HRB500E、HRBF335E、HRBF400E 或 HRBF500E 钢筋，其强度和最大力下总伸长率的实测值应符合：钢筋的抗拉强度实测值与屈服强度实测值的比值不应小于 1.25；钢筋的屈服强度实测值与屈服强度标准值的比值不应大于 1.3；钢筋的最大力下总伸长率不应小于 9%。当发现钢筋脆断、焊接性能不良或力学性能显著不正常等现象时，应对该批钢筋进行化学成分检验或其他专项检验。钢筋应平直、无损伤，表面不得有裂纹、油污、颗粒状或片状老锈。

钢筋验收合格后在现场应按批分等级、牌号、直径、长度挂牌存放，尽量堆入仓库或料棚。钢筋下面加垫木，离地不宜小于 200mm，以防钢筋锈蚀和污染。

（2）钢筋的连接

钢筋的连接方式分为绑扎搭接、焊接、机械连接等，由于钢筋通过连接接头传力的性能总不如整根钢筋，因此设置钢筋连接接头宜在受力较小处，同一纵向受力钢筋不宜设置两个或两个以上接头，接头末端至钢筋弯起点的距离不应小于钢筋直径的 10 倍。

（1）钢筋的绑扎连接

钢筋的绑扎连接接头应在钢筋搭接处的中心及两端用 20～22 号铁丝扎牢，搭接长度符合规范规定，同一构件中相邻纵向受力钢筋的绑扎搭接接头宜相互错开。绑扎搭接接头中钢筋的横向净距不应小于钢筋直径，且不应小于 25mm。

钢筋绑扎搭接接头的连接区段长度为 $1.3l_l$（l_l 为搭接长度），凡搭接接头中点位于该连接区段长度内的搭接接头均属于同一连接区段。同一连接区段内，纵向受拉钢筋搭接接头面积百分率应符合设计要求，当设计无具体要求时，应符合：对梁类、板类及墙类构件，不宜大于 25%；对柱类构件，不宜大于 50%；当工程中确有必要增大接头面积百分率时，对梁类构件不应大于50%，对其他构件，可根据实际情况放宽。

在梁、柱类构件的纵向受力钢筋搭接长度范围内，应按设计要求配置箍筋，当设计无具体要求时，应符合：箍筋直径不应小于搭接钢筋较大直径的0.25倍；受拉搭接区段的箍筋间距不应大于搭接钢筋较小直径的5倍，且不应大于100mm；受压搭接区段的箍筋间距不应大于搭接钢筋较小直径的10倍，且不应大于200mm；当柱中纵向受力钢筋直径大于25mm时，应在搭接接头两个端面外100mm范围内各设置两个箍筋，其间距宜为50mm。

2）钢筋的焊接：钢筋的焊接代替钢筋绑扎，可节约钢材，改善结构受力性能，提高工效，降低成本。钢筋焊接质量检验，应符合行业标准《钢筋焊接及验收规程》（JGJ 18—96）和《钢筋焊接接头试验方法标准》（JGJ/T 27—2001）的规定。

当受力钢筋采用机械连接接头或焊接接头时，设置在同一构件内的接头宜相互错开。钢筋焊接与机械连接接头连接区段的长度为$35d$（d为纵向受力钢筋的较大直径），且不小于500mm。同一连接区段内，纵向受力钢筋的接头面积百分率应符合设计要求，当设计无要求时，受拉区不宜大于50%，接头不宜设置在有抗震设防要求的框架梁端、柱端的箍筋加密区，当无法避开时，对等强度高质量机械连接接头，不应大于50%；直接承受动力荷载的结构构件中，不宜采用焊接接头，当采用机械连接接头时，不应大于50%。

①闪光对焊。钢筋闪光对焊是将两根钢筋安放成对接形式，利用对焊机使两段钢筋接触，通过焊接电流使两根钢筋接触点产生的电阻热，使接触点金属熔化，产生强烈飞溅形成闪光，然后施加顶锻力使两段钢筋焊接到一起的一种压焊方法。闪光对焊工艺可分为连续闪光焊、预热闪光焊和闪光-预热闪光焊等。

②电弧焊。钢筋电弧焊是利用弧焊机使焊条与焊件之间产生高温电弧，使焊条和电弧燃烧范围内的焊件金属熔化，待其凝固后便形成焊缝或接头的方法。电弧焊包括帮条焊、搭接焊、坡口焊和熔槽帮条焊等，如图7-2-7所示。

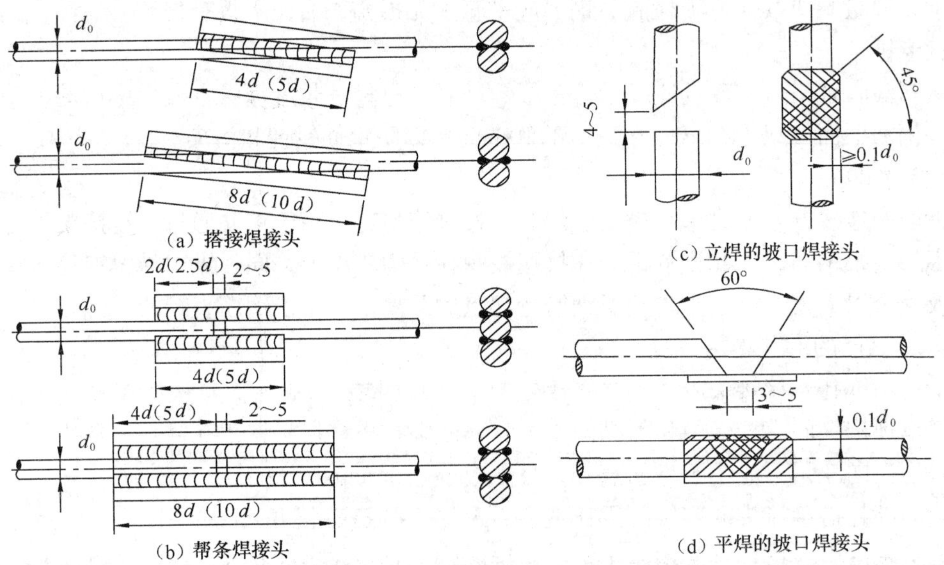

图7-2-7 钢筋电弧焊的接头形式

帮条焊的帮条长度和搭接焊的搭接长度如图7-2-7（b）所示，HPB 235级钢筋取括号外的数值，其余取括号内数值。帮条焊和搭接焊宜采用双面焊，当不能进行双面焊时，可采用单面焊。当帮条级别与主筋相同时，帮条直径可与主筋相同或小一个规格；当帮条直径与主筋相同时，帮条级别可与主筋相同或低一个级别。采用帮条焊时，两主筋端面之间的间隙应为 2 ~5mm。搭接焊的接头钢筋应进行预弯拼接，保证两根钢筋的轴线在同一直线上。

③电渣压力焊。钢筋电渣压力焊是将两根钢筋安放成竖向对接形式，利用焊接电流通过两根钢筋端面间隙，在焊剂层下形成电弧过程和电渣过程，产生电弧热和电阻热，熔化钢筋，加压完成的一种压焊方法。这种焊接方法比电弧焊节省钢材、工效高、成本低，适用于现浇钢筋混凝土结构中竖向钢筋或斜向钢筋的连接。电渣压力焊的工艺过程包括：引弧、电弧、电渣和顶压过程。

④钢筋气压焊。钢筋气压焊是采用氧乙炔火焰或其他火焰对已有初始压力的两钢筋对接处加热，使其达到塑性状态，然后加压顶锻，使两端头钢筋内的原子得以再结晶而焊接在一起的一种压焊方法。钢筋气压焊有设备简单、操作方便、质量好、成本低等优点，但对焊工要求严，焊前对钢筋端面处理要求高。钢筋气压焊的工艺过程包括：顶压、加热与压接过程。

⑤钢筋电阻点焊。钢筋电阻点焊主要用于钢筋的交叉连接，是将两根钢筋安放成交叉叠加形式，压紧于两电极之间，利用电阻热熔化母材金属，加压形成焊点的一种压焊方法。

电阻点焊过程可分为预压、通电、锻压三过程。焊点的压入深度，对热轧钢筋压入深度应为较小钢筋直径的 25% ~45%；冷拔光圆钢丝、冷轧带肋钢筋点焊时，压入深度为较小钢筋直径的 25% ~40%。

3）机械连接：钢筋的机械连接是通过连接件的机械咬合作用或钢筋端面的承压作用，将一根钢筋的力传递至另一根钢筋的连接方法。机械连接接头质量稳定可靠，操作简便，施工速度快，无污染、火灾隐患，影响因素少。

表 7-2-4　钢筋机械连接方法分类及适用范围

机械连接方法		适用范围	
		钢筋级别	钢筋直径/mm
钢筋套筒挤压连接		HRB 335、HRB 400	16 ~40
		RRB 400	16 ~40
钢筋锥螺纹套筒连接		HRB 335、HRB 400	16 ~40
		RRB 400	16 ~40
钢筋镦粗直螺纹套筒连接		HRB 335、HRB 400	16 ~40
钢筋滚压直螺纹套筒连接	直接滚压	HRB 335、HRB 400	16 ~40
	挤肋滚压		16 ~40
	剥肋滚压		16 ~50

（3）钢筋配料

钢筋配料是根据结构施工图，分别计算构件中各钢筋的直线下料长度、根数及重量，编制钢筋配料单，作为备料、加工和结算的依据。

1）一般规定：

①受力钢筋的弯钩和弯折应符合：HPB 235 级钢筋末端应作 180°弯钩，其弯弧内直径不应小于钢筋直径的 2.5 倍，弯钩的弯后平直部分长度不应小于钢筋直径的 3 倍；当设计要求钢筋末端需作 135°弯钩时，HRB 335 级、HRB 400 级钢筋的弯弧内直径不应小于钢筋直径的 4 倍，弯钩的弯后平直部分长度应符合设计要求；钢筋作不大于 90°的弯折时，弯折处的弯弧内直径不应小于钢筋直径的 5 倍。

②除焊接封闭环式箍筋外，箍筋的末端应作弯钩，弯钩形式应符合设计要求；当设计无要求时应符合：箍筋弯钩的弯弧内直径除应满足前条规定外，尚应不小于受力钢筋直径；箍筋弯钩的弯折角度对一般结构，不应小于 90°；对有抗震等要求的结构，应为 135°；箍筋弯后平直部分长度对一般结构，不宜小于箍筋直径的 5 倍；对有抗震等要求的结构和受扭构件，不应小于箍筋直径的 10 倍。

③混凝土的保护层厚度和钢筋的锚固长度应符合设计、规范等规定。

2）弯起钢筋中间部位弯折处的量度差值：钢筋弯曲时其外皮延伸、内皮收缩、轴线长度不变，其弯曲段的外包尺寸与轴线长度的差值称为弯曲量度差（调整值）。

如图 7-2-8（a）所示钢筋的量度差与钢筋的弯折角度和钢筋的直径有关，按现行施工质量验收规范规定的弯曲直径测算不同角度的量度差如表 7-2-5 所示。

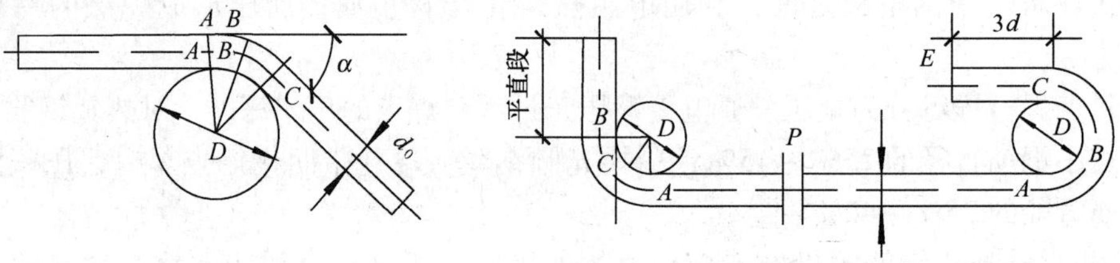

(a) 中部弯曲　　(b) 端部弯 90°　　(c) 端部弯 180°

图 7-2-8　钢筋弯钩及弯曲后尺寸图

表 7-2-5　钢筋弯曲量度差

钢筋弯曲角度	30°	45°	60°	90°	135°
钢筋弯曲量度差	0.35d	0.5d	0.85d	2.0d	2.5d

在实际施工中，由于弯心直径与理论弯心直径不全相同，弯曲工艺也不尽相同，所以采用的量度差也不完全相同。

3）钢筋末端弯钩增长值：钢筋末端弯钩增长值与弯曲角度、弯心直径、钢筋直径等有关，按现行施工规范，HPB 235 级钢筋用于普通混凝土时末端需要做 180°弯钩，如图 7-2-8（c）所示，其值可取 6.25d，如果平直段为 5d 时，可取 8.25d；其余弯钩应根据弯曲角度和设计要求的平直部分长度等确定。

（4）钢筋代换

施工中若遇钢筋的级别、种类和直径与设计规定不符，需要代换时，应在征得设计单位同意后进行。

1）等强度代换：当构件配筋受强度控制时，可按代换前后强度相等的等强度代换原则进行。代换时满足下式要求。

$$A_{s2}f_{y2} \geqslant A_{s1}f_{y1} \tag{7-2-1}$$

式中　A_{s1}——原设计钢筋总面积；

A_{s2}——代换后钢筋总面积；

f_{y1}——原设计钢筋的设计强度；

f_{y2}——代换后钢筋的设计强度。

2）等面积代换：当构件配筋按最小配筋率配筋时，或同钢号钢筋之间的代换，可按代换前后钢筋面积相等的原则进行。代换时满足下式要求。

$$A_{s2} \geqslant A_{s1} \tag{7-2-2}$$

3）构件配筋受裂缝宽度或挠度控制时，代换后应进行裂缝宽度或挠度验算。

（5）钢筋加工

钢筋的加工包括调直、除锈、切断和弯曲成型等。

1）钢筋调直：钢筋调直宜采用无延伸功能的机械设备进行调直，也可采用冷拉方法调直。当采用冷拉方法调直钢筋时，HPB235、HPB300 级光圆钢筋的冷拉率不宜大于 4%；HRB335、HRB400、HRB500、HRBF335、HRBF400、HRBF500 及 RRB400 级带肋钢筋的冷拉率不宜大于 1%。钢筋调直后应进行力学性能和重量偏差的检验，其强度应符合有关标准的规定。

2）钢筋除锈：钢筋的表面应洁净，油渍、漆污和用锤敲击时能剥落的浮皮、铁锈等应在使用前清除干净，“水锈”可以不除。钢筋的除锈可在钢筋冷拉或钢丝调直过程中除锈，可采用电动除锈机除锈，也可采用手工除锈、喷砂和酸洗除锈等。

3）钢筋下料切断：钢筋切断可采用钢筋切断机和手动切断机进行，一般应先断长料，再断短料，长度准确，端面满足要求。

4）钢筋弯曲成型：钢筋弯曲成型可采用钢筋弯曲机和手工弯曲工具进行。弯曲前应标明弯曲位置，按规定弯心直径和弯曲角度进行。

（6）隐蔽工程验收

钢筋工程属于隐蔽工程，在浇筑混凝土之前应进行检查验收并做好隐蔽工程记录，验收内容包括：纵向受力钢筋的品种、规格、数量、位置等；钢筋的连接方式、接头位置、接头数量、接头面积百分率等；箍筋、横向钢筋的品种、规格、数量、间距等；预埋件的规格、数量、位置等。

（三）混凝土工程

混凝土工程施工包括配料、搅拌、运输、浇筑、振捣和养护等施工过程，必须确保每个施工过程的施工质量，以保证混凝土结构的强度、刚度、密实性和整体性。

（1）混凝土的制备

1）混凝土的施工配料：混凝土的施工配料，应保证结构设计对混凝土强度等级的要求、施工对混凝土和易性的要求，并且应符合合理使用材料，节约水泥的原则，必要时，还应符合抗冻性等特殊性能的要求。在混凝土的配料过程中影响混凝土质量的因素主要有两方面：一是称量不准，二是未按砂、石骨料实际含水率的变化进行施工配合比的换算。这样必然会改变原设计配合比，影响混凝土的质量。

混凝土的制备，首先应严格控制水泥、粗细骨料、拌和用水和外加剂的质量，然后按设计规定的混凝土强度等级，根据实验室提供的配合比，考虑现场砂石的实际含水率来确定混凝土的施工配合比。

混凝土拌制所投的原材料质量偏差不得超过以下数值：水泥、外掺混合材料 ±2%；粗细骨料 ±3%；水、外加剂 ±1%。

2）混凝土的搅拌：混凝土搅拌的均匀性与搅拌机的类型、投料顺序和搅拌时间的长短等有关。

①搅拌机的类型。混凝土搅拌机按搅拌原理可分为自落式搅拌机和强制式搅拌机两大类。

自落式搅拌机：自落式搅拌机的搅拌筒内壁装有叶片，其工作原理是依靠旋转的搅拌筒内壁上的叶片将物料提升一定高度后自由下落，各物料颗粒分散拌合均匀，是重力拌和原理，混合能力较低，宜用于搅拌塑性混凝土。自落式搅拌机常用的双锥式可分为反转出料和倾翻出料两种。

强制式搅拌机：强制式搅拌机是在轴上装有叶片，通过叶片强制搅拌装在搅拌筒中的物料，使物料沿环向、径向和竖向运动，拌合成均匀的混合物，是剪切拌合原理。强制式搅拌机拌合强烈，但能耗大，叶片磨损较快，多用于搅拌干硬性混凝土、低流动性混凝土和轻骨料混凝土。强制式搅拌机分立轴式和卧轴式两类。

搅拌机的选择应根据混凝土工程量的大小、坍落度、骨料种类及大小等，在满足技术要求的同时还应考虑经济和节约能源等问题。

②投料顺序。投料顺序是指各种材料投入搅拌机的先后顺序。投料顺序应从提高搅拌质量，减少叶片、衬板的磨损，减少拌合物与搅拌筒的黏结，减少水泥飞扬，改善工作环境，提高混凝土强度，节约水泥等方面综合考虑确定。常用一次投料法、二次投料法和水泥裹砂法等。

一次投料法：一次投料法是在上料斗中先装石子，再装水泥和砂，将水泥夹在砂、石之间，然后一次加入搅拌筒中进行搅拌，水泥夹在石子和砂之间，不致飞扬，且水泥和砂先进入搅拌筒内形成水泥砂浆，可缩短包裹石子的时间。

二次投料法：二次投料法分为预拌水泥砂浆法和预拌水泥净浆法，可提高混凝土强度，节约水泥。预拌水泥砂浆法是先将水泥、砂和水加入搅拌筒内进行充分搅拌，成为均匀的水泥砂浆后，再加入石子搅拌成均匀的混凝土。预拌水泥净浆法是先将水泥和水充分搅拌成均匀的水泥净浆后，再加入砂和石搅拌成混凝土。

水泥裹砂法（SEC 法）：用这种方法拌制的混凝土称为造壳混凝土，是在砂子表面造成一层水泥浆壳。主要采取两项措施，一是对砂子的表面湿度进行处理，控制在一定范围内；二是进行两次加水搅拌。第一次加水搅拌称为造壳搅拌，就是先将处理过的砂子、水泥和部分水搅拌，使砂子周围形成黏着性很高的水泥包裹层。加入第二次水及石子，经搅拌，部分水泥浆便均匀地分散在已经被造壳的砂子及石子周围。从而达到提高混凝土强度、节约水泥的目的。这种方法的关键在于控制砂子表面含水率及第一次搅拌时的造壳用水量。国内外的试验结果表明，砂子的表面含水率控制在 4% ~6%，第一次搅拌加水为总加水量的 20% ~26% 时，造壳混凝土的增强效果最佳。此外，与造壳搅拌时间也有密切关系。时间过短，不能形成均匀的低水灰比的水泥浆使之牢固地黏结在砂子表面，即形成水泥浆壳，时间过长，造壳效果并不十分明显，强度并无较大提高，一般以 45 ~75s 为宜。

③搅拌时间。搅拌时间应从全部材料投入搅拌筒起，到开始卸料为止所经历的时间。

搅拌时间过短，混凝土不均匀，强度及和易性将下降，搅拌时间过长，不但降低搅拌的生产效率，同时会使不坚硬的粗骨料，在大容量搅拌机中因脱角、破碎等而影响混凝土的质量。对于加气混凝土也会因搅拌时间过长而使所含气泡减少。混凝土搅拌的最短时间应满足表 7-2-6 的规定。当搅拌高强混凝土时，搅拌时间应适当延长；采用自落式搅拌机时，搅拌时间宜延长 30s。对于双卧轴强制式搅拌机，可在保证搅拌均匀的情况下适当缩短搅拌时间。

表 7-2-6　混凝土搅拌的最短时间　　单位：s

混凝土坍落度（mm）	搅拌机机型	搅拌机出料量（L）		
		<250	250～500	>500
≤40	强制式	60	90	120
>40 且 <100	强制式	60	60	90
≥30	强制式	60		

（2）混凝土的运输

混凝土自搅拌机中卸出后，由混凝土搅拌中心或现场搅拌站运送到浇筑地点，远距离的水平运输宜采用搅拌运输车，短距离的水平运输可采用翻斗车。施工现场的垂直运输，一般可采用混凝土料斗利用塔式起重机或井架等运至浇筑地点，有条件的可采用混凝土泵进行输送。为保证混凝土的质量，混凝土运输应满足以下基本要求：

1）混凝土运输过程中要能保持良好的均匀性，不应产生分层、离析现象，也不得漏浆和失水；

2）保证混凝土具有设计配合比所规定的坍落度；

3）使混凝土在初凝前浇入模板并捣实完毕；

4）保证混凝土浇筑能连续进行。

混凝土泵送运输是以混凝土泵为动力，通过管道、布料杆将混凝土直接送至浇筑地点，可同时完成水平和垂直运输。目前常用的混凝土泵一般为双缸的液压活塞式，输送管道一般为直径 75～200mm 的钢管，并配有连接管和 15°、30°、45°、90°等不同角度的弯管。为充分发挥混凝土泵的效益在浇筑地点应设有与输送管道直接连接的布料杆，以便混凝土摊铺入模。泵送施工前应先用适量的与混凝土内成分相同的水泥浆或水泥砂浆润滑输送管壁，泵送混凝土应连续进行，若预计泵送间歇时间超过混凝土初凝时间或混凝土出现离析现象时，应用压力水或其他方法冲洗管内残留的混凝土。

（3）混凝土的浇筑

混凝土的浇筑成型工作包括布料摊平、捣实和抹面修整等工序，对混凝土的密实性和耐久性、结构的整体性和外形正确性等都有重要影响。

混凝土浇筑前应做好必要的准备工作，对模板及其支架、钢筋、预埋件和预埋管线等必须进行检查，并做好隐蔽工程的验收，符合设计要求后方能浇筑混凝土。在地基土上浇筑混凝土时，应清除淤泥和杂物，并有排水和防水措施。在混凝土浇筑前，应将模板内的杂物和钢筋上的油污等清理干净。

1）混凝土浇筑的一般规定：

①混凝土浇筑前不应发生初凝和离析现象，混凝土运至现场后其坍落度应满足要求。

②为了保证混凝土浇筑时不产生离析现象，混凝土自高处倾落时的自由倾落高度不应超过2m，在浇筑竖向结构混凝土时，倾落高度不应超过3m，否则要采用溜槽、串筒、溜管下落。

③为了使混凝土振捣密实，混凝土必须分层浇筑，浇筑层的厚度应符合表7-2-7的规定。

表7-2-7 混凝土浇筑层厚度 单位：mm

捣实混凝土的方法		浇筑层的厚度
插入式振捣		振捣器作用部分长度的1.25倍
表面振捣		200
人工捣固	在基础、无筋混凝土或配筋稀疏的结构中	250
	在梁、墙板、柱结构中	200
	在配筋密列的结构中	150
轻集料混凝土	插入式振捣	300
	表面振动（振动时需加荷）	200

④混凝土的浇筑工作应尽可能连续作业，如必须间歇，其间歇时间应尽量缩短，并应在前层混凝土初凝前，将次层混凝土浇筑并振捣完毕。混凝土搅拌机卸土后到浇筑完毕的延续时间应按表7-2-8的规定。

表7-2-8 混凝土拌合物从搅拌机卸出后到浇筑完毕的延续时间 单位：min

混凝土生产地点	气温	
	≤25℃	>25℃
预拌混凝土搅拌站	150	120
施工现场	120	90
混凝土制品厂	90	60

注：掺有外加剂或快攻水泥时延续时间通过试验确定。

⑤施工缝的留设与处理。如果因技术上的原因或设备、人力的限制，混凝土不能连续浇筑，中间的间歇时间超过混凝土的凝结时间则应留置施工缝。施工缝的位置应在浇筑混凝土之前确定，宜留在结构受剪力较小且便于施工的部位。

根据施工缝设置的原则，柱子的施工缝宜留在基础的顶面、梁的下面或无梁楼盖柱帽的下面。框架结构中，如果梁的负筋向下弯入柱内，施工缝也可设置在这些钢筋的下端，以便于钢筋绑扎。高度大于1m的混凝土梁的水平施工缝，应留在楼板底面以下20~30mm处，当板下有梁托时，留在梁托下部。单向板的施工缝，可留在平行于短边的任何位置处。对于有主次梁的楼板结构，宜顺着次梁方向浇筑，施工缝应留在次梁跨度的中间1/3范围内。

施工缝处继续浇筑混凝土时，应待混凝土的抗压强度不小于1.2MPa方可进行。施工缝处浇筑混凝土之前，应除去表面的水泥薄膜、松动的石子和软弱的混凝土层。并加以充分湿润和冲洗干净，不得积水。浇筑时，施工缝处宜先铺水泥浆或与混凝土成分相同的水泥砂浆一层，厚度为10~15mm，以保证接缝的质量。浇筑混凝土过程中，应细致捣实，使新旧混凝土结合紧密。

2）框架结构混凝土的浇筑：框架结构一般按结构层划分施工层和在各层划分施工段分别浇筑，每一施工层的梁、板、柱结构，先浇筑柱和墙，并连续浇筑到顶，为防止柱子根部出现蜂窝麻面，柱子底部应先浇筑一层厚 50～100mm 与所浇筑混凝土内砂浆成分相同的水泥砂浆或水泥浆，并加强根部振捣，使新旧混凝土结合紧密。如柱和梁一次浇筑完毕，应在柱子混凝土浇筑完毕后停歇 1～1.5h 后，待混凝土沉实后，再浇筑梁板混凝土。

3）大体积混凝土结构的浇筑：大体积混凝土结构整体性要求较高，混凝土一般应连续浇筑。为保证结构的整体性和施工的连续性，采用分层浇筑时，应保证在下层混凝土初凝前将上层混凝土浇筑完毕，施工时可采用全面分层、分段分层或斜面分层等方案。但大体积混凝土结构由于体积大，易形成较大内外温差（不能超过 25℃）而产生温度裂缝，所以在施工中应有防止温度裂缝的措施，如：优先选用低水化热的水泥（如矿渣硅酸盐水泥）拌制混凝土，并适当使用缓凝减水剂；在保证混凝土设计强度等级前提下，适当降低水灰比，减少水泥用量；降低混凝土的入模温度、放慢浇筑速度和减少浇筑厚度等控制混凝土内外温差；采用人工降温等措施。

（4）混凝土的密实成型

混凝土拌合物浇筑后，需经密实成型才能达到设计要求的外形和内部结构。一般利用机械外力（如机械振动）来克服拌合物的黏聚力和内摩擦力而使之液化、沉实。混凝土机械振动捣实的机械有内部振动器、表面振动器、外部振动器和振动台。在施工现场主要应用内部振动器和平板振动器。

内部振动器又称为插入式振动器，由电动机、软轴和振动棒三部分组成。按振动棒的激振原理不同，插入式振动器可分为偏心轴式和行星滚锥式。使用插入式振动器时，要使振动棒自然地垂直沉入混凝土中，为使上下层混凝土结合紧密，振动棒应插入下一层混凝土中 50mm。振捣时，将振动棒上下移动，保证混凝土的振捣均匀。振动棒各插点的间距应均匀，一般不超过振动棒有效作用半径的 1.5 倍。插点可按行列式或交错式排列，振动棒在各插点的振动时间以见到混凝土表面不再明显下沉，无气泡排出，表面均匀泛出水泥浆为止。振动棒应避免碰撞钢筋、模板、预埋件等。

表面振动器又称平板振动器，它由带偏心块的电动机和平板等组成，在混凝土表面进行振捣。采用表面振动器的移动距离，应能保证振动器的平板压过已振实的混凝土边缘 30～50mm。在每一个停放点连续振动时间约为 25～40s，适用于楼板、地面等薄型构件。

（5）混凝土的养护

混凝土拌合物能逐渐凝结硬化，主要是因为水泥水化作用的结果，而水化作用需要适当的湿度和温度。混凝土的养护就是在混凝土浇筑后，在硬化过程中进行湿度和温度的控制，以保证混凝土达到设计要求强度。混凝土的养护方法有自然养护和蒸汽养护，一般较常使用自然养护。

混凝土进行自然养护，是指在平均气温不低于 +5℃ 的条件下使混凝土保持湿润状态。自然养护又可分为洒水养护和喷洒塑料薄膜养生液养护等方法。

1）洒水养护：混凝土浇筑完毕后 12h 以内应覆盖保湿和浇水。混凝土浇水养护时间对硅酸盐水泥、普通硅酸盐水泥或矿渣硅酸盐水泥拌制的混凝土，不得少于 7d；火山灰质硅酸盐水泥和粉煤灰硅酸盐水泥拌制的混凝土，不少于 14d；掺用缓凝型外加剂或有抗渗要求的混凝土，不少于 14d，浇水次数以能保持混凝土具有足够的润湿状态为宜。

2）喷洒塑料薄膜养护：采用塑料布覆盖养护时，混凝土敞露的全部表面应覆盖严密，并保持塑料布内有凝结水。对不易浇水养护的高耸构筑物和大面积混凝土结构等可将塑料溶液用喷枪喷洒在混凝土表面上，有机溶液挥发后在混凝土表面形成一层塑料薄膜，使混凝土与空气隔绝，阻止水分的蒸发，以保证水化作用的正常进行。

混凝土必须养护至其强度达到 1.2N/mm^2 以上，才准上人施工。

（6）混凝土冬期施工

规范规定，根据当地多年气温资料，室外日平均气温连续 5d 稳定低于 5℃时，混凝土结构工程应采用冬期施工措施。

混凝土能凝结硬化并获得强度，是由于水泥水化反应的结果。水和温度是水化反应进行的必要条件。试验表明当温度降到 5℃时，水化反应速度缓慢，当温度降到 0℃时，水化反应基本停止，当温度继续降低时，混凝土内部的游离水开始结冰体积膨胀，在混凝土内部产生冰晶应力，使强度还很低的水泥石结构内部产生微裂缝，并减弱混凝土与钢筋的握裹力，导致混凝土结构强度降低。混凝土遭受冻结时间愈早，水灰比愈大，则强度损失愈多。

混凝土允许受冻而不致使其各项性能遭到损害的最低强度称为混凝土受冻临界强度，即新浇混凝土在受冻前达到这一强度后再遭到冻结，恢复正温养护后混凝土强度继续增长，经 28d 标准养护后，其后期强度能达到设计强度等级的 95% 以上。该临界强度与水泥品种、混凝土强度等级有关，冬期浇筑的混凝土，其受冻临界强度应符合：采用蓄热法、暖棚法、加热法等施工的普通混凝土，采用硅酸盐水泥、普通硅酸盐水泥配制时，其受冻临界强度不应小于设计混凝土强度等级值的 30%；采用矿渣硅酸盐水泥、粉煤灰硅酸盐水泥、火山灰质硅酸盐水泥、复合硅酸盐水泥时，不应小于设计强度等级值的 40%；对强度等级等于或高于 C50 的混凝土不宜小于设计强度等级值的 30%；对有抗渗要求的混凝土不宜小于设计强度等级值的 50%；对有抗冻耐久性要求的混凝土不宜小于设计强度等级值的 70%；另外当室外最低气温不低于-15℃时，采用综合蓄热法、负温养护法施工的混凝土受冻临界强度不应小于 4MPa，当室外最低气温不低于-30℃时，采用负温养护法施工的混凝土受冻临界强度不应小于 5MPa。

1）材料要求：冬期施工配制混凝土用的水泥，应优先选用活性高、水化热大的硅酸盐水泥或普通硅酸盐水泥，当采用蒸气养护时宜选用矿渣硅酸盐水泥。混凝土最小水泥用量不宜低于 280kg/m^3，水胶比不应大于 0.55，强度等级不大于 C15 的混凝土其水胶比和最小水泥用量可不受此限；大体积混凝土的最小水泥用量可根据实际情况决定。拌制混凝土的砂、石骨料必须清洁，不得含有冰、雪、冻块及其他易冻裂物质。

水泥不得直接加热，但可在使用前 1～2 天运入暖棚存放。冬期拌制混凝土应优先对水进行加热，骨料加热不得用火焰直接加热，水及骨料的加热温度不得超过表 7-2-9 的规定。当水、骨料达到规定温度仍不能满足热工计算要求时，可提高水温到 100℃，但水泥不能与 80℃以上的水直接接触。

表 7-2-9　拌合水及骨料加热最高温度　　单位：℃

水泥强度等级	拌合水	骨料
小于 42.5	80	60
42.5、42.5R 及以上	60	40

2）混凝土的搅拌、运输和浇筑：混凝土不宜露天搅拌，应尽量搭设暖棚。搅拌前，先用热水或蒸汽冲洗、预热搅拌机。投料顺序是先将水和砂石投入拌合，然后加入水泥，以防水泥骤凝。混凝土的运输容器应有保温措施，运输的时间和距离应尽量缩短。混凝土在浇筑前，应清除模板和钢筋上的冰雪和污垢，尽量加快混凝土的浇筑速度，防止热量散失过多。混凝土拌合物的出机温度不宜低于10℃，入模温度不得低于5℃，采用加热养护时，混凝土养护前的温度不得低于2℃。施工中应加强振捣，尽可能提高混凝土的密实度。加热养护整体式结构时，施工缝的位置应设置在温度应力较小处。

3）混凝土冬期养护方法：混凝土冬期养护方法有蓄热法、外加剂和早强水泥法、外部加热法及综合蓄热法。在选择施工方法时，应经过技术经济比较确定，在保证混凝土强度的前提下费用低、工期短、质量优。

蓄热法就是利用对混凝土原材料（水、砂、石）预加的热量和水泥水化热的热量，再加以保温材料覆盖，适当保温延缓混凝土的冷却速度，从而保证混凝土能够在正温下达到规范要求的临界温度。蓄热法施工简单、节省能源、费用较低、较易保证质量。

蓄热法宜选用活性高、水化热大的硅酸盐水泥和普通硅酸盐水泥，适量掺早强剂，同时使用传热系数小、价格低廉和易于获得的地方保温材料，如草帘、草袋、锯末、炉渣等。保温材料必须干燥，以免降低保温性能。必要时还可采取外部早期短时加热。

（7）混凝土质量的检查

混凝土质量的检查包括施工过程中的质量检查和养护后的质量检查。施工过程的质量检查，即在制备和浇筑过程中对原材料的质量、配合比、坍落度、搅拌时间等的检查。混凝土养护后的质量检查，主要包括混凝土的强度、表面外观质量和结构构件的轴线、标高、截面尺寸和垂直度的偏差检查，如设计上有特殊要求时，还需对其抗冻性、抗渗性等进行检查。

（8）混凝土质量缺陷的处理

1）表面抹浆修补：对于数量不多的小蜂窝、麻面、露筋、露石的混凝土表面，主要是保护钢筋和混凝土不受侵蚀，可用1:2~1:2.5的水泥砂浆抹面修整。在抹砂浆前，用钢丝刷或加压力的水清洗润湿，抹浆初凝后要加强养护工作。对结构构件承载能力无影响的细小裂缝，可将裂缝处加以冲洗，用水泥浆抹补。如裂缝开裂较大、较深时，应将裂缝附近的混凝土表面凿毛，或沿裂缝方向凿成深为15~20mm、宽为100~200mm的V形凹槽，扫净并洒水湿润后，先刷水泥净浆一层，然后用1:2~1:2.5的水泥砂浆分2~3层涂抹，总厚度控制在10~20mm，并压实抹光。

2）细石混凝土填补：当蜂窝比较严重或露筋较深时，应除掉附近不密实的混凝土和凸出的骨料颗粒，用清水洗刷干净并充分润湿后，再用比原强度等级高一级的细石混凝土填补并仔细捣实。对孔洞可将孔洞处疏松的混凝土和突出的石子剔凿掉，孔洞顶部要凿成斜面，然后用水刷洗干净、湿润72h后，用比原混凝土强度等级高一级的细石混凝土捣实。

对影响混凝土结构性能的缺陷，必须会同设计等有关单位研究处理。

三、预应力混凝土工程

预应力混凝土是在结构或构件受拉区，通过对钢筋进行张拉后将钢筋的回弹力施加给混凝土，使混凝土受到预压应力，产生一定的压缩变形。当结构或构件受力后，受拉区混凝土的拉伸应力首先与预压应力抵消，从而推迟了裂缝的出现时间。

预应力混凝土有非预应力筋和预应力筋，用作预应力筋的钢筋、钢丝和钢绞线等应具有高强度、低松弛、一定的塑性、良好加工性能和与混凝土间较好的黏结强度。预应力混凝土应采用强度高、收缩徐变小、快硬早强的混凝土。预应力混凝土按预加应力的施工方法不同分为先张法和后张法，在后张法中，按预应力筋的黏结状态分为有黏结预应力混凝土和无黏结预应力混凝土。

（一）先张法预应力施工

先张法是在浇筑混凝土前张拉预应力筋，并将张拉的预应力筋临时固定在台座或钢模上，然后浇筑混凝土，待混凝土达到一定强度，混凝土与预应力筋具有足够的黏结力时，放松预应力筋。通过混凝土与预应力筋的黏结使混凝土产生预压应力。

先张法的生产方式有台座法和机组流水法（模板法）。台座法是构件在专门设计的固定台座上生产，即预应力筋的张拉、固定、混凝土的浇筑、养护和预应力筋的放松等工序均在台座上进行，预应力筋放松前，其拉力由台座承受。采用机组流水法，是利用模板作为固定预应力筋的承力架，构件连同模板通过固定的机组，按流水方式完成其生产过程。由于台座或钢模承受预应力筋的张拉能力受限制等，因此先张法一般适合生产中小型预应力混凝土构件。

（1）张拉机械与设施

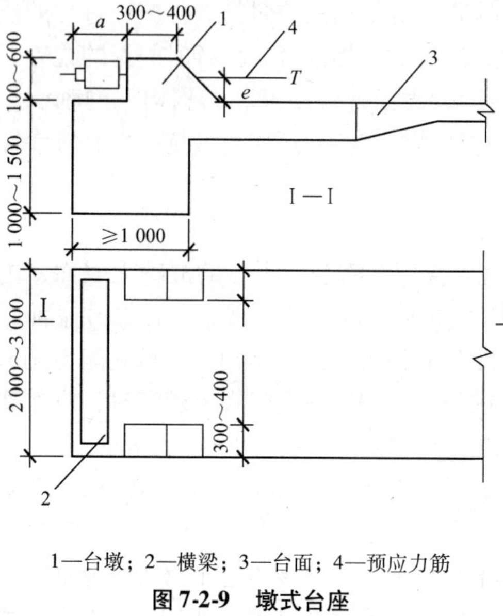

1—台墩；2—横梁；3—台面；4—预应力筋

图 7-2-9　墩式台座

先张法的张拉机械常用电动螺杆张拉机、油压千斤顶、卷扬机等，要求工作可靠、能以稳定的速率施加张拉力，并能准确控制张拉应力。台座是先张法生产中用来张拉和临时固定钢筋的主要设备，有墩式台座（图 7-2-9）、槽式台座、构架式台座等，由于其承受了预应力筋的全部张拉力，设计时应保证具有足够的强度、刚度和稳定性。夹具是先张法施工时为保持预应力筋的张拉力并将其固定在台座上的临时性锚固工具。按其作用分为固定用夹具和张拉用夹具。施工时其型号和性能应符合相关规定。

（2）先张法施工工艺

先张法施工工艺主要有三个阶段：张拉预应力筋→混凝土的浇筑、养护→预应力筋放张。

1）预应力筋的张拉：预应力筋张拉前应先作好台面的隔离层，然后按设计要求铺设预应力筋。预应力筋可采用单根张拉或整体张拉，张拉时，张拉机械应与预应力筋在同一直线上，张拉控制应力应符合设计要求，若需超张拉时应控制最大张拉控制应力。张拉完成后，预应力筋对设计位置的偏差不得大于 5mm，也不得大于构件截面最短边长的 4%。

2）混凝土的浇筑、养护：为减少混凝土收缩徐变引起的预应力损失，应严格按规定的配合比进行混凝土的制备，保证振捣密实，以确保混凝土的强度和黏结力。若采用蒸汽养护，应有防止由于温差引起预应力损失的措施。

3）预应力筋放张：预应力筋放张时，混凝土应达到设计规定的放张强度，若设计无规定，则不得低于设计的混凝土强度标准值的75%。

预应力筋的放张顺序应符合设计要求，当设计无要求时，应符合以下标准：对承受轴心预压力的构件，所有预应力筋应同时放张；对承受偏心预压力的构件，应先同时放张预压应力较小区域的预应力筋，再同时放张预压应力较大区域的预应力筋；当不能按上述规定放张时，应分阶段、对称、相互交错地放张。以防止在放张过程中构件发生翘曲、裂纹及预应力筋断裂等情况。

预应力筋的放张工作，应缓慢进行防止冲击。常用的放张方法有千斤顶放张、砂箱放张、楔块放张、预热熔割、钢丝钳切割等。

（二）后张法预应力施工

后张法是在制作混凝土结构或构件时，在预应力筋设计部位预先留设孔道，浇筑混凝土并养护达设计要求的强度后，将预应力筋穿入孔道中并进行张拉，然后用锚具将预应力筋锚固在构件端部，最后进行孔道灌浆。预应力筋承受的张拉力通过锚具传递给混凝土构件，使受拉区混凝土产生预压应力。

后张法施工由于直接在钢筋混凝土构件上进行预应力筋的张拉，故不需要固定的台座设备，灵活性大，适用于现场施工大型预应力混凝土构件和就地浇筑预应力混凝土结构。

（1）张拉机械与设施

后张法的张拉机械常用拉杆式千斤顶、穿心式千斤顶和锥锚式千斤顶等，施工中应注意使用、维护和校验。锚具是后张法施工中进行张拉预应力筋和将预应力筋永久固定在预应力混凝土构件上传递预应力的工具，应满足工作可靠、构造简单、施工方便、预应力损失小等要求，其型号和锚固性能应符合相关规定。

（2）后张法施工工艺

后张法施工工艺主要有预留孔道（混凝土构件制作）→预应力筋张拉、锚固→孔道灌浆三个阶段。

1）预留孔道：也是混凝土构件制作阶段。预应力筋孔道形状有直线、曲线和折线三种类型，其曲线坐标应符合设计图纸要求。孔道的直径应根据预应力筋根数、曲线孔道形状和长度及穿筋难易程度等确定，其间距与保护层应符合相关规定。孔道留设的施工方法有钢管抽芯法、胶管抽芯法和预埋管（金属波纹管）等，应保证混凝土浇筑时不出现位移和变形，定位牢固。孔道的数量、规格、形状和位置应符合设计要求，并应按规定设置灌浆孔、排气孔和泌水孔。对钢管抽芯法和胶管抽芯法还应掌握正确的抽管时间、抽管顺序和抽管方法。

2）预应力筋张拉：预应力筋张拉前应将预应力筋穿入孔道（即穿束），施工时应掌握穿束时机与方法，可采用在浇筑混凝土之前的先穿束法和浇筑混凝土再穿束的后穿束法两种。

预应力筋张拉时，结构的混凝土强度应符合设计要求，当设计无具体要求时，不应低于设计强度标准值的75%。

预应力筋张拉时张拉控制应力应符合设计要求，若需超张拉应控制最大张拉控制应力。后张法预应力筋根据预应力混凝土结构特点、预应力筋形状与长度以及施工方法的不同，其张拉方式有一端张拉、两端张拉、分批张拉、分段张拉、分阶段张拉和补偿张拉等，如对配有多束预应力筋的构件可采用分批张拉的方式，但应考虑由于后批预应力筋张拉所产生的混凝土弹性压缩对先批张拉的预应力筋造成的预应力损失，所以应相应增加先批张拉预应力筋的张拉应力。

3）孔道灌浆：预应力筋张拉锚固后，即可进行孔道灌浆。孔道灌浆的目的是为了防止钢筋的锈蚀，使预应力筋与构件混凝土有效的黏结，以增加结构的整体性和耐久性，提高结构的抗裂性和承载能力。

灌浆用的水泥浆应有足够的强度、黏结力和流动性，干缩和泌水小。应采用强度不低于42.5MPa的普通硅酸盐水泥配置的水泥浆，其抗压强度不应小于30MPa，水灰比不应大于0.45。搅拌后3h泌水率宜控制在2%，最大不得超过3%。为改善水泥浆性能，可掺缓凝减水剂和水泥重量万分之一的铝粉或0.25%的木质素磺酸钙，对空隙大的孔道，可采用抗压强度不低于30MPa的水泥砂浆灌浆。

灌浆工作应缓慢均匀地进行，不得中断，并应排气通顺。灌浆前，应用压力水将孔道冲刷干净，湿润孔壁。灌浆顺序应先下后上，曲线孔道灌浆时，应从孔道最低处向两端进行。在孔道两端冒出浓浆并封闭排气孔后宜再继续加压至0.5～0.7MPa，稳压2min再封闭灌浆孔。

（三）无黏结预应力施工

无黏结预应力混凝土是在浇筑结构或构件混凝土之前，将预应力筋的表面覆裹一层涂塑层后预先铺设在设计要求的位置，然后浇筑混凝土，待混凝土达到设计要求的强度后，在构件上用张拉机具进行张拉，然后用锚具将预应力筋锚固在构件端部。预应力筋承受的张拉力通过锚具传递给混凝土构件，使受拉区混凝土产生预压应力。无黏结预应力混凝土无须预留孔道，也不必在孔道内灌浆，施工简单，张拉时摩擦阻力较小，预应力筋易形成多跨曲线形状。

无黏结预应力筋由预应力筋（高强钢丝或钢绞线）、涂料层和外包层组成，涂料层是使预应力筋与混凝土隔离，减少张拉时的摩擦损失，防止预应力筋腐蚀。涂料层可采用防腐油脂或防腐沥青。

无黏结预应力筋通常是在底部非预应力筋铺设后进行，当预应力筋需配置成两个方向的曲线布置时，应事先拟定铺设顺序，对各个交叉点比较其标高，先敷设下面的预应力筋，再敷设上面的预应力筋，不应使两个方向的预应力筋相互穿插。无黏结预应力筋应严格按设计要求的曲线形状就位并固定牢靠。

无黏结预应力筋张拉时，混凝土的强度应达到设计强度的100%，对无黏结预应力混凝土楼盖结构的张拉顺序，宜先张拉楼板，后张拉楼面梁，板中可依次张拉，梁宜对称张拉。当曲线预应力筋长度较大时应两端张拉。张拉时应控制其张拉应力、张拉程序和顺序，张拉后按相关规定检查。

无黏结预应力筋的锚固区，必须有严格的密封防护措施，严防水汽进入锈蚀预应力筋。其具体处理方法应根据锚具类型及相关规定进行。

四、结构安装工程

（一）起重机械与设备

（1）索具设备

在结构安装工程中常用的索具设备有钢丝绳、滑轮组、卷扬机、吊钩、卡环、横吊梁等。

1）钢丝绳：钢丝绳是吊装工程中的主要绳索，具有强度高、弹性好、韧性好、耐磨等优点，并且钢丝绳被磨损后，外表产生许多毛刺，易检查便于防止事故的发生。

结构吊装工程常用的钢丝绳是由直径相同的高强钢丝捻成绳股，再由六束绳股和一根绳芯捻成绳。钢丝绳按每股中的钢丝数区分，结构吊装工程常用的有 6×19、6×37 两种。6×19 钢丝绳中的钢丝较粗、较硬，不宜弯曲，常用作缆风绳和吊索；6×37 钢丝绳中的钢丝较细、较软，常用于穿滑轮组和作吊索。每种钢丝绳按抗拉强度分为 1 400MPa、1 550MPa、1 700MPa、1 850MPa、2 000MPa 五种。在使用过程中应按规定计算钢丝绳的允许拉力，定期进行钢丝绳的维护与检查。

2）滑轮组：滑轮组是由一定数量的定滑轮和动滑轮组成，并由通过绕过它们的绳索联系成为整体，从而达到省力和改变力的方向的目的，是起重机械的重要组成部分。

滑轮组中共同负担构件重量的绳索根数称为工作线数，也就是在动滑轮上穿绕的绳索根数。滑轮组省力的多少，主要取决于工作线数和滑轮轴承的摩擦阻力大小。滑轮组的跑头（滑轮组的引出绳头）可从动滑轮引出（力的方向与重物移动的方向一致）和从定滑轮引出（力的方向与重物移动的方向相反）。

3）卷扬机：结构安装中的卷扬机有手动和电动两类，结构吊装工程中常用电动卷扬机。电动卷扬机按速度又分慢速、中速、快速三种。慢速卷扬机主要用于吊装结构、冷拉钢筋和张拉预应力筋，快速卷扬机主要用于垂直运输和水平运输，以及打桩作业。

卷扬机必须用地锚固定，以防止在工作时发生滑动或倾覆，根据受力大小，固定卷扬机常用螺栓锚固法、水平锚固法、立桩锚固法和压重锚固法等，如图 7-2-10 所示。

（2）起重机械

在结构吊装工作中常用的起重机械有桅杆式起重机、自行式起重机、塔式起重机。

1）桅杆式起重机：桅杆式起重机有就地取材、构造简单、可在现场制作、制作和装拆方便、起重量大、能在较窄的工地上使用的优点，但灵活性差、起重半径小、移动困难、需要的缆风绳也较多。适用于安装工程量集中、结构重量大、施工现场狭窄的情况。常用的桅杆式起重机有独脚拔杆、人字拔杆、悬臂拔杆和牵缆式拔杆等。

2）自行式起重机：自行式起重机主要有履带式起重机、轮胎式起重机、汽车式起重机。

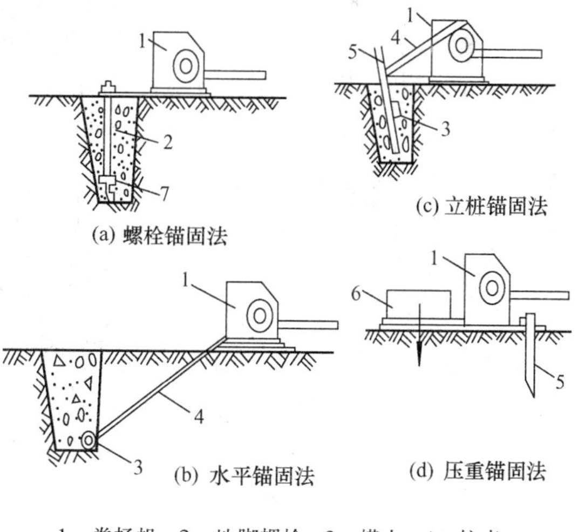

1—卷扬机；2—地脚螺栓；3—横木；4—拉索；5—木桩；6—压重；7—压板

图 7-2-10　卷扬机的锚固方法

①履带式起重机。履带式起重机由行走部分、回转部分、机身及起重臂等几部分组成。是一种 360°全回转的起重机，操作灵活，行走方便，能负载行驶。缺点是稳定性较

差，行走速度慢。

履带式起重机的起重能力主要用三个技术参数表示，即起重量（Q）、起重半径（R）、起重高度（H）。这三个参数之间存在相互制约的关系，起重量、起重半径和起重高度的大小取决于起重臂的长度及其仰角。当起重臂长度一定时，随着仰角的增加，起重量和起重高度增加，起重半径减小。当起重臂仰角不变，随着起重臂长度增加，起重高度和起重半径增加，而起重量减小。

为保证履带式起重机安全工作，在使用中应遵守安全使用操作规程。当起重机进行超负荷吊装或接长起重臂时，需进行稳定性验算，以防止发生倾覆事故。同时需对起重臂进行工作状态下和非工作状态下的强度和稳定性验算。

②汽车式起重机。汽车式起重机是把机身及起重机械安装在汽车底盘上的一种全回转的起重机，其动力由汽车发动机供给，行驶的驾驶室与起重的操纵室是分开的。汽车式起重机机动性强，转移速度快，其起重臂有定长臂、接长臂和伸缩臂三种，但吊重时必须使用支腿，不能负载行驶，也不适合在松软或泥泞的地面上工作。

③轮胎式超重机。轮胎式起重机是将起重装置安装在加重型轮胎和轮距较小的专用底盘上的一种自行式全回转起重机。转移速度快，但吊重时必须使用支腿，不能负载行驶。

（二）混凝土结构安装

工业厂房有单层和多层之分，一般除基础在现场就地灌筑外，其他大型构件如柱子、屋架等多在现场预制，其余构件多集中在预制厂预制。多层工业厂房的结构构件吊装工艺与单层工业厂房结构吊装基本相同，只是安装标高较大，需做好柱与柱、柱与梁的接头处理。

（1）施工准备工作

在构件吊装之前应先设计好施工现场平面布置图，标出起重机械行走的路线和构件堆放场地。清理场地，平整压实道路，并作好排水措施。组织好构件的运输供应，同时检查并清理构件，然后对构件弹线（弹安装中心线，以便吊装就位及校正）并编号。构件吊装前完成基础工程施工。钢筋混凝土柱一般为杯形基础，应使定位轴线及杯口尺寸准确，吊装柱子前进行杯底标高的调整，在杯口顶面要弹出纵横轴线及吊装柱子的准线，作为校正的依据。

（2）结构安装方法

单层工业厂房常用的结构安装方法有分件安装法和综合安装法两种。

1）分件安装法：分件安装法是指起重机每开行一次，仅安装一种或两种构件。通常分三次开行安装完全部构件。第一次开行，吊装全部柱子，并对柱子进行校正和最后固定；第二次开行，吊装全部吊车梁、连系梁及柱间支撑等；第三次开行，分节间安装屋架、天窗架、屋面板及支撑等。

采用分件安装法每次基本安装同类构件，不需更换索具，操作方法也基本相同，安装速度快，效率高。构件可分批进场，现场平面布置简单。构件有足够的时间进行校正和固定，质量好。但不能为后续工程及早提供工作面，且起重机开行路线较长，对起重机灵活性要求高。

2）综合安装法：综合安装法是起重机开行一次就分节间安装完各种类型的构件，即先安装 4 ~ 6 根柱子之后，立即加以校正和最后固定，紧接着就是安装吊车梁、连系梁、屋架、柱间支撑、天窗架、屋面板等构件。当全部安装完此节间的所有构件后，起重机再移至下一个节间安装。

采用综合安装法，起重机开行路线短，对起重机灵活性要求低，能为后续工程及早提供工作面，可缩短工期。但起重机在一个节间内安装不同构件，索具更换频繁，操作方法也不相同，安装速度较慢，效率低。同时各种构件供应堆放，现场平面布置复杂。构件校正较困难。

（3）构件安装工艺

单层工业厂房构件的吊装工艺过程一般包括：绑扎、起吊、就位、临时固定、校正、最后固定等。

1）柱子的吊装：

①绑扎。柱的绑扎位置和绑扎点数量应根据柱的形状、断面、长度、配筋及起重机性能等确定。一般中小型柱采用一点绑扎，重型柱或配筋小而细长的柱采用两点或三点绑扎。一点绑扎的位置常在牛腿下 200mm 处。

按柱起吊时柱身是否垂直，分为直吊法和斜吊法。一点绑扎直吊法是当柱子的宽度方向抗弯能力不足时，可在吊装前，先将柱子翻身后再起吊，起吊后柱身呈直立状态，便于垂直插入杯口。一点绑扎斜吊法是当柱平卧起吊时的抗弯能力满足要求时，柱从预制位置直接起吊，起吊后柱身倾斜，就位、校正较困难。

②柱的起吊：柱的起吊方法有旋转法和滑行法两种。根据柱子的重量、长度、起重机的性能和施工现场条件，又分单机起吊和双机抬吊。

单机旋转起吊法：是起重机边升钩边回转起重臂，使柱子绕柱脚旋转而呈直立状态，然后转臂将柱插入杯口，如图 7-2-11 所示。

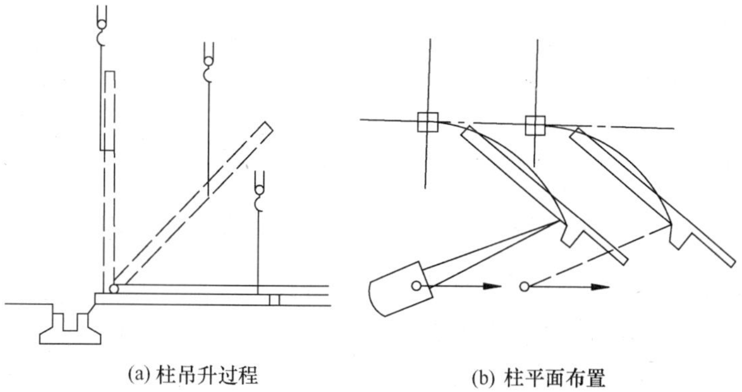

(a) 柱吊升过程　　(b) 柱平面布置

图 7-2-11　单机旋转法吊装柱

采用旋转法起吊时，在平面布置时柱脚靠近基础，应使绑扎点、柱脚中心与基础杯口中心三点同弧，圆心即起重机的回转中心，半径为停机点至绑扎点的距离。旋转法吊升柱震动小，生产效率高，但平面布置占地面积大，对起重机机动性要求高。

单机滑行起吊法：柱起吊时，起重机起重臂不动只升钩，使柱脚沿地面滑行逐渐直立，然后插入杯口，如图 7-2-12 所示。

采用滑行法起吊时，应将绑扎点布置在基础杯口附近，并使两者同弧。滑行法与旋转

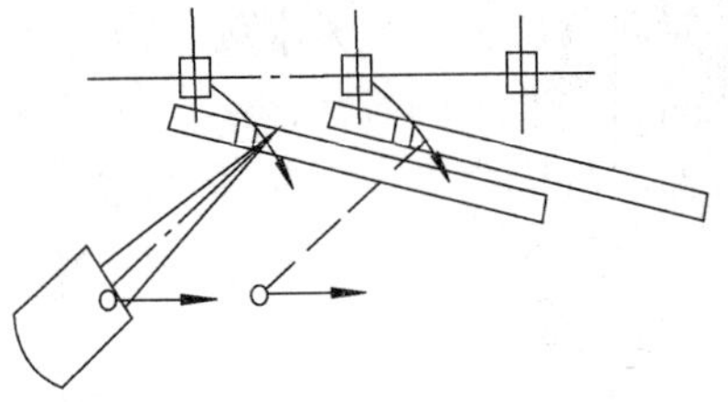
(a) 平面布置

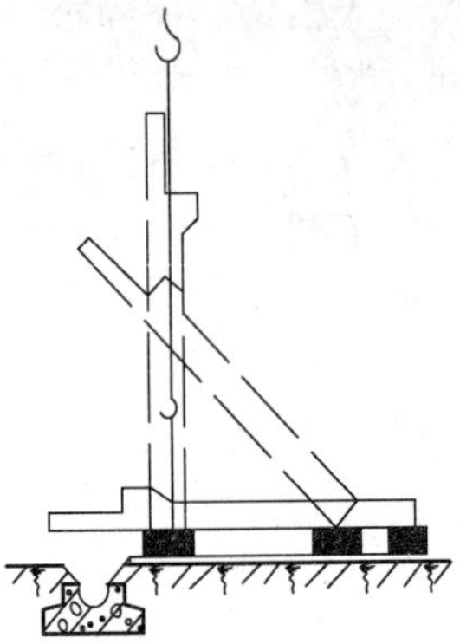
(b) 滑行过程

图 7-2-12 单机滑行法吊装柱

法相比，柱身受震动大，耗费滑行材料多。适用于柱较重，柱身较长，施工现场狭窄，柱无法按旋转法排放布置等情况。

双机抬吊旋转法：柱为两点绑扎，一台起重机抬上吊点，另一台起重机抬下吊点；先将柱抬起平行离开地面，然后上吊点的起重机将柱上部逐渐提升，下吊点不需再提升，只需配合上吊点跑车和回转，然后将柱插入杯口就位。

双机抬吊滑行法：柱为一点绑扎，且绑扎点靠近基础，起重机在柱基的两侧，两台起重机在柱的同一绑扎点同时起钩，将柱吊离地面。

③柱的就位和临时固定。柱子插入杯口后应悬离杯底 30～50mm 处进行对位，在柱的四面各放入两个楔块共八个，并用撬棍撬动柱脚，使柱子的安装中心线对准杯口的准线后，即可落钩将柱放至杯底，对中心线进行复查对准，然后打紧四周的楔块，使之临时固定。必要时增设斜撑及缆风绳加强柱的稳定性。

④柱的校正。柱的校正包括平面位置、垂直度和标高校正。平面位置的校正在临时固定前进行，对位时已完成，柱标高在基础杯底调整时已校正。所以，柱临时固定后主要进行垂直度校正。

对柱的垂直度校正，可用两台经纬仪从柱子的相邻两面观测中心线是否垂直，若偏差超过允许值，则用楔块的松紧、手动千斤顶等予以校正。

⑤柱的最后固定。柱的最后固定是将柱子与杯口的空隙用细石混凝土填灌密实。浇筑前，将杯口清扫干净，并用水湿润柱脚和杯壁，再分两次浇灌比柱混凝土强度高一个等级的细石混凝土。第一次先浇至楔块底面以下 50mm，待达到设计强度的 25% 后，拔去楔块，再浇筑第二批混凝土，直至灌满杯口为止。

2）吊车梁的吊装：吊车梁的吊装必须在柱基础杯口二次浇筑的混凝土强度达到设计强度的 70% 以上才能进行。吊车梁绑扎时采用两点对称绑扎，吊钩对准重心，水平起吊，并使吊车梁端部的吊装准线与牛腿顶面的吊装准线对准。就位时缓慢落钩，当梁的高宽比大于 4 时，可用 8 号铅丝将吊车梁临时固定在柱子上，以防倾倒。

吊车梁的校正包括标高、平面位置和垂直度校正等，一般宜在屋盖结构安装后校正。吊车梁的标高不会有大的误差，因为在柱基杯底已校正过了，如有误差，在安装轨道前，可在吊车梁顶面抹一层水泥砂浆调整即可。吊车梁平面位置的校正包括纵向轴线校正和跨距校正，纵轴线校正一般采用拉通线法和平移轴线法。吊车梁垂直度的校正可用挂线锤、靠尺检查，在支座上加斜垫铁纠正。

3）屋架的吊装：

①屋架的翻身扶直与起吊。预制钢筋混凝土屋架，一般都是在施工现场平卧叠浇，起吊前需翻身扶直。起吊屋架时其吊点的数目、位置与屋架的形式、跨度有关，一般绑扎点应选在屋架上弦节点处左右对称，绑扎中心在屋架重心上。吊索与水平面的夹角在翻身扶直时不宜小于60°，吊装时不宜小于45°。

②屋架的就位与临时固定。屋架水平吊离地面500mm左右，使屋架中心对准安装中心，然后升钩，将屋架吊至柱顶以上，再用溜绳旋转屋架使其对准柱顶中心线，然后缓缓落钩就位。就位后应先临时固定，然后再使起重机脱钩。

第一榀屋架的临时固定必须可靠，因为它是单片结构，侧向稳定性差，同时又是第二榀屋架的支撑。一般在其就位后，用四根缆风绳在屋架两侧拉牢固定。以后各榀屋架就位后，可用校正器临时固定。

③屋架的校正和最后固定。屋架的校正主要是垂直度校正，一般用经纬仪或锤球检查，用屋架校正器校正。当屋架垂直后，才通过电焊或螺栓最后固定。

（三）钢结构安装

（1）钢结构构件的制作加工

钢材在正式入库前必须严格执行检验制度，经检验合格的钢材方可办理入库手续。钢材的储存可露天堆放，也可堆放在有顶棚的仓库里。钢材的堆放要尽量减少钢材的变形和锈蚀，应树立标牌，标明钢材的规格、钢号、数量和材质验收证明书编号。

钢结构加工制作前应绘制加工制作图（又称施工详图），根据图纸材料表计算出各种材质、规格、材料净用量，再加一定数量的损耗提出材料预算计划，编制构件制作工艺流程表，做技术交底。钢结构构件制作完成后按施工图和有关标准进行验收。

（2）钢结构构件的吊装

钢结构构件的吊装前应做好施工组织设计，包括：计算钢结构构件和连接件的数量，选择起重机械，确定构件吊装方法，编制进度计划，确定劳动组织，构件的平面布置及质量、安全措施等。

钢柱基础为钢筋混凝土结构，其顶面一般为平面，在基础内预埋锚栓，通过地脚螺栓将钢柱与基础连成整体。施工时，要保证顶面标高及地脚螺栓位置准确，误差在规范许可范围内。

构件的外形和几何尺寸验收合格后，在吊装前进行弹线作为吊装、就位、校正的依据。构件吊装工艺与混凝土单层工业厂房结构吊装基本相同。

（3）钢结构的连接

钢结构构件的连接方法有焊接、铆接和螺栓连接三种，其中常用焊接和螺栓连接。

1）焊接方法：钢结构常用的焊接方法有电弧焊和电阻焊等，电弧焊可分为手工电弧焊、自动或半自动埋弧焊、气体保护焊等。手工电弧焊是用手工操作焊条进行焊接的一种电弧焊，是钢结构构件连接焊接中最常用的方法。

钢结构采用焊接不需在钢材上打孔，任何形状构件可直接相连，构造简单，密封性好，刚度大。但焊接的高温使钢材的金属组织和机械性能发生变化，焊接的残余应力使脆性破坏的可能性增大，焊接的残余变形使构件尺寸和形状发生的变化不仅影响最后装配工序的正常进行，而且还有可能降低结构的承载能力，焊缝中还可能存在裂纹、孔穴、固体夹杂、未熔合及未焊透、形状缺陷和电弧擦伤等其他缺陷。因而焊接工作结束，焊缝清理干净后必须进行成品检验。检验的方法通常可分为无损检验和破坏性检验两大类，无损检验包括外观检查、致密性检验、无损探伤。破坏性检验用于测定接头或焊缝性能是否能满足使用要求。

2）螺栓连接：螺栓作为钢结构主要连接紧固件，通常用于钢结构中构件间的连接、固定、定位等，钢结构中使用的连接螺栓一般分为普通螺栓和高强度螺栓两种。

普通螺栓一般用 Q235 钢制成，施工简单，装拆方便，可分为粗制螺栓（C 级螺栓）和精制螺栓（A、B 级螺栓）两种。C 级螺栓加工粗糙，只要求Ⅱ类孔，螺杆与螺孔之间存在较大孔隙，工作性能较差，一般用于需要拆装的连接、承受拉力的安装连接、不重要的连接或安装时的临时固定。A、B 级螺栓只是尺寸不同，需用机械加工，尺寸准确，需Ⅰ类孔，能较好的传递剪力，变形较小。

高强度螺栓与普通螺栓相比，除了材料强度高之外，还给螺栓施加很大的预拉力，使被连接构件的接触面之间产生挤压力，因而在垂直于螺杆的方向产生很大的摩擦力。高强度螺栓的预拉力是通过扭紧螺帽实现的。高强度螺栓按其受力状况可分为摩擦型连接、摩擦-承压型连接、承压型连接和张拉型连接等。高强度螺栓每一个连接接头应先用临时螺栓或冲钉定位，严禁把高强度螺栓作为临时螺栓使用。高强度螺栓连接中钢板的连接孔必须采用钻孔成型方法，在结构中心位置调整后才穿入高强度螺栓，应能自由穿入严禁强行穿入。高强度螺栓在终拧后，螺栓丝扣外露应为 2 ~ 3 扣，其中允许有 10% 的螺栓丝扣外露 1 扣或 4 扣。

第三节　防　水　工　程

一、屋面防水工程

《屋面工程质量验收规范》（GB 50207—2002）规定屋面工程根据建筑物的性质、重要程度、使用功能要求及防水层合理使用年限分为Ⅰ、Ⅱ、Ⅲ、Ⅳ四个等级，并规定了不同等级的设防要求。

（一）卷材防水屋面

卷材防水屋面是指采用黏结胶粘贴卷材或采用带底面黏结胶的卷材进行热熔或冷粘贴于屋面基层进行防水的屋面。卷材防水屋面的施工顺序主要为：基层处理→找坡及保温层施工→找平层施工→卷材防水层施工→保护层施工。

（1）基层处理

卷材防水层的基层一般采用体积比 1∶2.5 ~ 1∶3（水泥∶砂）的水泥砂浆找平层，也可采用细石混凝土找平层和沥青砂浆找平层。当找平层的基层采用装配式混凝土板时，板端、侧缝应用 C20 细石混凝土灌缝。

找平层表面应压实平整，不得有酥松、起砂、起皮现象，排水坡度应符合设计要求，基层与突出屋面结构的交接处和基层的转角处应做成圆弧形，圆弧半径应符合表 7-3-1 要求。找平层宜设分格缝，并嵌填密封材料，分格缝宜留设在板端接缝处，其纵横缝的最大间距为：水泥砂浆或细石混凝土找平层，不宜大于 6m；沥青砂浆找平层，不宜大于 4m；找平层表面平整度的允许偏差为 5mm。

表 7-3-1　转角处圆弧半径

卷材种类	圆弧半径/mm	卷材种类	圆弧半径/mm
沥青防水卷材	100 ~ 150	合成高分子防水卷材	20
高聚物改性沥青防水卷材	50		

（2）卷材铺贴

1）施工顺序：当铺贴连续多跨的屋面卷材时，应按先高跨后低跨，先远后近的顺序进行卷材铺贴。对同一坡面，则应先做好节点、附加层和排水较为集中部位（如水落口、天沟、檐沟、沉降缝等）的处理，然后再由屋面最低标高处向上顺序铺设大面积的防水层。

2）铺设方向：卷材的铺设方向按照屋面的坡度确定，以避免防水材料的滑移、拉裂、减少搭接和易于施工。当屋面坡度小于 3% 时，宜平行屋脊铺贴；坡度在 3% ~15% 之间时，可平行或垂直屋脊铺贴；坡度大于 15% 或屋面受震动时，沥青防水卷材应垂直屋脊铺贴，高聚物改性沥青防水卷材和合成高分子防水卷材可平行或垂直屋脊铺贴。屋面坡度大于 25% 时，应采取防止卷材下滑的固定措施。对于多层卷材的屋面，上下层卷材的铺贴方向应相同不得相互垂直铺贴。

3）搭接要求：铺贴卷材应采用搭接法，相邻两幅卷材和上下层卷材的搭接缝应错开。平行于屋脊的搭接缝应顺流水方向搭接，垂直于屋脊的搭接缝应顺年最大频率风向搭接，搭接宽度应符合表 7-3-2 规定。

表 7-3-2　卷材搭接宽度　　单位：mm

卷材种类＼铺贴方法		短边搭接		长边搭接	
		满黏法	空铺、点黏、条黏法	满黏法	空铺、点黏、条黏法
沥青防水卷材		100	150	70	100
高聚物改性沥青防水卷材		80	100	80	100
合成高分子防水卷材	胶黏剂	80	100	80	100
	胶黏带	50	60	50	60
	单缝焊	60，有效焊接宽度不小于 25			
	双缝焊	80，有效焊接宽度 10 × 2 + 空腔宽			

4）铺贴方法：卷材防水层按底层卷材是否与基层全部黏结，分为满黏法、空铺法、点黏法和条黏法四种。当防水层上有重物覆盖或基层变形较大、保温层或找平层含水率较大且干燥困难时，宜采用空铺法、点黏法和条黏法，但在屋脊、檐口和屋面的转角处应满黏，宽度不小于 800mm。铺贴卷材前，基层表面应涂刷基层处理剂。

①沥青防水卷材。铺贴沥青防水卷材所用的沥青胶，应根据使用条件、屋面坡度和当地历年极端最高气温选择其牌号，按确定的配比随配随用。铺贴卷材时，应排除卷材下面的空气，并辊压粘贴牢固。

②高聚物改性沥青防水卷材。高聚物改性沥青防水卷材的铺贴方法有热熔法、冷黏法和自黏法三种，目前使用较多的是热熔法。热熔法施工是采用火焰加热器熔化热熔型防水卷材底面的热熔胶进行黏结的施工方法。操作时，火焰喷嘴与卷材底面的距离应适中，幅宽内加热应均匀，以卷材底面沥青熔融至光亮黑色为度，不得过分加热或烧穿卷材；厚度小于3mm的高聚物改性沥青防水卷材严禁采用热熔法施工；卷材底面热熔后立即滚铺。冷黏法是采用胶黏剂或冷玛瑺脂进行卷材与基层、卷材与卷材的黏结，而不需要加热施工的方法。自黏法是采用带有自黏胶的防水卷材，不用热施工，也不需涂刷胶结材料而进行黏结的施工方法。

③合成高分子防水卷材施工。合成高分子防水卷材的铺贴方法有冷黏法、自黏法和热风焊接法。采用冷黏法施工，不同品种的卷材和不同的黏结部位，应使用与卷材材质配套的胶黏剂和接缝专用胶黏剂。铺贴卷材时，胶黏剂可涂刷在基层或卷材的底面，并应根据胶黏剂的特性，控制涂层厚度及涂刷胶黏剂与铺贴卷材的间隔时间。采用热风焊接法铺设合成高分子防水卷材，焊接前，卷材铺放应平整顺直，搭接尺寸准确，焊接缝的结合面应清扫干净，焊接顺序应先焊长边搭接缝，后焊短边搭接缝。

（3）保护层施工

卷材屋面应有保护层，以减少雨水、冰雹或其他外力造成的卷材机械性损伤，同时可折射阳光、降低温度，减缓卷材老化，从而延长防水卷材的使用年限。保护层施工应在防水层经过验收合格，并清理其表面后进行。保护层的做法应根据使用环境、卷材种类等确定。

（二）涂膜防水屋面

涂膜防水屋面是在屋面基层上涂刷防水涂料，经固化后形成一层有一定厚度和弹性的整体涂膜，从而达到防水目的的屋面防水形式。按规范规定，涂膜防水屋面主要适用于一般的工业与民用建筑或非永久性建筑，防水等级为Ⅲ级、Ⅳ级的屋面防水，也可用作Ⅰ级、Ⅱ级屋面多道防水设防中的一道防水层。

涂膜防水屋面的施工顺序为：表面基层处理 → 喷涂基层处理剂 → 节点部位附加增强处理 → 涂布防水涂料及铺贴胎体增强材料→ 清理及检查修理 → 保护层施工。

涂膜防水采用的防水涂料有沥青基防水涂料、高聚物改性沥青防水涂料和合成高分子防水涂料三大类。为避免基层变形导致涂膜防水层开裂，涂膜层应加铺胎体增强材料，如玻纤网布、化纤或聚酯无纺布等，与涂料形成一布二涂、二布三涂或多布多涂的防水层。

防水涂膜施工应分层分遍涂布，待先涂的涂层干燥成膜后，方可涂布后一遍涂料。铺设胎体增强材料，屋面坡度小于15%时可平行屋脊铺设，坡度大于15%时应垂直屋脊铺设，并由屋面最低处向上操作。胎体的搭接宽度，长边不得小于50mm，短边不得小于70mm。采用二层或以上胎体增强材料时，上下层不得互相垂直铺设，搭接缝应错开，其间距不应小于幅宽的1/3。涂膜防水层的收头应用防水涂料多遍涂刷或用密封材料封严。涂膜厚度符合表7-3-3规定。

表 7-3-3 涂膜厚度选用表

屋面防水等级	设防道数	高聚物改性沥青防水涂料	合成高分子防水涂料
Ⅰ级	三道或三道以上设防	—	不应小于 1.5mm
Ⅱ级	二道设防	不应小于 3mm	不应小于 1.5mm
Ⅲ级	一道设防	不应小于 3mm	不应小于 2mm
Ⅳ级	一道设防	不应小于 2mm	—

（三）刚性防水屋面

刚性防水层主要是指在结构层上加一层适当厚度的普通细石混凝土、预应力混凝土、补偿收缩混凝土、块体刚性层做防水层，依靠混凝土的密实性或憎水性达到防水目的的屋面。

由于刚性防水屋面所用材料密度大，抗拉强度低，易受混凝土或砂浆的干湿变形、温度变形及结构位移等影响而产生裂缝，因此刚性防水层主要适用于防水等级为Ⅲ级的屋面防水，对于屋面防水等级为Ⅱ级以上的重要建筑物，可用作多道防水设防中的一道防水层。但不适用于设有松散材料保温层的屋面以及受较大震动或冲击的建筑屋面。

刚性防水层与山墙、女儿墙以及与突出屋面结构的交接处，均应做柔性密封处理。

防水层的细石混凝土宜用普通硅酸盐水泥或硅酸盐水泥，当采用矿渣硅酸盐水泥时应采取减小泌水性的措施。水泥强度等级不宜低于 32.5MPa，并不得使用火山灰质水泥。混凝土水灰比不应大于 0.55，每立方米混凝土的水泥最小用量不应小于 330kg，含砂率宜为 35% ~40%，灰砂比应为 1:2 ~1:2.5，粗骨料的最大粒径不宜大于 15mm。

为使结构层和刚性防水层变形互不约束，减少因结构变形使防水混凝土产生的拉应力，减少刚性防水层的开裂，在刚性防水层与结构层之间应增加一层低强度等级砂浆、卷材或塑料薄膜等材料构成的隔离层。

细石混凝土防水层应设置分格缝，其纵横间距不宜大于 6m，分格缝内应嵌填密封材料。细石混凝土防水层的厚度不应小于 40mm，并应配置直径为 4 ~6mm，间距为 100 ~200mm 的双向钢筋网片，钢筋网片在分格缝处应断开，在防水层中的位置以中部偏上为宜，保护层不小于 10mm。

防水层的细石混凝土强度不应低于 C20，宜掺膨胀剂、减水剂、防水剂等外加剂。施工时应用机械搅拌、机械振捣、应计量准确、投料顺序得当、搅拌均匀、搅拌时间不应少于 2min。混凝土浇筑应按先远后近、先高后低的原则进行，一个分格缝内的混凝土应一次浇筑完成，不得留施工缝。混凝土浇筑时，先用平板振动器振实，再用滚筒滚压至表面平整、泛浆，然后用铁抹子压实抹平，确保防水层的设计厚度和排水坡度。抹压时不得在表面洒水、加水泥浆或撒干水泥。混凝土初凝前进行一次提浆收光，混凝土收水后应进行二次压光。在混凝土终凝后立即进行养护，养护时间不应少于 14d，养护初期屋面不得上人。防水层内严禁埋设管线。

二、地下防水工程

地下工程是指全埋或半埋于地下或水下的构筑物，如果地下工程没有防水措施或防水措施不得当，则地下水就会渗入结构内部，使混凝土腐蚀、钢筋生锈、地基下沉等，直接危及建筑物的安全。

《地下防水工程质量验收规范》（GB 50208）将地下工程的防水等级标准分为一、二、三、四等级，在地下工程的防水设计中应定级准确、措施可靠、选材适当、经济合理，设计时应考虑地表水、潜水、上层滞水、毛细水的作用，以及由人为因素引起的附近水及地质改变的影响。对于变形缝、施工缝、穿墙管、预埋件、预留孔洞等特殊部位，应采取加强措施。

（一）防水方案

地下工程的防水方案，应遵循防排结合、刚柔并用，多道设防、综合治理的原则，根据使用要求、结构形式、环境条件等因素确定。常用的防水方案主要有以下三类。

（1）结构自防水

采用防水混凝土结构，以调整混凝土配合比或掺外加剂等方法来提高混凝土本身的密实度、抗渗性，使其成为具有一定防水能力，能满足抗渗等级要求的整体式混凝土或钢筋混凝土结构，既能防水又能承重。

（2）设防水层

在地下结构表面另加防水层，如抹水泥砂浆防水层、贴卷材防水层或涂料防水层等，以达到防水的目的。

（3）渗排水防水

采用防水加排水措施，即“防排结合”方案。排水通常可用盲沟排水、渗排水与内排法排水等方法把地下水排走，以达到防水的目的。适用于形状复杂、受高温影响、地下水为上层滞水且防水要求高的地下建筑。

（二）防水混凝土

防水混凝土是通过混凝土本身的憎水性和密实性，来达到防水目的的一种混凝土。它既是防水材料，同时又是承重材料和围护结构的材料，防水混凝土适用于抗渗等级不小于P6的地下混凝土结构，不适用于环境温度高于80℃的地下工程。处于侵蚀性介质中的防水混凝土其耐侵蚀性要求应符合有关标准规定。

（1）防水混凝土的材料要求

防水混凝土的水泥品种应按设计要求选用，宜采用普通硅酸盐水泥或硅酸盐水泥，采用其他品种水泥时应经试验确定。在受侵蚀性介质作用时，应按介质的性质选用相应的水泥品种。不得使用过期或受潮结块的水泥，并不得将不同品种或强度等级的水泥混合使用。

防水混凝土所用的碎石或卵石的粒径宜为5～40mm，含泥量不应大于1.0%，泥块含量不应大于0.5%。砂宜采用中粗砂，含泥量不应大于3.0%，泥块含量不宜大于1.0%。

防水混凝土可根据工程需要掺入引气剂、减水剂、密实剂、膨胀剂、防水剂、复合型外加剂等外加剂，其掺量和品种应经试验确定。

防水混凝土试配要求的抗渗水压值应比设计值提高0.2MPa，混凝土胶凝材料总量不宜小于320kg/m^3，其中水泥用量不宜小于260kg/m^3，粉煤灰掺量宜为胶凝材料总量的20%～30%，硅粉的掺量宜为胶凝材料总量的2%～5%。砂率宜为35%～40%，泵送时可增至45%。灰砂比宜为1:1.5～1:2.5。水胶比不得大于0.50，有侵蚀性介质时水胶比不宜大于0.45。

（2）防水混凝土的施工

防水混凝土拌合必须采用机械搅拌，搅拌的时间不应小于2min。掺外加剂时，应根据外加剂的技术要求确定搅拌时间。防水混凝土必须采用机械振捣密实，振捣时间宜为10～30s，以混凝土开始泛浆和不冒气泡为准，并应避免漏振、欠振和超振。

防水混凝土结构厚度不应小于250mm，其允许偏差为+8mm、－5mm。迎水面钢筋保护层厚度不应小于50mm，其允许偏差±5mm。防水混凝土应连续浇筑，宜少留施工缝。当留设施工缝时，应符合：墙体水平施工缝不应留在剪力最大处或底板与侧墙的交接处，应留在高出底板表面不小于300mm的墙体上（如图7-3-1所示），拱（板）墙结合的水平施工缝，宜留在拱（板）墙接缝线以下150～300mm处；墙体有预留孔洞时，施工缝距洞口边缘不应小于300mm；垂直施工缝应避开地下水和裂隙水较多的地段，并宜与变形缝相结合。

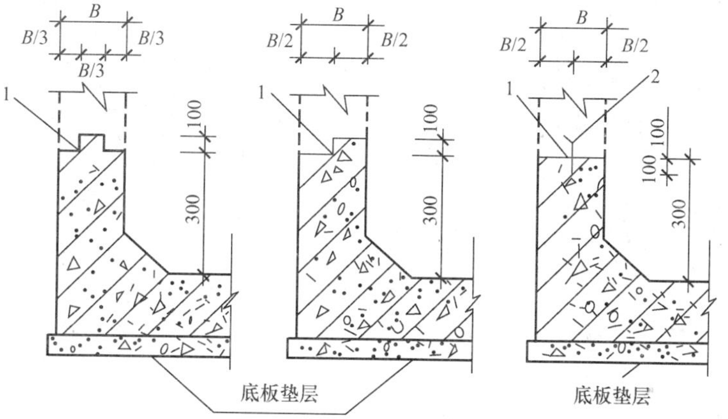

(a) 企口式　(b) 企口式　(c) 止水片施工缝

1—施工缝；2—金属止水片

图7-3-1　施工缝接缝形式

防水混凝土进入终凝时应立即开始覆盖并浇水养护，养护天数不少于14d。

（三）卷材防水

地下工程卷材防水层的防水方法有两种，即外防水法和内防水法。外防水法是将卷材防水层粘贴在地下工程结构的迎水面（即结构的外表面），它能够有效地保护地下工程主体结构免受地下水的侵蚀和渗透，是地下防水工程中最常见的防水方法。内防水法是将卷材防水层粘贴在地下工程结构的背水面（即结构的内表面）。这种内防水层不能直接阻断地下水对主体结构的渗透和侵蚀，需要在卷材防水层内侧加设刚性内衬层，来压紧卷材防水层，以共同保护主体结构。内防水法一般在地下防水工程中用得较少，多用于人防工程、隧道及特种工业基坑工程。

（1）外防水法的施工方法

1）外防内贴法：先在地下构筑物四周的混凝土底板垫层上做好找平层，在四周干铺一层卷材条，在其上砌永久性保护墙（高度按设计要求）。接着在保护墙上抹水泥砂浆找平后，将防水卷材铺贴在保护墙上，最后浇筑钢筋混凝土底板和结构墙体。

2）外防外贴法：在浇筑混凝土底板和结构墙体之前，先做混凝土垫层，在垫层的四周砌临时保护墙，再铺贴底层卷材，四周应留出卷材接头，然后灌筑底板和墙身混凝土，待侧模拆除以后，继续铺贴结构墙外侧的卷材防水层。

外防外贴法施工防水层不受结构沉陷的影响，施工结束后即可进行试验且易修补，在灌筑混凝土时，不致碰坏保护墙和防水层，能及时发现混凝土的缺陷进行补救。但施工工期较长，土方量较大。

（2）卷材防水层施工

地下工程的卷材防水层应选用高聚物改性沥青类或合成高分子类防水卷材。

防水层施工时，应按施工要求和土质情况降低基坑的地下水位，基坑周围的地面水应加以排除或控制，应有排水措施。

铺贴卷材的找平层表面应平整，不得有突出的尖角和凹坑以及起砂现象。当用2m长靠尺检查时，直尺与表面间的空隙不应超过5mm，且只允许平缓变化。找平层与相邻表面构成的转角处应做成圆弧。卷材铺贴前，找平层表面应清理干净并干燥。在基面上均匀涂刷基层处理剂，增设节点附加防水层后铺贴卷材。

采用外防外贴法铺贴卷材防水层，应先铺平面，后铺立面。采用双层卷材时，上下两层和相邻两幅卷材的接缝应错开1/3～1/2幅宽，且两层卷材不得相互垂直铺贴。平面和立面相交处，应由平面开始从下向上铺贴卷材，阴角部位可用手持压辊滚压，使卷材紧贴阴角，无空鼓现象。阴角处不可有卷材接缝，卷材的接缝应留在平面上，距立面不应小于600mm。防水卷材之间的搭接缝是防水的关键部位，施工时，搭接缝要顺直不可扭曲。搭接缝处必须干净，无灰尘、砂粒等异物，黏结剂应与卷材的材料性能相一致。铺贴完防水卷材后，要用建筑密封膏对接缝边缘进行密封处理。防水层经验收合格后，应及时做保护层。

（四）水泥砂浆防水

水泥砂浆防水层是一种刚性防水层，是在构筑物的底面与侧面分层涂抹一定厚度的水泥砂浆，利用水泥砂浆层本身具有的憎水性和密实性来达到抗渗防水效果。可用于地下工程主体结构的迎水面或背水面。这种防水层因抵抗变形能力差，故不适用于因振动、沉陷或温度、湿度变化易产生裂缝的结构上，亦不适用于有腐蚀的高温工程中。

水泥砂浆防水层的材料、制备、施工及质量方面应满足施工规范有关规定，常采用的水泥砂浆防水层主要有多层普通水泥砂浆防水层、聚合物水泥砂浆防水层、掺外加剂水泥砂浆防水层三种。

第四节　装　饰　工　程

一、抹灰工程

（一）抹灰工程的分类和组成

（1）抹灰工程的分类

抹灰工程按装饰效果或使用要求分为一般抹灰、装饰抹灰和特种抹灰三大类。一般抹灰常用石灰砂浆、水泥石灰砂浆、水泥砂浆、聚合物水泥砂浆以及麻刀灰、纸筋灰、石膏灰等作为面层，装饰抹灰的面层有水刷石、水磨石、斩假石（剁斧石）、干黏石、拉毛灰、洒毛灰以及聚合物砂浆的喷涂、滚涂、弹涂等做法，特种抹灰包括防水、保温、防辐射、抗渗等砂浆的抹灰。

一般抹灰按质量标准不同，又分为普通、中级和高级抹灰。

（2）抹灰工程的组成

抹灰施工一般需要分层进行，以利于黏结牢固、抹面平整和避免开裂。如果一次抹得太厚，由于内外收水快慢不同，容易出现裂缝、起鼓和脱落现象，因此抹灰通常由底层、中层、面层三个层次组成。

底层也称黏结层，主要起与基体的黏结和初步找平作用，所使用的材料应与基体相适应。中层也称找平层，主要起找平作用，其材料要与找平层及面层材料相适应。按照抹灰平整度要求及层厚限制可一次抹成，也可分遍进行。面层也称装饰层，主要起装饰作用，所用材料应根据设计要求的装饰效果而定。

各抹灰层的厚度根据基体的材料、抹灰砂浆种类、基体表面的平整度、抹灰质量要求以及各地气候情况而定。抹水泥砂浆时，每遍厚度宜为 5 ~ 7mm，抹石灰砂浆或水泥石灰砂浆时，每遍厚度宜为 7 ~ 9mm，罩面层抹麻刀灰、纸筋灰或石膏灰时，厚度不得大于 2 ~ 3mm，以免裂缝和起壳而影响质量与美观。对于大模板和胶合板施工的室内墙面或顶棚，当垂直偏差小、表面平整度较好时，可不抹灰。用腻子分遍刮平后，进行表面涂饰即可，其厚度一般不大于 3mm。

（二）一般抹灰

（1）墙面抹灰

1）设置标筋：为了有效地控制墙面抹灰层的厚度与垂直度，使抹灰面平整，抹灰层涂抹前应设置标筋（又称冲筋），作为底、中层抹灰的依据。

设置标筋时，先用托线板检查墙面的平整度和垂直度，据以确定抹灰厚度（最薄处不宜小于 7mm），再在墙两边上部离阴角边 100 ~ 200mm 处，按抹灰厚度用砂浆做一个边长约 50mm 的四方形标志块，称为“灰饼”。然后根据这两个灰饼，用托线板或线锤吊挂垂直，做出墙面下角的两个灰饼（高低位置一般在踢脚线上口）。随后以左右两灰饼面为准，分别拉线，每隔 1. 2 ~ 1. 5m 上下加做若干灰饼。待灰饼稍干后，在上下灰饼之间用砂浆抹一条宽 100mm 左右的垂直灰埂，即为标筋，作为抹底层及中层的厚度控制和赶平的标准。

顶棚抹灰一般不做灰饼和标筋，而是在靠近顶棚四周的墙面上弹一水平线以控制抹灰层厚度，作为抹灰找平的依据。

2）做护角：当抹灰层为非水泥砂浆时，对墙面、柱面的阳角和门窗洞口的阳角，均需抹 1∶2 水泥砂浆护角，高度一般应不低于 2m，每侧宽不小于 5cm，以提高强度，防止碰坏。

3）底层和中层的涂抹：底层与中层抹灰即装档，是将砂浆抹于墙面两标筋之间，底层要低于标筋，待收水后立即进行中层抹灰，其厚度以略高于标筋为准。随即用木杠按标筋刮平，然后用木抹子搓压一遍，使表面平整密实。

4）罩面压光：室内抹灰常用的面层材料有麻刀石灰、纸筋石灰、石膏灰等。罩面灰应待找平层五六成干后进行，如过干应先浇水湿润。抹灰时应分纵横两遍涂抹，每遍厚度为1～2mm。经赶平压实后的面层总厚度，对于麻刀石灰不得大于3mm；对于纸筋石灰或石膏灰不得大于2mm。收水后用钢抹子压光，不得留抹纹。

室外抹灰常用1∶2.5的水泥砂浆罩面，厚度为5～8mm，一般应设有分格缝。施工时首先将墙面润湿，按图纸尺寸弹线分格，黏分格条、滴水槽，再抹砂浆，随后将分格条起出，待灰层干后，用素水泥膏勾缝。面层成活24h后，要浇水养护不少于3d，以防止开裂和强度不足。

（2）楼地面抹灰

楼地面抹灰是在混凝土楼板或地面混凝土垫层上抹上一层或两层水泥砂浆，作为楼地面的面层。水泥砂浆作为承重受力层，抹灰厚度应不小于20mm。砂浆宜采用不低于32.5级的硅酸盐水泥或普通硅酸盐水泥、含泥量不大于3%的中砂或粗砂配制，配合比为1∶2，强度等级不应小于M15。为了保证其强度和耐磨性，减少开裂，砂浆的稠度应不大于35mm。

楼地面抹灰的工艺顺序为：清理基层→弹面层线、做灰饼，标筋→润湿基层→扫水泥素浆→铺水泥砂浆→木杠压实、刮平→木抹子压实、搓平→铁抹子压光→覆盖、浇水养护。

面层抹完1d内，用砂或湿锯末覆盖养护。每天浇水3～4次，养护时间不少于7d。

（三）装饰抹灰

装饰抹灰的底层和中层的做法与一般抹灰基本相同，而面层则采用装饰性强的材料，或用特殊的处理方法做成。

（1）水刷石

水刷石面层施工应在中层终凝后进行，先在中层表面弹出分格线，按线用水泥浆粘贴分格条，两侧抹成八字形。然后将中层表面洒水湿润，薄刮一层厚约1mm的素水泥浆结合层，随即抹稠度为5～7cm、厚10～20mm的水泥石粒浆（水泥∶石粒＝1∶1～1∶1.5）面层，用铁抹子反复拍平压实，使石粒密实且分布均匀。当面层开始凝固时（手指按不显指痕，刷石粒不脱落），用刷子蘸水自上而下刷掉面层水泥浆，使石粒表面完全外露为止。为使表面清洁，可用喷雾器自上而下喷水冲洗。喷刷后即可将分格条轻轻起出，并用素灰将缝格修补平直，颜色一致。

水刷石的外观质量要求是石粒清晰，分布均匀，紧密平整，色泽一致，不得有掉粒和接槎痕迹。

（2）干黏石

干黏石是将彩色石粒直接黏在砂浆层上的抹灰做法，在已经硬化的水泥砂浆找平层上弹线分格、黏分格条、洒水湿润并刮素水泥浆后，抹一层厚为6～7mm的1∶2.5的水泥砂浆找平层，随即紧跟抹厚为4～5mm的1∶0.5水泥石灰膏浆黏结层，同时将配有相同或不同颜色的4～6mm粒径石渣甩黏、并拍平压实在黏结层上。要求压入深度不少于1/2粒径，以不露浆且黏结牢固为度。表面平整石粒均匀后，即可起出分格条，用水泥浆勾缝。

干黏石要求石粒黏结牢固，分布均匀，颜色一致，不露浆，不漏黏，阳角处应无明显黑边。

（3）水磨石

现浇水磨石施工是在找平层砂浆铺抹12～24h后，弹出分格线。按设计图案安装分格条，常采用3～5mm厚、10mm宽的铜条，也可用玻璃条。安装时在分格条两侧用水泥浆抹成八字形灰埂固定，嵌条灰埂高度一般应略大于1/2条高，顶部空余高度不得小于3mm，分格条交接处空出40～50mm，以防止出现“秃斑”现象。分格条黏嵌完毕12～24h后，浇水养护3～5d。

在找平层上洒水湿润，刮水泥浆一层，随后将不同色彩的水泥石粒浆（水泥∶石粒＝1∶1.25～1∶2）填入分格中，厚度比嵌条高出1～2mm，抹平压实。有图案时，应先做深色，后做浅色，先做大面后做镶边，待前一种凝固后，再做后一种。为使面层石粒均匀，抹压时可补撒一些小石粒。待收水后用滚筒反复滚压密实，次日洒水养护。

磨光开始时间应据气温、水泥品种及磨石机具与方法而定，一般需养护2～5d后进行。开磨前，应先试磨，以石粒不松动、不脱落，表面不过硬为宜。水磨石一般采用磨石机洒水磨光，分粗磨、中磨和细磨三遍进行。其中，粗、中磨后应擦同色水泥浆，以填补砂眼，并养护2d。细磨后还可擦草酸一道，以分解石粒表面残存的水泥浆，再精磨至表面洁净无垢，光滑明亮。面层干燥后打蜡。

水磨石面层的外观质量要求表面应平整、光滑，石粒显露均匀，不得有砂眼、磨纹和漏磨处。分格条应位置准确，全部露出。

二、饰面工程

饰面材料可分为饰面砖和饰面板两大类，其中前者多采用直接在结构上进行粘贴，而后者多采用相应的联结构造进行安装。

（一）饰面砖镶贴

饰面砖包括釉面砖、外墙面砖、陶瓷锦砖、玻璃锦砖等。面砖应颜色均匀、尺寸一致，边缘整齐，棱角不得损坏，无缺釉、脱釉、裂纹、夹心及扭曲凹凸不平等现象。饰面砖镶贴时应对不同基体进行相应的处理并抹底灰，底层灰表面应划毛，养护1～2d后即可进行内、外墙面砖的镶贴。

（1）内墙釉面砖

釉面砖的施工工艺流程为：基体处理→抹灰找平→排砖、弹线→浸水阴干→镶贴→嵌缝及清理。

1）施工准备：釉面砖应经挑选，规格、颜色应一致，并在清水中浸泡后（以瓷砖吸足水不冒泡为止），阴干备用。对镶贴基层应找好规矩，弹出横、竖控制线，按砖实际尺寸进行预排。在同一墙面最好只留一行非整块面砖，且非整砖应排在顶、底部或不显眼的阴角处。排列方法有直缝排列和错缝排列两种。接缝宽度应符合设计要求，一般为1～1.5mm。然后用废瓷砖按黏结层厚度贴标志块，间距为1.5m，阳角处要两面挂直。

2）镶贴：镶贴前先浇水湿润基层，根据弹线稳好底部尺板，作为镶贴第一皮瓷砖的依据。铺贴应从阳角开始，由下往上逐层粘贴。如墙面有突出的管线、灯具、卫生器具支承物，应用整砖套割吻合，不得用非整砖拼凑镶贴。镶贴时，应将黏结砂浆均匀刮抹在瓷砖背面，逐块进行粘贴，粘贴后可用小铲把或橡皮锤轻轻敲击瓷砖，使其与基层黏结密实牢固，以防空鼓。并用水平尺随时检查平直、方正情况，调整缝隙。

3）嵌缝及清理：釉面砖铺贴后，用棉纱蘸水将表面灰浆拭净，并用与面砖颜色相同的嵌缝剂或水泥浆嵌缝，做到密实，无气孔和砂眼。嵌缝后用棉纱擦拭干净。

（2）外墙面砖

外墙面砖分毛面和釉面两种，其施工工艺流程为：施工准备→基体处理→排砖→拉通线、找规矩、做标志→刮糙找平→弹线分格→固定底尺→镶贴→起出分格条→勾缝→清洗。

外墙面砖镶贴当采用落地式脚手架时，应自上而下进行，随镶贴随拆除脚手架，在每步架高度内应自下而上进行。门窗碹脸及窗台、腰线等仰面镶贴面砖时，要待底灰七八成干后进行，先洒水抹2~3mm厚水泥浆，再采用掺入水泥重10%的乳胶水泥浆粘贴面砖，并作临时支撑，隔夜后拆除。女儿墙压顶、窗台、腰线等部位的面砖镶贴，要注意搭盖关系，并符合流水坡度和滴水构造要求。

一个层段贴完后，即可对疏缝作勾缝处理。勾缝一般分两次嵌入，底层用1:1水泥砂浆，面层用设计要求的彩色水泥浆。勾缝后的凹缝深度为3mm左右。

（3）陶瓷锦砖

锦砖即“马赛克”，是将小块瓷砖按各种图案组合后贴在护面纸上。可用于地面和内外墙。要求尺寸、颜色一致，纸板完整，颗粒齐全，间距均匀，边角整齐。陶瓷锦砖的施工工艺流程为：施工准备→基体处理→排砖→做标志→刮糙找平→弹线分格→固定底尺→粘贴、拍实→刷水润纸→揭纸、拔缝→擦缝、清洗。

锦砖镶贴时先在湿润的底层上刷素水泥浆一道，再抹一层厚2~3mm的1:0.3水泥纸筋灰或厚3mm的1:1水泥砂浆黏结层，用靠尺和抹子刮抹平整。同时将锦砖底面朝上铺在木垫板上，缝里灌1:2水泥砂浆并用软毛刷刷净表面，并薄涂一层黏结灰浆，然后逐张拿起，按底尺上口由下往上对准分格线粘贴于墙上。粘贴时应仔细拍实使其表面平整。待水泥砂浆初凝后，用软毛刷将护纸刷水润湿，约半小时后揭纸，并检查缝的平直大小，校正拨直。粘贴48h后，除了分格处的大缝用1:1水泥砂浆嵌缝外，其他缝均用素水泥浆嵌平。待嵌缝材料硬化后用稀盐酸溶液刷洗，并随即用清水冲洗干净。

（二）饰面板安装

石材饰面板可分为大理石板、花岗石板、青石板等天然石材和预制水磨石板、人造大理石板、人造花岗石板、合成装饰板等人造石材。

小规格的饰面板（一般指边长不大于400mm，安装高度不超过1m时）通常采用与釉面砖相同的粘贴方法安装，大规格的饰面板则通过采用连接件的固定方式来安装。

（1）湿作业安装法

湿作业安装法的施工工艺流程为：基体处理→绑扎钢筋网→预拼→固定不锈钢丝→板块就位→固定→灌浆→清理→嵌缝。这是一种传统安装法，施工简单，但常由于背后的水泥砂浆在水化时析出的氢氧化钙泛到石材表面，而产生“泛碱”现象，因此石材在安装前须进行防碱背涂处理。

1）施工准备工作：饰面板安装前，应对墙、柱等基体进行凿毛、清洗等处理，以防止饰面板安装后产生空鼓、脱落。弹线后，在基体上安装并固定好挂装石材的钢筋骨架。钢筋的间距不得大于饰面板长、宽尺寸且不宜大于500mm，横向钢筋的位置需比饰面板顶部低20~30mm，以便于安装连接。在石材上部和下部绑扎点钻孔或开槽，并将不锈钢丝嵌入扎牢，以备与钢筋骨架安装绑扎。

2）板材安装：安装顺序应自下向上逐行进行。先在最下一行两头用板材找平找直，拉上横线，再从中间或一端开始安装。安装时，板材应按线就位，然后使板材上口外仰，把下口不锈钢丝绑扎在水平钢筋上，再绑扎板材上口不锈钢丝，并用木楔挤紧。随后用靠尺板检查调整，最后系紧不锈钢丝。

3）固定板材：每层板材安装就位后，用纸或熟石膏将底部及两侧缝隙堵严，上、下口用石膏临时固定。随后分层灌筑稠度为 10 ~ 15cm 的 1:2.5 水泥砂浆。每层灌注高度不超过 15cm，也不得超过板材高度的 1/3。前层初凝后再灌上一层，直到距板材上口 5 ~ 10cm 处停止，余量作为上层板材安装及灌浆的接缝。

4）清理及嵌缝：待灌筑的砂浆凝结并有一定强度后，清理板材上口的木楔和石膏，再安装上一层板材。全部板材安装完毕后，应将表面清理干净，用与石材同颜色的水泥或嵌缝剂嵌缝，并擦拭清洁。

（2）干挂法

干挂法是将石材饰面板通过连接件固定于结构表面的施工方法。它在板块与基体之间形成空腔，受结构变形影响较小，抗震能力强，施工速度快，并可避免泛碱现象，已成为大型公共建筑石材饰面板安装的主要方法。

对表面较平整的钢筋混凝土墙体，一般采用直接干挂法，即通过不锈钢连接件将板材与结构墙体直接连接，对于表面不平整的混凝土墙体、非钢筋混凝土墙体或利用饰面板造型的墙体等，则需采用间接干挂法，即石材挂在固定于主体结构的型钢骨架上。石材干挂法的施工工艺流程是：墙面修整、弹线、打孔→固定连接件→安装板块→调整固定→嵌缝→清理。

三、涂饰与裱糊工程

（一）涂饰工程

涂饰是将涂料涂敷于基体表面，使其与基体表面很好地黏结，干燥后形成完整的装饰、保护膜层。涂饰工程所用涂料的品种、型号和性能，应据涂饰的部位、基体材料及功能特征按设计要求选用，并应符合相应质量标准及国家环保的有关规定。施工中对环境温度、湿度、清洁度及基体的含水率要严格控制，并采取有效的防火、防中毒等措施。涂饰工程施工工艺及施工要点如下。

（1）基层处理

根据涂料对基层的要求做好基层处理，其主要工作内容包括基层清理和修补。

1）混凝土及砂浆基层：为保证涂膜能与基层牢固黏结在一起，基层表面必须干净、坚实，无酥松、脱皮、起壳、粉化等现象，对基层表面的泥土、灰尘、污垢、黏附的砂浆等应清扫干净，酥松的表面应予以铲除。为保证基层表面平整，缺棱掉角处应用 1:3 水泥砂浆或聚合物水泥砂浆修补，表面的麻面、缝隙及凹陷处应用腻子填补修平。新建筑物的混凝土或抹灰基层应涂刷抗碱封闭底漆，旧墙面在涂饰涂料前应清除疏松的旧装饰层，并涂刷界面剂。

2）木材与金属基层：为保证涂抹与基层黏结牢固，木材表面的灰尘、污垢和金属表面的油渍、鳞皮、锈斑、焊渣、毛刺等必须清除干净。木料表面的裂缝在清理和修整后用石膏腻子填补密实、刮平收净，用砂纸磨光以使表面平整。木材基层的缺陷处理好后，表面上应作打底处理，使基层表面具有均匀吸收涂料的性能，以保证面层的色泽均匀一致。

金属表面应刷防锈漆，涂饰前表面不得有湿气。

（2）刮腻子与磨平

基层应刮腻子数遍予以找平、填平孔眼和裂缝，并在每遍腻子干燥后用砂纸打磨，保证基层表面平整光滑。

腻子的种类应根据基体材料、所处环境及涂料种类确定。刮腻子的遍数，应视涂饰工程的质量等级，基层表面的平整度和所用的涂料品种而定，但总厚度一般不得超过5mm。腻子应平整、坚实、牢固，无粉化、起皮和裂缝。

（3）涂饰施工

涂料的溶剂（稀释剂）、底层涂料、腻子等均应合理地配套使用，并在涂料使用前调配好。涂饰遍数应根据工程的质量等级而定，涂饰溶剂型涂料时，后一遍涂料必须在前一遍干燥后进行。涂饰乳液型和水溶性涂料时，后一遍涂料必须在前一遍表干后进行。每遍涂层不宜过厚，应涂饰均匀，各层结合牢固。

涂饰的基本方法有刷涂、滚涂、喷涂、刮涂、弹涂和抹涂等。

（二）裱糊工程

裱糊工程的工艺顺序一般为：基层清理、填补打磨→找补腻子→满刮腻子、磨平→涂刷封底涂料→墙面划准线→壁纸及基层涂刷胶黏剂→裱糊→清理修整。

（1）基层处理

墙上、顶棚上的钉帽应嵌入基层表面，并用腻子填平。外露的钢筋、铁丝及其他铁件均应清除、打磨，并涂刷防锈漆不少于两道。油污等用碱水清洗并用清水冲净。不同基体材料的对接处都应嵌填接缝材料并粘贴接缝带。混凝土及抹灰面涂刷抗碱封闭底漆。

混凝土及抹灰面应满刮腻子，做到平整光滑，阴阳角线通畅、顺直，无裂纹、崩角，无砂眼、麻点。然后涂刷封底涂料。

（2）弹控制线

为保证裱糊时纸幅垂直、图案连贯端正，在底漆干燥后应弹出水平、垂直线，作为操作时的依据。线的颜色应与基层相近。

墙面弹线前，应将房间四角的阴阳角吊垂直、套方、找规矩，再按照壁纸的尺寸从墙面阴角处开始进行分块弹垂直控制线。

（3）测量、裁纸

对一般壁纸，先量出墙顶到墙脚（踢脚线上口）的高度，考虑修剪量，两端各留出30~50mm，然后剪出第一段壁纸。对有图案的壁纸，应将图形自墙的上部开始对花、编号，以便按顺序粘贴。裁好的壁纸要卷起平放，不得立放。

（4）润纸

塑料壁纸遇水或胶水开始自由膨胀，5~10min胀足，干后自行收缩。因此，刷胶前必须先将塑料壁纸在水槽中浸泡2~3min取出后抖掉余水，静置20min，若有明水可用毛巾揩掉，然后才能涂胶。复合纸质壁纸由于湿强度较差，禁止闷水润纸。纺织纤维壁纸也不宜闷水，裱糊前只需用湿布在纸背稍揩一下即可达到润纸的目的。

（5）涂刷胶黏剂

胶黏剂应根据壁纸材料及基层部位选用。墙面刷胶或滚涂胶黏剂，要薄而均匀，不得漏刷。阴角处应增刷1~2遍。纸背刷胶要均匀，不裹边、不起堆，以防溢出。

（6）裱糊壁纸

裱糊壁纸的顺序，原则上应先垂直面后水平面，先细部后大面。贴垂直面时先上后下，贴水平面时，先高后低。从墙面所弹垂直线开始至阴角处收口。每幅纸首先要挂垂直，后对花纹拼缝，再用刮板用力抹压平整。

（7）修整

壁纸裱糊后，应进行全面检查修补。表面的胶水、斑污应及时擦干净，各处翘角、翘边应进行补胶，并用木棍或橡胶辊压实。有气泡处，可先用注射针头排气，同时注入胶液，再用辊子压实。如表面有皱褶时，可在胶液未干时轻刮，最后将各处的多余部分用壁纸刀小心裁去。

壁纸、墙布应粘贴牢固，不得有漏贴、补贴、脱层、空鼓和翘边。各幅拼接应横平竖直，拼接处花纹、图案应吻合，不离缝，不搭接，距离墙面 1.5m 处正视不显拼缝。表面应平整，色泽一致，不得有波纹起伏、气泡、裂缝、皱褶及斑污，斜视时应无胶痕。

第五节　建筑施工组织

一、施工组织概论

（一）与施工组织有关知识建筑施工是生产建筑产品的活动过程，建筑产品包括各种建筑物和构筑物，建筑产品除了具有不同的性质、用途、功能、类型、使用要求等特点外，还具有固定性、多样性、庞体性和综合性等技术经济特点，这决定了建筑施工活动过程的流动性、单件性、协作性和复杂性，为保证建筑产品按设计要求施工，就必须研究最有效的建造建筑物的理论、方法和有关的施工规律，以求用最少的消耗取得最大的成果，全面、高效地完成建筑安装工程，以较好的经济效益保证建筑项目迅速交付使用，这就是施工组织研究的对象。

建设项目是指需要一定量的投资，按照一定的程序，在一定时间内完成，符合质量要求的，以形成固定资产为明确目标的特定过程。一个建设项目就是一个固定资产投资项目，建设项目有基本建设项目（新建、扩建、改建、迁建、重建等扩大再生产的项目）和技术改造项目（以改进技术、增加产品品种、提高质量、治理“三废”、改善劳动安全、节约资源为主要目的的项目）。

建筑工程是为新建、改建或扩建房屋建筑物和附属构筑物设施所进行的规划、勘察、设计和施工、竣工等各项技术工作和完成的工程实体。

（二）施工准备工作

施工准备工作是为了保障工程顺利开工和施工活动正常进行而必须事先做好的各项准备工作，是施工程序中的重要环节，不仅存在于开工之前，还贯穿在整个施工过程之中。

施工准备工作的主要内容通常包括：调查研究收集资料、技术资料准备、施工现场准备、物质准备、劳动组织准备和季节施工准备。

工程施工前应调查研究、收集与施工有关的资料，如施工现场、工程地质、水文、气象及周围环境包括水、电、交通运输资料等。技术资料的准备是施工准备工作的核心，其主要工作内容包括：熟悉、审查施工图纸和有关的设计资料、编制施工组织设计、施工图预算等。施工现场的准备一般包括场地清理、三通一平、工程测量放线及临时设施的搭设等工作。物质准备是指施工中必须的劳动手段和劳动对象等的准备，如建筑材料、预制构件、施工机具等。施工现场的劳动组织准备主要包括施工活动的组织管理者和具体操作者的准备，如项目组织机构的设置与组建、施工班组的准备等。季节性施工准备主要是考虑特殊的冬期和雨季季节的施工准备。

施工准备工作按其规模和范围分为：施工总准备、单位工程施工条件准备和分部（分项）工程作业条件准备。按工程施工所处阶段分为：开工前的施工准备，指在工程正式开工之前所进行的一切准备工作，具有全局性和总体性。各施工阶段前工程作业条件的施工准备，是在工程开工之后，每个施工阶段在正式开工之前所进行的一切准备工作，具有局部性和经常性。

（三）施工组织设计

施工组织设计是规划和指导拟建工程从工程投标、签订承包合同、施工准备、全部施工过程及竣工验收的一个综合性技术经济文件。

（1）施工组织设计的作用

施工组织设计是指导工程投标与签订工程承包合同，作为投标书的内容和合同文件的一部分，是沟通设计、施工和监理各方面之间的桥梁，是施工准备工作的重要组成部分，对施工准备到竣工验收全过程的各项活动起指导作用，协调各施工单位、各工种、各类资源等在施工程序、现场布置和使用上的相应关系，从而为科学管理提供重要手段。

（2）施工组织设计的分类和内容

1）按阶段的不同分类：施工组织设计根据阶段不同分为投标前编制的施工组织设计（即标前施工组织设计）和签订工程承包合同后编制的施工组织设计（即标后施工组织设计）两类。

投标前施工组织设计是投标书的组成部分，是编制投标报价的依据，一般由企业经营部门的管理人员根据招标文件的规定内容进行编写，目的是使招标单位了解投标单位的整体实力以及在本工程中的与众不同之处，而最终得以中标。投标后施工组织设计是直接指导工程施工的技术经济文件，一般主要由工程项目部的技术管理人员编写，内容具体直观、作业性强。

2）按编制对象的范围分类：施工组织设计按编制的对象分为施工组织总设计、单位工程施工组织设计和分部分项工程施工组织设计三类。

①施工组织总设计。施工组织总设计是以一个建设项目或建筑群体为施工组织对象而编制的，规划其施工全过程各项活动的技术经济的全局性、控制性综合设计文件。一般在初步设计或扩大初步设计批准后，由总承包单位的总工程师负责，会同建设、设计和分包等单位的工程师共同编制，其内容包括：工程概况、施工部署与施工方案、施工总进度计划、资源需用量计划、施工总平面布置图等。

②单位工程施工组织设计。单位工程施工组织设计是以单位工程为编制对象，用来指导其施工全过程各项活动的技术经济的局部性、指导性文件。一般在施工图会审后由工程项目技术负责人组织编制，其主要内容包括：工程概况、施工部署与施工方案、施工进度计划、施工平面图、施工准备工作及各项资源需用量计划、主要技术组织措施及经济指标等。

③分部分项工程施工组织设计。分部分项工程施工组织设计是以施工难度较大、技术复杂或缺少经验的分部分项工程为编制对象，用来指导其施工活动的技术、经济文件，由施工技术负责人负责编制。

二、流水施工方法

（一）流水施工基本概念

流水施工是组织施工的一种科学方法，是建立在分工协作的基础上，由依次作业、平行作业发展而来。

（1）组织施工的三种方式

建筑工程组织施工可采用依次施工、平行施工和流水施工的方式。现以某房屋的基础工程为例，将三种施工组织方式的效果分析如下。

例如，某房屋工程的基础工程分为四个施工过程，其施工班组人数和工作时间依次为：基槽挖土 10 人，8d；混凝土垫层 20 人，4d；钢筋混凝土基础 30 人，12d；回填土 10 人，4d。

1）依次施工：依次施工是各施工段或施工过程依次开工，依次完成的一种施工组织方式。将上述房屋的基础工程组织依次施工，其横道进度计划及资源需要情况如图 7-5-1 所示。

施工过程	班组人数	施工进度/d						
		4	8	12	16	20	24	28
基槽挖土	10	——	——					
混凝土垫层	20			——				
钢筋混凝土基础	30				——	——	——	
基槽回填土	10							——

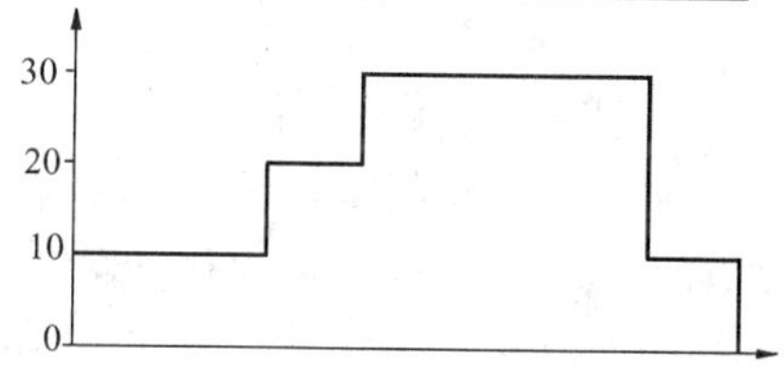

图 7-5-1 依次施工

依次施工的优点是单位时间内投入的劳动力和物资较少，施工现场管理简单，便于组织和安排，但施工工期较长。一般适用于施工工作面有限、工程规模小的工程。

施工过程	班组人数	施工进度/d						
		1	2	3	4	5	6	7
基槽挖土	10	——	——					
混凝土垫层	20			——				
钢筋混凝土基础	30				——	——	——	
基槽回填土	10							——

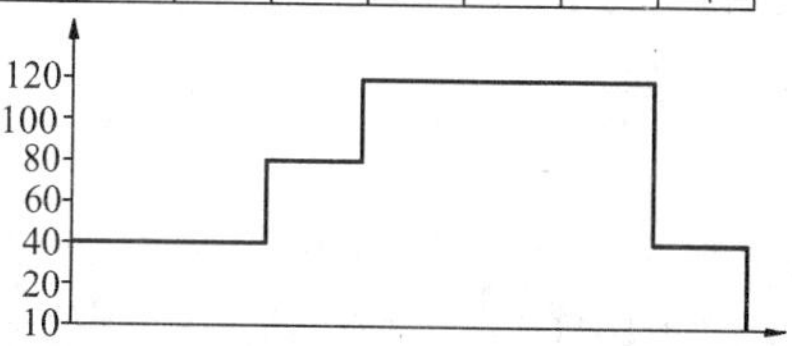

图 7-5-2 平行施工

2）平行施工：平行施工是在各个分段工作面上全部工程任务的各施工过程同时开工，同时完成的一种施工组织方式。

例如，将上例基础工程从平面上分成四个劳动量相同的施工段，则每个施工段上各施工过程的工作时间为：基槽挖土 2d，混凝土垫层 1d，钢筋混凝土基础 3d，回填土 1d，其平行施工的横道进度如图 7-5-2 所示。

平行施工的优点是能充分利用工作面，工期短，但由于成倍地增加施工班组数，现场临时设施增加，物资消耗集中，从而造成组织安排和施工管理的困难。一般适用于工期要求紧、规模大的工程。

3）流水施工：流水施工是施工过程按一定的时间间隔依次投入施工，各个施工过程陆续开工，陆续竣工，使同一施工过程的施工班组保持连续、均衡施工，不同的施工过程尽可能平行搭接施工的组织方式。

例如，上述分为四个施工段的基础工程组织流水施工，其横道进度如图 7-5-3 所示。

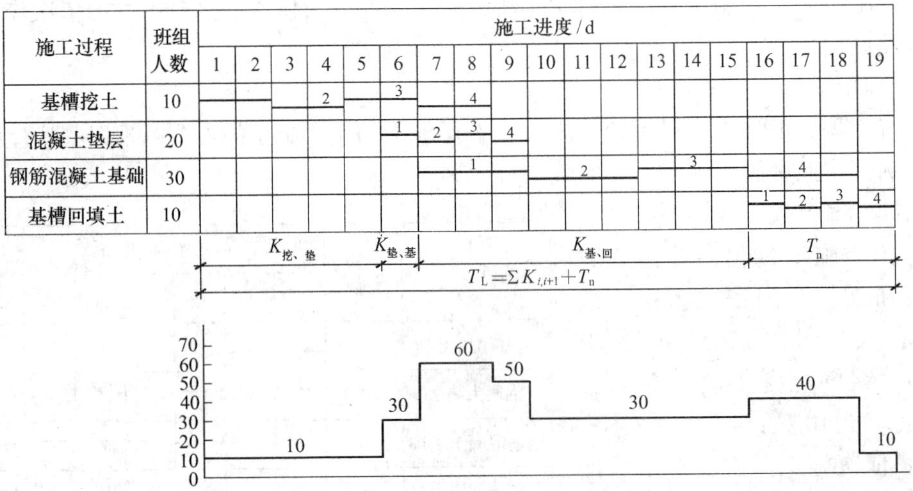

图 7-5-3　流水施工（全部连续）

注：图中 $K_{挖、垫}$、$K_{垫、基}$、$K_{基、回}$ 分别表示挖土与垫层、垫层与基础、基础与回填的流水步距。

流水施工各班组能连续、均衡地施工，前后施工过程尽可能平行搭接施工，比较充分地利用了施工工作面。流水作业使工地的各种业务组织安排比较合理，为文明施工创造条件，从而提高劳动生产率，缩短工期，降低工程成本，提高经济效益。

（2）组织流水施工的条件

建筑工程组织流水施工的关键是将建筑产品由单件变成多件，以批量生产，因而组织工程流水施工应先将拟建工程尽可能地划分为劳动量大致相等的若干施工段，然后将拟建工程的整个施工建造过程分解为若干具有一定先后顺序关系的施工过程，以组织专业化施工和有效协作。每个施工过程组织独立的施工班组，使主要施工过程的班组连续、均衡地施工，在满足工艺和组织的前提下使不同的施工过程尽可能组织平行搭接施工，以充分利用工作面，缩短工期。

（二）流水施工的主要参数

（1）工艺参数——施工过程数 n

施工过程数是指参与流水的施工过程的个数。施工过程数目的划分一般应考虑施工进度计划的作用、施工方案、施工班组的组织等。

（2）空间参数——施工段数 m

施工段是组织流水施工时将工程对象在空间上划分的劳动量大致相等的若干施工区段，是为了保证不同的施工班组在不同的施工段上同时进行施工，并使各施工班组能按一定的时间间歇转移到另一个施工段进行连续施工。

（3）时间参数——流水节拍、流水步距、施工工期

1）流水节拍 t：流水节拍是一个施工过程的施工班组在一个施工段上完成工作需要的作业时间，其大小关系着投入的劳动力、机械和材料量的多少，决定着施工进度和施工的节奏。

$$t_i = \frac{Q_i}{S_i R_i Z_i} = \frac{Q_i H_i}{R_i Z_i} = \frac{P_i}{R_i Z_i} \tag{7-5-1}$$

式中 t_i——某施工过程的流水节拍；

Q_i——某施工过程在某施工段上的工作量；

P_i——某施工过程在某施工段上的劳动量（工日）或机械量（台班）；

S_i——每工日或机械台班计划产量定额；

H_i——时间定额；

R_i——施工班组人数或机械台数；

Z_i——每天工作班制。

2）流水步距 $k_{i,i+1}$：流水步距是指施工工艺在前后相邻两个施工过程的施工班组先后投入同一施工段施工的时间间隔。流水步距的大小与前后两相邻施工过程流水节拍、施工工艺、技术要求（是否有技术和组织间歇或搭接施工）、施工段数、流水施工组织方式等有关。

3）施工工期 T：施工工期是指完成一项工程任务或一个流水组施工所需施工时间，可采用下式计算：

$$T = \sum k_{i,i+1} + T_n \tag{7-5-2}$$

式中 $\sum k_{i,i+1}$——流水施工中各流水步距之和；

T_n——流水施工中最后一个施工过程的持续时间。

（三）流水施工的分类与组织

流水施工根据同一施工过程在各施工段上的流水节拍是否相同分为有节奏流水和无节奏流水两类。有节奏流水根据不同施工过程的流水节拍分为全等节拍流水、成倍节拍流水和异节拍流水三种。

（1）有节奏流水

有节奏流水是流水施工中同一施工过程在各施工段上的流水节拍均相等的组织方式。

1）全等节拍流水（固定节拍流水或等节奏流水）：参与流水的所有施工过程在每个施工段上的流水节拍全部相等的一种组织方式，也称为固定节拍流水或等节奏流水。

例如，某分部工程分为 A、B、C、D 四个施工过程，五个施工段，其流水节拍均为 3d，则其横道进度计划如图 7-5-4 所示。

2）成倍节拍流水：组织流水施工时，同一施工过程在各个施工段上的流水节拍相等，而不同施工过程在同一施工段上的流水节拍之间存在最大公约数，即各施工过程的流水节拍均为某常数（最大公约数）的整数倍时，若资源供应能满足要求，则可组织成倍节拍流水。即流水节拍大的施工过程多投入施工专业班组，从而充分利用工作面，缩短工期。

3）异节拍流水：组织流水施工时，同一施工过程在各个施工段上的流水节拍相等，而不同施工过程在同一施工段上的流水节拍不相等，也没有倍数关系的组织方式，如图 7-5-3所示。

（2）无节奏流水

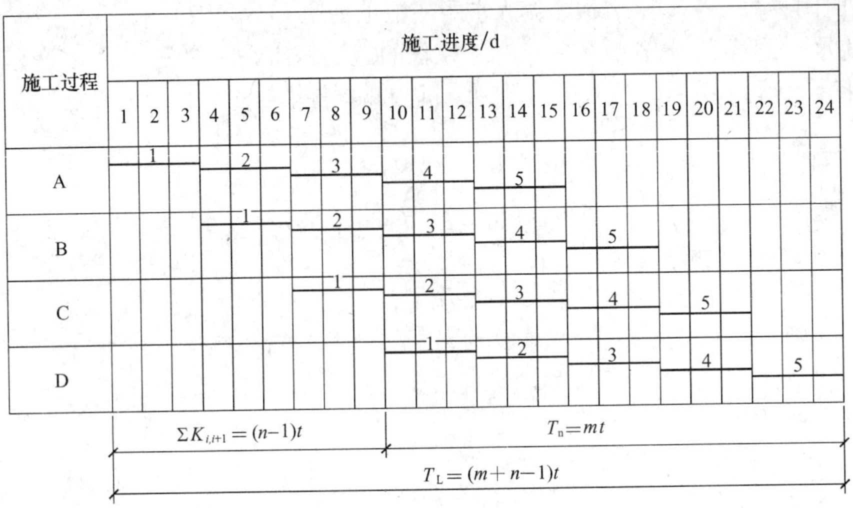

图 7-5-4　某分部工程全等节拍流水施工进度计划

流水施工中同一施工过程在各个施工段上的流水节拍不相等，不同施工过程在同一施工段上的流水节拍也不相等的组织方式。

无节奏流水的流水参数（流水节拍）不作严格要求，能适应各种结构不同、复杂程度不同的施工对象。施工时尽可能使每一专业班组依次在各施工段上保持连续施工，允许施工段上出现无班组施工的停歇现象，如图 7-5-5 所示。

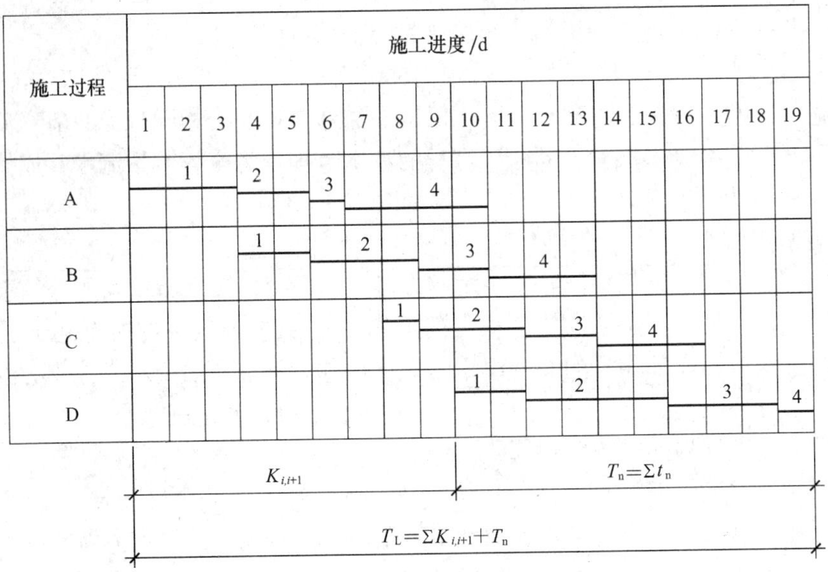

图 7-5-5　无节奏流水施工

三、网络计划技术

（一）网络计划概述

网络计划技术是在 20 世纪 50 年代后期发展起来的一种科学计划管理方法，目前已形成关键线路法（CPM）、计划评审法（PERT）、图示评审技术（GERT）等方法。

网络计划技术是以规定的网络符号及图形表达计划任务中各项工作的相互制约和依赖关系，并通过分析寻求最优方案的计划管理方法。用于工程项目管理的工程网络计划是将施工项目整个建造过程分解为若干施工过程，分析施工过程之间的工艺关系和组织关系，然后以规定的符号和图形表达其逻辑关系，即是由一系列箭线和节点所组成的网状图形来表达各施工过程先后顺序的逻辑关系，然后通过计算分析找出关键，确定其最优方案的方法。

网络计划与横道计划相比其优点是能清楚地反映施工中各项施工过程之间相互制约和依赖的逻辑关系，可以利用相应的时间参数计算来确定工程的关键过程和关键线路，能利用电子计算机进行计划的调整和优化，使计划工作建立在更科学、更可靠的基础上。但网络计划绘图较困难，表达方式不直观。

我国《工程网络计划技术规程》推荐的网络类型有：双代号网络图、单代号网络图、双代号时标网络图和单代号搭接网络图。

（二）双代号网络计划

双代号网络图是以箭线及其两端节点的编号表示工作（施工过程）的网络图。一般工作的名称写在箭线的上方，工作的持续时间写在箭线的下方，箭线的箭尾表示该工作的开始，箭头表示该工作的结束。

（1）双代号网络图的组成

双代号网络图是由箭线、节点和线路三个基本要素所组成。如图 7-5-6 所示。

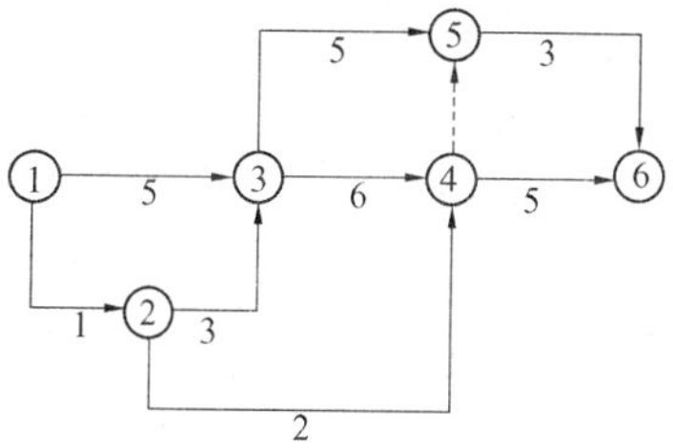

图 7-5-6　双代号网络图

1）箭线：双代号网络图中，一条箭线及其两端节点表示一个工作（施工过程），箭线所指的方向表示工作进行的方向，即工作之间的先后关系。工作可分为：需要消耗资源和时间的工作、只消耗时间而不消耗资源的工作、不消耗资源和时间的工作三种。前两种为实工作，用实箭线表示，后一种为虚工作，用带有箭头的虚线即虚箭线表示，虚箭线的作用是表示工作间的逻辑关系。

2）节点：节点是网络图中箭线两端带有编号的圆圈，表示工程的开始和结束的时刻，既不消耗时间也不消耗资源。

网络图中第一个节点叫起始节点，表示一项工程的开始，最后一个节点叫终点节点，表示一项工程的完成。其余节点叫中间节点，表示紧前工作的结束或紧后工作的开始。网络图中不能出现相同编号的节点，并且应保证箭尾端节点编号小于箭头端节点编号。

3）线路：网络图中从起始节点沿着箭线所指方向依次通过一系列箭线与中间节点达到终点节点的通路称为线路。其中持续时间之和最长的线路为关键线路，如图 7-5-6 所示。线路①→③→④→⑥，工期为 16d。关键线路上的工作叫关键工作，其余为非关键工作。

（2）双代号网络图的绘制

1）网络图的逻辑关系及其正确表示方法：

①逻辑关系：逻辑关系指网络图中所表示的各工作之间的相互制约和依赖关系，即工

作间的先后顺序关系。一般包括由工艺过程或工作程序决定的工艺逻辑和由组织安排需要或资源调配需要而定的组织逻辑。

②常见逻辑关系的正确表示方法可参见规程。

2）网络图绘制的基本规则：网络图必须正确表达工作之间的逻辑关系。双代号网络图中只有一个起点节点，在不分期完成的网络图中只有一个终点节点。网络图中，不允许出现循环回路，不允许出现重复编号的工作，也不允许出现没有开始节点或完成节点的工作。

3）双代号网络图的绘制：双代号网络图的绘制一般先是根据工作的逻辑关系绘制一张符合逻辑关系的草图，然后再通过整理，使网络图条理清楚，层次分明，满足绘制规则。

（3）双代号网络计划时间参数的计算

1）双代号网络计划的常用时间参数：

①D_{i-j}表示工作的持续时间；

②工作的最早开始时间 ES_{i-j}和工作的最早完成时间 EF_{i-j}；

$ES_{i-j} = EF_{i-j} - D_{i-j}$　　$EF_{i-j} = ES_{i-j} + D_{i-j}$

③工作的最迟开始时间 LS_{i-j}和工作的最迟完成时间 LF_{i-j}；

$LS_{i-j} = LF_{i-j} - D_{i-j}$　　$LF_{i-j} = LS_{i-j} + D_{i-j}$

④工作的总时差；

⑤工作的自由时差。

2）时间参数的计算方法：

①工作的最早时间：最早时间应从网络计划的起点节点开始顺着箭线方向依次计算。

以起点节点①为开始节点的工作 $1-j$，当未规定其最早开始时间时，其最早开始时间应等于零，即 $ES_{1-j}=0$。

所有紧前工作完成后。本工作才能开始。因此工作 $i-j$ 的最早开始时间等于其所有紧前工作 $h-i$ 最早完成时间的最大值，即 $ES_{i-j} = \max\{EF_{h-i}\}$。

网络计划的计算工期 T_c 应取以终点节点 n 为完成工作 $i-n$ 最早完成时间的最大值，即 $T_c = \max\{EF_{i-n}\}$。

②工作的最迟时间：最迟时间应从网络计划的终点节点开始，以不超过计划工期为前提，逆着箭线方向依次计算。

以终点节点 n 为完成节点（箭头节点）的工作 $i-n$，其最迟完成时间 LF_{i-n}应按网络计划的计划工期 T_p 确定，即 $LF_{i-n} = T_p$。

工作 $i-j$ 的最迟完成时间等于其所有紧后工作 $j-k$ 最迟开始时间的最小值，即 $LF_{i-j} = \min\{LS_{j-k}\}$。

3）总时差 TF_{i-j}：总时差是在不影响总工期的前提下，本工作可以利用的机动时间，按下列公式计算：

$$TF_{i-j} = LS_{i-j} - ES_{i-j} = LF_{i-j} - EF_{i-j}$$

关键线路：总时差最小（当计划工期等于计算工期时，总时差为零）的工作为关键工作，关键工作组成的线路即关键线路。

4）自由时差 FF_{i-j}：自由时差是在不影响其紧后工作最早开始时间的前提下，本工作可以利用的机动时间，按下列公式计算：

$$FF_{i-j} = ES_{j-k} - EF_{i-j}$$

例如，某工程网络计划的时间参数计算如图 7-5-7 所示。

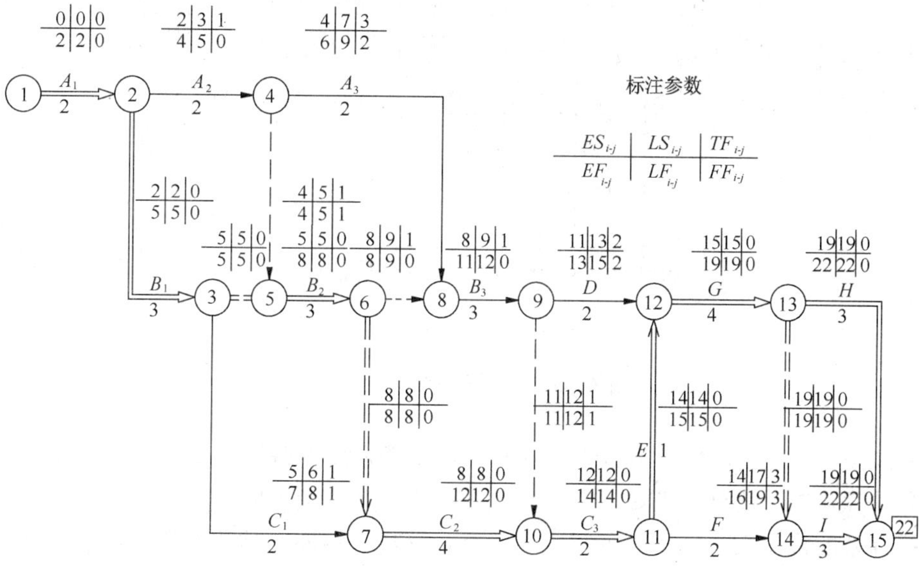

图 7-5-7　按工作计算法示例

（三）双代号时标网络计划

双代号时标网络计划以水平时间坐标为尺度表示工作时间。时标网络计划应以实箭线表示工作，以虚箭线表示虚工作，以波形线表示工作的自由时差。双代号时标网络计划宜按最早时间绘制。

直接按最早时间绘制双代号时标网络计划的主要步骤为：先绘制无时标网络计划，按确定的时间单位绘出时标计划表，将起点节点定位在时标计划表的起始刻度线上，按工作持续时间在时标计划表上绘制起点节点的外向箭线，箭线长短由时间坐标限制，除起点节点以外的其他节点必须在其所有内向箭线绘出以后，定位在这些内向箭线中最早完成时间最迟的箭线末端。其他内向箭线长度不足以到达该节点时，用波形线补足，即箭线到齐才能画节点，画完节点后补波形线。直至终点节点。

例如，图 7-5-6 所示的双代号网络图按最早时间绘制的双代号时标网络计划如图7-5-8所示。

（四）单代号网络计划

单代号网络图是以节点及其编号表示工作，以箭线表示工作之间的逻辑关系的网络图。

单代号网络图与双代号网络图一样，也由箭线、节点和线路三个基本要素所组成，但箭线只表示相邻工作之间的逻辑关系，箭头所指方向表示工作的进行方向，而节点表示工作。

单代号网络图的绘制应正确表达工作之间的逻辑关系，满足相应的绘制规则和要求，其时间参数的计算原理与双代号网络图相同。

（五）网络计划优化简介

经过调查研究确定工程施工方案，然后通过对工程项目的分解，分析工作间的逻辑关

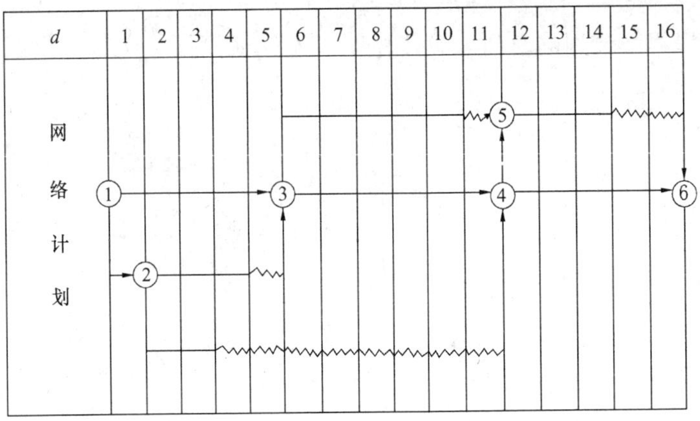

图 7-5-8　双代号时标网络计划

系编制网络图，并进行时间参数计算确定网络计划的初始方案后，应经过多方案的比较即网络计划的优化，从而确定满足工期要求、施工质量好和施工成本低的最优计划方案。

网络计划的优化是在满足既定约束条件下，按某一目标，对网络计划进行不断检查和调整，寻找最优网络计划方案的过程，一般包括工期优化、资源优化和费用优化。

工期优化是当网络计划的计算工期不满足要求工期时（或计划工期），通过不断压缩关键线路上关键工作的持续时间，来达到缩短工期满足工期要求的目的。资源优化是在满足要求的固定工期条件下，进行资源使用的均衡优化或当资源供应条件有限时，进行工期最短优化。费用优化是寻求施工总费用最低所对应的最佳工期。

四、单位工程施工组织设计

（一）单位工程施工组织设计的编制依据

（1）上级领导机关对该工程的有关批示文件和要求，建设单位对该工程项目的有关要求，招标文件或合同文件；

（2）施工组织总设计和施工图；

（3）年度施工计划对该工程的安排和规定；

（4）预算文件提供的工程量和预算成本数据；

（5）劳动力、材料、施工机械等资源供应情况；

（6）施工现场的具体情况，如地形、工程地质及水文条件、水、电、交通及周围环境等情况；

（7）国家相关技术规范、标准、技术规程、建筑法律法规和定额等；

（8）施工所在地的地方有关规定。

（二）工程概况

工程概况是对拟建工程的基本情况、施工条件及工程特点做概要的介绍和分析，是施工组织设计的第一项内容。其编写目的是进一步熟悉工程情况以便使设计切实可行、经济合理。

工程概况主要包括以下内容：

(1) 工程建设概况

拟建工程的名称，建造地点，建设单位，工程的性质、用途，资金来源及工程造价，开竣工日期，设计单位，监理单位，施工总、分包单位，上级有关文件或要求，施工图纸情况，施工合同签订情况等。

(2) 工程设计概况及主要实物工程量

工程建筑、结构、装饰、设备等设计特点及主要实物工程量。如建筑面积、层数、层高、总高、平面形状及尺寸，基础的种类与埋深、构造特点，结构的类型等，内外装饰的特点等。

(3) 建设地点的特征

包括建设地点的位置、地形、工程地质与水文条件、不同深度的土质分析、地下水位、气温、主导风向、风力、雨量、地震烈度等。

(4) 施工条件

包括施工现场"三通一平"情况，材料、构件、加工品的供应情况，施工单位的建筑机械、运输工具、劳动力的投入能力，施工技术和管理水平等。

通过对工程特点、建设地点特征及施工条件等的分析，找出施工的重点、难点和关键问题，以便在选择施工方案、组织物资供应、进行施工准备等方面采取有效措施。

(三) 施工方案的编制

施工方案是施工组织设计的核心，它包括确定施工程序和施工顺序，施工起点流向，主要分部分项工程的施工方法和施工机械的选择等。施工方案合理与否直接关系到工程的质量、成本和工期，应在充分研究施工条件、正确进行技术经济比较的基础上作出抉择。

(1) 确定施工展开程序及起点流向

施工展开程序是指单位工程中各分部工程、各专业工程或各施工阶段的先后施工关系，应根据具体施工项目的特征进行确定。一般施工中应遵循先准备、后开工，先地下、后地上，先主体、后围护，先结构、后装饰，先土建、后设备的程序。

施工起点流向是指在平面空间及竖向空间上，施工开始的部位及其流动方向，它将确定建筑物或构筑物在空间上的合理施工顺序。对单层建筑物，应分区分段地确定平面上的施工流向。对多层及高层建筑物，除了确定每层平面上的流向外，还应确定出竖向的施工流向。确定施工起点流向时应考虑：满足用户使用上的需要，生产性项目应满足生产工艺流程，单位工程中技术复杂而且对工期有影响的关键部位，施工技术和施工组织的要求。

(2) 确定施工顺序

施工顺序是在已定的施工展开程序和流向的基础上，安排各分部分项工程施工的先后顺序。确定施工顺序是要按照施工的技术规律和合理的组织关系，解决各分部分项工程之间在时间上的先后和搭接问题，以做到在保证质量和安全的前提下，充分利用工作面、缩短工期。

施工顺序的确定应遵循施工程序，符合施工工艺要求，满足施工组织的要求，使施工顺序与选择的施工方法和施工机械相协调。必须保证施工质量和安全，必须适应工程建设地点气候变化规律的要求等。

(3) 施工方法与施工机械的选择

正确拟定施工方法与选择施工机械是施工组织设计的关键，应根据建筑物的建筑结构特征、工程量的大小、工期长短、资源供应情况及施工地点特征等因素进行确定。

一个工程的施工方法和施工机械均有多个方案，其选择应着重考虑影响整个单位工程的分部分项工程，如施工技术复杂或采用新技术、新设备及对工程质量起关键作用的分部分项工程，应符合施工组织总设计的要求，满足施工工艺及技术、工期、质量和安全要求，符合可行、合理、经济、先进的原则。

（四）施工进度计划的编制

单位工程施工进度计划是以施工方案为基础，根据规定的工期和资源供应条件，遵循各施工过程合理的工艺顺序，统筹安排各项施工活动而编制的，用于指导现场施工的安排，确保施工进度和工期，同时是编制劳动力、机械等物资需要量计划的依据。

单位工程施工进度计划根据工程规模大小、结构的复杂程度、工期长短及工程的实际需要，可采用横道图、网络图等编制相应的控制性进度计划，指导性进度计划和操作性进度计划。其编制的一般步骤如下：

（1）划分施工过程

编制施工进度计划时，首先应按照施工顺序将单位工程的各个施工过程列出，其划分的粗细程度，取决于进度计划的性质及需要、施工方案等。

（2）计算工程量

施工过程划分后，应计算出每个施工过程包括的各个施工内容的工程量。计算应依据施工图纸及有关资料、工程量计算规则及已确定的施工方法进行。

（3）计算劳动量及机械台班量

计算出各施工过程的工程量并查找、确定出该项目定额后，可按下式计算出其劳动量或机械台班量。

$$P_i = \frac{Q_i}{S_i} = Q_i H_i \tag{7-5-3}$$

（4）确定施工过程的持续时间

施工过程的持续时间确定可根据已知施工定额（效率）计算或根据要求工期计算，对缺乏经验的施工过程可通过试验推算。

（5）编制施工进度计划的初始方案

各施工过程的持续时间确定后，按流水施工原则，在既定的施工顺序的前提下，尽量使主导施工过程连续施工，在满足施工工艺和工期的前提下，尽量使工作平行搭接进行。

（6）进度计划的检查与调整

对初始方案认真检查其施工过程之间的施工顺序、平行搭接关系、施工工期、资源使用情况等是否满足相关条件，然后通过对初始方案的优化和调整最终确定最佳进度计划方案。

（五）施工准备和资源计划

在单位工程施工进度计划编制后，可根据进度计划编制所需资源量编制出材料、劳动力、构件、施工机具等资源需要量计划，以及为保证施工顺利进行的施工准备工作计划。

（六）施工平面图设计

单位工程施工平面图是一幢建筑物的施工现场布置图，是布置施工现场的依据。其设计的内容包括：建筑总平面图上标出的已建和拟建的地上和地下的一切建筑物、构筑物及管线等，测量放线标桩、永久性水准点位置，起重机械的开行路线、控制范围及垂直运输设施的位置，构件、材料、加工半成品及施工机具的堆场，生产、生活用临时设施，包括搅拌站、各种加工棚、仓库、办公室、道路、供水管线、供电线路、宿舍、食堂、消防设施、安全设施及其他需搭建或建造的各种设施。

单位工程施工平面图设计应在确保施工安全及施工能顺利进行的条件下，尽量紧凑布置与规划，少占施工用地。最大限度地缩短场内的运输距离，尽可能避免二次搬运。各种材料、构件等根据施工进度，在保证连续施工的前提下，有计划地组织分期分批进场，以充分合理利用场地，尽量少建临时设施，所建临时设施应方便生产和生活使用，以降低临时设施费用，符合劳动保护、安全、防火和环境保护等要求。

（七）技术、组织措施及技术经济指标

制定技术与组织措施，是为保证质量、安全、降低成本和特殊季节性施工等，提出在技术、组织方面所采用的方法和要求。它是施工组织设计编制者带有创造性的工作，也是使工程获得良好的经济效益和社会效益的重要保证。一般包括：保证质量措施、安全施工措施、降低成本措施、季节性施工措施、防止环境污染措施等。

在单位工程施工组织设计基本完成后，要计算各项技术经济指标，并反映在施工组织设计文件中，作为对施工组织设计进行评价和决策的依据。单位工程施工组织设计的技术经济指标应包括：工期指标、劳动生产率指标、质量指标、安全指标、降低成本率、机械化施工程度、主要材料节约指标等。

五、施工项目进度控制

（一）施工项目进度控制原理

施工项目进度控制与成本控制、质量控制一样，是项目施工中的目标控制之一，是保证施工项目按期完成、合理安排资源供应、节约工程成本的重要措施。

施工进度控制就是在既定的工期内，通过调查收集资料，确定施工方案，编制出符合工程项目要求的最佳施工进度计划，并且在执行该计划的施工中，经常检查施工实际进度情况，并将其与计划进度相比较，若出现偏差，便分析产生的原因和对工期的影响程度，找出处理措施，通过不断的调整直至工程竣工验收，其最终目标是通过控制来保证施工项目的既定目标工期的实现。

（二）进度计划的实施与检查

（1）施工进度计划的实施

施工进度计划的实施就是在施工活动的实施过程中用施工进度计划指导施工活动，落实、完成施工进度计划。施工进度计划的实施进程就是施工项目的整个建筑施工活动过程。

为了实施施工进度计划，应编制具体、切合实际的操作性施工月（旬）作业计划，然后根据施工月（旬）作业计划签发施工任务书，做好施工进度记录，以保证施工进度计划的实施。

（2）施工进度计划的检查

在施工项目的实施进程中，为了进行进度控制，进度控制人员应经常、定期地跟踪检查施工实际进度情况，并将收集的施工项目实际进度材料进行统计整理后与计划进度进行对比分析，确定实际进度与计划进度之间的关系，作为计划是否需要调整和怎样调整的依据。

（三）实际进度与计划进度的比较

施工项目实际进度与计划进度的比较方法常用的有：横道图比较法、S 型曲线比较法和香蕉型曲线比较法、前锋线比较法和列表比较法等，通过比较得出实际进度与计划进度一致、超前、拖后三种情况，作为处理的依据。

（四）进度计划实施中的调整

通过对进度计划的检查与分析，如果原有进度计划已不能适应实际施工情况时，为了保证进度控制目标的实现或需要确定新的进度目标，必须对原有进度计划进行调整，以形成新的进度计划作为施工进度控制的依据。

施工进度计划的调整方法主要有：一是通过压缩关键线路上的关键施工过程的工作持续时间来达到缩短工期的目的；二是通过组织平行或搭接作业来缩短工期，在实际工程中应根据具体情况来选用。

复习思考题

第一节

1. 试述土的基本工程性质、土的工程分类及其对土方施工的影响。
2. 试述土方边坡的表示方法及影响边坡的因素。
3. 常用的挖土机具有哪些？试述其工作特点和适用范围。
4. 试述影响填土压实质量的主要因素，怎样检查填土压实的质量？
5. 常用地基处理方法一般有哪几种？各有什么特点？
6. 试述钢筋混凝土预制桩的打桩过程及质量控制。
7. 试述现场灌筑桩常用成孔方法的施工工艺。

第二节

1. 试述砌筑用脚手架的作用及基本要求。
2. 砌筑用砂浆的制备和使用有什么要求？砂浆强度检验如何规定？
3. 砌体工程质量有哪些要求？影响其质量的因素有哪些？
4. 试述砖墙砌筑的施工工艺和施工要点。
5. 试述砌块砌体的施工工艺。
6. 试述常用的钢筋焊接方法，其焊接质量如何检验？
7. 钢筋隐蔽工程检查验收包括哪些内容？
8. 试述混凝土搅拌的投料顺序。
9. 什么是施工缝？怎样留设？施工缝如何处理？
10. 先张法预应力筋放张的条件是什么？对预应力筋放张有何要求？
11. 孔道灌浆的作用是什么？对灌浆材料有何要求？
12. 试述履式起重机的起重高度、起重半径与起重量之间的关系。
13. 试比较单机旋转法和滑行法吊装柱时的特点及适用范围。
14. 试述分件安装法和综合安装法。

第三节

1. 试述卷材屋面防水层的施工过程。
2. 试述涂膜防水屋面的施工过程。
3. 地下防水工程有哪几种防水方案？

第四节

1. 一般抹灰各抹灰层厚度如何确定？为什么不宜过厚？
2. 试述水磨石的施工工艺。
3. 试述釉面砖镶贴的施工工艺。
4. 试述裱糊工程的施工工艺。

第五节

1. 施工组织设计根据编制对象不同如何分类？
2. 试述依次施工、平行施工、流水施工的特点。
3. 流水施工根据流水节拍如何分类？
4. 双代号网络图的基本组成要素是什么？
5. 试述双代号网络图的时间参数计算方法。
6. 试述单位工程施工组织设计的一般内容。